现代生态学讲座（VIII）

群落、生态系统和景观生态学研究新进展

Lectures in Modern Ecology (VIII)

Advances in Community, Ecosystem and Landscape Ecology

主　编　高玉葆　邬建国

副主编　任安芝　马成仓　赵念席　刘志锋

高等教育出版社·北京

内容简介

本书根据“第八届现代生态学讲座”的主题报告，经过评审和筛选编著而成。作者多为在群落、生态系统和景观生态学方面成果卓越的学者。本书对群落、生态系统和景观生态学有关的一系列热点议题展开广泛而深入的论述，这些议题包括森林、草地等生态系统的结构和功能，土地利用和覆盖变化及其生态影响，农业生态与可持续农业等。本书主题明确，内容详实，题材新颖，图文并茂，可供生物学、生态学、环境科学以及相关学科的研究和教学人员阅读，也可作为研究生的教科书或参考书。

图书在版编目(CIP)数据

现代生态学讲座.Ⅷ，群落、生态系统和景观生态学研究新进展/高玉葆，邬建国主编．--北京：高等教育出版社，2017.5

ISBN 978-7-04-047657-6

Ⅰ.①现… Ⅱ.①高… ②邬… Ⅲ.①生态学-文集 Ⅳ.①Q14-53

中国版本图书馆 CIP 数据核字(2017)第 080319 号

策划编辑 柳丽丽　责任编辑 殷　鸽　封面设计 李小璐　版式设计 王艳红
插图绘制 杜晓丹　责任校对 刘娟娟　责任印制 毛斯璐

出版发行 高等教育出版社
社　　址 北京市西城区德外大街 4 号
邮政编码 100120
印　　刷 三河市华骏印务包装有限公司
开　　本 787mm×1092mm 1/16
印　　张 26.25
字　　数 470 千字
购书热线 010-58581118
咨询电话 400-810-0598
网　　址 http://www.hep.edu.cn
　　　　 http://www.hep.com.cn
网上订购 http://www.hepmall.com.cn
　　　　 http://www.hepmall.com
　　　　 http://www.hepmall.cn
版　　次 2017 年 5 月第 1 版
印　　次 2017 年 5 月第 1 次印刷
定　　价 69.00 元

物 料 号 47657-00

XIANDAI SHENGTAIXUE JIANGZUO(Ⅷ)
QUNLUO SHENGTAIXITONG HE JINGGUAN SHENGTAIXUE YANJIU XINJINZHAN

“现代生态学讲座系列”简介

Brief Introduction to International Symposium on Modern Ecology Series (ISOMES)

“现代生态学讲座”由我国著名生态学家李博院士创办,通过海外华人生态学家与国内杰出中青年生态学家同堂开展学术讲座,交流现代生态学领域的热点和关键问题,促进我国生态学科的发展和青年人才队伍的成长。

第一届现代生态学讲座于 1994 年 9 月由内蒙古大学主办,主要围绕现代生态学的新理论、新观点和新方法展开探讨。第二届现代生态学讲座于 1999 年 6 月由中国环境科学研究院和中国科学院植物研究所主办。2004 年,邬建国、于振良、葛剑平、韩兴国等在北京议定,将该讲座办成每两年举办一次的长期系列讲座(即“现代生态学讲座系列”,ISOMES),以作为对李博先生的永久纪念,也为国内外华人生态学者相互交流和研究生培养提供一个长期的高层次学术平台。第三届现代生态学讲座于 2005 年 6 月由北京师范大学和中国科学院植物研究所主办,主题为“学科进展与热点论题”。第四届现代生态学讲座于 2007 年 5 月由内蒙古大学和中国农业科学院草原研究所主办,主题为“生物多样性与生态系统功能、服务、管理”。第五届现代生态学讲座暨第一届国际青年生态学者论坛(IYEF)于 2009 年 6 月由兰州大学主办,主题为“宏观生态学与可持续性科学”。第六届现代生态学讲座暨第二届国际青年生态学者论坛于 2011 年 8 月由南京大学主办,主题为“全球变化背景下现代生态学热点问题及其研究进展”。第七届现代生态学讲座暨第四届国际青年生态学者论坛于 2013 年 6 月由中国科学院华南植物园主办,主题为“全球变化背景下退化生态系统恢复的格局与过程”(本届讲座无对应出版物)。第八届现代生态学讲座暨第六届国际青年生态学者论坛于 2015 年 6 月在天津举办,主题为“现代生态学与可持续发展”。

有关“现代生态学讲座系列”的历史、现状及将来的学术活动,请访问 ISOMES 的网站:http://leml.asu.edu/ISOMES/。

“现代生态学讲座系列”学术委员会

International Symposium on Modern Ecology Series (ISOMES) Academic Committee

“第八届现代生态学讲座暨第六届国际青年生态学者论坛”联合组委会

大会主席：邬建国

大会组织委员会

主　任

高玉葆　天津师范大学校长，南开大学生命科学学院教授

唐剑武　美国芝加哥大学海洋生物研究所研究员

副主任

卜文俊　南开大学生命科学学院院长、教授

孙金生　天津师范大学生命科学学院院长、教授

石福臣　天津市生态学会秘书长、教授

委　员

任安芝　南开大学生命科学学院教授

阮维斌　南开大学生命科学学院教授

多立安　天津师范大学生命科学学院教授

马成仓　天津师范大学生命科学学院教授

魏晓华　加拿大不列颠哥伦比亚大学教授

“第八届现代生态学讲座”大会邀请学术报告人

（按姓氏音序排列）

安树青	南京大学
白　娥	中国科学院沈阳应用生态研究所
白永飞	中国科学院植物研究所
陈小勇	华东师范大学
费松林	美国普渡大学
葛剑平	北京师范大学
郭旭临	加拿大萨斯喀彻温大学
韩国栋	内蒙古农业大学
蒋　林	美国佐治亚理工学院
李哈滨	美国农业部林务局
李永宏	内蒙古大学
刘世荣	中国林业科学研究院
任安芝	南开大学
孙建新	北京林业大学
唐剑武	美国芝加哥大学海洋生物实验室
田汉勤	美国奥本大学
王德利	东北师范大学
王中良	天津师范大学
邬建国	美国亚利桑那州立大学
武昕原	美国德克萨斯农工大学
于　丹	武汉大学
张大勇	北京师范大学

前　言

“现代生态学讲座”由我国著名生态学家李博院士创办，旨在通过国内外学者和学生的交流，促进我国生态学的发展。第一届现代生态学讲座于1994年9月由内蒙古大学主办；第二届现代生态学讲座于1999年6月由中国环境科学研究院和中国科学院植物研究所主办；第三届现代生态学讲座于2005年6月由北京师范大学主办；第四届现代生态学讲座于2007年5月由内蒙古大学主办；第五届现代生态学讲座于2009年6月由兰州大学主办；第六届现代生态学讲座于2011年8月由南京大学主办；第七届现代生态学讲座于2013年6月由中国科学院华南植物园主办。第八届现代生态学讲座暨第六届国际青年生态学者论坛于2015年6月11日至14日在天津举办，来自中国、美国、加拿大等国60多所大学及科研机构的30多位专家和近300名研究生参与了本次会议。本次讲座（论坛）按照惯例由现代生态学讲座系列组织与学术委员会、国际青年生态学者论坛组织与学术委员会主办，由南开大学、天津师范大学和天津市生态学会承办，同时得到中国生态学会、中华海外生态学者协会、国家自然科学基金委员会生命科学部的支持。讲座（论坛）的主题确定为“现代生态学与可持续发展”。

讲座（论坛）开幕式由天津师范大学校长、天津市生态学会理事长、南开大学高玉葆教授主持，现代生态学讲座系列主席邬建国教授、国际青年生态学者论坛主席唐剑武教授、中国生态学会理事长刘世荣研究员、南开大学副校长许京军教授、天津师范大学副校长王群生教授、内蒙古大学杨劼教授、国家自然科学基金委员会生命科学部生态学项目主任于振良教授等出席开幕式并讲话，对会议的召开表示祝贺，对各位专家学者表示欢迎，对为生态学科的发展给予大力支持的各界朋友表示感谢。

会上有30余位海内外知名生态学家应邀做了学术报告，主要针对森林、草地、湿地和水域生态系统的管理与服务、土地利用和覆盖变化及其生态影响、农业生态与可持续农业、快速城镇化与生物多样性的保护和利用对策、京津冀协同发展背景下大气污染的防控与治理、南水北调中线引水工程对区域水环境的影响等议题介绍了国内外前沿研究进展。

此外，讲座（论坛）还在两个分会场举行了青年学者研究报告会，分别围绕景观和全球变化生态学，微生物生态学，种群、群落和生态系统生态学问题展开交流与探讨，共同分享了各自的研究成果和实践经验。第八届现代生态学讲座暨第六届国际青年生态学者论坛联合组委会专家根据报告的科学意义、创新性、墙报设计和内容表达等标准，评选出5名“李博院士研究生论文奖”获得者和10名“阳含熙院士生态学论文奖”获得者。

本书大部分内容选自“第八届现代生态学讲座”特邀报告，同时从“第六届国际青年生态学者论坛”中吸收了一部分优秀报告内容，经过同行专家评审后编著而成。在此，我们向所有为本书做出贡献的作者致以诚挚的谢意；同时特别感谢包括下面专家在内的所有审稿人对各个章节所提出的宝贵修改意见：张大勇，陈小勇，林光辉，闫秀峰，孙建新，刘世荣，于贵瑞，李永宏，侯向阳，刘林德，石福臣，阮维斌，江源，李春杰，郭良栋，白永飞，李晓兵，陈世苹，黄建辉，常学礼，陈利顶，康慕谊，李洪远，李博，安树青，韩国栋，王德利，周道玮，达良俊，王祥荣，樊江文，韩文轩。

最后，感谢高等教育出版社李冰祥主任和柳丽丽编辑以及其他同仁为本书出版所付出的辛勤劳动。

高玉葆　邬建国

2016年10月1日

目 录

Table of Contents

榕属植物隐头花序内生态系统结构与稳定性

第 1 章

王嵘[①] 陈小勇[①]

摘 要

植物与昆虫间的相互作用对生态系统的稳定性具有决定性影响,但是许多由昆虫与专一宿主植物构成的生态系统的结构与特征目前仍不明确。榕-传粉小蜂互利共生体系具有高度的专一性,已成为研究共生双方相互适应、协同进化的理想体系。然而,除传粉小蜂外,榕属植物隐头花序(俗称“榕果”)还被众多植食性与拟寄生性非传粉小蜂利用。因此,形成一个由榕果、植食性小蜂与拟寄生性小蜂构成的三营养级生态系统,并经由食物网进行生态系统中的上行与下行调控。拟寄生性小蜂通过捕食弱化植食性小蜂的种间竞争,从而间接保障榕属植物的有性繁殖;而榕则通过惩罚机制维持自身有性繁殖力并控制宿主多度,减弱小蜂种间竞争,维持系统稳定。此外,小蜂生态位分化也是维持榕果内生态系统稳定的重要机制。榕与小蜂的某些生活史特征(如远距离扩散)能增加局域有效种群大小,降低共灭绝风险。总体上,非传粉小蜂的宿主专一性弱于传粉小蜂,与宿主间往往不存在紧密的协同进化关系。榕果内生态系统具有封闭程度高、物种组成丰富等特点,为在群落水平上研究进化提供了理想的体系,同时研究小蜂食物网结构也可为珍稀榕属植物保护以及入侵榕的防控提供重要参考。

---

① 华东师范大学生态与环境科学学院,浙江天童森林生态系统国家野外科学观测研究站,上海,200241。

Structure and Stability of Intra-fig Inflorescence Ecosystems

Rong Wang① Xiaoyong Chen①

Abstract

Plant-insect interactions play an essential role in the maintenance of biodiversity and ecosystem function. However, the structures and stability of insect communities exploiting some specific plant hosts are still less understood. The mutualism and coevolution between figs and pollinating fig wasps have been well studied, but less is known concerning the entire fig wasp community which comprises both pollinators and non-pollinating fig wasps (NPFWs) that also utilize figs. NPFWs can be divided into phytophages and parasitoids, and therefore together with pollinators and figs, the structure of intra-fig ecosystem is underpinned by a tri-trophic food web. Like other ecosystems, top-down regulation induced by parasitoids mitigates interspecific competition between phytophages and protects sexual reproduction of figs, while bottom-up regulation takes place via host sanction, restricting parasitism of ovules and facilitating coexistence of fig wasps. Both regulations therefore strongly contribute to stability of intra-fig ecosystems. In addition, niche differentiation also greatly supports the species diversity of fig wasps. Some characters of figs and fig wasps, *e. g.* long-distance dispersal, can overcome the negative impacts of human activities, decreasing the risks of co-extinctions. Generally, NPFWs are less host-specific than pollinators, consistent with the evolutionary history where strict co-diversification only occurred in the species associations with high specificity. The intra-fig ecosystem provides an ideal model system for developing and testing theories of community-level evolution, and the trophic interactions between fig wasps may be applied in biodiversity conservation and biological control of figs.

引言

种间相互作用维系着生态系统的各组分,在生态系统结构、过程和功能方面发挥着重要作用,同时,种间相互作用也是物种形成与进化的重要驱动因素

① School of Ecological and Environmental Sciences, Tiantong National Forest Ecosystem Observation and Research Station, East China Normal University, Shanghai, 200241.

(Herre, 1999; Estes et al., 2011; Heath et al., 2014)。植物是生态系统的初级生产者,为生态系统提供最初的物质和能量,而昆虫是种类最丰富的生物类群,这两类物种间的相互作用对生态系统的稳定性具有决定性影响(Howe and Jandér, 2008; Agrawal et al., 2012; Vanbergen et al., 2013)。昆虫与植物之间形成了十分复杂的相互作用,昆虫除通过寄生与啃食获取植物养分外,还为众多被子植物传粉,这些种间关系的维持机制以及物种专一性与协同进化等问题一直是生态与进化研究的重点(Richardson et al., 2000; Schiestl, 2010; Condamine et al., 2012)。尽管如此,许多由昆虫与其专一宿主植物构成的生态系统的结构与特征仍有待研究,其中包括榕属植物隐头花序内生态系统。

桑科(Moraceae)榕属(*Ficus*)约有750个物种,是植物中物种最丰富的属之一(Herre et al., 2008; 陈艳等, 2010)。该属植物广泛分布于热带与亚热带地区,有乔木、灌木、附生藤本与绞杀植物等多种生活型,为数以千计的动物提供了栖息地与食物,是热带雨林的关键类群(Shanahan et al., 2001; Harrison, 2005)。榕属植物的一个重要特征是产生隐头花序(俗称"榕果"),其花朵着生于将整个花序包围的肉质花座(俗称"果壁")内侧,整个隐头花序内部与外界几乎完全隔绝,仅在苞片顶端通过一小孔与外界相通,由榕小蜂科(Agaonidae, Chalcidoidea)中的小蜂为其传粉(本文中所有小蜂的分类参考 http://www.figweb.org/)。榕属植物与其传粉小蜂构成了一个高度专一的互利共生体系,一种榕属植物通常只有一种或少数几种传粉小蜂为其传粉,而这些小蜂仅能通过在宿主植物雌花子房中产卵、发育来繁衍后代(Cook and Rasplus, 2003; Chen et al., 2012; Liu et al., 2015)。榕-传粉小蜂互利共生关系至少有6000万年的历史(Ronsted et al., 2005, 2008; Cruaud et al., 2012),在此期间榕属植物的繁育系统分化为雌雄同株与功能性雌雄异株(Cook and Rasplus, 2003; Harrison, 2005)。由于具有高度的专一性,榕-传粉小蜂共生体系为研究共生关系的维持机制、生态学效应以及协同进化等问题提供了理想的材料(Herre et al., 2008; 王振吉等, 2009; 陈艳等, 2010)。

除传粉小蜂外,榕属植物的榕果还被大量小蜂总科(Chalcidoidea)中的其他小蜂利用,它们通常不为榕属植物传粉或者传粉能力差,被称为非传粉小蜂(non-pollinating fig wasp)(Bouček, 1988; Cook and Rasplus, 2003; Cruaud et al., 2010; Segar et al., 2012; Heraty et al., 2013; Wang et al., 2015a; 宋波等, 2008; 吴文珊等, 2012)。早期研究认为非传粉小蜂仅仅作为"噪声"存在,但是近年来国内外众多研究发现,许多非传粉小蜂种类与榕-传粉小蜂共生体系具有悠久的协同进化关系,并对该共生体系造成了不可忽略的影响(Dunn et al., 2008; Cook and Segar, 2010; Zhou et al., 2012; Segar et al., 2012; Segar et al., 2013; Suleman et al., 2013; Wang et al., 2015b; 马光昌等, 2009)。除此之外,还有其他昆虫利用榕果,但它们的作用多为寄生、植食,其功能与非传粉小蜂重叠,因此,本文不做特别阐述。本文主要围绕由榕属植物、传粉小蜂与非传粉小蜂构成的榕果内生态系统,对这一多营养级生态系统的结构、功能与维持机制进行综述,为物种间相互作用与协同进化研究提供参考。

1.1 榕果内小蜂类型与食物网结构

1.1.1 榕小蜂类型

先前研究中对利用榕果繁殖后代的小蜂有不同的分类方法,例如,按个体大小、产卵顺序分类等(Segar et al., 2013)。但是为更好地理解榕果内小蜂群落结构与功能,尤其是非传粉小蜂对榕-传粉小蜂共生体系的影响,可以根据是否具传粉功能和食性将所有小蜂分为如下三类。

1.1.1.1 传粉小蜂(pollinating fig wasp)

传粉小蜂全部属于小蜂总科榕小蜂科,目前共发现其中3个亚科(Agaoninae、Kradibiinae、Tetrapusiinae)的榕小蜂能够为榕属植物传粉(表1.1)。这类小蜂的雌性成虫进入接受期榕果后在雌花子房中产卵,同时也为宿主植物授粉,其幼虫将子房转变为虫瘿并吸收植物养分,发育为成虫(Herre et al., 2008)。通常认为传粉小蜂是高效的传粉者,甚至能在宿主植物种群密度很低的情况下维持植物的有性繁殖能力(Harrison, 2005; Ahmed et al., 2009; Liu et al., 2015)。

传粉小蜂具有主动和被动传粉两种方式。主动传粉小蜂的雌性成虫在出飞时会主动使用前肢上的花粉刷(pollen brush)收集花粉,并将其储存于腹部的花粉筐(pollen pocket)中,进入接受期榕果后,主动将花粉取出为宿主植物传粉;而被动传粉小蜂无花粉刷与花粉筐,或相关结构退化,榕属植物的花粉通常只能黏附于雌性成虫体表使其携带、扩散,雌蜂进入接受期榕果,在爬行寻找产卵场所的过程中,花粉掉落至雌花柱头上完成传粉(Cook and Rasplus, 2003; Herre et al., 2008)。

通过对88种传粉小蜂的传粉行为和形态结构的观察,Kjellberg (2001)发现榕果中的花药/胚珠比(A/O)以及雌性传粉小蜂是否具有花粉刷是鉴别主动与被动传粉小蜂的关键特征,主动传粉小蜂宿主榕果中的A/O小于0.16,而由小蜂被动传粉的榕果中A/O则大于0.21。目前,已知的20个传粉小蜂属中大多为主动传粉小蜂或主动与被动传粉小蜂共存,只有4个属(*Tetrapus*、*Blastophaga*、*Deilagaon*、*Waterstoniella*)的小蜂为被动传粉小蜂(Cruaud et al., 2012)。然而近期研究地果(*Ficus tikoua*)种内A/O变异发现,A/O变化范围很大,最小的仅0.096,最大的达到10.0;其中约2%的榕果中A/O小于0.16,表现为主动传粉模式,98%的榕果中A/O大于0.21,表现为被动传粉模式(Deng et al., 2016);但对其传粉小蜂(*Ceratosolen* sp.)的观察显示,传粉小蜂具花粉筐和花粉刷，并有明显的主动授粉行为（Deng et al., 2016）。

表 1.1　榕果内各小蜂类群与其宿主举例

小蜂类群	亚类群	科/亚科	宿主（部位）
传粉小蜂	传粉小蜂	Agaonidae/Agaoninae	榕（子房[①]）
		Agaonidae/Kradibiinae	榕（子房[①]）
		Agaonidae/Tetrapusiinae	榕（子房[①]）
植食性非传粉小蜂	欺诈者	Agaonidae/Agaoninae	榕（子房[②③]）
		Agaonidae/Kradibiinae	榕（子房[④]）
	造瘿非传粉小蜂	Agaonidae/Sycophaginae	榕（子房[⑤,⑥]）
		Ormyridae	榕（子房[⑦]）
		Pteromalidae/Epichrysomallinae	榕（子房[⑤,⑧]）
		Pteromalidae/Otitesellinae	榕（子房[⑤,⑧]）
		Pteromalidae/Sycoecinae	榕（子房[⑤,⑧]）
	盗食寄生小蜂	Agaonidae/Sycophaginae	榕（Agaonidae/Agaoninae 虫瘿[⑥,⑨]）
		Agaonidae/Sycophaginae	榕（Agaonidae/Sycophaginae 虫瘿[⑥,⑨]）
		Pteromalidae/Otitesellinae	榕（Agaonidae/Agaoninae 虫瘿[⑩]）
		Pteromalidae/Sycoecinae	榕（Agaonidae/Agaoninae 虫瘿[⑩]）
	种子取食小蜂	Agaonidae/Sycophaginae	榕（种子[⑨]）
		Pteromalidae/Sycoryctinae	榕（种子[⑪]）
拟寄生性小蜂	拟寄生性小蜂	Eurytomidae	Pteromalidae/Epichrysomallinae [⑫]
		Ormyridae	Eurytomidae [⑬]
		Pteromalidae/Sycoryctinae	Agaonidae/Agaoninae [⑭]
		Torymidae	Agaonidae/Kradibiinae [⑭]
			Pteromalidae/Otitesellinae [⑮]
			Pteromalidae/Sycoryctinae[⑯]
			Pteromalidae/Epichrysomallinae [⑦,⑬]
			Agaonidae/Sycophaginae [⑦,⑬]

注：① Cruaud et al., 2012；② Jandér et al., 2012；③ Zhao et al., 2014；④ Kerdelhué et al., 1999；⑤ Cook and Segar, 2010；⑥ Elias et al., 2012；⑦ Segar et al., 2014；⑧ Segar et al., 2012；⑨ Pereira et al., 2007；⑩ Chen et al., 2013；⑪ Wang et al., 2014a；⑫ Compton, 1993；⑬ Stephen Compton，个人通信；⑭ Kerdelhué et al., 2000；⑮ Wang et al.，未公开数据；⑯ Compton et al., 2009。

1.1.1.2 植食性非传粉小蜂(phytophagous non-pollinating fig wasp)

植食性非传粉小蜂是非传粉小蜂中最为常见的类型,雌蜂在榕果子房中产卵,幼虫依靠植物养分发育为成虫,它们通常不具备传粉功能。研究发现榕小蜂科中长鞘榕小蜂亚科(Sycophaginae)、金小蜂科(Pteromalidae)中隐针榕小蜂亚科(Epichrysomallinae)和 Otitesellinae 亚科的大部分物种都属这一类型(Bouček, 1988; Cook and Segar, 2010)(表 1.1)。根据能否造瘿和食源不同,可将非传粉小蜂划分为四种类型。

第一类是由于传粉小蜂的传粉能力丧失或退化,它们进入榕果内产卵,但不能给宿主植物授粉或授粉能力极低,这类小蜂被称为"欺诈者"(cheater 或 cuckoo)(Cook and Rasplus, 2003; Jandér et al., 2012; Zhao et al., 2014; 陈艳等, 2010)。这类小蜂多是宿主榕专性传粉小蜂的近缘种,属于榕小蜂科(表 1.1)。在一些因宿主转移而来的多种传粉小蜂共存的情形中,也存在"欺诈者"。如 *Ficus sycomorus* 榕果中的"欺诈者" *Ceratosolen galili* 拥有花粉筐等传粉小蜂的特征,系统进化分析表明,该物种(或其先祖)在通过宿主转移迁移至新宿主 *F.sycomorus* 之后才丧失了与传粉相关的行为(Kerdelhué et al., 1999)。"欺诈者"往往与传粉小蜂共存于同一榕果中(Wang et al., 2014a),这可能是由于"欺诈者"的适合度受宿主惩罚等因素的影响而降低,与传粉小蜂共存能够有效避免宿主植物的惩罚,提高幼虫存活率(Zhao et al., 2014)。

第二类是造瘿非传粉小蜂(galler),这类小蜂通常不进入榕果,在榕果外通过长产卵器穿透榕果果壁在子房中产卵,利用榕果植物组织产生虫瘿。大部分植食性非传粉小蜂属于这一类型(表 1.1)。不同造瘿非传粉小蜂的产卵时间与虫瘿大小存在很大差异。隐针榕小蜂亚科的种类通常在传粉小蜂产卵前就已在榕果子房内产卵,其虫瘿也显著大于传粉小蜂虫瘿,而 Otitesellinae 亚科的小蜂与传粉小蜂几乎同时产卵且虫瘿大小相似(Segar et al., 2013; Wang et al., 2015b)。对造瘿非传粉小蜂造瘿机制的研究仍处于起步阶段,认为幼虫产生的特殊毒腺分泌物是导致子房肥大进而形成虫瘿的主要原因(Borges et al., 2015)。大部分造瘿非传粉小蜂必须与传粉小蜂共存以确保适合度,因为这样可以有效逃避宿主植物惩罚,同时这些造瘿非传粉小蜂还能利用传粉小蜂雄蜂咬开虫瘿离开榕果(Herre et al., 2008; Jandér et al., 2012; Suleman et al., 2012)。少数造瘿非传粉小蜂的雄蜂也能咬开虫瘿释放雌蜂,因而能独自利用榕果,例如,榕小蜂科中长鞘榕小蜂亚科 *Apocryptophagus* 属的一些物种能寄生在雌雄异株榕的功能雄果与雌果中(Weiblen et al., 2001)。

第三类为盗食寄生小蜂(kleptoparasite 或 cleptoparasite),这类非传粉小蜂本身不能诱导虫瘿的形成,因此将卵产在传粉小蜂或造瘿非传粉小蜂已产卵的子房中,伴随着虫瘿长大而发育。这类小蜂不会直接攻击虫瘿内的造瘿非传粉小蜂,而是通过竞争营养物质将其排除(Elias et al., 2012; Borges et al., 2015)。

现有盗食寄生小蜂的报道较少(表1.1),主要是由于直接观察幼虫在虫瘿内的活动状况存在较大难度,所以往往难以将其与拟寄生性小蜂加以区分(Cook and Rasplus, 2003; Tzeng et al., 2008; Chen et al., 2013)。部分盗食寄生小蜂的雌蜂进入榕果内产卵,由于其身上带有花粉,因此偶尔也能为宿主植物传粉(Chen et al., 2013)。盗食行为可能在小蜂的进化历程中反复出现,不是一个稳定的行为特征,甚至在一些非传粉小蜂属中同时存在造瘿非传粉小蜂及竞争的盗食寄生小蜂。如长鞘榕小蜂亚科 *Idarnes* 属中的盗食寄生小蜂 *I.carme* 能产卵至同属造瘿非传粉小蜂 *I.flavicollis* 的虫瘿内,最终导致后者死亡并占据虫瘿(Elias et al., 2012)。此外,同种盗食寄生小蜂不同性别个体的生活史可能不一致。Pereira 等(2007)发现 *I.carme* 可同时利用胚珠与种子繁衍后代,其大部分幼虫占据传粉小蜂虫瘿,而有一小部分雄性幼虫则寄生于种子中。目前尚不明确盗食寄生蜂如何在资源竞争中胜出,可能与其较高的新陈代谢速率有关。

第四类为种子取食小蜂(seed predator)。取食种子的非传粉小蜂在榕果外将卵产在授粉的子房,伴随着种子发育,取食种子。有关此类小蜂的报道很少(表1.1),目前已知的专性种子取食小蜂仅有金小蜂科延腹小蜂亚科(Sycoryctinae)佩妃延腹小蜂属(*Philotrypesis*)的台湾佩妃延腹小蜂(*P.taiwanensis*),该物种通过寄生小叶榕(*F.microcarpa*)种子繁衍后代(Wang et al., 2014a)。

1.1.1.3　拟寄生性小蜂(parasitoid)

雌性成虫将卵产于宿主小蜂的虫瘿中,其幼虫杀死宿主小蜂并在宿主虫瘿中发育为成虫。通常拟寄生性小蜂在榕果外将自身较长的产卵器插入榕果内进行产卵,因此不具备传粉功能(Dunn et al., 2008; Tzeng et al., 2008; Suleman et al., 2013)。此类小蜂通过寄生宿主获取营养,然而部分拟寄生性小蜂在杀死宿主后还能继续利用虫瘿摄取植物养分(Stephen Compton, 个人通信)。与传粉小蜂相比,拟寄生性小蜂产卵时间通常较晚且存在较大的种间差异(Segar et al., 2014),这可能是由于寄生方式不同。有些拟寄生性小蜂的幼虫快速杀死宿主并以宿主残体为食,其成虫倾向于在宿主幼虫发育后期产卵以确保自身幼虫的食物资源;而其他拟寄生性小蜂种类的幼虫则长期寄生于宿主体内,因而成虫产卵较早(Ghara and Borges, 2010)。

拟寄生性小蜂的宿主通常为植食性小蜂(包括传粉小蜂与植食性非传粉小蜂)(Kerdelhué et al., 2000; Segar et al., 2012; Sutton et al., 2016)。目前,尚未有拟寄生性小蜂攻击同种类型小蜂的明确证据,但是刻腹小蜂科(Ormyridae)刻腹小蜂属(*Ormyrus*)与金小蜂科(延腹小蜂亚科)*Watshamiella* 属的部分小蜂种类可能是某些拟寄生性小蜂的天敌(Compton et al., 2009; Stephen Compton, 个人通信)。拟寄生性小蜂具有丰富的物种多样性(表1.1),如延腹小蜂亚科中有许多种类被认为是传粉小蜂的天敌(Segar and Cook, 2012; Segar et al., 2012; Suleman et al., 2013),而隐针榕小蜂亚科物种则通常是广肩小蜂科(Eurytomidae)小蜂的宿主

(Compton,1993)。尽管如此,多数拟寄生性小蜂为稀有种,这可能是由于其位于食物网顶端且常具有较高宿主专一性的缘故(Wang et al., 2015a,c)。

1.1.2 榕果内食物网结构中不同营养级间的关系

榕果内不同组分构成了一个以榕属植物为初级生产者、传粉小蜂与植食性非传粉小蜂为消费者、拟寄生性小蜂为顶级捕食者的食物网。在该食物网中不同类群小蜂间通常存在如下两种关系(图 1.1):① 拟寄生性小蜂捕食传粉小蜂;② 拟寄生性小蜂捕食植食性非传粉小蜂。除植食性小蜂外,拟寄生性小蜂也可能摄取植物养分(图 1.1)。

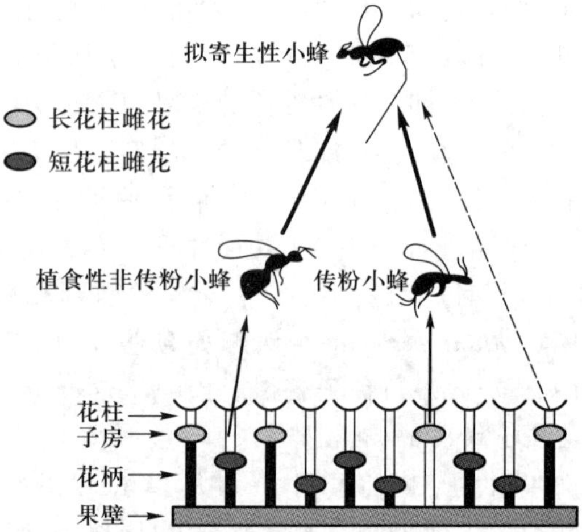

图 1.1 榕果内小蜂食物网结构。

大部分榕属植物榕果内小蜂群落的组成较为简单,非传粉小蜂的物种多样性较低(Hawkins and Compton, 1992; van Noort and Rasplus, 2010)。然而在某些榕属植物(如小叶榕)的榕果中存在 10 种以上甚至可多达 42 种的非传粉小蜂,这些非传粉小蜂与传粉小蜂构成了复杂的榕果内小蜂群落(Bouček,1988; Compton and Hawkins, 1992; Segar et al., 2014; Wang et al., 2015a)。无论复杂与否,生态系统中普遍存在通过食物网的下行(寄生/拟寄生)与上行(宿主的抵抗)调控,维持榕果内生态系统稳定与生物多样性水平。

1.2 非传粉小蜂与榕-传粉小蜂共生体系的相互作用及协同进化

1.2.1 非传粉小蜂对榕属植物有性繁殖力的影响

在榕-传粉小蜂共生体系中,传粉小蜂是榕属植物的传粉媒介,因此榕果内传粉小蜂,尤其是雌性传粉小蜂的多度反映了榕属植物的雄性繁殖力,而榕果内种子产量则是植物雌性繁殖力的体现(Dunn et al., 2008; Segar and Cook, 2012;

Liu et al., 2015)。由于非传粉小蜂同样也利用榕果中的资源(子房、营养)繁衍后代,它们的存在将影响榕属植物的有性繁殖力。

以传粉小蜂为宿主的拟寄生性小蜂能够通过寄生减少传粉小蜂数量,抑制榕属植物雄性繁殖力,然而目前尚无证据表明这类物种能够影响植物的种子产量(Segar and Cook, 2012)。拟寄生性小蜂在传粉小蜂完成传粉后产卵,因此不会直接影响榕果种子产量(Tzeng et al., 2008; Suleman et al., 2013)。此外,虽然拟寄生性小蜂对传粉小蜂有一定影响,但是它们通常无法干扰传粉小蜂的传粉效率(Segar and Cook, 2012)。尽管如此,由于拟寄生性小蜂对榕属植物雌、雄繁殖力造成不同的影响,这类小蜂能在一定程度上调控榕属植物,尤其是雌雄同株榕的相对繁殖输出(雌、雄繁殖力之比),对榕-传粉小蜂共生体系的长期维持具有重要作用(Dunn et al., 2008; Wang and Compton,未公开数据)。

与植食性非传粉小蜂相关的拟寄生性小蜂与传粉小蜂以及种子之间无直接相互作用,因此通常不会影响榕属植物的有性繁殖。相反,此类小蜂能够控制植食性非传粉小蜂的种群大小,在一定程度上缓解植食性非传粉小蜂对传粉小蜂种群与种子生产的干扰,有助于榕属植物的有性繁殖(Miao et al., 2011)。

就植食性非传粉小蜂而言,它们通常在榕果中的多度较低,一般对榕属植物有性繁殖无显著影响(van Noort and Rasplus, 2010; Segar et al., 2014)。然而,某些植食性非传粉小蜂在榕果中的多度能够达到很高水平,它们通过竞争子房(产卵机会)与植物养分,抑制榕属植物的雌、雄繁殖力。最为典型的案例是隐针榕小蜂亚科物种 *Meselatus bicolor*,其宿主植物为小叶榕,该物种能够占据榕果中大量的子房,同时其幼虫具有很强的吸收植物养分的能力,虫瘿体积可达传粉小蜂虫瘿体积的十倍以上,最终排除榕果内其他小蜂幼虫并可能导致榕果不能结实(Wang et al., 2015b)。

1.2.2　榕属植物与小蜂对寄生的响应

在榕属植物尤其是雌雄同株榕中,植食性非传粉小蜂与传粉小蜂都会占据榕果内雌花子房并消耗植物营养资源,对植物雌性繁殖力造成不利影响(Jandér and Herre, 2010; Wang et al., 2010)。如果上述寄生现象十分严重,会诱发榕属植物启动宿主惩罚(host sanction)机制,限制对植食性小蜂幼虫的营养供给并造成其死亡。这种自下而上的调控有利于榕果内生态系统的长期稳定。然而,不同榕属植物宿主惩罚的精度(榕果或子房水平)往往存在差异(图 1.2)。Jandér 等(2012)发现榕属植物 *Ficus nymphaeifolia* 的宿主惩罚仅发生在整个榕果水平,即当寄生变得严重时,整个榕果将败育并从植株上脱落,这样的惩罚机制尽管对植食性非传粉小蜂有一定控制作用,但仍然允许非传粉小蜂与传粉小蜂共存于同一榕果中。然而,Wang 等(2013)发现,在排除非传粉小蜂干扰的情况下,聚果榕(*F.racemose*)榕果中传粉小蜂幼虫死亡率与虫瘿至果壁的距离呈负相关,表明该榕属植物宿主惩罚体现在子房水平,倾向于使靠近果壁的子房发育为种子以维持榕和传粉小蜂间的互利共生。虽然诱发宿主惩罚的生理机制仍不明确，但是宿主惩罚精度可能与小蜂对榕果的寄生程度有关，并对小蜂的行为特征（如传粉小蜂的产卵行为）甚至进化历程产生深远的影响（Jandér et al., 2012; Wang et al., 2014b）。

尽管宿主惩罚机制存在于众多榕属植物中，但在某些榕属植物中并未发现该机制。在南非，引种植物小叶榕在传粉小蜂缺失、榕果无法产生种子的情况下仍然支持着多个非传粉小蜂物种（van Noort et al., 2013; Wang et al., 2015d）。宿主惩罚机制缺失可能是由于其在控制植食性非传粉小蜂寄生的同时，也能对传粉小蜂种群与植物有性繁殖造成负面影响（Cook and Rasplus, 2003）。

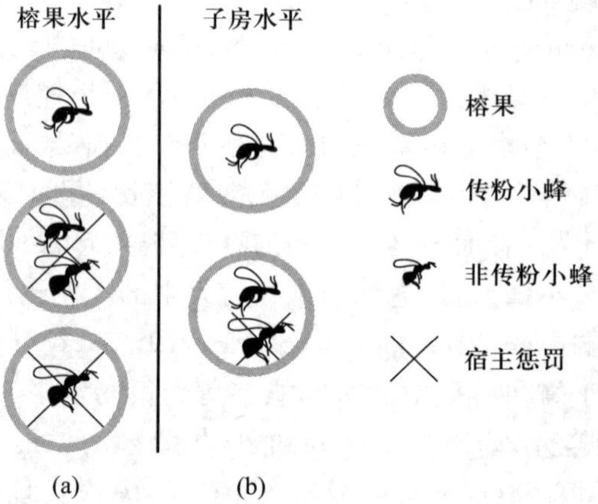

图 1.2 榕属植物宿主惩罚机制（榕果水平和子房水平）。(a) 在榕果水平上，当榕果中仅存在传粉小蜂时，通常不会触发宿主惩罚机制（上图）；如果传粉小蜂与非传粉小蜂共存并寄生大部分子房，影响植物种子生产，则可能导致宿主惩罚（榕果败育；中图）；当仅存在非传粉小蜂时，则触发宿主惩罚机制（下图）。(b) 在子房水平上，如果榕果内仅存在传粉小蜂，则不会触发宿主惩罚机制（上图）；当榕果内同时存在传粉小蜂与非传粉小蜂时，宿主惩罚将作用于非传粉小蜂，使其虫瘿败育（下图）。

植食性小蜂对拟寄生性小蜂的防御主要体现为产卵行为上的规避。就传粉小蜂而言，雌蜂倾向于在位于榕果中心区域的子房中产卵，以提高后代适合度（Nefdt and Compton, 1996; Yu et al., 2004）。由于拟寄生性小蜂通常利用较长的产卵器从榕果外向榕果内产卵，传粉小蜂的这一行为尽可能地增加了其幼虫虫瘿至榕果果壁的距离，提高了拟寄生性小蜂攻击其后代的难度（Dunn et al., 2008）。此外，雌性传粉小蜂也倾向于在位于榕果中心区域的子房中产下雄性后代，这种产卵行为能够降低雄性后代遭遇拟寄生的风险，在传粉小蜂种群性比偏雌的情况下确保后代种群的有性繁殖力（Yu et al., 2012）。与传粉小蜂相比，针对植食性非传粉小蜂防御策略的研究较少。植食性非传粉小蜂可能采取在多个榕果上多次产卵的方式,控制榕果中幼虫的密度以降低被天敌发现的概率(Wang et al., 2015d)。

1.2.3　专一性与协同进化

尽管已有研究表明,榕属植物与传粉小蜂间的对应关系不如最初认为的那样严格,但总体而言,榕与其传粉小蜂仍存在高度的专一性(Molbo et al., 2003; Machado et al., 2005; Haine et al., 2006; Chen et al., 2012; Cruaud et al., 2012; 陈艳等, 2010)。传粉小蜂与榕属植物间的系统发生关系存在高度协同的进化过程(Cruaud et al., 2012),但是某些亲缘关系非常接近的传粉小蜂与其宿主榕的系统发生史不完全匹配,表明宿主转移是导致榕与传粉小蜂间一一对应关系破裂的重要机制(Machado et al., 2005)。同时,对传粉小蜂隐存种亲缘地理学的研究发现,同一形态学物种下的不同隐存种往往呈现异域分布格局,表明隔离成种是促成隐存种产生并导致多种传粉小蜂为同一种榕属植物传粉的重要原因(Chen et al., 2012),由于传粉小蜂和榕属植物世代周期相差很大,隔离导致的传粉小蜂重复成种比较普遍,呈现一种榕属植物存在多种传粉小蜂的现象。长期协同进化过程中,榕属植物及其传粉小蜂间存在多种机制,维持榕-传粉小蜂共生体系的高度专一性,其中主要为:① 传粉小蜂根据榕属植物释放的特异性化学挥发物搜索宿主(Ware and Compton, 1994; Chen et al., 2009);② 榕属植物与其传粉小蜂在物候上相互匹配(Janzen, 1979; Herre et al., 2008; Yang et al., 2013; Liu et al., 2014; 李宏庆等, 2002);③ 传粉小蜂与榕果和雌花形态特征间存在种间特异匹配(van Noort and Compton, 1996; Weiblen, 2002; Dunn et al., 2008)。

与传粉小蜂相比,植食性非传粉小蜂的宿主专一性相对较低,经常出现一种非传粉小蜂利用多种榕属植物榕果的情况(Jousselin et al., 2006; Marussich and Machado, 2007; Silvieus et al., 2008)。拟寄生性小蜂的宿主专一性存在较大的种间差异。许多拟寄生性小蜂(例如佩妃延腹小蜂属的部分物种)拥有多个宿主(Jiang et al., 2006; Sutton et al., 2016; Stephen Compton, 个人通信),而有些拟寄生性小蜂则具有较强的宿主专一性,例如,广肩小蜂科 *Sycophila* 属物种的宿主仅限于隐针榕小蜂亚科 *Odontofroggatia* 属的小蜂(Compton, 1993; Kerdelhué and Rasplus, 1996)。

具有专一宿主的植食性非传粉小蜂或拟寄生性小蜂通常与其宿主间具有高度耦合的系统进化史,而宿主转移事件则频繁存在于那些宿主专一性较低的小蜂物种进化历程中(Jousselin et al., 2008; Silvieus et al., 2008; Zhou et al., 2012; Segar et al., 2013)。目前尚不清楚非传粉小蜂寻找、锁定宿主的具体方式,但是强烈的竞争与捕食压力是导致其发生宿主转移的潜在诱因(Yang et al., 2005; Stone et al., 2012; Segar et al., 2013)。此外,这类小蜂绝大多数在榕果外产卵,因此相比于传粉小蜂,它们不易受榕果形态特征的束缚,从而提高宿主转移发生的概率(van Noort and Compton, 1996; Marussich and Machado, 2007; Pereira et al., 2007; Cook and Segar, 2010)。

目前,对榕-植食性小蜂-拟寄生性小蜂系统进化的模式知之甚少,但是已有研究与对膜翅目中其他昆虫类群的研究表明,榕的辐射进化极有可能引发处于更高级营养级小蜂的辐射进化(Lopez-Vaamonde et al., 2005)。但是,处于不同营养级的物种进化方式往往并非严格意义上的协同成种模式,而是高营养级物种形成发生于低营养级宿主分化之后(Silvieus et al., 2008)。因此,在研究榕果内多营养级群落进化时,也必须考虑上述情况,避免过高估计宿主转移发生的频率。

1.3 榕果内食物网结构稳定性与对干扰的响应

1.3.1 生态位分化稳定食物网结构

榕属植物与其传粉小蜂共生关系的建立至少可追溯至6 000万年前,在长期进化过程中榕属植物已分化出数百个物种(Cook and Rasplus, 2003; Herre et al., 2008)。然而,Segar等(2013)发现来自不同大陆的榕属植物榕果内小蜂群落却具有相似的结构,这意味着榕果内食物网具有很高的稳定性。尽管利用相同资源(即榕果)引发的环境过滤作用以及系统进化过程中的生态位保守性往往导致近缘物种占据相似的生态位,从而引发激烈的种间竞争、降低物种多样性与食物网稳定性,但是小蜂通过榕果内生态位转移或宿主转移等方式能够实现种间生态位分化,稳定群落结构(Kerdelhué et al., 2000; Weiblen and Bush, 2002; Cook and Rasplus, 2003; Cook and Segar, 2010)。目前,对于小蜂生态位分化的研究多集中于小蜂产卵时间、产卵位置及拟寄生性小蜂宿主范围等的分化。

不同小蜂种类在产卵时间上往往存在一定差异,造成小蜂产卵时间分化,减小在榕果外壁表面的竞争,有利于不同小蜂物种共存(Cook and Rasplus, 2003; Wang and Zheng, 2008)。以*Ficus rubiginosa*为例,不同种类非传粉小蜂在榕果外壁产卵的时间存在差异,其中*Ormyrus*属的一种植食性非传粉小蜂的产卵时间早于其他物种,而*Meselatus*属物种的产卵时间较晚;在拟寄生性小蜂中,延腹小蜂亚科*Sycoscapter*属物种的产卵时间明显早于*Sycophila*属与长尾小蜂科(Torymidae) *Megastigmus*属的物种(Segar et al., 2014)。

传粉小蜂产卵后,榕果发育、膨大,果壁增厚。由于大部分非传粉小蜂在果外产卵,因此它们的产卵器长度也与榕果发育阶段相匹配。对叶榕(*F.hispida*)存在短尾佩妃延腹小蜂(*Philotrypesis pilosa*)和长尾佩妃延腹小蜂(*Philotrypesis* sp.)两种非传粉小蜂,前者产卵器较短,与传粉小蜂同期到达接受期榕果并产卵,传粉小蜂产卵并授粉6天后,长尾佩妃延腹小蜂到达并产卵,此时榕果已膨大,果壁增厚。尽管两种非传粉小蜂产卵器长度差异大,由于产卵时果壁厚度不同,均将卵产在果壁层与中间层的雌花子房内(翟树伟等,2007)。

小蜂在榕果内的产卵位置存在一定的种间差异。非传粉小蜂在榕果外产卵,主要寄生在靠近榕果果壁的雌花子房;而传粉小蜂进入榕果内产卵,产卵器长度与雌花花柱匹配,加上寿命较短,因此倾向于在位于榕果中心区域的子房中产卵(Dunn et al., 2008; Yu et al., 2012)。例如,在小叶榕榕果中植食性非传粉小蜂[主要包括台湾佩妃延腹小蜂、*Odontofroggatia galili*(隐针榕小蜂亚科)]幼虫主要占据靠近果壁的长花柱雌花,而大部分传粉小蜂(*Eupristina verticillata*)幼虫则出现在位于榕果中心区域的短花柱雌花子房中,导致榕果内被不同小蜂种类寄生的子房呈现空间分层(spatial stratification)现象(Wang et al., 2014a)。小蜂空间生态位分化在一定程度上缓和了植食性小蜂的种间竞争,有利于物种共存。

尽管拟寄生性小蜂的宿主专一性相对较低,但也具有有限的宿主范围。拟寄生性小蜂与其宿主往往具有相似的个体或虫瘿大小,例如,*Sycophila* 属小蜂与其宿主(*Odontofroggatia* 属小蜂)出现在相同大小的虫瘿中,这些虫瘿的体积约为 *Sycoscapter* 属物种宿主(传粉小蜂)虫瘿的 3 倍(Wang et al., 2015b)。宿主范围分化减弱了拟寄生性小蜂的种间竞争,有利于榕果内食物网中顶级捕食者的共存。此外,拟寄生性小蜂与宿主间存在密度制约的捕食关系,即宿主受拟寄生性小蜂攻击的概率随榕果内宿主多度的增加而增加(Suleman et al., 2013; Wang et al., 2015d)。这种捕食关系能够动态调控各拟寄生性小蜂与植食性小蜂的相对多度,促进各营养级中物种共存与食物网结构的稳定。

在雌雄同株榕中,拟寄生性小蜂的果外产卵方式迫使传粉小蜂倾向于将卵产于榕果中心区域的雌花子房,从而保障一部分靠近榕果果壁的子房不被传粉小蜂寄生,有机会接受花粉形成种子。拟寄生性小蜂不仅维持榕-传粉小蜂互利共生关系,同时也在一定程度上避免榕属植物过多启动宿主惩罚,有利于维持榕果内小蜂群落的相对稳定(Dunn et al., 2008; Jandér et al., 2012)。

1.3.2　灭绝风险及对干扰的抵御

榕及其传粉小蜂间高度的种间专一性使得该共生系统成为最易发生共灭绝的体系之一(Koh et al., 2004)。尽管榕果内小蜂群落通常具有较高的稳定性,但是榕属植物在繁殖投入上的不稳定性与环境变化(尤其是人类活动所带来的频繁环境扰动)可能会为该群落带来极大影响。榕属植物在不同花期的资源投入往往存在很大差异,导致包括传粉小蜂在内的各种小蜂种群大小剧烈波动,降低有效种群大小,提高小蜂种群局部灭绝的概率。例如,在我国长江三角洲地区,功能性雌雄异株榕薜荔(*Ficus pumila*)在 1 年中开花 2 次,其中春季时功能性雄株上接受期榕果较少,而雌株产生大量的榕果,只有少数出飞的雌蜂能够进入接受期的雄株榕果,许多小蜂进入雌株榕果,替薜荔授粉,产生种子;在夏秋季,雄株处于接收期的榕果很多,雌株则无接收期榕果,出飞的雌蜂能在雄果中大量产卵繁殖,形成大量后代,来年春季出飞的小蜂多,造成传粉小蜂种群大小的代际波动(Liu et al.,2014)。此外,有些榕属植物对生境类型有较强的偏好,例如 *F.montana* 仅分布于东南亚与南亚的河岸带地区(Berg and Corner, 2005)。因此,生境片断化将降低这类榕属植物种群大小并增加种群间隔离程度。由此引发的小种群效应(如 Allee 效应等)易导致小蜂,尤其是位于食物网顶端的拟寄生性小蜂局域灭绝。此外,全球变暖可能快速改变榕属植物的开花物候,破坏榕与小蜂间的物候匹配,威胁榕-小蜂系统的稳定(Stephen Compton, 个人通信)。

榕属植物与榕果内小蜂对上述潜在威胁也有一些应对策略。榕属植物世代周期长,在缺乏传粉小蜂的情况下,能够长期存活,有的还能依靠克隆生长使种群得以长期维持,并长期产生榕果,等待传粉小蜂的到来。例如在南非,引种植物小叶榕个体在缺乏传粉小蜂的情况下仍多年保持开花状态(van Noort et al., 2013; Wang et al., 2015d)。更为重要的是,绝大多数榕属植物具有很强的花粉和种子扩散能力,有助于维系种群间基因流并能快速恢复遭遇干扰的种群。已有研究表明,众多鸟类与食果蝙蝠以成熟榕果为食,它们能够将榕果内种子扩散至数十甚至数百公里外(Shilton et al., 1999; Shanahan et al., 2001)。传粉小蜂尽管飞行能力不强,但能借助风力远距离扩散,甚至可将花粉有效地传播至 100 km 以外(Wang et al., 2009; Ahmed et al., 2009; Zhang et al., 2014a; Tian et al., 2015)。当榕果不处于接受期,一些传粉小蜂可等待一段时间,直至榕果发育至合适阶段(Zhang et al., 2014b)。不少非传粉小蜂(包括多种拟寄生性小蜂)寿命较长且成虫能进食,具有较强的迁移能力(Wang et al., 2015a; Borges, 2015; Sutton et al., 2016),加之其宿主专一性可能较弱,因而可栖身于其他榕属植物中躲避干扰,往往能在强烈干扰后快速恢复种群大小。

1.4 展望

榕果内非传粉小蜂的研究已有逾百年的历史,非传粉小蜂具有异常丰富的物种多样性,已在不同榕属植物中发现数千种非传粉小蜂,这些小蜂与传粉小蜂和榕属植物构成多营养级生态系统(Kerdelhué et al., 2000; Cook and Segar, 2010; Segar et al., 2013; 吴文珊等, 2012)。位于食物网顶端的拟寄生性小蜂通过捕食弱化植食性小蜂的种间竞争,间接保障榕的有性繁殖力;而榕则通过惩罚机制维持自身有性繁殖力,并控制宿主多度以缓和小蜂种间竞争,维持系统稳定。

相对于榕-传粉小蜂互利共生系统,对榕果内多营养级生态系统在生态与进化方面的研究仍处于起步阶段(Cook and Segar, 2010; Segar et al., 2013)。在未来的研究中,除继续探索、发现新的非传粉小蜂物种外,应利用新一代基因分析技术(如简化基因组测序)对已有非传粉小蜂类群,尤其是高级分类单元(如科与亚科等),进行准确分类定位,确定它们的系统发生关系,揭示不同类型小蜂(如拟寄生性小蜂)的起源;在此基础上,重塑榕果内多营养级共生系统的进化过程,并分析物种进化历程中宿主转移与生态位分化等事件对榕果内生态系统结构、功能与稳定性的影响。此外,研究小蜂对宿主识别的方式,能够揭示宿主专一性的维持机制,进而可通过关联并定位小蜂与榕属植物基因组中与宿主识别相关的基因,分析物种镶嵌进化格局(Finn Kjellberg, 个人通信)。

对榕果内生态系统的认知在生物多样性保护与生物入侵防控等方面具有重要的应用价值。在制定濒危榕属植物保护策略时,不仅需要保护其栖息地、维持榕与传粉小蜂种群的稳定,而且必要时也可考虑引入传粉小蜂天敌以帮助维持榕树种子生产,避免榕果中的雌花遭遇过度寄生。同时,由于传粉小蜂传粉效率高、榕属植物有性繁殖能力强,已有多种榕属植物在引种地迅速扩张种群,威胁当地植物群落,破坏城市基础设施,成为入侵种(Mckey, 1989; Starr et al., 2003; Caughlin et al., 2012)。而在这些榕属植物的原产地,其榕果内的某些非传粉小蜂(尤其是植食性非传粉小蜂)可同时降低植物的雄性与雌性繁殖力,具有应用于生物防控的潜力(Kobbi et al., 1996; Wang et al., 2015b)。

致谢

本研究得到国家自然科学基金面上项目(31270416)、青年科学基金项目(31500302)与上海市浦江人才计划(15PJ1402100)的资助。英国利兹大学 S.G. Compton 教授对本文提供了宝贵意见。

参考文献

陈艳, 李宏庆, 刘敏, 陈小勇. 2010. 榕-传粉榕小蜂间的专一性与协同进化. 生物多样性, 18(1):1-10.

李宏庆, 马炜梁, 陈勇. 2002. 论中国的榕树和相关动物的综合研究. 生物多样性, 10(2): 219-224.

马光昌, 胡好远, 黄大卫. 2009. 昆虫对榕树的适应进化. 安徽师范大学学报: 自然科学版, 32(4):364-368.

宋波, 彭艳琼, 杨大荣. 2008. 母体亲缘关系在杨氏榕树金小蜂后代性比调节中的作用. 昆虫学报, 51(4):411-416.

王振吉, 彭艳琼, 杨大荣. 2009. 三种榕小蜂性比研究. 动物学研究, 30:170-174.

吴文珊, 张彦杰, 李凤玉, 吴敏霞, 严菊媛, 陈友铃. 2012. 细叶榕榕小蜂群落结构及动态变化. 生态学报, 32(20):6535-6542.

翟树伟, 杨大荣, 彭艳琼, 石章红, 白莉芬. 2007. 对叶榕隐头果内佩妃延腹小蜂属两种非传粉榕小蜂的繁殖特点. 昆虫学报, 50(4):389-394.

Agrawal, A. A., A. P. Hastings, M. T. J. Johnson, J. L. Maron, and J. P. Salminen. 2012. Insect herbivores drive real-time ecological and evolutionary change in plant populations. Science, 338 (6103):113-116.

Ahmed, S., S. G. Compton, R. K. Butlin, and P. M. Gilmartin. 2009. Wind-borne insects mediate directional pollen transfer between desert fig trees 160 kilometers apart. Proceedings of the National Academy of Sciences, 106(48):20342-20347.

Berg, C. C., and E. J. H. Corner. 2005. Moraceae-*Ficus*. In: H. P. Nooteboom (ed.). Flora Malesiana series I (Seed Plants). Leiden: National Herbarium Nederland.

Borges, R. M. 2015. How to be a fig wasp parasite on the fig-fig wasp mutualism. Current Opinion in Insect Science, 8:34-40.

Bouček, Z. 1988. Australian Chalcidoidea (Hymenoptera): A Biosystematic Revision of Genera of Fourteen Families, with a Reclassification of Species. Wallingford: CAB International.

Caughlin, T., J. H. Wheeler, J. Jankowski, and J. W. Lichstein. 2012. Urbanized landscapes favored by fig-eating birds increase invasive but not native juvenile strangler fig abundance. Ecology, 93(7):1571-1580.

Chen, Y., S. G. Compton, M. Liu, and X. Y. Chen. 2012. Fig trees at the northern limit of their range:The distributions of cryptic pollinators indicate multiple glacial refugia. Molecular Ecology, 21(7):1687-1701.

Chen, C., Q. S. Song, M. Proffit, J. M. Bessiere, Z. Li, and M. Hossaert-McKey. 2009. Private channel: A single unusual compound assures specific pollinator attraction in *Ficus semicordata*. Functional Ecology, 23(5):941-950.

Chen, H. H., D. R. Yang, D. Gu, S. G. Compton, and Y. Q. Peng. 2013. Secondary galling: A novel feeding strategy among 'non-pollinating' fig wasps from *Ficus curtipes*. Ecological Entomo logy, 38(4):381-389.

Compton, S. G. 1993. An association between epichrysomallines and eurytomids (Hymenoptera: Chalcidoidea) in Southern African fig wasp communities. African Entomology, 1: 123-125.

Compton, S. G., and B. A. Hawkins. 1992. Determinants of species richness in Southern African fig wasp assemblages. Oecologia, 91(1):68-74.

Compton, S. G., S. van Noort, M. Mcleish, M. Deeble, and V. Stone. 2009. Sneaky African fig wasps that oviposit through holes drilled by other species. African Nature History, 5(1):9-15.

Cook, J. M., and J. Y. Rasplus. 2003. Mutualists with attitude: Coevolving fig wasps and figs. Trends in Ecology and Evolution, 18(7):241-248.

Cook, J. M., and S. T. Segar. 2010. Speciation in fig wasps. Ecological Entomology, 35(S1): 54-66.

Condamine, F. L., F. A. H. Sperling, N. Wahlberg, J. Y. Rasplus, and G. J. Kergoat. 2012. What causes latitudinal gradients in species diversity? Evolutionary processes and ecological constraints on swallowtail biodiversity. Ecology Letters, 15(3):267-277.

Cruaud, A., R. Jabbour-Zahab, G. Genson, C. Cruaud, A. Couloux, F. Kjellberg, S. van Noort, and J. Y. Rasplus. 2010. Laying the foundations for a new classification of Agaonidae (Hymenoptera: Chalcidoidea), a multilocus phylogenetic approach. Cladistics, 26(4):359–387.

Cruaud, A., N. Rφnsted, B. Chantarasuwan, L. S. Chou, W. L. Clement, A. Couloux, B. Cousins, G. Genson, R. D. Harrison, P. E. Hanson, M. Hossaert-McKey, R. Jabbour-Zahab, E. Jousselin, C. Kerdelhué, F. Kjellberg, C. Lopez-Vaamonde, J. Peebles, Y. Q. Peng, R. A. S. Pereira, T. Schramm, R. Ubaidillah, S. van Noort, G. D. Weiblen, D. R. Yang, A. Yodpinyanee, R. Libeskind-Hadas, J. M. Cook, J. Y. Rasplus, and V. Savolainen. 2012. An extreme case of plant-insect codiversification: Figs and fig-pollinating wasps. Systematic Biology, 61(6): 1029–1047.

Deng, J. Y., R. H. Fu, S. G. Compton, D. M. Hu, L. S. Zhang, F. Yang, Y. Chen, and F. Kjellberg. 2016. Extremely high proportions of male flowers and geographic variation in floral ratios within male figs of *Ficus tikoua* despite pollinators displaying active pollen collection. Ecology and Evolution, 6(2):607-619.

Dunn, D. W., S. T. Segar, J. Ridley, R. Chan, R. H. Crozier, D. W. Yu, and J. M. Cook. 2008. A role for parasites in stabilising the fig-pollinator mutualism. PLoS Biology, 6(3):e59.

Elias, L. G., S. P. Teixeira, F. Kjellberg, and R. A. S. Pereira. 2012. Diversification in the use of resources by *Idarnes* species: Bypassing functional constraints in the fig-fig wasp interaction. Biological Journal of the Linnean Society, 106(1):114–122.

Estes, J. A., J. Terborgh, J. S. Brashares, M. E. Power, J. Berger, W. J. Bond, S. R. Carpenter, T. E. Essington, R. D. Holt, J. B. C. Jackson, R. J. Marquis, L. Oksanen, T. Oksanen, R. T. Paine, E. K. Pikitch, W. J. Ripple, S. A. Sandin, M. Scheffer, T. W. Schoener, J. B. Shurin, A. R. E. Sinclair, M. E. Soulé, R. Virtanen, and D. A. Wardle. 2011. Trophic downgrading of planet earth. Science, 333(6040):301–306.

Ghara, M., and R. M. Borges. 2010. Comparative life-history traits in a fig wasp community: Implications for community structure. Ecological Entomology, 35(2):139–148.

Haine, E. R., J. Martin, and J. M. Cook. 2006. Deep mtDNA divergences indicate cryptic species in a fig-pollinating wasp. BMC Evolutionary Biology, 6:83.

Harrison, R. D. 2005. Figs and the diversity of tropical rainforests. Bioscience, 55(12):1053–1064.

Hawkins, B. A., and S. G. Compton. 1992. African fig wasp communities: Undersaturation and latitudinal gradients in species richness. Journal of Animal Ecology, 61(2):361–372.

Heath, M. R., D. C. Speirs, and J. H. Steele. 2014. Understanding patterns and processes in models of trophic cascades. Ecology Letters, 17(1):101–114.

Heraty, J. M., R. A. Burks, A. Cruaud, G. A. P. Gibson, J. Liljeblad, J. Munro, J. Y. Rasplus, G. Delvare, P. Janšta, A. Gumovsky, J. Huber, J. B. Woolley, L. Krogmann, S. Heydon, A. Polaszek, S. Schmidt, D. C. Darling, M. W. Gates, J. Mottern, E. Murray, A. Dal Molin, S. Triapitsyn, H. Baur, J. D. Pinto, S. van Noort, J. George, and M. Yoder. 2013. A phylogenetic analysis of the megadiverse Chalcidoidea (Hymenoptera). Cladistics, 29(5):466–542.

Herre, E. A. 1999. Laws governing species interactions? Encouragement and caution from figs and their associates. In: L. Keller (ed.). Levels of Selection in Evolution. Princeton: Princeton University Press.

Herre, E. A., K. C. Jandér, and C. A. Machado. 2008. Evolutionary ecology of figs and their associates: Recent progress and outstanding puzzles. Annual Review of Ecology, Evolution, and Systematics, 39:439-458.

Howe, G. A., and G. Jandér. 2008. Plant immunity to insect herbivores. Annual Review of Plant Biology, 59:41-66.

Jandér, K. C., and E. A. Herre. 2010. Host sanctions and pollinator cheating in the fig tree-fig wasp mutualism. Proceedings of the Royal Society of London Series B: Biological Sciences, 277 (1687):1481-1488.

Jandér, K. C., E. A. Herre, and E. L. Simms. 2012. Precision of host sanctions in the fig tree-fig wasp mutualism: Consequences for uncooperative symbionts. Ecology Letters, 15(12):1362-1369.

Janzen, D. H. 1979. How to be a fig. Annual Review of Ecology and Systematics, 10:13-51.

Jiang, Z. F., D. W. Huang, L. L. Chen, W. Q. Zhen, Y. G. Fu, and Z. Q. Peng. 2006. Rampant host switching and multiple female body color transitions in *Philotrypesis* (Hymenoptera: Chalcidoidea: Agaonidae). Journal of Evolutionary Biology, 19(4):1157-1166.

Jousselin, E., S. van Noort, V. Berry, J. Y. Rasplus, N. Rφnsted, C. J. Erasmus, and J. M. Greeff. 2008. One fig to bind them all: Host conservatism in a fig wasp community unraveled by cospeciation analyses among pollinating and nonpollinating fig wasps. Evolution, 62(7):1777-1797.

Jousselin, E., S. van Noort, J. Y. Rasplus, and J. M. Greeff. 2006. Patterns of diversification of Afrotropical *Otiteselline* fig wasps: Phylogenetic study reveals a double radiation across host figs and conservatism of host association. Journal of Evolutionary Biology, 19(1):253-266.

Kerdelhué, C., I. Le Clainche, and J. Y. Rasplus. 1999. Molecular phylogeny of the *Ceratosolen* species pollinating *Ficus* of the subgenus *Sycomorus sensu stricto*: Biogeographical history and origins of the species-specificity breakdown cases. Molecular Phylogenetics and Evolution, 11(3): 401-414.

Kerdelhué, C., and J. Y. Rasplus. 1996. The evolution of dioecy amongst *Ficus* (Moraceae): An alternative hypothesis involving non-pollinating fig wasp pressure on the fig pollinator mutualism. Oikos, 77:163-166.

Kerdelhué, C., J. P. Rossi, and J. Y. Rasplus. 2000. Comparative community ecology studies on old world figs and fig wasps. Ecology, 81(10):2832-2849.

Kjellberg, F., E. Jousselin, J. L. Bronstein, A. Patel, J. Yokoyama, and J. Y. Rasplus. 2001. Pollination mode in fig wasps: The predictive power of correlated traits. Proceedings of the Royal Society of London Series B: Biological Sciences, 268(1472):1113-1121.

Kobbi, M., M. Chaieb, C. Edelin, and G. Michaloud. 1996. Relationship between a mutualist and a parasite of the laurel fig, *Ficus microcarpa* L. Canadian Journal of Zoology, 74(10):1831-1833.

Koh, L. P., R. R. Dunn, N. S. Sodhi, R. K. Colwell, H. C. Proctor, and V. S. Smith. 2004. Species coextinctions and the biodiversity crisis. Science, 305(5690):1632–1634.

Liu, M., S. G. Compton, F. E. Peng, J. Zhang, and X. Y. Chen. 2015. Movements of genes between populations: Are pollinators more effective at transferring their own or plant genetic markers? Proceedings of the Royal Society of London Series B: Biological Sciences, 282(1808): 20150290.

Liu, M., R. Zhao, Y. Chen, J. Zhang, S. G. Compton, and X. Y. Chen. 2014. Competitive exclusion among fig wasps achieved via entrainment of host plant flowering phenology. PLoS ONE, 9(5):e97783.

Lopez-Vaarnonde, C., H. C. J. Godfray, S. A. West, C. Hansson, and J. M. Cook. 2005. The evolution of host use and unusual reproductive strategies in *Achrysocharoides* parasitoid wasp. Journal of Evolutionary Biology, 18(4):1029–1041.

Machado, C. A., N. Robbins, M. T. P. Gilbert, and E. A. Herre. 2005. Critical review of host specificity and its coevolutionary implications in the fig/fig-wasp mutualism. Proceedings of the National Academy of Sciences of the United States of America, 102(S1):6558–6565.

Marussich, W. A., and C. A. Machado. 2007. Host-specificity and coevolution among pollinating and nonpollinating New World fig wasps. Molecular Ecology, 16(9):1925–1946.

McKey, D. 1989. Population biology of figs: Applications for conservation. Experientia, 45(7): 661–673.

Molbo, D., C. A. Machado, J. G. Sevenster, L. Keller, and E. A. Herre. 2003. Cryptic species of fig-pollinating wasps: Implications for the evolution of the fig-wasp mutualism, sex allocation, and precision of adaptation. Proceedings of the National Academy of Sciences of the United States of America, 100(10):5867–5872.

Nedft, R. J., and S. G. Compton. 1996. Regulation of seed and pollinator production in the fig-fig wasp mutualism. Journal of Animal Ecology, 65(2):170–182.

Pereira, R. A. S., S. D. Teixeira, and F. Kjellberg. 2007. An inquiline fig wasp using seeds as a resource for small male production: A potential first step for the evolution of new feeding habits? Biological Journal of the Linnean Society, 92(1):9–17.

Richardson, D. M., N. Allospp, C. M. D'Antonio, S. J. Milton, and M. Rejmanek. 2000. Plant invasions—The role of mutualisms. Biological Reviews, 75(1):65–93.

Rфnsted, N., G. D. Weiblen, W. L. Clement, N. J. C. Zerega, and V. Savolainen. 2008. Reconstructing the phylogeny of figs (*Ficus*, Moraceae) to reveal the history of the fig pollination mutualism. Symbiosis, 45:45–55.

Rфnsted, N., G. D. Weiblen, J. M. Cook, N. Salamin, C. A. Machado, and V. Savolainen. 2005. 60 million years of co-divergence in the fig-wasp symbiosis. Proceedings of the Royal Society of London Series B: Biological Sciences, 272(1581):2593–2599.

Schiestl, F. P. 2010. The evolution of floral scent and insect chemical communication. Ecology Letters, 13(5):643–656.

Segar, S. T., C. Lopez-Vaamonde, J. Y. Rasplus, and J. M. Cook. 2012. The global phylogeny of the subfamily Sycoryctinae (Pteromalidae): Parasites of an obligate mutualism. Molecular Phylogenetics and Evolution, 65(1):116-125.

Segar, S. T., D. W. Dunn, C. T. Darwell, and J. M. Cook. 2014. How to be a fig wasp down under: The diversity and structure of an Australian fig wasp community. Acta Oecologica, 57: 17-27.

Segar, S. T., R. A. S. Pereira, S. G. Compton, and J. M. Cook. 2013. Convergent structure of multitrophic communities over three continents. Ecology Letters, 16(12):1436-1445.

Shanahan, M ., S. So, S. G. Compton, and R. Corlett. 2001. Fig-eating by vertebrate frugivores: A global review. Biological Review, 76(4):529-572.

Shilton, L. A., J. D. Altringham, S. G. Compton, and R. J. Whittaker. 1999. Old World fruit bats can be long-distance seed dispersers through extended retention of viable seeds in the gut. Proceedings of the Royal Society of London Series B: Biological Sciences, 266:219-223.

Silvieus, S. L., W. L. Clement, and G. D. Weiblen. 2008. Cophylogeny of Fig Pollinators and Parasitoids. Berkeley: University of California Press.

Starr, F., K. Starr, and L. Loope. 2003. *Ficus microcarpa* Chinese banyan Moraceae. Available from: http://www. hear. org/starr/hiplants/reports/pdf/ficus_microcarpa. pdf.

Stone, G. N., K. Lohse, J. A. Nicholls, P. Fuentes-Utrilla, F. Sinclair, K. Schönrogge, G. Csóka, G. Melika, J. L. Nieves-Aldrey, J. Pujade-Villar, M. Tavakoli, R. R. Askew, and M. J. Hickerson. 2012. Reconstructing community assembly in time and space reveals enemy escape in a Western Palearctic insect community. Current Biology, 22(6):532-537.

Suleman, N., S. Raja, and S. G. Compton. 2012. Only pollinator fig wasps have males that collaborate to release their females from figs of an Asian fig tree. Biology Letters, 8(3):344-346.

Suleman, N., S. Raja, and S. G. Compton. 2013. Parasitism of a pollinator fig wasp: Mortalities are higher in figs with more pollinators, but are not related to local densities of figs. Ecological Entomology, 38(5):478-484.

Sutton, T. L., M. Riegler, and J. M. Cook. 2016. One step ahead: A parasitoid disperses farther and forms a wider geographic population than its fig wasp host. Molecular Ecology, 25:882-894.

Tian, E., J. D. Nason, C. A. Machado, L. Zheng, H. Yu, and F. Kjellberg. 2015. Lack of genetic isolation by distance, similar genetic structuring but different demographic histories in a fig-pollinating wasp mutualism. Molecular Ecology, 24(23):5976-5991.

Tzeng, H. Y., L. J. Tseng, C. H. Ou, K. C. Lu, and F. Y. Lu. 2008. Confirmation of the parasitoid feeding habit in *Sycoscapter*, and their impact on pollinator abundance in *Ficus formosana*. Symbiosis, 45(1):129-134.

Vanbergen, A. J., M. Baude, and J. C. Biesmeijer. 2013. Threats to an ecosystem service: Pressures on pollinators. Frontiers in Ecology and Environment, 11:251-259.

van Noort, S., and S. G. Compton. 1996. Convergent evolution of agaonine and sycoecine (Agaonidae, Chalcidoidea) head shape in response to the constraints of host fig morphology. Journal of Biogeography, 23(4):415-424.

van Noort, S., and J. Y. Rasplus. 2010. Order Hymenoptera, Chalcidoidea associated with figs (families Agaonidae and Pteromalidae). Arthropod Fauna of the UAE, 3:325–355.

van Noort, S., R. Wang, and S. G. Compton. 2013. Fig wasps (Hymenoptera: Chalcidoidea: Agaonidae, Pteromalidae) associated with Asian fig trees (*Ficus*, Moraceae) in South Africa: Asian followers and African colonists. African Invertebrates, 54(2):381–400.

Wang, H., J. Ridley, D. W. Dunn, R. W. Wang, J. M. Cook, and D. W. Yu. 2013. Biased oviposition and biased survival together help resolve a fig-wasp conflict. Oikos, 122(4): 533–540.

Wang, R., B. Ai, B. Q. Gao, S. Yu, Y. Y. Li, and X. Y. Chen. 2009. Spatial genetic structure and restricted gene flow in a functionally dioecious fig, *Ficus pumila* L. var. *pumila* (Moraceae). Population Ecology, 51(2):307–315.

Wang, R., R. Aylwin, L. Barwell, X. Y. Chen, Y. Chen, L. S. Chou, J. Cobb, D. Collette, L. Craine, R. M. Giblin-Davis, S. Ghana, M. Harper, R. D. Harrison, J. R. Mcpherson, Y. Q. Peng, R. A. S. Pereira, A. Reyes-Betancort, L. J. V. Rodriguez, E. Strange, S. van Noort, H. W. Yang, H. Yu, and S. G. Compton. 2015a. The fig wasp followers and colonists of a widely introduced fig tree, *Ficus microcarpa*. Insect Conservation and Diversity, 8(4):322–336.

Wang, R., R. Aylwin, J. Cobb, L. Craine, S. Ghana, J. A. Reyes-Betancort, R. J. Quinnell, and S. G. Compton. 2015b. The impact of fig wasps (Chalcidoidea), new to the Mediterranean, on reproduction of an invasive fig tree *Ficus microcarpa* (Moraceae) and their potential for its biological control. Biological Control, 81:21–30.

Wang, R., S. G. Compton, R. J. Quinnell, Y. Q. Peng, L. Barwell, and Y. Chen. 2015c. Insect responses to host plant provision beyond natural boundaries: Latitudinal and altitudinal variation in a Chinese fig wasp community. Ecology and Evolution, 5(17):3642–3656.

Wang, R., A. Matthews, J. Ratcliffe, L. Barwell, Y. Q. Peng, L. S. Chou, H. Yu, H. W. Yang, and S. G. Compton. 2014a. First record of an apparently rare fig wasp feeding strategy: Obligate seed predation. Ecological Entomology, 39(4): 492–500.

Wang, R., S. Segar, M. Harper, H. Yu, R. J. Quinnell, and S. G. Compton. 2015d. Between-species facilitation by male fig wasps in shared figs. Ecological Entomology, 40(4):428–436.

Wang, R. W., B. F. Sun, and Q. Zheng. 2010. Diffusive coevolution and mutualism maintenance mechanisms in a fig-fig wasp system. Ecology, 91(5):1308–1316.

Wang, R. W., Y. Yang, and N. L. Wiggins. 2014b. Asymmetric or diffusive co-evolution generates meta-populations in fig-fig wasp mutualisms. Science China Life Sciences, 57(6):596–602.

Wang, R. W., and Q. Zheng. 2008. Structure of a fig wasp community: Temporal segregation of oviposition and larval diets. Symbiosis, 45:113–116.

Ware, A. B., and S. G. Compton. 1994. Response of fig wasps to host plant volatile cues. Journal of Chemical Ecology, 20(3):785–802.

Weiblen, G. D. 2002. How to be a fig wasp. Annual Review of Entomology, 47:299–330.

Weiblen, G. D., and G. L. Bush. 2002. Speciation in fig pollinators and parasites. Molecular Ecology, 11(8):1573–1578.

Weiblen, G. D., D. W. Yu, and S. A. West. 2001. Pollination and parasitism in functionally dioecious figs. Proceedings of the Royal Society of London Series B: Biological Sciences, 268

(1467):651-659.

Yang, C. Y., R. W. Wang, G. F. Zhao, and D. R. Yang. 2005. Diet of non-pollinating wasps and their impact on the stability of the fig-pollinator mutualism. Zoological Research, 26(4): 379-385.

Yang, H. W., H. Y. Tzeng, and L. S. Chou. 2013. Phenology and pollinating wasp dynamics of *Ficus microcarpa* L. f.: Adaptation to seasonality. Botanical Studies, 54(1):1-11.

Yu, H., and S. G. Compton. 2012. Moving your sons to safety: Galls containing male fig wasps expand into the centre of figs, away from enemies. PLoS ONE, 7(1):e30833.

Yu, D. W., J. Ridley, E. Jousselin, E. A. Herre, S. G. Compton, J. M. Cook, J. C. Moore, and G. D. Weiblen. 2004. Oviposition strategies, host coercion and the stable exploitation of figs by wasps. Proceedings of the Royal Society of London Series B: Biological Sciences, 271(1544): 1185-1195.

Zhang, L. S., S. G. Compton, H. Xiao, Q. Lu, and Y. Chen. 2014a. Living on the edge: Fig tree phenology at the northern range limit of monoecious *Ficus* in China. Acta Oecologica, 57:135-141.

Zhang, Y., Y. Q. Peng, S. G. Compton, and D. R. Yang. 2014b. Premature attraction of pollinators to inaccessible figs of *Ficus altissima*: A search for ecological and evolutionary consequences. PLoS ONE, 9(1):e86735.

Zhao, J. B., Y. Q. Peng, R. J. Quinnell, S. G. Compton, and D. R. Yang. 2014. A switch from mutualist to exploiter is reflected in smaller egg loads and increased larval mortalities in a 'cheater' fig wasp. Acta Oecologica, 57: 51-57.

Zhou, M. J., J. H. Xiao, S. N. Bian, Y. W. Li, L. M. Niu, H. Y. Hu, W. S. Wu, R. W. Murphy, and D. W. Huang. 2012. Molecular approaches identify known species, reveal cryptic species and verify host specificity of Chinese *Philotrypesis* (Hymenoptera: Pteromalidae). Molecular Ecology Resources, 12(4):598-606.

第2章 物种间亲缘关系与外来生物入侵:达尔文归化谜团

黎绍鹏[①] 蒋林[①]

摘 要

在《物种起源》里,达尔文提出了两个截然相反的外来种归化假说。一方面,达尔文认为近缘种之间竞争激烈,因此土著种会抑制外来近缘种的归化,该假说被称为“达尔文归化假说”;另一方面,达尔文认为近缘种占据相似的生境,因此土著种占据的生境更适合外来近缘种的入侵,该假说被称为“预适应假说”。这两个看似矛盾的假说综合在一起被称为“达尔文归化谜团”。随着生物入侵的日益加剧和系统发育群落生态学的迅速发展,达尔文归化谜团已经成为群落生态学和入侵生物学研究的热点问题。本文尝试就该谜团的概念框架、研究进展、存在的问题和发展方向进行简要的梳理。尽管目前的研究结果莫衷一是,但我们认为对该谜团的深入研究需要充分考虑空间尺度、测度指标、入侵阶段、功能属性和现代物种共存理论等诸多方面,而对该谜团内在生态学过程的揭示将为生物入侵的预测、监控和治理提供重要的理论指导。

---

① 美国佐治亚理工学院生物系,亚特兰大,30332。

Phylogenetic Relatedness and Species Invasion: Darwin's Naturalization Conundrum

Shaopeng Li① Lin Jiang①

Abstract

The research of invasion of ecosystems worldwide has renewed two long-standing and seemingly contradictory hypotheses proposed by Darwin. On the one hand, Darwin proposed that exotic species more distantly related to native communities tended to be more successful, as they would compete less intensively with the native species, which was termed 'Darwin's naturalization hypothesis'. On the other hand, Darwin also suggested that exotic species should be favored in communities containing their close relatives, because close relatives share similar traits and may share similar environments, which was termed 'pre-adaptation hypothesis'. Together, these two opposing hypotheses constitute Darwin's naturalization conundrum. We review the studies that have evaluated this conundrum and summarize their largely inconsistent outcomes. We argue that the quest for resolving the conundrum will only be successful if appropriate scales, metrics, invasion stages, functional traits and modern coexistence theory are thoroughly considered. We believe the reconciliation of this conundrum will provide important guidelines for invasion risk assessment and management.

"*It might have been expected that the plants which have succeeded in becoming naturalized in any land would generally have been closely allied to the indigenes; for these are commonly looked at as specially created and adapted for their own country. It might, also, perhaps have been expected that naturalized plants would have belonged to a few groups more especially adapted to certain stations in their own homes.*"

"*As species of the same genus have usually, though by no means invariably, some similarity in habits and constitution, and always in structure, the struggle will be more severe between species of the same genus, when they come into contact with each other, than between species of distinct genera.*"

——达尔文《物种起源》

---

① School of Biology, Georgia Institute of Technology, Atlanta, Georgia, 30332, USA.

引言

外来生物入侵已经在全球范围内带来了大量的生态、社会和经济问题,入侵生态学已然成为生态学家研究的热点学科和重要议题。预测哪些外来生物会成为入侵种,哪些群落更容易被入侵,以及如何对生物入侵进行有效的预防、管理和控制,已经成为入侵生物学研究的核心问题。目前,大量的研究尝试通过物种的功能属性(functional trait)和形态特征来鉴定和推测潜在的外来入侵种,尤其是通过比较与资源利用效率、生殖和扩散能力相关的性状和特征来推测外来种的入侵性(Rejmanek and Richardson, 1996; Simberloff,2009; van Kleunen et al., 2010)。然而,目前很难通过功能属性和形态特征来有效地预测入侵种,尤其是在很多功能属性很难被直接测量的情况下(Kolar and Lodge, 2001; Moles et al., 2008)。近年来,随着系统发育生物学和计算方法的发展,利用外来生物和土著种的亲缘关系和进化历史来预测外来生物的入侵性以及本土群落的可入侵性已得到了广泛的关注。而最近兴起的关于物种亲缘关系和生物入侵的研究,最早可以追溯到达尔文在《物种起源》中对于外来种归化(naturalization)的洞见(Darwin, 1859)。

2.1　达尔文归化谜团的基本概念

在《物种起源》里,达尔文一开始认为和土著种亲缘关系更近的外来种更容易归化成功,因为土著种占据的环境和这些外来近缘种原产地的环境更为类似,在原产地,这些外来种对该环境已经有了一个预适应的过程,从而更容易适应本地环境而归化。这个假说被称为预适应假说(pre-adaption hypothesis)(Darwin, 1859)。但是当达尔文查阅 de Candolle (1855)关于北美物种名录的研究时,却发现了相反的格局,超过一半以上的归化种在北美当地并没有同属的土著种分布。于是达尔文抛弃了他原先的设想,转而认为和土著种亲缘关系越近的外来种越难归化成功。这是因为近缘的物种具有更为相似构造和特征,生态位重叠大,因此它们之间对于资源的竞争也更为激烈。由于强烈的竞争作用,外来种更难在已被近缘土著种占据的群落中归化。这个假说被称为达尔文归化假说(Darwin's naturalization hypothesis)。达尔文提出的这两个看似矛盾的假说综合在一起被称为"达尔文归化谜团"(Darwin's naturalization conundrum)。

达尔文归化谜团的两个假说有着一个共同的假设前提,即亲缘关系近的物种具有更为相似的形态特征和功能属性,因而更趋向于占据相似的生态位(生态位的谱系保守性,phylogenetic niche conservatism)。但是这两个假说分别侧重环境过滤(environmental filtering)和竞争排除(competitive exclusion)在群落构建中的主导作用(图 2.1)。预适应假说强调近缘的物种偏好相似的生境,和土著种亲缘关系远的外来种不适应本土的环境,环境的不适宜性阻碍其归化成功。与此相反,达尔文归化假说则侧重近缘种在占据相似生态位的同时会利用相似的资源,因而存在强烈的种间竞争(interspecific competition),而和土著种之间强烈的种间竞争会抑制近缘外来种的入侵,甚至将其从土著群落中排除出去。同时,近缘外来种与土著种共享天敌的概率更高,其天敌逃逸(enemy release)的可能性也就更低,从而也就更难入侵成功。因此,从本质上讲,达尔文的这两个假说分别强调了非生物因素(如环境过滤)和生物因素(竞争排除和天敌逃逸)在外来种入侵过程中的关键作用。

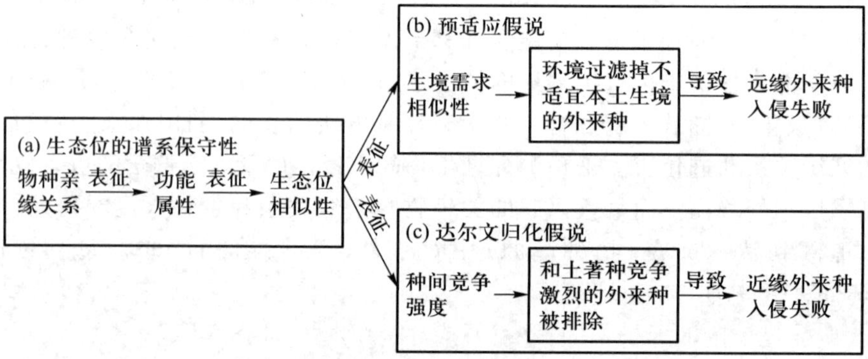

图 2.1 达尔文归化谜团的概念框架。

2.2 达尔文归化谜团的研究简史

尽管达尔文早在 1859 年就已经提出这两个彼此相悖的假说,但在此后的 100 多年间,物种间的亲缘关系与外来种归化和入侵的关系并没有得到广泛的关注,这可能是生态学和进化生物学长期分离所导致的。直到 20 世纪末,Rejmanek(1996)重新关注了相关的问题,并调查了加利福尼亚州(简称“加州”)112 种欧洲归化草本植物的科属分布。该调查发现,112 个外来归化物种当中,有 43 个种归属于 16 个加州的本地属,而其他 69 个种所归属的 39 个植物属并不存在于加州本土,并且影响和危害比较大的归化植物都没有同属的土著种,进而将达尔文对于外来种归化的推断引入生态学家的视野。随后,Daehler(2001)通过对夏威夷外来物种的研究,正式将达尔文的这一推断命名为达尔文归化假说。但是,外来归化物种的科属分布并不能作为支持或反驳达尔文归化假说的直接证据,因为很多外来种并没有被引入到入侵地,而更合理的检测方法是直接比较归化成功与失败的外来种与土著种的亲缘关系。例如,Duncan 和 Williams (2002)比较了新西兰历史上不同的外来种成功归化的概率,发现归属于本地属的外来种的归化成功率高达 45%,而不属于本地属的外来种的归化成功率只有 18%,进而证明了有同属土著种的外来种更容易成功归化,否定了达尔文归化假说。随后,相关研究不再局限于物种归化,也拓展到生物入侵的其他阶段,比如入侵后对土著种的影响和危害。Ricciardi 和 Atkinson(2004)对北美五大湖等 8 个水域的鱼类和藻类等的研究表明,能产生较大影响和危害的外来种在入侵地通常没有同属的土著种分布,进而支持了达尔文归化假说。而对劳伦斯湖等 11 个水域中物种归化的研究表明,物种的种属关系对引入的外来种的成功与否并没有显著的影响。在这篇文献中,达尔文归化假说的对立面,即达尔文最原初的设想(和土著种亲缘关系越近的外来种越容易归化成功),被正式命名为预适应假说(Ricciardi and Mottiar, 2006)。随后,Diez 等(2008)对新西兰奥克兰地区的植物群落研究表明,外来种成功归化的概率和该种所在的属的土著种数量呈正相关关系,却和这些物种的丰度呈负相关关系;同时作者也发现这些规律也会随着入侵的过程、研究的尺度和生境类型的不同而发生变化。因此作者认为,达尔文最初的两个设想虽然彼此对立,却都能得到相关证据的支持,因此将预适应假说和达尔文归化假说综合在一起,将这一悖论称为达尔文归化谜团。2010 年,Thuiller 等在 *Diversity and Distributions* 杂志上发表了一篇关于达尔文归化谜团的综述,详细地阐述了这一谜团的研究现状、发展方向以及和解的可能。至此,达尔文归化谜团的概念框架完整地构建起来了(表 2.1)。

表 2.1　达尔文归化谜团的热点文献、结论及主要学术贡献

文献	结论	主要学术贡献
Rejmanek,1996	+	在沉寂 100 多年后,重新关注达尔文关于物种归化的假说,并首次将其纳入生物入侵的研究范畴
Daehler,2001	-	总结了达尔文关于种间竞争和物种归化的假说,并将其正式命名为“达尔文归化假说”
Duncan and Williams,2002	-	指出了研究外来种的科属分布的统计缺陷,并通过比较新西兰历史上归化成功与失败的外来种,首次在真正意义上验证了物种亲缘关系对归化成功率的影响
Ricciardi and Atkinson,2004	+	扩展了达尔文归化假说的内涵,将这一假说从物种归化扩展到入侵,首次比较了入侵性和非入侵性的外来种和土著种的亲缘关系
Lambdon and Hulme,2006	0	第一次考虑了不同空间尺度下达尔文归化假说的可靠性

续表

文献	结论	主要学术贡献
Ricciardi and Mottiar,2006	0	总结了达尔文归化假说的对立面,即环境过滤导致近缘种更易成功,并将这一假说命名为"预适应假说"
Strauss et al.,2006	+	不再局限于物种科属关系的比较,第一次将系统发育树引入到达尔文归化假说的研究中来,从而量化了物种间的亲缘关系
Diez et al.,2008	-	综合考虑了不同入侵阶段和空间尺度对验证达尔文归化假说的影响,第一次将达尔文关于物种归化的这两个相悖的假说总结为"达尔文归化谜团"
Proches et al.,2008	综述	第一次系统分析了空间尺度对验证达尔文归化假说的影响,并明确指出环境过滤在大尺度上起主导作用,而种间竞争在小尺度上起主导作用
Diez et al.,2009	-	比较了澳大利亚和新西兰两个国家归化成功和失败的外来种与土著种的亲缘关系,证实了预适应假说的推测
Jiang et al.,2010	+	第一个关于达尔文归化谜团的控制性实验验证,发现近缘种的存在会抑制外来种的入侵,从而证实了达尔文归化假说的预测
Thuiller et al,2010	综述	迄今为止关于达尔文归化谜团最全面、系统的一篇综述性文章,深入探讨了空间尺度、亲缘关系衡量指标、零模型、功能属性的谱系保守性等因素对验证这一谜团的影响
Schaefer et al.,2011	+	用基于序列的分子进化树定量衡量了非入侵性和入侵性的外来种与土著种的进化距离,并发现物种的功能属性,如生活型和种子大小,可以在一定程度上预测物种的入侵性
Jones et al.,2013	模型	基于进化理论提出了物种进化历史与物种间相互作用的数学模型,强调了物种表型分化的内在机制对于揭示这一谜团的重要性
Park and Potter,2013	-	利用标记序列和分子手段构建了完整的蓟属支序图,利用这一单起源的物种类群(其他研究均包含多起源的物种类群),证实了预适应假说的推测
Bezeng et al.,2015	+	迄今为止关于达尔文归化谜团最大规模的野外观测验证,通过构建非洲南部1400个物种的系统发育进化树,支持了达尔文归化假说的预测

续表

文献	结论	主要学术贡献
Li et al.,2015a	−/+	用控制性实验的手段证明了物种亲缘关系对不同入侵阶段有不同的影响,表明外来近缘种更容易定居成功但却具有更差的生长表现,强调了考虑入侵阶段的重要性
Li et al.,2015b	−	首次将土著种的局部灭绝纳入达尔文归化谜团的研究范畴中,发现近缘的外来种更容易入侵,但入侵后会对其近缘的土著种产生更大的危害,推翻了“远缘种的共存是支持达尔文归化假说的直接证据”这一经典观点
Marx et al.,2015	+	同时利用物种亲缘关系和功能属性验证这一谜团,发现两者呈现不一致的结果:入侵种和土著种亲缘关系很接近,但是两者功能属性上却具有较大差别
Tan et al.,2015	+	利用控制性实验的手段,首次证明了土著种与外来种之间的亲缘关系,而非群落的谱系多样性,能够更好地预测群落的可入侵性

注:+,支持达尔文归化假说的预测;−,支持预适应假说的预测; 0,未发现显著的格局。该表总结了 1996—2015 年这 20 年间的部分代表性论文。

早期经典的研究往往聚焦在物种的科属关系上,但是这种分类学水平上的划分无法很好地揭示物种的亲缘关系,例如一些分类学上的大属往往包含一些亲缘关系非常远的物种。随着分子生物学技术的不断进步以及系统发育群落生态学的迅速发展(Webb et al., 2002; Cavender-Bares et al., 2009),生态学家开始利用系统发育树和谱系距离来定量衡量物种之间的亲缘关系。Strauss 等(2006)通过构建加州禾本科植物的超级树的方式,揭示了危害性强的外来种往往和土著种亲缘距离更远,这一现象符合达尔文归化假说的预期。这是生态学家第一次运用系统发育分析来研究达尔文归化谜团。系统发育群落生态学的引入大大促进了统计方法的进步和亲缘关系测度的准确性,进而导致系统分类学水平上科属关系的研究方法被逐渐淘汰。随后,Schaefer 等(2011)利用分子标记序列构建的系统发育进化树对亚速尔群岛植物群落的研究表明,外来种往往在其近缘土著种缺席的群落中具有更强的入侵性,支持了达尔文归化假说的论断。但 Park 和 Potter(2013)对加州蓟属植物的研究却得出相反的结论,利用脱氧核糖核酸(DNA)分子标记序列构建的完整蓟属支序图表明,相比入侵性弱的外来种,入侵性强的物种具有和土著种更近的亲缘关系,进而支持了预适应假说的论断。通过构建非洲南部 1 400 种本土以及外来木本植物的系统发育树,Bezeng 等(2015)发现入侵性强的外来种往往是本土乔木和灌木的远缘种,因此推测近缘种之间的竞争作用会阻碍外来种的成功入侵,进而支持达尔文归化假说的论断。综上所述,尽管随着系统发育群落生态学的发展和统计方法的日益成熟,对达尔文归化假说的验证越加普遍、规范和科学,但不同的研究往往得出不一致甚至相反的结论,使得这一谜团的解开依旧任重道远。

2.3 达尔文归化谜团的研究前沿及和解的可能

伴随着分子生物学和系统发育群落生态学的迅速发展,生态学家在达尔文归化谜团这一科学问题上取得了一系列重要的成果。但就目前的研究现状而言,不同的研究聚焦于不同的生态系统、时空尺度和生物类群,结果往往莫衷一是,这使得从物种亲缘关系的角度去揭示入侵机制变得十分困难。但是错综复杂的研究现状也为今后的发展方向提供了众多可能。本节主要总结关于达尔文归化谜团的6个前沿领域,抛砖引玉,以期对未来的研究提供一些参考和借鉴。

2.3.1 空间尺度

与其他生态学过程一样,决定生物入侵的内在生态学机制往往是尺度依赖的。Proches 等(2008)的综述文章指出,空间尺度的变化会显著影响入侵的谱系格局。例如,在小尺度下,物种之间可以近距离产生直接作用,这时生物因素,如外来种和土著种之间的种间竞争和天敌的取食,在决定生物入侵中起到主导性的作用。因此在小尺度下,达尔文归化假说的预测可能更为合理(Jiang et al., 2010)。而在较大的空间尺度下,物种之间很难直接产生相互作用,这时非生物因素作为主导因子决定了入侵的成败。环境过滤会将不适应本土生境的外来种排除出去,因此预适应假说的预测在大尺度下更具有合理性。Proches 等(2008)认为不同的研究得出不同的结论,可能是聚焦的空间尺度不同所造成的。因此达尔文归化谜团的两个假说可能在不同尺度下分别成立,而并非彼此矛盾的关系(图 2.2)。

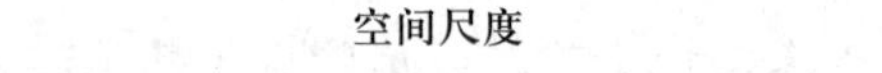

图 2.2 空间尺度与达尔文归化谜团。

随后,关于达尔文归化谜团的研究开始重点关注空间尺度的影响。例如,通过比较同一系统下多个空间尺度的入侵种的谱系格局,进而对这一问题展开验证(Lambdon and Hulme, 2006; Cadotte et al., 2009; Schaefer et al., 2011; Carboni et al., 2013)。这些研究部分证实了 Proches 等(2008)的观点,即不同尺度下外来种和土著种具有不同的谱系格局。但是空间尺度如何影响外来种和土著种的亲缘关系,以及其内在机制是什么,这些研究并没有给出一致的结论。同时,虽然空间尺度是连续的,但目前的研究尚聚焦在少数几个空间尺度的比较上,尚缺乏关于物种的谱系格局如何随着连续的尺度变化而变化的动态研究,而该类研究对于阐明尺度的影响以及谜团的内在机制将发挥重要的作用。

2.3.2　亲缘关系的测度

早期的研究通常利用物种的分类学关系来测度物种的亲缘关系,该方法默认属内的物种有着相同的亲缘关系,且属与属之间的亲缘关系是均等的。因此,这种传统的方法有着明显的弊端和缺陷。随着分子生物学方法和计算分析手段的发展,物种进化历史重建变得简单易行,因此基于进化树枝长的物种亲缘关系测度方法逐渐发展成为研究达尔文归化谜团的主流方法(Thuiller et al., 2010)。

尽管系统发育重建能够比分类学更好地测度物种间的亲缘关系,但是在测度指数的选择上依旧比较混乱且存在争议。常用的测度指标有:① 外来种与群落中每个土著种的平均距离(mean distance between each native species and the invader,*MPD*),该测度指标将所有土著种均等看待;② 外来种与群落中所有土著种距离的加权平均(mean distance between each native species and the invader, weighted by the abundance of native species,MPD_{ab}),该测度指标将所有本土著种的个体均等看待;③ 外来种与群落中最优势的土著种的亲缘距离(distance between the invader and the most abundant native species,*PD*),该测度指标强调土著优势种与入侵种的相互作用;④ 外来种与群落中最近缘的土著种的距离(distance between the invader and the closest native species,*NPD*)(Thuiller et al., 2010),该测度指标强调入侵种与其土著近缘种的相互作用。这些指标适用于测度一个入侵种和多个土著种的亲缘关系。当存在多个入侵种时,测度指标会变得更加复杂,例如用所有外来种与土著群落 *MPD* 或 *NPD* 的均值来表征某一入侵类群整体与土著群落的亲缘关系。如上所述,这些测度指标各有侧重,很难说具体哪个指标更好,需要具体情况具体考虑。指标的不统一也是目前研究结果存在广泛争议的一个重要原因。在今后的研究中,充分考虑不同指标的综合运用,以及发展更具普适性的测度指标,将是该领域一个重要的发展方向。

2.3.3　生物入侵阶段

生态学家很早就注意到生物入侵不是一蹴而就的,而是可以划分成不同的阶段,外来种必须跨越每一阶段的阻碍从而取得成功。生物入侵通常被划分成引入(introduction)、定居/归化(establishment/naturalization)和随后的扩散/影响(outcome/spread/impact)等阶段(Richardson et al., 2000; Kolar and Lodge, 2001; Levine et al., 2004; Pysek et al., 2004; Theoharides and Dukes, 2007;Seastedt and Pysek, 2011)。不同入侵阶段的影响因素及其决定机制是有差别的,例如入侵的前期可能主要是人为因素和环境因子决定的,而在入侵的后期物种间的相互作用可能起到更为关键的作用。考虑到入侵后期的扩散和影响比归化本身的重要性更高,Schaefer 等(2011)建议关注入侵过程的后期,将达尔文归化假说改名为达尔文入侵假说(Darwin's invasion hypothesis)。但是,只有充分考虑入侵的各个阶段(包括前期的引入、归化,以及后期的扩散和影响),才能完整揭示物种亲缘关系在生物入侵中扮演的重要角色。然而,目前大多数研究都是集中在某一个入侵阶段上展开(如归化、扩散或者影响)(Li et al., 2015b),而对不同研究阶段的比较研究才刚刚起步。

Diez 等(2008)的研究首先观察到入侵种的归化成功率和同属土著种的物种数呈正相关关系,但入侵种的丰富度却和同属土著种的丰富度呈负相关关系,进而提出了近缘入侵种更易归化却更难扩散的观点。尽管丰富度并不能在真正意义上表征扩散,但这是生态学家第一次关注到不同入侵阶段的格局可能是不同的。随后,Pellock 等(2013)发现达尔文归化假说适用于物种定居的阶段而不适用于后期的物种入侵阶段,明确指出达尔文归化假说的解释力是入侵阶段依赖性的(invasion stage dependent)。利用豚草(*Ambrosia artemisiifolia*)作为入侵模式生物,Li 等(2015a)通过控制性草地实验的手段,发现豚草在近缘的本地群落中密度更高但个体更小,表明近缘土著种会促进豚草的定居但会抑制其生长,进而证实了物种亲缘关系对入侵种不同生活史阶段的影响是不同的(图 2.3)。利用美国新泽西州 Buell-Small 演替研究连续 50 多年的监测数据,Li 等(2015b)研究发现,和土著种亲缘关系近的外来种更容易入侵、归化并成为优势物种,表明这三个入侵阶段均支持预适应假说的推测。但该研究同时也发现,这些外来种归化之后,会对近缘的土著种产生更大的危害,进而造成其局部灭绝,表明了综合考虑入侵种的成功和危害的重要性。目前这些研究结果是否具备普适性

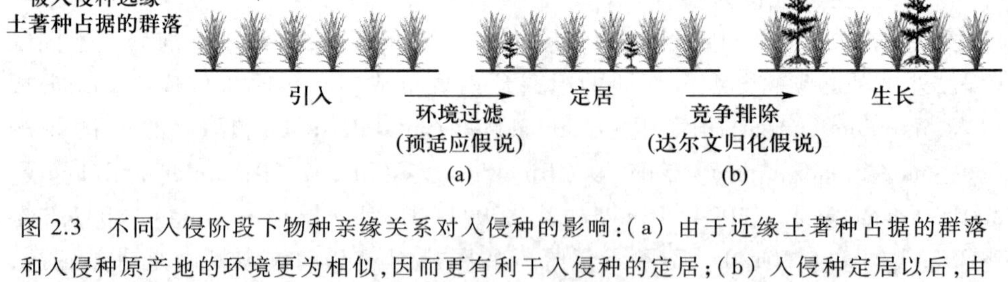

图 2.3 不同入侵阶段下物种亲缘关系对入侵种的影响:(a) 由于近缘土著种占据的群落和入侵种原产地的环境更为相似,因而更有利于入侵种的定居;(b) 入侵种定居以后,由于和近缘土著种利用相似的资源,彼此存在强烈的竞争,这时近缘种的存在可能会抑制入侵种的生长(改自 Li et al., 2015a)。

还没有定论,因此研究不同生态系统中,不同入侵种在不同入侵阶段与土著群落的相互作用,将是今后研究的一个重要方向。分阶段的研究将对于指导生物入侵的预防、控制和治理具有重要意义。

2.3.4 野外观测与控制性实验

目前,绝大部分关于达尔文归化谜团的研究都是利用野外观测手段开展的,即通过观察自然群落中外来种和土著种的亲缘关系来检测这一谜团。但是,同其他野外观测研究一样,这种通过观测格局揭示生态学过程的研究存在着明显的弊端。例如远缘的外来种与土著种共存在一起,既可能如达尔文归化假说预测的那样,是由于远缘的外来种更多地规避种间竞争而导致的,但也可能仅仅是因为远缘的外来种被更频繁地引入到土著群落中来。因此,只有通过严格控制引入的频率和密度等其他外在条件,采用控制性实验的方法,才能真正揭示生物入侵过程的内在机制。Jiang 等(2010)利用细菌构建了微宇宙(microcosm)试验系统,发现入侵种的密度随着其与土著群落的亲缘距离的增大而升高,从而证实了达尔文归化假说的推测。这也是第一个关于达尔文归化谜团的控制性实验验证。Li 等(2015a)利用研究生物多样性与生态系统功能(biodiversity and ecosystem function,BEF)的控制性草地实验系统,证明了近缘土著种会促进外来种的定居但却抑制其生长。Tan 等(2015)同样利用细菌微宇宙试验系统发现土著种与入侵种的亲缘距离,而非土著种的系统发育多样性,能够更好地预测群落的可入侵性。该研究表明近缘土著种的存在会显著降低入侵种的密度,进而支持达尔文归化假说的预测。

相比野外观测,达尔文归化谜团的控制性实验研究尚处于起步阶段。目前的研究对象仅仅是少数人工实验系统,如微宇宙和人工实验草地。将控制性实验扩展到其他生态系统,如农田、水体、森林及动物群落等,将是今后研究的一个重要方向。同时,目前的实验研究往往聚焦在一个外来入侵种上,研究得到的结论能不能推广到其他物种尚属未知。在自然界,不仅外来种与土著种存在相互作用,外来种与外来种之间可能也存在竞争或者互助的关系。因此,除了将单一的入侵种作为研究对象,今后的控制性实验应该更多关注多个入侵种同时入侵一个群落的情况,进而考虑土著群落对不同入侵种的抵御能力以及入侵种之间的相互作用,才能更好模拟自然界的真实情况。只有大力推广和发展控制性实验研究,才能在机理上解开达尔文归化谜团。

2.3.5 亲缘关系与功能属性

达尔文归化谜团的两个假说拥有一个共同前提假设,即物种之间的亲缘距离和进化历史能够表征物种之间的生态学差异,近缘物种占据相似的生态位(图 2.1)。尽管物种生态位的谱系保守性得到了越来越多的证据支持(Burns and Strauss, 2011),但是其普遍性却得到了很大的质疑(Losos, 2008;Wiens et al., 2010)。由于适应性辐射(adaptive radiation)的存在,近缘物种可以具有不同的性状并占据不同的生态位。而由于趋同进化(convergent evolution)和水平基因转移(horizontal gene transfer)的发生,亲缘关系很远的物种也可以具有相似的功能属性并占据相似的生态位。同时,生态位的谱系保守性与物种的形成机制有关,如果生态物种形成主导物种形成过程,生态位的谱系保守性往往无法成立。因此,物种生态位的谱系保守性是否成立需要进行严格的验证。不经检验地假设近缘种具有相似生态位往往会得到片面甚至错误的结论。

随着功能生态学(functional ecology)的发展,部分学者建议用功能的相似性取代亲缘距离来验证达尔文归化谜团(Thuiller et al., 2010)。但是功能属性的研究同样存在着弊端。首先,限于目前的研究手段,通常只能测定少数容易观测的功能属性,而这些功能属性能不能表征物种的生态位特征尚属未知。其次,即使克服研究手段的障碍,能够全面测定物种的功能属性,也很难确定哪些功能属性和入侵紧密相关。过多的功能属性反而会产生信息冗余,干扰对内在机制的揭示。例如,Violle 等(2011)的研究表明,物种间的亲缘关系比功能属性更好地预测物种之间的竞争强度,这表明亲缘关系可以表征一些未测定(或者无法测定)但具有谱系保守性和重要生态学意义的功能属性。因此在彻底弄清不同功能属性的生态学意义之前,功能属性研究尚无法取代亲缘关系在验证达尔文归化谜团中的作用。例如,Marx 等(2015)发现入侵种和土著种亲缘关系很接近,但是两者在功能属性上却具有较大差别。今后的一个重要发展方向是将亲缘关系和功能属性有机地结合起来(Swenson,2013),如发展同时基于功能属性和亲缘关系的物种相似性的测度指数(Cadotte et al., 2013),将对达尔文归化谜团的和解提供重要的帮助。

2.3.6 现代物种共存理论

达尔文归化谜团本质上是入侵种与土著种共存的问题。达尔文归化假说和经典的生态位理论基于一个共同的前提假设,即由于强烈的种间竞争作用,生态位越相似的物种越难以共存(Mayfield and Levine, 2010; Levine and D'Antonio, 1999)。但是 Chesson (2000) 发展的现代物种共存理论(modern coexistence theory)对这一经典观点提出了质疑。现代物种共存理论认为,物种的共存不仅取决于物种生态位的差异(niche difference),同时也取决于物种竞争能力的差异(competitive ability difference, 或 fitness difference) (HilleRisLambers et al., 2012)。因此,两个物种共存,既可能是由于两者生态位差异大而竞争强度弱导致的,也可能是两者生态位相近而竞争能力相仿导致的,从而均无法将对方从群落中竞争排除出去(图 2.4)。在达尔文归化假说的理论框架中,只考虑了物种生态位的差异而没有考虑物种竞争能力的差异,因此在理论上是不完备的。例如,即使如达尔文归化假说预言的那样,入侵种和近缘种之间存在着强烈的竞争作用,但是如果土著种在竞争能力上的优势不足以将入侵种排除出

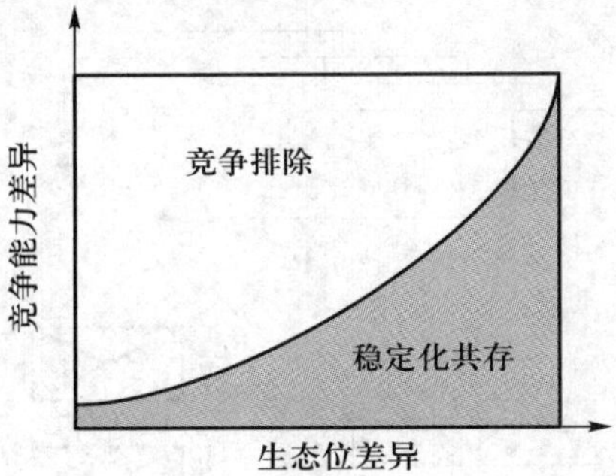

图 2.4 现代物种共存理论(Chesson, 2000)。该理论认为,物种的共存不仅取决于物种生态位的差异,同时也取决于物种竞争能力的差异,而最终能否共存由两者的相对强度决定。当两个物种的生态位差异大到足以抵消两者竞争能力的差别时,两个物种可以共存。反之,竞争能力强的物种会将竞争能力弱的物种从群落中排除出去(改自 Adler et al., 2007)。

去的话,入侵种依旧有可能在近缘土著种占据的群落中入侵成功(MacDougall et al., 2009)。

达尔文归化假说的一个重要前提假设是入侵种与近缘土著种之间强烈的竞争作用会抑制入侵种的成功定居和归化。然而,外来种,尤其是入侵性强的外来种,往往比土著种具有更强的竞争能力。因此,外来种与近缘土著种之间强烈的竞争作用未必能够抑制外来种的定居,外来种反过来会对近缘土著种产生危害。只有将土著种在入侵过程中的动态变化也纳入达尔文归化谜团的研究之中,才能全面认识物种间的亲缘关系对生物入侵的影响。利用美国新泽西州 Buell-Small 演替研究连续 50 多年的监测数据,Li 等(2015b)发现和土著种亲缘关系近的外来种更容易入侵、归化并成为优势种,从而支持了预适应假说的推测。相反地,外来种归化之后,会对近缘的土著种产生更大的危害,进而造成其局部灭绝。该研究从另一个侧面解释了为什么外来种和远缘的土著种共存,进而推翻了"远缘种的共存是支持达尔文归化假说的直接证据"这一经典观点,并将土著种的局部灭绝纳入到达尔文归化谜团的研究范畴(图 2.5)。

需要指出的是,Li 等(2015b)的研究并没有直接测定土著种和外来种之间生态位和竞争能力的差异。今后研究的一个重要方向是定量衡量现代物种共存理论的两个侧面,即生态位和竞争能力的差异,及它们对生物入侵的影响。对这一问题的深入认识依赖于我们能否准确揭示物种进化历史与物种功能属性的关系,能否弄清进化历史及功能属性与物种生态位与竞争能力差异的相关关系,以及外来种和土著种生态位和竞争能力的差异如何决定生物入侵的成败。只有厘清亲缘关系、功能属性、生态位以及物种竞争能力的相互关系,该谜团才能从根本上得到解决。

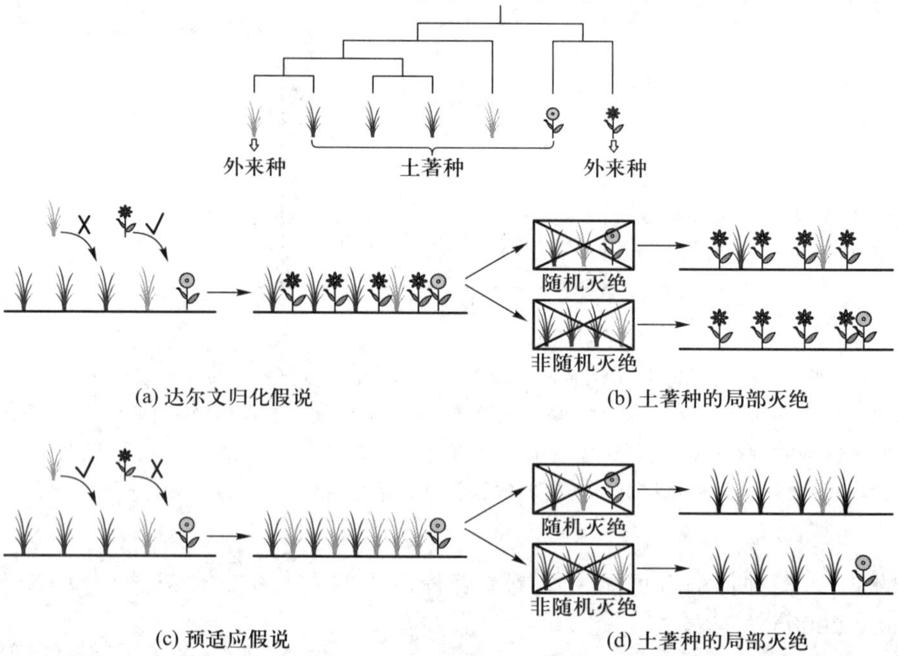

图 2.5 土著种的局部灭绝对验证达尔文归化假说的影响。野外观测研究通常无法监测入侵过程中土著种的群落动态,因此外来种和远缘土著种的共存通常被认为是支持达尔文归化假说的直接证据。但是将土著种的非随机灭绝纳入考虑范畴的话,外来种和远缘土著种的共存也可能是外来种入侵之后近缘土著种灭绝所导致的。因此,只有考虑土著种的群落动态,该谜团才能真正被揭示(改自 Li et al., 2015b)。

2.4 结语

预测外来种的入侵性和土著群落的可入侵性一直是入侵生态学的核心和难点问题。达尔文归化谜团很好地将这两个方面综合在一起,对该谜团的研究不仅对于群落生态学和进化生物学研究具有重要的理论意义,同时对于生物入侵的防治管理工作也具有重要的指导价值。尽管在过去十几年里,随着系统发育群落生态学的兴起,达尔文归化谜团的研究从理论、方法和深度上,都取得了长足的进展。然而,当前研究的结论依旧扑朔迷离,对其内在生态学过程的揭示依旧方兴未艾、任重道远。错综复杂的研究现状对于我们而言,既是挑战,也是机遇。通过这篇综述,希望对达尔文归化谜团的概念框架、研究进展以及前沿领域做相对系统的介绍,借此抛砖引玉,吸引中国的生态学家关注这一问题,促进该研究在中国的兴起和发展。

致谢

衷心地感谢邬建国教授和高玉葆教授的约稿以及在本综述撰写中给予的帮助,同时感谢两位匿名审稿人提供的宝贵修改意见。本研究得到中国国家自然科学基金国际(地区)合作与交流项目(31361123001)以及美国国家科学基金(National Science Foundation,DEB-1342754 和 DEB-1257858)的资助。

参考文献

Adler, P. B., J. H. RisLambers, and J. M. Levine. 2007. A niche for neutrality. Ecology Letters, 10(2):95-104.

Bezeng, S. B., J. T. Davies, K. Yessoufou, O. Maurin, and M. van der Bank. 2015. Revisiting Darwin's naturalization conundrum: Explaining invasion success of non-native trees and shrubs in Southern Africa. Journal of Ecology, 103(4):871-879.

Burns, J. H., and S. Y. Strauss. 2011. More closely related species are more ecologically similar in an experimental test. Proceedings of the National Academy of Sciences, 108(13):5302-5307.

Cadotte, M., C. H. Albert, and S. C. Walker. 2013. The ecology of differences: Assessing community assembly with trait and evolutionary distances. Ecology Letters, 16(10):1234-1244.

Cadotte, M. W., M. A. Hamilton, and B. R. Murray. 2009. Phylogenetic relatedness and plant invader success across two spatial scales. Diversity and Distributions, 15(3):481-488.

Carboni, M., T. Munkemuller, L. Gallien, S. Lavergne, A. Acosta, and W. Thuiller. 2013. Darwin's naturalization hypothesis: Scale matters in coastal plant communities. Ecography, 36(5):560-568.

Cavender-Bares, J., K. H. Kozak, P. V. A. Fine, and S. W. Kembel. 2009. The merging of community ecology and phylogenetic biology. Ecology Letters, 12(7):693-715.

Chesson, P. 2000. Mechanisms of maintenance of species diversity. Annual Review of Ecology, Evolution, and Systematics, 31:343-366.

Daehler, C. C. 2001. Darwin's naturalization hypothesis revisited. The American Naturalist, 158(3):324-330.

Darwin, C. 1859. On the Origin of Species. London: J. Murray.

de Candolle, A. 1855. Géographie botanique raisonnée: ou, Exposition des faitsprincipauxet des loisconcernant la distribution géographique des plantes de l'époqu eactuelle. Paris: V. Masson.

Diez, J. M., J. J. Sullivan, P. E. Hulme, G. Edwards, and R. P. Duncan. 2008. Darwin's naturalization conundrum: Dissecting taxonomic patterns of species invasions. Ecology Letters, 11(7):674-681.

Diez, J. M., P. A. Williams, R. P. Randall, J. J. Sullivan, P. E. Hulme, and R. P. Duncan. 2009. Learning from failures: Testing broad taxonomic hypotheses about plant naturalization. Ecology Letters,12(11):1174-1183.

Duncan, R. P., and P. A. Williams. 2002. Darwin's naturalization hypothesis challenged. Nature, 417(6889):608-609.

HilleRisLambers, J., P. B. Adler, W. S. Harpole, J. M. Levine, and M. M. Mayfield. 2012. Rethinking community assembly through the lens of coexistence theory. Annual Review of Ecology, Evolution, and Systematics, 43:227-248.

Jiang, L., J. Q. Tan, and Z. C. Pu. 2010. An experimental test of Darwin's naturalization hypothesis. The American Naturalist, 175(4):415-423.

Jones, E. I., S. L. Nuismer, and R. Gomulkiewicz. 2013. Revisiting Darwin's conundrum reveals a twist on the relationship between phylogenetic distance and invasibility. Proceedings of the National Academy of Sciences, 110(51):20627-20632.

Kolar, C. S., and D. M. Lodge. 2001. Progress in invasion biology: Predicting invaders. Trends in Ecology and Evolution, 16(4):199-204.

Lambdon, P. W., and P. E. Hulme. 2006. How strongly do interactions with closely-related native species influence plant invasions? Darwin's naturalization hypothesis assessed on Mediterranean islands. Journal of Biogeography, 33(6):1116-1125.

Levine, J. M., P. B. Adler, and S. G. Yelenik. 2004. A meta-analysis of biotic resistance to exotic plant invasions. Ecology Letters, 7(10):975-989.

Levine, J. M., and C. M. D'Antonio. 1999. Elton revisited: A review of evidence linking diversity and invasibility. Oikos, 87(1):15-26.

Li, S. P., M. W. Cadotte, S. J. Meiners, Z. S. Hua, H. Y. Shu, J. T. Liand, W. S. Shu. 2015b. The effects of phylogenetic relatedness on invasion success and impact: Deconstructing Darwin's naturalisation conundrum. Ecology Letters, 18(12):1285-1292.

Li, S. P., T. Guo, M. W. Cadotte, Y. J. Chen, J. L. Kuang, Z. S. Hua, Y. Zeng, Y. Song, W. S. Shu, Z. Liu, and J. T. Li. 2015a. Contrasting effects of phylogenetic relatedness on plant invader success in experimental grassland communities. Journal of Applied Ecology, 52(1):89-99.

Losos, J. B. 2008. Phylogenetic niche conservatism, phylogenetic signal and the relationship between phylogenetic relatedness and ecological similarity among species. Ecology Letters, 11(10):995-1003.

MacDougall, A. S., B. Gilbert, and J. M. Levine. 2009. Plant invasions and the niche. Journal of Ecology, 97(4): 609-615.

Marx, H. E., D. E. Giblin, P. W. Dunwiddie, and D. C. Tank. 2016. Deconstructing Darwin's Naturalization Conundrum in the San Juan Islands using community phylogenetics and functional traits. Diversity and Distributions, 22:318-331.

Mayfield, M. M., and J. M. Levine. 2010. Opposing effects of competitive exclusion on the phylogenetic structure of communities. Ecology Letters, 13(9): 1085-1093.

Moles, A. T., M. A. M. Gruber, and S. P. Bonser. 2008. A new framework for predicting invasive plant species. Journal of Ecology, 96(1):13-17.

Park, D. S., and D. Potter. 2013. A test of Darwin's naturalization hypothesis in the thistle tribe shows that close relatives make bad neighbors. Proceedings of the National Academy of Sciences, 110(44):17915-17920.

Pellock, S., A. Thompson, K. He, C. Mecklin, and J. Yang. 2013. Validity of Darwin's naturalization hypothesis relates to the stages of invasion. Community Ecology, 14(2):172-179.

Proches, S., J. R. U. Wilson, D. M. Richardson, and M. Rejmanek. 2008. Searching for phylogenetic pattern in biological invasions. Global Ecology and Biogeography, 17(1):5-10.

Pysek, P., D. M. Richardson, M. Rejmanek, G. L. Webster, M. Williamson, and J. Kirschner. 2004. Alien plants in checklists and floras: Towards better communication between taxonomists and ecologists. Taxon, 53(1):131-143.

Rejmánek, M. 1996. A theory of seed plant invasiveness: The first sketch. Biological Conservation, 78(1/2):171-181.

Rejmánek, M., and D. M. Richardson. 1996. What attributes make some plant species more invasive? Ecology, 77(6):1655-1661.

Ricciardi, A., and S. K. Atkinson. 2004. Distinctiveness magnifies the impact of biological invaders in aquatic ecosystems. Ecology Letters, 7(9):781-784.

Ricciardi, A., and M. Mottiar. 2006. Does Darwin's naturalization hypothesis explain fish invasions? Biological Invasions, 8(6):1403-1407.

Richardson, D. M., P. Pyšek, M. Rejmánek, M. G. Barbour, F. D. Panetta, and C. J. West. 2000. Naturalization and invasion of alien plants: Concepts and Definitions. Diversity and Distributions, 6(2):93-107.

Schaefer, H., O. J. Hardy, L. Silva, T. G. Barraclough, and V. Savolainen. 2011. Testing Darwin's naturalization hypothesis in the Azores. Ecology Letters, 14(4):389-396.

Seastedt, T., and P. Pyšek. 2011. Mechanisms of plant invasions of North American and European grasslands. Annual Review of Ecology, Evolution, and Systematics, 42:133.

Simberloff, D. 2009. The role of propagule pressure in biological invasions. Annual Review of Ecology, Evolution, and Systematics, 40:81-102.

Strauss, S. Y., C. O. Webb, and N. Salamin. 2006. Exotic taxa less related to native species are more invasive. Proceedings of the National Academy of Sciences, 103(15):5841-5845.

Swenson, N. G. 2013. The assembly of tropical tree communities the advances and shortcomings of phylogenetic and functional trait analyses. Ecography, 36(3):264-276.

Tan, J., Z. Pu, W. A. Ryberg, and L. Jiang. 2015. Resident-invader phylogenetic relatedness, not resident phylogenetic diversity, controls community invasibility. The American Naturalist, 186(1):59-71.

Theoharides, K. A., and J. S. Dukes. 2007. Plant invasion across space and time: Factors affecting nonindigenous species success during four stages of invasion. New Phytologist, 176(2): 256-273.

Thuiller, W., L. Gallien, I. Boulangeat, F. de Bello, T. Munkemuller, C. Roquet, and S. Lavergne. 2010. Resolving Darwin's naturalization conundrum: A quest for evidence. Diversity and Distributions, 16(3):461-475.

van Kleunen, M., E. Weber, and M. Fischer. 2010. A meta-analysis of trait differences between invasive and non-invasive plant species. Ecology Letters, 13(2):235-245.

Violle, C., D. R. Nemergut, Z. Pu, and L. Jiang. 2011. Phylogenetic limiting similarity and competitive exclusion. Ecology Letters, 14(8):782-787.

Webb, C. O., D. D. Ackerly, M. A. McPeek, and M. J. Donoghue. 2002. Phylogenies and community ecology. Annual Review of Ecology, Evolution, and Systematics, 33:475-505.

Wiens, J. J., D. D. Ackerly, A. P. Allen, B. L. Anacker, L. B. Buckley, H. V. Cornell, E. I. Damschen, T. J. Davies, J. A. Grytnes, S. P. Harrison, B. A. Hawkins, R. D. Holt, C. M. McCain, and P. R. Stephens. 2010. Niche conservatism as an emerging principle in ecology and conservation biology. Ecology Letters, 13(10):1310-1324.

外来种生态影响评估和风险分析:数量方法、机制过程与实践应用

第3章

徐猛[1] 韦慧[1] 罗渡[1] 顾党恩[1] 牟希东[1]
胡隐昌[1]*

摘 要

外来种入侵是当今全球变化的主要特征之一,其对生态系统安全和社会经济发展产生了严重的危害。长期以来,生物入侵的研究焦点集中在引入、建群及扩散阶段的机制探索,而对于生态影响评估的量化研究则相对滞后。生态影响研究缺少系统的理论框架是造成这种现象的主要原因之一。近年,入侵生态学家对这些问题进行了更深入的思考,提出了一些有用的定义和概念框架,大大丰富了我们对于外来种生态影响的认识和理解。同时,涉及管理及应用的外来种入侵风险分析(分析外来种引入、建群、扩散和影响各阶段的风险,以评估其形成入侵的能力)也在定量分析及模型预测方面取得了较快发展。本文首先对生态影响的定义、测度方法、影响机制等基础研究问题进行综述,而后对风险评估的理论框架和分析方法进行综合分析,以期促进我国外来种生态影响的科学研究和入侵风险的实践评估。

① 中国水产科学研究院珠江水产研究所,农业部休闲渔业重点实验室,广州,510380。

* 通讯作者,Email:huyc22@ 163.com。

Ecological Impacts Assessment and Risk Analysis of Alien Species: Quantitative Approach, Mechanism and Process

Meng Xu[①] Hui Wei[①] Du Luo[①] Dangen Gu[①] Xidong Mu[①] Yinchang Hu[①] *

Abstract

Alien species invasion is one of the main characteristics of global change, which have caused great damages to ecosystem safety and economy. So far, numerous researches focused on the mechanical processes of introduction, establishment and spread of alien species, whereas the quantitative assessment of ecological impacts was still little studied. The lack of theoretical framework is the possible reason of this phenomenon. In recent years, by rethinking the aspects of definitions, mechanisms and approaches, ecologists have achieved great advances in understanding and prediction of ecological impacts. Meanwhile, the risk assessment of alien species, which analyzes the risk of introduction, establishment, spread and damage, with respect to quantitative analysis and model prediction, has made great progress as well. In this study, we reviewed the definitions, measurements, mechanisms and research methods of ecological impacts, and theoretical framework and evaluation methods of risk assessments in order to promote the scientific research of ecological impacts and practical assessment of alien species.

引言

随着国际贸易的发展,越来越多的物种被有意或无意地带入新的区域,其中一部分物种在新的区域逃逸后,建立自我维持种群、扩展分布区,产生了严重的生态和经济影响(Hulme, 2009)。在过去很长的一段时间里,生物入侵的研究焦点主要集中于两个方面(Williamson and Fitter, 1996a; Kolar and Lodge, 2001):物种本身的哪些特性使其容易成为入侵种?具有哪些特征的群落容易被入侵?目的在于寻找广适性的理论或模型,预测外来种在何时何地能够成功入侵,产生什么样的影响,以采取相应的管理措施。但对外来种生态影响(eco-

① Key Laboratory of Recreational Fisheries Research, Ministry of Agriculture, Pearl River Fisheries Research Institute, Chinese Academy of Fishery Sciences, Guangzhou, 510380, China.

* Corresponding author, Email: huyc22@ 163.com.

logical impacts)自身的研究却相对滞后,对于这些物种如何影响土著种、群落或生态系统,仍缺乏理论基础和模型预测(Pyšek and Richardson, 2010; Hulme et al., 2013; Simberloff et al., 2013)。尤其是考虑到外来种的入侵性(invasiveness)并不能预测其对本地生态系统产生的影响(Ricciardi and Cohen, 2007),生态影响的研究应是入侵生态学未来研究的重点任务。系统开展外来种生态影响和风险评估工作能够为制定管理政策提供理论依据和技术支撑,使得有限的资源应用到高风险和强影响的对外来种的防控中。

3.1 生态影响的概念及测量方法

长期以来,生态学家和政策制定者已意识到外来入侵种产生的生态影响,如降低物种多样性、改变生态系统功能等。但是,如何准确地定义这种影响?如何确定某一种外来种的影响大于其他外来种?如何确定一个外来种对一个区域的影响大于其他区域?很少有明确的回答。造成这种现象的很大一部分原因是缺少统一的理论框架来定义、测量和比较生态影响,同时大的时空变异性也使得一些评估方法和个例研究很难推广。生态影响是外来种引入导致的生态系统特征的可测量的变化(Ricciardi et al., 2013)或显著的变化(Pyšek et al., 2012; Simberloff et al., 2013)。这一定义潜在地表明任何外来种都有可能产生影响,这些影响可能是正的也可能是负的,且影响的强度是连续变量,能够跨不同时空尺度开展比较。生态影响能够在各个水平上开展测量和比较,如其对个体存活和生长、种群多度和遗传、群落物种丰富度、组成和营养级结构以及生态系统物质循环和能量流动的影响等。外来种可能自其被引入之日,尚未建立种群和广泛扩散时便产生影响,而并非如以往所认为的产生影响是引入、定殖、扩散后的最后一个环节(Ricciardi et al., 2013)。入侵性与生态影响之间需要仔细区分,入侵性是外来种建立种群或扩散的能力,而生态影响强调的是外来种对土著种、种群、群落和生态系统的效应(Ricciardi and Cohen, 2007)。辨识生态影响与入侵性之间的联系与区别是开展生态影响评估的重要前提。

Jeschke 等(2014)认为定义外来种的影响应考虑四个方面的关键问题:① 方向性。在研究外来种的影响时,仅仅考虑负向的作用,还是综合分析其可能产生的正、负双向效应?前者可能仅仅用于检测其是否有害的风险分析中,而双向分析能够使我们更好地理解外来种引入所引起的获益与危害效应的权衡。② 分类与测量。是基于影响自身的方向和强度去评估和量化外来种的影响,还是将人类的价值观念清晰地考虑在内?一些科学家和国际贸易管理机构采用后者去定义影响(Davis et al., 2011),而其他一些入侵生物学家则中性地分析外来种诱发的影响(Simberloff, 2011; Ricciardi et al., 2013)。③ 生态影响与经济和社会影响。在定义影响时,是仅考虑外来种引入对土著种种群密度、群落结构、物种多样性等的生态影响(Pyšek et al., 2012; Ricciardi et al., 2013; Kumschick et al., 2014),还是综合考虑对经济发展如对农、林、水产业和人类健康的影响(Kumschick et al., 2012)?需要注意的是虽然两者紧密相关,但强的生态影响并不一定伴随着强的社会和经济影响,正如强的入侵性并不能预测强的生态影响(Ricciardi and Cohen, 2007)。本章考虑引入物种所导致的生态影响,而社会和经济等的影响不在探讨之列。④ 研究的尺度。空间(局域、区域、国际的、洲际的、全球的等)和时间(间歇性的、季节性的、瞬时的、永久的)尺度的不同可能使影响评估的结果发生偏差,甚至逆转。例如,局域尺度上外来种的引入可能使得物种丰富度增加,而在全球尺度上则可能导致土著种或局部稀有物种的灭绝,进而导致物种丰富度的降低(Sax and Gaines, 2003);局域尺度上土著种丰富度与外来种丰富度一般为负相关关系,而在区域尺度上两者更趋向为正相关(入侵悖论,invasion paradox)(Shea and Chesson, 2002; Fridley et al., 2007)。外来种引入的生态影响也因引入时间的不同而有很大的差异(Dostal et al., 2013)。

为了量化评估生态影响,应测量三个主要变量:分布区大小(range size),密度(density, 单位面积内的个体数或生物量)以及单位效应强度(*per capita* effect)(Parker et al., 1999)。一个物种整体的生态影响应是三者之积,即生态影响(i)= 分布区大小(R)×密度(D)×单位效应强度(E)。这一简单公式使得能够在不同物种以及同一物种在不同研究点和研究时间进行生态影响比较。该公式已得到普遍认可,对生态影响的系统评价研究产生了重要影响。当前,大多外来种单位效应强度并没有得到测量,生态影响的评估大多基于密度和分布区大小。这可能使得入侵性和实际的生态影响产生混淆(Ricciardi et al., 2013)。考虑到入侵性并不能很好地预测物种的生态影响(Ricciardi and Cohen, 2007),这种替代评估可能使得对生态影响的评估产生偏差,因而对外来种的单位效应强度进行测量和估计成为必须。

传统的动物取食的功能反应模型可以估计出一些单位效应强度,如袭击率(attack rate)、处理食物时间(handling time)和潜在最大取食率(maximum feeding rate)(Holling, 1959)。基于此,Dick 等(2013)提出了一整套的基于资源利用的比较功能反应(comparative functional response)方法来评估和预测外来种的生态影响:① 对需要评估和比较的物种,设计和开展统一的功能反应试验。功能反应测量资源供给量与取食量之间的关系,因而试验中设计不同的资源密度(考虑资源消耗后替代和非替代的效应),测量并记录取食量及取食率即可。② 对功能反应的具体模型形式开展评估和比较。常用的功能反应模型包括三种(类型Ⅰ、Ⅱ、Ⅲ,图 3.1),为了区分具体的模型形式,需要采用逻辑斯谛回归对取食率数据进行拟合后考察模型系数(Juliano, 2001)。不同的功能反应类型对被取食种群的潜在影响不同,如类型Ⅱ反应中捕食种群对低密度的被捕食者有更高的取食率(斜率更大),因而可能导致被捕食者的灭绝,为非稳定型(de-stabilization);而类型Ⅲ反应中,当被捕食者种群的密度低于一定的阈值,取食效率降低(斜率降低),因而可能使被捕食种群持续存在,为稳定型(stabilization)。③ 找到对应的功能反应模型类型后,选择针对这一类型的具体功能反应模型,并拟合出参数。④ 比较外来种与土著种或外来种之间的功能反应曲线及具体的机制性参数;⑤ 将野外调查的实际影响数据与模型参数的比较结果相互对照,或进一步拟合数量反应(numerical response)方程,对种群的发展进行预测(Xu et al., 2016)。常用的类型Ⅱ功能反应模型有霍林圆盘方程:

$$Ne = \frac{aN}{1 + ahN} \tag{3-1}$$

式中,Ne 是资源消耗量,N 是资源供给量,a 是袭击率,h 是处理时间。说明取食过程中被捕食者消耗的 Rogers 随机捕食者方程也常用来描述类型Ⅱ反应模型:

$$Ne = N\{1 - \exp[a(Neh - T)]\} \tag{3-2}$$

式中,T 是实验时间,其他参数含义与公式(3-1)相同。

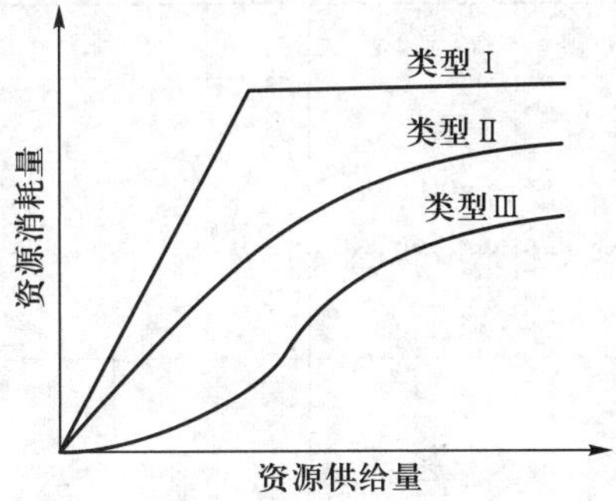

图 3.1　三种常见的功能反应模型类型。

总体来说,这是一种简单可行的预测和比较生态影响的方法,为我们衡量和比较生态影响提供了一个重要思路,并可以推广到其他组织水平和时空尺度的比较中(Iacarella et al., 2015; Xu et al., 2016)。然而,需要注意的是,该方法假设外来种对资源的利用是衡量其生态影响的唯一因素,且仅仅考虑了单位效应强度对潜在生态影响的效应,忽略了 Parker 等(1999)公式中的分布区大小和密度。将功能反应模型与密度及分布区大小整合考虑应能够更好地评估外来种潜在的生态影响。

除了基于功能反应模型估计单位效应强度,其他基于实验的相互作用强度的测量方法亦可用以量化外来种的单位效应强度,常见方法参见表 3.1。除此之外,Berlow (2004)详细比较了各种食物网相互作用强度的测量方法,通过整合这些方法到 Parker 等(1999)公式,可以量化评估外来种的潜在生态影响并开展比较。

"密度-影响曲线"为量化评估外来种生态影响提供了另外一种思路 (Yokomizo et al., 2009; Jackson, 2015) (图 3.2)。通过分析外来种种群密度[相当于 Parker 等(1999)公式中的分布区×密度]与生态影响的线性及非线性关系的具体形式,根据密度指标(比较容易测量)直接预测生态影响,因而不再需要测量单位效应强度。同时,不同于 Parker 等(1999)公式中假定的线性关系,"密度-影响曲线"具体分析了可能存在其他形式的非线性关系。例如 Jackson (2015)研究了入侵鱼类 *Pseudora boraparva* 的种群密度与其生态影响的关系,发现该鱼类种群密度与浮游动物的体质量、多样性和多度之间存在不同响应曲线。而且,对底栖无脊椎动物与浮游动物的影响曲线也不同。该方法对于评估特定物种的影响,有针对性地采取更经济有效的管理策略具有重要意义。然而,因为不同物种可能具有不同的响应曲线,如果想对不同外来种的生态影响开展比较,则需要分别测量各个种的响应曲线,这相比于测量单位效应强度可能更加困难。

表 3.1 测量单位效应强度的常用实验指数

测量指数名称	公式	测量指标	参考文献
原始消耗(raw consumption, *RC*)	$(N_{+P}-N_{-P})/(PT)$	单位时间内单位取食者的取食量	Parker and Hay, 2005; Jogesh et al., 2008; Wong et al., 2010
佩恩指数(Paine's index, *PI*)	$(N_{+P}-N_{-P})/(PTN_{-P})$	单位时间内单位取食者的相对取食量	Paine, 1992; Berlow et al., 1999; Novak and Wootton, 2010
动态指数(dynamic index, *DI*)	$\ln(N_{+P}/N_{-P})/(PT)$	单位时间内单位取食者取食的 log 反应比	Wootton, 1997; Berlow et al., 1999; O'Connor, 2009; Rall et al., 2009

注:N_{+P}和N_{-P}分别指消费者存在及对照条件下的资源生物量或多度。*P* 为消费者密度,*T* 为实验时间。

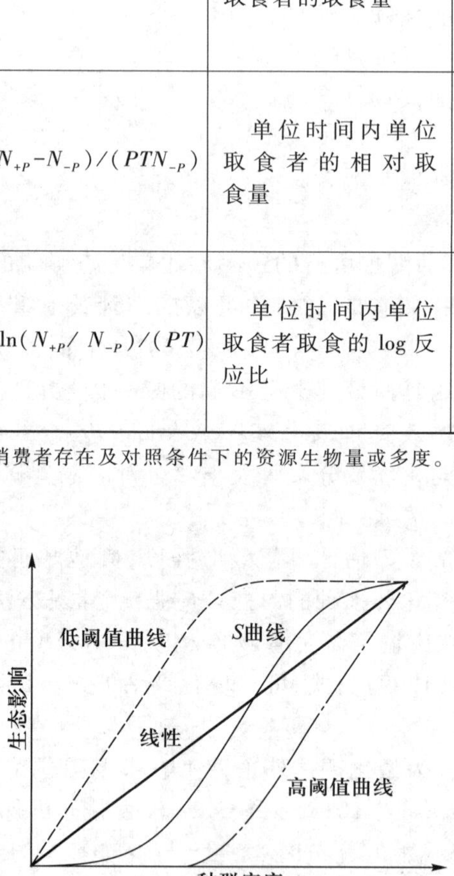

图 3.2 外来种种群密度与生态影响的潜在关系(改自 Yokomizo et al., 2009; Jackson, 2015)。

3.2 驱动生态影响的相关机制

入侵生态学机制的分析主要集中在拓殖过程（引入、定殖、扩散）的机理分析，而对于生态影响产生的机制却较少涉及。虽然两者之间相互联系，但是拓殖成功的机制可能并非是驱动生态影响产生的直接原因，一些微妙的间接相互作用可能对生态系统的结构和功能产生重要影响（Ricciardi et al., 2013）。

外来种自身的特征是其产生生态影响的重要原因。① 外来种的行为和生活史性状特征（繁殖力、体质量、攻击性等）可能确定了其对土著群落的影响，例如更高的资源利用效率已经发现与更强的生态影响相互联系（Dick et al., 2013; Xu et al., 2016）。② 高的繁殖力可能使外来种迅速扩大种群，占据空间生态位，因而可能增加其生态影响。但是，高的繁殖力可能与其低的扩散和竞争能力相互联系（竞争-拓殖假说）（Tilman, 1997），高的繁殖力可能增加外来种的密度和分布区大小，但同时降低其单位效应强度，因而与生态影响可能存在非线性的关系（性状相关的假说，traits-based hypothesis）。③ 更高的营养位置（trophic position）可能导致更强的生态影响，即取食（捕食、植食、杂食等）相比竞争作用可能对土著群落和生态系统产生更严重的生态影响；顶级捕食者可能有最强的生态影响（Elton, 1958）。虽然强生态影响的物种与取食作用相关联，然而复杂的食物网相互作用使得该假说的普遍性受到质疑（营养相关的假说，trophic hypothesis）。④ 外来种逃脱起源地专一性天敌的取食（天敌逃逸假说，enemies release hypothesis）（Callaway and Aschehoug, 2000; Keane and Crawley, 2002），在入侵地遭遇非协同进化的天敌或被捕食的相互作用（进化新奇假说，evolutionary novelty hypothesis）（Parker et al., 2006），利用入侵地空余生态位（生态位相关的假说，niche-based hypothesis），并因此可能将更多的能量分配到自身的生长或繁殖中使其竞争能力增强（竞争力增强进化假说，evolution of increased competitive ability hypothesis）（Coley et al., 1985; Blossey and Notzold, 1995），可能加剧其生态影响。这四种假说常被用来解释外来种的入侵性，但它们对生态影响的直接或间接的效应很少被测试。考虑到这些假说在解释入侵性的过程中本身存在较大争议，在检验其与生态影响的相互关系时需要更精细的实验设计和假设检验。⑤ 引入的外来种可能释放独特的化感物质、具有不同于土著种的资源利用能力和行为特征（新武器假说，novel weapons hypothesis）（Callaway and Ridenour, 2004; Cuddington and Hastings, 2004; Cappuccino and Arnason, 2006），并且可能改变入侵地的生境特征以利于自身的生长和繁殖（生态系统工程师，ecosystem engineer），借此对土著群落和生态系统产生影响。大量的研究已表明外来种可以释放特定化感物质（Cappuccino and Arnason, 2006），影响土著种而利于自身的定殖，特定入侵种的生态系统工程师效应也已有报道（Crain and Bertness, 2006)，进一步探讨它们的生态影响效应无疑可以增强我们对外来种风险评估的能力。⑥ 一个物种一次引入的个体数和引入的次数可能决定了这个物种建立自我维持的种群的能力（繁殖体压力假说，propagule pressure hypothesis）(Lockwood et al., 2005)。通过分析繁殖体压力与种群增长率的关系，可以检验其是否潜在地影响了外来种的生态效应。另一方面，引入的外来种的种、亚种、基因型的数目也潜在地影响外来种的生态效应（拓殖压力假说，colonization pressure hypothesis）(Lockwood et al., 2009)。

群落自身的特征，如物种多样性、生产力、受干扰的程度等可能确定了哪些群落更易受到外来种的影响。① 多样化的群落应当有更少的空余生态位且有更大的可能性包含较强竞争者或捕食者，因而可能限制外来种定殖和扩散的能力、降低外来种引入所带来的生态影响（生物抗性假说，biotic resistance hypothesis）(Levine et al., 2004)。虽然该假说起初被提出来解释外来种定殖的成功与否，但与限制外来种的建群相比，其对于降低外来种的影响可能起到更重要的作用。② 土著群落中包含的土著种与外来种系统发育关系可能影响外来种对土著群落和生态系统的生态影响。更远的谱系关系可能使外来种面临更少的相似生态位物种的竞争，遭受更少的与土著种有协同进化关系的掠食者或植食者的取食作用，因而可能增加定殖能力、加剧其生态影响（达尔文归化假说，Darwins naturalized hypothesis）(Darwin, 1859; Rejmanek, 1999)。但是，该假说至少面临两方面的挑战：① 更远的谱系关系可能降低外来种适应本地环境的能力，这与其遭遇的生物相互作用可能存在权衡关系（Duncan and Williams, 2002; Diez et al., 2008; Thuiller et al., 2010）；② 非协同进化的物种取食关系对捕食者/植食者更有利，还是对猎物/植物更有利？如果协同进化使得本地植食者具有更强的取食本地植物的能力，那么其对非协同进化的外来植物有更低的压制作用（天敌释放，enemy release）(Verhoeven et al., 2009)，并且与本地植物亲缘关系越远的外来植物遭受的压制效应越低，这与达尔文归化假说相符（Ricciardi and Atkinson, 2004，Strauss et al., 2006）；而如果协同进化使得本地植物具有更强的抵御本地植食者的能力，那么非协同进化的外来植物遭受本地植食者更强的压制作用（生物抗性，biotic resistance），并且与本地植物亲缘关系越远的外来植物遭受的压制效应越强，这与谱系分离假说的预测相反（Ricciardi, 2006）。这种谱系相关的外来种与土著群落的相互作用具有复杂的、微妙的关系，其对外来种生态影响的调节作用需要更深入的研究和检验。

非生物环境能对外来种的生态效应产生直接的影响，同时也可能通过调节外来种与土著群落的相互作用间接影响这种生态效应。外来种的生态影响具有大的时空异质性（spatio-temporal heterogeneity）和环境依赖性（context-dependence）。① 时空异质性可能通过为土著种形成避难所或直接限制外来种的多度来影响外来种的生态影响。如果随着环境的改变，土著种与外来种获取资源的能力发生改变，可能导致两者的共存，潜在地降低影响；或导致天敌释放的产生，潜在地加剧影响（Fey and Herren，2014）。一些研究已表明相比于异质环境，均质的环境中外来种有更大的生态影响（Melbourne et al.，2007）。将来的研究需要更深入地检验时间尺度上环境的变异对外来种生态影响的效应。② 局部环境状况能够影响外来种的存活和繁殖（生境过滤效应，habit filtering effect），不适应的环境条件可能限制外来种的种群增长和单位效应强度，潜在影响其生态效应。基于此，Ricciardi 等（2013）提出外来种的最大的单位效应强度或多度发生在外部环境状况处于其生理最佳值时（环境匹配假说，environmental matching hypothesis）的假说。该假说预测外来种的生态影响（多度或单位效应强度）随着外部环境偏离其生理最佳值而逐渐降低（Iacarella et al.，2015），并且与生物相互作用的特性存在交互影响（图 3.3）。③ 干扰（disturbance）可以通过完全移除土著种为外来种释放空间，也可以通过改变非生物条件降低土著种的适应性，进而增加外来种的种群增长或单位效应强度，加剧其生态影响（Lockwood et al.，2013）。

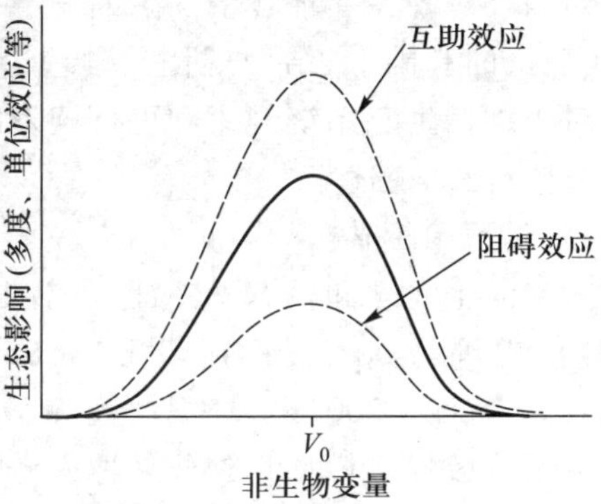

图 3.3　非生物环境、生物相互作用与生态影响的关系。入侵种的生态影响随环境变量与其生理最佳值距离的增加而降低，并受物种相互作用关系的影响（改自 Ricciardi et al.，2013）。

驱动外来种产生生态影响的机制与成功入侵的机制相互联系，但有所区别，清晰地辨识这些不同的机制是预测外来种生态影响、评估其入侵风险的前提条件之一。物种自身特性、入侵地群落特征和非生物环境均可能影响外来种的入侵性，然而导致强入侵性的过程并不一定驱动强的生态影响，低的入侵性也不一定预测弱的生态影响。当前，对以上生态影响假说的检验较少，生态学者在未来的研究中应有针对性地设计具体实验以验证相关假说，提升生态影响评估的能力。

3.3　外来种风险评估的方法和技术体系

著名的 Williamson 十分之一法则指出，在外来种入侵的三个阶段中（逃逸、建群、变成有害生物),逃逸后能够建群的物种只有5%~20%,建群后变成有害生物的物种也只有5%~20%。为什么只有5%~20%的物种能够成功入侵呢?这毫无疑问与外来种的特性(繁殖体压力及种群动态)及其所入侵的生境有关(Williamson and Fitter, 1996b)。尽管有些类群的物种不符合这一规律,如农作物、引入岛屿的种类,但十分之一法则是建立更精确和通用算法的第一步,后期众多外来种风险评估方法都基于这一法则(Williamson and Fitter, 1996a)。正如Gilpin(1990)所说,制定一套预测外来种成功入侵的方案几乎不可能,但可以利用统计学的方法对外来种成为入侵种的概率进行计算,从而确定外来种的入侵风险等级。针对外来种入侵风险的预测与管理的需求,国内外学者基于专家经验知识及现代数学理论和统计方法,构建了外来种风险分析方法体系,主要包括两大类:基于外来种特性的评估方法和基于物种分布模型的外来种适生区预测(Kolar and Lodge, 2001; Thuiller et al., 2005)。前者定性或定量地分析物种特征与入侵性的相关性,依此判断外来种入侵风险等级;而后者基于气候或环境的相似性,利用数学模型预测外来种在新环境中发生的概率。可见,外来种风险评估是在生物与环境互作理论的基础上,结合现代数学理论和统计方法发展起来的生态系统管理方法,对于维持生态系统健康和可持续发展有重要作用,以下将对外来种风险评估方法进行详细论述。

3.3.1 基于物种特性的风险评估

大量研究表明,外来种的生物学和生态学特征、生活史、物种起源地、生物气候、生物地理特征、入侵历史等与其入侵性密切相关(Baker, 1974; Williamson and Fitter, 1996a;Kolar and Lodge, 2001)。根据这些特征,结合定性分析和定量估算,构建风险评估指标系统或预测模型判别外来种成为入侵种的可能性,确定优先防控对象,是外来种风险评估的重要方法(Pheloung et al., 1999;Copp et al., 2005)。这类方法中用于评估的数据资料容易获得,因此在外来种风险评估实践和制定管理策略时得到了广泛应用。最早利用指标评分系统进行外来种风险评估的是植物检疫领域中的有害生物风险分析(pest risk analysis, PRA),其中影响力较大的是联合国粮农组织/国际植物保护公约(Food and Agriculture Organization/International Plant Protection Convention,FAO/IPPC)制定的《国际植物检疫措施标准》(International Standards for Phytosanitary Measures,ISPM)第2号标准《有害生物风险分析准则》(FAO/ IPPC, 1996)和ISPM第11号标准《检疫性有害生物风险分析,包括环境风险和活体转基因生物分析》(FAO/IPPC, 2004)以及欧洲和地中海植物保护组织(European and Mediterranean Plant Protection Organization, EPPO)于1997年提出的有害生物风险评估方案。两种有害生物风险分析方法评估了外来有害生物在整个或至少三个入侵过程(引入、定殖、扩散和影响)的风险,对构建外来种风险评估方法具有较强的指导意义。

相关评估方法主要有专家决策系统(Tucker and Richardson, 1995)、等级评估系统(Hiebert and Stubbendieck, 1993; Robertson et al., 2003; Weber and Gut, 2004)、由一系列问题和评价准则组成的评分系统(Pheloung et al., 1999; Greenslade, 2002; Copp et al., 2005)和多指标综合评价法(Ou et al., 2008)。尽管这些方法设计的问题、赋分、运行方式、评估对象及评估包含的入侵过程各有不同,但其设计原理具有较大的相似性(表3.2)。但这些评估系统只能评估其中一大类(杂草、木本植物、鱼类等)物种,一些科学家也在寻找能够兼容的评估系统(Leung et al., 2012)。D'Hondt等(2015)提出了一种评分系统能够评估入侵植物、动物及其所携带的病原生物的入侵风险(表3.2)。

然而,由于层次分析和非线性系统在预测时的复杂性、难以定量化、结果的不确定性和变异性以及专家认知的偏差等问题,极大地降低了这类评估工具的效力。Hulme(2012)提出了用情景计划替代现有的评估系统,即将各类利益相关者汇集起来设计一些与系统利益相关的未来假想情景。每一个情景设计尽量缩小战略决策的范围,要求抓住未来系统的不确定性,以及解释系统内部变化的驱动因子和未来变化趋势。决策者可以分析不同情景下的备择管理策略的运行效果,以选择最佳管理策略。尽管这种方法在杂草管理中应用不多,但可以预见,它的推广代表了一种理念的转变,即从预防到开发合适管理策略,对今后风险评估方法的改善有一定的借鉴意义。

外来种风险评估中存在一个悖论,即现存的指标评分系统能够识别外来种入侵性的特征,但实际上这种包罗万象的特征是不存在的。在这个背景下,开发定量的评估方法是解决这一悖论的关键。定量评估方法能够将生活史、入侵历史、扩散等特征数值化,再利用统计模型计算外来种在入侵过程中一个或几个阶段成功的概率,分析物种特征和入侵性的相关关系,这些方法主要包括:① 分类回归决策树(classification and regression tree, CART)和判别分析(discriminant analysis, DA)。Kolar和Lodge(2002)收集了外来鱼类的13个生活史特征、5个生境需求和环境耐受性指标以及7个入侵历史和人类利用情况指标,利用CART和DA评估这些物种在建群阶段的风险,再用DA分析在建群阶段有入侵风险的鱼类在扩散和产生影响阶段的风险。② 多元回归(multiple regression)分析和逻辑斯谛回归(logistic regression)分析。Scott和Panetta(1993)利用物种分类单元、杂草状态及在入侵地的分布等信息,分别将这些信息按分级评分的方式数值化作为预测变量,构建回归方程:$Y=1/[1+\exp(a+b_1X_1+b_2X_2\cdots)]$,其中$Y$为因变量,$X_1$、$X_2\cdots$为自变量,$a$为常数,$b_1$、$b_2\cdots$为因变量估计的参数。通过最大似然率估计上述参数,用卡方检验评估模型拟合优度。该评估方法能够评估计划引入或已经引入或逃逸的植物未来的杂草状态。③ 广义线性混合模型(generalized linear mixed model, GLMM)。Vall-llosera和Sol(2009)利用GLMM及层次树模型分析了全球外来鸟类在入侵过程中建群的风险,模型的因素包括17个与建群相关的物种特性,分别是栖息生境多样性、食性多样性、分布的纬度范围、

表 3.2 指标评分系统案例比较

方法名称	评价类群	指标体系	评分标准	参考文献
专家决策系统	木本植物	大尺度环境特征,种群或生境特化特征,种子传播,种子产量,种子取食,生活史特征对林火的适应	自上而下逐层分为6个模块,每个模块由若干问题组成,共24个。每个问题有可选答案。当答案明确指向低风险时停止,否则继续回答问题	Tucker and Richardson, 1995
等级评估系统	杂草	气候匹配,是否原产欧洲,地理分布,是否在其他地方形成入侵,种类,种子生存和繁殖,生长能力,传播模式,生活型,生境,种群密度	由12个问题组成,附有可选答案及对应分数(0~40),其中3~20分表示低风险,21~27分表示中等风险,28~39分表示高风险	Weber and Gut,2004
由一系列问题和评价准则组成的评分系统	鱼类	养殖,气候和分布,是否在其他地方形成入侵,不良特征,食性,繁殖,扩散机制,耐受性	由49个问题组成,问题的总分范围在-15~57,根据得分情况将物种的入侵风险划分为低风险、中等风险、高风险三个等级	Copp et al., 2005
多指标综合评价法	植物	传入可能性,建群可能性,传播可能性,入侵历史和物种型,物种分布及多度,(潜在)危害与影响,防治的可行性	指标体系由6个一级指标和17个二级指标构成,用层次分析法计算权重,总分为100分,按不同的权重赋予各级指标不同的分值	Ou et al., 2008
多物种指标体系	动物、植物、病原生物	引入,建群,扩散,环境、植物、动物、人类及其他影响	由25个问题组成,每个问题有可选答案(低、中、高)和得分(0~1)。最后用几何平均数和算术平均数表示入侵风险	D'Hondt et al., 2015

人类干扰生境的频繁程度、起源、相对脑容量、迁移趋势、两性是否异形、交配系统、筑巢地点、生活史特征等。此外,还可以构建数学模型来预测外来种在某一阶段的风险,Leung 等(2004)采用存活分析(survival analysis)和最大似然度算法,以重力模型(gravity model)估算繁殖体压力,并结合斑马贻贝在研究区域是

否存在的数据预测建群概率。

在这些例子中，虽然考虑了众多与物种入侵相关的特征，但实际上很难找到可以评价所有外来种的特征。Hayes 和 Barry (2008)综述了 7 个类群的生物的 115 个特征，发现气候或生境匹配是所有特征中能够较好预测入侵性的特征，而种系发生、入侵时间以及繁殖体压力能够混淆评估结果。Kumschick 和 Richardson(2013)提出设计评估方案的时候应该精确到种的分类单元，而不是分为植物和脊椎动物两类。因此，适当引入最新的入侵生物学研究结果，开发分类单元特异性的风险评估工具，使用定量的预测因子，精确区分评估结果的似然率和最终推论以及合并不确定性的类型和程度，从而产生具有较高可信度的结论(Kumschick and Richardson, 2013)。

3.3.2　基于物种分布模型的外来种适生区分析

Hutchinson 的超体积生态位理论认为影响有机体的每个条件和有机体能够利用的每个资源都可以当作一个维度(dimension)，在这个维度上可以定义有机体出现的范围，即物种能够在环境多维空间中生存且繁殖，其分布范围受到多种环境因子的限制(Hutchinson and Bunting, 1987)。物种分布模型(spices distribution model，SDM)与超体积生态位理论密切相关，该模型是利用物种的分布数据(主要是存在的数据)与环境数据，以相应的算法估计物种潜在分布区，并投影到景观中，以概率的形式反映物种对生境的偏好程度。在入侵生物管理实践中，了解物种在入侵地区的分布、生存状态和种群灾害性爆发的可能性，是防止入侵生物造成危害的重要手段(徐汝梅和叶万辉, 2003; Simberloff, 2014)。入侵地和原产地气候的相似性是外来种入侵成功的基础需求，而建群和扩散通常受到不适宜的气候的限制(Scott and Panetta, 1993; Pyšek et al., 2003)。基于这一假说，利用外来种在原产地和入侵地的分布(存在和不存在点)、生物气候和地理数据，以物种分布模型预测外来种的适生区在实践中得到了广泛的应用。物种分布模型有众多算法(Guisan and Thuiller, 2005; Elith et al., 2006)，从而形成了各种形式的模型(表 3.3)。

在实践中通常用单一模型预测物种分布，但预测结果存在大的误差，因此 Araujo 和 New(2007)提出了用多个模型集合预测物种分布的概念框架。这个框架一共有 5 种类型(图 3.4)：① 最简单的是将单个模型的起始条件(initial condition)、模型类(model class)、参数(parameter)及边界条件(boundary condition)全部包含到物种分布模型中，产生一个投影(图 3.4a)；② 采用 n 个起始条件的现实来选择模型(通过引导程序或 k 倍交叉验证)，从而产生最适数据集或平均投影(图 3.4b)；③ 可以用一系列模型类来组成最适模型，产生最适数据集或平均投影(图 3.4c)；④ 利用相同的模型产生可选择的参数，从而产生一个总的平均数组成的单个预测(图 3.4d)；⑤ 整合不同的模型类和边界条件，产生合成投影或模型平均(图 3.4e)。集合预测需要应用软件自动模拟一系列的起始条件、

表 3.3 物种分布模型分类

方法	模型类别或解释	输入数据
BIOCLIM	包络模型(envelope model)	存在数据
BRT	推进式决策树(boosted decision trees)	存在和不存在数据
BRUTO	回归,一种快速的聚集实施方法(regression, a fast implementation of a gam)	存在和不存在数据
DK-GARP	桌面版的基于遗传算法的规则集(rule sets from genetic algorithms; desktop version)	存在和不存在数据
DOMAIN	多元距离(multivariate distance)	存在数据
GAM	回归:广义加性模型(regression: generalised additive model)	存在数据
GDM	广义非相似性模型(generalised dissimilarity modelling; uses community data)	存在和不存在数据,群落数据
GDM-SS	广义非相似性模型;适用于单个物种(generalised dissimilarity modelling; implementation for single species)	存在和不存在数据
GLM	回归;广义线性模型(regression; generalised linear model)	存在和不存在数据
LIVES	多元距离(multivariate distance)	存在数据
MARS	回归,多元自适应回归样条法(regression; multivariate adaptive regression splines)	存在和不存在数据
MARS-COMM	适用于群落数据的多元自适应回归样条法(as for MARS, but implemented with community data)	存在和不存在数据,群落数据
MARS-INT	允许交互的多元自适应回归样条法(as for MARS; interactions allowed)	存在和不存在数据
MAXENT	最大熵值法(maximum entropy)	存在和不存在数据
MAXENT-T	有阈值特征的最大熵值法(maximum entropy With threshold features)	存在和不存在数据
OM-GARP	基于遗传算法的规则集;开放分析员版本(rule sets derived with genetic algorithms; open modeller version)	存在和不存在数据

续表

方法	模型类别或解释	输入数据
ANN	人工神经网络,选用多次运行结果的平均值或最优化模型(artificial neural networks, models run several times and the mean predictions used, alternatively, the best fitting model is selected)	存在和不存在数据
随机森林	随机森林,预测值随机子集或平均数集合成的预测值表示树的生长(tree is grown with a randomized subset of predictors, Several trees are grown and the predictions aggregated by averaging)	存在和不存在数据

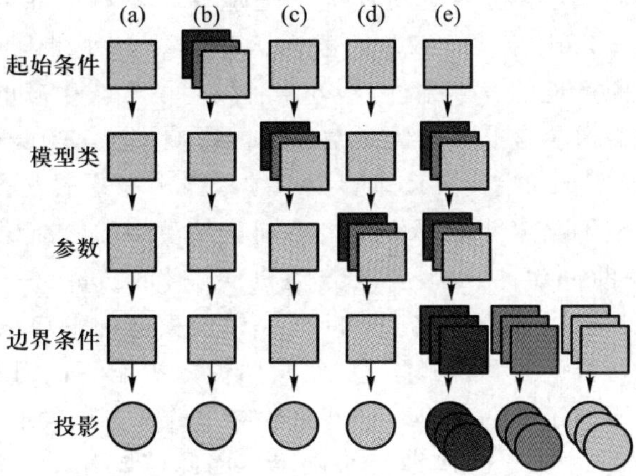

图 3.4　物种分布模型以及它们的集合预测结果。正方形代表产生集合预测结果的过程,圆形代表模型的预测结果(Araujo and New, 2007)。

模型类、参数及边界条件,尽管这种预测方法仅处于初级阶段,但也有部分的物种分布模型包含了集合预测模型的概念,这些模型组合了起始条件、模型类、参数及边界条件来产生模型潜在的不确定性,如人工神经网络(artificial neural network)、袋装分类树(bagging tree)、推进式加性树(boosted additive tree)、集成遗传算法(genetic algorithm for ruleset production)、最大熵模型(maximum entropy, Maxent)及随机森林(random forest)。集合预测是外来种风险评估发展的趋势,通常利用几个模型分别产生投影后,整合成一个投影,以此来分析物种最适宜生境。例如,Stohlgren 等(2010)利用推进式回归树(boosted regression tree)、逻辑斯谛回归(logistic regression)、Maxent、多元适应性回归样条(multivariate adaptive regression splines)及随机森林分别预测黄石国家公园和大提顿国家公园入侵植物发生的概率,生成二进制投影后叠加形成集合投影,同时比较 5 个模型和集合模型的精确性,所有模型都包含的区域被认为是物种最适宜的分布区。

物种的分布受到多种因素的影响,包括非生物环境(气候和土壤条件)、生物环境(竞争、捕食、互利共生等)、接受区域的配置和物种的传播能力以及物种对新环境的适应性,形成了复杂的物种分布格局(Pulliam, 2000)。但物种分布模型是对这一过程的简化模拟,因此物种理论分布区(生态位)和现实生态位存在差异,造成了预测结果的不确定性,表现在以下方面:第一,物种的分布具有物种的特异性(species-specific),即物种可能存在于环境不适宜地区,也可能不存在于适宜的地区。模型使用物种存在和不存在的数据时,这部分数据很有可能是来自库(sink)种群而不是源(source)种群,而库种群所在的环境不能满足种群延续的需求,但这种源-库种群动态在数据输入模型的过程中可能被忽略,容易造成多余性误差(commission error)(Pulliam, 2000)。第二,过高估计了气候对物种的直接影响,使得物种对新环境的适应性及物种的相互作用等被忽略(Thuiller, 2004)。Early 和 Sax(2014)发现大部分外来种在入侵地或归化地区偏离了这些物种原产地的气候条件,即外来种发生了气候生态位漂移,因此在预测物种分布区时需要包含非气候因素对物种的影响,尤其是在气候变化背景下。第三,模型的精确性受到空间分辨率、尺度、建模技术和评估方法的影响,而不同的检验方法对模型不确定性的评价结果不同。如模型的标准误和变异数、验证集的误定率以及时间倒推法无法区分随机误差和认知误差(Peterson et al., 2003),但贝叶斯法通过估算参数正确的概率以及模型的平均来检验不确定性,能够较好地区分随机误差和认知误差;而敏感性分析能够识别对模型影响最大的参数以及模型不确定性的大小。这些检验结果的差异极大地影响模型预测结果的精确性,给外来种的管理决策带来困难。因此需要开发一种由多种算法组成的,能够探索模型投影核心趋势的通用框架(Guisan and Thuiller, 2005)。

3.4 结论与展望

外来种生态影响评估和入侵风险分析是入侵生态学研究的重要内容。然而,与入侵过程的引入、定殖、扩散阶段的深入研究相比,生态影响的研究则明显滞后,仍以定性研究为主,一些定量的个例研究也缺乏系统的横向比较和综合分析。本章结合生态影响研究的最新进展,对外来种生态影响的定义、量化评估方法、驱动影响的潜在机制进行了初步的总结,并从基于物种特征和物种分布模型的定性和定量研究方面对外来种入侵风险分析的主要研究方法进行了梳理。

为了全面评估、比较外来种的生态影响,分布区大小、密度及单位效应强度三个指标需要同时测量,特别地,单位效应强度的测量应该是今后生态影响量化评估的重点。功能反应模型及其他测量食物网相互作用强度的方法是量化外来种单位效应强度的有效途径。未来的研究中,需要对这些单位效应强度在不同时空尺度、不同环境条件下的变异特征开展更深入的分析，同时需要对这三个测量指标与生态影响的线性和非线性关系进行检验(例如，密度-影响曲线可能是线性或其他形式)，以提高预测能力。

驱动外来种生态影响的机制与其成功入侵的机制相互联系，但可能存在微妙而显著的区别。强的入侵性未必会产生强的生态影响，同理，入侵能力差的物种一旦成功定殖、扩散，可能产生强的生态影响。将来，需要对涉及生态影响的假说开展更深入的检验与分析。

外来种的特征是评估外来种入侵风险的重要指标，但很难找到可以评价所有外来种的特征，而定量评估方法能够将物种的特征数值化，利用统计模型计算外来种在入侵过程中成功的概率，减少了认知性的误差，更容易得出一般性规律。

物种分布模型是预测外来种适生区的主要方法，但单一模型的预测结果精度较低。因此整合多个模型，以“平均”表示预测结果将有利于提高预测精度。同时，模型还需要考虑源-库种群动态、生态位漂移等对外来种分布区的影响。

致谢

感谢第八届现代生态学讲座暨第六届国际青年生态学者论坛。本研究获国家自然科学基金优秀青年科学基金项目(31400487，31300468)、农业部农业生物资源保护与利用项目(2130108)的共同资助。

参考文献

徐汝梅，叶万辉. 2003. 生物入侵——理论与实践. 北京：科学出版社.

Araujo, M. B., and M. New. 2007. Ensemble forecasting of species distributions. Trends in Ecology and Evolution, 22(1):42-47.

Baker, H. G. 1974. The evolution of weeds. Annual Review of Ecology and Systematics, 5:1-24.

Berlow, E. L., S. A. Navarrete, C. J. Briggs, M. E. Power, and B. A. Menge. 1999. Quantifying variation in the strengths of species interactions. Ecology, 80(7):2206-2224.

Berlow, E. L., A. M. Neutel, J. E. Cohen, P. C. de Ruiter, B. O. Ebenman, M. Emmerson, J. W. Fox, V. A. Jansen, J. Iwan Jones, G. D. Kokkoris, and D. O. Logofet. 2004. Interaction strengths in food webs: Issues and opportunities. Journal of Animal Ecology, 73(3):585-598.

Blossey, B., and R. Notzold. 1995. Evolution of increased competitive ability in invasive nonindigenous plants: A hypothesis. Journal of Ecology, 83:887-889.

Callaway, R. M., and E. T. Aschehoug. 2000. Invasive plants versus their new and old neighbors: A mechanism for exotic invasion. Science, 290(5491):521-523.

Callaway, R. M., and W. M. Ridenour. 2004. Novel weapons: Invasive success and the evolution of increased competitive ability. Frontiers in Ecology and the Environment, 2(8):436-443.

Cappuccino, N., and J. T. Arnason. 2006. Novel chemistry of invasive exotic plants. Biology Letters, 2(2):189-193.

Coley, P. D., J. P. Bryant, and F. S. Chapin Ⅲ. 1985. Resource availability and plant antiherbivore defense. Science, 230(4728):895-899.

Copp, G. H., R. Garthwaite, and R. E. Gozlan. 2005. Risk identification and assessment of non-native freshwater fishes: A summary of concepts and perspectives on protocols for the UK. Journal of Applied Ichthyology, 21:371-373.

Crain, C. M., and M. D. Bertness. 2006. Ecosystem engineering across environmental gradients: Implications for conservation and management. BioScience, 56(3):211-218.

Cuddington, K., and A. Hastings. 2004. Invasive engineers. Ecological Modelling, 178(3/4): 335-347.

D'Hondt, B., S. Vanderhoeven, S. Roelandt, F. Mayer, V. Versteirt, T. Adriaens, E. Ducheyne, G. San Martin, J. C. Gregoire, I. Stiers, S. Quoilin, J. Cigar, A. Heughebaert, and E. Branquart. 2015. Harmonia (+) and Pandora (+): Risk screening tools for potentially invasive plants, animals and their pathogens. Biological Invasions, 17(6):1869-1883.

Darwin, C. R. 1859. The Origin of Species. New York: Literary Classics, Inc.

Davis, M. A., M. K. Chew, R. J. Hobbs, A. E. Lugo, and J. J. Ewel. 2011. Do not judge species on their origins. Nature, 474(7350):153-154.

Dick, J. T. A., K. Gallagher, S. Avlijas, H. C. Clarke, S. E. Lewis, S. Leung, D. Minchin, J. Caffrey, M. E. Alexander, C. Maguire, C. Harrod, N. Reid, N. R. Haddaway, K. D. Farnsworth, M. Penk, and A. Ricciardi. 2013. Ecological impacts of an invasive predator explained and predicted by comparative functional responses. Biological Invasions, 15(4):837-846.

Diez, J. M., J. J. Sullivan, P. E. Hulme, G. Edwards, and R. P. Duncan. 2008. Darwin's naturalization conundrum: Dissecting taxonomic patterns of species invasions. Ecology Letters, 11(7):674-681.

Dostal, P., J. Mullerova, P. Pysek, J. Pergl, and T. Klinerova. 2013. The impact of an invasive plant changes over time. Ecology Letters, 16(10):1277-1284.

Duncan, R. P., and P. A. Williams. 2002. Darwin's naturalization hypothesis challenged. Nature, 417:608-609.

Early, R., and D. F. Sax. 2014. Climatic niche shifts between species' native and naturalized ranges raise concern for ecological forecasts during invasions and climate change. Global Ecology and Biogeography, 23(12):1356-1365.

Elith, J., C. H. Graham, R. P. Anderson, M. Dudik, S. Ferrier, A. Guisan, R. J. Hijmans, F. Huettmann, J. R. Leathwick, A. Lehmann, J. Li, L. G. Lohmann, B. A. Loiselle, G. Manion, C. Moritz, M. Nakamura, Y. Nakazawa, J. M. Overton, A. T. Peterson, S. J. Phillips, K. Richardson, R. Scachetti-Pereira, R. E. Schapire, J. Soberon, S. Williams, M. S. Wisz, and N. E. Zimmermann. 2006. Novel methods improve prediction of species' distributions from occurrence data. Ecography, 29(2):129-151.

Elton, C. S. 1958. The Ecology of Invasions by Plants and Animals. London: Methuen.

Fey, S. B., and C. M. Herren. 2014. Temperature-mediated biotic interactions influence enemy release of non-native species in warming environments. Ecology, 95(8):2246-2256.

Fridley, J., J. Stachowicz, S. Naeem, D. Sax, E. Seabloom, M. Smith, T. Stohlgren, D. Tilman, and B. V. Holle. 2007. The invasion paradox: Reconciling pattern and process in species invasions. Ecology, 88(1):3-17.

Gilpin, M. 1990. Ecological prediction. Science, 248:88-89.

Greenslade, P. 2002. Assessing the risk of exotic Collembola invading subantarctic islands: Prioritising quarantine. Pedobiologia, 46(3/4):338-344.

Guisan, A., and W. Thuiller. 2005. Predicting species distribution: Offering more than simple habitat models. Ecology Letters, 8(9):993-1009.

Hayes, K. R., and S. C. Barry. 2008. Are there any consistent predictors of invasion success? Biological Invasions, 10(4):483-506.

Hiebert, R. D., and J. L. Stubbendieck. 1993. Handbook for ranking exotic plants for management and control. US Department of the Interior, National Park Service, Natural Resources Publication Office Denver, CO, USA.

Holling, C. S. 1959. Some characteristics of simple types of predation and parasitism. The Canadian Entomologist, 91(7): 385-398.

Hulme, P. E. 2009. Trade, transport and trouble: Managing invasive species pathways in an era of globalization. Journal of Applied Ecology, 46(1):10-18.

Hulme, P. E. 2012. Weed risk assessment: A way forward or a waste of time? Journal of Applied Ecology, 49(1):10-19.

Hulme, P. E., P. Pyšek, V. Jarošík, J. Pergl, U. Schaffner, and M. Vila. 2013. Bias and error in understanding plant invasion impacts. Trends in Ecology and Evolution, 28(4):212-218.

Hutchinson, M. F., and A. Bunting. 1987. Methods of generation of weather sequences. Agricultural Environments Characterization, Classification and Mapping:149-157.

Iacarella, J. C., J. T. Dick, M. E. Alexander, and A. Ricciardi. 2015. Ecological impacts of invasive alien species along temperature gradients: Testing the role of environmental matching. Ecology Applications, 25(3):706-716.

Jackson, M. C., A. Ruiz-Navarro, and J. R. Britton. 2015. Population density modifies the ecological impacts of invasive species. Oikos, 124(7):880-887.

Jeschke, J. M., S. Bacher, T. M. Blackburn, J. T. Dick, F. Essl, T. Evans, M. Gaertner, P. E. Hulme, I. Kühn, A. Mrugata, and J. Pergl, P. Pyšek, W. Rabitsch, A. Ricciardi, D. M. Richardson, A. Sendek, M. VilÀ, M. Winter, S. Kumschick. 2014. Defining the impact of non-native species. Conservation Biology, 28(5):1188-1194.

Jogesh, T., D. Carpenter, and N. Cappuccino. 2008. Herbivory on invasive exotic plants and their non-invasive relatives. Biological Invasions, 10(6): 797-804.

Juliano, S. A. 2001. Nonlinear Curve Fitting: Predation and Functional Response Curves. In: Scheiner, S. M., and J. Gurevitch (ed.). Design and Analysis of Ecological Experiments. Oxford: Oxford University Press.

Keane, R. M., and M. J. Crawley. 2002. Exotic plant invasions and the enemy release hypothesis. Trends in Ecology and Evolution, 17(4):164–170.

Kolar, C. S., and D. M. Lodge. 2001. Progress in invasion biology: Predicting invaders. Trends in Ecology and Evolution, 16(4):199–204.

Kolar, C. S., and D. M. Lodge. 2002. Ecological predictions and risk assessment for alien fishes in North America. Science, 298(5596):1233–1236.

Kumschick, S., S. Bacher, W. Dawson, J. Heikkilä, A. Sendek, T. Pluess, T. Robinson, and I. Kühn. 2012. A conceptual framework for prioritization of invasive alien species for management according to their impact. NeoBiota, 15:69–100.

Kumschick, S., M. Gaertner, M. Vilà, F. Essl, J. M. Jeschke, P. Pyšek, A. Ricciardi, S. Bacher, T. M. Blackburn, J. T. A. Dick, T. Evans, P. E. Hulme, I. Kuhn, A. Mrugała, J. Pergl, W. Rabitsch, D. M. Richardson, A. Sendek, and M. Winter. 2014. Ecological impacts of alien species: Quantification, scope, caveats, and recommendations. BioScience, 65(1):55–63.

Kumschick, S., and D. M. Richardson. 2013. Species-based risk assessments for biological invasions: Advances and challenges. Diversity and Distributions, 19(9):1095–1105.

Leung, B., J. M. Drake, and D. M. Lodge. 2004. Predicting invasions: Propagule pressure and the gravity of allee effects. Ecology, 85(6):1651–1660.

Leung, B., N. Roura-Pascual, S. Bacher, J. Heikkila, L. Brotons, M. A. Burgman, K. Dehnen-Schmutz, F. Essl, P. E. Hulme, D. M. Richardson, D. Sol, and M. Vila. 2012. TEASIng apart alien species risk assessments: A framework for best practices. Ecology Letters, 15(12):1475–1493.

Levine, J. M., P. B. Adler, and S. G. Yelenik. 2004. A meta-analysis of biotic resistance to exotic plant invasions. Ecology Letters, 7(10):975–989.

Lockwood, J. L., P. Cassey, and T. M. Blackburn. 2005. The role of propagule pressure in explaining species invasions. Trends in Ecology and Evolution, 20(5):223–228.

Lockwood, J. L., P. Cassey, and T. M. Blackburn. 2009. The more you introduce the more you get: The role of colonization pressure and propagule pressure in invasion ecology. Diversity and Distributions, 15(5):904–910.

Lockwood, J. L., M. F. Hoopes, and M. P. Marchetti. 2013. Invasion Ecology. Malden: Wiley Blackwell.

Melbourne, B. A., H. V. Cornell, K. F. Davies, C. J. Dugaw, S. Elmendorf, A. L. Freestone, R. J. Hall, S. Harrison, A. Hastings, and M. Holland. 2007. Invasion in a heterogeneous world: Resistance, coexistence or hostile takeover? Ecology Letters, 10(1):77–94.

Novak, M., and J. T. Wootton. 2010. Using experimental indices to quantify the strength of species interactions. Oikos, 119(7):1057–1063.

O'Connor, M. I. 2009. Warming strengthens an herbivore-plant interaction. Ecology, 90(2):388–398.

Ou, J., C. Lu, and D. K. O'Toole. 2008. A risk assessment system for alien plant bio-invasion in

Xiamen, China. Journal of Environmental Sciences, 20(8):989-997.

Paine, R. T. 1992. Food-web analysis through field measurement of per capita interaction strength. Nature, 355(2):73-75.

Parker, I. M., D. Simberloff, and W. M. Lonsdale. 1999. Impact: Toward a framework for understanding the ecological effects of invaders. Biological Invasions, 1(1):3-19.

Parker, J. D., D. E. Burkepile, and M. E. Hay. 2006. Opposing effects of native and exotic herbivores on plant invasions. Science, 311(5766):1459-1461.

Parker, J. D., and M. E. Hay. 2005. Biotic resistance to plant invasions? Native herbivores prefer non-native plants. Ecology Letters, 8(9): 959-967.

Peterson, A. T., M. Papes, and D. A. Kluza. 2003. Predicting the potential invasive distributions of four alien plant species in North America. Weed Science, 51(6):863-868.

Pheloung, P. C., P. A. Williams, and S. R. Halloy. 1999. A weed risk assessment model for use as a biosecurity tool evaluating plant introductions. Journal of Environmental Management, 57(4): 239-251.

Pulliam, H. R. 2000. On the relationship between niche and distribution. Ecology Letters, 3(4): 349-361.

Pyšek, P., V. Jarošík, P. E. Hulme, J. Pergl, M. Hejda, U. Schaffner, and M. Vilà. 2012. A global assessment of invasive plant impacts on resident species, communities and ecosystems: The interaction of impact measures, invading species' traits and environment. Global Change Biology, 18(5):1725-1737.

Pyšek, P., V. Jarošík, and T. Kučera. 2003. Inclusion of native and alien species in temperate nature reserves: An historical study from Central Europe. Conservation Biology, 17(5):1414-1424.

Pyšek, P., and D. M. Richardson. 2010. Invasive species, environmental change and management, and health. Annual Review of Environment and Resources, 35:25-55.

Rall, B. C., O. Vucic-Pestic, R. Ehnes, M. C. Emmerson, and U. Brose. 2009. Temperature, predator-prey interaction strength and population stability. Global Change Biology, 16(8): 2145-2157.

Rejmanek, M. 1999. Invasive Plant Species and Invasible Ecosystems. Invasive Species and Biodiversity Management. Dordrecht: Kluwer Academic Publishers.

Ricciardi, A., and S. K. Atkinson. 2004. Distinctiveness magnifies the impact of biological invaders in aquatic ecosystems. Ecology Letters, 7(9):781-784.

Ricciardi, A., and J. Cohen. 2007. The invasiveness of an introduced species does not predict its impact. Biological Invasions, 9(3):309-315.

Ricciardi, A., M. F. Hoopes, M. P. Marchetti, and J. L. Lockwood. 2013. Progress toward understanding the ecological impacts of nonnative species. Ecological Monographs, 83(3):263-282.

Ricciardi, A., and J. M. Ward. 2006. Comment on "opposing effects of native and exotic herbivores on plant invasions". Science, 313(5785):298.

Robertson, M., M. Villet, D. Fairbanks, L. Henderson, S. Higgins, J. Hoffmann, D. Le Maitre,

A. Palmer, I. Riggs, and C. Shackleton. 2003. A proposed prioritization system for the management of invasive alien plants in South Africa: Research in action. South African Journal of Science, 99(1):37-43.

Sax, D. F., and S. D. Gaines. 2003. Species diversity: From global decreases to local increases. Trends in Ecology and Evolution, 18(11):561-566.

Scott, J., and F. Panetta. 1993. Predicting the Australian weed status of Southern African plants. Journal of Biogeography,20(1):87-93.

Shea, K., and P. Chesson. 2002. Community ecology theory as a framework for biological invasions. Trends in Ecology and Evolution, 17(4):170-176.

Simberloff, D. 2011. How common are invasion-induced ecosystem impacts? Biological Invasions, 13(5):1255-1268.

Simberloff, D. 2014. Biological invasions: What's worth fighting and what can be won? Ecological Engineering, 65:112-121.

Simberloff, D., J. L. Martin, P. Genovesi, V. Maris, D. A. Wardle, J. Aronson, F. Courchamp, B. Galil, E. Garcia-Berthou, M. Pascal, P. Pysek, R. Sousa, E. Tabacchi, and M. Vila. 2013. Impacts of biological invasions: What's what and the way forward. Trends in Ecology and Evolution, 28(1):58-66.

Stohlgren, T. J., P. Ma, S. Kumar, M. Rocca, J. T. Morisette, C. S. Jarnevich, and N. Benson. 2010. Ensemble habitat mapping of invasive plant species. Risk Analysis, 30(2):224-235.

Strauss, S. Y., C. O. Webb, and N. Salamin. 2006. Exotic taxa less related to native species are more invasive. Proceedings of the National Academy of Sciences of the United States of America, 103(15):5841-5845.

Thuiller, W. 2004. Patterns and uncertainties of species' range shifts under climate change. Global Change Biology, 10(12):2020-2027.

Thuiller, W., L. Gallien, I. Boulangeat, F. de Bello, T. Münkemüller, C. Roquet, and S. Lavergne. 2010. Resolving Darwin's naturalization conundrum: A quest for evidence. Diversity and Distributions, 16(3):461-475.

Thuiller, W., D. M. Richardson, P. Pyšek, G. F. Midgley, G. O. Hughes, and M. Rouget. 2005. Niche-based modelling as a tool for predicting the risk of alien plant invasions at a global scale. Global Change Biology, 11(12):2234-2250.

Tilman, D. 1997. Community invasibility, recruitment limitation, and grassland biodiversity. Ecology, 78(1):81-92.

Tucker, K. C., and D. M. Richardson. 1995. An expert system for screening potentially invasive alien plants in South African fynbos. Journal of Environmental Management, 44(4):309-338.

Vall-llosera M., and D. Sol. 2009. A global risk assessment for the success of bird introductions. Journal of Applied Ecology, 46(4):787-795.

Verhoeven, K. J. F., A. Biere, J. A. Harvey, and W. H. van der Putten. 2009. Plant invaders and their novel natural enemies: Who is naïve? Ecology Letters, 12(2):107-117.

Weber, E., and D. Gut. 2004. Assessing the risk of potentially invasive plant species in central Europe. Journal for Nature Conservation, 12(3):171-179.

Williamson, M. H., and A. Fitter. 1996a. The varying success of invaders. Ecology, 77(6):1661-1666.

Williamson, M. H., and A. Fitter. 1996b. The characters of successful invaders. Biological Conservation, 78(1/2):163-170.

Wong, P. K., Y. A. N. Liang, N. Y. Liu, and J. W. Qiu. 2010. Palatability of macrophytes to the invasive freshwater snail *Pomacea canaliculata*: Differential effects of multiple plant traits. Freshwater Biology, 55(10):2023-2031.

Wootton, J. T. 1997. Estimates and tests of per capita interaction strength: Diet, abundance, and impact of intertidally foraging birds. Ecological Monographs, 67(1):45-64.

Xu, M., X. D. Mu, J. T. A. Dick, M. Fang, D. G. Gu, D. Luo, J. E. Zhang, J. R. Luo, and Y. C. Hu. 2016. Comparative functional responses predict the invasiveness and ecological impacts of alien herbivorous snails. PLoS ONE, 11(1): e0147017.

Yokomizo H., H. P. Possingham, M. B. Thomas, and Y. M. Buckley. 2009. Managing the impact of invasive species: The value of knowing the density-impact curve. Ecological Applications, 19(2):376-386.

人工林多目标适应性经营提升土壤碳增汇功能

第4章

刘世荣①* 王晖① 杨予静①

摘　要

森林生态系统是陆地生态系统的主体，在全球碳循环过程中发挥着重要作用。通过造林和人工林的多目标适应性经营增强碳固存功能，有助于减缓全球变暖。从1990年到2015年，全球人工林面积从1.7亿 hm^2 增加到2.8亿 hm^2，占世界森林总面积的比例由4.06%增至6.95%。世界人工林资源主要分布于亚洲，温带地区人工林面积最大。人工林通过植物光合固定和土壤有机碳储存等途径增强其碳汇功能。人工林土壤碳储量与有机碳稳定性有关，并受多因素影响。其中，人工林的经营管理是影响其碳平衡的重要因素。树种选择、营造方式、经营模式等影响人工林土壤碳储量与土壤碳的稳定性。然而，气候变化影响又使得人工林的土壤碳固存具有不确定性。在适应气候变化的人工林经营中，应采取合理的人工林经营与管理措施，实现多功能森林经营。

① 中国林业科学研究院森林生态环境与保护研究所，北京，100091。

* 通讯作者，Email：liusr@ caf.ac.cn。

Multiple-Purpose Adaptation Management of Planted Forests for Enhancing Soil Carbon Sequestration

Shirong Liu[①] * Hui Wang[①] Yujing Yang[①]

Abstract

As the key component of terrestrial ecosystem, forests play a critical role in global carbon cycling. Enhancing carbon sequestration capacity of planted forests through reforestation and adaptive forest management is conductive to mitigating the global warming. Between 1990 and 2015, the area of planted forests world-wide increased from 167.5 to 277.9 million hectares, or from 4.06% to 6.95% of the total forest area. Globally the planted forests are mainly distributed in Asia and the temperate zone. They help to enhance carbon sink through photosynthetic fixation and soil carbon storage. The carbon stocks in planted forests are related to the stability of soil organic carbon and affected by many factors, among which forest management is a key factor affecting the carbon cycle. The soil carbon storage in planted forests can be affected by tree species, tree planting, and management scheme. However, the impacts of climate change can lead to uncertainties in soil carbon sequestration in planted forests. Along with climate change adaptation, rational plantation management should be applied to achieve the multi-functionality of planted forests.

引言

以全球变暖和大气 CO_2浓度升高为主要特征的全球变化正改变着陆地生态系统的结构和功能，威胁着人类的生存与健康，因而受到世界各国政府和科学家的普遍关注。CO_2、CH_4、NO_x等温室气体浓度的不断升高很可能是气候变暖的主要原因（Boer et al., 1992）。通过造林和人工林经营等增强陆地碳汇功能是《京都议定书》中清洁发展机制（clean development mechanism, CDM）的最主要的途径之一，对减缓全球变暖具有重要意义（Bäckstrand and Lövbrand, 2006）。

① Institute of Forest Ecology, Environment and Protection, Chinese Academy of Forestry, Beijing, 100091, China.

* Corresponding author, Email: liusr@ caf. ac. cn.

《2010年全球森林资源评估》指出，人工林是由通过种植和/或通过人工播种本地树种或外来树种而营造的林分（FAO，2010）。“种植林”（plantation）、“人造森林”（planted forest）、“人工林”（plantation forest，forest plantation）常被当作同义词而被交换使用。人工造林已有相当长的历史，起初的动因是解决当地木柴、燃料和木材的短缺。随着时间的延长，早期栽植的树木开始发挥出辅助天然林分更新、提高生产力等方面的作用，成为对现有森林的有效补充。人工林不仅提供木材、纤维和燃料，也提供其他非木质林产品；更重要的是，人工林能固碳、恢复退化土地，有助于景观修复、流域保护和农业耕地。20世纪80年代至今，世界各国通过林分改造或再造林，改变树种组成和林分结构，发展工业化用材林和生态公益林，促进森林植被恢复，提升森林碳固存等生态功能，从而增强了森林减缓气候变化的能力。与此同时，人工林也有自身的局限性，人工林虽然有助于缓解天然林面积减少的压力，但不会也不能替代结构复杂、生物多样性丰富和生态功能完备的天然林，需要全面考虑生态系统多目标服务，倡导并实施人工林适应性多目标经营。

4.1 全球人工林资源现状与发展趋势

4.1.1 世界人工林资源及其分布

由于人工林的定义呈现历史演变，已营造的人工林的分类不很明确，有些人工林和天然更新林之间并没有清晰的界限，再加上数据可得性等原因，导致有关人工林面积数据不太准确。根据《1990年全球森林资源评估》（FAO，1990）、《1995年全球森林资源评估》（FAO，1995）、《2000年全球森林资源评估》（FAO，2000）、《2005年全球森林资源评估》（FAO，2005）、《2010年全球森林资源评估》（FAO，2010）、*Global Forest Resources Assessment* 2015（FAO，2015），我们对全球234个国家和地区的人工林统计数据进行分类整理，汇总得到近25年来世界人工林资源分布（图4.1～图4.3）和变化情况（表4.1）。

从1990年到2015年，全球人工林面积从1.7亿 hm^2 增加到2.8亿 hm^2（Payn et al.，2015），占世界森林总面积的比例由4.06%增至6.95%（图4.2，Payn et al.，2015）。

从世界人工林的地区分布来看，亚洲人工林面积最大，占世界人工林总面积的44.5%；其次是欧洲、北美洲和中美洲，大洋洲人工林面积最小（图4.1）。相应地，人工林面积占当地森林总面积的百分比也是亚洲最大（2015年为21.75%）；除亚洲外，其余地区人工林所占森林总面积比例均低于10%（图4.2）。从1990年至2015年，各洲人工林面积及其所占森林总面积比例均逐年增加。

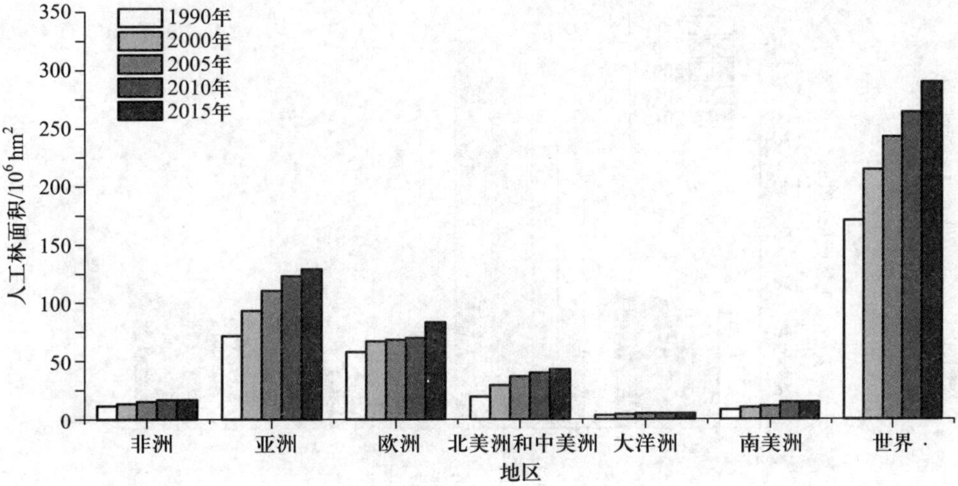

图 4.1　1990—2015 年世界各地区人工林面积。

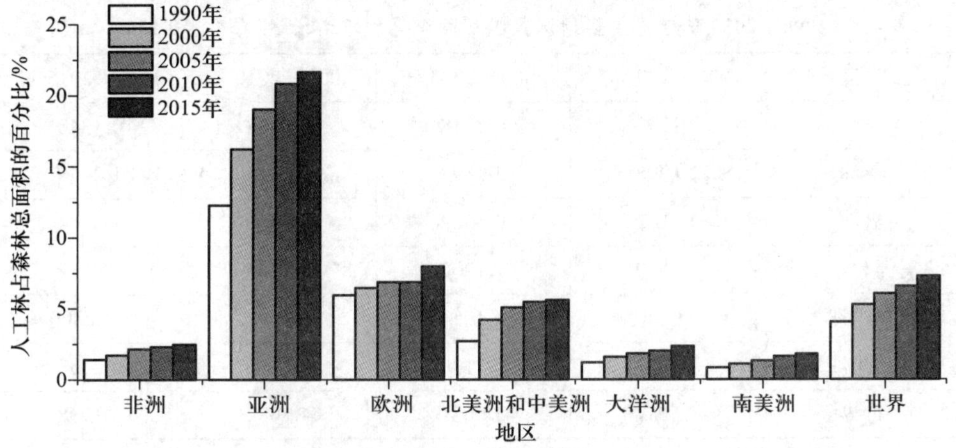

图 4.2　1990—2015 年世界各地区人工林面积占当年该地区森林总面积百分比。

从全球气候带来看,2015 年,温带地区人工林面积最大(约 15 000 万 hm^2),其次是热带和寒带(各约 5 700 万 hm^2)。在过去的 25 年中,各气候区域的人工林面积均有所增加,且增加最显著的是寒带,几乎是 1990 年的 2 倍。在热带和温带地区,人工林面积分别增长 69%和 57%(图 4.3)。

对于人工林面积年增长量,25 年间,除大洋洲外,全球各大洲人工林面积每阶段均出现净增长,并以亚洲增长最显著,2000—2005 年其人工林面积平均年增长量达 335.98 万 hm^2 · a^{-1};在世界范围内,人工林面积平均年增长量最大值出现在 2000—2005 年间,下降后增至 2010—2015 年的 519.98 万 hm^2 · a^{-1}(表 4.1)。1990—2015 年,人工林面积增长最快的地区是东亚,其次是欧洲、北美洲、南亚和东南亚(Payn et al., 2015)。

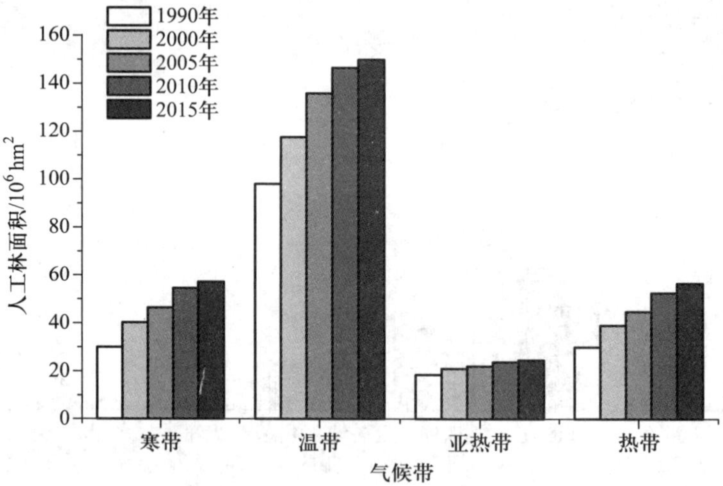

图 4.3 1990—2015 年世界各气候带人工林面积。

表 4.1 1990—2015 年世界主要地区人工林面积平均年增长量(单位:$10^6 hm^2 \cdot a^{-1}$)

地区	1990—2000 年	2000—2005 年	2005—2010 年	2010—2015 年
非洲	0.1293	0.2318	0.2588	0.1348
亚洲	2.1998	3.3598	2.6214	1.2446
欧洲	0.7143	0.6382	0.1636	2.5364
北美洲和中美洲	1.0130	1.1200	0.5746	0.8682
大洋洲	0.0780	0.1054	0.0502	-0.0200
南美洲	0.1943	0.2130	0.5396	0.2358
世界	4.3287	5.6682	4.2082	5.1998

然而,部分国家人工林面积有所减少。与 1990 年相比,2015 年人工林面积减少较多的国家主要为亚洲的哈萨克斯坦、欧洲的德国、非洲的津巴布韦等;与 2010 年相比,2015 年人工林面积减少较多的国家则主要为欧洲的法国、非洲的马里和马达加斯加等(FAO,2015)。1990 年至今,全球人工林面积平均每年增加 3 500 万 hm^2,减少 400 万 hm^2,净增加 3 100 万 hm^2(FAO,2015)。

4.1.2 人工林木材生产功能与碳汇潜力

森林生态系统是陆地生态系统的主体,其植被和土壤在全球碳循环中扮演着重要的汇(sink)、源(source)的角色,对减缓全球气候变化及维持陆地生态系统的生存和可持续发展意义重大。作为世界木材工业产品的主要来源,人工林为人类生活提供木质原材料。直至现在,生产性人工林(production forest)在全球的人工林中还占据较大比例(FAO,2015)。与天然林相比,人工林地上的生物量碳储量会发生频繁的变化，所以稳定的、持久的土壤碳库对人工林的固碳潜力具有更重要的意义。自气候变化与全球各个生态系统相互间的反馈影响机理成为研究热点以来，各国把对人工林的关注焦点从如何提高木材产量、木产品加工等方面转移到提高人工林的经营和管理水平、适应性经营（adaptive management），以增加人工林的碳汇潜力，以及减缓和适应气候变化（Lal, 2005）上来。

人工林通过多种途径来增强森林的碳汇功能。首先，造林增加了森林覆盖面积，并通过光合固定将大气中的 CO_2 吸收、储存起来，增加了树木的碳储量，增强了生态系统的碳汇功能（Dixon et al., 1994）。各国开展了大量关于不同林龄、林型、地域的人工林碳储量、碳密度及其空间分布格局的调查研究，并通过实测观察、模型模拟和 3S 等技术获得大量数据。其次，光合同化的碳通过根系周转与根系分泌物和凋落物的形式等进入土壤层，经土壤动物和微生物分解和腐殖化后，以土壤有机碳（soil organic carbon, SOC）的形式固定在土壤中。土壤碳库具有较大的容量、较慢的周转速率、受干扰影响小等特点，人工林生态系统的碳能够在土壤中储存较长时间（Steffen et al., 1998），比植物碳库更为持久且稳定。研究表明，森林植被固定的 CO_2 中，大约 50% 成为较稳定的土壤碳库，使森林土壤成为全球碳循环中的一个巨大碳汇（Lal, 2005）。土壤碳库占全球陆地总碳库的 2/3～3/4，大于全球陆地植被和全球大气的碳库总量。土壤碳库的微小变化可以导致大气 CO_2 浓度的显著变化（方精云，2000；Plante and Conant, 2014）。而全球森林生物量碳储量和森林土壤碳储量分别约占全球植被和土壤碳储量的 86% 和 73%（Woodwell et al., 1978；Post et al., 1982）。综合国内多项研究得出，我国人工林平均土壤碳储量为 107.1 $t \cdot hm^{-2}$（刘世荣等，2011），若乘以我国 2015 年人工林总面积 7 898.22 万 hm^2（FAO，2015），则我国人工林土壤碳储量约为 8.46 Pg①。同样，我国诸多学者（方精云和陈安平，2001；王效科和冯宗炜，2000；周玉荣等，2000）利用森林资源清查结果，结合森林生态系统生物量与生产力的研究，估算了近 50 年来我国森林碳库及其动态。其中，方精云和陈安平（2001）认为，1980—2000 年，由于人工林增加导致我国森林植被碳汇增加 0.45 Pg。最近，第八次全国森林资源清查（2009—2013 年）结果显示，目前我国森林植被总碳储量为 84.27 亿 t（合 8.427 Pg），与第七次全国森林资源清查相比，5 年间森林植被总碳储量增加了 6.15 亿 t（合 0.615 Pg）（刘珉，2014；国家林业局，2014）。Fang 等（2001）也早在 2001 年指出，由于陆地上的森林恢复和植树造林运动，我国陆地生态系统表现为显著的碳汇。当前，造林和再造林作为一种新增碳汇的主要途径，已受到学术界的高度重视（Maclaren，1996）。

森林土壤碳储量与土壤有机碳稳定性有关。土壤有机碳稳定性是指土壤有机碳在当前条件下抵抗干扰和恢复原有水平的能力（Batjes, 1996），主要取决于

① 1 Pg = 10^{12} kg。

土壤有机碳的抗降解性、土壤有机碳内部及其与外部环境的相互作用、土壤微生物对土壤有机碳的作用等(朱锡明等,2014;Sollins et al., 1996)。稳定的有机-矿物复合体的形成、持久性封存的深层碳的增加、耐分解有机物成分的积累以及土壤团聚体结构中碳的物理性保护是影响人工林土壤碳汇功能及其稳定性的主要机制(许炼烽等,2013)。因此,土壤自身的理化性质、地表植被、气候因素、土地利用历史/方式、耕作方式等均会影响人工林土壤有机碳储量和稳定性(吴庆标等,2006)。

与此同时,土壤生物分解部分土壤有机碳,通过土壤呼吸作用以 CO_2和 CH_4的形式返回大气,消耗了一部分土壤碳库。除经营措施等人为因素外,人工林土壤呼吸还受温度(唐正等,2012)、水分(谢薇等,2014)、凋落物质量(熊莉等,2015;余再鹏等,2014)、氮沉降(向元彬等,2014;张凯等,2015)等自然因素影响。其中,土壤温度被认为是影响人工林土壤呼吸及其组分季节变化的主要驱动因子(杨文佳等,2015)。此外,森林火灾或采取火烧的方式开辟林地,均会将土壤中的有机碳以 CO_2的形式释放到大气中。

另一方面,人工林还通过将森林生物量作为能源替代矿物燃料,或作为原材料替代钢铁、水泥、铝材等能源密集型产品,减少温室气体的排放(刘世荣,2013;Gustavsson et al., 2015)。在期待营造新的能源林的同时,对森林剩余物和木材加工剩余物的利用也日益提高。其中,一种在完全或部分缺氧的条件下,经高温裂解,使有机物碳化产生的一类高度芳香化的难溶性固态物质——生物炭(biochar)(Lehmann et al., 2011),具有含碳量高、结构稳定、孔隙结构发达等特性(Downie et al., 2009)。生物炭肥的施用不但能改善土壤养分状况,还能增加土壤的碳储量(Lehmann et al., 2006;Woolf et al., 2010),显著减少 N_2O 的排放(唐倩等,2014;Cayuela et al., 2013)。展望未来,人工林将成为生物能源的一个重要组成部分,在减排增汇方面具有较大的潜力。

造林不但能增加生物量的碳储量,同时还增加了土壤有机碳的固定,促进有机碳与微团聚体和黏土结合,提高了受物理保护的土壤有机物质组分中碳的稳定性(Galdo et al., 2003)。然而,天然林转换成人工林后,大团聚体数量减少,团聚体稳定性下降,表层土壤团聚体有机碳含量降低(王小红等,2014),而且表层土壤有机碳特别是轻组有机碳组分显著下降(Luan et al., 2010)。Scott 等(1999)也表示,草地转变为以辐射松(*Pinus radiata*)为主的人工林后,矿质土壤碳(mineral soil C)含量有所降低。

综上所述,大力开展植树造林,不仅能增加森林面积,扩大木材生产功能,而且能增强森林的碳汇功能。就全球范围而言,扩大人工林面积,提高人工林的经营和管理水平,将可能显著增强陆地生态系统的碳汇功能,减缓全球变化。

4.1.3 减缓和适应气候变化的人工林减排增汇机制与途径

大气 CO_2浓度上升导致的气温上升是全球变化最显著的特征之一。森林能

有效吸收大气中的 CO_2，在一定程度上缓解全球变暖的压力。人工林具有较大的碳汇潜力，人们不仅希望通过造林或增加植被覆盖来增加大气中 CO_2 向植被的转移，更希望土壤也能以土壤有机物的形式固持大气中更多的 CO_2。因此，如何增强人工林的碳汇能力已经成为目前应对气候变化研究的热点与方向之一。从减缓和适应气候变化角度出发，目前人工林减排增汇机制与途径的相关研究包括以下几个方面。

第一，人工林土壤碳汇的形成机理及其调控技术。大气 CO_2 浓度升高，导致植物的光合能力增强，地上/地下部分生物量增加，提高植物源土壤碳量的输入，但也通过改变人工林物种组成和小气候而影响着土壤碳循环过程。人工林土壤碳的固定、储存和排放受自然、人为等多种因素的控制；揭示人工林土壤的碳汇形成与稳定性固持机制，有助于发展人工林土壤碳汇、库、源的调控技术，增强人工林生态系统的碳汇功能。

第二，人工林适应性经营和固碳减排潜力。人工林经营管理方式可通过影响地上植被和土壤碳而影响温室气体排放。改进人工林经营管理措施有助于提高固碳功能，减缓气候变化。人工林普遍存在树种单一、结构和功能较差、病虫害频繁发生等问题，导致人工林林地生产力下降、生物多样性丧失、土壤肥力退化、生态系统稳定性降低等问题（盛炜彤，2001），也意味着人工林还具有很大的碳汇增强空间。因此，可以通过适应性经营人工林，提高人工林植被和土壤的固碳潜力。同时，气候变化势必增加有害生物在新地点繁殖、发育、生长的可能性（吴建国等，2009），有害生物可能找到新的宿主树木，加大树木病虫害的风险。所以，进一步加强人工林生态系统的经营和管理，积极应对气候变化是十分必要的。

第三，人工林生态系统碳通量与区域碳源汇动态评估。定量评估森林的碳储量、碳源和碳汇动态变化已经成为认识全球碳循环关键过程的重要内容之一（FAO，2010）。国际通量观测网络（FLUXNET）作为获取生态系统与大气之间的 CO_2、H_2O 和能量交换信息的有效手段，为分析地圈-生物圈-大气圈的相互作用、评价陆地生态系统在全球碳循环中的作用提供有效数据集和实验研究平台（Baldocchi et al.，2001）。全球范围内，在不同气候带或地理区域针对不同树种、经营模式、生长季/林龄等开展了人工林生态系统的碳通量观测，以及森林碳通量对环境驱动因子（如温度、降水等）的响应机理、模型估测、CO_2 和 CH_4 通量观测技术等方面的研究。由于生态系统时空变化复杂性、碳通量测定手段的精确性和观测规范统一性不够，研究结果还具有很大的不确定性。再加上现有的通量网络在人工林生态系统的地域、类型和经营模式的覆盖布局不尽合理，导致人工林在区域碳增汇方面的贡献估算尚不能达到较高的准确性。因此，布局合理的人工林碳通量观测网络、规范化的观测技术、增强估测模型的准确性和长期观测数据的积累与综合性分析对于揭示全球人工林碳源/汇的时空分布格局特征、预测未来的气候变化趋势和评价人工林生态系统碳循环对全球变化的响应与适应均具有重要的意义。

第四,人工林碳汇市场与碳贸易。《京都议定书》中提出的三个碳交易机制,即联合履行(joint implementation, JI)、清洁发展机制(clean development mechanism, CDM)、排放贸易(emissions trade, ET),作为推动低碳发展的一种重要政策手段,已在全球主要国家得到广泛尝试。发展中国家与发达国家进行碳贸易,构建碳汇人工林已成为一个国家或地区承担温室气体减排义务的替代途径。与欧美发达国家相比,我国对碳贸易的研究相对较少(李怒云等,2008)。近年来,发展中国家积极参与全球碳贸易及国内生态补偿机制,碳汇人工林参与全球碳市场及贸易的相关规则、管理机制和制度建设等工作不断增加。

4.2 人工林经营对土壤碳储量与碳固存功能的影响

森林生态系统中,土壤被认为是一个巨大碳库(Hagedorn et al., 2001)。与天然林相比,人工林是处于人为调控下的生态系统类型,人工林的经营管理是影响人工林碳平衡最重要的因素(闫美芳等,2010)。物种选择、营造方式、抚育措施等都可能对土壤固碳能力和土壤碳库产生影响。合理的人工林经营管理可以通过对林地生产力和林地小气候的影响,增加生态系统土壤碳固定和碳储量(胡会峰和刘国华,2006;Lal, 2005),是提升人工林碳汇功能的重要手段(Jandl et al., 2007)。优化人工林经营管理既可以维持较高的生产力,也可能达到增加森林土壤碳增汇的目标。

4.2.1 树种选择和经营方式对人工林土壤碳的影响

森林植被主要通过以下三种途径调控土壤碳储量。

首先,不同树种组成的人工林冠层的光合固碳途径、固碳能力和生产力不同,产生植物源有机碳输入量的差异,进而影响人工林生态系统的碳输入。大量研究表明,不同森林类型植被碳库大小不同,即使是同种森林类型,不同林龄的森林植被碳储量也存在差异(王效科和冯宗炜,2000)。杨玉盛等(2006)研究表明,树龄相同的格氏栲(*Castanopsis kawakamii*)人工林在固碳能力上大于杉木(*Cunninghamia lanceolata*)林,这种差异主要由两者的生物量差异引起。杉木人工林碳库小于立地条件类似、年龄相同的福建柏(*Fokienia hodginsii*)人工林,其原因也与生物量积累有关(何宗明等,2003)。

其次,凋落物输入到土壤中的有机物种类和组成因林型而异,从而影响土壤有机碳的分解和矿化速率,最终影响土壤呼吸和土壤碳库大小(张东秋等,2005)。不同植物的凋落物具有不同的生物可降解性和不同的氮和木质素含量,其分解速度不尽相同(黄耀等,2003)。水溶性有机物(碳水化合物和氨基酸)、纤维素和半纤维素、木质素类物质的分解速率依次降低。当凋落物的 C∶N

值、木质素：氮值比较高时，通过土壤呼吸释放到大气的 CO_2 较少，土壤有机碳累积明显（彭少麟等，2002）。例如，在我国南亚热带，红锥（*Castanopsis hystrix*）、火力楠（*Michelia macclurei*）和米老排（*Mytilaria laosensis*）等三种阔叶人工林的表层土壤有机碳储量分别比马尾松（*Pinus massoniana*）人工林高出了11%、19%、18%，原因在于各人工林土壤有机质的化学结构不同（Wang et al., 2010）。在格木（*Erythrophleum fordii*）、红锥、马尾松三种人工林生态系统中，红锥人工林生态系统具有较高的固碳能力（王卫霞等，2013）。

再次，人工林的植物群落结构不同，林窗大小不同，林内有效辐射、气温、相对湿度等微环境也不同（Wang et al., 2011）。水分和温度可以通过改变土壤微生物的数量、群落结构和活性（刘纯等，2014；Brockett et al., 2012；Myers et al., 2001），间接影响土壤碳的转化、积累和分解（臧逸飞等，2015）。de Deyn 等（2008）提出的概念框架认为，森林生态系统中植被的类型和冠层结构可以通过改变立地的微环境而直接或间接影响土壤微生物的群落结构，进而影响土壤有机碳含量。然而，目前将人工林内微环境与土壤碳储量及固持机制联系起来的研究较为少见，将是未来的一个研究方向。

近几十年来，为减少人工纯林带来的负面影响，许多具有不同生物学特性的树种（如乡土珍贵阔叶树种、固氮树种等）被用于人工林的营建（梁瑞龙，2007）。由于人工林群落的组成不同，纯林和混交林土壤碳储量存在差异。大量研究表明，人工混交林林地生产力明显高于人工纯林（Kelty，2006），人工混交林的土壤有机碳含量高于其对应的纯林（黄宇等，2005；He et al., 2013；Huang et al., 2014），人工针阔叶混交林的土壤有机碳和氮储量显著高于针叶和阔叶纯林（黄宇等，2005；Wang and Wang, 2007）。造成混交林与纯林土壤碳储量之间差异的主要原因是凋落物和细根的输入以及土壤中不同有机碳组分稳定性的差异。也有学者比较了纯林和混交林的土壤呼吸后发现，人工纯林全年土壤总呼吸比混交林有所增加（黄雪蔓等，2014；Murphy et al., 2008）。但是，罗达等（2014，2015）却认为，我国南亚热带格木、马尾松人工纯林及两者混交林的林地土壤有机碳含量之间无显著差异。

此外，另一种重要的森林经营方式——近自然林经营（close to nature forest management），近些年来得到了广泛的倡导和应用（陆元昌等，2004，2009）。国内外研究表明，人工林近自然化改造改善了群落结构，提高了地力，增加了生物多样性，还促进了乡土树种的生长（罗菊春，2006；罗应华等，2013）。

关于近自然林土壤碳的研究未得到一致性的结论。落叶松纯林土壤上层有机质含量显著低于水曲柳人工纯林和近自然化培育的水曲柳-落叶松混交林（王新宇和王庆成，2008）。马尾松近自然林（在马尾松纯林中套种红锥和香梓楠）的土壤有机碳含量显著低于其未改造的纯林（何友均等，2013）。欧洲山毛榉（*Fagus sylvatica*）和欧洲云杉（*Picea abies*）的近自然林土壤含碳量大于欧洲山毛榉纯林,但小于欧洲云杉纯林(Berger et al., 2009)。

4.2.2 森林经营措施对人工林土壤碳的影响

在森林营造过程中,森林抚育采伐(也称抚育间伐,thinning, forest thinning, tending felling)可为保留木创造更好的生长环境条件,同时获取一部分木材(沈国舫和翟明普,2011)。人工抚育措施可以增加森林生态系统中单木的胸径、树高、冠幅和林分蓄积生长,增加林下植被的种类数量和盖度(曹云等,2005;段劼等,2010)。对林分进行抚育后,形成林隙(forest gap),改变林中小气候环境,影响凋落物的分解和土壤碳输入。在经历不同类型、不同程度的抚育措施后,人工林中凋落物积累和转化产生差异,进而导致人工林土壤碳储量和碳固存能力不同。

研究表明,抚育可能减少林下凋落物的积累量,加快凋落物的分解速率(Berg, 2000),降低土壤碳储量。间伐有利于提高马尾松林乔木层生物量和碳贮量,不利于林下地被物和凋落物生物量以及碳的累积(明安刚等,2013)。清除林下植被会不同程度地降低凋落物的分解速率(Liu et al., 2012)。吴亚丛等(2013)对48年生樟树人工林的研究表明,与对照相比,抚育林分(就地伐去的林下灌木及草本植物)土壤总有机碳和易氧化碳含量均下降。完全去除花旗松(*Pseudotsuga menziesii*)林下植被显著降低土壤碳含量(Yildiz et al., 2011)。修枝处理略微降低了杉木纯林土壤 CO_2 通量,但与未进行修枝处理的相比差异不显著(刘兰兰等,2014)。此外,土壤含碳量随着抚育间伐强度的增加而出现先降后升的趋势;抚育间伐是影响林分凋落物分解和土壤碳积累的重要因素(梁晶等,2015)。

森林采伐(harvesting)是对森林和林木所进行的一项经营管理活动,包括主伐(皆伐、择伐、渐伐)、抚育采伐、低产(效)林改造采伐和更新采伐四种类型(沈国舫和翟明普,2011)。一般认为,采伐降低土壤有机质的输入,特别是强度采伐或皆伐迹地,裸露的地表加剧了水土侵蚀和土壤有机碳的淋溶作用,降低土壤有机碳含量(Yanai et al., 2003)。森林采伐也可能改变人工林的结构和土壤水热条件,影响林木生长及碳储量,改变有机质分解速率(吴波波等,2014)和土壤呼吸速率(雷蕾等,2015;杨玉盛等,2005)。有研究表明,森林采伐后,土壤呼吸所释放的碳高于幼树固定的碳,所以,采伐迹地造林初期会减小森林碳库(Lal, 2005)。采伐强度与土壤呼吸速率增值呈正比(雷蕾等,2015)。皆伐导致滩地美洲黑杨人工林土壤温度、湿度和植被结构等环境因子发生变化,共同导致了皆伐区甲烷汇功能的显著下降(高升华等,2013)。

施肥(fertilization)是人工林集约经营中广泛应用的一项措施。许多森林生态系统受氮限制,增加氮输入能够增加净初级生产力(NPP),改善凋落物质量,有利于土壤碳储量的增加(Johnson and Curtis., 2001)。例如,杨树人工林土壤可溶性有机碳含量随着氮添加处理中氮浓度的增加而增加(许凯等,2014)。氮沉降增加可能会提高森林土壤有机碳的固存能力(王晖等,2008)。氮沉降对土壤有机碳具有促进作用,中、低氮沉降增加幅度大,高氮沉降增加幅度小(袁颖红等,2012)。但是,氮添加也可能通过对凋落物和土壤C∶N值的改变而促进土壤呼吸,降低土壤有机碳固定和储量(冯瑞芳等,2006);也能通过增加土壤养分可利用性提高地下部分的生产力,从而增加土壤呼吸(Peng et al., 2008)。例如,施氮显著增加桉树人工林土壤 CO_2 和 N_2O 排放通量(李睿达等,2014,2015)。董钰鑫等(2015)研究表明,施肥处理在一定程度上促进西双版纳大面积种植的橡胶林的土壤呼吸,使土壤 CO_2 排放增加,但并未显著改变 CO_2 排放量($p>0.05$)。然而,贾淑霞等(2007)对施氮肥的落叶松和水曲柳人工林的研究结果表明,施肥后林地土壤呼吸速率与对照相比分别减少34.9%和25.8%。高氮处理通过改变土壤微生物群落,显著降低银杏幼林土壤有机碳含量及氧烷基碳组分,但增加烷基碳与氧烷基碳的比值(张晓文等,2014)。因此,林地的施肥可能对土壤碳汇产生不同的影响,合理的施肥方式可能增强人工林土壤碳汇功能。

炼山(slash burning)作为另一项重要的营林措施,已经广泛应用在温带和热带地区。但是,目前系统研究火烧对森林土壤(特别是人工林土壤)有机碳的影响较少。总体而言,炼山最直接的影响是在焚烧人工林中活体生物、凋落物、枯死木、采伐剩余物等时,向大气直接排放 CO_2;炼山期间,土壤有机质和氮素以高温挥发和细粒尘埃的形式损失。就生物质燃烧对土壤碳含量的影响而言,依火烧性质、火烧频率、火烧强度、森林类型的不同而有所不同。研究表明,高强度野火可使土壤有机碳减少,而计划烧除对土壤有机碳没有显著影响;针叶林发生野火后土壤有机碳明显降低,而阔叶林土壤有机碳却增加(Wang et al., 2012)。高强度火烧和中强度火烧下,0~40 cm土壤剖面有机碳储量相比低强度火烧分别降低了61.4%和39.5%(李纫兰等,2009)。谷会岩等(2010)对大兴安岭兴安落叶松林的研究也表明,随着火烧强度的增加,土壤碳的损失量增多。Johnson和Curtis(2001)通过Meta分析认为,火烧改变土壤有机碳在土壤剖面的分布,对矿质土壤碳含量变化的影响并不显著,火烧后恢复时间的长短对土壤碳的影响更大。同时,炼山后,土壤理化性质和生物环境发生显著改变(Guo et al., 2010),土壤呼吸对此做出的响应已得到人们的关注。一般而言,火烧会导致微生物数量的降低、根系死亡和有机物输入减少,最终造成土壤呼吸下降(吕爱锋等,2005;Hamman et al., 2008;Ryu et al., 2009;Wen et al., 2016)。与此相反,一些研究认为森林火烧后土壤温度升高,会刺激土壤微生物活性,从而导致土壤呼吸增强(Kobziar and Stephens, 2006;Wüthrich et al., 2002)。综上所述,不同人工林生态系统的土壤呼吸对火烧呈现不同的响应,尚无统一的结论,其原因可能与炼山后土壤温、湿度改变的程度、炼山强度、方式及持续的时间等有关。

4.3 气候变化影响下人工林土壤碳固存及其稳定性和不确定性

气候变化最主要的特征就是气温升高和降水格局的改变。气温、降水、光照等气候特征的改变,一方面直接改变植物物候、光合生理特征、根生物量和形态、土壤理化性质,另一方面通过改变各生态系统的群落物种组成和结构,或者改变植物的死亡率以及随后的幼苗生长而影响人工林的群落结构(冯瑞芳等,2006),进而通过植物本身的呼吸、土壤微生物的活动、凋落物的质量及分解速率等功能过程变化,引起人工林生态系统碳汇功能的改变(杨万勤等,2006)。

在气候变化影响人工林土壤碳输入方面,林冠光合固碳能力和生产力大小直接影响森林植被地上部分的碳源、汇、库功能,森林植被通过地上部分的凋落物和根系凋落物向土壤中输入有机碳。因此,气候变化对人工林土壤碳输入的影响在于植物地上、地下生物量数量和性质变化两方面。普遍认为,随着温度、光照强度和降水量增加,森林的光合固碳能力越强,森林生产力越高,植被碳汇功能越强。

研究表明,大气 CO_2浓度升高,植物的形态结构和生物量、生理生化功能、根系分泌物、根际微生物等会发生变化(路娜等,2011),包括:增加叶片的厚度;促进光合产物向根系分配,影响植物的根冠比,导致植物向根系分配的碳数量增多(Dilustro et al., 2002; Finzi et al., 2001);加快细根的周转速度(Zak et al., 2000);促进根系分泌物的释放(Thomas et al., 1999)等,也可能提高植物的呼吸作用和光合速率,进而影响土壤碳库。但是,也有研究表明,只有在一定范围内的 CO_2浓度升高才能对森林生态系统产生上述影响(杨金艳等,2003)。原因可能在于伴随大气 CO_2浓度增加的是全球变暖,全球变暖虽然促进了植物生长发育,但改变了水分平衡。

在气候变化影响人工林土壤碳输出方面,土壤中的有机碳通过分解、矿化变为 CO_2、CH_4返回大气,以及通过可溶性土壤有机碳淋溶、侵蚀等过程离开土壤碳库(Plante and Conant, 2014)。土壤呼吸是土壤碳输出的主要途径,主要包括植物根系呼吸,以及涉及根系分泌物、根和叶片凋落物以及土壤有机质降解的微生物呼吸。大量研究表明,温度升高可使有机物的分解作用加强,增加土壤呼吸(徐胜等,2015;Jackson et al., 2009),促进土壤碳排放,降低土壤碳储量(Melillo et al., 2002)。而降水量的增加,可能会提高土壤动物、微生物活性,进而促进土壤呼吸,导致森林土壤有机碳库释放 CO_2的速率加快。极端干旱事件则可能会通过降低土壤微生物活性以减少土壤呼吸速率(Sotta et al., 2007)。

与此同时,在多种气候因素的复合影响下,人工林土壤碳库和有机质稳定性的研究结果不尽相同,所以评价全球人工林土壤的碳固存能力存在很大的不确定性。例如 CO_2浓度上升与氮沉降共同影响着森林生态系统土壤碳的稳定性，且其影响方式与土壤理化性质、大气成分、微生物活动、根系生长情况、凋落物状况等多种因素密切相关(项文化等,2006)。CO_2浓度升高、增温、氮添加、降水改变等双因素或多因素实验在森林生态系统中开展的较少,研究结果也存在差异。例如,龙凤玲等(2014)对南亚热带几种常见林木的实生苗土壤进行的 5 年研究表明,大气 CO_2浓度上升和氮添加促进了模拟森林生态系统中土壤有机碳的增加;而张继舟等(2013)的研究显示 CO_2浓度升高耦合氮沉降对土壤有机碳基本无影响。

可见,人工林对气候变化响应的研究结果不尽相同。深入研究林木生理生态、地下生态系统各组分对气候变化的响应与适应机制有待深入研究。

4.4 人工林碳固存与生态系统服务

4.4.1 人工林碳固存与水的关系

关于地表植被与水的关系的研究起步较早,植被与径流泥沙的相关研究存在多个尺度(Imeson and Prinsen, 2004)。尽管造林具有较强的碳汇作用,但同时也降低了一定时间内的河流流量;碳水关系为此消彼长(trade-off)的关系(Jackson et al., 2005)。同时,造林也可减缓径流流速;森林植被覆盖的增加导致流域产水量减少(张志强等,2006),水土流失有所降低。然而,Sun 等(2006)认为,森林植被恢复后,树木蒸腾增大,总耗水量加大,降低河流总流量,尤其是基流。因此,营造过多的人工林会加剧干旱与半干旱区的水资源短缺。例如,干旱地区桉树人工林可能会消耗浅层地下水,营造桉树人工林会导致流域产水量减少;但当林分生长到一定年龄后,随着林分年龄的增加,蒸腾耗水量下降,流域径流量增加(时忠杰等,2009)。南非的人工造林所导致的径流减少量占当地河流径流量减幅的 1/3(Chisholm, 2010)。因此,增加人工林面积以加强其碳固存功能,与水资源利用之间存在悖论,因研究尺度、研究区域、人工林组成、林龄等的不同,研究结果之间也存在差异。

此外,结构简单的人工林,水源涵养、水土保持等功能也远没有结构复杂的森林群落或复层林分高(黎燕琼等,2013;张远东等,2011;王利等,2015)。在人工林的经营过程中,炼山、整地、幼林抚育、皆伐等措施可能改变原有水量平衡,地下水发生变化,对林地土壤的理化性质产生有害影响,造成水土流失(Ziemer, 1981)。所以,为发挥人工林的有益作用,必须适当调节林木与立地资源之间的分配,平衡光、养分及水的竞争,避免产生负面影响。

4.4.2 人工林碳固存与生物多样性

人工林大多是纯林,树种单一,结构简单。纯林容易出现地力衰退、病虫害频繁等问题(Liu et al.,2014)。长期以来,生物多样性被认为直接影响生态系统稳定性。一定范围内,生物多样性越高,生态系统越稳定,系统对扰动的抵抗力越强;超过可以维持正常功能的最小物种数后,其他物种对生态系统的功能是冗余的(高东和何霞红,2010)。有研究表明,人工林生态系统生物丰富度和多样性比天然林低(Evans, 1992),林分稳定性差,抗逆性低。许多人工林区,天然植被遭到破坏,在生态上严重失去平衡。因此,提高人工林的生物多样性是十分必要的。

从人工林固碳角度来看,混交林林地生产力明显高于人工纯林,比纯林具有更强的碳固存能力。因此,通过树种混交的营林方式可以增加人工林的固碳量,也能增加人工林生态系统的稳定性,人工林碳固存与生物多样性之间为协同关系。但是,混交林涉及种间关系、混交方式、轮伐期、木材利用和管理方法,技术较为复杂,难于推广应用,故有人推荐采用以自然更新代替人工补植。然而,这有可能增加抚育费用和延长采伐时间(姜俊等,2015)。因此,人工林设计规划必须要考虑对当地景观和生物多样性的影响,避免大面积人工纯林,合理配置人工林景观结构与林分结构。

4.4.3 人工林碳固存与养分循环

植被形成的凋落物为土壤提供有机质,最后大部分有机质变为 CO_2、H_2O,而有机质中的 N、P、S 等则以 NH_4^+、NO_3^-、HPO_4^{2-}、$H_2PO_4^-$、SO_4^{2-} 等矿质盐类释放出来,为植物的生长提供养分。因此,有机质含量是土壤肥力水平的一项重要指标。但是,影响土壤有机质矿化速率的因素很多。大量研究表明,单一树种在土壤养分利用上,容易造成某些养分元素的亏缺(Koutika et al., 2014;Montagnini, 2000);人工林对土壤肥力也有负面影响(Jackson et al., 2005)。原因在于,一些人工林凋落物不易分解或分解速度较慢,常常大量积累在土壤表层,养分归还速率低,如杉木(郭婧等,2015)、落叶松(刘世荣和李春阳,1993;牛小云等,2015)等,甚至还会造成土壤酸化趋势。因此,人工林土壤肥力长期保持问题已引起林学家们普遍关注。此外,林龄(李荣华等,2008)、种植密度(肖兴翠等,2013;Kelty, 2006)影响人工林养分积累和周转。在气候变化的背景下,适当选用养分归还速率快的物种营建人工林将有助于维持土壤保肥供肥能力,而不应单纯地考虑增强人工林的碳固存能力。

4.4.4 人工林碳固存与多目标生态系统服务之间的权衡与协同

人工林已成为世界森林的重要组成部分,其在木材、纤维和能源生产等方面的作用和功能正得到越来越广泛的重视。人工林在社会和环境服务(如减轻贫困与可持续的生计、娱乐、游憩,环境、生态服务等)、应对气候变化方面也发挥重要功能(刘道平和何友均,2011)。与天然林相比,人工林更易于集约经营管理。结构合理的人工林生态系统可极大地增强森林的碳汇功能,缓解全球变化。然而,如前文所述,追求单目标的人工林经营方式可能带来水分失衡、生态系统稳定性和气候变化影响抵抗力下降等问题。例如,桉树在全球的广泛种植,在产生巨大的经济和社会效益的同时,也引起了国内外对其生态效应问题的颇多争议。争议的焦点主要包括桉树人工林的健康稳定性、生物多样性保护和生态稳定性、过度消耗养分和水分、病虫害、长期地力维持等(项东云,2002;张樟德,2008)。多功能森林经营和生态系统经营已成为现代林业发展的新方向(陆元昌,2006;刘世荣等,2015)。

多功能森林经营是指在林业发展规划、森林培育与恢复、森林经营与利用等过程中,选择一个或多个森林主导功能利用,并且不危及其他生态系统的条件下,合理保护和持续利用客观存在的林木和林地的生态、经济、社会和文化等所有功能,以最大限度地发挥森林对整个经济社会发展的作用(中国林业科学研究院多功能林业编写组,2010)。对人工林而言,多目标生态系统服务主要体现在:① 追求最大化的林分数量和质量生长指标,维持林地生产力,实现生产可持续;② 以木材生产为主导的多种服务功能并行,保持环境景观和生态服务功能,维护生态系统的完整性;③ 发挥人工林碳汇功能,应对全球气候变化(Liu et al., 2014;姜俊等,2015;刘世荣等,2015)。随着国内外人工造林的大面积发展,人们越来越注重环境保护的需要,保护性人工林(protection plantation)的营建在日益扩大。大量学者开展了人工林生态效益的评估(张英豪等,2015;Moore et al., 2014;Song et al., 2011),证实了人工林具有多目标的生态系统服务功能,但是,实施生态系统服务功能的多目标的管理,则是多种生态系统服务之间的权衡过程(郑华等,2013)。

综上所述,在适应气候变化的人工林经营中,一方面要尽可能实现人工林在生产和固碳上的“双赢”,但更重要的是,结合林地的自然环境条件,以森林的自然更新与自我调节机制为根据,在保持林分稳定性、林地生产力和森林生态环境的基础上,采取合理的人工林经营与管理措施,提升其碳固存功能的同时,确保人工林碳汇功能与其他多目标服务之间的有效平衡、协同及其适应性经营。

致谢

本文是以2015年6月11—14日在中国天津举办的第八届现代生态学讲座上所做学术报告为基础撰写完成的,为此作者感谢第八届现代生态学讲座组委会主任高玉葆教授、唐剑武教授和学术委员会主任邬建国教授的盛情邀请,也感谢承办单位南开大学、天津师范大学和天津市生态学会的经费支持。本章的研究得到了科技部国家国际科技合作专项项目“亚热带人工林增汇及多目标经营规划技术”(2015DFA31440)和国家林业公益性行业科研专项重大项目“气候变化对森林水碳平衡影响及适应性生态恢复”(201404201)的支持。

参考文献

曹云,杨劼,宋炳煜,黄和平,杨明博,郑敏. 2005. 人工抚育措施对油松林生长及结构特征的影响. 应用生态学报,16(3):397-402.

董钰鑫,张一平,沙丽清,姬红利,周文君,刘运通,张翔,林友兴. 2015. 施肥对西双版纳橡胶林土壤 CO_2排放的影响. 生态学杂志,34(9):2576-2582.

段劼,马履一,贾黎明,贾忠奎,公宁宁,车文瑞. 2010. 抚育间伐对侧柏人工林及林下植被生长的影响. 生态学报,30(6):1431-1441.

方精云. 2000. 全球生态学:气候变化与生态响应. 北京:高等教育出版社.

方精云,陈安平. 2001. 中国森林植被碳库的动态变化及其意义. 植物学报,43(9):967-973.

冯瑞芳,杨万勤,张健. 2006. 人工林经营与全球变化减缓. 生态学报,26(11):3870-3877.

高东,何霞红. 2010. 生物多样性与生态系统稳定性研究进展. 生态学杂志,12:2507-2513.

高升华,张旭东,汤玉喜,张蕊,唐洁,张雷,申贵仓,魏远. 2013. 滩地美洲黑杨人工林皆伐对地表甲烷通量的短期影响. 林业科学,49(1):7-13.

谷会岩,金靖博,陈祥伟,王恩姮,周一杨,柴亚凡. 2010. 不同火烧强度林火对大兴安岭北坡兴安落叶松林土壤化学性质的长期影响. 自然资源学报,25(7):1114-1121.

国家林业局. 2014. 第八次全国森林资源清查结果. 林业资源管理,1:1-2.

郭婧,喻林华,方晰,项文化,邓湘雯,路翔. 2015. 中亚热带4种森林凋落物量、组成、动态及其周转期. 生态学报,35(14):4668-4677.

何友均,梁星云,覃林,李智勇,邵梅香,谭玲. 2013. 南亚热带人工针叶纯林近自然改造早期对群落特征和土壤性质的影响. 生态学报,33(8):2484-2495.

何宗明,李丽红,王义祥,邹双全,岳永杰,王小国. 2003. 33年生福建柏人工林碳库与碳吸存. 山地学报,21(3):298-303.

胡会峰,刘国华. 2006. 森林管理在全球 CO_2减排中的作用. 应用生态学报,17(4):709-714.

黄雪蔓,刘世荣,尤业明. 2014. 第二代桉树人工纯林和混交林土壤呼吸及其组分研究. 林业科学研究,27(5):575-582.

黄耀,沈雨,周密,马瑞升. 2003. 木质素和氮含量对植物残体分解的影响. 植物生态学报,27(2):183-188.

黄宇,冯宗炜,汪思龙,冯兆忠,张红星,徐永荣. 2005. 杉木、火力楠纯林及其混交林生态系统C、N贮量. 生态学报,25(12):3146-3154.

贾淑霞,王政权,梅莉,孙玥,全先奎,史建伟,于水强,孙海龙,谷加存. 2007. 施肥对落叶松和水曲柳人工林土壤呼吸的影响. 植物生态学报,31(3):372-379.

姜俊,陆元昌,谢阳生,刘宪钊,邢海涛. 2015. 基于发展类型理念的多功能人工林经营模式研究. 世界林业研究,28(3):1-5.

雷蕾,肖文发,曾立雄,黄志霖,高尚坤,谭本旺. 2015. 不同营林措施对马尾松林土壤呼吸影响. 林业科学研究,28(5):713-719.

黎燕琼,龚固堂,郑绍伟,陈俊华,慕长龙,朱志芳,吴雪仙,牛牧. 2013. 低效柏木纯林不同改造措施对水土保持功能的影响. 生态学报,33(3):934-943.

李怒云,王春峰,陈叙图. 2008. 简论国际碳和中国林业碳汇交易市场. 中国发展,8(3):9-12.

李纫兰,缪启龙,王绍强,王晶苑. 2009. 突发性火灾对南方湿地松人工林土壤碳储量的影响. 资源科学,31(4):674-680.

李荣华,汪思龙,王清奎. 2008. 不同林龄马尾松针叶凋落前后养分含量及回收特征. 应用生态学报,19(7):1443-1447.

李睿达,张凯,苏丹,逯非,万五星,王效科,郑华. 2014. 施氮强度对不同土壤有机碳水平桉树林温室气体通量的影响. 环境科学,35(10):3903-3910.

李睿达,张凯,苏丹,逯非,万五星,王效科,郑华. 2015. 施氮对桉树人工林生长季土壤温室气体通量的影响. 生态学报,35(18):5931-5939.

梁晶,王庆成,许丽娟,吴文娟. 2015. 抚育对长白山两种林分凋落物分解及土壤的影响. 植物研究,35(2):297-303.

梁瑞龙. 2007. 广西乡土阔叶树种资源现状及其发展对策. 广西林业科学,36(1):5-9.

刘纯,刘延坤,金光泽. 2014. 小兴安岭 6 种森林类型土壤微生物量的季节变化特征. 生态学报,34(2):451-459.

刘道平,何友均. 2011. 人工林——用途、影响和可持续性. 北京: 中国农业出版社.

刘兰兰,汪思龙,杨庆朋. 2014. 修枝对杉木人工林树干表面和土壤 CO_2 释放通量的短期影响. 生态学杂志,33(6):1474-1479.

刘珉. 2014. 多角度解读第八次全国森林资源清查结果. 林业经济,5:1-9.

刘世荣. 2013. 气候变化对森林影响与适应性管理. 见: 邬建国,安树青,冷欣主编. 现代生态学讲座(Ⅵ): 全球气候变化与生态格局和过程. 北京:高等教育出版社.

刘世荣,代力民,温远光,王晖. 2015. 面向生态系统服务的森林生态系统经营: 现状、挑战与展望. 生态学报,35(1):1-9.

刘世荣,李春阳. 1993. 落叶松人工林养分循环过程与潜在地力衰退趋势的研究. 东北林业大学学报,21(2):19-24.

刘世荣,王晖,栾军伟. 2011. 中国森林土壤碳储量与土壤碳过程研究进展. 生态学报,31(19):5437-5448.

龙凤玲,李义勇,方熊,黄文娟,刘双娥,刘菊秀. 2014. 大气 CO_2 浓度上升和氮添加对南亚热带模拟森林生态系统土壤碳稳定性的影响. 植物生态学报,38(10):1053-1063.

陆元昌. 2006. 近自然森林经营的理论与实践. 北京:科学出版社.

陆元昌,Knut Sturm,甘敬,雷相东,国红. 2004. 近自然森林经营的理论体系及在幼龄林抚育改造中的实践. 中国造纸学报,19(z1):285-289.

陆元昌,张守攻,雷相东,宁金魁,王懿祥. 2009. 人工林近自然化改造的理论基础和实施技术. 世界林业研究,1:20-27.

路娜,胡维平,邓建才,陈效民. 2011. 大气 CO_2 浓度升高对植物影响的研究进展. 土壤通报,42(2):477-482.

罗达,史作民,唐敬超,刘世荣,卢立华. 2014. 南亚热带乡土树种人工纯林及混交林土壤微生物群落结构. 应用生态学报,25(9):2543-2550.

罗达,史作民,王卫霞,刘世荣,卢立华,明安刚,于浩龙. 2015. 南亚热带格木、马尾松幼龄人工纯林及其混交林生态系统碳氮储量. 生态学报,35(18):6051-6059.

罗菊春. 2006. 抚育改造是森林生态系统经营的关键性措施. 北京林业大学学报,28(1):121-124.

罗应华,孙冬婧,林建勇,郭文福,卢立华,温远光. 2013. 马尾松人工林近自然化改造对植物自然更新及物种多样性的影响. 生态学报,33(19):6154-6162.

吕爱锋,田汉勤,刘永强. 2005. 火干扰与生态系统的碳循环. 生态学报,25(10):2734-2743.

明安刚,张治军,谌红辉,张显强,陶怡,苏勇. 2013. 抚育间伐对马尾松人工林生物量与碳贮量的影响. 林业科学,49(10):1-6.

牛小云,孙晓梅,陈东升,张守攻. 2015. 日本落叶松人工林枯落物土壤酶活性. 林业科学,51(4):16-25.

彭少麟,李跃林,任海,赵平. 2002. 全球变化条件下的土壤呼吸效应. 地球科学进展,17(5):705-713.

沈国舫,翟明普. 2011. 森林培育学. 北京:中国林业出版社.

盛炜彤. 2001. 人工林的生物学稳定性与可持续经营. 世界林业研究,14(6):14-21.

时忠杰,徐大平,张宁南,邱志军,胡哲森,郭俊誉. 2009. 桉树人工林水文影响研究进展. 林业科学,45(11):135-140.

唐倩,梁卓良,欧阳磊,张仁铎. 2014. 生物碳的物理结构与化学成分对土壤氧化亚氮排放的影响. 环境科学学报,34(11):2839-2845.

唐正,尹华军,周晓波,卫云燕,刘庆. 2012. 夜间增温和施肥对亚高山针叶林土壤呼吸的短期影响. 应用与环境生物学报,18(5):713-721.

王晖,莫江明,鲁显楷,薛璟花,李炯,方运霆. 2008. 南亚热带森林土壤微生物量碳对氮沉降的响应. 生态学报,28(2):470-478.

王利,于立忠,张金鑫,刘利芳,杜建平,高尚林,张文儒. 2015. 浑河上游水源地不同林型水源涵养功能分析. 水土保持学报,29(3):249-255.

王卫霞,史作民,罗达,刘世荣,卢立华,明安刚,于浩龙. 2013. 我国南亚热带几种人工林生态系统碳氮储量. 生态学报,33(3):925-933.

王小红,杨智杰,刘小飞,杨玉盛,吴君君,付林池,陈坦,李伟. 2014. 天然林转换成人工林对土壤团聚体稳定性及有机碳分布的影响. 水土保持学报,28(6):177-182.

王效科,冯宗炜. 2000. 中国森林生态系统中植物固定大气碳的潜力. 生态学杂志,19(4):72-74.

王新宇,王庆成. 2008. 水曲柳落叶松人工林近自然化培育对林地土壤理化性质的影响. 林业科学,44(12):21-27.

吴波波,郭剑芬,吴君君,任卫岭,刘小飞,杨玉盛. 2014. 采伐剩余物对林地表层土壤生化特性和酶活性的影响. 生态学报,34(7):1645-1653.

吴建国,吕佳佳,艾丽. 2009. 气候变化对生物多样性的影响:脆弱性和适应. 生态环境学报,18(2):693-703.

吴庆标,王效科,郭然. 2006. 土壤有机碳稳定性及其影响因素. 土壤通报,36(5):743-747.

吴亚丛,李正才,程彩芳,刘荣杰,王斌,格日乐图. 2013. 林下植被抚育对樟树人工林土壤活性有机碳库的影响. 应用生态学报,24(12):3341-3346.

向元彬,黄从德,胡庭兴,涂利华,杨万勤,李仁洪,胡畅. 2014. 华西雨屏区巨桉人工林土壤呼吸对模拟氮沉降的响应. 林业科学,50(1):21-26.
项东云. 2002. 新世纪广西桉树人工林可持续发展策略讨论. 广西林业科学,31(3):114-121.
项文化,黄志宏,闫文德,田大伦,雷丕锋. 2006. 森林生态系统碳氮循环功能耦合研究综述. 生态学报,26(7):2365-2372.
肖兴翠,李志辉,唐作钧,曾琴,王海风. 2013. 林分密度对湿地松人工林养分循环速率和利用效率的影响. 生态学杂志,32(11):2871-2880.
谢薇,陈书涛,胡正华. 2014. 中国陆地生态系统土壤异养呼吸变异的影响因素. 环境科学,35(1):334-340.
熊莉,徐振锋,杨万勤,殷睿,唐仕姗,王滨,徐李亚,常晨晖. 2015. 川西亚高山粗枝云杉人工林地上凋落物对土壤呼吸的贡献. 生态学报,35(14):4678-4686.
徐胜,陈玮,何兴元,黄彦青,高江艳,赵诣,李波. 2015. 高浓度 CO_2 对树木生理生态影响研究进展. 生态学报,35(8):2452-2466.
许凯,徐钰,张梦珊,徐长柏,曹国华,葛之葳,阮宏华. 2014. 氮添加对苏北沿海杨树人工林土壤活性有机碳库的影响. 生态学杂志,33(6):1480-1486.
许炼烽,徐谙为,李志安. 2013. 森林土壤固碳机理研究进展. 生态环境学报,22(6):1063-1067.
闫美芳,张新时,江源,周广胜. 2010. 主要管理措施对人工林土壤碳的影响. 生态学杂志,29(11):2265-2271.
杨金艳,杨万勤,王开运,孙建平. 2003. 木本植物对 CO_2 浓度和温度升高的相互作用的响应. 植物生态学报,27(3):304-310.
杨万勤,张健,胡庭兴. 2006. 森林土壤生态学. 成都:四川科学技术出版社.
杨文佳,李永夫,姜培坤,周国模,刘娟. 2015. 亚热带毛竹人工林土壤呼吸组分动态变化及其影响因素. 应用生态学报,26(10):2937-2945.
杨玉盛,陈光水,王小国,谢锦升,董彬,李震,高人. 2005. 皆伐对杉木人工林土壤呼吸的影响. 土壤学报,42(4):584-590.
杨玉盛,陈光水,王义祥,谢锦升,杨少红,钟羡芳. 2006. 格氏栲人工林和杉木人工林碳库及分配. 林业科学,42(10):43-47.
余再鹏,万晓华,胡振宏,王民煌,刘瑞强,郑璐嘉,何宗明,黄志群. 2014. 亚热带杉木和米老排人工林土壤呼吸对凋落物去除和交换的响应. 生态学报,34(10):2529-2538.
袁颖红,樊后保,刘文飞,张子文,孟庆银,胡锋,李辉信. 2012. 模拟氮沉降对杉木人工林土壤可溶性有机碳和微生物量碳的影响. 水土保持学报,26(2):138-143.
臧逸飞,郝明德,张丽琼,张昊青. 2015. 26 年长期施肥对土壤微生物量碳、氮及土壤呼吸的影响. 生态学报,35(5):1445-1451.
张东秋,石培礼,张宪洲. 2005. 土壤呼吸主要影响因素的研究进展. 地球科学进展,20(7):778-785.
张继舟,倪红伟,王建波,袁磊,王宏韬. 2013. 模拟氮沉降和 CO_2 浓度增加对三江平原小叶章群落土壤总有机碳和氮素含量的影响. 地球与环境,41(3):216-225.
张凯,郑华,欧阳志云,李睿达,杨苗,兰俊,项学武. 2015. 施氮对桉树人工林生长季和非生长季土壤温室气体通量的影响. 生态学杂志,34(7):1779-1784.

张晓文,邢世岩,吴岐奎,刘晓静. 2014. 氮添加对银杏幼林土壤有机碳化学组成及土壤微生物群落的影响. 林业科学,50(6):115-124.

张英豪,毛炎新,奉国强. 2015. 不同密度控制下油松人工林的生态效益评估. 中国水土保持科学,13(4):80-85.

张远东,刘世荣,顾峰雪. 2011. 西南亚高山森林植被变化对流域产水量的影响. 生态学报,31(24):7601-7608.

张樟德. 2008. 桉树人工林的发展与可持续经营. 林业科学,44(7):97-102.

张志强,王盛萍,孙阁,谢宝元. 2006. 流域径流泥沙对多尺度植被变化响应研究进展. 生态学报,26(7):2356-2364.

郑华,李屹峰,欧阳志云,罗跃初. 2013. 生态系统服务功能管理研究进展. 生态学报,33(3):702-710.

中国林业科学研究院多功能林业编写组. 2010. 中国多功能林业发展道路探索. 北京:中国林业出版社.

周玉荣,于振良,赵士洞. 2000. 我国主要森林生态系统碳贮量和碳平衡. 植物生态学报,24(5):518-522.

朱锡明,韩春爽,娄玉杰,刘淑霞. 2014. 土壤有机碳稳定性的影响. 中国农学通报,30(21):29-34.

Bäckstrand, K., and E. Lövbrand. 2006. Planting trees to mitigate climate change: Contested discourses of ecological modernization, green governmentality and civic environmentalism. Global Environmental Politics, 6(1):50-75.

Baldocchi, D., E. Falge, L. H. Gu, and F. Rechardson. 2001. Fluxnet: A new tool to study the temporal and spatial variability of ecosystem-scale carbon dioxide, water vapor, and energy flux densities. Bulletin of the American Meteorological Society, 82(11):2415-2434.

Batjes, N. H. 1996. Total carbon and nitrogen in the soils of the world. European Journal of Soil Science, 47(2):151-163.

Berg, B. 2000. Litter decomposition and organic matter turnover in northern forest soils. Forest Ecology and Management, 133(1):13-22.

Berger, T. W., E. Inselsbacher, F. Mutsch, and M. Pfeffer. 2009. Nutrient cycling and soil leaching in eighteen pure and mixed stands of beech (*Fagus sylvatica*) and spruce (*Picea abies*). Forest Ecology and Management, 258(11):2578-2592.

Boer, G. J., N. A. McFarlane, and M. Lazare. 1992. Greenhouse gas-induced climate change simulated with the CCC second-generation general circulation model. Journal of Climate, 5(10):1045-1077.

Brockett, B. F. T., C. E. Prescott, and S. J. Grayston. 2012. Soil moisture is the major factor influencing microbial community structure and enzyme activities across seven biogeoclimatic zones in Western Canada. Botanical Gazette, 44(1): 9-20.

Cayuela, M. L., M. A. Sánchez-Monedero, A. Roig, K. Hanley, A. Enders, and J. Lehmann. 2013. Biochar and denitrification in soils: When, how much and why does biochar reduce N_2O emissions? Scientific Reports, 3(7446):No.1732.

Chisholm, R. A. 2010. Trade-offs between ecosystem services: Water and carbon in a biodiversity hotspot. Ecological Economic, 69(10):1973-1987.

de Deyn, G. B., H. C. Cornelissen, and R. D. Bardgett. 2008. Plant functional traits and soil carbon sequestration in contrasting biomes. Ecology Letters, 11(5):516-531.

Dilustro, J. J., F. P. Day, B. G. Drake, and C. R. Hinkle. 2002. Abundance, production and mortality of fine roots under elevated atmospheric CO_2 in an oak-scrub ecosystem. Environmental and Experimental Botany, 48(2):149-159.

Dixon, R. K., A. M. Solomon, S. Brown, R. A. Houghton, M. C. Trexier, and J. Wisniewski. 1994. Carbon pools and flux of global forest ecosystems. Science, 263(5144):185-190.

Downie, A., A. Crosky, and P. Munroe. 2009. Physical properties of biochar. In: J. Lehmann and S. Joseph (eds.). Biochar for Environmental Management: Science And Technology. London: Routledge.

Evans, J. 1992. Plantation Forestry in the Tropics: Tree Planting for Industrial, Social, Environmental, and Agroforestry Purposes. Oxford: Oxford University Press.

Fang, J. Y., A. P. Chen, C. H. Peng, S. Q. Zhao, and L. J. Ci. 2001. Changes in forest biomass carbon storage in China between 1949 and 1998. Science, 292(5525):2320-2322.

FAO. 1990 年全球森林资源评估. 1990. http://www. fao. org/forestry/fra/52049/en/

FAO. 1995 年全球森林资源评估. 1995. http://www. fao. org/forestry/fra/52050/en/

FAO. 2000 年全球森林资源评估. 2000. http://www. fao. org/docrep/004/Y1997E/Y1997 E00. HTM

FAO. 2005 年全球森林资源评估. 2005. http://www. fao. org/forestry/fra/fra2005/en/

FAO. 2010 年全球森林资源评估. 2010. www. fao. org/forestry/fra/fra2010/en/

FAO. 2015. Global Forest Resources Assessment 2015. http://www.fao.org/3/a-i4793e.pdf

Finzi, A. C., A. S. Allen, E. H. Delucia, D. S. Ellsworth, and W. H. Schlesinger. 2001. Forest litter production, chemistry, and decomposition following two years of free-air CO_2 enrichment. Ecology, 82(2):470-484.

Galdo, D. I., J. Six, A. Peressotti, and M. F. Cotrufo. 2003. Assessing the impact of land-use change on soil C sequestration in agricultural soils by means of organic matter fractionation and stable C isotopes. Global Change Biology, 9(8):1204-1213.

Guo, J., Y. Yang, G. Chen, J. Xie, R. Gao, and W. Qian. 2010. Effects of clear-cutting and slash burning on soil respiration in Chinese fir and evergreen broadleaved forests in mid-subtropical China. Plant and Soil, 333(1):249-261.

Gustavsson, L., S. Haus, C. A. Ortiz, R. Sathre, and N. L. Truong. 2015. Climate effects of bioenergy from forest residues in comparison to fossil energy. Applied Energy, 138(15):36-50.

Hagedorn, F., S. Maurer, P. Egli, P. Blaser, J. B. Bucher, and R. Siegwolf. 2001. Carbon sequestration in forest soils: Effects of soil type, atmospheric CO_2 enrichment, and N deposition. European Journal of Soil Science, 52(4):619-628.

Hamman, S. T., I. C. Burke, and E. E. Knapp. 2008. Soil nutrients and microbial activity after early and late season prescribed burns in a Sierra Nevada mixed conifer forest. Forest Ecology and

Management, 256(3):367-374.

He, Y. J., L. Qin, Z. Y. Li, X. Y. Liang, M. X. Shao, and L. Tan. 2013. Carbon storage capacity of monoculture and mixed-species plantations in subtropical China. Forest Ecology and Management, 295(1):193-198.

Huang, X. M., S. R. Liu, H. Wang, Z. D. Hu, Z. G. Li, and Y. M. You. 2014. Changes of soil microbial biomass carbon and community composition through mixing nitrogen-fixing species with *Eucalyptus urophylla* in subtropical China. Soil Biology and Biochemistry, 73(6):42-48.

Steffen, W., L. Nobel, J. Canadell, and R. Valentini. 1998. The terrestrial carbon cycle: Implications for the Kyoto Protocol. Science, 280(5368): 1393-1394.

Imeson, A. C., and H. A. M. Prinsen. 2004. Vegetation patterns as biological indicators for identifying runoff and sediment source and sink areas for semi-arid landscapes in Spain. Agriculture, Ecosystems and Environment, 104(2):333-342.

Jackson, R. B., C. W. Cook, J. S. Pippen, and S. M. Palmer. 2009. Increased belowground biomass and soil CO_2 fluxes after a decade of carbon dioxide enrichment in a warm-temperate forest. Ecology, 90(12):3352-3366.

Jackson, R. B., E. G. Jobbágy, R. Avissar, S. B. Roy, D. J. Barrett, C. W. Cook, K. A. Farley, D. C. le Maitre, B. A. McCarl, and B. C. Murray. 2005. Trading water for carbon with biological carbon sequestration. Science, 310(5756):1944-1947.

Jandl, R., M. Lindner, L. Vesterdal, B. Bauwens, R. Baritz, F. Hagedorn, D. W. Johnson, K. Minkkinen, and K. A. Byrne. 2007. How strongly can forest management influence soil carbon sequestration? Geoderma, 137(3):253-268.

Johnson, D. W., and P. S. Curtis. 2001. Effects of forest management on soil C and N storage: Meta analysis. Forest Ecology and Management, 140(2):227-238.

Kelty, M. J. 2006. The role of species mixtures in plantation forestry. Forest Ecology and Management, 233(2-3):195-204.

Kobziar, L. N., and S. L. Stephens. 2006. The effects of fuels treatments on soil carbon respiration in a Sierra Nevada pine plantation. Agricultural and Forest Meteorology, 141(2):161-178.

Koutika, L. S., D. Epron, J. P. Bouillet, and L. Mareschal. 2014. Changes in N and C concentrations, soil acidity and P availability in tropical mixed acacia and eucalypt plantations on a nutrient-poor sandy soil. Plant and Soil, 379(1/2):205-216.

Lal, R. 2005. Forest soils and carbon sequestration. Forest Ecology and Management, 220(1-3): 242-258.

Lehmann, J., J. Gaunt, and M. Rondon. 2006. Bio-char sequestration in terrestrial ecosystems—A review. Mitigation and Adaptation Strategies for Global Change, 11(2):395-419.

Lehmann, J., M. C. Rillig, J. Thies, C. A. Masiello, W. C. Hockaday, and D. Crowley. 2011. Biochar effects on soil biota—A review. Soil Biology and Biochemistry, 43(9):1812-1836.

Liu, S. R., S. R. Wu, and H. Wang. 2014. Managing planted forests for multiple uses undera changing environment in China. New Zealand Journal of Forestry Science, 44(S1):1-10.

Liu, Z. F., J. P. Wu, L. X. Zhou, Y. B. Lin, and S. L. Fu. 2012. Effect of understory fern (*Di-*

cranopteris dichotoma) removal on substrate utilization patterns of culturable soil bacterial communities in subtropical *Eucalyptus* plantations. Pedobiologia, 55(1):7-13.

Luan, J. W., C. H. Xiang, S. R. Liu, Z. S. Luo, Y. B. Gong, and X. L. Zhu. 2010. Assessments of the impacts of Chinese fir plantation and natural regenerated forest on soil organic matter quality in Longmen mountain, Sichuan, China. Geoderma, 156(3/4):228-236.

Maclaren, J. P. 1996. Plantation forestry—Its role as a carbon sink: Conclusions from calculations based on New Zealand's planted forest estate. In: M. J. Apps and D. T. Price (eds.). Forest Ecosystems, Forest Management and the Global Carbon Cycle. Berlin: Springer-Verlag.

Melillo, J. M., P. A. Steudler, J. D. Aber, K. Newkirk, H. Lux, F. P. Bowles, C. Catricala, A. Magill, T. Ahrens, and S. Morrisseau. 2002. Soil warming and carbon-cycle feedbacks to the climate system. Science, 298(5601): 2173-2176.

Montagnini, F. 2000. Accumulation in above-ground biomass and soil storage of mineral nutrients in pure and mixed plantations in a humid tropical lowland. Forest Ecology and Management, 34 (1):257-270.

Moore, J. D., R. Ouimet, R. P. Long, and P. A. Bukaveckas. 2014. Ecological benefits and risks arising from liming sugar maple dominated forests in northeastern North America. Environmental Reviews, 23(1):66-77.

Murphy, M., T. Balser, N. Buchmann, V. Hahn, and C. Potvin. 2008. Linking tree biodiversity to belowground process in a young tropical plantation: Impacts on soil CO_2 flux. Forest Ecology and Management, 255(7):2577-2588.

Myers, R. T., D. R. Zak, D. C. White, and A. Peacock. 2001. Landscape-level patterns of microbial community composition and substrate use in upland forest ecosystems. Soil Science Society of America Journal, 65(2):359-367.

Payn, T., J. M. Carnus, P. Freer-Smith, M. Kimberley, W. Kollert, S. Liu, C. Orazio, L. Rodriguez, L. N. Silva, and M. J. Wingfield. 2015. Changes in planted forests and future global implications. Forest Ecology and Management, 352(7):57-67.

Peng, Y. Y., S. C. Thomas, and D. L. Tian. 2008. Forest management and soil respiration: Implications for carbon sequestration. Environmental Reviews, 16: 93-111.

Plante, A., and R. T. Conant. 2014. Soil Organic Matter Dynamics, Climate Change Effects. Netherlands: Springer-Verlag.

Post, W. M., W. R. Emanuel, P. J. Zinke, and A. G. Stangenberger. 1982. Soil carbon pools and world life zones. Nature, 298(5870):156-159.

Ryu, S. R., A. Concilio, J. Q. Chen, M. North, and S. Y. Ma. 2009. Prescribed burning and mechanical thinning effects on belowground conditions and soil respiration in a mixed-conifer forest, California. Forest Ecology and Management, 257(4):1324-1332.

Scott, N. A., K. R. Tate, J. Ford-Robertson, D. J. Giltrap, and C. T. Smith. 1999. Soil carbon storage in plantation forests and pastures: Land-use change implications. Tellus Series B-Chemical and Physical Meteorology, 51(2):326-335.

Sollins, P., P. Homann, and B. A. Caldwell. 1996. Stabilization and destabilization of soil organic matter: Mechanisms and controls. Geoderma, 74(1):65-105.

Song, X. Z., G. M. Zhou, H. Jiang, S. Q. Yu, J. H. Fu, W. Z. Li, W. F. Wang, Z. H. Ma, and C. H. Peng. 2011. Carbon sequestration by Chinese bamboo forests and their ecological benefits: Assessment of potential, problems, and future challenges. Environmental Reviews, 19(1):418-428.

Sotta, E. D., E. Veldkamp, L. Schwendenmann, B. R. Guimaraes, R. Paixao, M. L. P. de Ruivo, A. C. L. Da Costa, and P. Meir. 2007. Effects of an induced drought on soil carbon dioxide (CO_2) efflux and soil CO_2 production in an Eastern Amazonian rainforest, Brazil. Global Change Biology, 13(10):2218-2229.

Sun, G., G. Y. Zhou, Z. Q. Zhang, X. H. Wei, S. G. Mcnulty, and J. M. Vose. 2006. Potential water yield reduction due to forestation across China. Journal of Hydrology, 328(3):548-558.

Thomas, S. M., D. Whitehead, J. B. Reid, F. J. Cook, J. A. Adams, and A. C. Leckie. 1999. Growth, loss, and vertical distribution of *Pinus radiata* fine roots growing at ambient and elevated CO_2 concentration. Global Change Biology, 5(1):107-121.

Wang, G. L., and F. Liu. 2011. The influence of gap creation on the regeneration of *Pinus tabuliformis* planted forest and its role in the near-natural cultivation strategy for planted forest management. Fuel and Energy Abstracts, 262:413-423.

Wang, H., S. R. Liu, J. M. Mo, J. X. Wang, F. Makeschin, and M. Wolff. 2010. Soil organic carbon stock and chemical composition in four plantations of indigenous tree species in subtropical China. Ecological Research, 25(6):1071-1079.

Wang, Q. K., and S. L. Wang. 2007. Soil organic matter under different forest types in Southern China. Geoderma, 142(3):349-356.

Wang, Q., M. Zhong,and S. Wang. 2012. A Meta-analysis on the response of microbial biomass, dissolved organic matter, respiration, and N mineralization in mineral soil to fire in forest ecosystems. Forest Ecology and Management, 271:91-97.

Wen, Y., J. L. Schuler, S. R. Liu, P. Mou, H. Wang, H. L. Yu, and J. X. Wang. 2016. Soil carbon dynamics in a *Pinus massoniana* plantation following clear-cutting and slash removal. Journal of Plant Ecology, 9(1):20-29.

Woodwell, G. M., R. H. Whittaker, W. A. Reiners, G. E. Likens, C. C. Delwiche, and D. B. Botkin. 1978. The biota and the world carbon budget. Behavioral and Brain Sciences, 199 (4325):141-146.

Woolf, D., J. E. Amonette, F. A. Street-Perrott, J. Lehmann, and S. Joseph. 2010. Sustainable biochar to mitigate global climate change. Nature Communications, 1(3):118-124.

Wüthrich, C., D. Schaub, M. Weber, P. Marxer, and M. Conedera. 2002. Soil respiration and soil microbial biomass after fire in a sweet chestnut forest in Southern Switzerland. Catena, 48(3): 201-215.

Yanai, R. D., W. S. Currie, and C. L. Goodale. 2003. Soil carbon dynamics after forest harvest: An ecosystem paradigm reconsidered. Ecosystems, 6(3):197-212.

Yildiz, O., K. Jr. Cromack, S. R. Radosevich, M. A. Martinez-Ghersa, and J. E. Baham. 2011.

Comparison of 5th-and 14th-year Douglas-fir and understory vegetation responses to selective vegetation removal. Forest Ecology and Management, 262(4):586-597.

Zak, D. R., K. S. Pregitzer, P. S. Curtis, C. S. Vogel, W. E. Holmes, and J. Lussenhop. 2000. Atmospheric CO_2, soil-N availability, and allocation of biomass and nitrogen by *Populus tremuloides*. Ecological Applications, 10(1):34-46.

Ziemer, R. 1981. Roots and the stability of forested slopes. In: Davies and R. H. Timonthy (eds.). Erosion and Sediment Transport in Pacific Rim Steeplands. Moscow: International Association of Hydrological Sciences.

森林土壤有机碳代谢途径与碳饱和机制

第5章

孙筱璐[①#] 唐佐芯[①#] 孙建新[①*]

摘　要

土壤是陆地生态系统中非生物有机碳的主要贮存场所，其库容量的大小及波动对全球气候变化有着重要的反馈作用。然而，由于土壤环境的复杂性和研究方法的限制，陆地生态系统碳循环模型普遍存在缺乏对土壤有机碳库动态的准确量化和对土壤有机碳周转过程的精准模拟等技术问题，导致对全球碳循环模拟结果的不确定性。随着研究的逐步深入和研究技术的不断改进，对土壤有机碳周转过程、机理和调控因素的认识逐渐变得更为清晰，新的现象和内在机制解释在近几年的一些文献中陆续被报道。本文围绕森林土壤固碳问题，对森林土壤有机碳代谢过程及其主要影响因素的一些研究进展做概要介绍，并结合目前全球变化碳循环研究的发展趋势，简要展望了森林土壤碳循环研究的前景和需求。

① 北京林业大学林学院，林业应对气候变化研究所，北京，100083。

* 通讯作者，Email：sunjianx@bjfu.edu.cn。

\# 两位作者对本文的贡献相等。

Pathways of Forest Soil Organic Carbon Metabolisms and Mechanisms of Carbon Saturation

Xiaolu Sun[①#] Zuoxin Tang[①#] Jianxin Sun[①*]

Abstract

As majority of the non-living organic carbon in terrestrial ecosystems are stored in soils, the size and fluctuations of soil carbon stocks can have important feedback effects on global climate change. However, because of the complexity of soil environment and constraints in research methods, all terrestrial ecosystem carbon cycle models are constrained with uncertainties in the outputs of global carbon cycle simulations, due to the lack of accurate quantification of the dynamics of soil organic carbon stocks and realistic simulation of the soil organic carbon turnover processes. With more in-depth studies and advancement in research techniques, there have been obvious improved understanding of the processes and mechanisms of soil organic carbon turnover as well as the underlying controls. In recent years, there are many new discoveries and interpretations on the intrinsic mechanisms of soil organic carbon processes. This article reviews the state of the art knowledge and recent progresses in the studies of forest soil organic carbon processes and its major influencing factors in the context of forest soil carbon sequestration. In light of the current trend in global change and carbon cycle research, we outline the outlooks and potential directions in future studies of forest soil carbon cycles.

引言

土壤碳库拥有 23 400 亿 t 的碳储量,是仅次于海洋的全球第二大碳库,比陆地生物碳库的四倍还要多,因此,土壤碳库的变化对大气中碳浓度的影响很大(Kirschbaum, 2000; Jobbágy and Jackson, 2000; Guo and Gifford, 2002; Stockmann et al., 2013)。近年来,越来越多的研究开始关注土壤有机碳的代谢途径和饱和机制,而森林生态系统作为陆地生态系统中最大的碳库,对吸碳储碳、调

① College of Forest Science, Institute of Forestry and Climate Change Research, Beijing Forestry University, Beijing, 100083.

* Corresponding author, Email: sunjianx@ bjfu.edu.cn.

# These authors contributed equally to this work.

节气候、维护生态平衡起着十分重要的作用。了解土壤碳过程、特别是森林土壤有机碳代谢途径与碳饱和机制,有助于我们更好地了解土壤碳储量对气候变化的响应,旨在探寻通过采用适应性的生态系统管理措施增加土壤碳固存,从而控制温室气体含量,减缓全球气候变化。本章中,我们对土壤有机碳库的微生物驱动机制、土壤胞外酶在有机碳周转中的作用、土壤有机碳饱和的物理化学机制以及森林土壤有机碳容量的制约因素的研究现状进行了概述,并提出了一些该领域未来研究中应关注的问题。

5.1 土壤有机碳代谢的微生物驱动机制

土壤微生物群落作为连接地上优势群落和地下生态过程的重要桥梁,在土壤生态系统中起着非常重要的作用。土壤微生物群落不仅参与腐殖质形成等生化过程,是森林土壤碳转化的最重要的调节器之一;而且还是土壤养分(N、P等)转化和循环的主要推动力,决定了土壤肥力和生产力,影响着全球生物地球化学循环过程(Coleman et al., 2004; Wardle et al., 2004; Nazir et al., 2009)。土壤微生物包括原核微生物如细菌、蓝细菌、放线菌以及超显微结构微生物,和真核生物如真菌、藻类(蓝藻除外)、地衣等(Jenkinson and Ladd, 1981),它们组成一个食物网,将地下土壤和地上植被紧密地联系起来。在森林生态系统中,植物光合作用所固定的有机碳以凋落物的形式进入土壤,微生物则使这部分碳在地下进行重新分配,进而以微生物量碳、腐殖质、有机矿物复合体等形式成为土壤碳库的一部分。土壤微生物数量巨大,占地球上活微生物的大部分,表层土壤中的微生物生物量约为 $10^3 \sim 10^4$ kg · hm^{-2}(Fierer et al., 2007)。土壤微生物群落组成是决定生态系统过程速率的重要部分之一(Reed and Martiny, 2007)。土壤微生物群落结构的多样性十分丰富,是相关的植被和动物群落多样性的许多倍(Whitman et al., 1998; Hawksworth, 2001)。了解土壤微生物群落结构和功能对了解生态系统过程以及生态系统对未来气候环境的适应性都有着重要的意义,但是目前对微生物群落结构的认知知之甚少,仅有约 5%的微生物被确认和描述(Baldrian et al., 2012)。目前了解较多的是细菌和真菌群落,它们在全球碳循环过程和土壤养分转化中起到了至关重要的作用,90%左右的有机质分解过程都少不了细菌和真菌的参与(Swift et al., 1979)。

5.1.1 真菌

土壤真菌是指以土壤作为活动场所完成其全部或部分生活史的真菌,主要包括在土壤及其有机质层和母质中腐生和兼性寄生的真菌。真菌在调控土壤碳循环的过程中起到了重要的作用,主要负责植物来源碳的转换(Voříšková et al., 2014)。真菌在土壤微生物生物量中占了很大的比例,约有 150 万的真菌物种存在于土壤中,虽然其数量不如细菌多,但是,菌体远比细菌大,且具有较长的菌丝体,因而影响范围也很广。真菌在土壤生态系统中的常见功能包括降解纤维素、半纤维素、木质素、胶质,还原氮,溶解磷,螯合金属离子,产生抗生素(如青霉素)等。然而,真菌的复杂性限制了对其多样性的认知和特定类群的辨别,因此目前对真菌物种的认知还较少,许多真菌的生态学作用尚不清楚(Baldrian et al., 2012)。常见的土壤真菌类群包括腐生真菌(saprotrophic fungi)和菌根真菌(mycorrhizal fungi)。

腐生真菌能产生胞外酶,主要负责植物体(如凋落物)的分解和回收利用,用于分解较复杂的纤维素、木质纤维素和半纤维素。因为腐生真菌能分解、利用质量较低、较难分解的有机质,因而腐生真菌在森林生态系统的凋落物的初期分解中有着至关重要的作用(Voříšková et al., 2014)。例如白腐菌在纤维素的分解中起关键作用,对白腐菌的抑制,会显著降低纤维素的分解(Sinsabaugh et al., 2008; Thevenot et al., 2010)。大多数腐生真菌多生活在表层土壤,即碳矿化较丰富的地方。

菌根真菌是一种能与植物营养根形成共生体的真菌,是土壤中关键的功能组成部分,在土壤-植物反馈系统中起到纽带的作用(Rillig, 2004; Smith and Read, 2008)。丛枝菌根真菌(arbuscular mycorrhizal fungi)是一种专门负责将土壤中的营养物质和植物光合作用产生的碳进行转化的真菌,在一定范围内他们随着土壤深度的增加而不断增加,为根系提供更多的营养物质,特别是能为宿主提供可利用的氮(Voříšková et al., 2014)。外生菌根真菌(ectomycorrhizal fungi),是森林生态系统中最重要的菌类,是真菌(主要是担子菌和子囊菌)与植物形成的共生体(薛璟花等,2004),这类真菌专门负责土壤碳的固存和土壤氮、磷的循环(van der Heijden et al., 2008)。同时,外生菌根真菌是植物诱导碳的首要分解者,通过分泌和呼吸作用显著影响植物和土壤间的碳转化过程(Fransson and Johansson, 2010)。外生菌根可通过参与凋落物的酶降解过程影响有机物的循环,外生菌根真菌是根际微生物区系中最初出现的前导微生物,可作为指示生物(朱教君等,2003)。除此之外,很多研究还表明菌根真菌能促进土壤团聚体的形成(Siddiky et al., 2012),从而影响土壤结构稳定性、生态系统水循环、碳积累、营养物质周转、植物群落动态变化和生物地球化学循环(Coleman et al., 2004; Morris et al., 2009)。

5.1.2 细菌

在土壤微生物中,细菌的种类和数量最多。细菌在土壤营养元素循环、有机质的形成与分解、土壤结构成分的形成、生态环境的改善、植物的生长发育等方面均起着极其重要的作用。细菌的丰富度和多样性极高,每克土壤中有超过10亿的细菌细胞,约含$10^4 \sim 10^5$个基因组,占土壤微生物总数的70%~90%(Gans et al., 2005; Tringe et al., 2005; Fierer et al., 2007)。土壤细菌在森林生态系统中的作用大体上和真菌是一致的,能参与分解纤维素、木质素、蛋白质等一系列动植物残体。一般情况下,细菌的分解在真菌之后,它们能进一步分解、利用由土壤真菌产生的小分子物质,从而影响森林土壤碳周转和养分循环。同时,细菌在氮循环过程中有至关重要的作用,如硝化和反硝化等过程大都是由细菌完成。细菌在土壤结构的形成过程中也和真菌一样,能通过凝结和团聚土壤颗粒从而对其稳定性产生影响。细菌生理群指的是相同或不同形态但执行着同一种功能的一类细菌,各生理群一方面需要特定的生长条件,另一方面在物质转化中具有特定的功能,如蛋白质降解菌、脂肪降解菌、纤维素降解菌、淀粉降解菌、磷细菌、氨化细菌、硝化细菌、反硝化细菌等。

5.1.3 放线菌

土壤放线菌数量仅次于土壤细菌,通常是细菌数量的1%~10%,占土壤微生物总数的5%~30%。土壤中的放线菌和细菌、真菌一样,参与土壤有机质的转化,多数放线菌能够通过释放降解腐殖质和木质素的过氧化物酶、酯酶和氧化酶等分解木质素、纤维素、单宁和蛋白质等复杂有机物,形成简单化合物和一些特殊化合物,如生长刺激物质、维生素、抗生素和挥发性物质等(孙向阳, 2004)。

5.1.4 其他

土壤藻类是指土壤中的一类含有各种色素的单细胞或多细胞的低等植物。无机营养型的藻类常分布在土壤表层,少量的有机营养型藻类分布在深层土壤。土壤藻类可以与土壤真菌结合成为共生体——地衣。地衣广泛分布于荒凉的岩石、土壤和其他物体表面,通常是裸露岩石和土壤母质的最早定居者,对积累有机质、加速土壤的形成有着重要的作用(孙向阳, 2004)。生长在土壤表面及其以下的细菌、真菌、苔藓和地衣等个体微小的生物成分与土壤相互作用形成的复杂的复合土层又被称为土壤结皮(Belnap, 2002),他们能固定土壤,影响养分循环和维管植物群落生长,作为空气污染的指示植物和改变土壤水分过程等,在荒漠生态系统中是十分重要的碳汇来源。据估算,全球的沙漠生态系统中约有0.56亿 t 碳储存于蓝藻生物体内,且蓝藻细菌和蓝藻地衣是年固氮量仅次于豆科植物和根瘤菌结合体的固氮物种(黄磊等, 2013; 明娇等, 2013)。

5.2 土壤胞外酶对土壤有机碳周转的作用

土壤酶是指土壤中聚积的酶,一般由植物、动物和微生物分泌产生,其中微生物是其主要来源。土壤酶是土壤组分中最活跃的有机成分之一,是土壤生物过程的主要调节者,参与了土壤环境中的一切生物化学过程(Skujins, 1978)。土壤中复杂的有机质既由土壤酶合成,又能被土壤酶分解,这两个过程的平衡决定了土壤碳储量、团聚体的结构和稳定性、植物营养的获得、土壤的保水性等(Six et al., 2006; Burns et al., 2013)。

酶的分解作用是物质循环过程的限制性步骤,酶活性的高低直接影响物质转化循环的速率,因此土壤酶活性是土壤中生物学活性的总体反映,它表征了土壤的综合肥力特征及土壤养分转化进程;同时土壤酶活性对环境等外界因素引起的变化较敏感,也可以作为衡量生态系统土壤质量变化的敏感指标。环境因子(如温度、水、pH 等土壤物理、化学、微生物和生物化学性质)的变化都是通过影响土壤酶的活性,进而影响土壤有机质的分解速率和生态系统的物质循环过程(Sinsabaugh et al., 2008; Veres et al., 2015)。

土壤酶又进一步可分为存在于活细胞中的胞内酶(intracellular enzyme)和游离存在于土壤溶液中或与土壤有机质、矿质组分等结合的、脱离了活细胞和死亡细胞的胞外酶(extracellular enzyme)(Burns et al., 2013)。因胞外酶活性较容易检测,且能及时地反馈环境和土壤的变化,因而受到越来越多的重视。

5.2.1　常见参与土壤碳循环的胞外酶种类

为了更好地了解有机质分解的生物化学过程和养分循环过程,早在 100 多年前就开始了胞外酶活性的相关研究(Skujins, 1978),常见的土壤胞外酶活性研究主要涉及水解酶类、氧化还原酶类和转化酶类。

水解酶包括各种脂类酶、糖苷酶和肽酶,常见的参与碳循环的水解酶有蔗糖酶、淀粉酶、纤维二糖酶(cellobiohydrolase)、α-1,4-葡萄糖苷酶(α-1, 4-glucosidase)、β-1, 4-葡萄糖苷酶(β-1, 4-glucosidase)、β-1,4-木糖苷酶(β-1, 4-xylosidase)、β-1,4-N-乙酰葡萄糖胺酶(β-1, 4-N-acetylglucosaminidase)等,它们能够参与分解多聚糖、蛋白质等大分子物质,从而形成简单的、易被植物吸收的小分子物质,在微生物碳获取的最初代谢阶段有重要作用。

氧化还原酶主要是催化氢的转移或电子传递的氧化还原反应。氧化酶主要是由真菌产生,用于分解木质素等低质量的化学结构复杂的化合物(Sylvia et al., 2004),主要包括酚氧化酶(phenol oxidase)、过氧化物酶(peroxidase)、漆酶(laccase)、多酚氧化酶(polyphenol oxidase)等。氧化酶主要是由白腐真菌产生,负责分解木质素,它们通常没有水解酶稳定,特别是和颗粒有机碳(POC)结合的时候。其中,漆酶是氧化酶中数量最多的一类,也是目前为止研究最多的氧化酶,在降解木质素时,很多的酚类都可以被漆酶分解(Sinsabaugh, 2010)。漆酶可以氧化木质素形成稳定的自由基,这种自由基就相当于"氧化还原介质",其氧化还原电位高于漆酶本身的电位。子囊菌和担子菌是胞外漆酶的主要生产者,胞外漆酶反应的最佳 pH 变化范围大,受到基质和酶结构的影响,但在酸性条件下比较适宜。除了酚氧化酶外,白腐菌和软腐菌还产生过氧化物酶,同样可以氧化很多酚类化合物。

5.2.2　胞外酶的生产策略

土壤胞外酶的活动遵循着细胞经济学的原理,即可以在消耗更少的碳和营养用于酶的生产与获得更多的营养、能量和小分子有机质中达到平衡(Allison et al., 2011)。维持微生物细胞活动的成本包括能量获得、酶合成和分泌、细胞膜运输以及细胞与外界交流等过程中所需要的能源(碳)和营养物质,其中胞外酶的生产大约只需要消耗细胞同化的碳、氮量的1%~5%,明显小于生产相应胞内酶的碳、氮消耗量(Frankena et al., 1988; Schimel and Weintraub, 2003; Smith and Chapman, 2010; Burns et al., 2013)。

一个被普遍认同的模式为,胞外酶的产生是微生物碳获取的第一步;而当微生物已经有足够的能量和营养时,酶的生产就会下降并最终停止,这也会同时导致土壤有机质分解的下降,土壤酶开始下降的这个点就叫作"平衡点"(break-eve)(Schimel and Weintraub, 2003)。但现实情况却通常不是这样,因为环境压力的存在及不同底物浓度的差异,即使在底物充足时,微生物也会以极低的速率持续分泌酶(Allison et al., 2011)。微生物能通过自诱导物(auto-inducer)来感知外界环境从而调节酶的生产,只有当外界环境合适,自诱导物产生并达到一定阈值时,酶才开始生产,这样就保证了酶生产过程中的最优投入产出比(Barnard and Salmond, 2007; Allison et al., 2007)。所以有时,即使微生物有充足的能量和营养,酶依然会被大量生产,这便是由于微生物的酶生产对外界环境变化的反馈相对滞后所导致的(Allison et al., 2007);这一现象与前面的模式恰恰相反。除此之外,有一些微生物并不生产酶,它们可以通过窃取别的微生物所生产的酶的反应产物来获得物质和能量,这样便会对酶的生产者产生损害;但这些"机会主义者"在死亡时所产生的碳解聚,又有利于整个微生物群落的发展,这些益处要大于它们对酶生产者所产生的损害(Allison, 2005; Sousa et al., 2009; Wintermute and Silver, 2010)。

5.2.3 胞外酶的位置

胞外酶的位置和其功能息息相关,而两者的多样性使微生物群落对外源基质的利用机会和效率得到提升。土壤胞外酶按其位置分为与细胞相连的胞外酶、扩散在土壤溶液中的胞外酶和被固定的胞外酶(图5.1,Burns et al., 2013)。

与细胞相连的胞外酶能减少酶扩散过程中的损失,增强对周围有机质的利用,但在基质较远时,则只能通过细胞移动来实现对基质的利用。这部分酶又细分为与细胞紧密相连的胞外酶(图5.1②)及固定在突出的细胞结构上或由纤维素等保护并固定在细胞壁上的胞外酶(图5.1③);两者多见于生长在植物残体和根系上的厌氧细菌和真菌,参与纤维素和木质素的分解(Ekschmitt et al., 2005; Morris and Monier, 2003; Burns et al., 2013)。

大部分的胞外酶会离开生产它们的细胞,一部分扩散进入土壤溶液中(图5.1④)。这部分酶通过糖基化、产生二硫键和分泌化学防御物质来获得提高自身热稳定性、提高适宜的pH范围、抵抗蛋白酶的分解等优势(Zhang and Ten Hagen, 2011; Burns et al., 2013)。同时,一些胞外酶还可以利用捕食者来对抗竞争者(Modak et al., 2007)。在分泌胞外酶前,细胞会综合考虑环境条件来调整酶的大小和结构,在底物较远时,胞外酶的扩散就会增加,这一过程是长期驯

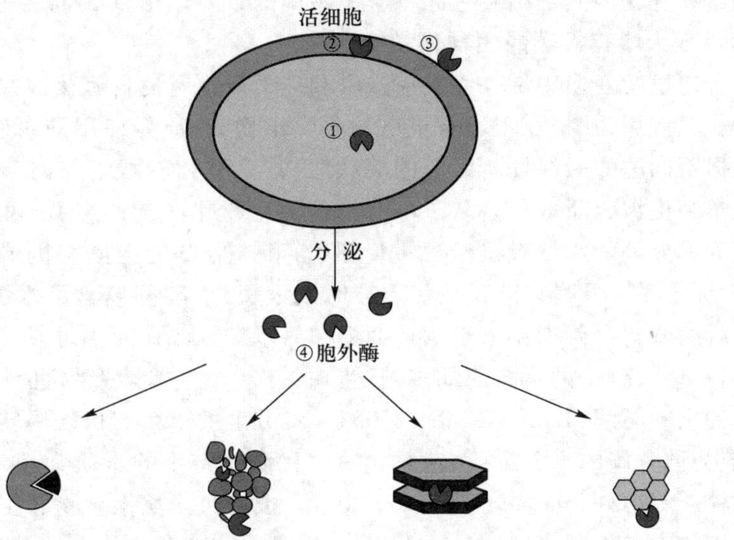

图 5.1　土壤酶在土壤中的分布(参考 Burns et al., 2013)。①胞内酶;②与细胞紧密相连的胞外酶;③固定在突出的细胞结构或由纤维素等保护并固定在细胞壁上的胞外酶;④土壤溶液中的胞外酶;⑤与底物复合的胞外酶;⑥被土壤有机质吸附、截留或包裹的胞外酶;⑦吸附在黏粒内、外表面的胞外酶;⑧与丹宁相连的胞外酶。

化和自然选择的结果(Allison et al., 2011)。

还有许多胞外酶会被土壤黏粒、胡敏酸、颗粒有机碳(POC)或其他有机质所固定(图 5.1⑤⑥⑦⑧),从而长久地保持活性,但它们的活性也会大大下降(Burns et al., 2013)。这些酶的存在表征了土壤酶活性的巨大潜力,即使微生物活性很低甚至停止时,它们也依然能发挥作用(Stursova and Sinsabaugh, 2008)。实际上,土壤中大部分的胞外酶都是以这种形式存在,它们多因为母体细胞死亡而产生,但对这部分酶的研究却较少(Burns et al., 2013)。

5.3　土壤有机碳饱和的物理与化学机制

近些年,新技术的发展,如^{13}C标记示踪法和^{14}C年代测定技术,使得测定土壤有机质的周转过程和精确年龄成为可能;但其所监测到的土壤有机碳的平均滞留时间却有着很大的变异性,从几小时到几千万年不等(Lützow et al., 2007)。过去的观点认为土壤有机质的生物化学抗性决定了其周转时间的长短,但土壤有机质的生物化学抗性却无法解释其在周转时间上如此之大的变异。因此,新的观点认为土壤有机质的物理和化学保护机制决定了土壤有机质的周转时间(Schmidt et al., 2011)。而根据土壤有机碳的物理和化学保护机制产生的土壤有机碳饱和理论因其在指导生态系统固碳中的重要作用,也越来越受到关注。

5.3.1 土壤有机碳的生物化学抗性

随着傅里叶变换中红外漫反射光谱和交叉极化魔角自旋核磁共振技术等新技术的普遍应用,在描述土壤有机质的化学结构时,原先使用的腐殖质一词,包括其根据不同的酸碱溶性所区分的胡敏酸、富里酸和胡敏素等词都渐渐被更精确的化学结构组分所取代。从土壤有机碳的生物化学抗性来看,可以将土壤有机碳分为易分解的土壤有机碳(labile SOC)和难分解的土壤有机碳(recalcitrant SOC)。易分解的土壤有机碳往往周转时间较短,一般都包含可水解的化学键,易被水解酶分解。例如小分子的葡萄糖和氨基酸等能在几小时或几天内被迅速周转,而一些大分子的聚合物如多糖、蛋白质、甚至一些杂聚物也只需要几周到几个月的周转时间(Lützow et al., 2006)。难分解的土壤有机碳周转时间相对较长,多数为芳香族的高分子化合物;如植物代谢所产生的木质素、脂类、蜡质、角质和木栓质等(Derenne and Largeau, 2001),或通过土壤微生物和土壤动物次生代谢产生的有机物黑素(melanins)(Kgel-Knabner,2002; Knicker, 2004),火烧所产生的黑炭(black charcoal, BC)等(Schmidt et al., 2002)。

然而即使是这些具有生物化学抗性的有机质,也很难只用其化学结构特性来解释较长的周转时间。例如黑炭的周转时间为500~1000年,被认为是难分解的有机碳类型(Schmidt et al., 2002);但是有研究显示,百年内土壤中火烧残留物的分解速度要比土壤中本身含有的有机质的分解速度还要快(Schmidt et al., 2011),且新鲜易分解碳源的添加(葡萄糖),也会对黑炭的分解产生激发效应,大大提高其分解速率(Hamer et al., 2004)。这些证据都使人不得不考虑,这些所谓的难分解有机质的较长的周转时间,真的是因为其较高的生物化学抗性所导致的吗?还是另有别的机制控制着它们的周转时间呢?越来越多的研究认为,这与土壤有机质的物理化学保护机制有关(Schmidt et al., 2011; Lützow et al., 2006)。

5.3.2 土壤有机碳的化学保护机制

许多研究发现,与土壤黏粒和细粉粒相连的有机质更加古老或者周转时间更长,这与土壤有机碳的化学保护机制有关(Balesdent, 1996; Quideau et al., 2001; Chenu and Stotzky, 2002; Eusterhues et al., 2003; Ludwig et al., 2003; Lützow et al., 2006)。这里的土壤有机碳化学保护机制指的是,土壤中的有机质通过化学键与矿物表面或金属离子相互作用,从而形成更加稳定的有机矿物复合体(organo-mineral complex)的过程。常见的有机质与矿物相互作用方式包括配位体交换、多价阳离子桥、氢键、疏水键等(Lützow et al., 2006)。Johnson 等(2015)通过控制实验具体阐明了含 Mn 矿物对土壤有机质的固持机制。

5.3.3 土壤有机碳的物理保护机制

土壤有机碳的物理保护一般是指,通过空间隔离的方式来抵抗土壤微生物及酶对土壤有机质的分解作用,从而达到延长土壤有机质周转时间的目的。这一机制依赖于土壤空间的高度异质性,常见的方式包括团聚体、有机质疏水性和有机大分子的包裹作用等。

其中,土壤团聚体因与农业生产和水土保持等息息相关,所以对其的研究较多。团聚体是一种由土壤有机质和矿物颗粒之间的连接形成的土壤结构的基本单元(Oades, 1993; Frey, 2005)。根据大小可以将其分为大团聚体(macro-aggregation,直径大于 250 μm)和微团聚体(micro-aggregation,直径小于 250 μm)(Amézketa, 1999);根据其周转时间的长短可以分为瞬态团聚体(transient aggregation)、暂时团聚体(temporary aggregation)和永久团聚体(persistent aggregation)(Tisdall and Oades, 1982);根据其水稳性又可以分为水稳态团聚体(water-stable aggregation)和非水稳态团聚体(Carter et al., 2003)。这些团聚体都是由土壤有机质和土壤黏粒所形成的基本单元——有机矿物复合体构成,然后再进一步通过土壤有机质的黏结作用形成更大的团聚体(图 5.2)(Dexter et al., 2008; Malamoud et al., 2009)。很多文献中都提出,微团聚体或永久团聚体是通过阳离子共价桥与土壤黏粒相连从而具有较高的稳定性,这与有机矿物复合体的定义是类似的(Skjemstad et al., 1993; Amézketa, 1999; Dexter, 1988; Dexter et al., 2008);而大团聚体或是暂时团聚体是通过根系、菌丝、菌根等有机质的作用将土壤中的颗粒性有机碳、微团聚体和沙粒等连接在一起而形成的;因此,大团聚体对环境变化和管理措施(特别是耕作)比较敏感(Tisdall and Oades, 1982; Oades, 1984; Bossuyt et al., 2002; Six et al., 2000)。除植物和微生物外,一些较小的土壤动物如原生动物或线虫可以通过取食微生物对团聚体的形成产生影响(Swift et al., 1979; Coleman, 2001),而一些较大的土壤动物如蚯蚓等也可以通过取食、拉粪球和挖掘等行为影响团聚体的形成(Baldock, 2002)。

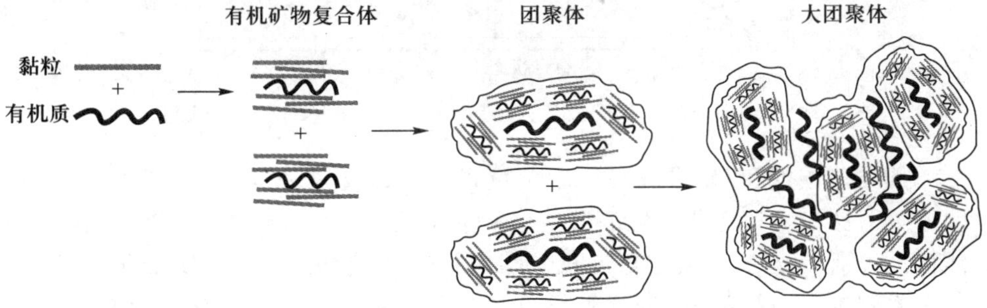

图 5.2　团聚体的形成示意图(参考 Malamoud et al., 2009)。

因为土壤水分限制能明显抑制微生物的生长,具有疏水性的有机质便能通过减少其表面的湿润性来减少与微生物的接触,从而达到降低本身分解速率的目的(Goebel et al., 2004; Jandl et al., 2004)。除此之外,这类疏水有机质还能增强团聚体的稳定性(Piccolo and Mbagwu, 1999; Lützow et al., 2006);但这一现象仍旧缺乏直接的证据。也有研究发现,一些易分解的有机质在被较难分解的大分子包裹时因为被保护而变得不那么容易被分解,如癸醇在被胡敏酸包裹后变得不易被分解,同时也提高了胡敏酸的疏水性(Piccolo et al., 1999; Spaccini et al., 2002);但这一现象也缺少实地观测的直接证据(Lützow et al., 2006)。

5.3.4 土壤有机碳饱和理论

许多研究基于以上土壤有机碳保护机制提出了土壤有机碳饱和模型(Hassink, 1997; Carter, 2002; Stewart et al., 2007; Stewart et al., 2008)。这一模型认为,土壤通过有机矿物复合体和团聚体这些物理化学保护机制对土壤有机碳的固持量存在上限,当达到这个上限的时候,便认为土壤处于“碳饱和”状态,此时再往土壤中添加有机质,有机碳只能以未被保护的自由态存在于土壤中(图 5.3)(Hassink, 1997; Carter, 2002; Stewart et al., 2008; Castellano et al., 2015);进而可以将处于未饱和状态的土壤碳含量与处于饱和状态的土壤的差值定义为土壤的“碳饱和差”(Hassink, 1997; Stewart et al., 2007)。

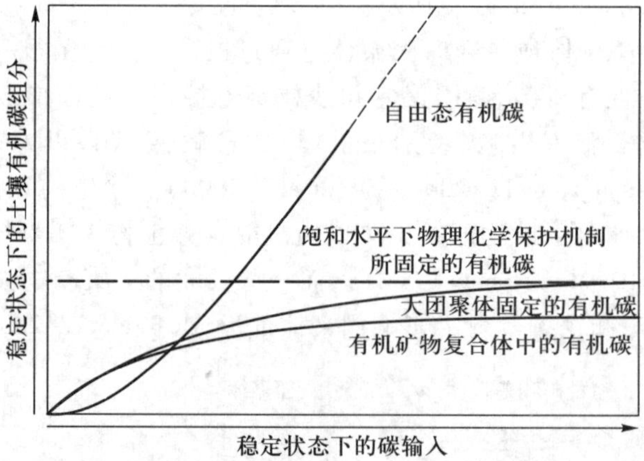

图 5.3 土壤碳饱和模型示意图(参考 Castellano et al., 2015)。

土壤的“碳饱和”是最优环境中土壤通过物理化学途径所能固持的最大碳量,因而不受气候和管理措施的影响;但实际观测中所得到的“有效”碳饱和却会因为气候和管理措施对土壤有机碳稳定性的影响而低于最优的碳饱和值,因此“有效碳饱和”就代表特定气候环境和管理措施下土壤物理化学保护机制所能固持的碳量(Stewart et al., 2007;Stewart et al., 2008; Chung et al., 2008; Gulde et al., 2008; Brown et al., 2014)。除此之外,由于土壤有机矿物复合体是由一个土壤有机质分子与多个黏粒颗粒结合而成,因此土壤物理化学保护机制所固持的碳量的上限既取决于土壤中黏粒的个数,也取决于单个有机矿物复合体中有机质和黏粒的比率(Hassink and Whitmore, 1997; Dexter et al., 2008);而每种土壤矿物对有机质的结合能力不同，也导致了土壤有效碳饱和的变化(Baldock and Skjemstad, 2000)。

5.4　土壤有机碳容量的制约因素

近年来，越来越多的研究开始关注制约土壤碳容量的因素。这些研究一方面能帮助了解土壤碳储量对气候变化的响应，另一方面也希望能通过了解这些过程来增加土壤碳固存从而控制温室气体排放，减缓全球气候变化。

5.4.1　气候因子对土壤有机碳容量的制约

温度一方面通过影响生态系统的生产力来影响土壤有机碳库的碳输入，另一方面又能通过影响土壤分解者(真菌、细菌和土壤动物)的活动来影响土壤有机碳的输出。世界范围内，土壤有机碳储量一般随着年均温的降低而升高(Post et al., 1982)，例如，在北半球约有 16 700 亿 t 的碳储存在北极和北方的生态系统中(Tarnocai et al., 2009)。世界各地都有很多关于温度对土壤有机碳储量影响的研究，包括模型、控制实验和室内培养等多种研究方法，但由于空间和时间的限制，各种研究的结论却莫衷一是。

室内培养和野外控制实验结果大多显示，增温能在短期内促进土壤有机碳的矿化，从而降低土壤碳储量，但土壤有机碳的分解对气候变暖具有适应性，随着温度的持续上升，土壤呼吸对温度的敏感性下降，从而达到一个新的平衡状态。比如，有研究显示，在增温的早期，土壤有机碳分解速率显著提高，而随着增温的继续又有所下降(Eliasson et al., 2005)。但这些实验往往都是短期的，长期的温度改变还会通过改变植物种类、土壤微生物群落和土壤的特性等来改变土壤有机碳的储量。

同时，关于土壤有机碳分解速率的温度敏感性存在很多争议；有人认为难分解的有机碳对温度变化不敏感(Giardina and Ryan, 2000)，有人认为难分解的有机碳比易分解有机碳更敏感(Knorr et al., 2005)，也有人认为两者并无明显差异(Conen et al., 2006; Fang et al., 2005)。此外，如果再加上土壤有机碳自身的复杂性、微生物群落结构和酶的多样性、物理化学保护机制和其他的环境因子的约束等，也使得土壤有机碳分解速率的表观温度敏感性(apparent temperature sensitivity)和实际温度敏感性(actual temperature sensitivity)常常有所差异，更加剧了这一问题的复杂性(Davidson and Janssens, 2006; Smith et al., 2008; Conant et al., 2011)。随着人们对土壤碳过程了解的深入，对于这方面的讨论仍在继续。

CO_2浓度升高往往伴随着气温的升高，一方面 CO_2浓度升高可以通过刺激植物生长来增加土壤有机碳的碳输入，另一方面升温又会通过刺激土壤分解者的活动来加快土壤有机碳的碳输出，因此，CO_2浓度升高对土壤有机碳库的影响仍存在争议。一般认为，在寒冷地区温度升高的影响更大，土壤有机碳库更容易成为碳源,而在温暖区域 CO_2浓度的影响可能会更明显,土壤有机碳储量会增加(Oechel et al., 1993; Mellion et al., 2002)。例如,很多人研究认为,气温升高会导致极地及近极地地区的冻土融化,而冻土中大部分有机碳是易分解的有机碳,只是因为物理的冰冻作用而保存下来,随着冻土的融化,冰扰作用(cryturbation)和微生物的分解活动会产生大量温室气体(CO_2和 CH_4),造成更严重的温室效应,进而使更多的冻土融化,释放更多的温室气体,形成一个正反馈(Davidson and Janssens, 2006)。

一方面,降水不同会使土壤产生不同的水分条件和空气组成,直接影响土壤酶的存在状态和活性的强弱,另一方面,它们能通过影响土壤微生物的活性和类型、植被类型以及土壤动物种类和数量对土壤酶的活性产生巨大影响(Kang and Freeman, 1999; Turner, 2010)。但降水对土壤碳库的影响结果会因时、因地而异,需考虑温度上升和水分限制的交互作用对植物和土壤有机质分解速率的影响(彭少麟等, 2002)。同时,升温和干旱的协同效应会导致湿地和泥炭地的土壤透气性增加,消除这些地区酶抑制(enzymic latch),从而释放大量的 CO_2(Davidson and Janssens, 2006)。

5.4.2 植被因子对土壤有机碳容量的影响

植被多样性是影响土壤微生物群落结构的关键因素之一,一方面植被为土壤微生物提供赖以生存的有机营养物质和能量来源,另一方面,植被影响着土壤微生物定居的物理环境,如植物凋落物的类型和总量、水分从土壤表面的损失率等,许多研究表明植被的存在有利于增加土壤微生物多样性和微生物生物量,反之,植被的破坏可能改变微生物组成并降低微生物多样性(Curlevski et al., 2010; Oh et al., 2012; Prescott and Grayston, 2013; Glinka and Hawkes, 2014)。

一般而言,森林土壤的碳储量大于草原,草原大于农田(Jenkins, 1988; Guo and Gifford, 2002)。这是因为森林因其较高的生产力而拥有更多的土壤碳输入,且这些输入土壤的植物残体往往具有更高的化学抗性,更难分解;草原土壤的碳输入也较高,但植物残体的化学抗性较低,更易分解;而农田土壤因为作物收割,收割后的植物残体清理导致碳输入较少,同时因为耕作对团聚体的破坏也导致了农田土壤碳释放的加快,这些过程共同决定了农田生态系统较少的碳储量(Guo and Gifford, 2002)。

对于森林生态系统而言,植物来源(含凋落物和根系脱落物)的土壤有机质是土壤中酶促底物的主要供源。尽管所有植物都有相似的碳组成,但它们的比例会随着物种和年龄的变化而改变,所以凋落物的来源、种类、组成、数量以及累积方式,都是影响土壤有机质转化的因素(Cheshire and Chapman, 1996; Martens, 2000)。其中,在根际(rhizosphere),即包围并受植物根系影响的土壤区域,植物和土壤微生物的相互作用关系最为密切,土壤胞外酶活性在根际土壤中要高于非根际土壤,植物根系及其分泌物为土壤微生物提供生长基质和有利的生长环境,而植物本身则从微生物对根系的分泌物和其他土壤有机和无机物质的转化所带来的养分中获益(George et al., 2005; Villányi et al., 2006)。

输入土壤植物残体的质和量的改变不仅会因其本身的生物化学抗性不同而导致土壤有机碳分解速率的变化,同时也会影响土壤有机矿物复合体和团聚体的形成(Tisdall and Oades, 1982)。例如,在凋落物输入量固定的情况下,凋落物质量的不同会导致土壤达到饱和状态的时间不同(Castellano et al., 2015);但对这一过程的了解仍然不够,且难以量化。

5.4.3　土壤特性对土壤有机碳容量的制约

土壤类型、温度、水以及 pH 等理化特性能影响土壤微生物群落结构和功能,从而影响土壤的碳周转(You et al., 2014)。土壤异质性是决定土壤微生物多样性的关键因素(Standing and Killham, 2007),而土壤结构的多样性,如团聚体的增多,能够大大增强土壤的异质性,为土壤微生物提供更多的生态位(Gupta and Germida, 2015)。Torsvi 等(2002)研究发现,土壤微生物的丰富度、群落组成和活性与土壤类型密切相关。Zhou 等(2002)发现,土壤碳基质的多样性决定了细菌物种的多样性,易分解的碳添加相比较于难分解的碳添加显著改变土壤细菌和真菌微生物多样性(Goldfarb et al., 2011)。其他研究也表明,土壤化学性质(Högberg et al., 2007)、土壤 pH(Lauber et al., 2009)、土壤含水量(Stres et al., 2008)等会对土壤微生物群落结构及其活性产生影响。例如细菌生存适宜的 pH 为中性和微碱性,喜好湿润环境,可存活于透气性较差的条件下;放线菌在酸性强的土壤中生长不良,喜热耐旱,竞争力较弱;很多真菌对 pH 不敏感,在酸性土壤中能良好生长,能耐受干旱,适宜于通气良好的环境状况。

除此之外,土壤矿物颗粒可以通过配位体交换、多价阳离子桥、氢键、疏水键等与土壤有机质形成有机矿物复合体(Lützow et al., 2006)。因而土壤矿物的比表面积、反应位点、土壤酸碱度、土壤矿物类型、黏粒矿物含量、金属离子含量和土壤有机质的化学构象等都会引起土壤有机碳容量特别是受保护的稳定性有机碳容量的变化(Plante and Conant, 2006; Lützow et al., 2006)。Jones 和 Singh(2014)通过 X 射线光电子能谱(XPS)对多种有机矿物复合体的研究发现,层状硅酸盐矿物,如滑石、白云母、蒙脱石、伊利石和高岭石等含有大量的硅氧键,其中的氧原子带有多余的负电荷,能与含羟基、羧基和羰基的有机物形成较弱的氢键,或是进一步与金属离子结合(如氧化铝),形成较稳固的共价阳离子桥;而石英和长石类的矿物结合能力较弱,常常通过配位体交换、氢键和硅氧键与脂肪族或是蛋白质类的物质相连。在酸性土壤中,金属离子带正电,通过配位体交换与带负电的羟基和羧基形成的配位体共价键,对有机矿物复合体的稳定性有着很大的贡献(Saidy et al., 2012; Kaiser and Guggenberger, 2003; Lützow et al., 2006; Jones and Singh, 2014)。很多研究表明,碳酸钙可以增加团聚体的稳定性,但这与和碳酸钙离子的分布和大小及黏粒种类有关(Le Bissonnais, 1996);

同时,电解质的浓度和组成[特别是钠吸附比(sodium adsorption ratio,SAR),钠离子除以钙和镁离子和的平方根 $Na/(Ca+Mg)^{0.5}$]会影响大团聚体的稳定性(Barzegar et al., 1994)。

5.4.4 生态系统管理对森林土壤有机碳容量的制约

对于森林生态系统而言,常见的生态系统管理措施包括皆伐、择伐、造林、施肥、火烧等。

Guo 和 Gifford(2002)的研究表明,在农田造林几年后能平均提高 18%的土壤碳储量,但土壤碳的提高较地上部分会慢一些,特别是稳定的有机碳(Richter et al., 1999; Trumbore, 2000; Hagedorn et al., 2003),同时土壤碳的积累也受到树种和土壤类型的影响(Callesen et al., 2003; Jandl et al., 2007)。针叶树因为根系浅,叶凋落物难分解,因而有利于碳在地表的积累,阔叶树则因为根系较深且叶凋落物分解速率较快而有利于有机碳在矿质土壤中的积累(Jandl et al., 2007)。

间伐一方面能改变微环境,提高土温,使土壤碳损失增加,另一方面却能通过间伐残留的植物残体和林下草本增多来增加土壤碳库的碳输入(Jandl et al., 2007)。研究表明,随着间伐强度的增强,森林地表碳损失增大,但矿质层土壤碳变化较小(Carey et al., 1982; Vesterdal et al., 1995)。森林收获和间伐相同,会显著降低森林碳储量,但其对土壤碳储量影响存在很大的争议,这与收获方式有很大的关系(Johnson and Curtis, 2001; Jandl et al., 2007)。

火烧会显著减少森林的碳储量,但却会增加森林土壤中难分解碳的含量,同时也会因为刺激了氮固持而增加土壤后续的新碳输入(Hirsch et al., 2001; Johnson and Curtis, 2001; Johnson et al., 2004)。近些年大量研究表明,在季节性干旱的森林,周期性的小型野火是必要的,长期的灭火反而容易导致火灾因子的累积,产生大规模的火灾,急剧增加碳释放,不利于森林生态系统的恢复,但热带森林不适用这一规律(Fisher and Binkley, 2000)。

许多实验表明,短期少量的氮添加能刺激土壤微生物的生长从而增加土壤碳排放,而长期氮添加则会抑制微生物的生长(Treseder, 2008);但根据当地情况不同,氮添加对土壤微生物结构、酶的类型和土壤碳组分的影响可能向不同的方向发展(Cusack et al., 2011)。在造林中使用固氮的树种比非固氮的树种能通过凋落物每年向土壤中多增加 2~3 倍的氮量,而 Binkley(2006)通过研究 19 个案例发现,土壤中每积累 1 g 的氮,就会积累 12~15 g 的碳,且固氮树种比起直接在土壤中添加无机氮,更有利于土壤中难分解碳的累积。

5.5 展望

近些年来,伴随着各种新技术的应用,人们对土壤碳库及其固持功能的研究有了飞跃式发展,研究的重点也逐渐从土壤碳储量大小这一状态结果开始向代谢、周转和形成机制等机理转移。例如高通量测序技术使得我们能从基因水平上了解土壤微生物和酶的多样性及其功能,同位素示踪技术和年代测定让我们更容易追踪土壤碳的周转过程和时序,核磁共振、中红外光谱和电子显微等技术让我们对土壤有机质的结构和土壤有机矿物复合体的形成过程有了更加深入的了解。但我们对于森林土壤有机碳的代谢途径和饱和机制的全面了解仍然不够,很多研究还停留在表面,准确预测全球变化下的森林土壤碳代谢和固持功能仍然十分困难,想要通过实施合理的森林管理措施来达到吸收温室气体、减缓全球气候变化的目的也仍然比较遥远。未来对于森林土壤有机碳的代谢途径和饱和机制的研究还需要在以下几个方面取得更多的创新突破。

(1) 在分子水平上深入分析土壤碳过程和碳动态。近年来,扩增子测序技术在微生物类群研究中的应用越来越广泛,但相对于庞大的基因组数据,对微生物群落特定基因功能的分析仍然处于起步水平,需加强特定功能基因与细菌真菌群落结构的联合分析。

(2) 加强土壤微生物的功能多样性在土壤碳循环中的作用的研究。土壤微生物的生物多样性决定了其功能的多样性,应加强微生物功能多样性方面的研究,探索各类土壤酶与特定细菌、真菌类群的相关关系。专一土壤胞外酶活性(标准化到单位有机碳或单位微生物生物量碳水平上的胞外酶活性)、实际酶活性与最大酶活性的区别都应受到重视(Allison et al., 2011; Kramer et al., 2013)。此外,土壤酶活性作为土壤综合肥力特征及土壤养分转化进程的指示者,应加强酶活性指示作用的进一步量化。

(3) 模型设计中增强土壤有机碳物理化学保护机制的考虑。土壤物理化学保护机制的研究还处在起步阶段,很多机理尚不十分明确;同时其机制的复杂性也导致了标准实验方法的缺失。虽然很多森林土壤碳模型已经开始考虑土壤有机碳物理化学保护,如 RothC 和 Century 等,但模型中的土壤有机碳库却难以在实验中实际测定,因而对模型的验证难以完成,导致了模型预测的不确定性。

(4) 系统展开气候变化背景下环境因子对土壤有机碳容量的制约机制的研究。不论是室内实验还是野外控制实验的结果都难以表征环境因子变化在长期和大范围上对于土壤碳储量的影响;同时环境因子对于一些特殊生态系统如冻土、泥炭地、湿地等中土壤有机碳储量的制约机制,也缺乏深入研究。

致谢

本章是在第八届现代生态学讲座报告基础上撰写而成。研究内容及文献收集与整理受到科技部国家重点基础研究发展计划项目(2011CB403205)和国家自然科学基金项目(31470623)的共同资助。

参 考 文 献

黄磊，张志山，潘颜霞，赵洋. 2013. 荒漠人工植被区典型生物土壤结皮的固碳模型研究. 中国沙漠,33(6):1796-1802.

明姣，赵允格，许明祥，杨丽娜，王爱国. 2013. 黄土高原不同侵蚀类型区生物结皮固氮活性及对水热因子的响应. 应用生态学报，24(7):1849-1855.

彭少麟，李跃林，任海，赵平. 2002. 全球变化条件下的土壤呼吸效应. 地球科学进展,17(5): 705-713.

孙向阳. 2004. 土壤学. 北京：中国林业出版社.

薛璟花，莫江明，李炯，方运霆，李德军. 2004. 氮沉降对外生菌根真菌的影响. 生态学报,24(8):70-76.

朱教君，徐慧，许美玲，康宏樟. 2003. 外生菌根菌与森林树木的相互关系. 生态学杂志，22(6):70-76.

Allison, S. D. 2005. Cheaters, diffusion and nutrients constrain decomposition by microbial enzymes in spatially structured environments. Ecology Letters, 8(6):626-635.

Allison, S. D. , M. N. Weintraub, T. B. Gartner, and M. P. Waldrop. 2011. Evolutionary economic principles as regulators of soil enzyme production and ecosystem function. In: Shukla, G. , and A. Varma (eds.). Soil Enzymology. Heidelberg: Springer-Verlag.

Allison, V. J. , L. M. Condron, D. A. Peltzer, S. J. Richardson, and B. L. Turner. 2007. Changes in enzyme activities and soil microbial community composition along carbon and nutrient gradients at the Franz Josef chronosequence, New Zealand. Soil Biology and Biochemistry, 39(7):1770-1781.

Amézketa, E. 1999. Soil aggregate stability: A review. Journal of Sustainable Agriculture, 14(2): 83-151.

Baldock, J. A. 2002. Interactions of organic materials and microorganisms with minerals in the stabilization of soil structure. In: Huang, P. , J. Bollag, and N. Senesi (eds.). Interactions between Soil Particles and Microorganisms. Hoboken: John Wiley and Sons, Ltd.

Baldock, J. A. , and J. O. Skjemstad. 2000. Role of the soil matrix and minerals in protecting natural organic materials against biological attack. Organic Geochemistry, 31(7/8):697-710.

Baldrian, P. , M. Kolařík, M. Štursová, J. Kopecký, V. Valášková, T. Větrovský, L. Žifčáková, J. Šnajdr, J. Rídl, Č. Vlček, and J. Voříšková. 2012. Active and total microbial communities in forest soil are largely different and highly stratified during decomposition. ISME Journal, 6(2): 248-258.

Balesdent, J. 1996. The significance of organic separates to carbon dynamics and its modeling in some cultivated soils. European Journal of Soil Science, 47(4):485-493.

Barnard, A. M. L. , and G. P. C. Salmond. 2007. Quorum sensing in *Erwinia* species. Analytical and Bioanalytical Chemistry, 387(2):415-423

Barzegar, A. R. , J. M. Oades, P. Rengasamy, and L. Giles. 1994. Effect of sodicity and salinity on disaggregation and tensile strength of an Alfisol under different cropping systems. Soil and Tillage Research, 32(4):329–345.

Belnap, J. 2002. Nitrogen fixation in biological soil crusts from Southeast Utah, USA. Biology and Fertility of Soils, 35(2):128–135.

Binkley, D. 2006. How nitrogen-fixing trees change soil carbon. In: Binkley, D. (ed.). Tree Species Effects on Soils: Implications for Global Change. Amsterdam: IOS Press and Springer.

Bossuyt, H., J. Six, and P. Hendrix. 2002. Aggregate-protected carbon in no-tillage and conventional tillage agroecosystems using ^{14}C labeled plant residue. Soil Science Society of America Journal, 66(6):1965–1973.

Brown, K. H., E. M. Bach, R. A. Jber, K. S. Hofmockel, E. S. Jeske, J. E. Sawyer, and M. J. Castellano. 2014. A long-term nitrogen fertilizer gradient has little effect on soil organic matter in a high intensity maize production system. Global Change Biology, 20(4):1339–1350.

Burns, R. G., J. L. Deforest, J. Marxsen, R. L. Sinsabaugh, M. E. Stromberger, M. D. Wallenstein, M. N. Weintraub, and A. Zoppini. 2013. Soil enzymes in a changing environment: Current knowledge and future directions. Soil Biology and Biochemistry, 58(2):216–234.

Callesen, I., J. Liski, K. Raulund-Rasmussen, M. T. Olsson, L. Tau-Strand, L. Vesterdal, and C. L. Westman. 2003. Soil carbon stores in Nordic well-drained forest soils—Relationships with climate and texture class. Global Change Biology, 9(3):358–370.

Carey, M., I. Hunter, and I. Andrew. 1982. *Pinus radiata* forest floors: Factors affecting organic matter and nutrient dynamics. New Zealand Journal of Forest Science, 12(1):36–48.

Carter, M. R. 2002. Soil quality for sustainable land management: Organic matter and aggregation interactions that maintain soil functions. Agronomy Journal, 94(1):38–47.

Carter, M. R., D. A. Angers, E. G. Gregorich, and M. A. Bolinder. 2003. Characterizing organic matter retention for surface soils in Eastern Canada using density and particle size fractions. Canadian Journal of Soil Science, 83(1):11–23.

Castellano, M. J., K. E. Mueller, D. C. Olk, J. E. Sawyer, and J. Six. 2015. Integrating plant litter quality, soil organic matter stabilization, and the carbon saturation concept. Global Change Biology, 21(9):3200–3209.

Chenu, C., and G. Stotzky. 2002. Interactions between microorganisms and soil particles: An overview. In: Huang, P. M., J. M. Bollag, and N. Senesi (eds.). Interactions between Soil Particles and Microorganisms. Hoboken: John Wiley and Sons, Ltd.

Cheshire, M. V., and S. J. Chapman. 1996. Influence of the N and P status of plant material and of added N and P on the mineralization of C from ^{14}C-labelled ryegrass in soil. Biology and Fertility of Soils, 21(3):166–170.

Chung, H., J. H. Grove, and J. Six. 2008. Indications for soil carbon saturation in a temperate agroecosystem. Soil Science Society of America Journal, 72(4):1132–1139.

Coleman, D. 2001. Soil biota, soil systems and processes. Encyclopedia of Biodiversity, 5:305–314.

Coleman, M. D., J. G. Isebrands, D. N. Tolsted, and V. R. Tolbert. 2004. Comparing soil carbon of short rotation poplar plantations with agricultural crops and woodlots in North Central United States. Environmental Management, 33(1):299-308.

Conant, R. T. , M. G. Ryan, I. Ågren Göran, H. E. Birge, E. A. Davidson, P. E. Eliasson, S. E. Evans, S. D. Frey, C. P. Ciardina, F. M. Hopkins, R. Hyvönen, M. U. F. Krischebaum, J. M. Lavallee, J. Leifeld, W. J. Parton, J. M. Steinaweg, M. D. Wallenstein, J. Å. M. Wetterstedt, and M. A. Bradford. 2011. Temperature and soil organic matter decomposition rates-synthesis of current knowledge and a way forward. Global Change Biology, 17(11):3392-3404.

Conen, F. , J. Leifeld, B. Seth, and C. Alewell. 2006. Warming mobilises young and old soil carbon equally. Biogeosciences Discussions, 3(4):515-519.

Curlevski, N. J. A. , Z. Xu, I. C. Anderson, and J. W. G. Cairney. 2010. Converting Australian tropical rainforest to native Araucariaceae plantations alters soil fungal communities. Soil Biology and Biochemistry, 42(1):14-20

Cusack, D. F. , W. L. Silver, M. S. Torn, S. D. Burton, and M. K. Firestone. 2011. Changes in microbial community characteristics and soil organic matter with nitrogen additions in two tropical forests. Ecology, 92(3):621-632.

Davidson, E. A. , and I. A. Janssens. 2006. Temperature sensitivity of soil carbon decomposition and feedbacks to climate change. Nature, 440(7081):165-173.

Derenne, S. , and C. Largeau. 2001. A review of some important families of refractory macromolecules: Composition, origin, and fate in soils and sediments. Soil Science, 166(11):833-847.

Dexter, A. R. 1988. Advances in characterization of soil structure. Soil and Tillage Research, 11 (3/4):199-238.

Dexter, A. R. , G. Richard, D. Arrouays, E. A. Czyz, C. Jolivet, and O. Duval. 2008. Complexed organic matter controls soil physical properties. Geoderma, 144(3/4):620-627.

Ekschmitt, K. , M. Q. Liu, S. Vetter, O. Fox, and V. Wolters. 2005. Strategies used by soil biota to overcome soil organic matter stability—Why is dead organic matter left over in the soil? Geoderma, 128(1/2):167-176.

Eliasson, P. E. , R. E. McMurtrie, D. A. Pepper, M. Strömgren, S. Linder, and G. I. Ågren. 2005. The response of heterotrophic CO_2 flux to soil warming. Global Change Biology, 11(1): 167-181.

Eusterhues, K. , C. Rumpel, M. Kleber, and I. Kögel-Knabner. 2003. Stabilization of soil organic matter by interactions with minerals as revealed by mineral dissolution and oxidative degradation. Organic Geochemistry, 34(12):1591-1600.

Fang, C. , P. Smith, J. B. Moncrieff, and J. U. Smith. 2005. Similar response of labile and resistant soil organic matter pools to changes in temperature. Nature, 433(7021):57-59.

Fierer, N. , M. Breitbart, J. Nulton, P. Salamon, C. Lozupone, R. Jones, M. Robeson, R. A. Edwards, B. Felts, S. Rayhawk, R. Knight, F. Rohwer, and R. B. Jackson. 2007. Metagenomic and small-subunit rRNA analyses reveal the genetic diversity of bacteria, archaea, fungi, and viruses in soil. Applied and Environmental Microbiology, 73(21):7059-7066.

Fisher, R. F. , and D. Binkley. 2000. Ecology and Management of Forest Soils (third edition).

New York: John Wiley and Sons.

Frankena, J. , H. W. van Verseveld, and A. H. Stouthamer. 1988. Substrate and energy costs of the production of exocellular enzymes by *Bacillus licheniformis*. Biotechnology and Bioengineering, 32(6):803-812.

Fransson, P. M. A. , and E. M. Johansson. 2010. Elevated CO_2 and nitrogen influence exudation of soluble organic compounds by ectomycorrhizal root systems. FEMS Microbiology Ecology, 71(2): 186-196.

Frey, S. 2005. Soil aggregation: Microbial aspects. In: Hillel, D. , D. Rosenzweig, K. Powlson, K. Scow, and M. Singer (eds.). Encyclopedia of Soils in the Environment. New York: Academic Press.

Gans, J. , M. Wolinsky, and J. Dunbar. 2005. Computational improvements reveal great bacterial diversity and high metal toxicity in soil. Science, 309(5739):1387-1390.

George, T. S. , A. E. Richardson, and R. J. Simpson. 2005. Behaviour of plant-derived extracellular phytase upon addition to soil. Soil Biology and Biochemistry, 37(5):977-988.

Giardina, C. P. , and M. G. Ryan. 2000. Evidence that decomposition rates of organic carbon in mineral soil do not vary with temperature. Nature, 404(6780):858-861.

Glinka, C. , and C. V. Hawkes. 2014. Environmental controls on fungal community composition and abundance over 3 years in native and degraded shrublands. Microbial Ecology, 68(4):1-11.

Goebel, M. , J. Bachmann, S. K. Woche, W. R. Fischer, and R. Horton. 2004. Water potential and aggregate size effects on contact angle and surface energy. Soil Science Society of America Journal, 68(2):383-393.

Goldfarb, K. C. , U. Karaoz, C. A. Hanson, C. A. Santee, M. A. Bradford, K. K. Treseder, M. D. Wallenstein, and E. L. Brodie. 2011. Differential growth responses of soil bacterial taxa to carbon substrates of varying chemical recalcitrance. Terrestrial Microbiology, 2(1):111-117.

Gulde, S. , H. Chung, W. Amelung, C. Chang, and J. Six. 2008. Soil carbon saturation controls labile and stable carbon pool dynamics. Soil Science Society of America Journal, 72(3):605-612.

Guo, L. B. , and R. M. Gifford. 2002. Soil carbon stocks and land use change: A meta-analysis. Global Change Biology, 8(4):345-360.

Gupta, V. V. S. R. , and J. J. Germida. 2015. Soil aggregation: Influence on microbial biomass and implications for biological processes. Soil Biology and Biochemistry, 80:3-9.

Hagedorn, F. , D. Spinnler, M. Bundt, P. Blaser, and R. Siegwolf. 2003. The input and fate of new C in two forest soils under elevated CO_2. Global Change Biology, 9(6):862-872.

Hamer, U. , B. Marschner, S. Brodowski, and W. Amelung. 2004. Interactive priming of black carbon and glucose mineralization. Organic Geochemistry, 35(7):823-830.

Hassink, J. 1997. The capacity of soils to preserve organic C and N by their association with clay and silt particles. Plant and Soil, 191(1):77-87.

Hassink, J. , and A. P. Whitmore. 1997. A model of the physical protection of organic matter in soils. Soil Science Society of America Journal, 61(1):131-139.

Hawksworth, D. L. 2001. The magnitude of fungal diversity: The 1.5 million species estimate revisited. Mycological Research, 105(12):1422-1432.

Hirsch, K., C. Kafka, R. Tymstra, B. McAlpine, H. Hawkes, S. Stegehuis, S. Quintilio, S. Gauthier, and K. Peck. 2001. Fire-smart forest management: A pragmatic approach to sustainable forest management in fire-dominated ecosystems. Forest Chronicle, 77(2):357-363.

Högberg, M., P. Högberg, and D. Myrold. 2007. Is microbial community composition in boreal forest soils determined by pH, C to N ratio, the trees, or all three? Oecologia, 150(4):590-601.

Jandl, G., P. Leinweber, H. R. Schulten, and K. Eusterhues. 2004. The concentrations of fatty acids in organo-mineral particle-size fractions of a chernozem. European Journal of Soil Science, 55(3):459-469.

Jandl, R., M. Lindner, L. Vesterdal, B. Bauwens, R. Baritz, F. Hagedorn, D. W. Johnson, K. Minkkinen, and K. A. Byrne. 2007. How strongly can forest management influence soil carbon sequestration? Geoderma, 137(3/4):253-268.

Jenkins, D. S. 1988. The turnover of organic matter in soil. In: Russell, E. W. (ed.). Russell's soil conditions and plant growth. Harlow: Longman Scientific and Technical.

Jenkinson, D. S., and J. N. Ladd. 1981. Microbial biomass in soil: Measurement and turnover. In: Paul E. A., and J. N. Ladd (eds.). Soil Biochemistry Volume 5. New York: Dekker.

Jobbágy, E. G., and R. B. Jackson. 2000. The vertical distribution of soil organic carbon and its relation to climate and vegetation. Ecological Applications, 10(2):423-436.

Johnson, D. W., and P. S. Curtis. 2001. Effects of forest management on soil C and N storage: Meta analysis. Forest Ecology and Management, 140(2/3):227-238.

Johnson, D., R. Susfalk, T. Caldwell, J. Murphy, W. Mille, and R. Walker. 2004. Fire effects on carbon and nitrogen budgets in forests. Water, Air, and Soil Pollution: Focus, 4(4):263-275.

Johnson, K., G. Purvis, E. Lopezcapel, C. Peacock, N. Gray, T. Wagner, C. März, L. Bowen, J. Ojeda, N. Finlay, S. Robertson, F. Worrall, and C. Greenwell. 2015. Towards a mechanistic understanding of carbon stabilization in manganese oxides. Nature Communications, 6: article No. 7628.

Jones, E., and B. Singh. 2014. Organo-mineral interactions in contrasting soils under natural vegetation. Frontiers in Environmental Science, 2:1-15.

Kaiser, K., and G. Guggenberger. 2003. Mineral surfaces and soil organic matter. European Journal of Soil Science, 54(2):219-236.

Kang, H., and C. Freeman. 1999. Phosphatase and arylsulphatase activities in wetland soils: Annual variation and controlling factors. Soil Biology and Biochemistry, 31(3):449-454.

Kirschbaum, M. U. F. 2000. Will changes in soil organic carbon act as a positive or negative feedback on global warming? Biogeochemistry, 48(1):21-51.

Knicker, H. 2004. Stabilization of N-compounds in soil and organic matter-rich sediments—What is the difference? Marine Chemistry, 92(1/2/3/4):167-195.

Knorr, W., I. C. Prentice, J. I. House, and E. A. Holland. 2005. Long-term sensitivity of soil carbon turnover to warming. Nature, 433(7023):298-301.

Kögel-Knabner, I. 2002. The macromolecular organic composition of plant and microbial residues as inputs to soil organic matter. Soil Biology and Biochemistry, 34(2):139-162.

Kramer, S., S. Marthan, H. Haslvimmer, L. Ruess, and E. Kandeler. 2013. Temporal variation in surface and subsoil abundance and function of the soil microbial community in an arable soil. Soil Biology and Biochemistry, 61(6):76-85.

Lauber, C. L., M. Hamady, R. Knight, and N. Fierer. 2009. Pyrosequencing-based assessment of soil pH as a predictor of soil bacterial community structure as the continental scale. Applied Environmental Microbiology, 75(15):5111-5120.

Le Bissonnais, Y. 1996. Soil characteristics and aggregate stability. In: M. Agassi (ed.). Soil erosion, conservation, and rehabilitation. New York: Marcel Dekker, Inc.

Ludwig, B., B. John, R. Ellerbrock, M. Kaiser, and H. Flessa. 2003. Stabilization of carbon from maize in a sandy soil in a long-term experiment. European Journal of Soil Science, 54(1):117-126.

Lützow, M. V., I. Kögel-Knabner, K. Ekschmitt, E. Matzner, G. Guggenberger, B. Marschner, and H. Flessa. 2006. Stabilization of organic matter in temperate soils: Mechanisms and their relevance under different soil conditions. European Journal of Soil Science, 57(4):426-445.

Lützow, M. V., I. Kögel-Knabner, K. Ekschmitt, H. Flessa, G. Guggenberger, E. Matzner, and B. Marschner. 2007. SOM fractionation methods: Relevance to functional pools and to stabilization mechanisms. Soil Biology and Biochemistry, 39(9):2183-2207.

Malamoud, K., A. B. Mcbratney, B. Minasny, and D. J. Field. 2009. Modelling how carbon affects soil structure. Geoderma, 149(1/2):19-26.

Martens, D. A. 2000. Plant residue biochemistry regulates soil carbon cycling and carbon sequestration. Soil Biology and Biochemistry, 32(3):361-369.

Mellion, J. M., E. T. Susan, and A. Ronald. 2002. Soil warming and carbon cycle feedback to the climate system. Science, 298(5601):2173-2176.

Modak, T., S. Pradhan, and M. Watve. 2007. Sociobiology of biodegradation and the role of predatory protozoa in biodegrading communities. Journal of Biosciences, 32(4):775-780.

Morris, C. E., and J. M. Monier. 2003. The ecological significance of biofilm formation by plant-associated bacteria. Annual Review of Phytopathology, 41(1):429-453.

Morris, M. H., M. A. Pérez-Pérez, M. E. Smith, and C. S. Bledsoe. 2009. Influence of host species on ectomycorrhizal communities associated with two co-occurring oaks (*Quercus* spp.) in a tropical cloud forest. FEMS Microbiology Ecology, 69(2):274-287.

Nazir, R., J. A. Warmink, H. Boersma, and J. D. V. Elsas. 2009. Mechanisms that promote bacterial fitness in fungal-affected soil microhabitats. FEMS Microbiology Ecology, 71(2):169-185.

Oades, J. M. 1984. Soil organic matter and structural stability: Mechanisms and implications for management. Plant and Soil, 76(1/2/3):319-337.

Oades, J. M. 1993. The role of biology in the formation, stabilization and degradation of soil structure. Geoderma, 56(1/2/3/4):377-400.

Oechel, W. C. , S. J. Hastings, G. Vourlrtis, M. Jenkins, G. Riechers, and N. Grulke. 1993. Recent change of arctic tundra ecosystems from a net carbon dioxide sink to a source. Nature, 361(6412):520-523.

Oh, Y. M. , M. Kim, L. Lee-Cruz, A. Lai-Hoe, R. Go, N. Ainuddin, A. R. Rahim, N. Shukor, and J. M. Adams. 2012. Distinctive bacterial communities in the rhizoplane of four tropical tree species. Microbial Ecology, 64(4):1018-1027.

Piccolo, A. , and J. S. C. Mbagwu. 1999. Role of hydrophobic components of soil organic matter in soil aggregate stability. Soil Science Society of America Journal, 63(6):1801-1810.

Piccolo, A. , R. Spaccini, G. Haberhauer, and M. H. Gerzabek. 1999. Increased sequestration of organic carbon in soil by hydrophobic protection. Science of Nature, 86(10):496-499.

Plante, A. , and R. Conant. 2006. Impact of soil texture on the distribution of soil organic matter in physical and chemical fractions. Soil Science Society of America Journal, 70(1):287-296.

Post, W. M. , W. R. Emanuel, P. J. Zinke, and A. G. Stangenberger. 1982. Soil carbon pools and world life zones. Nature, 298(5870):156-159.

Prescott, C. E. , and S. J. Grayston. 2013. Tree species influence on microbial communities in litter and soil: Current knowledge and research needs. Forest Ecology and Management, 309(4):19-27.

Quideau, S. A. , O. A. Chadwick, S. E. Trumbore, J. L. Johnson-Maynard, R. C. Graham, and M. A. Anderson. 2001. Vegetation control on soil organic matter dynamics. Organic Geochemistry, 32(2):247-252.

Reed, H. E. , and J. B. H. Martiny. 2007. Testing the functional significance of microbial composition in natural communities. FEMS Microbiology Ecology, 62(2):161-170.

Richter, D. D. , D. Markewitz, S. E. Trumbore, and C. G. Wells. 1999. Rapid accumulation and turnover of soil carbon in a re-establishing forest. Nature, 400(6739):56-58.

Rillig, M. C. 2004. Arbuscular mycorrhizae and terrestrial ecosystem processes. Ecology Letters, 7(7):740-754.

Saidy, A. R. , R. J. Smernik, J. A. Baldock, K. Kaiser, J. Sanderman, and L. M. Macdonald. 2012. Effects of clay mineralogy and hydrous iron oxides on labile organic carbon stabilization. Geoderma, 173(2):104-110.

Schimel, J. P. , and M. N. Weintraub. 2003. The implications of exoenzyme activity on microbial carbon and nitrogen limitation in soil: A theoretical model. Soil Biology and Biochemistry, 35(4):549-563.

Schmidt, M. W. I. , J. O. Skjemstad, and C. Jäger. 2002. Carbon isotope geochemistry and nanomorphology of soil black carbon: Black chernozemic soils in central Europe originate from ancient biomass burning. Global Biogeochemical Cycles, 16(4):71-78.

Schmidt, M. W. I. , M. S. Torn, A. Samuel, D. Thorsten, G. Georg, I. A. Janssens, M. Kleber, I. Kögel-Knabner, J. Lehmann, D. A. C. Manning, P. Nannipieri, D. P. Rasse, S. Weiner, and S. E. Trumbore. 2011. Persistence of soil organic matter as an ecosystem property. Nature, 478(7367):49-56.

Siddiky, M. R. K. , J. Kohler, M. Cosme, and M. C. Rillig. 2012. Soil biota effects on soil structure: Interactions between arbuscular mycorrhizal fungal mycelium and collembolan. Soil Biology and Biochemistry, 50(5): 33-39.

Sinsabaugh, R. L. 2010. Phenol oxidase, peroxidase and organic matter dynamics of soil. Soil Biology and Biochemistry,42(3):391-404.

Sinsabaugh, R. L. ,C. L. Lauber,M. N. Weintraub, B. Ahmed, S. D. Allison, C. Crenshaw, A. R. Contosta,D. Cusack, S. Frey, M. E. Gallo,T. B. Gartner,S. E. Hobbie, K. Holland, B. L. Keeler, J. S. Powers, M. Stursova, C. Takacs-Vesbach, M. P. Waldrop, M. D. Wallenstein, D. R. Zak, and L. H. Zeglin. 2008. Stoichiometry of soil enzyme activity at global scale. Ecology Letters,11(11):1252-1264.

Six, J. , E. Elliott, and K. Paustian. 2000. Soil macroaggregate turnover and microaggregate formation: A mechanism for C sequestration under no-tillage agriculture. Soil Biology and Biochemistry, 32(14):2099-2103.

Six, J. , S. D. Frey, R. K. Thiet, and K. M. Batten. 2006. Bacterial and fungal contributions to carbon sequestration in agroecosystems. Soil Science Society of America Journal, 70(2):555-569.

Skjemstad, J. O. , L. J. Janik, M. J. Head, and S. G. McClure. 1993. High energy ultraviolet photo-oxidation: A novel technique for studying physically protected organic matter in clay-and silt-sized aggregates. European Journal of Soil Science, 44(3):485-499.

Skujins, J. 1978. History of abiotic soil enzyme research. In: Burns, R. G. (ed.). Soil Enzymes. New York: Academic Press.

Smith, D. R. , and M. R. Chapman. 2010. Economical evolution: Microbes reduce the synthetic cost of extracellular proteins. MBIO, 1(3):119-121.

Smith, P. , C. Fang, J. J. C. Dawson, and J. B. Moncrieff. 2008. Impact of global warming on soil organic carbon. Advances in Agronomy,97:1-43.

Smith, S. E. , and D. J. Read. 2008. Mycorrhizal Symbiosis (third edition). San Diego: Academic Press.

Sousa, D. Z. , H. Smidt, M. M. Alves, and A. J. M. Stams. 2009. Ecophysiology of syntrophic communities that degrade saturated and unsaturated long-chain fatty acids. FEMS Microbiology Ecology, 68(3):257-272.

Spaccini, R. , A. Piccolo, P. Conte, G. Haberhauer, and M. H. Gerzabek. 2002. Increased soil organic carbon sequestration through hydrophobic protection by humic substances. Soil Biology and Biochemistry, 34(12):1839-1851.

Standing, D. , and K. Killham. 2007. The soil environment. In: van Elsas, J. D. , J. K. Jansson, and J. T. Trevors (eds.). Modern Soil Microbiology. New York: CRC Press.

Stewart, C. E. , K. Paustian, R. T. Conant, A. F. Plante, and J. Six. 2007. Soil carbon saturation: Concept, evidence and evaluation. Biogeochemistry, 86(1):19-31.

Stewart, C. E. , A. F. Plante, K. Paustian, R. T. Conant, and J. Six. 2008. Soil carbon saturation: Linking concept and measurable carbon pools. Soil Science Society of America Journal, 72

(2):379-392.

Stockmann, U. , M. A. Adams, J. W. Crawford, D. J. Field, N. Henakaarchchi, M. Jenkins, B. Minasny, A. B. McBratney, V. D. R. D. Courcelles, K. Singh, I. Wheeler, L. Abbott, D. A. Angers, J. Baldock, M. Bird, P. C. Brookes, C. Chenu, J. D. Jastrow, R. Lal, J. Lehmann, A. G. O'Donnell, W. J. Parton, D. Whitehead, and M. Zimmermann. 2013. The knowns, known unknowns and unknowns of sequestration of soil organic carbon. Agriculture Ecosystems and Environment,164(4):80-99.

Stres, B. , T. Danevčič, L. Pal, M. M. Fuka, L. Resman, S. Leskovec, J. Hacin, D. Stopar, I. Mahne, and I. Mandic-Mulec. 2008. Influence of temperature and soil water content on bacterial, archaeal and denitrifying microbial communities in drained fen grassland soil microcosms. FEMS Microbiological Ecology, 66(1):110-122.

Stursova, M. , and R. L. Sinsabaugh. 2008. Stabilization of oxidative enzymes in desert soil may limit organic matter accumulation. Soil Biology and Biochemistry, 40(2):550-553.

Swift, M. , O. Heal, and J. Anderson. 1979. Decomposition in Terrestrial Ecosystems, Volume 5. Berkeley: University of California Press.

Sylvia, D. , J. Fuhrmann, P. Hartel, and D. Zuberer. 2004. Principles and applications of soil microbiology (second edition). Upper Saddle River: Prentice Hall.

Tarnocai, C. , J. G. Canadell, E. A. G. Schuur, P. Kuhry, G. Mazhitova, and S. Zimov. 2009. Soil organic carbon pools in the northern circumpolar permafrost region. Global Biogeochemical Cycles, 23(2):1-11.

Thevenot, M. , M. F. Dignac, and C. Rumpel. 2010. Fate of lignins in soils: A review. Soil Biology and Biochemistry,42(8):1200-1211.

Tisdall, J. M. , and J. M. Oades. 1982. Organic matter and water-stable aggregates in soils. Journal of Soil Science, 33(2):141-163.

Torsvik, V. , L. Øvreas, and T. F. Thingstad. 2002. Prokaryotic diversity-magnitude, dynamics, and controlling factors. Science, 296(5570):1064-1066.

Treseder, K. K. 2008. Nitrogen additions and microbial biomass: A meta-analysis of ecosystem studies. Ecology Letters,11(10):1111-1120.

Tringe, S. G. , C. von Mering, A. Kobayashi, A. A. Salamov, K. Chen, H. W. Chang, M. Podar, J. M. Short, E. J. Mathur, J. C. Detter, P. Bork, P. Hugenholtz, and E. M. Rubin. 2005. Comparative metagenomics of microbial communities. Science, 308(5721):554-557.

Trumbore, S. 2000. Age of soil organic matter and soil respiration: Radiocarbon constraints on belowground C dynamics. Ecological Applications, 10(2):399-410.

Turner, B. L. 2010. Variation in pH optima of hydrolytic enzyme activities in tropical rain forest soils. Applied and Environmental Microbiology, 76(19):6485-6493.

van der Heijden, M. G. , R. D. Bardgett, and N. M. van Straalen. 2008. The unseen majority: Soil microbes as drivers of plant diversity and productivity in terrestrial ecosystems. Ecology Letters, 11(3):296-310.

Veres, Z. , Z. Kotroczó, I. Fekete, J. A. Tóth, K. Lajtha, K. Townsend, and B. Tóthmérész.

2015. Soil extracellular enzyme activities are sensitive indicators of detrital inputs and carbon availability. Applied Soil Ecology, 92:18-23.

Vesterdal, L. , M. Dalsgaard, C. Felby, K. Raulund-Rasmussen, and B. Jφrgensen. 1995. Effects of thinning and soil properties on accumulation of carbon, nitrogen and phosphorus in the forest floor of Norway spruce stands. Forest Ecology and Management, 77(1/2/3):1-10.

Villányi, I. , A. Füzy, and B. Biró. 2006. Non-target microorganisms affected in the rhizosphere of the transgenic *Bt* corn. Cereal Research Communications, 34(1):105-108.

Voříšková, J. , V. Brabcová, T. Cajthaml, and P. Baldrian. 2014. Seasonal dynamics of fungal communities in a temperate oak forest soil. New Phytologist, 201(1):269-278.

Wardle, D. A. , G. W. Yeates, W. M. Williamson, K. I. Bonner, and G. M. Barker. 2004. Linking aboveground and belowground communities: The indirect influence of aphid species identity and diversity on a three trophic level soil food web. Oikos, 107(2):283-294.

Whitman, W. B. , D. C. Coleman, and W. J. Wiebe. 1998. Prokaryotes: The unseen majority. Proceedings of the National Academy of Sciences, 95(12):6578-6583.

Wintermute, E. H. , and P. A. Silver. 2010. Dynamics in the mixed microbial concourse. Genes and Development, 24(23):2603-2614.

You, Y. , J. Wang, X. Huang, Z. Tang, S. Liu, and O. J. Sun. 2014. Relating microbial community structure to functioning in forest soil organic carbon transformation and turnover. Ecology and Evolution,4(5):633-647.

Zhang, L. , and K. G. Ten Hagen. 2011. The cellular microenvironment and cell adhesion: A role for O-glycosylation. Biochemical Society Transactions, 39(1):378-382.

Zhou, J. Zh. , B. Ch. Xia, D. S. Treves, L. Y. Wu, T. L. Marsh, R. V. O'Neill, A. V. Palumbo, and J. M. Tiedje. 2002. Spatial and resource factors influencing high microbial diversity in soil. Applied and Environmental Microbiology, 68(1):326-334.

利用碳稳定同位素技术研究土壤有机质分解的激发效应

第6章

王会[1] 胡国庆[2] 徐文华[2] 白娥[2]

摘 要

激发效应是指外源底物添加后土壤原有有机质矿化的变化,其影响因素与产生机制已成为土壤碳循环研究的重要内容。本章结合我们近几年的研究成果,对激发效应的碳稳定同位素技术、产生机制以及影响因素(如底物添加量、底物质量、土壤水分、土壤养分)分别进行了介绍,并指出了目前激发效应研究中存在的问题以及未来该领域的研究方向。

① 山东农业大学资源与环境学院,泰安,271018;

② 中国科学院沈阳应用生态研究所,沈阳,110016。

Using Carbon Stable Isotope Technology to Investigate the Priming Effect during Soil Organic Matter Decomposition

Hui Wang① Guoqing Hu② Wenhua Xu② Edith Bai②

Abstract

Priming effect (PE) is defined as the change of soil organic matter (SOM) mineralization after the input of exogenous substrate, and the influencing factors and underlying mechanisms of PE have become an important content of soil carbon cycle research. Based on our recent studies, we discuss the carbon stable isotope technique, underlying mechanisms, and controlling factors (including substrate quantity, substrate quality, soil moisture and soil nutrient status) associated with PE. In addition, we also highlight some current problems and further research directions of PE studies.

引言

土壤碳库是陆地生态系统最大的碳库,其碳贮量达 1500 Gt,约是植被碳库的 3 倍、大气碳库的 2 倍(Jobbágy and Jackson, 2000)。土壤碳库与大气碳库每年的碳交换量达到(98±12) Pg · a^{-1}(Bond-Lamberty and Thomson, 2010),占到大气碳库的十分之一,是化石燃料燃烧和土地利用变化所导致 CO_2释放总和的 10 倍(Schimel et al., 2000)。由此可见,土壤碳循环过程的微小变化都将对大气 CO_2浓度产生极大影响。

土壤碳库是由输入与输出间的平衡调控的,凋落物、植物根系和根际分泌物是土壤碳输入的主要形式,而微生物对土壤有机质(SOM)的利用并释放出 CO_2的过程是土壤碳输出的主要形式。表面上看,输入是由植物控制的,而输出是由碳库大小和微生物控制的(Paterson et al., 2009),两者相互独立,但实际上碳输入和碳输出是相互关联和作用的。现有的碳循环过程模型大多把土壤碳输入与碳输出分别模拟(Jenkinson and Coleman, 2008; Manzoni and Porporato, 2009),忽略两者之间的相互联系,这给利用土壤碳循环模型预测土壤碳库在全球变化中的作用带来了不确定性。

激发效应(priming effect)正是土壤碳输入与碳输出相互联系的一种重要表

① College of Resources and Environment, Shandong Agricultural University, Taian, 271018;
② Institute of Applied Ecology, Chinese Academy of Sciences, Shenyang, 110016.

现形式。激发效应是指外源底物添加后土壤原有有机质矿化的变化(Bingeman et al., 1953)。激发效应影响土壤碳固存(Fontaine et al., 2007; Qiao et al., 2014),从而影响粮食安全以及生态环境安全(Lal, 2004; Schmidt et al., 2011),是土壤碳循环研究的重要内容。尽管很多研究者都强调了把激发效应引入土壤碳循环模型的必要性(Cheng et al., 2014; Guenet et al., 2010; Paterson and Sim, 2013),但目前对激发效应的了解还很难实现这一目标,主要是因为激发效应的方向和强度受很多因素的影响,产生机制尚不明确。本章将结合作者近年研究成果,对激发效应的碳稳定同位素技术、产生机制以及影响因素(主要涉及以下四个因素:底物添加量、底物质量、土壤水分、土壤养分)分别进行介绍。

6.1 碳稳定同位素($\delta^{13}C$)技术在激发效应研究中的应用

同位素是指质子数相同、中子数不同的同一元素的不同核素,可分为放射性同位素和稳定同位素。自然界中碳(C)有两种稳定同位素,即^{12}C和^{13}C,相对丰度分别为98.9%和1.1%。实际工作中常以相对于某一标准物质的千分偏差来表示物质的碳同位素组成:$\delta^{13}C(‰) = [(^{13}C/^{12}C)_{样品}/(^{13}C/^{12}C)_{标准}-1]\times1000$,碳同位素分析的标准物质为美国南卡罗来纳州白垩纪皮狄组拟箭石化石,定义其$\delta^{13}C(‰) = 0$。根据物质$\delta^{13}C$值的差异可以揭示生物地球化学循环中物理、化学、气候、代谢、环境等多方面的问题(Boutton et al., 1993)。在进行土壤碳循环研究时,常采用碳稳定同位素($\delta^{13}C$)技术把各种碳库或各种有机物质区分成不同来源。下面主要就$\delta^{13}C$技术在激发效应研究中的应用加以介绍。

添加外源底物后,土壤微生物呼吸释放出的CO_2有两个来源:一个是外源底物,另一个是土壤有机质。如果外源底物添加后土壤有机质来源的CO_2增多,称作正激发效应;如果外源底物的输入减少了土壤有机质来源的CO_2,称作负激发效应(图6.1)。因此,激发效应的计算需要两个步骤:首先将所释放CO_2分为外源底物来源和土壤有机质来源,然后比较添加外源底物处理和不添加外源底物的对照处理中,土壤有机质来源CO_2的差异。要想区分所释放CO_2的不同来源,就需要使用$\delta^{13}C$技术。一般将外源底物用高丰度的^{13}C进行标记,使其$\delta^{13}C$值与土壤有机质$\delta^{13}C$值明显不同,再根据土壤呼吸的$\delta^{13}C$值计算出外源底物和土壤有机质各自对土壤呼吸的贡献率。

另外,想了解激发效应如何影响土壤对外源碳的净固存,需进一步明确外源底物在土壤各碳库(如可溶性有机碳库、微生物量碳库、总有机碳库等)的分配。根据外源底物和土壤$\delta^{13}C$的差异以及碳同位素质量平衡,可以将底物添加后所释放的CO_2以及土壤各碳库分为外源底物来源和土壤有机质来源。相关计算有:

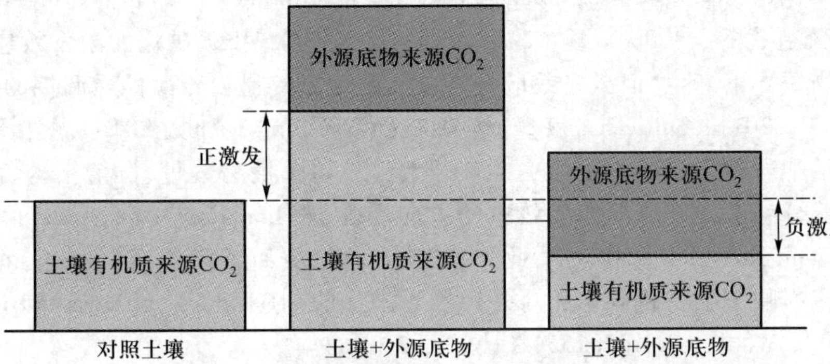

图 6.1　正激发效应和负激发效应示意图（参考 Kuzyakov et al., 2000）。

（1）所添加外源底物对土壤呼吸、可溶性有机碳（DOC）、土壤有机碳（SOC）等的贡献（P_{Add}）采用以下公式进行计算：

$$P_{Add} = (\delta^{13}C_t - \delta^{13}C_0) / (\delta^{13}C_{Add} - \delta^{13}C_S) \qquad (6-1)$$

式中，$\delta^{13}C_t$和$\delta^{13}C_0$分别代表“外源底物+土壤”处理和对照处理 CO_2（或 DOC、SOC 等）的 $\delta^{13}C$ 值（‰）；$\delta^{13}C_{Add}$代表所添加外源底物的 $\delta^{13}C$ 值（‰）；$\delta^{13}C_S$代表对照土壤的初始 $\delta^{13}C$ 值（‰）。此公式假设外源底物来源的碳进入各个碳库时的同位素分馏与土壤有机质来源的碳进入各碳库时的同位素分馏是一致的（Waldrop and Firestone, 2004; Werth and Kuzyakov, 2010）。

（2）激发效应（PE）通过比较“外源底物+土壤”处理和对照处理 SOC 来源的 CO_2的差异进行计算（Kuzyakov et al., 2000），具体公式如下：

$$PE = [CO_2]_t - [CO_2]_0 \qquad (6-2)$$

相对激发效应：

$$\text{relative PE}\ (\%) = ([CO_2]_t - [CO_2]_0) / [CO_2]_0 \qquad (6-3)$$

式中，$[CO_2]_t$和$[CO_2]_0$分别代表“外源底物+土壤”处理和对照处理 SOC 来源的 CO_2。

在添加高^{13}C 丰度的外源底物时，如果使用葡萄糖等化合物，可以直接购买^{13}C 标记化合物成品。如果使用植物残体，一般需要采用$^{13}C-CO_2$连续标记法或改进的$^{13}C-CO_2$间断标记法对目标植物进行标记，借助光合作用以及光合产物在植物体内的再分配，可以获得^{13}C 丰度较为均匀的植物材料（谭立敏等，2014）。

6.2　激发效应的影响因素与产生机制

激发效应的影响因素总体上可以分为两大类：即外源底物的性质（如底物添加量、底物质量）和土壤的性质（如土壤微生物学性质、土壤养分状态、有机碳含量等)(Kuzyakov, 2002; Blagodatskaya and Kuzyakov, 2008; Wang et al., 2015a; 陈春梅等, 2006)(图 6.2)。一般认为,土壤有机碳矿化的激发效应是在外源底物诱导下产生,但激发效应的方向和强度最终是由土壤性质调控的(Fontaine et al., 2011; Sullivan and Hart, 2013; Chowdhury et al., 2014)。外源底物的添加量和质量通过影响土壤微生物学性质(如微生物数量、群落结构、活性)和土壤养分状态等来影响激发效应的方向和强度(Fontaine et al., 2003; Blagodatskaya and Kuzyakov, 2008)。此外,其他土壤性质如团聚体、土壤质地、水分等也会间接影响土壤有机碳矿化对外源底物添加的响应(Blagodatskaya and Kuzyakov, 2008; Wang et al., 2015a; 孙悦等, 2014)。

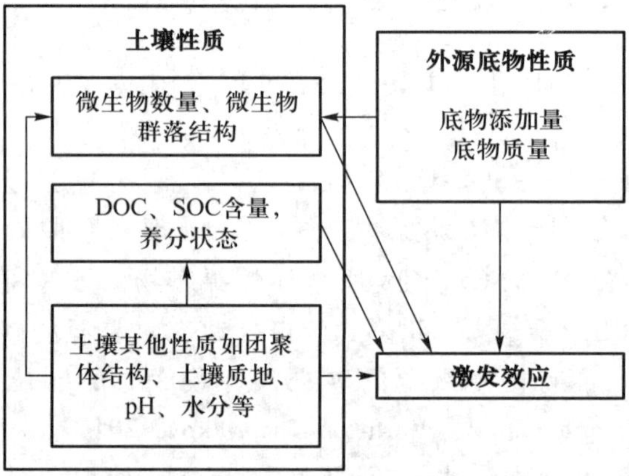

图 6.2　激发效应影响因素示意图。

目前有关激发效应产生机制的理论很多,讨论最为激烈的主要有以下三种:①“共代谢理论”。该理论认为土壤微生物对外源底物的降解也会促进土壤有机质的分解,激发效应的产生是由于外源底物加入后能源和养分充足、土壤微生物活性整体提高。当复杂有机物质(如凋落物、秸秆等)添加到土壤中时,该物质中的一些易利用组分可以为土壤微生物提供能源,进而合成可以降解难利用组分和土壤有机质的各种酶,促进土壤有机质分解,产生激发效应(Blagodatskaya and Kuzyakov, 2008)。②“养分(或氮)挖掘理论”。该理论认为外源底物加入后,土壤养分的缺乏,尤其是氮素的缺乏是加快土壤有机质分解、产生激发效应的关键(Blagodatskaya and Kuzyakov, 2008; Fontaine et al., 2011)。外源碳加入后,土壤微生物或大量繁殖,或活性增加,造成养分的缺乏,由于土壤有机质 C∶N 值低、养分含量高,土壤微生物通过加快有机质矿化来获取更多养分,从而产生正激发。③“*r*-*K* 竞争理论”。该理论认为激发效应的产生是土壤微生物中的 *r* 策略者(富营养型微生物)和 *K* 策略者(贫营养型微生物)相互竞争的结果:当输入易利用有机碳时,竞争对 *r* 策略者有利,*r* 策略者在 *K* 策略者之前将底物迅速消耗,因而不产生正激发效应;当输入难利用有机碳时,这类物质在土壤中存留时间较长,*K* 策略者也从对此类物质的利用中获利,向土壤中释放可以分解土壤有机质的胞外酶,从而产生正激发效应(Fontaine et al., 2003)。

6.3 研究实例

6.3.1 底物添加量对土壤有机碳矿化激发效应的影响

气候变化背景下,大气 CO_2浓度的增加以及地表温度的升高,可能会造成以植物残体或根际分泌物形式进入土壤的外源碳增多(Cheng, 1999; Raich et al., 2006)。此外,自然状态的地下碳分配存在严重的空间异质性,因为土壤中分布着许多微生物“热区”,如根际、凋落物形成的微区、土壤动物活动形成的孔道等其他微生物活性较高的区域(Kuzyakov, 2010)。因此,研究底物添加量与激发效应之间的关系,有利于我们更好地了解碳分布不均状态下以及未来气候变化条件下的土壤碳固存状况。

我们通过向长白山阔叶红松林有机层和矿质层土壤中分别加入不同浓度的^{13}C 标记的水溶性有机碳(WSOC),把所释放 CO_2、微生物量碳(MBC)和可溶性有机碳(DOC)区分为 WSOC 源和 SOC 源,以探讨底物添加量对有机层和矿质层土壤有机质分解及激发效应的影响,这对于寻找激发效应与底物添加量之间可能存在的定量化关系、确定这种关系是否因土壤层次而异具有重要意义。

我们的研究结果显示,0~4 天累积激发量和 0~53 天累积激发量总体上均随外源底物 WSOC 添加量的增加而增加(图 6.3a,b)(Wang et al., 2015a)。WSOC 的单位激发量(累积激发量与 WSOC 添加量之比)与 WSOC 添加量之间存在一个一级动力学指数递减关系(图 6.3c,d)。这些结果与 Blagodatskaya 和 Kuzyakov(2008)对可利用程度低的外源底物(即植物残体)添加实验的整合分析结果一致。

由于土壤中的微生物在整体上是受碳限制的(Demoling et al., 2007),即使是非常少量的外源碳添加也会造成土壤微生物的剧烈反应,从而加快土壤有机质分解,产生激发效应。外源底物对土壤微生物的这种刺激效应在低添加量时更为有效,当底物添加量较高时,继续增多底物添加量不会使额外的土壤有机质分解(即激发效应)出现同等比例的增加。针对这种激发效应总量随底物添加量增加而出现的饱和现象,本研究提出三种可能的原因:

(1) 除了外源底物的驱动作用,土壤微生物(包括能引导产生激发效应的土壤微生物)的活性还受其他许多因子的影响,如温度、水分、O_2、养分可利用性等(Dungait et al., 2012)。外源底物添加量较高意味着激发效应的驱动力充足,但其他因子可能限制着激发效应总量的同比例增长。

(2) 作为激发效应的底物,土壤有机质对微生物而言的可利用程度并不高(经过 53 天的培养,有机层土壤仅有 3.6%的有机碳被矿化)。这可能是因为微

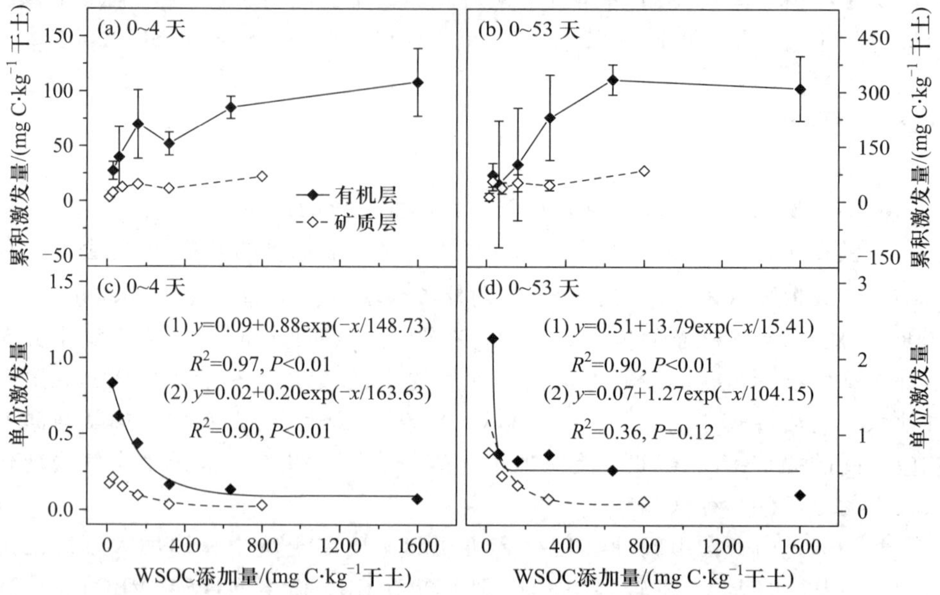

图 6.3 累积激发量(a 和 b)、单位激发量(c 和 d)与 WSOC 添加量间的关系。图 c 和图 d 中公式(1)为有机层模拟结果,公式(2)为矿质层模拟结果(参考 Wang et al., 2015a)。

生物与有机质之间存在着空间分离(Feeney et al., 2006; Salomé et al., 2010),或者是以不可溶状态存在(Kemmitt et al., 2008),限制了微生物的利用。

(3) 可利用程度高的外源底物进入土壤后,会出现“底物优先利用”的现象。所谓底物优先利用,是指与可利用程度低的土壤有机质相比,可利用程度高的外源底物能更早也更快地被微生物利用(Werth and Kuzyakov, 2010),这一现象可以用激发效应的“r–K 竞争理论”解释,即对可利用程度高的外源底物反应灵敏、生长速率快的 r 策略者快速将外源底物消耗,而能够分解难利用土壤有机质并引导产生激发效应的 K 策略者在对外源碳的竞争中处于劣势,阻碍了激发效应随外源底物添加量的同比例增长。

为了估算外源 WSOC 添加后土壤有机碳库的净收支状况,用残留在土壤 DOC、MBC 和土壤主体三部分中的 WSOC 总量代表土壤碳固存,土壤碳固存与额外的土壤有机质分解即累积激发效应绝对量之差即为碳收支状况。经过 53 天的培养,土壤有机碳库的净收支(残留在土壤中的外源 WSOC 与额外的土壤有机质分解之差)情况在两个土层表现出一致的规律,即在外源底物添加量较低时为负值,而在外源底物添加量较高时为正值(表 6.1)。这一结果表明正激发效应越强并不一定意味着土壤碳损失越大,因为土壤可能同时也固存了更多的外源碳。对比有机层土壤和矿质层土壤,在外源底物添加量为 0.16 mg C · g^{-1} 干土和 0.32 mg C · g^{-1} 干土时,有机层土壤的碳净收支为负值而矿质层土壤的碳净

表 6.1 各处理残留在土壤的外源水溶性有机碳(WSOC)与额外的土壤有机质分解(即53天累积激发量)之间的碳收支(参考 Wang et al., 2015a)

处理	有机层			矿质层		
	WSOC残余量	53天累积激发量	碳收支状况	WSOC残余量	53天累积激发量	碳收支状况
WSOC1	12.8(5.8)	71.8(31.7)	-59.0	6.8(2.2)	11.9(10.3)	-5.1
WSOC2	26.3(8.7)	46.7(171.5)	-20.4	11.6(3.7)	53.0(23.3)	-41.4
WSOC3	51.0(6.8)	101.1(153.7)	-50.1	30.5(1.7)	35.4(15.0)	-4.9
WSOC4	122.9(22.2)	228.9(117.1)	-106.0	64.5(8.8)	50.0(23.2)	14.5
WSOC5	208.3(8.4)	332.4(41.2)	-124.1	115.4(14.2)	44.2(13.5)	71.2
WSOC6	493.8(58.0)	309.6(89.2)	184.1	242.9(5.5)	84.2(5.7)	158.7

注:有机层,WSOC1—WSOC6 分别代表水溶性有机碳添加量为 0.032、0.064、0.16、0.32、0.64、1.60 mg C·g^{-1}干土;矿质层,WSOC1—WSOC6 分别代表水溶性有机碳添加量为 0.016、0.032、0.08、0.16、0.32、0.80 mg C·g^{-1}干土。

收支为正值,意味着气候变化背景下矿质层土壤具有更高的固碳潜力。

6.3.2 底物质量对土壤有机碳分解和激发效应的影响

人类活动增加,如土地利用方式的改变以及化石燃料的燃烧,会通过直接或间接改变植物群落结构来改变土壤碳输入的数量或质量(García-Palacios et al., 2012; Post and Kwon, 2000)。研究表明,大气 CO_2升高条件下,叶片氮含量会降低,而叶片木质素含量会升高(Liu et al., 2007; Norby et al., 2001),意味着凋落物质量可能会变差。外源新鲜有机质(FOM)质量的改变会对土壤有机质分解和激发效应产生怎样的影响?目前这一问题还没有定论,与低质量 FOM 相比,高质量 FOM 添加所产生的激发效应有可能更强(Conde et al., 2005),也有可能更弱(Potthast et al., 2010; Zhang and Wang, 2012),或者两者没有差异(Guenet et al., 2010)。这些看似相互矛盾的结果很可能是因为产生激发效应的两种机制——“共代谢理论”和“养分挖掘理论”在不同条件下发挥的作用大小有差异。

以 C∶N 值、氮含量、木质素含量均存在明显差异的玉米叶和玉米茎代表不同质量的 FOM,添加到土壤性质有明显差异的人工林土壤和次生林土壤上,运用^{13}C 稳定同位素示踪技术,研究 FOM 质量对激发效应的影响以及这种影响是否因土壤不同而存在差异,有利于我们进一步明确土壤激发效应产生的机制。

两种土壤和两个 FOM 处理的相对激发效应随培养时间的变化规律是一致的:都是先有一个短暂而强烈的负激发过程,随后是一个长期而相对稳定的正激发过程(图 6.4)。低质量 FOM(茎)处理相对激发效应的变异性在两种土壤上都比高质量 FOM(叶)处理大,表现在:① 低质量 FOM 处理在培养的前一阶段具有更长的负激发过程,在两种土壤上低质量 FOM 处理负激发持续了 9 天而高质量 FOM 处理仅持续了 2 天;② 低质量 FOM 处理在培养的后一阶段(16~105 天)具有更强的正激发($P < 0.05$,图 6.4)。两种土壤和两个 FOM 处理的 105 天累积激发量均为正值,且低质量 FOM 处理高于高质量 FOM 处理。

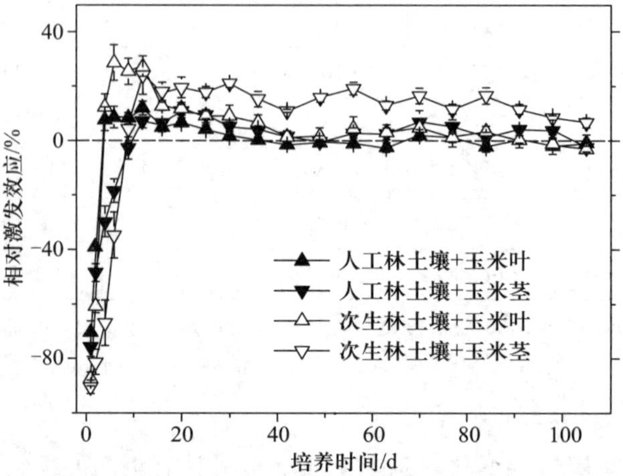

图 6.4　不同 FOM 处理在不同土壤上相对激发的时间变化规律(参考 Wang et al., 2015b)。

与低质量 FOM 处理(茎)相比,高质量 FOM 处理(叶)从负激发转换为正激发的速度更快,但高质量 FOM 处理在促进土壤有机质矿化上的优势仅持续了很短一段时间(4~12 天),随后低质量 FOM 处理占据了明显优势(图 6.4)。这可能是由于 FOM 加入土壤后,土壤微生物量在负激发期间明显增加直至与之相关的养分资源被大量消耗。微生物转而利用土壤有机质来获得能量和养分资源,从而导致正激发。添加高质量 FOM 的处理中,微生物量增长更快,达到正激发所需要的时间更短。培养第 20 天时高质量 FOM 处理磷脂脂肪酸(PLFA)总量的增加幅度大于低质量 FOM 处理可以证实这一观点。随后,激发效应进入一个相对稳定的时期,其中低质量 FOM 处理刺激产生了一个更明显的正相对激发和绝对激发累积量(图 6.4)。这与激发效应研究中常提到的"养分挖掘理论"一致,即外源碳加入后,土壤微生物会加快对原有土壤有机质的利用以获取养分(Blagodatskaya and Kuzyakov, 2008; Fontaine et al., 2003),而与"共代谢理论"不符,即外源碳的加入给土壤微生物提供了能源,增强了与土壤有机质矿化有关的微生物的活性,从而产生正激发(Kuzyakov et al., 2000)。在激发相对稳定的培养后期,本研究结果支持"养分挖掘理论";但在高质量 FOM 处理正激发强度高于低质量 FOM 处理的短暂时期,这两种理论可能共同发挥着作用。

根据以上分析,可以总结出一个针对本研究激发效应动态变化及潜在机制的概念模型(图 6.5)。由于存在底物优先利用现象,添加高质量或低质量 FOM

处理首先会产生一个短暂的负激发过程（少于10天，图6.5，A过程）；随后正激发占优势并持续到培养结束。高质量FOM处理从负激发转换为正激发所需的时间较低质量FOM处理短，这可能是因为高质量FOM处理促进了更多的微生物生长繁殖。随着微生物增殖，更多的土壤有机质被消耗从而产生正激发（共代谢理论）。在这一短暂阶段（图6.5，B过程），高质量FOM处理产生更强的正激发，主要是因为土壤中的微生物受碳限制（Demoling et al.，2007），高质量FOM处理可以提供更多的活性碳，从而促进更多的微生物生长。微生物快速增殖后可能会造成其他养分如氮素的缺乏，需要矿化土壤有机质获取养分（养分挖掘理论），在相当长一段时间内产生了相对稳定的正激发（图6.5，C过程），且由于低质量FOM的C∶N值更高，造成更严重的氮限制，产生的正激发作用较高质量FOM处理更强。这一阶段细菌对正激发效应的贡献可能最大，因为其更容易受氮限制。需要指出的是，尽管这一概念模型在本研究两种供试土壤上均适用，但其普遍性还需进一步验证。

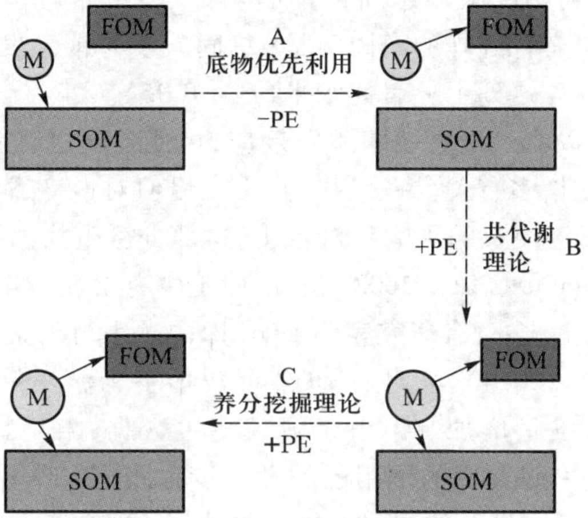

图6.5　培养期间激发效应的动态变化及潜在机制概念模型。实线代表微生物对底物的偏好；虚线代表激发效应的潜在机制。M，土壤微生物；FOM，外源新鲜有机物质；SOM，土壤有机质。图例大小不代表物质的实际大小（参考Wang et al.，2015b）。

6.3.3　干湿交替下的农田土壤有机碳分解特征

降水格局改变是全球气候变化的一个重要方面，各种生态系统中土壤（尤其是表层土壤）的干湿交替现象日益突出（Iovieno and Bååth，2008）。这一改变使土壤碳、氮的短暂脉冲式释放更为明显，严重影响着长时间尺度碳、氮等各种元素的生物地球化学循环，进而影响与之相关的各种生态系统过程（Manzoni et al.，2012）。在有外源有机物质输入的情况下，干湿交替在影响土壤有机碳分解的同时可能也会影响土壤的激发效应。根据“养分挖掘理论”，土壤养分有效性越高,激发效应强度可能越弱。由干湿交替引起的土壤养分状况改变,可能是引起土壤有机质分解和激发效应强度变化的一个重要原因。

通过两因素(水分和秸秆)两水平随机设计——水分处理分为水分恒定和干湿交替、秸秆处理分为不添加和添加秸秆,运用^{13}C稳定同位素技术,对比水分恒定和干湿交替条件下的 SOC 分解,探讨干湿交替对激发效应强度的影响,对于预测未来气候变化条件下的土壤碳循环、寻求土壤碳库的调控管理措施具有重要意义。

研究结果发现,添加秸秆后,土壤累积激发量因水分处理和培养时间的不同而有差异:水分恒定条件下,添加秸秆后的前 60 天明显加快土壤有机质分解,表现为正激发,随后则表现为负激发;干湿交替条件下,添加秸秆总体上加快了土壤有机质矿化,在各个干湿交替周期内基本上均表现为正激发;与水分恒定处理相比,干湿交替总体上显著($P<0.05$)增加了累积激发量,经过 7 个干湿交替周期共 210 天的培养,干湿交替处理的累积激发量比水分恒定处理高 18.0%。两种水分条件下土壤对秸秆碳的总固存量(进入土壤的秸秆碳总量)无显著差异($P > 0.05$),但干湿交替处理的净固碳量(总固碳量与碳激发量之差)比水分恒定处理低 26.4%,差异达到了显著性水平($P < 0.05$)。

干湿交替之所以能产生更强的激发效应,可能与土壤微生物群落的改变以及复水后 DOC 释放增多有关。一般认为,生长慢但对逆境适应能力强的微生物(即 *K* 策略者)受干湿交替的影响相对较小,这部分微生物也被认为具有土壤有机质分解能力(Fontaine et al., 2003),从而使土壤有机质分解受益于干湿交替,产生较强的正激发。此外,有研究表明 DOC 库的大小与碳激发量存在正相关关系(Chowdhury et al., 2014),复水后 DOC 释放增多为激发效应提供底物,可能使这一阶段的碳激发量增加。但由于缺乏相关数据,微生物群落结构改变和 DOC 释放增加在这一过程中的作用还需进一步验证。

干湿交替减弱了土壤对外源碳的固持能力,这意味着未来气候变化背景下干湿交替的频繁发生会削弱土壤的“碳汇”功能,对大气 CO_2浓度不断升高的现状非常不利。另外,干湿交替同时也会减慢秸秆降解(王会, 2015),在自然生态系统中会造成凋落物在土壤表层的大量积聚,极端气候(如极端干旱、高温)出现时这些大量累积的凋落物就成为 CO_2的“定时炸弹”,在外界干扰下(如火干扰)一旦释放将给生态系统和区域气候乃至全球气候带来极大危害。此研究结果(干湿交替增加土壤有机碳损失、减少土壤对外源碳的固存)的普遍性还需进一步验证,尤其是不同生态系统的野外原位研究更具有代表意义。

6.3.4 不同形态氮素对土壤有机碳分解和激发效应的影响

养分有效性被普遍认为是影响激发效应强度的重要因素(Chen et al., 2014; Chowdhury et al., 2014; Fontaine et al., 2011; Sullivan and Hart, 2013)。根据“养分挖掘理论”,外源碳输入激活土壤微生物,造成养分缺乏,加快土壤有机质分解以获取养分,从而产生正激发(Blagodatskaya and Kuzyakov, 2008; Fontaine et al., 2003)。因而,氮添加会降低激发效应强度。全球气候变暖和氮沉降增加背景下,很多研究都对由氮沉降增加引起的土壤氮素有效性增加如何影响土壤碳循环进行了评估(Chen et al., 2014; Janssens et al., 2010; Knorr et al., 2005; Wang et al., 2014),但大多数的研究都关注无机氮输入的作用而忽视了活性有机氮输入增加也是全球变化的一个重要方面,这给准确评估氮添加对土壤碳循环的作用带来了不确定性(Du et al., 2014)。事实上,活性有机氮输入(如尿素)不仅在农田土壤中较为常见,其他自然生态系统也正在经历越来越高的有机氮沉降比例。研究表明,目前有机氮沉降占氮沉降的平均比例约为 30%(Cornell, 2011),但在某些地区可以达到 67%(Zhang et al., 2012),其中尿素约占有机氮沉降组成的 40%(Neff et al., 2002)。目前我们还不清楚尿素输入对土壤有机质分解和激发效应的影响是否与硝态氮和铵态氮输入对其的影响一致。

通过向添加或不添加秸秆的农田土壤中加入 NH_4NO_3或尿素,运用碳稳定同位素示踪技术,研究不同形态氮的添加对秸秆降解和土壤有机碳分解的影响,探讨 NH_4NO_3和尿素添加分别如何影响激发效应,以期为全球变化背景下土壤碳循环的准确模拟提供理论依据。

对于不加氮处理,添加秸秆后土壤有机质分解量增加了 18.5%,210 天共产生 135.1 mg CO_2-C · kg^{-1}土的正激发。添加 NH_4NO_3使正激发效应明显减弱,210 天激发效应总量约降低 71.1%,而添加尿素使其增加 63.0%,均达到了显著性水平(P < 0.05)。培养结束时不同秸秆处理的总固碳量(进入土壤的秸秆碳总量)与净固碳量(总固碳量与碳激发量之差)在统计分析上均无显著差异(P>0.05),但添加尿素后土壤对秸秆碳的净固存能力有明显减弱的趋势(图 6.6)。

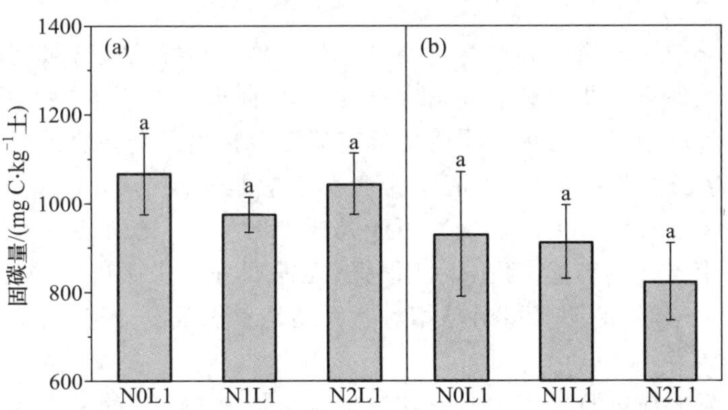

图 6.6　培养结束时不同秸秆处理的总固碳量(a)与净固碳量(b)状况(未发表数据)。

添加秸秆后土壤原有有机质的分解发生变化,因而产生激发效应。本实验NH_4NO_3添加后激发效应总量降低了71.1%(表6.1),这支持了养分挖掘理论,与Wang等(2014)的研究结果一致。但添加尿素后激发效应表现出完全相反的变化规律,与不加氮处理相比激发效应总量增加了63.0%,这可能是因为"共代谢理论"在这一过程中发挥了主导作用:尿素添加会使土壤微生物活性快速升高以产生脲酶,从而将尿素水解为NH_4^+(Bremner, 1995; Dalal, 1975),某些能够分解土壤有机质的微生物可能在这一过程中受益,以外源底物为碳源合成土壤有机质降解酶,从而加快土壤有机质分解并产生正激发。

不同形态氮素对秸秆降解和土壤有机质分解的不同作用暗示在模拟全球变化下土壤碳循环时要将氮素形态考虑在内。在自然生态系统中,长期氮沉降增加可能会通过减慢凋落物降解而增加凋落物碳库,而凋落物降解作为生物地球化学循环的一个重要环节,其他各种养分不能被释放可能会降低地上生物量,减少净初级生产力,从而引起一系列生态环境甚至政治经济问题。从土壤有机质分解看,无机氮沉降减少土壤有机质分解,CO_2释放的减少表面上有利于减缓全球变化,但土壤的净固碳能力并不一定会增加(图6.6),土壤碳库在全球变化中的"碳汇"作用是否能增强还存在很大不确定性。而随着活性有机氮沉降比例的加大,土壤有机质分解很可能会加快,由土壤碳输出增多造成的土壤净固碳能力下降,可能会加剧温室效应和全球变暖。

6.4 问题与展望

目前,激发效应在土壤碳循环中的重要作用已经得到广泛认可,很多研究都强调了将其引入碳循环模型的必要性,围绕激发效应的影响因素与产生机制已开展了一系列研究,但仍然存在一些问题和不足,有待进一步研究和讨论。

(1) 激发效应的定义和计算需要进一步明确。激发效应常被理解为外源物质输入后土壤原有有机质矿化的短期变化。如何理解这里的"短期"?用什么方式确定激发效应已经结束?尽管已经有研究者指出只有在统计分析上激发效应与"0"值存在显著差异时,才能认为激发效应是存在的(Kuzyakov, 2010),但在实际研究中这种统计上的显著性可能是时断时续的,找到某一采样点作为激发效应的结束点并不容易,且主观性很强,还需要进一步探讨。另外,未来研究在讨论激发效应时,应明确指出是相对激发还是累积激发,因为两者的变化规律可能并不一致。

(2) 激发效应的野外实地研究和模型应用是未来研究的两个重要方向。目前对激发效应的研究主要集中在室内模拟实验,且停留在理论水平,要使对土壤碳循环的模拟更为准确,激发效应的野外实地研究和模型应用必不可少。但即使很多研究者都强调其重要性，激发效应的模型应用依然很难实现，可能需要多个学科研究人员的共同努力。

(3) 养分有效性对激发效应的影响机制还需进一步探讨。养分有效性对激发效应的影响与土壤碳有效性有关，生态化学计量学特征可能在其中发挥着重要作用。此外，不同形态氮添加对土壤碳循环的影响不同，但对于产生这种差异的原因还不清楚，很多解释还处于推测阶段。未来的研究一方面需要结合野外控制实验对这一结果加以验证，另一方面需要结合^{15}N-NMR 等新技术、新方法对这一现象加以解释。

致谢

本项目由“973 计划”青年科学家专题项目(2014CB954400)和国家自然科学基金面上项目(41175138)共同支持。感谢李善龙、孙建飞和彭勃三位博士在课题研究过程中给予的帮助，感谢评审专家对本章修改提出的宝贵意见和建议。

参考文献

陈春梅，谢祖彬，朱建国. 2006. 土壤有机碳激发效应研究进展. 土壤，38(4):359-365.

孙悦，徐兴良，Y. Kuzyakov. 2014. 根际激发效应的发生机制及其生态重要性. 植物生态学报，38(1):62-75.

谭立敏，吴昊，李卉，周萍，李科林，王久荣，葛体达，袁红朝，吴金水. 2014. 不同施氮量下水稻分蘖期光合碳向土壤碳库的输入及其分配的量化研究：^{13}C 连续标记. 环境科学，35(5): 1933-1938.

王会. 2015. 土壤有机碳分解激发效应对不同外源底物和环境条件的响应. 北京：中国科学院大学博士学位论文.

Bingeman, C. W. , J. E. Varner, and W. P. Martin. 1953. The effect of the addition of organic materials on the decomposition of an organic soil. Soil Science Society of America Journal, 17(1): 692-696.

Blagodatskaya, E. , and Y. Kuzyakov. 2008. Mechanisms of real and apparent priming effects and their dependence on soil microbial biomass and community structure: Critical review. Biology and Fertility of Soils, 45(2):115-131.

Bond-Lamberty, B. , and A. Thomson. 2010. Temperature-associated increases in the global soil respiration record. Nature, 464(7288):579-582.

Boutton, T. W. , L. C. Nordt, S. T. Archer, A. J. Midwood, and I. Casar. 1993. Stable carbon isotope ratios of soil organic matter and their potential use as indicators of paleoclimate. In: Isotope Techniques in the Study of Past and Current Environmental Changes in the Hydrosphere and Atmosphere. International Atomic Energy Agency, SM-329/53:445-459.

Bremner, J. M. 1995. Recent research on problems in the use of urea as a nitrogen fertilizer. Fertilizer Research, 42(1):321-329.

Chen, R. R., M. Senbayram, S. Blagodatsky, O. Myachina, K. Dittert, X. G. Lin, E. Blagodatskaya, and Y. Kuzyakov. 2014. Soil C and N availability determine the priming effect: Microbial N mining and stoichiometric decomposition theories. Global Change Biology, 20(7):2356-2367.

Cheng, W. X. 1999. Rhizosphere feedbacks in elevated CO_2. Tree Physiology, 19(4/5):313-320.

Cheng, W. X., W. J. Parton, M. A. Gonzalez-Meler, R. Phillips, S. Asao, G. G. McNickle, E. Brzostek, and J. D. Jastrow. 2014. Synthesis and modeling perspectives of rhizosphere priming. New Phytologist, 201(1):31-44.

Chowdhury, S., M. Farrell, and N. Bolan. 2014. Priming of soil organic carbon by malic acid addition is differentially affected by nutrient availability. Soil Biology and Biochemistry, 77:158-169.

Conde, E., M. Cardenas, A. Ponce-Mendoza, M. L. Luna-Guido, C. Cruz-Mondragón, and L. Dendooven. 2005. The impacts of inorganic nitrogen application on mineralization of ^{14}C-labelled maize and glucose, and on priming effect in saline alkaline soil. Soil Biology and Biochemistry, 37(4):681-691.

Cornell, S. E. 2011. Atmospheric nitrogen deposition: Revisiting the question of the importance of the organic component. Environmental Pollution, 159(10):2214-2222.

Dalal, R. C. 1975. Urease activity in some Trinidad soils. Soil Biology and Biochemistry, 7(1):5-8.

Demoling, F., D. Figueroa, and E. Bååth. 2007. Comparison of factors limiting bacterial growth in different soils. Soil Biology and Biochemistry, 39(10):2485-2495.

Du, Y. H., P. Guo, J. Q. Liu, C. Y. Wang, N. Yang, and Z. X. Jiao. 2014. Different types of nitrogen deposition show variable effects on the soil carbon cycle process of temperate forests. Global Change Biology, 20(10):3222-3228.

Dungait, J. A. J., D. W. Hopkins, A. S. Gregory, and A. P. Whitmore. 2012. Soil organic matter turnover is governed by accessibility not recalcitrance. Global Change Biology, 18(6):1781-1796.

Feeney, D. S., J. W. Crawford, T. Daniell, P. D. Hallett, N. Nunan, K. Ritz, M. Rivers, and I. M. Young. 2006. Three-dimensional microorganization of the soil-root-microbe system. Microbial Ecology, 52(1):151-158.

Fontaine, S., S. Barot, P. Barré, N. Bdioui, B. Mary, and C. Rumpel. 2007. Stability of organic carbon in deep soil layers controlled by fresh carbon supply. Nature, 450(7167):277-280.

Fontaine, S., C. Henault, A. Aamor, N. Bdioui, J. M. G. Bloor, V. Maire, B. Mary, S. Revaillot, and P. A. Maron. 2011. Fungi mediate long term sequestration of carbon and nitrogen in soil through their priming effect. Soil Biology and Biochemistry, 43(1):86-96.

Fontaine, S., A. Mariotti, and L. Abbadie. 2003. The priming effect of organic matter: A question of microbial competition? Soil Biology and Biochemistry, 35(6):837-843.

García-Palacios, P., F. T. Maestre, R. D. Bardgett, and H. de Kroon. 2012. Plant responses to soil heterogeneity and global environmental change. Journal of Ecology, 100(6):1303-1314.

Guenet, B. , C. Neill, G. Bardoux, and L. Abbadie. 2010. Is there a linear relationship between priming effect intensity and the amount of organic matter input? Applied Soil Ecology, 46(3): 436-442.

Iovieno, P. , and E. Bååth. 2008. Effect of drying and rewetting on bacterial growth rates in soil. FEMS Microbiology Ecology, 65(3):400-407.

Janssens, I. A. , W. Dieleman, S. Luyssaert, J-A. Subke, M. Reichstein, R. Ceulemans, P. Ciais, A. J. Dolman, J. Grace, G. Matteucci, D. Papale, S. L. Piao, E-D. Schulze, J. Tang, and B. E. Law. 2010. Reduction of forest soil respiration in response to nitrogen deposition. Nature Geoscience, 3(5):315-322.

Jenkinson, D. S. , and K. Coleman. 2008. The turnover of organic carbon in subsoils. Part 2. Modelling carbon turnover. European Journal of Soil Science, 59(2): 400-413.

Jobbágy, E. G. , and R. B. Jackson. 2000. The vertical distribution of soil organic carbon and its relation to climate and vegetation. Ecological Applications, 10(2):423-436.

Kemmitt, S. J. , C. V. Lanyon, I. S. Waite, Q. Wen, T. M. Addiscott, N. R. A. Bird, A. G. O' Donnell, and P. C. Brookes. 2008. Mineralization of native soil organic matter is not regulated by the size, activity or composition of the soil microbial biomass—A new perspective. Soil Biology and Biochemistry, 40(1):61-73.

Knorr, M. , S. D. Frey, and P. S. Curtis. 2005. Nitrogen additions and litter decomposition. Ecology, 86(12):3252-3257.

Kuzyakov, Y. 2002. Review: Factors affecting rhizosphere priming effects. Journal of Plant Nutrition and Soil Science, 165(4):382-396.

Kuzyakov, Y. 2010. Priming effects: Interactions between living and dead organic matter. Soil Biology and Biochemistry, 42(9):1363-1371.

Kuzyakov, Y. , J. K. Friedel, and K. Stahr. 2000. Review of mechanisms and quantification of priming effects. Soil Biology and Biochemistry, 32(11/12):1485-1498.

Lal, R. 2004. Soil carbon sequestration impacts on global climate change and food security. Science, 304(5677):1623-1627.

Liu, L. L. , J. S. King, and C. P. Giardina. 2007. Effects of elevated atmospheric CO_2 and tropospheric O_3 on nutrient dynamics: Decomposition of leaf litter in trembling aspen and paper birch communities. Plant and Soil, 299(1):65-82.

Manzoni, S. , and A. Porporato. 2009. Soil carbon and nitrogen mineralization: Theory and models across scales. Soil Biology and Biochemistry, 41(7):1355-1379.

Manzoni, S. , J. P. Schimel, and A. Porporato. 2012. Responses of soil microbial communities to water stress: Results from a Meta-analysis. Ecology, 93(4):930-938.

Neff, J. C. , E. A. Holland, F. J. Dentener, W. H. Mcdowell, and K. M. Russell. 2002. The origin, composition and rates of organic nitrogen deposition: A missing piece of the nitrogen cycle? Biogeochemistry, 57(1):99-136.

Norby, R. J. , M. F. Cotrufo, P. Ineson, E. G. O' Neill, and J. G. Canadell. 2001. Elevated CO_2, litter chemistry, and decomposition: A synthesis. Oecologia, 127(2):153-165.

Qiao, N., D. Schaefer, E. Blagodatskaya, X. M. Zou, X. L. Xu, and Y. Kuzyakov. 2014. Labile carbon retention compensates for CO_2 released by priming in forest soils. Global Change Biology, 20(6):1943-1954.

Paterson, E., A. J. Midwood, and P. Millard. 2009. Through the eye of the needle: A review of isotope approaches to quantify microbial processes mediating soil carbon balance. New Phytologist, 184(1):19-33.

Paterson, E., and A. Sim. 2013. Soil-specific response functions of organic matter mineralization to the availability of labile carbon. Global Change Biology, 19(5):1562-1571.

Post, W. M., and K. C. Kwon. 2000. Soil carbon sequestration and land-use change: Processes and potential. Global Change Biology, 6(3):317-327.

Potthast, K., U. Hamer, and F. Makeschin. 2010. Impact of litter quality on mineralization processes in managed and abandoned pasture soils in Southern Ecuador. Soil Biology and Biochemistry, 42(1):56-64.

Raich, J. W., A. E. Russell, K. Kitayama, W. J. Parton, and P. M. Vitousek. 2006. Temperature influences carbon accumulation in moist tropical forests. Ecology, 87(1):76-87.

Salomé, C., N. Nunan, V. Pouteau, T. Z. Lerch, and C. Chenu. 2010. Carbon dynamics in topsoil and in subsoil may be controlled by different regulatory mechanisms. Global Change Biology, 16(1):416-426.

Schimel, D., J. Melillo, H. Q. Tian, A. D. McGuire, D. Kicklighter, T. Kittel, N. Rosenbloom, S. Running, P. Thornton, D. Ojima, W. Parton, R. Kelly, M. Sykes, R. Neilson, and B. Rizzo. 2000. Contribution of increasing CO_2 and climate to carbon storage by ecosystems in the United States. Science, 287(5460):2004-2006.

Schmidt, M. W., M. S. Torn, S. Abiven, T. Dittmar, G. Guggenberger, I. A. Janssens, M. Kleber, I. Kögel-Knabner, J. Lehmann, D. A. Manning, P. Nannipieri, D. P. Rasse, S. Weiner, and S. E. Trumbore. 2011. Persistence of soil organic matter as an ecosystem property. Nature, 478(7367):49-56.

Sullivan, B. W., and S. C. Hart. 2013. Evaluation of mechanisms controlling the priming of soil carbon along a substrate age gradient. Soil Biology and Biochemistry, 58:293-301.

Waldrop, M. P., and M. K. Firestone. 2004. Microbial community utilization of recalcitrant and simple carbon compounds: Impact of oak-woodland plant communities. Oecologia, 138(2):275-284.

Wang, H., T. W. Boutton, W. H. Xu, G. Q. Hu, P. Jiang, and E. Bai. 2015b. Quality of fresh organic matter affects priming of soil organic matter and substrate utilization patterns of microbes. Scientific Reports, 5:10102.

Wang, H., W. H. Xu, G. Q. Hu, W. W. Dai, P. Jiang, and E. Bai. 2015a. The priming effect of soluble carbon inputs in organic and mineral soils from a temperate forest. Oecologia, 178(4):1239-1250.

Wang, Q. K., S. L. Wang, T. X. He, L. Liu, and J. B. Wu. 2014. Response of organic carbon mineralization and microbial community to leaf litter and nutrient additions in subtropical forest soils. Soil Biology and Biochemistry, 71:13-20.

Werth, M., and Y. Kuzyakov. 2010. ^{13}C fractionation at the root-microorganisms-soil interface: A review and outlook for partitioning studies. Soil Biology and Biochemistry, 42(9):1372-1384.

Zhang, W. D., and S. L. Wang. 2012. Effects of NH_4^+ and NO_3^- on litter and soil organic carbon decomposition in a Chinese fir plantation forest in South China. Soil Biology and Biochemistry, 47: 116-122.

Zhang, Y., L. Song, X. J. Liu, W. Q. Li, S. H. Lu, L. X. Zheng, Z. C. Bai, G. Y. Cai, and F. S. Zhang. 2012. Atmospheric organic nitrogen deposition in China. Atmospheric Environment, 46:195-204.

全球变化背景下的碳：氮：磷(C：N：P)生态化学计量关系

第7章

陈蕾伊[①]　杨元合[①]*

摘　要

碳(C)、氮(N)、磷(P)是生态系统中各组分(包括生产者、消费者、分解者及其环境)的重要组成元素。这些化学元素在生物体内的耦合关系是维持它们最优生长和繁殖的必要条件。同时,这种化学平衡关系也对全球生物地球化学循环具有重要意义。近几百年来,人类社会的快速发展已使得地球上各生态系统发生了剧烈的环境变化。这种快速的全球变化可能会改变生态系统各组分的C：N：P耦合关系,进而产生反馈作用,最终影响生态系统的结构(如物种组成)和功能(如生产力)。因此,生态系统不同组分中C：N：P值的动态变化成为了当前全球变化研究中关注的焦点问题。然而,目前学术界对这一问题的认识主要来自控制实验,缺乏野外大尺度观测证据。鉴于此,本章首先简要回顾了生态化学计量学的定义、发展历史及其重要性,随后综述了控制实验中全球变化因子对化学计量关系的影响,并提出基于野外观测方法研究区域尺度生态化学计量关系变化的重要性,随后进一步以湖泊生态系统和草地生态系统为例,介绍了两个基于野外观测方法研究生态化学计量关系变化的案例,并在此基础上提出未来生态化学计量关系的研究方向,以期对相关学者有所帮助。

---

① 中国科学院植物研究所植被与环境变化国家重点实验室,北京,100093。

* 通讯作者,Email:yhyang@ ibcas.ac.cn。

Carbon : Nitrogen : Phosphorus(C : N : P) Stoichiometry under Global Change

Leiyi Chen[①] Yuanhe Yang[①] *

Abstract

Carbon (C), nitrogen (N) and phosphorus (P) are key components of biomacromolecule in all producers, consumers, decomposers and their environmental resources. The balance of these chemical elements in living organisms is necessary to maintain their optimal growth and reproduction, which is also of great significance for global biogeochemical cycle. Human domination of earth's ecosystems has led to drastic global changes. This rapid global change could regulate ecosystem's C : N : P stoichiometric relationship with important feedbacks to ecosystem's structure(*e. g.* species composition) and function (*e. g.* ecosystem productivity). Therefore, stoichiometric flexibility in C : N : P ratio under global change is receiving great interest among global change research community. However, current evidence mainly comes from manipulation experiments, and little evidence is available from large-scale observations. In this chapter, we briefly reviewed the definition of ecological stoichiometry and its development history, then summarized the site-level effects of global change factors on C : N : P stoichiometric relationships from the manipulation experiments. Afterwards, we put forward the importance to examine stoichiometric flexibility from large-scale field observation, and then further introduced two field observation studies using lake and grassland ecosystem as examples. On this basis, we proposed future research hotspots in this dynamic field of study with an aim to promote this discipline of research in China.

引言

生态化学计量学是研究生物系统能量平衡和多重化学元素平衡（主要是C、N、P）以及元素平衡与生态交互作用的学科(Elser et al., 1996)。这一研究领

① State Key Laboratory of Vegetation and Environmental Change, Institute of Botany, Chinese Academy of Sciences, Beijing, 100093, China.

* Corresponding author, Email: yhyang@ibcas.ac.cn.

域使得生物学科不同层次(分子、细胞、有机体、种群、生态系统和全球尺度)的研究理论能够有机地统一起来(王绍强和于贵瑞,2008)。在生物圈中,生物体需要按严格的比例来催化元素代谢反应和合成特定 C∶N∶P 值的化合物,这导致了 C、N、P 元素在生物地球化学循环中相互耦合(Sterner and Elser, 2002)。研究表明,生物地球化学循环的稳定性不仅会受到相关生物体对元素需求的强烈影响,也会受到周围环境其他化学元素平衡状况的影响(王绍强和于贵瑞,2008)。在全球环境快速变化的背景下,生物和地球化学过程对 C、N、P 的控制作用可能发生不同程度的改变,进而打破 C∶N∶P 的耦合关系,最终导致生态系统生物地球化学循环发生显著改变。然而迄今为止,全球变化会如何影响区域尺度生态系统 C∶N∶P 平衡关系?这一科学问题还不清楚。

工业革命以来,人类活动已经导致地球环境发生了显著变化,例如,大气 CO_2浓度和氮沉降持续增加(Forster et al., 2007)。这些剧烈的环境变化对陆地生物地球化学循环产生了深远影响,尤其是改变了 C(Ballantyne et al., 2012)、N(Hietz et al., 2011)和 P(Marklein and Houlton, 2012)三种元素的循环(图 7.1)。近年来,生态学家逐渐认识到生态系统碳循环并不是孤立存在的,而是和其他

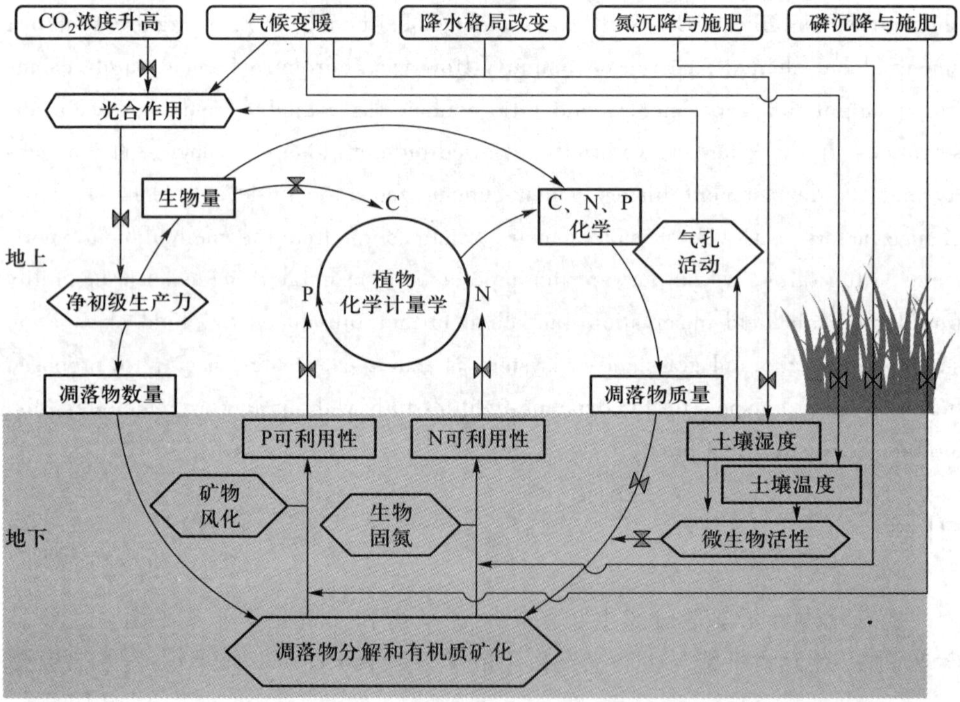

图 7.1 全球变化对植物 C∶N∶P 化学计量关系影响的示意图。长方形表征养分库,六边形表征生物地球化学过程(Yuan and Chen, 2015)。

元素如氮循环和磷循环密切耦合在一起。C-N-P 交互作用也因此成为当前生物地球化学循环研究中的前沿问题(Schlesinger et al., 2011)。越来越多的研究指出,全球变化引起的碳循环、氮循环和磷循环的改变可能会打破它们之间固有的化学计量平衡,从而可能会导致植物和土壤中 C：N：P 值发生变化(Sardans et al., 2012; Peñuelas et al., 2013; Yang et al., 2014)。例如,大气 CO_2浓度的上升会促进植物进行碳固定,然而这种对植物光合、生长和生产力的促进作用却会导致植物体内养分元素的减少,出现所谓的"稀释效应"(Kasurinen et al., 2006; Taub and Wang, 2008)。此外,气候变化导致的干旱增加一方面会降低土壤中的 C、N 含量,另一方面会增加全球干旱区土壤的 P 含量(Delgado-Baquerizo et al., 2013)。C、N、P 元素相反的变化方向表明,在气候变化背景下,干旱区原本耦合的生物地球化学循环关系会变得相当脆弱(Delgado-Baquerizo et al., 2013)。这种碳、氮、磷循环解耦合的现象可能会进一步打乱作为食物链底层的植物体中的养分元素比例,进而对陆地生态系统的营养结构和生态服务功能产生负面影响。因此,阐明全球变化背景下生态系统组分中 C：N：P 值的变化将有助于准确预测 C-N-P 交互作用的方向和强度(Elser et al., 2010; Sistla and Schimel, 2012)。

目前,国际上对 C：N：P 化学计量关系动态变化研究十分活跃,而国内学者目前尚未广泛关注全球变化与 C：N：P 的耦合关系。鉴于此,本章首先简要回顾了生态化学计量学的定义、发展历史及其在生态学中的应用,随后综述了基于控制实验方法考察全球变化因子对化学计量关系的影响研究,并提出基于野外观测研究区域尺度生态化学计量关系对全球变化响应的重要性,随后进一步以湖泊生态系统和草地生态系统为例,介绍了两个基于野外观测研究区域尺度生态化学计量关系对全球变化响应的案例,并在此基础上提出未来大尺度生态化学计量关系的研究方向,以期对相关人员和学者有所帮助。

7.1　生态化学计量学

7.1.1　生态化学计量学的概念及其发展历史

化学计量学(stoichiometry)一词,最初由 Richter 在 1792 年提出(Sherman and Kuselman, 1999),主要反映物质质量在化学反应中的转换关系问题,重点强调物质的化学成分与结构关系(曾德慧和陈广生,2005)。此后,化学计量学不断发展,被应用于多个领域中。1958 年,哈佛大学的 Redfield 在研究海洋生物时发现,在养分不受限制时,浮游生物体内的 C：N：P 值趋近于一个较固定的摩尔比 106：16：1,这一比值被称为"Redfield 比值"(Redfield,1958)。Redfield 比值的发现奠定了生态化学计量学的基础,也极大地促进了化学计量学的发展。1986 年,Reiners 首次提出了生态化学计量学思想,并进一步提出了生态化学计量学的理论模型(Reiners,1986)。在此基础上,Elser 等初步定义了生态化学计量学(ecological stoichiometry)的概念。他们认为,生态化学计量学是关于生态系统中多种化学元素平衡的研究,用于分析有机体和生态系统结构与功能、环境和有机体的化学元素比之间的关系(Elser et al.,1996)。此后,众多生态学家在前人的基础上不断完善。2002 年,Sterner 和 Elser 合作的专著 *Ecological Stoichiometry* 的出版,标志着生态化学计量学理论的正式确立(Sterner and Elser, 2002)。在此专著中,生态化学计量学被正式定义为:研究多种化学元素在生态系统中的交互作用及生态过程中的平衡关系的科学。

7.1.2 生态化学计量学研究的重要性

正如前述,生态化学计量学通过分析多重化学元素的质量平衡对生态交互作用的影响来研究生态系统的结构与功能(Sterner and Elser, 2002)。生物体的元素比值和环境的元素比值之间具有复杂的相互关系,如果两者之间的化学计量比值出现错配(mismatch)的情况,将引发有机体种群行为和进化的改变,影响生物生长发育和个体形态(邢伟等,2015)。因此,研究生物体和环境的化学计量关系在很大程度上能反映诸多生态过程。例如,植物叶片的 C、N 元素含量及其比值是影响植物与食草动物相互关系的重要生物因素(Stiling and Cornelissen, 2007)。研究表明,植物体内富含 N 的蛋白质和富含 C 的糖类是食草动物所需的两类基本物质,是其活动的能量来源。植物体内 N 含量下降或 C∶N 值上升会因为 N 的稀释效应而造成叶片中蛋白质含量下降,进而影响植物对昆虫的适口性,降低食草动物对植物叶片的取食偏好(Sardans et al., 2012)。除了影响食草动物的取食行为外,植物凋落物或者土壤 C∶N 值,可以作为反映底物质量的指标,影响微生物参与的凋落物及土壤碳分解过程(Norby and Cotrufo, 1998)。一般来讲,凋落物的 C∶N 值越大,表明其底物质量越差,即难分解物质越多,导致微生物对其分解越慢(Enriquez et al., 1993; Hättenschwiler et al., 2005; Garcia-Palacios et al., 2013)。相反,由于团聚体保护与矿物吸附等作用,土壤中 C∶N 值的增加能够解除土壤微生物的 C 限制,促进微生物的呼吸作用,加速土壤 C 分解(Schädel et al., 2014)。但与此同时,土壤 C∶N 值的增加却可能会抑制微生物对 N 的矿化作用,导致大量 N 以有机态的形式残留在生态系统中,进而会限制陆地生态系统碳汇(Luo et al., 2004)。另外,生态化学计量学还涉及消费者和它们的食物的元素比率,并且认为相对需求量来说,供应量最少的元素就是"限制性"元素(曾德慧和陈广生,2005)。以往研究表明,生物体具有较强的内稳性(homeostasis),即生物体内的 C、N、P 元素比值关系相对稳定(Sterner and Elser, 2002),而其中任何一种元素的巨大变化都将使这一比值发生变化。因此,研究 C∶N∶P 值的变化可以用来判断限制有机体生长、发育或繁殖的元素类型。例如,叶片 N∶P 值通常作为植物生长受 N 限制还是 P 限制的指标(Koerselman and Meuleman, 1996)。通常认为,当叶片 N∶P 值小于 14

时，植物生长受N限制；当N：P值大于16时，植物生长受P限制；而当N：P值介于14~16时，植物生长则受N和P的共同限制。植物叶片N：P值对养分限制的这种指示作用被广泛证实，并被进一步发展到生态系统的各组分研究中，如落叶(Yuan and Chen, 2009)、凋落物(Mcgroddy et al., 2004)以及土壤微生物(Li et al., 2014)。这些研究共同反映出低纬度地区的热带森林的生产力更受P限制的这一全球格局(Reich and Oleksyn, 2004)。综上所述，生物体和外界环境中C、N、P元素与生态系统众多生态过程紧密相关。因此，阐明生态系统组分C：N：P化学计量关系的变化不仅有助于准确预测C-N-P交互作用的方向和强度，还能够加深人们对生态系统结构和功能变化的理解。

7.2　全球变化与C：N：P化学计量关系：基于控制实验研究

鉴于C：N：P值的动态变化对认识陆地生态系统C-N-P交互作用所起的重要作用，这方面的研究已成为当前全球变化研究中关注的前沿问题。特别是，自2009年美国亚利桑那州立大学James Elser等在*Science*杂志报道大气氮沉降导致科罗拉多等地区湖泊中浮游生物N：P值的增加以来，C：N：P值的动态变化引起了学术界的广泛关注。之后，2011年9月*New Phytologist*杂志专门组织了一次以“全球变化背景下陆地生态系统化学计量关系动态变化”为主题的研讨会，并于2012年11月在该杂志出版了一期关于这一主题的专刊。这些工作在全球变化领域产生了重要影响，引起了学术界对C：N：P值变化研究的重视，从而有力地推动了这方面的研究。下面我们以四种主要的全球变化因子(大气CO_2浓度升高、氮沉降、增温和干旱)为例，简要介绍控制实验中不同全球变化因子对生态系统不同组分的C：N：P值的影响。

7.2.1　大气CO_2浓度升高的影响

大气CO_2浓度升高会对生态系统不同组分的C：N：P值产生显著影响。按照Meta分析的研究结果，大气CO_2浓度升高总体上会显著增加生态系统各组分的C：N值(图7.2)。特别在植物中，大气CO_2浓度升高会显著增加木本植物、杂类草和C_3草本植物的C：N值，但并不影响C_4草本植物的C：N值(Sardans et al., 2012)。CO_2浓度升高引起N吸收的减少可能与以下几个方面有关：首先，CO_2浓度升高会抑制植物特别是C_3植物对硝态氮的同化作用，进而引起植物体内N吸收的减少(Bloom et al., 2002; Searles and Bloom, 2003)；其次，CO_2浓度的升高还有可能通过降低植物根系的蒸腾作用，或者改变植物根系形态来降低植物对N的吸收(Bassirirad et al., 2001; Del Pozo et al., 2007)；此外，CO_2浓度的增加也会促进植物体内含碳次生代谢物的合成，降低含氮代谢物的生成，对N产生“稀释效应”，进而引起植物组织C：N值的增加(Kasurinen et al., 2006; Taub and Wang, 2008)。相比于植物 C∶N 值的研究,CO_2浓度升高对 C∶P 值和 N∶P 值的影响研究还十分有限。Meta 分析指出,CO_2浓度升高会导致植物地上生物量 C∶P 值增加 38%(Sardans et al., 2012),但会降低植物的 N∶P 值(Yuan and Chen, 2009)。这种 C∶N∶P 值的变化有可能与 CO_2浓度升高导致的群落组成改变有关(Polley et al., 2011)。

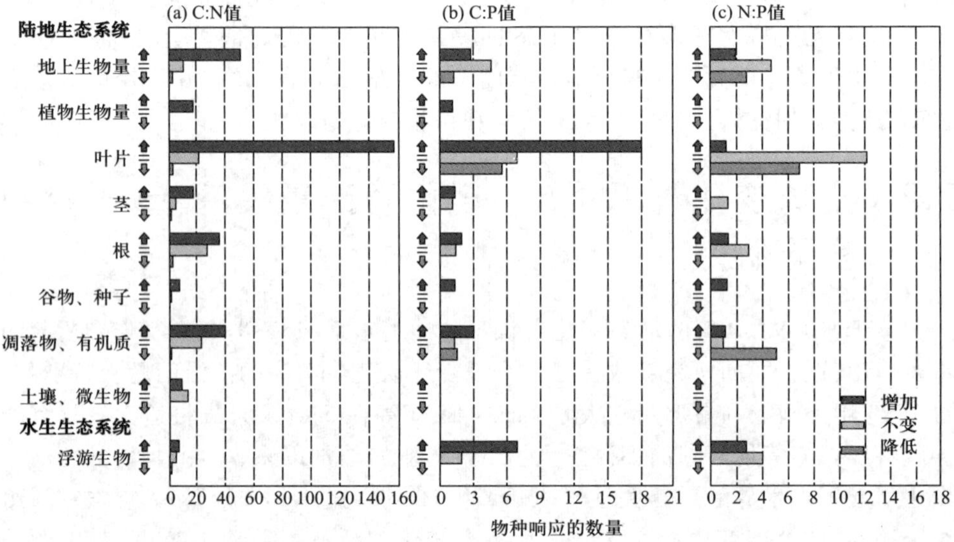

图 7.2 不同生态系统组分 C∶N 值(a)、C∶P 值(b)和 N∶P 值(c)对大气 CO_2浓度升高的影响(改自 Sardans et al., 2012)。

7.2.2 氮沉降的影响

外源 N 输入的增加会显著改变生态系统各组分的 C∶N 值和 N∶P 值。Meta 分析表明,N 输入的增加总体上会显著降低木本植物和草本植物光合器官的 C∶N 值,增加植物的 N∶P 值(Yuan and Chen, 2015)。同时,N 输入的增加还会显著降低有机土壤层的 C∶N 值,增加土壤 N∶P 值,但对矿物层土壤无显著影响(Bobbink et al., 1998; Bragazza et al., 2004; Pardo et al., 2007)。研究指出,外源 N 输入有可能会打破生态系统养分平衡,这是由于其他养分元素,如 P、Mg、Ca 等元素不能保持与 N 等比例地增长。例如外源 N 输入增加后,在短时间尺度上植物能够提高 P 的吸收及重吸收效率来增加其体内的 P 含量;但是长时期的 N 输入增加却会最终导致植物体内 N∶P 值的增加(Fujita et al., 2010)。

7.2.3 增温与干旱的影响

相较于 CO_2浓度升高和氮沉降对生态化学计量关系的直接影响,增温和干旱的影响较为间接,因而相关研究也较少。现有研究表明,增温会增加、减少或不影响植物的 C∶N 值,这种效应取决于植物种类以及所属气候类型(Sardans et al., 2012)。在温暖干旱的陆地生态系统中,增温与干旱会促使植物通过提高养分或水分利用效率来增加其体内的 C：N 值和 C：P 值;在寒冷或温带不受水分限制的系统中,增温倾向于降低植物的 C：N 值。此外,Meta 分析还表明,增温和干旱都会显著增加植物体内的 N：P 值(Yuan and Chen, 2015)。植物 N：P 值与温度的正相关关系主要是因为温度上升后土壤净氮矿化和硝化作用会加强,同时土壤中 P 的可利用会降低(Dijkstra et al., 2010)。而植物 N：P 值与降雨量的负相关关系则可能是因为随着水分可利用性的增加,植物生长加速,对 P 的需求超过对 N 的需求(Matzek and Vitousek, 2009)。

综上所述,控制实验研究大大提高了学术界对全球变化背景下 C：N：P 值动态变化的认识。鉴于这些在控制实验中观察到的现象,学术界较为感兴趣的是:这些控制实验中所观察到的 C：N：P 值对全球变化的敏感响应是否在那些经历了显著全球变化的野外自然生态系统中真实存在?这些自然生态系统的 C：N：P值在时间尺度上是否发生了变化?

7.3　C：N：P 化学计量关系对全球变化响应:基于野外观测研究

7.3.1　利用空间代替时间方法研究化学计量关系对全球变化的响应

7.3.1.1　研究背景

为研究野外大尺度 C：N：P 值对真实全球变化的响应,近年来,已有研究开始关注自然氮沉降梯度上 C：N：P 值的变化,即采用空间代替时间的方法研究生态系统组分中 C：N：P 值对全球变化的响应。比如,Crowley 等(2012)考察了美国东部湖泊中溶解态无机氮与总磷的比值、植物叶片中 N：P 值沿自然氮沉降梯度的变化。结果显示,湖泊中溶解态无机氮与总磷的比值和大气氮沉降强度并不相关,叶片中 N：P 值随氮沉降强度的增加也没有表现出一致的增加趋势。这与 Elser 等(2009)在美国科罗拉多等地区发现的大气氮沉降导致湖泊中浮游生物 N：P 值增加的结果并不一致。尽管上述两项采用空间代替时间方法的研究结果发表在 *Science* 和 *Ecosystems* 两个知名刊物上,利用空间代替时间方法来研究野外大尺度化学计量关系对全球变化的响应还存在一定的不足,因为这种方法所比较的是不同生态系统的某种属性特征在氮沉降梯度上的差异,并不能真正反映同一系统的属性特征在时间尺度上的变化(Fisher et al., 2010)。

7.3.1.2　研究案例:大气氮沉降引起的湖水 N：P 值和养分限制的转变

人口扩张和工业化进程改变了地球上主要的生物地球化学循环,特别是人类活动已使得生物圈中的氮循环成倍增加。早期的大量研究关注于评价大气氮沉降对陆地生态系统生物地球化学和生态学的影响,而关于大气氮沉降对淡水生态系统的影响的研究远远不够。为此,Elser 等(2009)分析了在不同氮沉降背景下的挪威、瑞典和美国科罗拉多州的 2053 个湖泊,根据总氮和总磷的浓度和比例,探究了 N 输入的增加是否会影响湖泊浮游植物养分供应。结果表明,大气氮沉降显著增加湖泊中的总氮和无机氮浓度,进而显著增加湖泊的 N∶P 值(图 7.3a)。N∶P 值的改变预示浮游植物营养盐限制因子的改变。进一步的生物测定实验证实,N∶P 值的增加使得生态系统中营养限制因子发生转变:在低氮沉降的情况下,浮游植物的生长总体受 N 限制,然而在高氮沉降的湖泊,浮游植物的生长则一致表现为受 P 限制(图 7.3b)。

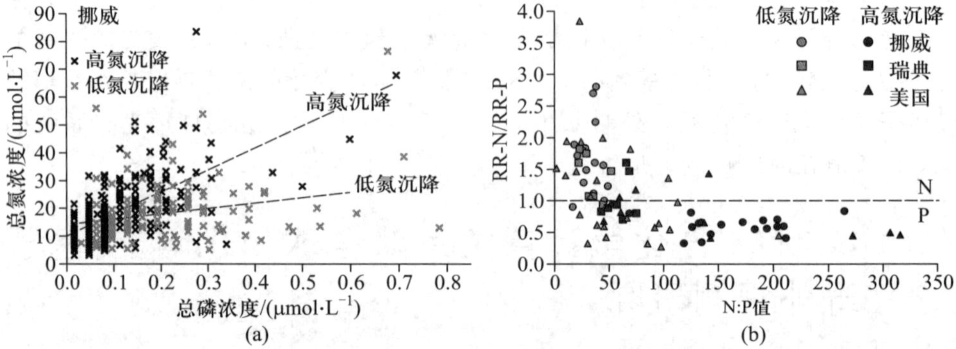

图 7.3　(a)大气氮沉降对挪威湖泊 N∶P 值化学计量关系的影响(改编自 Elser et al., 2010)。与低氮沉降湖泊相比,高氮沉降区域的湖泊在固定总磷浓度时总具有较高的总氮浓度;(b)浮游植物对 N、P 响应的相对比例(RR-N/RR-P)与湖泊的 N∶P 值显著相关。RR-N/RR-P 值>1,表明湖泊中 N 限制占主导;RR-N/RR-P 值<1,表明主要受 P 限制。

这项研究表明,在过去的数十年内由于工业化和人口扩张,大气沉降引起的 N 输入增加,导致了地域性的浮游植物 P 限制加强。以往研究指出,当营养供给比例失衡时,生产者的多样性往往会降低(Interlandi and Kilham, 2001)。因此,N 输入的增加将有可能减少湖泊浮游植物的生物多样性,就如陆地生态系统氮沉降对植物多样性的影响一样,最有可能使一些相对 P 限制竞争有利的物种受益(Sala et al., 2000)。此外,浮游植物 P 限制的增强,会削弱食物网的功能,因为大量研究表明,浮游动物不喜欢捕食 P 限制的藻类(Sterner and Schulz, 1998)。因此,维持高的氮沉降将产生 N、P 养分供给的不平衡,低 N 的浮游植物和高 P 的浮游动物消费者可能导致更高营养级的生产力的减少(Elser et al., 2001)。在未来的数十年内,地球大气氮循环的增加可能会充分影响生态系统的食物网络,甚至发生在远离人类干扰的湖泊中。

7.3.2　利用两时期野外观测数据对比方法研究化学计量关系的变化

7.3.2.1　研究背景

为解决空间代替时间方法存在的潜在问题,近年来学术界逐渐开始采用现代和历史野外观测数据对比的研究方法，来考察生态系统属性特征在时间尺度上的动态变化(Yang et al., 2012a, 2012b)。该方法采用两个时期植被或者土壤属性数据库，利用空间插值等方法实现由点到面的尺度转换，进而通过求算植被或土壤属性空间分布特征的差值来评估其动态变化。这种方法能提供同一生态系统特征在过去几十年间的变化信息，从而为揭示经历了显著全球变化的自然生态系统中的C：N：P值在时间尺度上的变化提供了可能。最近，基于对现代和历史数据的收集整理，中国农业大学张福锁教授小组在*Nature*杂志报道了过去30年间中国陆地植物叶片中N含量和P含量的变化趋势，发现我国陆地植物叶片中N含量在显著增加，而P含量没有明显变化趋势(Liu et al., 2013)。由此可以推断，过去30年间我国陆地植物叶片中N：P值在增加。然而，目前尚不清楚土壤中C：N：P值的变化情况。虽然氮沉降并不能直接增加土壤总氮含量(土壤无机氮占土壤总氮比例很低，同时会被植物吸收利用)，但正如一些控制实验所观察到的那样，表层土壤中C：N：P值还是会产生显著变化(因为植物和凋落物中C：N：P值往往在全球变化背景下出现显著波动，而凋落物是土壤有机质的重要来源)。因此，基于野外观测数据阐明那些正在经历显著环境变化的自然生态系统中各组分C：N：P值的变化，就显得尤为必要。

7.3.2.2　研究案例：中国草地生态系统土壤C：N：P值的变化研究

过去几十年中国草地分布区经历了显著的环境变化。其中，大气CO_2浓度已由1991年的347.6 ppm①升高到2004年的383.3 ppm，以平均每年1.8 ppm的速率升高(刘立新等, 2009)。同时，大气氮沉降正以5.2~18.7 kg·hm^{-2}·a^{-1}的速率进入中国北方草地生态系统(Lu and Tian, 2007)，并且过去30年间氮沉降的强度在增加(Liu et al., 2013)。持续的大气CO_2浓度升高和氮沉降可能导致草地生态系统中包括表层土壤在内的不同组分的C：N：P值出现波动。随着生态化学计量学的兴起，国内学者近年来在C：N：P值的大尺度格局(Han et al., 2005; He et al., 2006, 2008; Han et al., 2011; Chen et al., 2013)、内稳性(Yu et al., 2010)、季节动态(吴统贵等, 2010)、随不同演替阶段的变化(高三平等, 2010; 刘兴诏等, 2010; 银晓瑞等, 2010)等方面做了大量工作。此外，也有一些综述专门总结了国内外化学计量学方面的研究进展(曾德慧和陈广生, 2005; 王绍强和于贵瑞, 2008; 程滨等, 2010; 杨惠敏和王冬梅, 2011)。但目前关于土壤C：N：P值在过去几十年动态变化的研究还十分有限。

基于在中国北方草地调查的土壤剖面资料，结合全国第二次土壤普查中提供的草地土壤剖面数据，利用克里格插值和蒙特卡罗分析相结合的方法，Yang等评估了1980—2000年我国北方草地表层土壤C：N：P值在过去20年间的动态变化，考察了土壤C、N、P之间化学计量关系的变化(Yang et al., 2014)。

---

① $1ppm=10^{-6}$。

研究发现,在空间上,青藏高原表土 C : N 值和 N : P 值从东南向西北逐渐递减,内蒙古高原则是从东北向西南逐渐递减,而新疆地区的草原土壤 C : N 值和 N : P值无明显的空间格局。

在时间动态上,过去 20 年间表层土壤 C : N 值保持稳定,但 N : P 值却从 1980 年的 2.9 增加到 2000 年的 3.5,总共增加了 0.6 个单位(图 7.4)。有趣的是,5 种主要草地类型土壤 N : P 值呈现一致的增加趋势,这种增加主要由土壤 P 含量的下降所致,进而可能导致我国北方草地生态系统中 P 限制加剧(Yang et al., 2014)。对应地,过去 20 年间表层土壤 C-N 关系的斜率没有发生显著变化,而 N-P 关系的斜率在增加。由此可见,全球变化背景下草地土壤 C-N 之间的耦合关系比 N-P 之间的耦合关系更加稳定。

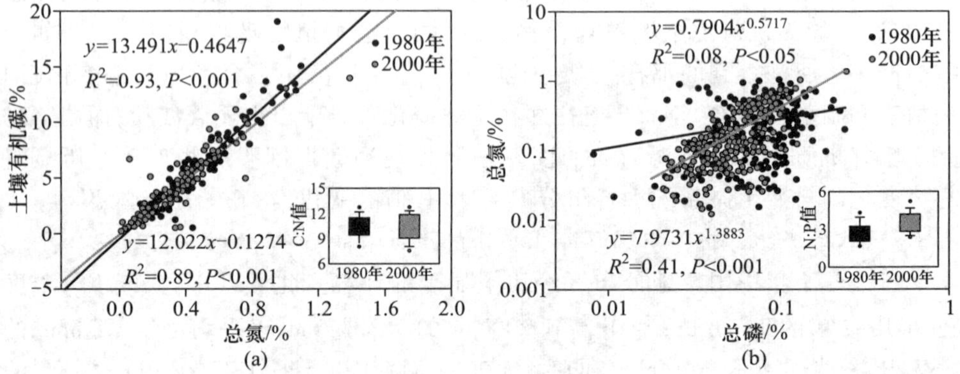

图 7.4 中国草地生态系统表层土壤有机碳与总氮的关系(a)及总氮与总磷的关系(b)。内部的箱线图表示土壤 C : N 值和 N : P 值在两个调查时期的比较(改自 Yang et al., 2014)。

这项研究首次报道了中国草地土壤 C : N : P 值在大尺度上的动态变化。土壤 C : N 值在近 20 年间保持不变的结果表明,全球变化背景下草地土壤 C-N 之间的耦合关系不会改变。这种稳定的土壤 C : N 关系与之前报道的中国草地土壤 C 中性的结果(Yang et al., 2010)共同说明,在近 20 年间,中国草地表层土壤有机碳的数量和质量都没有改变。土壤有机碳的这种稳定性给在全球变化背景下保持生态系统功能提供了良好的保障。此外,土壤 N : P 值在近 20 年间显著增加表明全球变化会导致土壤 N-P 的耦合关系发生改变。这种 N、P 的解耦合有可能会加剧这些重要的生态系统受 P 限制。

7.4 结论与展望

结合国内外当前对 C : N : P 动态变化研究存在的问题,我们认为,未来对

C：N：P化学计量关系变化的研究需要关注以下两个方面。

7.4.1　微生物C：N：P值变化的大尺度研究

土壤微生物作为凋落物分解和土壤有机质分解的主要参与者,其体内化学计量关系的动态变化直接影响了生态系统的养分归还和生物地球化学循环。尽管全球环境变化对植物C：N：P值的影响都已有大量报道(Yuan and Chen, 2015),但是,迄今为止,这些环境变化对土壤微生物化学计量关系会产生怎样的影响还不十分清楚。早期的研究表明,在空间尺度上,土壤微生物的C：N：P值会随着气候因子(如温度和降水)梯度而发生改变(Cleveland and Liptzin, 2007; Xu et al., 2013; Li et al., 2014),这暗示着在全球变化背景下土壤微生物的C：N：P值有可能会发生改变。因此,未来需要加强大尺度土壤微生物C：N：P值变化的研究,从而让人们更好地理解全球变化背景下生态系统各组分的化学计量关系的动态变化。

7.4.2　不同类型生物体C：N：P值变化的差异

在变化的环境中,生物体具有保持其体内化学组成恒定的能力,这被称为生物的内稳性(Sterner and Elser, 2002; Osanai et al., 2015)。在全球变化背景下,为了预测生态系统组成对C：N：P值变化的响应,我们需要更多地了解物种维持体内C：N：P值稳定的能力差异(Elser et al., 2010)。有研究表明,在快速变化的环境中,生物体要维持一个稳定的化学计量关系需要消耗大量的能量,这也导致了在快速变化的环境中,生物体体内的化学计量关系会产生较大的变异(Sterner and Elser, 2002)。因此,保持体内化学计量关系稳定的能力差异可能会改变物种间的竞争关系,进而引起群落物种组成的改变,并影响生态系统功能。因此,未来需要加强研究在全球变化背景下内稳性在不同生活型和不同功能群生物体内的差异,从而让人们更好地预测未来生态系统组成的动态变化。

参考文献

程滨,赵永军,张文广,安树青. 2010. 生态化学计量学研究进展. 生态学报,30(6):1628-1637.

高三平,李俊祥,徐明策,陈熙,戴洁. 2010. 天童常绿阔叶林不同演替阶段常见种叶片N、P化学计量学特征. 植物生态学报,27(3):947-952.

刘立新,周凌晞,张晓春,温民,张芳,姚波,方双喜. 2009. 我国4个国家级本底站大气CO_2浓度变化特征. 中国科学(D辑),39(2):222-228.

刘兴诏,周国逸,张德强,刘世忠,褚国伟,闫俊华. 2010. 南亚热带森林不同演替阶段植物与土壤中N、P的化学计量特征. 植物生态学报,34(1):64-71.

王绍强,于贵瑞. 2008. 生态系统碳氮磷元素的生态化学计量学特征. 生态学报,28(8):3937-3947.

吴统贵,吴明,刘丽,萧江华. 2010. 杭州湾滨海湿地3种草本植物叶片N、P化学计量学的季节变化. 植物生态学报,34(1):23-28.

杨惠敏,王冬梅. 2011. 草-环境系统植物碳氮磷生态化学计量学及其对环境因子的响应研究进展. 草业学报,20(2):244-252.

银晓瑞,梁存柱,王立新,王炜,刘钟龄,刘小平. 2010. 内蒙古典型草原不同恢复演替阶段植物养分化学计量学. 植物生态学报,34(1):39-47.

曾德慧,陈广生. 2005. 生态化学计量学:复杂生命系统奥秘的探索. 植物生态学报,29(6):1007-1019.

Ballantyne, A. P., C. B. Alden, J. B. Miller, P. P. Tans, and J. W. C. White. 2012. Increase in observed net carbon dioxide uptake by land and oceans during the past 50 years. Nature, 488(7409):70-72.

Bassirirad, H., V. P. Gutschick, and J. Lussenhop. 2001. Root system adjustments: Regulation of plant nutrient uptake and growth responses to elevated CO_2. Oecologia, 126(3): 305-320.

Bloom, A. J., D. R. Smart, D. T. Nguyen, and P. S. Searles. 2002. Nitrogen assimilation and growth of wheat under elevated carbon dioxide. Proceedings of the National Academy of Sciences of the United States of America, 99(3):1730-1735.

Bobbink, R., M. Hornung, and J. G. M. Roelofs. 1998. The effects of air-borne nitrogen pollutants on species diversity in natural and semi-natural European vegetation. Journal of Ecology, 86(5): 717-738.

Bragazza, L., T. Tahvanainen, L. Kutnar, H. Rydin, J. Limpens, M. Hajek, P. Grosvernier, T. Hajek, P. Hajkova, I. Hansen, P. Iacumin, and R. Gerdol. 2004. Nutritional constraints in ombrotrophic *Sphagnum* plants under increasing atmospheric nitrogen deposition in Europe. New Phytologist, 163(3):609-616.

Chen, Y. H., W. X. Han, L. Y. Tang, Z. Y. Tang, and J. Y. Fang. 2013. Leaf nitrogen and phosphorus concentrations of woody plants differ in responses to climate, soil and plant growth form. Ecography, 36(2): 178-184.

Cleveland, C. C., and D. Liptzin. 2007. C : N : P stoichiometry in soil: Is there a "Redfield ratio" for the microbial biomass? Biogeochemistry, 85(3):235-252.

Crowley, K. F., B. E. Mcneil, G. M. Lovett, C. D. Canham, C. T. Driscoll, L. E. Rustad, E. Denny, R. A. Hallett, M. A. Arthur, J. L. Boggs, C. L. Goodale, J. S. Kahl, S. G. Mcnulty, S. V. Ollinger, L. H. Pardo, P. G. Schaberg, J. L. Stoddard, M. P. Weand, and K. C. Weathers. 2012. Do nutrient limitation patterns shift from nitrogen toward phosphorus with increasing nitrogen deposition across the Northeastern United States? Ecosystems, 15(6):940-957.

Del Pozo, A., P. Pérez, D. Gutiérrez, A. Alonso, R. Morcuende, and R. Martínez-Carrasco. 2007. Gas exchange acclimation to elevated CO_2 in upper-sunlit and lower-shaded canopy leaves in relation to nitrogen acquisition and partitioning in wheat grown in field chambers. Environmental and Experimental Botany, 59(3):371-380.

Delgado-Baquerizo, M., F. T. Maestre, A. Gallardo, M. A. Bowker, M. D. Wallenstein, J. L. Quero, V. Ochoa, B. Gozalo, M. Garcia-Gomez, S. Soliveres, P. Garcia-Palacios, M. Berdugo, E. Valencia, C. Escolar, T. Arredondo, C. Barraza-Zepeda, D. Bran, J. A. Carreira, M. Chaieb, A. A. Conceicao, M. Derak, D. J. Eldridge, A. Escudero, C. I. Espinosa, J. Gaitan,

M. G. Gatica, S. Gomez-Gonzalez, E. Guzman, J. R. Gutierrez, A. Florentino, E. Hepper, R. M. Hernandez, E. Huber-Sannwald, M. Jankju, J. Liu, R. L. Mau, M. Miriti, J. Monerris, K. Naseri, Z. Noumi, V. Polo, A. Prina, E. Pucheta, E. Ramirez, D. A. Ramirez-Collantes, R. Romao, M. Tighe, D. Torres, C. Torres-Diaz, E. D. Ungar, J. Val, W. Wamiti, D. Wang, and E. Zaady. 2013. Decoupling of soil nutrient cycles as a function of aridity in global drylands. Nature, 502(7473):672-676.

Dijkstra, F. A., D. Blumenthal, J. A. Morgan, D. R. Lecain, and R. F. Follett. 2010. Elevated CO_2 effects on semi-arid grassland plants in relation to water availability and competition. Functional Ecology, 24(5):1152-1161.

Elser, J. J., T. Andersen, J. S. Baron, A. K. Bergstrom, M. Jansson, M. Kyle, K. R. Nydick, L. Steger, and D. O. Hessen. 2009. Shifts in lake N : P stoichiometry and nutrient limitation driven by atmospheric nitrogen deposition. Science, 326(5954):835-837.

Elser, J. J., D. R. Dobberfuhl, N. A. Mackay, and J. H. Schampel. 1996. Organism size, life history, and N : P stoichiometry: Toward a unified view of cellular and ecosystem processes. Bioscience, 46(9):674-684.

Elser, J. J., W. F. Fagan, A. J. Kerkhoff, N. G. Swenson, and B. J. Enquist. 2010. Biological stoichiometry of plant production: Metabolism, scaling and ecological response to global change. New Phytologist, 186(3):593-608.

Elser, J. J., K. Hayakawa, and J. Urabe. 2001. Nutrient limitation reduces food quality for zooplankton: Daphnia response to seston phosphorus enrichment. Ecology, 82(3):898-903.

Enriquez, S., C. M. Duarte, and K. Sandjensen. 1993. Patterns in decomposition rates among photosynthetic organisms—The importance of detritus C-N-P content. European Journal of Cancer and Clinical Oncology, 26(2):79-82.

Fisher, J. A. D., K. T. Frank, and W. C. Leggett. 2010. Dynamic macroecology on ecological time-scales. Global Ecology and Biogeography, 19(1):1-15.

Forster, P., V. Ramaswamy, and P. Artaxo. 2007. Changes in atmospheric constituents and in radiative forcing. In: Solomon, S., D. Qin, M. Manning (eds.). Climate Change 2007: The Physical Science Basis. Contribution of Working Group I to the Fourth Assessment Report of the Intergovernmental Panel on Climate Change. Cambridge: Cambridge University Press.

Fujita, Y., P. C. de Ruiter, M. J. Wassen, and G. W. Heil. 2010. Time-dependent, species-specific effects of N : P stoichiometry on grassland plant growth. Plant and Soil, 334(1):99-112.

Garcia-Palacios, P., F. T. Maestre, J. Kattge, and D. H. Wall. 2013. Climate and litter quality differently modulate the effects of soil fauna on litter decomposition across biomes . Ecology Letters, 16(8):1045-1053.

Hattenschwiler, S., A. V. Tiunov, and S. Scheu. 2005. Biodiversity and litter decomposition in terrestrial ecosystems. Annual Review of Ecology, Evolution, and Systematics, 36(36):191-218.

Han, W. X., J. Y. Fang, D. L. Guo, and Y. Zhang. 2005. Leaf nitrogen and phosphorus stoichiometry across 753 terrestrial plant species in China. New Phytologist, 168(2): 377-385.

Han, W. X., J. Y. Fang, P. B. Reich, F. Ian Woodward, and Z. H. Wang. 2011. Biogeography and variability of eleven mineral elements in plant leaves across gradients of climate, soil and plant functional type in China. Ecology Letters, 14(8): 788–796.

He, J. S., J. Y. Fang, Z. H. Wang, D. L. Guo, D. F. Flynn, and Z. Geng. 2006. Stoichiometry and large-scale patterns of leaf carbon and nitrogen in the grassland biomes of China. Oecologia, 149(1): 115–122.

He, J. S., L. Wang, D. F. B. Flynn, X. P. Wang, W. H. Ma, and J. Y. Fang. 2008. Leaf nitrogen: Phosphorus stoichiometry across Chinese grassland biomes. Oecologia, 155(2):301–310.

Hietz, P., B. L. Turner, W. Wanek, A. Richter, C. A. Nock, and S. J. Wright. 2011. Long-term change in the nitrogen cycle of tropical forests. Science, 334(6056):664–666.

Interlandi, S. J., and S. S. Kilham. 2001. Limiting resources and the regulation of diversity in phytoplankton coummunities. Ecology, 82(5):1270–1282.

Kasurinen, A., J. Riikonen, E. Oksanen, E. Vapaavuori, and T. Holopainen. 2006. Chemical composition and decomposition of silver birch leaf litter produced under elevated CO_2 and O_3. Plant and Soil, 282(1):261–280.

Koerselman, W., and A. F. M. Meuleman. 1996. The vegetation N : P ratio: A new tool to detect the nature of nutrient limitation. Journal of Applied Ecology, 33(6):1441–1450.

Li, P., Y. H. Yang, W. X. Han, and J. Y. Fang. 2014. Global patterns of soil microbial nitrogen and phosphorus stoichiometry in forest ecosystems. Global Ecology and Biogeography, 23(9): 979–987.

Liu, X. J., Y. Zhang, W. X. Han, A. H. Tang, J. L. Shen, Z. L. Cui, P. Vitousek, J. W. Erisman, K. Goulding, P. Christie, A. Fangmeier, and F. S. Zhang. 2013. Enhanced nitrogen deposition over China. Nature, 494(7438):459–462.

Lu, C. Q., and H. Q. Tian. 2007. Spatial and temporal patterns of nitrogen deposition in China: Synthesis of observational data. Journal of Geophysical Research-Atmospheres, 112(22): 229–238.

Luo, Y. W., B. Su, W. S. Currie, J. S. Dukes, A. C. Finzi, U. Hartwig, B. Hungate, R. E. Mcmurtrie, R. Oren, W. J. Parton, D. E. Pataki, M. R. Shaw, D. R. Zak, and C. B. Field. 2004. Progressive nitrogen limitation of ecosystem responses to rising atmospheric carbon dioxide. Bioscience, 54(8):731–739.

Marklein, A. R., and B. Z. Houlton. 2012. Nitrogen inputs accelerate phosphorus cycling rates across a wide variety of terrestrial ecosystems. New Phytologist, 193(3):696–704.

Matzek, V., and P. M. Vitousek. 2009. N : P stoichiometry and protein : RNA ratios in vascular plants: An evaluation of the growth-rate hypothesis. Ecology Letters, 12(8):765–771.

Mcgroddy, M. E., T. Daufresne, and L. O. Hedin. 2004. Scaling of C : N : P stoichiometry in forests worldwide: Implications of terrestrial Redfield-type ratios. Ecology, 85(9):2390–2401.

Norby, R. J., and M. F. Cotrufo. 1998. Global change—A question of litter quality. Nature, 396(6706):17–18.

Osanai, Y., J. K. Janes, P. C. D. Newton, and M. J. Hovenden. 2015. Warming and elevated CO_2 combine to increase microbial mineralisation of soil organic matter. Soil Biology and Biochemistry, 85(1):110-118.

Pardo, L. H., S. G. Mcnulty, J. L. Boggs, and S. Duke. 2007. Regional patterns in foliar ^{15}N across a gradient of nitrogen deposition in the Northeastern US. Environmental Pollution, 149(3):293-302.

Peñuelas, J., B. Poulter, J. Sardans, P. Ciais, M. van der Velde, L. Bopp, O. Boucher, Y. Godderis, P. Hinsinger, J. Llusia, E. Nardin, S. Vicca, M. Obersteiner, and I. A. Janssens. 2013. Human-induced nitrogen-phosphorus imbalances alter natural and managed ecosystems across the globe. Nature Communications, 4(1):94-105.

Polley, H. W., P. A. Fay, V. L. Jin, and G. F. Combs. 2011. CO_2 enrichment increases element concentrations in grass mixtures by changing species abundances. Plant Ecology, 212(6):945-957.

Redfield, A. C. 1958. The biological control of chemical factors in the environment. American Scientist, 46(11):205-221.

Reich, P. B., and J. Oleksyn. 2004. Global patterns of plant leaf N and P in relation to temperature and latitude. Proceedings of the National Academy of Sciences of the United States of America, 101(30):11001-11006.

Reiners, W. A. 1986. Complementary models for ecosystems. American Naturalist, 127(1):59-73.

Sala, O. E., F. Stuart Chapin, J. J. Armesto, E. Berlow, J. Bloomfield, R. Dirzo, E. Huber-Sanwald, L. F. Huenneke, R. B. Jackson, A. Kinzig, R. Leemans, D. M. Lodge, H. A. Mooney, M. N. Oesterheld, N. L. Poff, M. T. Sykes, B. H. Walker, M. Walker, and D. H. Wall. 2000. Global biodiversity scenarios for the year 2100. Science, 287(5459):1770-1774.

Sardans, J., A. Rivas-Ubach, and J. Peñuelas. 2012. The C：N：P stoichiometry of organisms and ecosystems in a changing world: A review and perspectives. Perspectives in Plant Ecology, Evolution and Systematics, 14(1):33-47.

Schädel, C., E. A. G. Schuur, R. Bracho, B. Elberling, C. Knoblauch, H. Lee, Y. Luo, G. R. Shaver, and M. R. Turetsky. 2014. Circumpolar assessment of permafrost C quality and its vulnerability over time using long-term incubation data. Global Change Biology, 20(2): 641-652.

Schlesinger, W. H., J. J. Cole, A. C. Finzi, and E. A. Holland. 2011. Introduction to coupled biogeochemical cycles. Frontiers in Ecology and the Environment, 9(1):5-8.

Searles, P. S., and A. J. Bloom. 2003. Nitrate photo-assimilation in tomato leaves under short-term exposure to elevated carbon dioxide and low oxygen. Plant Cell and Environment, 26(8): 1247-1255.

Sherman, F., and I. Kuselman. 1999. Stoichiometry and chemical metrology: Karl Fischer reaction. Accreditation and Quality Assurance, 4(6):230-234.

Sistla, S. A., and J. P. Schimel. 2012. Stoichiometric flexibility as a regulator of carbon and nutrient cycling in terrestrial ecosystems under change. New Phytologist, 196(1):68-78.

Sterner, R. W., and J. Elser. 2002. Ecological Stoichiometry: The Biology of Elements from Molecules to the Biosphere. New Jersey: Princeton University Press.

Sterner, R. W., and K. L. Schulz. 1998. Zooplankton nutrition: Recent progress and a reality check. Aquatic Ecology, 32(4):261-279.

Stiling, P., and T. Cornelissen. 2007. How does elevated carbon dioxide (CO_2) affect plant-herbivore interactions? A field experiment and Meta-analysis of CO_2-mediated changes on plant chemistry and herbivore performance. Global Change Biology, 13(13):1823-1842.

Taub, D. R., and X. Z. Wang. 2008. Why are nitrogen concentrations in plant tissues lower under elevated CO_2? A critical examination of the hypotheses. Journal of Integrative Plant Biology, 50(11):1365-1374.

Xu, X. F., P. E. Thornton, and W. M. Post. 2013. A global analysis of soil microbial biomass carbon, nitrogen and phosphorus in terrestrial ecosystems. Global Ecology and Biogeography, 22(6): 737-749.

Yang, Y. H., J. Y. Fang, C. J. Ji, A. Datta, P. Li, W. H. Ma, A. Mohammat, H. H. Shen, H. F. Hu, B. O. Knapp, and P. Smith. 2014. Stoichiometric shifts in surface soils over broad geographical scales: Evidence from China's grasslands. Global Ecology and Biogeography, 23(8): 947-955.

Yang, Y. H., J. Y. Fang, C. J. Ji, W. H. Ma, A. Mohammat, S. F. Wang, S. P. Wang, A. Datta, D. Robinson, and P. Smith. 2012a. Widespread decreases in topsoil inorganic carbon stocks across China's grasslands during 1980s-2000s. Global Change Biology, 18(12): 3672-3680.

Yang, Y. H., J. Y. Fang, W. H. Ma, P. Smith, A. Mohammat, S. P. Wang, and W. Wang. 2010. Soil carbon stock and its changes in Northern China's grasslands from 1980s to 2000s. Global Change Biology, 16(11): 3036-3047.

Yang, Y. H., C. J. Ji, W. H. Ma, S. F. Wang, S. P. Wang, W. X. Han, A. Mohammat, D. Robinson, and P. Smith. 2012b. Significant soil acidification across Northern China's grasslands during 1980s-2000s. Global Change Biology, 18(7): 2292-2300.

Yu, Q., Q. S. Chen, J. J. Elser, N. P. He, H. H. Wu, G. M. Zhang, J. G. Wu, Y. F. Bai, and X. G. Han. 2010. Linking stoichiometric homoeostasis with ecosystem structure, functioning and stability. Ecology Letters, 13(11):1390-1399.

Yuan, Z. Y., and H. Y. H. Chen. 2009. Global trends in senesced-leaf nitrogen and phosphorus. Global Ecology and Biogeography, 18(5):532-542.

Yuan, Z. Y., and H. Y. H. Chen. 2015. Decoupling of nitrogen and phosphorus in terrestrial plants associated with global changes. Nature Climate Change, 5:465-469.

中国草地生态化学计量特征对植物物种组成和多样性影响的研究进展

第8章

刘晓琴[①]　古松[①*]

摘　　要

我国是草地资源大国,其中以北方温带草原和青藏高原高寒草地分布面积最为广泛。草地生态系统在支撑畜牧业发展、碳循环、水循环及气候调节等方面发挥着重要作用。由于草地易受人类活动干扰和气候变化影响,已引起科学家和各国政府的高度重视,然而生物多样性对环境变化的响应及其机制存在很大的不确定性。生态化学计量学利用生态过程中C、N、P等化学元素间的平衡关系,研究多种元素在生态系统中的循环和耦合关系,为全面解释植物物种多样性的变化提供了一个全新的方法,有助于研究生态系统运行机制,已是草原生态系统研究的重要内容之一。本章对我国草地生态系统植被-土壤C、N、P生态化学计量特征及其对植物群落物种组成和多样性的影响进行了综述,并指出了未来研究的重点,以期为我国草地生态系统多样性和生态化学计量研究提供参考。

---

①　南开大学生命科学学院,天津,300071。

*　通讯作者,Email: songgu@ nankai.edu.cn。

A Review: Research Advances in Effects of Ecological Stoichiometry on Plant Species Composition and Biodiversity of China's Grasslands

Xiaoqin Liu① Song Gu① *

Abstract

China is one of the richest countries in grassland resources, the most extensive grasslands are the temperate grassland in Northern China and the alpine grassland on the Tibetan Plateau. Grasslands play an important role in animal husbandry development, carbon and water cycling and climate regulation. It is easily disturbed by human activities and climate change, which has attracted great attention from both scientists and governments. However, there is a lot of uncertainty in the response and its mechanism of biodiversity to environmental changes. Ecological stoichiometry is the study of the balance between multiple chemical elements in ecological processes, which mainly concerned with the coupling between contents of carbon, nitrogen and phosphorus elements, and provides a new method for the comprehensive explanation of plant species diversity. Ecological stoichiometry is helpful to study the circulation and balance of multiple elements, operating mechanism of ecosystem, and becoming one of the important research contents of grassland ecosystem. In this chapter, we reviewed the effects of C、N、P stoichiometry (including vegetation and soil) on species composition and diversity of plant community of China's grasslands, furthermore put forward the perspectives for future research. We hope it can be a reference for future studies on biodiversity and ecological stoichiometry of the grasslands in China.

引言

我国的草地资源极为丰富,天然草地总面积约为 400×10^4 km^2,约占国土面积的 41.7%(Kang et al., 2007),分布自东北平原,越过大兴安岭,经辽阔的内蒙古高原,而后经鄂尔多斯高原、黄土高原,直达青藏高原南缘,绵延约 4 500 km,南北跨越 23 个纬度(陈佐忠等,2002)。由于草地自身的脆弱性使其对全球气候变化异常敏感,加之频繁的人类活动干扰,草地出现的一系列退化现象备受学

① College of Life Sciences, Nankai University, Tianjin, 300071.

* Corresponding author, Email: songgu@ nankai.edu.cn.

者关注(Pei et al., 2009)。开展草地生物多样性研究对于维持其生态系统平衡、保障生态安全以及可持续发展生态规划具有重要意义(徐柱,2002),已成为草地生态系统研究的重点内容之一。目前对我国不同草地类型生物多样性的研究主要是探讨草本植物多样性及其影响因子(张林静等,2002;左小安等,2007;王长庭等,2008;郭曼等,2010;王兴等,2013;刘旻霞和王刚,2013;罗亚勇等,2014;石红霄等,2015)。碳(C)作为植物生理生化过程的底物与能量来源,其含量在一定程度上受营养元素氮(N)和磷(P)含量的调控,其相互作用影响植物多样性变化(Güsewell,2004;Tessier and Raynal, 2003)。生态化学计量学(ecological stoichiometry)则是利用 C、N、P 等元素在生态过程中的耦合关系分析多种化学元素的质量平衡对生态交互作用的影响,以揭示生态系统各组分养分比例的调控机制(贺金生和韩兴国,2010),为研究植物与环境之间元素平衡提供了一个全新的方法(陈军强等,2013)。生态化学计量学的研究将有助于理解土壤-植物-微生物相互作用的养分调控机制、辨别土壤养分动态平衡的阈值以及认识植物吸收养分及其在体内的交互作用过程(王绍强和于贵瑞,2008)。因此,C、N、P 及它们的计量关系与植物个体生长发育、种群增长、物种多样性及群落结构的相互联系,对生态学研究具有重要意义(Dodds et al., 2004;Hessen et al., 2004;Sterner and Elser,2002)。本章对相关的研究结果进行归纳和总结,旨在全面了解我国草地生态系统植物和土壤的 C、N、P 化学计量特征对植物群落物种组成和多样性的影响。

8.1　草地植物 C、N、P 化学计量特征及其对物种组成和多样性的影响

C 作为生物大分子骨架元素,在植物体内含量很高,内蒙古草原 67 种植物的平均 C 含量在 50%以上,且变异较小,一般认为不是植物生长的限制元素(牛得草等,2011;龙世友等,2013)。N、P 在植物体内含量虽然较低,然而对维持植物正常生理活动却是至关重要,对环境变化的响应异常敏感(Sterner and Elser, 2002),N : P 值可作为植物的营养分配状况指标而被广泛用来诊断植物个体、群落和生态系统的养分限制格局(Koerselman and Meuleman, 1996;Verhoeven et al., 1996;Güsewell et al., 2003;Drenovsky and Richards, 2004;Zhang et al., 2003,2004),进而影响生物多样性。

8.1.1　植物 C、N、P 化学计量特征

特殊的地理位置与复杂地貌引起的气候地域性差异,导致我国草地类型分布具有明显的地带性,因此,国内学者针对我国不同类型草地植物 C、N、P 化学计量特征进行了研究。He 等(2006,2008)对我国北方草地及青藏高原高寒草原 213 个物种的植物叶片 C、N、P 化学计量特征进行了分析,其平均 C : N : P

值约为 270 : 15 : 1,而 C : N 值介于海洋(5.7)和森林(37.1)生态系统之间(Redfield,1958;McGroddy et al., 2004),其中内蒙古温带草原(18.7)、新疆高山草原(18.8)略高于平均水平(18),青藏高原高寒草原(17.0)低于平均水平;所有物种 P 含量的平均值为 1.9 mg · g^{-1},其中以新疆高山草原为最高(2.0 mg · g^{-1}),其次分别为青藏高原高寒草原(1.9 mg · g^{-1})和内蒙古温带草原(1.8 mg · g^{-1});而全部物种 N : P 值的平均值为 15.3,明显高于全球平均水平的 13.8(Reich and Oleksyn, 2004),其中内蒙古温带草原、新疆高山草原和青藏高原高寒草原植物叶片 N : P 值分别为 16.4、13.4 和 15.7。张文彦等(2010)对我国北方温带草原和青藏高原主要草地类型的 132 个样点的 33 个优势物种 N、P 的化学计量特征进行了研究,N、P 含量和 N : P 值的平均值分别为 18.2 mg · g^{-1}、1.3 mg · g^{-1}和 16.8,另外发现内蒙古地区的植物叶片 N、P 含量低于青藏高原地区,但 N : P 值高于青藏高原地区,与 He 等(2008)以及樊江文等(2014)的研究结果一致。杨阔等(2010)在群落水平上对青藏高原 47 个草地样点的植物叶片 N、P 含量及其化学计量特征进行了连续三年的调查分析,结果显示,高原植物叶片 N 含量的平均值为 23.2 mg · g^{-1},变动范围为 14.8 ~ 36.7 mg · g^{-1};P 含量的平均值为 1.7 mg · g^{-1},在 0.8~2.8 mg · g^{-1}范围内变化;N : P 值变化范围为 6.8 ~ 25.6,其平均值(13.5)低于 He 等(2008)在物种水平上的结果。以上对我国北方和高原的典型草原研究结果表明,植物 C、N、P 化学计量特征在地域上存在很大差异,即使在同一地区也不尽相同,同时也说明在个体和群落水平上明显不同。总体上,我国草地植物 N : P 值高于全球植物平均水平 13.8(Reich and Oleksyn, 2004),P 含量相对较低。

Koerselman 和 Meuleman(1996)对 40 个施肥实验的总结发现,当植被的 N : P 值小于 14 时,植物生长在很大程度受到 N 的限制;而大于 16 时,则受 P 的限制更为重要;介于两者之间表明受 N、P 的共同限制作用。很多学者根据这一标准对我国不同草地类型的植被营养限制类型展开了研究(江世高等,2014;师瑞玲,2014;徐沙等,2014;宾振钧等,2014)。然而 Zhang 等(2004)根据对内蒙古草原的施肥试验获得的 N : P 值临界指标认为,N : P 值小于 21,物种受 N 限制;而当 N : P 值大于 23 时,则受 P 限制。由于研究区域的物种组成、植被类型、气候特征以及植物的生长阶段等存在很大差异,会影响 N : P 值的临界值(Güsewell, 2004;曾德慧和陈广生,2005),因此用统一的标准来评价不同生态系统的养分限制尚存在很大不确定性,N : P 值化学计量临界值的研究应根据地域差异、具体的植被类型探讨其影响机制。

8.1.2 植物种间或功能群间化学计量特征及对环境变化响应的差异

环境的地域性差异导致了不同的植被类型分布,地带性植被的变化首先表现在物种的差异上。Thompson 等(1997)对不同地区的 83 种草本植物的 N、P、K 等元素含量进行了研究,结果表明环境因子可以解释种间植物元素含量差异的

18%~44%,而物种本身可以解释种间差异的 8%~ 31%,证明了环境要素对生态化学计量特征影响的重要性。即使在相同环境条件下,不同物种间甚至同一物种不同个体间对 N、P 元素的吸收量或利用途径也不尽相同,这种“生态位的分化”是群落物种间得以共存的维持机制之一(Drenovsky and Richards, 2004;Güsewell,2004;Güsewell et al., 2005;Elser et al., 2000)。通常,豆科植物(legume)叶片 N 含量比非豆科植物(non-legume)高,因此豆科植物的 N∶P 值比非豆科植物高,而禾本科植物(grasse)叶片 N、P 含量比杂类草(forb)低,禾本科植物的 C∶N 值和 C∶P 值一般比杂类草植物高(Cui et al., 2010;DybZinski et al., 2008;Roscher et al., 2008)。对内蒙古、新疆、青藏高原不同功能群植物叶片 N∶P 值的研究指出,豆科植物叶片的 N∶P 值(19.0)较非豆科植物(14.8)高 28%左右,禾本科植物叶片 N∶P 值(15.8)较杂类草植物(14.2)高 11%左右(He et al., 2008)。C_3和 C_4植物的 C、N、P 化学计量特征亦不相同,对黄土高原草地的研究发现,C_3植物叶片的 C∶N 值和 C∶P 值较 C_4植物分别低 29%和 28%,而 C_3和 C_4植物叶片 N∶P 值则没有显著差异(Zheng and Shangguan, 2007),与 Han 等(2005)报道的我国陆地生态系统平均状况相似。通常,优势种在很大程度上决定着植物群落的分布格局,对生态群落的组成结构和生态环境的形成具有明显的控制作用,因此对优势种的 C、N、P 化学计量特征的对比研究引起关注。针茅属(*Stipa*)和嵩草属(*Kobresia*)植物在我国北方草地群落中占优势地位,针茅属比嵩草属植物叶片的 N 含量低 10%,但 N∶P 值相近(He et al., 2008)。宾振钧等(2014)对青藏高原 6 个群落优势种生态化学计量特征的研究表明,黄花棘豆(*Oxytropis ochrocephala*)N、P 含量最高,嵩草(*Kobresia myosuroides*)N 含量最低,垂穗披碱草(*Elymus nutans*)P 含量最低,说明优势种之间叶片 N、P 含量存在差异。另有研究指出,在植物不同生长阶段,物种之间的 C、N、P 化学计量特征随季节变化也存在很大差异(Baldwin et al., 2006)。吴统贵等(2010)对杭州湾滨海湿地的海三棱藨草(*Scirpus×mariqueter*)、糙叶薹草(*Carex scabrifolia*)和芦苇(*Phragmites australis*)的研究发现,5—10 月叶片 N 含量变化范围分别是 7.41~17.12 $mg \cdot g^{-1}$、7.47~13.15 $mg \cdot g^{-1}$和 6.03~18.09 $mg \cdot g^{-1}$,P 含量分别在 0.34~2.60 $mg \cdot g^{-1}$、0.41~1.10 $mg \cdot g^{-1}$和 0.35~2.04 $mg \cdot g^{-1}$变化,N∶P 值变动分别是 7.19~30.63、11.58~16.81 和 8.62~21.86,说明植物 C、N、P 化学计量特征与植物自身结构特点和生长节律也有很大关系。

植物 C、N、P 含量及其计量比是其与环境之间相互作用的结果,特定的环境条件决定了植物不同的生长策略,而植物为了适应环境变化而调整养分含量及其计量比的响应对策(杨惠敏和王冬梅,2011;朴河春等,2005;Kay et al., 2005;Güsewell,2004;Xia and Wan, 2008)。首先,物种间对季节变化的响应不同,孙世贤(2014)对内蒙古荒漠草原的研究表明,C∶N 值随季节的不同而异,其变异系数在 14.9% ~ 29.9%,最高是短花针茅(*Stipa breviflora*),无芒隐子草

(*Cleistogenes songorica*)最低;然而无芒隐子草 C:P 值和 N:P 值的变异系数最高,其他物种则相差不大。其次,草地管理方式对不同物种和功能群植物的影响也不同,银晓瑞等(2010)发现围封 11 年和 24 年样地禾本科植物羊草(*Leymus chinensis*)、大针茅(*Stipa grandis*)和糙隐子草(*Cleistogenes squarrosa*)的 N、P 含量较放牧样地都分别降低了 15%~34%和 31%~60%,但三种植物 C:N 值和 N:P 值分别升高了 23%~60%和 24%~55%,而豆科植物的小叶锦鸡儿(*Caragana microphylla*)未发生变化。另外,土壤养分差异对不同功能群植物的影响不同。有研究表明,N 添加使禾本科、杂类草植物的 N 含量及 N:P 值提高,豆科植物没有变化;P 添加可以显著提高禾本科植物、杂类草和豆科植物 P 含量,进而显著降低了 N:P 值;同时施加 N、P 显著增加了禾本科植物、杂类草和豆科植物的 N、P 含量,但显著降低禾本科植物的 N:P 值,对杂类草和豆科植物的 N:P 值无显著影响(Cui et al., 2010;陈凌云,2010)。其原因可能是,禾本科和杂类草植物的 N 主要来源于土壤,它们自身的 N 含量与土壤 N 供应呈正比;而豆科植物的 N 不仅来源于土壤,还来源于与其互惠共生的固氮菌(Scherer-Lorenzen et al., 2003;Roscher et al., 2008),因此豆科植物 N 含量与土壤 N 供应关系较为复杂。有研究指出,土壤 N:P 值在一定程度上与豆科植物的固氮作用呈反比(邬畏等,2010),即土壤 N:P 值上升时,豆科植物自身 N 含量中的固氮作用所占的比例下降,反之 N:P 值下降时则固氮作用所占比例上升,这可能是豆科植物 N 含量不容易受土壤 N 供应影响的原因之一。因此,通常禾本科植物生长被认为受 N 限制,杂类草不受 N、P 限制,豆科植物主要受土壤 P 影响(Tilman, 1982)。以上研究说明,物种间或功能群间 C、N、P 化学计量特征对环境变化的响应程度或方式不同,并且主要集中在优势物种的研究,而忽略了非优势或稀有物种化学计量特征在构建群落过程中的影响或指示作用,它们在维护生物多样性方面也具有重要功能。

8.1.3 植物 C、N、P 化学计量特征对物种组成和多样性的影响

物种自身的 C、N、P 化学计量特征与其生长、发育和繁殖密切相关,对群落物种间的相互作用有重要影响(Wright et al., 2004)。P 是核糖体 rRNA 的重要成分,而核糖体是蛋白质合成的工厂,植物快速生长需要合成大量的蛋白质,生长速率高的植物 P 含量也相对较高(牛得草等,2011)。Thompson 等(1997)的研究表明,植物体内 P 含量与最大潜在相对生长速率(maximum potential relative growth rate)呈显著正相关关系,因此,植物 C:P 值和 N:P 值在一定程度上可以作为表示植物生长速率的指标,生长较快的物种通常具有较低的 C:P 值和 N:P 值(Elser et al., 2003;Makino et al., 2003)。植物 N、P 含量与养分利用率密切相关,研究表明禾本科植物相对于杂类草和豆科植物具有较低的 N、P 含量,禾本科植物比杂类草、豆科植物具有更高的养分利用率,所以,更能适应土壤 N 供应低的情况(张仁懿,2010;Tjoelker et al., 2005)。物种间因自身 C、N、P 含量和相对比值不同,对环境有不同的适应性,进而影响群落物种组成和多样性

(Vitousek et al., 1995;Reich and Oleksyn, 2004)。银晓瑞等(2010)对内蒙古典型草原的研究发现,羊草和大针茅通常具有较高的 N∶P 值,而冷蒿(*Artemisia frigida*)和糙隐子草等的 N∶P 值较低。当土壤中 P 含量较低时,羊草和大针茅能够很好地适应 P 的限制作用;而如果土壤中 N 含量低,冷蒿和糙隐子草等则会成为建群种,并认为群落中优势种的化学计量学特征对优势种更替以及群落演替方向均有一定的指示作用。白春利(2013)对内蒙古荒漠草原的研究也证明,受 N 限制相对小的冷蒿和无芒隐子草在对资源竞争压力大的情况下,逐渐取代更加容易受到 N 限制的短花针茅(*Stipa breviflora*)。然而,植物生态化学计量学对植物群落物种多样性影响方面的研究很少,Yu 等(2010)对内蒙古典型草原的研究发现,物种水平生态化学计量学内稳性(stoichiometric homoeostasis)与物种优势度正相关。陈军强等(2013)对亚高山草甸植物群落物种多样性与群落水平 C、N、P 生态化学计量关系的研究指出,高产样地(地上生物量平均 461 $g \cdot m^{-2}$)植物群落的物种数与 N 含量和 N∶P 值呈显著正相关关系,与 C∶N 值呈显著负相关关系,但与 C、P 含量和 C∶P 值无明显相关关系;低产样地(地上生物量平均 155 $g \cdot m^{-2}$)植物群落的物种数与 N、P 含量呈极显著负相关关系,与 C∶N 值和 C∶P 值呈显著正相关关系,但与 C 含量和 N∶P 值无明显相关。而江世高等(2014)通过对贺兰山西坡草地植物的研究,未发现物种丰富度与植物叶片 N∶P 值存在明确的相关性,这可能是因为选择样地物种丰富度变化小,建议在今后群落物种多样性与植物 N∶P 值关系的研究中,应注意选择更广的物种丰富度试验区域。

植物的化学计量特征也与其凋落物的分解速率密切相关,因此 C∶N 值、N 和 P 初始浓度等参数被认为是评估凋落物分解速率的几个常用指标(孙书存等,2000;王相娥等,2009)。凋落物分解速率影响凋落物在地表层的覆盖时间(Wardle et al., 1997),Xiong 和 Nilsson(1999)指出凋落物覆盖的时间越长,凋落物阻止种子到达土壤表面的可能性越大,从而抑制种子萌发和幼苗建植,对物种多样性的负效应越大;另外, 植物本身的化学计量特征差异通过影响凋落物的分解速率和矿化过程等控制着植物的养分归还、土壤的养分周转、植物的养分吸收利用等(郭雪莲等,2007),从而影响植被群落组成和物种多样性。凋落物分解速率除了受凋落物基质质量影响外,还受分解者土壤微生物的控制,而土壤微生物的分解功能也受凋落物基质质量的影响(李姗姗等,2016)。有研究指出,由于凋落物自身化学计量特征的不同,主导的分解者类群也有所差异,分解含 C 高的凋落物主要依靠真菌类群,而分解含 N 高的凋落物则主要依靠细菌类群(Frey et al., 1999;李宜浓等,2016)。植物与土壤微生物之间相互依存、相互竞争,植物通过其凋落物和分泌物为土壤微生物提供营养;土壤微生物可以分解可溶性和不溶性有机物,将其转化为植物可吸收利用的无机形态,同时微生物自身对养分的固持作用使两者之间产生竞争(蒋婧和宋明华,2010)。因此, 植物化学计量特征差异驱动的凋落物基质如 C、N 含量的变化影响着土壤微生物多样性、活性、生物量以及对养分的固持，反过来影响着植物群落的组成和物种多样性(van der Heijden et al., 2008)。

8.2 草地土壤 C、N、P 化学计量特征及其对植物群落物种组成和多样性的影响

8.2.1 土壤 C、N、P 化学计量特征

方精云等(2010)对我国草地生态系统碳库进行的全面评价表明,我国草地生态系统碳库约为 29.1 Pg C(1 Pg = 1×10^{15} g),其中 96.6%的 C 储存于土壤有机质中,但不同草地类型的土壤有机碳(soil organic carbon,SOC)密度的估算存在明显差异,例如我国草地 SOC 密度在 8.5~15.1 kg C · m^{-2}变动、青藏高原 SOC 密度在 6.5~21.4 kg C · m^{-2}变动。许多研究指出,土壤 C、N、P 之间相互关联(Vitousek,2004;Melillo et al., 2003),在大尺度区域水平上,土壤 C∶N∶P 值主要受水热条件和成土作用的控制,如气候、地貌、植被、母岩、年代等均是影响土壤形成的重要因子,使得土壤 C∶N∶P 值的空间变异性较大(王绍强和于贵瑞,2008)。全球不同陆地生态系统土壤 0~10 cm 土层的 C∶N∶P 值为 186∶13∶1(Cleveland and Liptzin,2007),Tian 等(2010)根据全国第二次土壤普查对我国土壤 C∶N∶P 值进行了全面评估,结果显示:① 我国土壤 0~10 cm 土层的 C∶N∶P 值为 134∶9∶1,其中,C∶N 值、C∶P 值和 N∶P 值分别为 14.4、136 和 19.3;② 我国土壤整个土层(最深处 250 cm)的 C∶N∶P 值为 60∶5∶1,C∶N 值、C∶P 值和 N∶P 值分别为 11.9、61 和 5.2,C∶N 值在不同气候条件、土壤类型、土壤分层和分化阶段下具有较小的差异,但 C∶P 值和 N∶P 值具有很高的空间异质性。

在我国草地生态系统研究中,不同草地类型间土壤 C、N、P 化学计量学特征也存在很大的差异。王建林等(2013,2014a,2014b)在青藏高原选择黑阿(那曲-阿里)、青藏(拉萨-西宁)、新藏(拉萨-乌鲁木齐)公路沿线未受人类活动干扰的高寒草原区的 67 个样点(包含四个自然样带的 19 个草地类型),对 0~40 cm 土层 C∶N 值、C∶P 值和 N∶P 值进行了研究,结果表明 19 种草地类型C∶N 值的平均值为 20,变异系数为 64%,最大值是最小值的 11 倍,在我国和全球各类生态系统中处于较高水平(王建林等,2014a);土壤 C∶P 值的平均值为 32,但变异系数高达 109%,最大值比最小值高 70 倍左右,在我国和全球处于较低水平(王建林等,2014b);土壤 N∶P 值的平均值为 1.59,变异系数为 101%,最大值是最小值的 39 倍,在我国和全球均处于较低水平(王建林等,2013)。即使在同一地区,不同草地类型间土壤 C、N、P 化学计量学特征也存在明显差异(表 8.1),如在内蒙古呼伦贝尔地区,因三种草地类型 SOC、土壤全氮(soil total nitrogen,STN)和土壤全磷(soil total phosphorus,STP)含量不同,导致三种草地类型土壤C∶N 值、C∶P 值和 N∶P 值存在较大差异;而在门源地区,三种草地类型间 SOC、STN 和 STP 含量相近,土壤 C∶N 值、C∶P 值和 N∶P 值的差异则相对较小。

表 8.1 同一地区不同草地类型土壤 C、N、P 化学计量特征

地区	草地类型	SOC	STN	STP	C∶N 值	C∶P 值	N∶P 值	文献来源
呼伦贝尔	贝加尔针茅草原	23.56	2.66	0.33	8.86	71.40	8.06	赵帅等,2011
	大针茅草原	11.73	0.92	0.16	12.75	73.34	5.75	
	克氏针茅草原	10.24	1.38	0.22	7.42	46.54	6.27	
门源	金露梅灌丛	71.05	5.66	1.97	12.55	36.07	2.87	王启兰等,2011
	矮嵩草草甸	80.35	6.53	1.94	12.30	41.42	3.37	
	高山嵩草草甸	74.50	5.93	2.02	12.56	36.88	2.94	
果洛	高山嵩草草甸	34.74	3.70	0.50	9.39	69.49	7.40	王彦龙等,2011
	藏嵩草沼泽化草甸	60.03	4.50	0.70	13.34	85.76	6.43	
	山生柳灌丛草甸	104.29	10.50	0.80	9.93	130.37	13.13	
玉树	高山嵩草矮嵩草草甸	83.87	10.62	3.79	7.90	22.13	2.80	石红宵等,2015
	高山嵩草圆穗蓼型	92.84	8.13	3.20	11.42	29.01	2.54	
	高山嵩草杂类草型	155.46	18.25	4.10	8.52	37.92	4.45	

注:SOC、STN、STP 单位是 $g \cdot kg^{-1}$。表中出现物种的拉丁名:贝加尔针茅(*Stipa baicalensis*)、大针茅(*Stipa grandis*)、克氏针茅(*Stipa krylovii*)、金露梅(*Potentilla fruticosa*)、矮嵩草(*Kobresia humilis*)、高山嵩草(*Kobresia pygmaea*)、藏嵩草(*Kobresia tibetica*)、山生柳(*Salix oritrepha*)、圆穗蓼(*Polygonum macrophyllum*)。

在同一草地类型中,因利用方式不同,土壤 C、N、P 化学计量特征变化也很显著(Zhou et al., 2007)。在青藏高原的研究中,苏振声等(2015)对不同放牧强度下西藏高山嵩草(*Kobresia pygmaea*)草甸的研究发现,随着放牧强度的增加,不同土层中 SOC、STN、土壤有效氮(soil available nitrogen,SAN)减少,而 STP 没有发生显著变化;罗亚勇等(2012)在高寒草甸退化的梯度选取了原生嵩草草甸、轻度退化草甸和严重沙化草甸进行研究,发现随着高寒草甸的退化,0~100 cm土壤的 SOC、STN、STP 以及 C∶N 值、C∶P 值、N∶P 值均呈降低趋势;Han 等(2007)对青藏高原东缘不同刈割和施肥程度(保持 N∶P 值相等)高寒草甸研究发现,随施肥量增加,SAN 含量不变,土壤有效磷(soil available phosphorus,SAP)含量显著增加,认为可能与禾本科植物对 SAN 的吸收有关。在内蒙古草原的研究中,Bai 等(2012)沿我国和蒙古国边界对草甸草原、典型草原和荒漠草原的研究发现:① 放牧显著降低草甸草原的土壤碳库和氮库而增加了荒漠草原的土壤碳库和氮库,放牧降低了典型草原的土壤 0~20 cm 土层的磷库、草甸草原土壤 20~100 cm 土层的磷库;② 放牧增加了草甸草原和荒漠草原的土壤 C∶N 值而降低了典型草原土壤 20~100 cm 土层的 C∶N 值,放牧增加了典型草原和荒漠草原的土壤 C∶P 值和 N∶P 值而降低了草甸草原土壤的 C∶P值和 N∶P 值。徐沙等(2014)对温带草原围封、放牧和割草三种不同利用方式下土壤养分特征的研究发现,围封样地相对更加缺 N,而放牧样地相对更加缺 P,总体放牧样地 SOC、N 和 P 含量均高于割草和围封样地,说明适度放牧能提高土壤养分的含量,有利于植物的生长。孙世贤(2014)对短花针茅荒漠草原的研究结果表明,不同放牧方式下 SOC、STN、STP 发生变化,导致土壤 C∶N 值、C∶P 值和N∶P 值分别在 7.86~10.77、19.54~38.22、2.49~3.84 变动。

8.2.2 土壤 C、N、P 化学计量特征对植物群落物种组成和多样性的影响

土壤作为生态系统中生物与环境相互作用的基质,为植物生长提供了 C、N、P 等营养物质。土壤 C 的主要长期贮备库是腐殖质(Chapin et al., 2005),土壤 N 含量主要来源于凋落物归还、大气沉降及一些固氮植物,土壤 P 含量则主要来源于岩石的风化及凋落物归还(刘万德等,2010)。土壤 C、N、P 对于植物的生长起着至关重要的作用,直接影响着植物群落的种类组成与生活型特征,决定着生态系统的结构和功能(Berendse,1979)。因此,探讨植物群落物种组成、多样性与土壤化学计量特征的关系对于了解生态系统的功能和过程具有重要的作用。

在草地施肥实验关于土壤养分与物种多样性关系的研究中,普遍发现添加 N、P 使群落物种丰富度降低、物种组成发生改变,符合 Tilman(1982)提出的“资源比率假说”,即物种共存时,增加某种限制性营养元素使一些物种成为优势种,另外的物种就有可能被竞争排除。其中,一部分研究认为植物群落主要受土壤 P 的影响,P 含量与物种丰富度呈负相关关系(Janssens et al., 1998; Critchley et al., 2002; Crawley et al., 2005; Wassen et al., 2005; Marini et al., 2007; Hejcman et al., 2010)。因为添加养分使草地植物群落的地上生物量增加,底层可用光减少,导致物种间对光的竞争加强(Roem and Berendse,2000),而 P 添加或 N 添加促进植物对 P 的吸收,使一些对 P 具有高竞争力和利用率的植物物种成为优势种(Güsewell and Bollens,2003),这些优势种生长得快且高,对光资源有绝对竞争力,而其他生长慢的物种因光照不足而被排除(Aerts and Berendse, 1988)。因此土壤 P 含量越高,植物群落的物种多样性就越低(Marini et al., 2007)。Han 等(2007)对我国青藏高原东缘高寒草甸的研究发现,SAP 与物种丰富度显著负相关,认为 SAP 可以指示物种丰富度和多度。然而,任正炜(2010)和师瑞玲(2014)的研究则发现单一添加 P 对高寒草甸植物群落物种组成和多样性没有影响,而 N 添加和 N、P 共同添加后,禾本科植物通过光合速率的上升增加了生物量的积累,进而通过竞争排除使杂类草的物种多样性减少,认为 N 是影响青藏高原高寒草甸物种多样性的主要因子,且 N 与其他限制资源的组合具有显著的互作效应。这可能由于生境类型、土壤条件不同,导致 N 或 P 对植物群落的限制作用不同(师瑞玲,2014; Crawley et al., 2005)。在草地施肥实验中,植物群落物种多样性还与施肥的空间异质性有关,郭朝晖(2007)的研

究发现植物群落物种多样性指数和均匀度指数在匀质施肥情况下随着施肥量的增加而下降，而在异质施肥情况下则随施肥量的增加而增加。

在草地非养分添加的研究中，土壤养分与物种多样性的关系存在多种结果。有研究认为，植物群落的高物种多样性出现在土壤养分梯度的中间位置（Gentry，1988）。张林静等（2002）对新疆阜康绿洲荒漠过渡带植物群落的研究表明，SOC 与物种多样性的最好拟合为二项式，即高的物种多样性出现在 SOC 梯度的中间位置；左小安等（2007）对科尔沁六种沙质草地的研究也支持这一观点。而植物群落物种多样性与土壤养分呈正相关关系的研究比较多。在青藏高原高寒草甸的研究中，王长庭等（2008）对青海海北站高寒草甸不同类型草地土壤养分与物种多样性关系的研究发现，矮嵩草（*Kobresia humilis*）草甸、高山嵩草（*Kobresia pygmaea*）草甸、金露梅（*Potentilla fruticosa*）灌丛的物种多样性与 SOC 和 STN 为正相关趋势；石红霄等（2015）对玉树三种高山嵩草草甸的研究发现，高山嵩草草甸物种丰富度与 SOC、STN、SAN 和 SAP 呈极显著正相关；罗亚勇等（2014）对青藏高原东缘不同退化程度亚高山草甸的研究表明，植物群落物种多样性与 SOC、STN、STP、SAN 和 SAP 均呈显著正相关关系。王凯博等（2007）对黄土高原子午岭地区不同演替阶段群落的研究表明，SOC 和 STN 与物种的多样性指数呈显著正相关。郭曼等（2010）对黄土丘陵区典型草原带退耕地在自然恢复过程中的植被演替过程及植物多样性与土壤养分关系的研究表明，物种丰富度和多样性指数与 SOC、STN 和 SAN 显著正相关。然而，也有研究指出植物群落物种多样性与土壤养分呈负相关关系，例如在王长庭等（2008）对青海海北站高寒草甸不同类型草地土壤养分与物种多样性关系的研究中，藏嵩草（*Kobresia tibetica*）沼泽化草甸的物种多样性与 SOC 和 STN 的关系与其他三种草甸类型结果不同，为负相关关系，认为水分耐受性较强的物种对土壤养分的竞争能力高于其他物种，迅速成为群落的优势种，导致藏嵩草沼泽化草甸植物物种多样性逐渐降低。

而草地土壤 C : N : P 化学计量特征对植物群落物种组成和多样性影响的研究却很少。就土壤 C : N 值而言，其与凋落物分解速度和土壤 N 矿化能力呈负相关关系（Zhang et al.，2003）。因为参与凋落物分解的土壤微生物每分解 25 份 C 就需要 1 份 N 来组成自身结构（Chapin et al.，2005），土壤 C : N 值低有利于微生物在有机质分解过程中的养分释放，促进 SAN 的增加；反之，如果土壤 C : N 值较高，则土壤微生物在分解有机质的过程中出现 N 受限情况，因而土壤微生物不仅与植物竞争土壤中的 SAN，也不利于其对有机质的分解以及整个生态系统的养分循环（王建林等，2014a；Hejcman et al.，2010），因此土壤 C : N 值通过控制有效性养分而影响植物生长，进而对植物物种组成和多样性产生影响。刘旻霞和王刚（2013）等对青藏高原亚高寒草甸的研究发现，土壤 C : N 值与物种丰富度、均匀度指数和多样性指数呈显著相关关系。同样，土壤 C : P 值被认为是土壤P矿化能力的标志,土壤C:P值低有利于微生物在有机质分解过程中的养分释放,促进SAP的增加;反之,如果土壤C:P值较高,则土壤微生物在分解有机质时与植物竞争SAP,从而影响植物生长(彭佩钦等,2005;王建林等,2014b)。在土壤N和P相互作用的研究中,Crawley等(2005)和Hrevušová等(2009)指出,N添加在一定情况下有利于植物对P的吸收,邬畏等(2010)指出土壤N:P值影响豆科植物的固氮作用,进而改变豆科植物的优势度。邬畏等(2009)对内蒙古阿拉善左旗境内的油蒿(*Artemisia ordosica*)+冷蒿群落的研究发现,油蒿密度随土壤N:P值的增大而减小,冷蒿密度随土壤N:P值的增大而增大,随着土壤N:P值的增大,油蒿逐渐退出,冷蒿逐渐侵入,所以认为土壤N:P值的变化是干旱区油蒿群落演替的一个原因。

8.3 结语

草地植物生物多样性与其生态系统的功能和稳定性密切相关,是生态学研究的重点内容之一。生态化学计量学可以从养分平衡的角度来说明其在调控生态系统养分循环中的作用,为解释物种组成和多样性的变化机制提供一种全新的方法。目前,关于我国草地植物-土壤生态化学计量特征对物种组成和多样性影响的研究主要可概况为以下几点。

(1) 草地植物生态化学计量特征研究主要集中在优势种、功能群或群落尺度上;与全球陆地生态系统相比,总体上我国草地P含量相对较低。部分研究表明,物种组成和多样性也与物种或功能群自身的C、N、P化学计量特征密切相关。

(2) 不同草地类型甚至同一草地类型不同利用方式下,土壤C、N、P化学计量特征差异很大。关于土壤C、N、P单一养分对植物群落物种组成和多样性影响的研究较多,但是结果没有规律可循且影响机制尚不够清楚。

综上所述,目前的研究仍然存在不足,在未来的研究中应重点注意以下几方面。

(1) 从植物个体、种群、功能群、群落等不同水平上的C:N:P化学计量角度及其对生态系统养分循环的调控作用方面,进一步加强植物化学计量特征对物种组成和多样性影响的研究,同时加强非优势种或稀有物种的化学计量特征在群落构建中作用的相关研究。

(2) 从土壤C:N:P化学计量特征影响凋落物分解、养分矿化、生态系统养分循环方面,探讨植物物种组成和多样性改变的机制。

(3) 本文没有涉及草地土壤微生物化学计量特征的研究,但是其在生态系统养分循环过程中发挥着至关重要的作用,对解释植物物种组成和多样性变化是不可或缺的因素。

从生态化学计量学探讨草地植物群落结构、组成和多样性变化机制,关键在于如何综合评价植物-土壤-土壤微生物化学计量的共同影响作用，以及预测全球变化（特别是大气氮沉降增加、气候变暖、CO_2浓度升高、降水变化等）对植物-土壤-土壤微生物化学计量的影响，进而阐明生态化学计量特征对植物群落结构与稳定性的影响作用，为实现草地生态系统的合理利用、优化管理和可持续发展提供科学支撑。

致谢

本项研究获国家自然科学基金项目（31570478）资助。

参考文献

白春利. 2013. 荒漠草原优势植物养分利用及化学计量特征研究. 呼和浩特：内蒙古农业大学博士学位论文.

宾振钧，王静静，张文鹏，徐当会，程雪寒，李柯杰，曹德昊. 2014. 氮肥添加对青藏高原高寒草甸6个群落优势种生态化学计量学特征的影响. 植物生态学报，38(3)：231-237.

陈军强，张蕊，侯尧宸，马丽娜，丁路明，龙瑞军，尚占环. 2013. 亚高山草甸植物群落物种多样性与群落C、N、P生态化学计量的关系. 植物生态学报，37(11)：979-987.

陈凌云. 2010. 添加氮磷对亚高寒草甸金露梅群落各功能群化学计量学特征的影响. 兰州：兰州大学硕士学位论文.

陈佐忠，王艳芬，汪诗平，周兴民. 2002. 中国草地生态系统分类初步研究. 草地学报，10(2)：81-86.

樊江文，张良侠，张文彦，钟华平. 2014. 中国草地样带植物氮磷元素空间格局及其与气候因子的关系. 草地学报，22(1)：1-6.

方精云，杨元合，马文红，沈海花. 2010. 中国草地生态系统碳库及其变化. 中国科学：生命科学，40(7)：566-576.

郭朝晖. 2007. 土壤养分分布对群落结构和生物量的影响. 西安：西北农林科技大学硕士学位论文.

郭曼，郑粉莉，和文祥，安韶山，刘雨，安娟. 2010. 黄土丘陵区不同退耕年限植被多样性变化及其与土壤养分和酶活性的关系. 土壤学报，47(5)：979-986.

郭雪莲，吕宪国，郗敏. 2007. 植物在湿地养分循环中的作用. 生态学杂志，26(10)：1628-1633.

贺金生，韩兴国. 2010. 生态化学计量学：探索从个体到生态系统的统一化理论. 植物生态学报，34(1)：2-6.

江世高，尚振艳，牛得草，张宝林，张斯莲，傅华. 2014. 贺兰山西坡草地植物多样性与其叶片C：N：P计量比的关系. 干旱区研究，31(3)：523-529.

蒋婧，宋明华. 2010. 植物与土壤微生物在调控生态系统养分循环中的作用. 植物生态学报，34(8)：979-988.

李姗姗，王正文，杨俊杰. 2016. 凋落物分解过程中土壤微生物群落的变化. 生物多样性，24(2)：195-204.

李宜浓，周晓梅，张乃莉，马克平. 2016. 陆地生态系统混合凋落物分解研究进展. 生态学报，36(16)：4977-4987.

刘旻霞，王刚. 2013. 高寒草甸植物群落多样性及土壤因子对坡向的响应. 生态学杂志，32(2)：259-265.

刘万德，苏建荣，李帅锋，张志钧，李忠文. 2010. 云南普洱季风常绿阔叶林演替系列植物和土壤 C、N、P 化学计量特征. 生态学报，30(23)：6581-6590.

龙世友，鲍雅静，李政海，高伟，洪光宇，黄硕，邹德喜. 2013. 内蒙古草原 67 种植物碳含量分析及与热值的关系研究. 草业学报，22(1)：112-119.

罗亚勇，孟庆涛，张静辉，赵学勇，秦彧. 2014. 青藏高原东缘高寒草甸退化过程中植物群落物种多样性、生产力与土壤特性的关系. 冰川冻土，36(5)：1298-1305.

罗亚勇，张宇，张静辉，卡召加，尚伦宇，王少影. 2012. 不同退化阶段高寒草甸土壤化学计量特征. 生态学杂志，31(2)：254-260.

牛得草，董晓玉，傅华. 2011. 长芒草不同季节碳氮磷生态化学计量特征. 草业科学，28(6)：915-920.

彭佩钦，张文菊，童成立，仇少君，张文超. 2005. 洞庭湖湿地土壤碳、氮、磷及其与土壤物理性状的关系. 应用生态学报，16(10)：1872-1878.

朴河春，刘丛强，朱书法，朱建明. 2005. 贵州石灰岩和砂岩地区 C_4 和 C_3 植物营养元素的化学计量对 N：P 比值波动的影响. 第四纪研究，25(5)：552-560.

任正炜. 2010. 资源添加对青藏高原高寒草甸物种多样性的影响. 兰州：兰州大学博士学位论文.

师瑞玲. 2014. 氮磷添加引起青藏高原亚高寒草甸物种多样性丧失的机理研究. 兰州：兰州大学硕士学位论文.

石红霄，侯向阳，师尚礼，吴新宏，李鹏，杨婷婷. 2015. 高山嵩草草甸初级生产力，多样性与土壤因子的关系. 草业学报，24(10)：40-47.

苏振声，孙永芳，付娟娟，褚希彤，许岳飞，呼天明. 2015. 不同放牧强度下西藏高山嵩草草甸土壤养分的变化. 草业科学，32(3)：322-328.

孙世贤. 2014. 短花针茅荒漠草原群落特征和土壤对放牧强度季节调控的响应. 呼和浩特：内蒙古农业大学博士学位论文.

孙书存，安树青，刘茂松，高贤明. 2000. 物种多样性与植物凋落物分解的相互关系：研究概述. 第四届全国生物多样性保护与持续利用研讨会论文集.

王建林，钟志明，王忠红，陈宝雄，张宪洲，沈振西，胡兴祥，大次卓嘎. 2013. 青藏高原高寒草原生态系统土壤氮磷比的分布特征. 应用生态学报，24(12)：3399-3406.

王建林，钟志明，王忠红，陈宝雄，余成群，胡兴祥，沈振西，大次卓嘎，张宪洲. 2014a. 青藏高原高寒草原生态系统土壤碳氮比的分布特征. 生态学报，34(12)：6678-6691.

王建林，钟志明，王忠红，余成群，沈振西，张宪洲，胡兴祥，大次卓嘎. 2014b. 青藏高原高寒草原生态系统土壤碳磷比的分布特征. 草业学报，23(2)：9-19.

王凯博，陈美玲，秦娟，刘勇，安慧，上官周平. 2007. 子午岭植被自然演替中植物多样性变化及其与土壤理化性质的关系. 西北植物学报,27(10)：2089-2096.

王启兰，王溪，曹广民，王长庭，龙瑞军. 2011. 青海省海北州典型高寒草甸土壤质量评价. 应用生态学报，22(6)：1416-1422.

王绍强，于贵瑞. 2008. 生态系统碳氮磷元素的生态化学计量学特征. 生态学报，28(8)：3937-3946.

王相娥，薛立，谢腾芳. 2009. 凋落物分解研究综述. 土壤通报，40(6)：1473-1478.

王兴，宋乃平，杨新国，杨明秀，肖绪培. 2013. 放牧扰动下草地植物多样性对土壤因子的响应. 草业学报,22(5)：27-36.

王彦龙，马玉寿，施建军，董全民，吴海艳，盛利，杨时海，李世雄. 2011. 黄河源区高寒草甸不同植被生物量及土壤养分状况研究. 草地学报,19(1)：1-6.

王长庭，龙瑞军，王启兰，曹广民，施建军，杜岩功. 2008. 放牧扰动下高寒草甸植物多样性，生产力对土壤养分条件变化的响应. 生态学报，28(9)：4144-4152.

邬畏，何兴东，张宁，王海涛，马迪. 2009. 油蒿群落演替中的植物密度对土壤氮/磷比的响应. 土壤学报，46(3)：472-479.

邬畏，何兴东，周启星. 2010. 生态系统氮磷比化学计量特征研究进展. 中国沙漠，30(2)：296-302.

吴统贵，吴明，刘丽，萧江华. 2010. 杭州湾滨海湿地 3 种草本植物叶片 N、P 化学计量学的季节变化. 植物生态学报,34(1)：23-28.

徐沙，龚吉蕊，张梓榆，刘敏，王忆慧，罗亲普. 2014. 不同利用方式下草地优势植物的生态化学计量特征. 草业学报,23(6)：45-53.

徐柱. 2002. 中国北方草地生物多样性与优化生态环境的可持续性，现代草业科学进展. 中国国际草业发展大会暨中国草原学会第六届代表大会论文集.

杨惠敏，王冬梅. 2011. 草-环境系统植物碳氮磷生态化学计量学及其对环境因子的响应研究进展. 草业学报,20(2)：244-252.

杨阔，黄建辉，董丹，马文红，贺金生. 2010. 青藏高原草地植物群落冠层叶片氮磷化学计量学分析. 植物生态学报,34(1)：17-22.

银晓瑞，梁存柱，王立新，王炜，刘钟龄，刘小平. 2010. 内蒙古典型草原不同恢复演替阶段植物养分化学计量学. 植物生态学报,34(1)：39-47.

曾德慧，陈广生. 2005. 生态化学计量学：复杂生命系统奥秘的探索. 植物生态学报,29(6)：1007-1019.

张林静，岳明，顾峰雪，张远东，潘晓玲，赵桂仿. 2002. 新疆阜康绿洲荒漠过渡带植物群落物种多样性与土壤环境因子的耦合关系. 应用生态学报,13(6)：658-662.

张仁懿. 2010. 亚高寒草甸不同功能群植物 N：P 化学计量特征差异研究. 兰州：兰州大学博士学位论文.

张文彦，樊江文，钟华平，胡中民，宋璐璐，王宁. 2010. 中国典型草原优势植物功能群氮磷化学计量学特征研究. 草地学报,18(4)：503-509.

赵帅，张静妮，赖欣，杨殿林，赵建宁. 2011. 放牧与围封对呼伦贝尔针茅草原土壤酶活性及理化性质的影响. 中国草地学报,33(1)：71-76.

左小安，赵学勇，赵哈林，李玉强，郭铁瑞，赵玉萍. 2007. 科尔沁沙质草地群落物种多样性，生产力与土壤特性的关系. 环境科学,28(5): 945-951.

Aerts, R., and F. Berendse. 1988. The effect of increased nutrient availability on vegetation dynamics in wet heathlands. Vegetatio,76(1/2):63-69.

Bai, Y. F., J. G. Wu, C. M. Clark, Q. M. Pan, L. X. Zhang, S. P. Chen, Q. B. Wang, and X. G. Han. 2012. Grazing alters ecosystem functioning and C : N : P stoichiometry of grasslands along a regional precipitation gradient. Journal of Applied Ecology,49(6): 1204-1215.

Baldwin, D. S., G. N. Rees, A. M. Mitchell, G. Watson, and J. Williams. 2006. The short-term effects of salinization on anaerobic nutrient cycling and microbial community structure in sediment from a freshwater wetland. Wetlands, 26(2): 455-464.

Berendse, F. 1979. Competition between plant populations with different rooting depths. Oecologia, 43: 19-26.

Chapin Ⅲ, F. S., P. A. Matson, and H. A. Mooney. 2005. Principles of Terrestrial Ecosystem Ecology. New York: Springer-Verlag.

Cleveland, C. C., and D. Liptzin. 2007. C : N : P stoichiometry in soil: Is there a "Redfield ratio" for the microbial biomass? Biogeochemistry,85(3): 235-252.

Crawley, M. J., A. E. Johnston, J. Silvertown, M. Dodd, C. de Mazancourt, M. S. Heard, D. F. Henman, and G. R. Edwards. 2005. Determinants of species richness in the Park Grass Experiment. The American Naturalist,165(2): 179-192.

Critchley, C. N. R., B. J. Chambers, J. A. Fowbert, A. Bhogal, S. C. Rose, and R. A. Sanderson. 2002. Plant species richness, functional type and soil properties of grasslands and allied vegetation in English Environmentally Sensitive Areas. Grass and Forage Science,57(2): 82-92.

Cui, Q., X. T. Lü, Q. B. Wang, and X. G. Han. 2010. Nitrogen fertilization and fire act independently on foliar stoichiometry in a temperate steppe. Plant and Soil,334(1): 209-219.

Dodds, W. K., E. Marti, J. L. Tank, J. Pontius, S. K. Hamilton, N. B. Grimm, W. B. Bowden, W. H. McDowell, B. J. Peterson, H. M. Valett, J. R. Webster, and S. Gregory. 2004. Carbon and nitrogen stoichiometry and nitrogen cycling rates in streams. Oecologia, 140(3): 458-467.

Drenovsky, R. E., and J. H. Richards. 2004. Critical N : P values: Predicting nutrient deficiencies in desert shrublands. Plant and Soil, 259(1/2): 59-69.

Dybzinski, R., J. E. Fargione, D. R. Zak, D. Fornara, and D. Tilman. 2008. Soil fertility increases with plant species diversity in a long-term biodiversity experiment. Oecologia,158(1): 85-93.

Elser, J. J., K. Acharya, M. Kyle, J. Cotner, W. Makino, T. Markow, T. Watts, S. Hobbie, W. Fagan, J. Schade, J. Hood, and R. W. Sterner. 2003. Growth rate-stoichiometry couplings in diverse biota. Ecology Letters, 6(10): 936-943.

Elser, J. J., R. W. Sterner, E. Gorokhova, W. F. Fagan, T. A. Markow, J. B. Cotner, J. F. Harrison, S. E. Hobbie, and L. W. Weider. 2000. Biological stoichiometry from genes to ecosystems. Ecology Letters,3(6): 540-550.

Frey, S. D., E. T. Ellion, and K. Panstian. 1999. Bacterial and fungal abundance and biomass in conventional and no-tillage agroecosystems along two climatic gradients. Soil Biology and Biochemistry, 31(4): 573-585.

Gentry, A. H. 1988. Changes in plant community diversity and floristic composition on environmental and geographical gradients. Annals of the Missouri Botanical Garden, 75(1): 1-34.

Güsewell, S. 2004. N : P ratios in terrestrial plants: Variation and functional significance. New Phytologist, 164(2): 243-266.

Güsewell, S., and U. Bollens. 2003. Composition of plant species mixtures grown at various N : P ratios and levels of nutrient supply. Basic and Applied Ecology, 4(5): 453-466.

Güsewell, S., K. M. Bailey, W. J. Roem, and B. L. Bedford. 2005. Nutrient limitation and botanical diversity in wetlands: Can fertilization raise species richness? Oikos, 109(1): 71-80.

Güsewell, S., W. Koerselman, and J. T. A. Verhoeven. 2003. Biomass N : P ratios as indicators of nutrient limitation for plant populations in wetlands. Ecological Monographs, 13(2): 372-384.

Han, W. W., Y. J. Luo, and G. Z. Du. 2007. Effects of clipping on diversity and above-ground biomass associated with soil fertility on an alpine meadow in the eastern region of the Qinghai-Tibet Plateau. New Zealand Journal of Agricultural Research, 50(3): 361-368.

Han, W. X., J. Y. Fang, D. L. Guo, and Y. Zhang. 2005. Leaf nitrogen and phosphorus stoichiometry across 753 terrestrial plant species in China. New Phytologist, 168(2): 377-385.

He, J. S., J. Y. Fang, Z. H. Wang, D. L. Guo, D. F. B. Flynn, and Z. Geng. 2006. Stoichiometry and large-scale patterns of leaf carbon and nitrogen in the grassland biomes of China. Oecologia, 149(1): 115-122.

He, J. S., L. Wang, D. F. B. Flynn, X. P. Wang, W. H. Ma, and J. Y. Fang. 2008. Leaf nitrogen: Phosphorus stoichiometry across Chinese grassland biomes. Oecologia, 155(2): 301-310.

Hejcman, M., M. Češková, J. Schellberg, and S. Pätzold. 2010. The Rengen Grassland Experiment: Effect of soil chemical properties on biomass production, plant species composition and species richness. Folia Geobotanica, 45(2): 125-142.

Hessen, D. O., G. I. Agren, T. R. Anderson, J. J. Elser, and P. C. de Ruiter. 2004. Carbon, sequestration in ecosystems: The role of stoichiometry. Ecology, 85(5): 1179-1192.

Hrevušová, Z., M. Hejcman, V. V. Pavlů, J. Hakl, M. Klaudisová, and J. Mrkvička. 2009. Long-term dynamics of biomass production, soil chemical properties and plant species composition of alluvial grassland after the cessation of fertilizer application in the Czech Republic. Agriculture, Ecosystems and Environment, 130(3/4): 123-130.

Janssens, F., A. Peeters, J. R. B. Tallowin, J. P. Bakker, R. M. Bekker, F. Fillat, and M. J. M. Oomes. 1998. Relationship between soil chemical factors and grassland diversity. Plant and Soil, 202(1): 69-78.

Kang, L., X. G. Han, Z. B. Zhang, and O. J. X. Sun. 2007. Grassland ecosystems in China: Review of current knowledge and research advancement. Philosophical Transactions of the Royal Society of London B: Biological Sciences, 362(1482): 997-1008.

Kay, A. D., I. W. Ashton, E. C. Gorokhova, A. J. Kerhoff, A. Liess, and E. Litchman. 2005. Toward a stoichiometric framework for evolutionary biology. Oikos, 109(1): 6-17.

Koerselman, W., and A. F. M. Meuleman. 1996. The vegetation N : P ratio: A new tool to detect the nature of nutrient limitation. Journal of Applied Ecology, 33(6): 1441-1450.

Makino, W., J. B. Cotner, R. W. Sterner, and J. J. Else. 2003. Are bacteria more like animals than plants? Growth rate and resource dependence of bacterial C : N : P stoichiometry. Functional Ecology, 17(1): 121-130.

Marini, L., M. Scotton, S. Klimek, J. Isselstein, and A. Pecile. 2007. Effects of local factors on plant species richness and composition of alpine meadows. Agriculture, Ecosystems and Environment, 119(3/4): 281-288.

McGroddy, M. E., T. Daufresne, and L. O. Hedin. 2004. Scaling of C : N : P stoichiometry in forests worldwide: Implications of terrestrial Redfield-type ratios. Ecology, 85(9): 2390-2401.

Melillo, J. M., C. B. Field, and B. Moldan. 2003. Interactions of the Major Biogeochemical Cycles: Global Change and Human Impacts. Washington: Island Press.

Pei, Z. Y., H. Ouyang, C. P. Zhou, and X. L. Xu. 2009. Carbon balance in an alpine steppe in the Qinghai-Tibet plateau. Journal of Integrative Plant Biology, 51(5): 521-526.

Redfield, A. C. 1958. The biological control of chemical factors in the environment. American Scientist, 46(11): 205-221.

Reich, P. B., and J. Oleksyn. 2004. Global patterns of plant leaf N and P in relation to temperature and latitude. Proceedings of the National Academy of Sciences of the United States of America, 101(30): 11001-11006.

Roem, W. J., and F. Berendse. 2000. Soil acidity and nutrient supply ratio as possible factors determining changes in plant species diversity in grassland and heathland communities. Biological Conservation, 92(2): 151-161.

Roscher, C., S. Thein, B. Schmid, and M. Scherer-Lorenzen. 2008. Complementary nitrogen use among potentially dominant species in a biodiversity experiment varies between two years. Journal of Ecology, 96(3): 477-488.

Sardans, J., A. Rivas-Ubach, and J. Peñuelas. 2012. The C : N : P stoichiometry of organisms and ecosystems in a changing world: A review and perspectives. Perspectives in Plant Ecology, Evolution and Systematics, 14(1): 33-47.

Scherer-Lorenzen, M., C. Palmborg, A. Prinz, and E. D. Schulze. 2003. The role of plant diversity and composition for nitrate leaching in grasslands. Ecology, 84(6): 1539-1552.

Sterner, R. W., and J. J. Elser. 2002. Ecological Stoichiometry: The Biology of Elements from Molecules to the Biosphere. Princeton: Princeton University Press.

Tessier, J. T., and D. J. Raynal. 2003. Use of nitrogen to phosphorus ratios in plant tissue as an indicator of nutrient limitation and nitrogen saturation. The Journal of Applied Ecology, 40(3): 523-534.

Thompson, K. E. N., J. A. Parkinson, S. R. Band, and R. E. Spencer. 1997. A comparative study of leaf nutrient concentrations in a regional herbaceous flora. New Phytologist, 136(4): 679-689.

Tian, H. Q., G. S. Chen, C. Zhang, J. M. Melillo, and C. A. Hall. 2010. Pattern and variation of C : N : P ratios in China's soils: A synthesis of observational data. Biogeochemistry, 98(1/2/3): 139-151.

Tilman, D. 1982. Resource Competition and Community Structure. Princeton: Princeton University Press.

Tjoelker, M. G., J. M. Craine, D. Wedin, P. B. Reich, and D. Tilman. 2005. Linking leaf and root trait syndromes among 39 grassland and Savannah species. New Phytologist,167(2): 493-508.

van der Heijden, M. G. A., R. D. Bardgett, and N. M. van Straalen. 2008. The unseen majority: Soil microbes as drivers of plant diversity and productivity in terrestrial ecosystems. Ecology Letters, 11(3): 296-310.

Verhoeven, J. T. A., W. Koerselman, and A. F. M. Meuleman. 1996. Nitrogen or phosphorus-limited growth in herbaceous, wet vegetation: Relations with atmospheric inputs and management regimes. Trends in Ecology and Evolution, 11(12): 494-497.

Vitousek, P. M. 2004. Nutrient cycling, and limitation: Hawaii as a model system. Princeton: Princeton University Press.

Vitousek, P. M., D. R. Turner, and K. Kitayama. 1995. Foliar nutrients during long-term soil development in Hawaiian montane rain forest. Ecology,76(3): 712-720.

Wardle, D. A., K. I. Bonner, and K. S. Nicholson. 1997. Biodiversity and plant litter: Experimental evidence which does not support the view that enhanced species richness improves ecosystem function. Oikos, 79(2): 247-258.

Wassen, M. J., H. O. Venterink, E. D. Lapshina, and F. Tanneberger. 2005. Endangered plants persist under phosphorus limitation. Nature,437(7058): 547-550.

Wright, I. J., P. B. Reich, M. Westoby, D. D. Ackerly, Z. Baruch, F. Bongers, J. Cavender-Bares, T. Chapin, J. H. C. Cornelissen, M. Diemer, J. Flexas, E. Garnier, P. K. Groom, J. Gulias, K. Hikosaka, B. B. Lamont, T. Lee, W. Lee, C. Lusk, J. J. Midgley, M. L. Navas, Ülo Niinemets, J. Oleksyn, N. Osada, H. Poorter, P. Poot, L. Prior, V. I. Pyankov, C. Roumet, S. C. Thomas, M. G. Tjoelker, E. J. Veneklaas, and R. Villar. 2004. The worldwide leaf economics spectrum. Nature,428(6985): 821-827.

Xia, J. Y., and S. Q. Wan. 2008. Global response patterns of terrestrial plant species to nitrogen addition. New Phytologist, 179(2): 428-439.

Xiong, S., and C. Nilsson. 1999. The effects of plant litter on vegetation: A meta-analysis. Journal of Ecology, 87(6): 984-994.

Yu, Q., Q. S. Chen, J. J. Elser, N. P. He, H. H. Wu, G. M. Zhang, J. G. Wu, Y. F. Bai, and X. G. Han. 2010. Linking stoichiometric homoeostasis with ecosystem structure, functioning and stability. Ecology Letters,13(11): 1390-1399.

Zhang, L. X., Y. F. Bai, and X. G. Han. 2003. Application of N : P stoichiometry to ecology studies. Acta Botanica Sinica, 45(9): 1009-1018.

Zhang, L. X., Y. F. Bai, and X. G. Han. 2004. Differential responses of N : P stoichiometry of *Leymus chinensis* and *Carex korshinskyi* to N additions in a steppe ecosystem in Nei Mongol. Acta Botanica Sinica, 46(3): 259-270.

Zheng, S. X., and Z. P. Shangguan. 2007. Spatial patterns of leaf nutrient traits of the plants in the Loess Plateau of China. Trees,21(3): 357-370.

Zhou, Z. Y., O. J. Sun, J. H. Huang, L. H. Li, P. Liu, and X. G. Han. 2007. Soil carbon and nitrogen stores and storage potential as affected by land-use in an agro-pastoral ecotone of Northern China. Biogeochemistry,82(2): 127-138.

草地生态系统服务：研究综述

第 9 章

赵媛媛[①] 郇建国[②③]

摘 要

草地生态系统服务是连接草地生物多样性、生态系统功能和人类福祉研究的重要桥梁，并已成为草地系统管理和草地可持续发展的一个核心理念。然而，我们尚缺乏对草地生态系统服务的深入和全面理解。因此，本章旨在综述国内外相关文献，总结草地关键生态系统服务的内容、测量方法和主要进展，探讨当前研究面临的问题和挑战，进而提出未来草地生态系统服务研究的发展方向。草地生态系统服务主要包括三类：供给服务（如食物供给、淡水供给、燃料供给、基因和药物资源等），调节服务（如大气质量调节、气候调节、碳固存、侵蚀控制、水分调节和传粉等）和文化服务（如休憩和旅游、教育和科研以及文化传承等）。草地生态系统服务研究往往使用统计数据、遥感数据、地面调查和野外实验等数据，其测算方法主要包括各种统计和模型模拟方法。我们的综述表明，草地生态系统服务研究尚存在诸多不足，需要进一步深化生态系统服务的生态学内涵，提倡多尺度测量技术和分析方法，明确草地生态系统服务变化的驱动机制，进而准确理解草地生态系统服务在类型以及时空诸方面的权衡和协同关系。

① 北京林业大学水土保持学院，北京，100083；

② 美国亚利桑那州立大学生命科学学院和全球可持续性科学研究所，坦佩，85287；

③ 北京师范大学人与环境系统可持续性研究中心，北京，100875。

Grassland Ecosystem Services: A Review

Yuanyuan Zhao① Jianguo Wu②③

Abstract

The concept of grassland ecosystem services provides a crucial bridge among biodiversity, ecosystem function, and human well-being in grassland research, and has become a key idea in grassland management and sustainable development. However, a comprehensive understanding of grassland ecosystem services remains lacking. Thus, the main objectives of this chapter were to review the relevant literatures, synthesize the concepts, methods, and major advances of key grassland ecosystem services, identify current problems and challenges, and discuss future research directions. We review three types of grassland ecosystem services: provisioning services (*e.g.*, food, water, fuel, genetic resources, and medicinal resources), regulating services (*e.g.*, air quality regulation, climate regulation, carbon sequestration, erosion reduction, water regulation, and pollination), and cultural services (*e.g.*, recreation and tourism, education and research, and cultural heritage). Grassland ecosystem services research often uses census/statistical data, remote sensing data, field survey data, and experimental data. Methods for analysis include a suite of statistical and dynamic modeling techniques. Our literature review reveals that research on grassland ecosystem services is lacking on several fronts. In particular, future studies should make greater efforts to: better unravel the ecological underpinning of grassland ecosystem services; promote multi-scale methods for measurement and analysis; better understand the mechanisms of grassland ecosystem services dynamics; and untangle tradeoffs and synergies between different services and across space and time.

引言

生态系统服务是连接生物多样性、生态系统结构与功能和人类福祉（即满

① School of Soil and Water Conservation, Beijing Forestry University, Beijing, 100083, China;

② School of Life Sciences and Global Institute of Sustainability, Arizona State University, Tempe, AZ 85287, USA;

③ Center for Human-Environment System Sustainability (CHESS), Beijing Normal University, Beijing, 100875, China.

足人类生存、生活和幸福的各种需求)的重要桥梁(MEA, 2005; Wu, 2013;邬建国等,2014a)。自 20 世纪 70 年代以来,生态系统服务研究有两个主要的高峰期(Wu, 2013):第一个高峰期出现在 90 年代后期,生态系统服务作为一个交叉学科概念开始广泛传播,而将生态系统服务价值化的理念和方法更是引起了学界的高度关注(Costanza et al., 1997; Daily, 1997)。尤其是 Costanza 等(1997)对全球主要生态系统服务的货币化评估,标新立异,令人瞩目,推动了不同时空尺度上生态系统服务价值的大量研究和实践(de Groot et al., 2002;Sutton and Costanza, 2002; Hein et al., 2006; Jenkins et al., 2010)。虽然有诸多疏漏和争议(Silvertown, 2015),这种货币化途径对于生态系统服务研究的兴起功不可没;对我国早期甚至现在的生态系统服务研究影响深远(欧阳志云等, 1999; 谢高地等, 2001, 2007, 2015)。第二个高峰期是从 2005 年发表《千年生态系统评估》(Millennium Ecosystem Assessment, MEA)报告至今,生态系统服务研究在多个方面有广泛而深入的进展。这些进展包括:生态系统服务的定义和分类趋于统一和清晰化;研究方法的定量化和多样化;越来越多的科学家认识到,生态系统服务研究非但不等同于生态系统价值评估,而且无须一定要考虑后者(Wu, 2013; Silvertown, 2015)。生态系统服务的重要性并非取决于其是否可以或如何货币化,坚持和提高生态系统服务研究的科学性和客观性更为重要。

目前,生态系统服务在研究和应用方面已经多有滥用和误用的现象。在如今数量巨大、类型庞杂的外文杂志中,这样的例子比比皆是。在中文文献中,"ecosystem services"一词在早期被误译为"生态系统服务功能",将生态系统功能和服务混为一谈,不利于正确理解"生物多样性-生态系统功能-生态系统服务-人类福祉"这一可持续科学中的核心关系。生态学家有必要,也有义务积极参与生态系统服务的研究,正本清源,发扬光大,维护和正确地把握生态系统服务概念的"生态学"内涵,进而深入细致地探究其基于生物多样性和生态系统过程的运作机理,基于社会、经济和政策方面的调控机制,从而充实和促进可持续科学的发展(Wu, 2013;邬建国等,2014a)。

草地是分布面积最广的陆地生态系统,为人类提供多种生态系统服务(White et al., 2000)。迄今为止,草地生态系统服务研究已经得到了重视,在草地生态系统服务的时空特征(MEA, 2005; Egoh et al., 2008)、气候变化和人类活动对草地生态系统服务的影响(Han et al., 2008;Byrd et al., 2015)、草地生态系统服务的权衡/协同效应(Pan et al., 2014)以及"生物多样性-生态系统功能-生态系统服务-人类福祉"之间的关系等方面(Egoh et al., 2009; Honigova et al., 2012; Adhikari and Hartemink, 2016)取得了一些成果。但由于草地分布面积广、类型多、生态系统服务多样性高等特征,目前在草地生态系统服务概念和准确量化等方面仍存在诸多不足,有关草地生态系统服务的定量研究尚有待于进一步明确和深入(Havstad et al., 2007; Honigova et al., 2012)。

因此,本章旨在综述草地的关键生态系统服务类型、主要量化方法和研究进展,阐述现有研究面临的问题和挑战,进而讨论草地生态系统服务研究的未来发展方向,以促进我国草地可持续发展。

9.1 草地及其生态系统服务概略

由于对草地概念理解上的差异,一些研究估算的世界草地面积有所不同(表 9.1)。根据 2000 年发表的《全球生态系统先导分析》(Pilot Analysis of Global Ecosystems, PAGE)报道,世界草地面积为 5254.4 万 km^2,占除永久冰盖外(即不包括格陵兰岛和南极)的全球陆地面积的 40.5%,拥有近 8 亿人口(White et al., 2000; 表 9.1)。这一报告被广泛引用,并视为全球草地资源估测的最权威来源之一(Gibson, 2009)。这里的"草地"一词是广义的,它包括所有以草本植物为主的植被类型(包括稀树草原,又称萨瓦纳),以木本灌木为主的荒漠和冻原,以及各种非自然的人工草地和放牧地。在植物群落学、植被生态学和植物地理学领域,中文"草原"一词是指以多年生旱生草本植物为主的植被类型,主要是分布在温带半干旱/干旱地区的欧亚草原(steppe)、北美草原(prairie)、南美草原(pampas)、非洲的维尔德(veld)和分布在热带/亚热带干旱地区的稀树草原(savanna)(杜占池等,2009)。概而言之,草原是分布在半干旱/干旱地区、以多年生草本植物为主的地带性自然植被;而草地则包括草原、荒漠和冻原以及非地带性(或隐域性)人工草本植物群落。显然,草地的含义要比草原更加宽泛。从生态学角度严格地说,灌木和乔木为主的群落的生态系统结构和功能与"草地"大相径庭。因此,本文在论及生态系统服务时,"草地"主要是指在不同气候带和不同土地利用情况下,以草本植物为主的土地覆盖类型。

草地生态系统服务是指草地生物多样性、生态系统结构和功能为满足人类生存、生活和幸福需求所提供的所有福利(包括产品、资源和环境)。草地为人类提供多种生态系统服务,除了食物、纤维、药物、能源等具有直接经济价值的产品,还以其巨大的生物多样性向人类提供气候调节、侵蚀控制、休憩旅游和传承民族文化等重要的非实物型服务(图 9.1)(Sala and Paruelo, 1997; Havstad et al., 2007; 韩国栋等, 2011;傅伯杰等,2012)。草地景观要素直接或间接地作用于生态系统结构和动态,进而影响其生态系统产品和服务(图 9.1)。随着气候变化和人类活动的不断加剧,草地及其生产力的时空格局在不断变化,对草地生态系统服务造成直接影响。因此,研究草地生态系统服务对于提高全球人类福祉和推进可持续发展至关重要(MEA, 2005; Havstad et al., 2007; Wu, 2013)。

我国天然草地总面积约为 400 万 km^2,约占我国国土总面积的 41.7%,主要分布在内蒙古高原、东北平原、黄土高原、青藏高原、新疆山地以及南方的草山草

表 9.1 世界草地的类型、面积及人口分布(参考 White et al., 2000,具体见附表 9.1~9.5)

草地类型	Whittaker 和 Likens (1975)①		Atjay 等 (1979)①		Olson 等(1983)		PAGE (White et al., 2000)		人口⑥/10^3
	面积/10^6 km^2	比例/%②	面积/10^6 km^2	比例/%②	面积/10^6 km^2	比例/%②	面积/10^6 km^2	比例/%②	
稀树草原	15.0	11.6	12.0	9.3	×	×	17.9	13.8	403 157
热带丛林和稀树草原	×	×	×	×	7.3	5.6	×	×	×
干燥稀树草原和丛林	8.5③	6.6	3.5	2.7	13.2④	10.2	×	×	×
灌丛⑤	×	×	7.0	5.4	×	×	16.5	12.7	231 441
非木本草地和灌丛	×	×	×	×	21.4	16.5	10.7	8.30	144 751
温带草原	9.0	7.0	12.5	9.7	×	×	×	×	
冻原	8.0	6.2	9.5	7.3	13.6	10.5	7.4	5.7	10 644
草地总面积/人口	40.5	31.3	44.5	34.4	55.5	42.8	52.5	40.5	789 993

注:×表明数据无法获取或已经归并到其他类别中;① 荒漠和半荒漠灌丛不包括在内;② 全球土地总面积为 129 476 000 km^2(不包括格陵兰岛和南极洲);③ 包括丛林和灌丛;④ 包括热带干燥型森林和丛林;⑤ 包括热带和温带到寒带的灌丛;⑥ 人口数据来源于基于行政单元的人口调查数据库。该数据被标准化到 1995 年以便和 PAGE 生态系统面积相匹配。

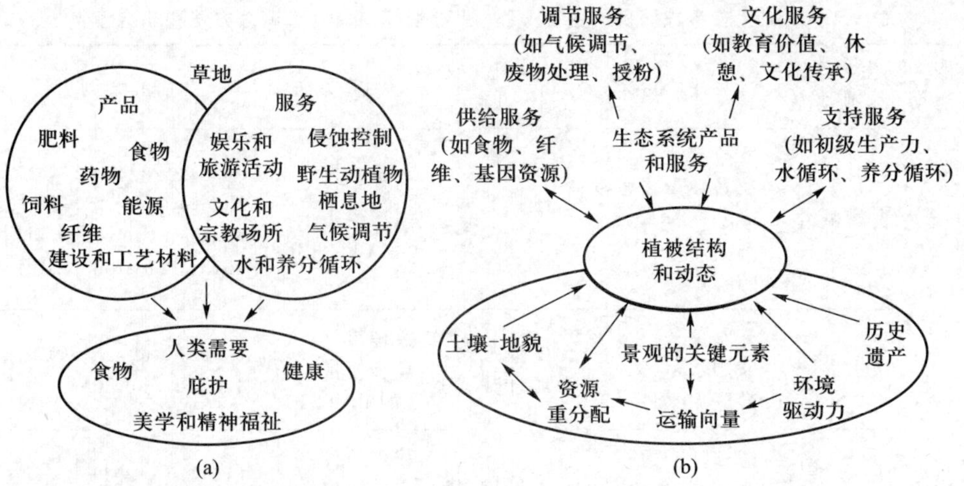

图 9.1　草地的主要生态系统服务及其与草地景观的关系：(a) 草地提供的主要产品和服务(White et al., 2000)；(b) 决定草地景观植被结构、动态及生态系统产品和服务的关键因子(Havstad et al., 2007)。

坡，是全球草地生态系统的重要组成部分(中华人民共和国农业部畜牧兽医司和全国畜牧兽医总站，1996；陈佐忠和汪诗平，2000)。20 世纪 80 年代以来，在快速的城市化驱动下，我国草地普遍存在着乱开滥垦、过度放牧等现象，加上粗放的经营方式，草地沙化、盐碱化日益扩展(傅伯杰等，2012；Wu et al., 2015a)。虽然 2000 年以来退耕还草政策的实施使得草地面积逐年增加，但长期的人类干扰导致很多物种灭绝或濒危，生物多样性和生态系统功能损失严重，土壤侵蚀、沙尘暴等生态环境问题突出(Wu et al., 2015a)。然而，气候变化和不合理的人类活动等仍在继续。这些压力如何改变草地时空格局，如何影响草地生物多样性和生态系统过程以及生态系统服务，是我国草地可持续发展中亟待解决的重要科学问题。有必要在明确草地生态系统服务类型和数量的基础上，开展深入研究。

9.2　草地生态系统服务的类型和量化方法

尽管生态系统服务有多种分类方法，目前应用最广的是 MEA(2005)的划分方案，即生态系统服务包括四类：支持服务、供给服务、调节服务和文化服务。支持服务实际上就是指生态系统功能或过程(如土壤形成、生产力和养分循环等)，它们来源于生物多样性和生态系统结构，同时又是生态系统服务的生态学基础(MEA, 2005；Wu, 2013)。因此，本文将重点讨论草地生态系统的供给、调节和文化三类服务。有关这些草地生态系统服务在文献中已有谈及(White et al., 2000；Honigova et al., 2012；见附表 9.6~9.8)，但类型和内容诸方面不尽相同。我们在总结前人研究的基础上，将草地的供给、调节和文化三类服务及其主

表 9.2 草地生态系统服务的主要类型、评价指标、数据源、测算方法和研究案例

服务类型	生态系统服务		评价指标	数据获取方法	测算方法	研究案例
供给服务	食物供给		牧草产量和等级; 家畜数量或密度; 牛奶产量; 肉类产量; 蜂蜜产量	统计数据; 实地调查	数理统计; 模型模拟 (如 CENTURY)	刘纪远等, 2009; Honigova et al., 2012; Martinez-Estevez et al., 2013; Pan et al., 2014
	淡水供给		产水量; 饮用水量; 灌溉用水量	实地观测; 统计数据	数理统计; 模型模拟 (如 InVEST)	Honigova et al., 2012; Tallis et al., 2013
	生物能源供给		植被生产力; 用于能源供给的草地资源比例	统计数据; 实地调查	数理统计; 模型模拟 (如 CASA)	Liu et al., 2012; Petz et al., 2014
	基因资源		动植物物种组成; 遗传多样性; 种内遗传变异性	实地调查	数理统计	Sala and Paruelo, 1997; Helm et al., 2009
	纤维供给		皮、毛产量	统计数据	数理统计	韩国栋等,2011
	药物资源		药物资源种类	实地调查	数理统计	Honigova et al., 2012
	生物栖息地		生物廊道面积	实地调查	数理统计	Honigova et al., 2012
	观赏资源		观赏植物种类	实地调查	数理统计	Honigova et al., 2012
调节服务	大气质量调节		拦截大气颗粒物; CO_2 吸收和 O_2 释放量	实地观测; 野外实验	数理统计	韩国栋等,2011; 肖玉等,2015
	气候调节		温度、降水量、风速; 地表辐射强迫; 地表反照率	实地观测; 样方调查; 遥感监测	数理统计; 模型模拟 (如 WRF)	Zhai et al., 2014; Cao et al., 2015
	碳固存		碳储量(生物碳储量、土壤碳储量等)	实地调查; 遥感监测	数理统计; 模型模拟 (如 CENTURY)	Parton et al., 1995; Piao et al., 2007; Xia et al., 2014
	侵蚀控制		土壤保持量	野外实验; 地面观测; 遥感监测	数理统计; 模型模拟 (如 RUSLE)	Fu et al., 2011; Tallis et al., 2013
			防风固沙量; ^{137}Cs 含量	野外实验; 实地观测; 遥感监测	数理统计; 模型模拟 (如 RWEQ)	Fryrear et al., 2001; Liu et al., 2008

续表

服务类型	生态系统服务	评价指标	数据获取方法	测算方法	研究案例
调节服务	水分调节	水源涵养量; 养分保持	实地观测; 遥感监测	数理统计; 模型模拟 (如 InVEST)	Egoh et al., 2008; Petz et al., 2014
	土壤养分维持	土壤有机质含量; 土壤全氮、全磷等含量	实地测量; 土壤普查	数理统计; 地统计分析	Egoh et al., 2008; van Eekeren et al., 2010
	入侵调节	入侵水平; 可入侵性	实地观测; 实地调查	数理统计	Honigova et al., 2012
	害虫控制	控制害虫种群的捕食者密度	实地调查	数理统计	Honigova et al., 2012
	废弃物分解	废弃物分解量	实地调查	经验模型	韩国栋等,2011
	传粉	开花植物的多样性	实地调查	数理统计	Honigova et al., 2012
文化服务	休憩和旅游	公园、历史古迹、生态园的数量; 生态旅游适宜性; 单位面积旅游人数	问卷调查; 统计数据	模型预测; GIS 空间化	Raudsepp-Hearne et al., 2010a; Lamarque et al., 2011; Lautenbach et al., 2011
	教育和科研	生态园区的数量; 生态观测站; 科研成果	统计数据	数理统计	陈佐忠,1999
	民族文化传承	草地面积比例	问卷调查	数理统计	Zhang et al., 2007

要内容加以整合,作为本章综述的主要对象(表 9.2)。

基于现有的研究,草地生态系统服务的数据源大致有三种(表 9.2):一是从政府部门统计数据中直接获取各行政单元内生态系统服务量(Smit et al., 2008; Pan et al., 2014)。二是通过地面观测、实地调查、野外实验或问卷座谈等方式来获取局部地区尺度草地生态系统服务的基础数据(Wen et al., 2013;Honigova et al., 2012)。三是基于遥感技术获取大尺度生态参数(Xia et al., 2014)。在许多研究中,这三种数据常被同时采用,来测算实际的或不同情景下的草地生态系统服务数量和时空格局。

生态系统服务的测算主要通过统计分析、模型模拟或两者结合的手段来实现。为了满足生态系统服务量化评估,一些综合集成模型应运而生。生态系统服务与权衡整合估测(Integrated Valuation of Ecosystem Services and Tradeoffs,InVEST)模型免费开源,由一系列模块和算法组成,可用于量化碳储量、产水量、水体净化、水土保持等多种生态系统服务（Tallis et al., 2013）。该模型因简单便捷、操作灵活，易于生态系统的空间表达和动态分析，在国内外生态系统服务评估中得到了广泛的应用（Nelson et al., 2009; Leh et al., 2013; 潘韬等，2013）。此外，还有能够模拟生态系统服务流的生态系统服务人工智能（Artificial Intelligence for Ecosystem Service，ARIES）模型（Bagstad et al., 2011），善于量化美学和休闲等生态系统服务社会价值的生态系统服务社会价值（Social Value for Ecosystem Services，SolVES）模型（Sherrouse and Semmens, 2015）等。但各类模型的开发均具有其特征尺度和地域背景，为了操作简便而做了一些假定和算法简化，可测算的服务类型也各有侧重。因此，在草地生态系统中应用时，不能盲目地利用综合模型进行多种生态系统服务的模拟，需要结合实地调查和实验分析进行参数的校验，选择合适的算法。下面，我们将三类生态系统服务的内容、研究进展和常用的测算方法逐一概述（表 9.2）。

9.2.1 供给服务

9.2.1.1 研究内容和进展

供给服务是维持人类生存和生活的最基本物质条件。草地能够为我们提供食物、淡水、皮毛纤维、生物能源和观赏植物，为动植物提供栖息地，同时也是动植物、药物资源的重要起源地。

食物供给是人类从草地所获得的最直接的收益。一方面，草地为牛、羊、马等食草家畜提供饲料（Archer and Predick, 2014）。美国肉牛的饲料中，牧草所占比例高达 57%（Barnes and Nelson, 2003）。禾本科和豆科等牧草资源的变化会直接影响畜牧业的发展（Honigova et al., 2012）。另一方面，家畜的肉、奶等是全球食物供给的重要组成部分，2010 年牛肉和羊肉供给量约占全球肉类总供给的 28%，肉类和奶类的能源总供应比猪肉和家禽肉类高出 37%（O'Mara, 2012）。随着人口的增加和经济的发展，我们对食物的需求在不断上升。预计到 2020 年，牛肉、羊肉和奶类的人均消费量将分别增加 13.9%、22% 和 22.2%（OECD and FAO, 2011）。当前草地面积的萎缩和草地退化与高品质肉奶需求的不断增加使草地食物供给服务面临挑战（Conant, 2010; O'Mara, 2012）。

草地生态系统伴随分布有永久性和季节性的河流、湖泊、沼泽等湿地，为人类提供淡水资源。例如，蜿蜒于呼伦贝尔草甸的额尔古纳河，有"塞外明珠"美誉的草原湖泊乌梁素海。这些湿地生态系统成就了游牧民族"逐水草而居"的传统生产方式，也是区域饮水、灌溉的主要来源。由于气候变化、过度放牧、不合理采矿和农业灌溉等原因，一些地区草地退化问题突出，淡水供给服务受到严重影响。例如，20 世纪 80 年代到 2010 年，蒙古高原经历了显著的草地退化和湖面萎缩，1 km^2 以上的湖泊数量从 785 个减少到 577 个；一些对国家甚至全球都很重要的湿地，如桃力庙-阿拉善湾海子湿地、奈曼西湖，已经全部干涸，直接影响到当地居民的生活（Tao et al., 2015）。

草地植物还是重要的生物能源。目前,很多国家和地区将“低投入高生物多样性”(low-input high-diversity)草地植物用作沼气原料或可更新的固体燃料(韩国栋等,2011)。在纤维素乙醇生产、生物燃料合成和天然气合成等方面,也具有很大的应用潜力(Prochnow et al., 2009)。在草地资源过剩的发达国家,草地用于生物能源的潜力更为显著,而发展中国家将仍然以牛羊的饲料供给为主。一直以来,如何权衡能源和饲料供给始终争论不休(Prochnow et al., 2009; Ceotto, 2008)。在我国内蒙古草地退化、生态系统功能和服务不断下降的背景下,生物能源的开发不能“与粮争地”,不能“以粮为纲”,不能滥垦草地。但是,为了改变以煤矿为主的能源结构,减少碳排放,适当地割草为生物燃料提供原料有利于维持高物种多样性和生产力水平,亦是草地永续利用的一种方式(刘瑾和邬建国, 2008; Liu et al., 2012)。

此外,草地生态系统是多种重要植物、昆虫、鸟类和真菌资源的基因库(Honigova et al., 2012)。很多驯养的动植物如小麦、洋葱、山羊、绵羊和牛等均起源于地中海的草地区域(Sala and Paruelo, 1997)。草地生态系统的破碎化以及当前稠密的人口密度给基因多样性带来了负面的影响(Helm et al., 2009)。很多药用植物也起源于草地,如贯叶连翘(*Hypericum perforatum*)、仙鹤草(*Agrimonia pilosa*)、长叶车前(*Plantago lanceolata*)。因此,草地的基因和药物资源对人类具有巨大的保护价值,它蕴含着更多有益于人类的新物种。

9.2.1.2 测算方法

(1) 食物供给

食物供给服务一般利用牧草产量和等级、家畜数量或密度、牛奶和肉类产量、蜂蜜产量等指标来表征。这些指标往往采用统计年鉴数据直接进行量化(Pan et al., 2014)。也有研究通过实地调查来获取单位面积的牧草产量或载畜量,进而结合模型模拟估算区域总供给量(Honigova et al., 2012; Martinez-Estevez et al., 2013)。

(2) 淡水供给

产水量是淡水供给的基本指标,根据区域用水结构可以推算饮用水量、灌溉用水量等。产水量的计算一般在观测和统计数据的支持下,采用 InVEST 的产水量模型来估算(Tallis et al., 2013)。该模型假设产水量是降水量和实际蒸散量的差值,一个流域中除去蒸散之外的所有水分都可直接提供给下游用户使用,基于 Budyko 曲线和年均降水量来计算区域产水量。具体公式如下(Tallis et al., 2013):

$$Y(x)=\left(1-\frac{AET(x)}{P(x)}\right)\cdot P(x) \tag{9-1}$$

式中,$Y(x)$ 表示像元 x 的年均产水量;$AET(x)$ 为像元 x 上的年实际蒸散量;$P(x)$ 为像元 x 上的年均降水量。$AET(x)/P(x)$ 代表 Budyko 曲线(Zhang et al.,

2001)(公式 9-2)。

$$\frac{AET_{xj}}{P_x}=\frac{1+\omega_x R_{xj}}{1+\omega_x R_{xj}+(1/R_{xj})} \tag{9-2}$$

式中,R_{xj}为土地覆盖类型j像元x的 Budyko 干旱维度,ω_x为像元x上植被的水分可利用系数。模型涉及的参数包括年降水量、年潜在蒸散量、土壤深度、植被可用水分比例、土地覆盖类型和根系深度等。由于模型是在亚流域到流域的尺度上发展而来,在流域尺度上对模型进行解译可靠性较高(Tallis et al., 2013)。

(3) 其他供给服务

草地在生物能源、基因和药物资源、生物栖息地以及观赏植物等方面的供给服务在文献中也有提及,但量化方法多以基于小尺度样方调查数据的统计分析为主。例如,Helm 等(2009)将样方调查与同工酶分析相结合探讨了欧洲草地质量指示物种凌风草(*Briza media* L.)的基因多样性。Wen 等(2013)在青藏高原不同退化程度高寒草地上进行样方调查,结合 Margalef 丰富度指数、Simpson 指数和 Pielou 均匀度指数揭示植物物种的多样性。这些研究虽然未对服务进行直接度量,但从不同的角度反映了草地的供给服务,方法值得借鉴。

9.2.2 调节服务

9.2.2.1 研究内容和进展

草地生态系统具有大气质量调节、气候调节、碳固存、侵蚀调节、水分调节、入侵调节、害虫控制、土壤养分维持、废弃物分解、传粉等多种调节服务。

草地能够有效调节大气质量。草地植被光合作用吸收 CO_2释放 O_2。根据光合作用和呼吸作用的反应方程式推算,每形成 1 g 干物质,吸收 1.62 g CO_2,释放 1.2 g O_2。同时,草地植被对于污染物和可吸入颗粒物等也有一定的拦截作用,研究表明北京城市草地 PM2.5 的削减量占城市绿地削减总量的 10%左右(肖玉等,2015)。

气候调节是受到较多关注的草地生态系统服务。一方面,草地通过调节温室气体和痕量气体(如 CO_2、CH_4、N_2O)含量来改变大气组成结构,影响大气温度。例如,草地反刍动物是大气中 CH_4的重要来源(Wang et al., 2009)。另一方面,草地生态状况的变化会直接改变地表反照率,影响地表辐射收支与能量平衡,从而引起温度、湿度、风速以及降水等气候要素发生变化,在局地、区域或全球尺度上产生具有和温室气体相当的、甚至更为显著的气候效应(郭旭东等,1999)。我国内蒙古地区 2001—2010 年的草地退化导致同期近地表气温明显上升,而农牧交错带南部的植被恢复具有显著的降温效应(Cao et al., 2015)。城市中草地植被可以增加夏季舒适感,缓解热岛效应。有研究表明,具有 50%草地 50%混凝土的区域的感热通量较全混凝土地面低 40%(Schneider et al., 2012)。

草地土壤和植被吸收并储存碳(即碳固存)的能力是草地生态系统的重要调节服务之一。草地生态系统单位面积碳储量较森林生态系统低,但由于面积分布广,其仍在全球碳存储中具有重要作用(MEA,2005)。由于草地分类系统、估算方法和研究尺度等因子的影响,各项研究得到的草地碳储量及变化不尽相同(Ni, 2002; 方精云等,2007; Piao et al., 2007; Fang et al., 2010; Xia et al., 2014)。在 1982—2006 年,全球草地生态系统地上植被年均生物碳储量在空间上与区域降水梯度呈现出相同的空间分布规律:欧洲和亚洲占总额的 41.7%;北美洲 19.7%;非洲 17.8%;南美洲 13.5%;澳大利亚和新西兰 7.3%(Xia et al., 2014)。主要是因为降水量的增加,在此期间,全球草地地上植被年均生物碳储量以每年 2.43 Tg C 的速率增加(Xia et al., 2014)。我国草地生态系统碳库约为 29.1 Pg C,其中 96.6%储存于土壤有机质中,过去 20 年草地生态系统处于中性碳汇状态,其时空变异受降水、土壤质地以及放牧、围封等因素的综合影响(Fang et al., 2010)。

草地生态系统控制土壤侵蚀的调节服务主要表现在抵抗风力和水力侵蚀两个方面。水力侵蚀主要发生在地形起伏较大的区域。草地植被可减少径流对土壤的冲刷,其水土保持能力明显高于其他植被类型。我国黄土高原相关资料显示,草地水土流失量仅为农田的 1/100~1/40,退耕还草是目前水土流失得以控制的一个主要原因(周寿荣,1998; Fu et al., 2011)。风力侵蚀过程中,草地可以通过增大空气动力学粗糙度、提高摩阻速率、拦截运动沙粒等降低侵蚀强度,风沙活动期的输沙量随同期植被盖度的增大呈指数减小(Wolfe and Nickling, 1993)。Yan 等(2011)的野外实验结果表明,我国北方半干旱草地植被盖度达到 75%以后,植被拦截沙尘的能力稳定在无植被条件下的 2.1 倍。巩国丽等(2014)在内蒙古典型草原区的研究发现,草地风蚀控制率的分布特征与植被盖度基本一致。

草地生态系统主要分布在半干旱/干旱地区,水分是这些地区生物生产的关键限制因子。因此,草地对局地和区域水循环、再分配以及水质的调节作用非常重要(MEA, 2005)。草地水分调节服务主要表现为植被对地表径流、洪水、含水层水补给等过程的时空格局的影响。但是,草地水流总量并非由草地生态系统本身提供,而主要取决于降水量和格局,同时受区域气候系统、地形等非生物因素的影响。草地生态系统在其中的作用在于植被覆盖稳定了土壤,过滤了污染物,调节了水量和水质(Egoh et al., 2008)。研究表明,草地减少地表径流的能力比农田高 20%,比城市地区高 50%(Honigova et al., 2012)。Saha 和 Kukal (2015)在喜马拉雅南麓的印度西北低海拔地区研究发现,0~15 cm 表层土壤中的草地土壤最大持水能力(38.8%)明显高于林地(37.1%)和农田(20.7%)。因此,在水分调节方面,草地生态系统不只是森林和湿地生态系统的重要补充,而且在广袤的半干旱/干旱地区具有独特的、不可取代的关键作用。

除上述服务之外,草地控制生物入侵和害虫爆发、降解废弃物、保持养分以及促进植物传粉等调节服务也不可忽视。对入侵种的抗性是草地生态系统控制病虫害的一个途径。草地生态系统的物种多样性可控制害虫种群的繁衍,进而提高生产力(Honigova et al., 2012)。一般来讲,人类活动主导干扰较大的低地栖息地外来种的可入侵性最高,刈割和放牧草地等处于中等水平,而土壤养分贫瘠的高山和亚高山草地可入侵性相对较低(Chytry et al., 2008)。牲畜放牧过程中,大量排泄物散落在草地生态系统中,在自然风化、淋滤以及微生物分解等综合作用下得以降解,养分归还草地生态系统。许多野生植物传粉服务是草地独具、其他生态系统无法代劳的。例如,草地生态系统是一些野生授粉品种,如食蚜蝇、大黄蜂、野生蜜蜂的重要栖息地。

9.2.2.2 测算方法

调节服务的量化研究较其他类型服务更为广泛(表 9.2)。在大气质量调节服务测算中,一般通过实地调查草地叶面积指数,结合污染物浓度、沉降速率、重悬浮率等参数,估算区域污染物的削减量(肖玉等,2015)。土壤养分维持通常以土壤普查数据和实地调查数据为基础,通过统计分析和空间插值等获取服务的时空格局(van Eekeren et al., 2010)。入侵调节、害虫控制、废弃物分解和传粉等服务也均以基于实地调查的统计分析为主(Honigova et al., 2012; 韩国栋等,2011)。气候调节、碳固存、侵蚀调节和水分调节服务的研究相对较多,当前已经开始尝试综合采用地面观测、实地调查和遥感监测等数据,结合数理统计和模型模拟手段,更客观、准确地衡量(Eogh et al., 2008; Pan et al., 2014)。本节也重点介绍这 4 项服务的评估方法。

(1) 气候调节

通常利用温度、降水量、风速、地表反照率、地表辐射强迫等指标来表征气候调节服务。在小尺度或局地尺度上,草地对气候条件的影响可以通过用气象仪器直接测定,或通过高分辨率遥感(如热红外图像)数据来分析(Goetz et al., 1995; Feng and Zhao, 2015)。在中尺度或区域尺度上,遥感和动态模拟成为主要研究手段,在城市热岛和城市冷岛的研究中应用尤为广泛(Voogt and Oke, 2003; Weng et al., 2004; Lazzarini et al., 2013)。例如,热红外遥感可以用来量化区域各种土地覆盖的温度格局,从而估算草地以及其他植被类型对温度的影响(Weng et al., 2004)。天气研究和预测模型(Weather Research and Forecasting Model, WRF)是一个目前应用广泛的、研究地表特征如何影响区域气候的计算机模拟模型,可以用于研究草地的气候调节效应。该气候模式是美国开发的新一代基于地表和大气耦合过程的中尺度气候/气象预报模式系统(Skamarock et al., 2008)。通过对该模式中土地覆盖类型、植被盖度、叶面积指数、地表反照率等地表生物物理参数本地化,WRF 可以比较精确地模拟区域范围内温度、降水、风速等气候要素的时空分布(Tao et al., 2013; Cao et al., 2015)。WRF 模型在我国农牧交错区的应用研究表明,在过去几十年中内蒙古地区草地植被的变化对区域气候的时空格局有重要影响(Cao et al., 2015)。

(2) 碳固存

碳固存服务通常是通过测量碳储量来估算的。草地生态系统碳储量一般包括地表植被碳储量、地下根系碳储量、土壤碳储量和枯落物碳储量四个部分。具体方法包括实地直接测量、基于实测数据和遥感数据的统计方法和基于生态系统过程的动态模拟方法。例如,根据植被碳储量与归一化植被指数(NDVI)之间的统计关系,Piao 等(2007)建立了以下经验模型来估算植被碳储量:

$$C_{AB}=291.64\times NDVI^{1.5842} \quad (R^2=0.72, P<0.001) \tag{9-3}$$

式中,C_{AB}为地表植被碳储量($g \cdot cm^{-2}$)。在此基础上,可以根据地上和地下碳储量之比以及植被和土壤碳储量之比,进而分别求得不同草地类型的地下根系和土壤的碳储量(Ni, 2002; Piao et al., 2007)。

利用生态系统过程模型来研究草地系统的初级生产力和养分动态已有近50年的历史。这些模型可以直接用来模拟草地生态系统的碳固存能力和动态。CENTURY 是一个耦合植物和土壤过程的生态系统模型,已经成为草地生态系统碳固存服务评估的主要模型之一,在土壤碳库的研究中应用尤为广泛(Parton et al., 1993, 1995; 张存厚等,2014)。CENTURY 包括植物生产力模块、土壤有机质模块和土壤水分运动模块。模型输入参数有月均最高和最低温度、月均降水量、土壤质地和土层厚度、植被类型和大气 CO_2水平等,主要输出包括碳和氮通量、净初级生产力(net primary production, NPP)及土壤有机质含量等。模型物理和生态学意义清晰,充分考虑了水分、养分以及管理措施对生态系统碳循环和生产力的调节作用,应用广泛,模拟结果比较可靠。大多数其他草地生态系统模型的地下部分是参照 CENTURY 发展的,或大同小异。

(3) 侵蚀调节

土壤侵蚀调节服务一般是通过计算侵蚀过程中的土壤保持量或土壤保有率来度量的。其公式分别是(Fu et al., 2011)

$$Q=Q_p-Q_a \tag{9-4}$$

$$Q'=\frac{Q_p-Q_a}{Q_p} \tag{9-5}$$

式中,Q 为土壤保持量;Q'为土壤保有率;Q_p为潜在土壤流失量,即在没有植被覆盖和土壤侵蚀控制措施情况下的土壤流失量;Q_a为实际土壤流失量。

土壤侵蚀分为水蚀和风蚀。水蚀过程中的土壤流失量可以通过野外径流小区观测、人工降雨实验以及土壤水蚀预报模型等手段获取。观测和实验是研究水土流失规律与土壤侵蚀机制、建立土壤水蚀评估模型的重要基础(Polyakov and Lal, 2004; Wei et al., 2007)。当前应用最广泛的土壤水蚀评估模型是美国农业部发展的“修订版通用土壤流失方程”(revised universal soil loss equation, RUSLE)(Renard et al., 1991, 2011)。RUSLE 通过综合考虑降雨侵蚀力、土壤可蚀性、坡度、坡长、植被覆盖和管理实践等因子来估算年土壤流失量(Renard et al., 1991, 2011; Renard and Ferreira, 1993; Fu et al., 2011):

$$A = R \cdot K \cdot LS \cdot C \cdot P \tag{9-6}$$

式中,A 为土壤流失量($t \cdot hm^{-2} \cdot a^{-1}$);$R$ 为降雨侵蚀力系数($MJ \cdot mm \cdot hm^{-2} \cdot h^{-1} \cdot a^{-1}$),可表达为降雨量的函数;$K$ 为土壤可蚀系数($t \cdot hm^{2} \cdot h \cdot hm^{-2} \cdot MJ^{-1} \cdot mm^{-1}$),主要与土壤物理结构相关;$LS$ 为坡长、坡度因子,是 RUSLE 最关键的因子之一;C 为植被覆盖因子,无量纲,可根据地类进行设定或通过遥感指标反演获得;P 为土壤保护实践因子,无量纲,可根据土地覆盖、地形等具体情况进行计算。

RUSLE 是经验模型,不考虑土壤侵蚀的物理过程。虽然它在世界各地得以广泛应用,但模拟结果优劣不一,受到许多因子的影响(Nearing et al., 2005; Renard et al., 2011)。土壤水蚀过程的机理模型中,较为常见的是水蚀预测模型(water erosion prediction project, WEPP)(Nearing et al., 1989; Nearing et al., 2005)。它是美国农业部采用比 RUSLE 更为复杂的过程/机理模型途径发展而来的,具有较强的机理解释能力和预测环境变化对土壤流失影响的功能,但模型的应用和精度往往受到数据的限制。近些年来,美国农业部还在 WEPP 的基础上发展了放牧地水文和土壤侵蚀模型(rangeland hydrology and erosion model, RHEM)(Nearing et al., 2011)。RHEM 是 WEPP 的改进版,更适合于模拟退化程度不同的草地的土壤水蚀过程和水土保持功能(Al-Hamdan et al., 2015)。

风蚀过程中土壤流失量的测量主要有风洞实验、野外实验观测和模型模拟等手段(胡云锋等,2003;Shao, 2008)。风洞实验更多地被用于探索风蚀的物理机制,适合于断面尺度上的研究,时间尺度也最小,以小时甚至分钟为监测单元(Hong et al., 2014)。野外实验观测一般适用于斑块尺度的研究,假设同一斑块上土壤风蚀的过程和强度是一致的。观测数据一方面可以用于建立植被等因子与输沙率之间的经验模型(Wasson and Nanninga, 1986; Lancaster and Baas, 1998; Yan et al., 2011),另一方面也是模型参数本地化和结果验证的重要数据源(Zobeck et al., 2000, 2003; van Pelt and Zobeck, 2004; Buschiazzo and Zobeck, 2008)。此外,基于放射性元素 ^{137}Cs 在土壤中的含量与分布特征来探究风蚀过程和强度,正逐渐成为野外调查的一项重要内容(Zhang et al., 2007; Liu et al., 2008)。在景观、区域或更大的空间尺度上,风蚀模型被越来越多的研究者接受。以美国为代表的国家先后开发了风蚀方程(wind erosion equation, WEQ)、修正版的风蚀方程(revised wind erosion equation, RWEQ)和风蚀预报系统(wind erosion prediction system, WEPS)等多个土壤风蚀模型。其中,RWEQ 在草地生态系统中得到成功应用(巩国丽等, 2014)。

RWEQ 模型综合考虑气象条件、地表粗糙度、土壤可蚀性、土壤结皮、植被覆盖等因子来计算土壤流失量,具体可以表示为(Fryrear et al., 2001)

$$Q_x = \frac{2x}{s^2} Q_{\max} \exp\left[-\left(\frac{x}{s} \right)^2 \right] \tag{9-7}$$

$$Q_{\max} = 109.8(WF \cdot EF \cdot SCF \cdot K' \cdot COG) \tag{9-8}$$

$$s = 150.71(WF \cdot EF \cdot SCF \cdot K' \cdot COG)^{-0.3711} \tag{9-9}$$

式中,Q_x为土壤风蚀量($g \cdot m^{-2} \cdot a^{-1}$),$x$ 为地块长度(m);$Q_{\max}$表示距上风向距离 x 处风力的最大输沙能力($kg \cdot m^{-1}$);s 为关键地块长度(m);WF 表示气候因子($kg \cdot m^{-1}$),可基于风速、空气密度、土壤湿度等因子计算求得;EF 表示土壤可蚀性因子(无量纲),SCF 表示土壤结皮因子(无量纲),两者均可通过土壤结构和有机质含量计算求得;K'表示土壤糙度因子(无量纲);COG 表示综合植被因子,包括生长植被与枯萎植被(无量纲),可根据 NDVI 数据反演获取(巩国丽等,2014)。

(4) 水分调节

水分调节通常以水源涵养量为水量调节评价指标,以养分保留量为水质调节评价指标。该服务在森林生态系统中研究较多,可以借鉴其研究思路在草地生态系统中开展相关研究。

水源涵养量的常用计算方法有综合蓄水能力法、水量平衡法、降水储存量法等。综合蓄水能力法考虑冠层、枯落物及土壤层的水分截留,主要衡量水分的最大涵养能力,并非实际水源涵养量(司今等,2011)。水量平衡法根据年平均降水量与蒸散量之差,或再减去径流量来估算土壤层的涵养量,也可以在我们前文所述的产水量基础上获得(Tallis et al., 2013)。降水储存量法将草地与裸地相比的径流减少量定义为水源涵养量(李文华,2008)。后两类方法主要利用区域降雨、径流及蒸发等数据,衡量在具体气候条件下的水源涵养量,数值更接近于实际的水源涵养量(司今等,2011)。降水储存量法可以具体表示为(李文华,2008)

$$Q = \sum_i P_i \cdot k \cdot (R_{bi} - R_{gi}) \tag{9-10}$$

式中,Q 为与裸地相比,单位面积草地涵养水分的增加量;i 为生长季节月份;P_i为 i 月的多年平均降雨量;k 为产流降水量占总降水量的比例;R_{bi}和 R_{gi}分别为 i 月产流降水条件下,裸地和草地的降水径流率。由于对水源涵养内涵理解的不同,上述计算方法所得结果存在较大差异。

养分保留量的计算方法也有多种,但在生态系统服务文献中常用的是 InVEST 模型中的水质净化养分保留模型(water purification nutrient retention model),它能够综合考虑土壤类型、降水量、植被类型等驱动因素,计算每个像元上的养分保留量(Tallis et al., 2013)。具体计算方法为

$$ALV_x = HSS_x \cdot pol_x \tag{9-11}$$

式中,ALV_x为像元 x 调节的养分载荷值;HSS_x为像元 x 的水文敏感分值,可通过

产水量(公式 9-1)计算获得;pol_x为像元 x 的输出系数,结合野外实验测量获取。

9.2.3 文化服务

9.2.3.1 研究内容和进展

生态系统的供给服务与人类生存息息相关,其重要性显而易见;调节服务和文化服务的重要性亦必将随着社会的发展而日益突出(Raudsepp-Hearne et al., 2010b; Yahdjian et al., 2015)。随着人们物质生活和教育水平的提高,不但草地生态系统的产品供给和生态调节服务倍受关注,而且草地景观的各种文化服务(如生态休憩、欣赏自然和文化传承)亦受到越来越多的重视。自然赋予草原蓝天白云、绿草如茵的美丽景观。"天苍苍,野茫茫,风吹草低见牛羊",这首南北朝时期敕勒族的民歌《敕勒歌》正是描绘天高云淡、生机盎然的内蒙古草原的美丽景色。草地景观可提供休憩、美学和旅游等服务,如草地漫步、民族歌舞、避暑、骑马、钓鱼和观鸟等。近年来,草地生态旅游迅速发展,已形成大量草地旅游区,如康西草原、坝上草地、祁连山草地、呼伦贝尔草原等风景区,从旅游获得的收入也不断增加(韩国栋等,2011)。

草地生态系统拥有许多珍稀的植物、动物和昆虫资源,有独特而丰富的生物多样性,具有重要的教育和科研价值(Honigova et al., 2012)。我国已在甘肃民勤,内蒙古鄂尔多斯、锡林郭勒,青海海北、河北沽源、呼伦贝尔、青藏高原等地区建立了多个国家级草地生态系统定位研究站,开展大气、植物、动物、土壤、水文等多方面的系统观测和研究,在草地生态系统环境因子、草地生态系统群落结构、草地资源管理与草地畜牧业可持续发展等方面有了深刻的认识(康乐和陈永林,1994;Gao et al., 1996; 李博,1997;李凌浩,1998;Bai et al., 2004; Han et al., 2008; Fang et al., 2010; Yuan et al., 2015)。同时培养了大量人才,为学科发展和国家建设做出了重要贡献(陈佐忠,1999)。

草原民族文化是草原生态系统一种独特的服务类型,健康的草地生态系统是草原民族文化维持不衰并传承发展的载体。游牧是草原文化衍发的基础,随水草迁徙和畜牧,长久以来赋予了草原人民独有的坚毅、豁达的性格,自由灵动的文艺创作,惟妙惟肖的民族舞蹈以及敬畏自然、珍爱自然的朴素的自然伦理观(任继周等, 2010)。与农耕文化相比,草原游牧文化有利于草原生态环境的保护,一直以来游牧和农耕文化的冲突影响着土地荒漠化和区域可持续发展(Zhang et al., 2007; Wu et al., 2015a)。然而,传统的游牧方式虽然在过去能够满足低生产力的"维持生计型可持续",但已无法满足现在人口和畜群超过草地承载力的许多地区(如内蒙古草原)的可持续发展的需求;在什么时空尺度上"游牧"以及如何"游牧"是当今草地可持续发展的一个亟待解决的根本问题(Wu et al., 2015a)。

9.2.3.2 测算方法

由于文化服务产生及获取的主观性以及消费过程的非消耗性,其合理量化成为目前生态系统服务研究中面临的一个重要挑战(Schaich et al., 2010)。现有研究多以参与式调查为主要数据获取手段,通过访谈、问卷或座谈等方式了解不同主体对生态系统美学、休憩、旅游、文化传承、教育和科研等服务重要性的认识和评估,定性描述与定量分析相结合来量化文化服务(Lamarque et al., 2011)。除了草地面积比例、游客人数等指标的统计分析外,本小节参考相关研究,概括了两种主要的方法,以启发我们在草地生态系统文化服务方面的定量研究。

(1) 户外休憩指数

Lautenbach 等(2011)发展了户外休憩指数来综合表示文化服务的状态和变化。该指数主要包括两个方面:一是区域适宜的户外休憩面积;二是这些休憩区域的通达性。指数具体可以表示为

$$I_1 = \sum_{i=1}^{n} A_{si} \tag{9-12}$$

$$I_2 = \sum_{j=1}^{m} A_{sj} \tag{9-13}$$

式中,I_1表示区域适宜的户外休憩面积,定义为所有无噪音、无污染斑块面积之和;A_{si}可看成第 i 个适宜斑块的面积,可通过设定适宜条件确定,如公路两侧 500 m缓冲区以外;I_2为符合通达性条件的草地斑块总面积;A_{sj}可看成第 j 个可通达的斑块的面积,可以通过设定通达性阈值来确定,如汽车半小时到达。

(2) 参与式调查与 GIS 空间化

将参与式调查与地理信息系统(GIS)相结合,是文化服务评估的重要手段(Schaich et al., 2010; Darvill and Lindo, 2016)。首先,在局地尺度上,对农牧民、游客、管理者等不同主体进行抽样调查,根据评价目标设计问题,如:

- 是否有宗教圣地? 在哪里? (精神/宗教服务)
- 哪里的景观最美? (美学服务)
- 闲暇时间在哪里休憩? (休憩/旅游服务)
- 是否放牧? 采用何种形式? (民族文化)
- 各项文化服务重要性排序。

将调查结果数量化、空间化,结合 GIS 技术进行空间叠加、聚类等分析,直观展现草地生态系统的文化服务。

9.3 草地生态系统服务研究存在的问题和挑战

生态系统服务研究日益重视生态系统服务的形成和控制机理、多尺度分析和监测、社会-经济-自然综合评价和面向管理对策等多个方面。与森林和湿地生态系统相比,目前草地生态系统服务的相关研究较少。但学者从不同的角度

探讨了相关生态系统服务,取得了一定成果,同时也存在不少问题和挑战。

9.3.1 对草地生态系统服务缺乏深入的生态学理解

对于草地生态系统服务,或者说生态系统服务,在学术界仍然有一种误解,即将其与生态系统服务价值混为一谈。这类混淆视听的文章在外文和中文文献中屡见不鲜。追根溯源,这一现象的形成和延续在相当程度上是因为对Costanza 等(1997)以及相关研究的错误理解和盲目滥用。价值化方法往往缺乏动态性和空间异质性,容易忽略不同条件下(如草地类型、健康水平、覆盖程度)草地生态系统服务的差异。而且人们对生态系统服务价值的支付意愿和能力因社会经济发展水平而不同,导致这类评价体系时空可比性差。草地生态系统服务并非一定要价值化或货币化;去价值化的生态系统服务测量更为基础、更为重要、更为迫切、更需要生态学家和其他科学家来高度关注和深入研究(Wu, 2013; Silvertown, 2015)。

此外,我们对草地生态系统服务在自然和社会经济系统中的作用缺乏深入的理解。近年来,国内外围绕草地生态系统服务已经开展了一系列研究,但针对“服务”如何促进草地生态系统的保护和管理,进而提高人类福祉,研究甚少,理解浅薄。一个重要原因是我们对生态系统服务如何连接自然和社会经济系统,即生物多样性如何影响生态系统功能和服务、生态系统服务如何转化为人类福祉,这些重要科学问题仍然缺乏深入的理解(傅伯杰,2010;Fu et al., 2013; Wu et al., 2015b)。目前关于生物多样性和生态功能关系的假说(如稳定性假说、铆钉假说、冗余假说、不确定性假说)仍存在争议,且在草地生态系统中缺乏验证(Wu et al., 2015b)。虽然已有研究通过净初级生产力对水土保持、地表产水的影响来探讨生态系统功能对生态系统服务的作用(Su and Fu, 2013; Pan et al., 2014),通过生物多样性指标和生态系统服务的空间叠加和相关分析,揭示两者之间的关系,但由于研究尺度差异、草地类型的多样性、实验设计的局限性、生态系统服务指标选择的片面性等原因,能够为决策提供依据的“可操作性”(operational)生态学知识依然罕见。

9.3.2 缺乏对草地生态系统服务全面而系统的研究

明确草地生态系统服务变化的驱动机制是有效开展草地管理实践的前提,但我们对此还缺乏系统、全面的理解。气候变化(Parton et al., 1995; Xia et al., 2014)、草地向农田的转化(Wang et al., 2008)、草地利用格局(Fu et al., 2000)、草地利用强度(Han et al., 2008)等均会引起草地生态系统服务的变化(傅伯杰和张立伟,2014;Byrd et al., 2015)。然而,受数据获取、生态系统服务量化方法等因素的制约,现有研究多集中于揭示气候变化或土地利用变化对部分供给服务(如奶类供给)和调节服务(如土壤保持、碳固存、水量调节)的影响,而对于草地一些关键的或特有的服务(如防风固沙、民族文化传承)关注不足。

正确理解和量化草地生态系统服务之间的权衡和协同关系,是草地生态系统优化调控的基础,但相关研究还很薄弱。草地生态系统服务权衡关系包括:类型间权衡(如同一空间中不同类型服务表现出负相关)、空间权衡(如农牧业用地冲突、上游过度放牧的草地退化会增加下游水体泥沙含量)和时间权衡(如短期载畜量增加导致长期草地退化、草地初级生产力降低、供给和调节服务减弱)(Rodriguez et al., 2006)。目前,有关权衡关系研究得出的一个较为普遍的结论是,草地供给服务的增加可能会导致水源涵养、碳固存等调节服务的减少(Pan et al., 2014)。然而,这方面的研究还停留在基于统计方法的数据分析层面,对于权衡关系的时空尺度效应、影响因素和控制机理尚有待于进一步研究。

为草地生态系统管理提供决策支持并实现草地的可持续利用是草地生态系统服务研究的终极目标(Egoh et al., 2011; Byrd et al., 2015)。但是,由于缺乏全面而系统的研究,草地生态系统服务在草地管理和规划实践中的指导作用尚未得到有效的发挥。正确理解生态系统服务的相关概念,全面而准确地量化草地关键生态系统服务,客观认识草地生态系统服务变化的驱动机制,并把握供给、调节和文化服务之间的权衡是生态系统服务研究有效指导草地管理实践的必要步骤,也是今后草地生态系统服务研究面临的挑战。

9.3.3　缺乏多尺度和尺度推绎研究

草地生态系统的结构和功能表现在一定的时空尺度上,因此,人类从草地生态系统获得利益的大小具有尺度效应(邬建国,2007;傅伯杰,2010)。一方面是时间尺度,短期研究不能揭示数年或几十年的变化趋势,也不能解释这些变化的因果关系。需要对生态系统服务的现状及其未来长期变化趋势做出客观、准确的评估。另一方面是空间尺度,草地斑块尺度、景观尺度、区域尺度及全球尺度生态系统服务的内涵和格局会有所不同。例如,在局地和景观尺度上,草地的饲料和家畜肉奶供给服务非常重要,关系到当地人民之福利;而在区域和全球尺度上,气候调节和碳固存服务更令人关注。明确草地生态系统服务的特征尺度,开展多尺度研究,能够满足不同层次的决策者的信息需求,对于草地的保护和管理规划具有重要意义(MEA, 2005; Wu, 2013)。

不同时空尺度上方法的整合和集成,即尺度推绎是生态系统服务研究的重点和难点。不同尺度上生态系统服务的评估有不同的内容和方法,如局地尺度碳固存服务以实地调查和统计分析为主,而在区域或全球尺度上则更多地依赖遥感数据和生态系统模型。目前,对于草地生态系统服务的评估与深入研究多集中于某一个尺度,依据区域特征和数据的可获取性来选择研究方法,这不利于研究结果的对比和集成。任何一个模型或方法都不能胜任所有时空尺度、所有生态系统的计算,在特定地区完善和改良现有模型,做好参数的本地化是必要和重要的。生态系统观测研究网络的发展、“3S”技术(遥感、地理信息系统、全球导航卫星系统)的进步以及评价模型的成熟,使得观测数据、遥感数据和模型有效地耦合,发展适用于多尺度草地生态系统的方法体系成为可能。

9.4 草地生态系统服务研究展望

草地生态系统在全球生物圈反馈调节过程中发挥着重要作用。在未来草地生态系统服务的研究中，我们需要进一步深入理解和量化草地生态系统服务，针对当前草地生态系统服务研究中的问题，以“多尺度-多方法-多视角”为原则，系统开展草地生态系统服务研究，发展基于生态系统服务的、多主体参与的草地可持续管理范式。为了促进实现这一目标，我们基于现有生态系统服务研究框架（傅伯杰等，2001；MEA，2005；Fisher et al.，2013；Wu，2013；邬建国等，2014a，2014b；Fu et al.，2015），提出一个基于“压力-状态-响应”的草地生态系统可持续研究框架（图 9.2）。在遥感和 GIS 技术的支持下，综合采用地面观测数据、实地调查数据和遥感监测数据等，运用数理统计、模型模拟和情景分析等多种研究方法，从草地生态系统的压力、状态以及决策响应等多个视角，开展多时空尺度研究。

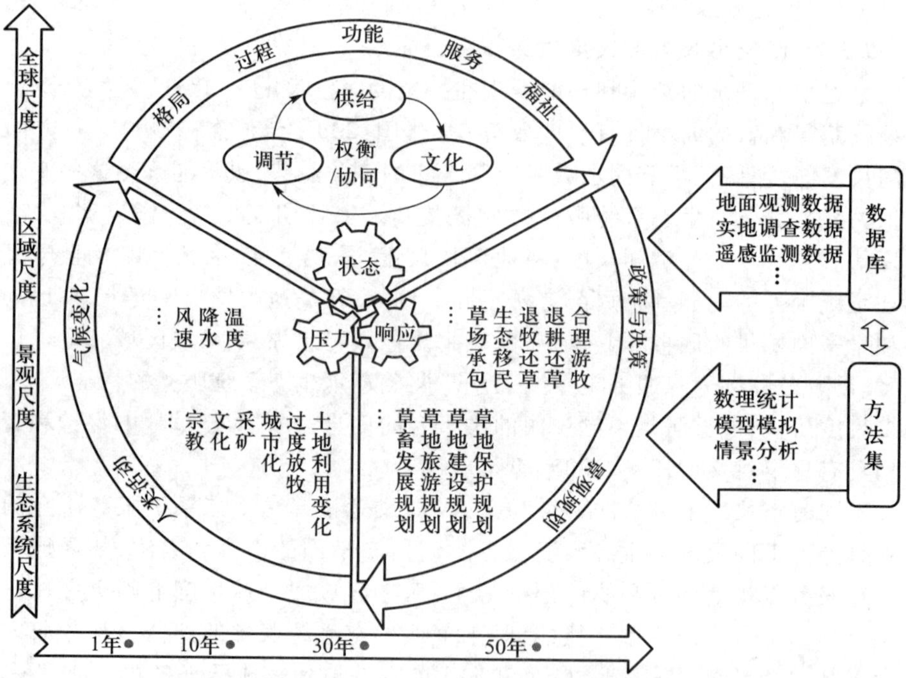

图 9.2 基于“压力-状态-响应”的草地生态系统可持续研究框架。

压力、状态和响应环环相扣。压力，即气候变化和人类活动给草地生态系统带来的负荷。重点探讨与生态系统服务密切相关的土地利用变化、过度放牧、采矿等人类活动以及温度、降水和风速等气候要素对草地生态系统服务变化的驱动机制。状态，即草地生态系统和人类生态系统的现状和条件。对于状态的研究，一方面要量化草地格局、草地生态系统过程和功能、草地生态系统服务及人类福祉的现状和历史变化趋势；另一方面，要深入探讨各个组分之间的相互作用与反馈关系，从而理解草地格局、过程和功能对各类型草地生态系统服务的影响和调控机制。响应，即人类为减缓压力、改善状态、增进草地可持续利用所采取的对策与措施。通过土地系统设计和规划来改善草地供给、调节和文化服务之间的关系，提高人类福祉是关键所在（邬建国等，2014a，2014b）。例如，科学定量地提出包括合理游牧、退耕还草、退牧还草、生态移民和草场承包等在内的政策与决策建议；以景观规划为抓手，实现草地有序利用和福祉稳步提高的良性循环。

生态系统服务研究是景观可持续科学不可或缺的一部分，草地生态系统服务是草地景观可持续和人类生存可持续研究的重要抓手（Wu，2013；邬建国等，2014a，2014b）。上述景观可持续科学和“压力-状态-响应”框架将有利于扩宽和深化现有草地生态系统服务研究，为解决区域尺度“生态保护与经济发展”这一矛盾提供新的途径，为我国建设生态安全绿色屏障、实现美丽中国和生态文明起到积极的推动作用。

致谢

非常感谢刘志锋、郝蕊芳、孙泽祥、张达、周兵兵等对本章初稿提出的宝贵建议。本研究的资助来自于“973计划”项目（2014CB954302，2014CB954300）。

参考文献

陈佐忠，汪诗平. 2000. 中国典型草原生态系统. 北京：科学出版社.

陈佐忠. 1999. 草原生态系统20年定位研究进展与展望. 中国草地(3)：1-10.

杜占池，樊江文，钟华平. 2009. 草原、草地与牧地辨析. 草业与畜牧，164(7)：1-7.

方精云，郭兆迪，朴世龙，陈安平. 2007. 1981～2000年中国陆地植被碳汇的估算. 中国科学(D辑：地球科学)，37(6)：804-812.

傅伯杰，刘世梁，马克明. 2001. 生态系统综合评价的内容与方法. 生态学报，21(11)：1885-1892.

傅伯杰，张立伟. 2014. 土地利用变化与生态系统服务：概念、方法与进展. 地理科学进展，33(4)：441-446.

傅伯杰，吕一河，高光耀. 2012. 中国主要陆地生态系统服务与生态安全研究的重要进展. 自然杂志，34(5)：261-272.

傅伯杰. 2010. 我国生态系统研究的发展趋势与优先领域. 地理研究，29(3)：383-396.

巩国丽，刘纪远，邵全琴. 2014. 草地覆盖度变化对生态系统防风固沙服务的影响分析——以内蒙古典型草原区为例. 地球信息科学学报，16(3)：426-434.

郭旭东，陈利顶，傅伯杰. 1999. 土地利用/土地覆被变化对区域生态环境的影响. 环境科学进展, 7(6): 66-75.

韩国栋,越萌莉,红梅,王忠武,郑淑华. 2011. 草地生态系统健康与服务及其适应性管理. 见: 邬建国, 李凤民. 现代生态学讲座(Ⅴ): 宏观生态学与可持续性科学. 北京: 高等教育出版社.

胡云锋, 刘纪远, 庄大方. 2003. 土壤风力侵蚀研究现状与进展. 地理科学进展, 22(3): 288-295.

康乐, 陈永林. 1994. 草原蝗虫营养生态位的研究. 昆虫学报, 37(2): 178-189.

李博. 1997. 中国北方草地退化及其防治对策. 中国农业科学, 30(6): 1-9.

李凌浩. 1998. 土地利用变化对草原生态系统土壤碳贮量的影响. 植物生态学报, 22(4): 300-302.

李文华. 2008. 生态系统服务功能价值评估的理论、方法与应用. 北京: 中国人民大学出版社.

刘纪远, 邵全琴, 樊江文. 2009. 三江源区草地生态系统综合评估指标体系. 地理研究, 28(2): 273-283.

刘瑾, 邬建国. 2008. 生物燃料的发展现状与前景. 生态学报, 28(4): 1339-1353.

欧阳志云, 王效科, 苗鸿. 1999. 中国陆地生态系统服务功能及其生态经济价值的初步研究. 生态学报, 19(5): 607-613.

潘韬, 吴绍洪, 戴尔阜, 刘玉洁. 2013. 基于 InVEST 模型的三江源区生态系统水源供给服务时空变化. 应用生态学报, 24(1): 183-189.

任继周, 侯扶江, 胥刚. 2010. 草原文化的保持与传承. 草业科学, 27(12): 5-10.

司今, 韩鹏, 赵春龙. 2011. 森林水源涵养价值核算方法评述与实例研究. 自然资源学报, 26(12): 2100-2109.

邬建国. 2007. 景观生态学——格局、过程、尺度与等级(第二版). 北京: 高等教育出版社.

邬建国, 郭晓川, 杨劼, 钱贵霞, 牛建明, 梁存柱, 张庆, 李昂. 2014a. 什么是可持续性科学? 应用生态学报, 25(1): 1-11.

邬建国, 何春阳, 张庆云, 于德永, 黄甘霖, 黄庆旭. 2014b. 全球变化与区域可持续发展耦合模型及调控对策. 地球科学进展, 29(12): 1315-1324.

肖玉, 王硕, 李娜, 谢高地, 鲁春霞, 张彪, 张昌顺. 2015. 北京城市绿地对大气 PM2. 5 的削减作用. 资源科学, 37(6): 1149-1155.

谢高地, 肖玉, 鲁春霞. 2007. 生态系统服务研究现状及发展趋势. 见: 邬建国. 现代生态学讲座(Ⅲ): 学科进展与热点论题. 北京: 高等教育出版社.

谢高地, 张钇锂, 鲁春霞, 郑度, 成升魁. 2001. 中国自然草地生态系统服务价值. 自然资源学报, 16(1): 47-53.

谢高地, 张彩霞, 张雷明, 陈文辉, 李士美. 2015. 基于单位面积价值当量因子的生态系统服务价值化方法改进. 自然资源学报, 30(8): 1243-1254.

张存厚, 王明玖, 赵杏花, 孙小龙, 陈海军, 武荣盛. 2014. 基于 CENTURY 模型的荒漠草原 ANPP 对气候变化响应的模拟. 生态学杂志, 33(10): 2849-2857.

中华人民共和国农业部畜牧兽医司,全国畜牧兽医总站. 1996. 中国草地资源. 北京: 中国科学技术出版社.

周寿荣. 1998. 草地生态学. 北京: 中国农业出版社.

Adhikari, K., and A. E. Hartemink. 2016. Linking soils to ecosystem services—A global review.

Geoderma, 262: 101-111.

Ajtay, G., P. Ketner, and P. Duvigneaud. 1979. Terrestrial primary production and phytomass. In: Bolin, B., E. Degens, S. Kempe, and P. Ketner (eds.). The Global Carbon Cycle. Chichester: John Wiley & Sons.

Al-Hamdan, O. Z., M. Hernandez, F. B. Pierson, M. A. Nearing, C. J. Williams, J. J. Stone, J. Boll, and M. A. Weltz. 2015. Rangeland hydrology and erosion model (RHEM) enhancements for applications on disturbed rangelands. Hydrological Processes, 29: 445-457.

Archer, S. R., and K. I. Predick. 2014. An ecosystem services perspective on brush management: Research priorities for competing land-use objectives. Journal of Ecology, 102(6): 1394-1407.

Bagstad, K., F. Villa, G. Johnson, and B. Voigt. 2011. ARIES-ARtificial Intelligence for Ecosystem Services: A Guide to Models and Data, Version 1. 0. ARIES report series, n. 1.

Bai, Y. F., X. G. Han, J. G. Wu, Z. Z. Chen, and L. H. Li. 2004. Ecosystem stability and compensatory effects in the Inner Mongolia grassland. Nature, 431(7005): 181-184.

Barnes, R. F., and C. J. Nelson. 2003. Forages and grasslands in a changing world. In: Barnes, R. F., C. J. Nelson, M. Collins, and K. J. Moore (eds.). Forages: An Introduction to Grassland Agriculture. Ames: Iowa State University Press.

Buschiazzo, D. E., and T. M. Zobeck. 2008. Validation of WEQ, RWEQ and WEPS wind erosion for different arable land management systems in the Argentinean Pampas. Earth Surface Processes and Landforms, 33(12): 1839-1850.

Byrd, K. B., L. E. Flint, P. Alvarez, C. F. Casey, B. M. Sleeter, C. E. Soulard, A. L. Flint, and T. L. Sohl. 2015. Integrated climate and land use change scenarios for California rangeland ecosystem services: Wildlife habitat, soil carbon, and water supply. Landscape Ecology, 30(4): 729-750.

Cao, Q., D. Y. Yu, M. Georgescu, Z. Han, and J. G. Wu. 2015. Impacts of land use and land cover change on regional climate: A case study in the agro-pastoral transitional zone of China. Environmental Research Letters, 10(12): 124025.

Ceotto, E. 2008. Grasslands for bioenergy production. A review. Agronomy for Sustainable Development, 28(1): 47-55.

Chytry, M., V. Jarosik, P. Pysek, O. Hajek, I. Knollova, L. Tichy, and J. Danihelka. 2008. Separating habitat invasibility by alien plants from the actual level of invasion. Ecology, 89(6): 1541-1553.

Conant, R. T. 2010. Challenges and Opportunities for Carbon Sequestration in Grassland Systems: A Technical Report on Grassland Management and Climate Change Mitigation. Rome: Food and Agriculture Organization of the United Nations.

Costanza, R., R. d'Arge, R. de Groot, S. Farber, M. Grasso, B. Hannon, K. Limburg, S. Naeem, R. V. O'Neill, J. Paruelo, R. G. Raskin, P. Sutton, and M. van den Belt. 1997. The value of the world's ecosystem services and natural capital. Nature, 387(6630): 253-260.

Daily, G. 1997. Nature's Services: Societal Dependence on Natural Ecosystems. Washington, DC: Island Press.

Darvill, R., and Z. Lindo. 2016. The inclusion of stakeholders and cultural ecosystem services in land management trade-off decisions using an ecosystem services approach. Landscape Ecology, 31(3): 533-545.

de Groot, R. S., M. A. Wilson, and R. M. J. Boumans. 2002. A typology for the classification, description and valuation of ecosystem functions, goods and services. Ecological Economics, 41(3): 393-408.

Egoh, B. N., B. Reyers, M. Rouget, and D. M. Richardson. 2011. Identifying priority areas for ecosystem service management in South African grasslands. Journal of Environmental Management, 92(6): 1642-1650.

Egoh, B. N., B. Reyers, M. Rouget, D. M. Richardson, D. C. Le Maitre, and A. S. van Jaarsveld. 2008. Mapping ecosystem services for planning and management. Agriculture, Ecosystems and Environment, 127(1/2): 135-140.

Egoh, B. N., B. Reyers, M. Rouget, M. Bode, and D. M. Richardson. 2009. Spatial congruence between biodiversity and ecosystem services in South Africa. Biological Conservation, 142(3): 553-562.

Fang, J. Y., Y. H. Yang, W. H. Ma, A. Mohammat, and H. H. Shen. 2010. Ecosystem carbon stocks and their changes in China's grasslands. Science China Life Sciences, 53(7): 757-765.

Feng, Y., and X. Y. Zhao. 2015. Daily temperature trend and sensitivity to grassland and cropland in Eastern China during the past 32 years. International Journal of Climatology, 35(7): 1510-1518.

Fisher, J. A., G. Patenaude, P. Meir, A. J. Nightingale, M. D. A. Rounsevell, M. Williams, and I. H. Woodhouse. 2013. Strengthening conceptual foundations: Analysing frameworks for ecosystem services and poverty alleviation research. Global Environmental Change-Human and Policy Dimensions, 23(5): 1098-1111.

Fryrear, D. W., W. N. Chen, and C. Lester. 2001. Revised wind erosion equation. Annals of Arid Zone, 40(3): 265-279.

Fu, B. J., L. D. Chen, K. M. Ma, H. F. Zhou, and J. Wang. 2000. The relationships between land use and soil conditions in the hilly area of the Loess Plateau in northern Shaanxi, China. Catena, 39(1): 69-78.

Fu, B. J., Y. Liu, Y. H. Lü, C. S. He, Y. Zeng, and B. F. Wu. 2011. Assessing the soil erosion control service of ecosystems change in the Loess Plateau of China. Ecological Complexity, 8(4): 284-293.

Fu, B. J., S. Wang, C. H. Su, and M. Forsius. 2013. Linking ecosystem processes and ecosystem services. Current Opinion in Environmental Sustainability, 5(1): 4-10.

Gao, Q., J. D. Li, and H. Y. Zheng. 1996. A dynamic landscape simulation model for the alkaline grasslands on Songnen Plain in Northeast China. Landscape Ecology, 11(6): 339-349.

Gibson, D. J. 2009. Grasses and Grassland Ecology. Oxford: Oxford University Press.

Goetz, S., R. Halthore, F. Hall, and B. Markham. 1995. Surface temperature retrieval in a temperate grassland with multiresolution sensors. Journal of Geophysical Research: Atmospheres (1984—2012), 100(12): 25397-25410.

Han, G. D., X. Y. Hao, M. L. Zhao, M. J. Wang, B. H. Ellert, W. Willms, and M. J. Wang.

2008. Effect of grazing intensity on carbon and nitrogen in soil and vegetation in a meadow steppe in Inner Mongolia. Agriculture, Ecosystems and Environment, 125(1/2/3/4): 21-32.

Havstad, K. M., D. P. C. Peters, R. Skaggs, J. Brown, B. Bestelmeyer, E. Fredrickson, J. Herrick, and J. Wright. 2007. Ecological services to and from rangelands of the United States. Ecological Economics, 64(2): 261-268.

Helm, A., T. Oja, L. Saar, K. Takkis, T. Talve, and M. Partel. 2009. Human influence lowers plant genetic diversity in communities with extinction debt. Journal of Ecology, 97(6): 1329-1336.

Hein, L., K. van Koppen, R. S. de Groot, and E. C. van Ierland. 2006. Spatial scales, stakeholders and the valuation of ecosystem services. Ecological Economics, 57(2): 209-228.

Hong, S. W., I. B. Lee, I. H. Seo, K. S. Kwon, T. W. Kim, Y. H. Son, and M. Kim. 2014. Measurement and prediction of soil erosion in dry field using portable wind erosion tunnel. Biosystems Engineering, 118: 68-82.

Honigova, I., D. Vackar, E. Lorencova, J. Melichar, M. Gotzl, G. Sonderegger, V. Ouskova, M. Hosek, and K. Chobot. 2012. Survey on Grassland Ecosystem Services. Report to the EEA-European Topic Centre on Biological Diversity. Prague: Nature Conservation Agency of the Czech Republic.

Jenkins, W. A., B. C. Murray, R. A. Kramer, and S. P. Faulkner. 2010. Valuing ecosystem services from wetlands restoration in the Mississippi Alluvial Valley. Ecological Economics, 69(5): 1051-1061.

Lamarque, P., U. Tappeiner, C. Turner, M. Steinbacher, R. D. Bardgett, U. Szukics, M. Schermer, and S. Lavorel. 2011. Stakeholder perceptions of grassland ecosystem services in relation to knowledge on soil fertility and biodiversity. Regional Environmental Change, 11(4): 791-804.

Lancaster, N., and A. Baas. 1998. Influence of vegetation cover on sand transport by wind: Field studies at Owens Lake, California. Earth Surface Processes and Landforms, 23(1): 69-82.

Lautenbach, S., C. Kugel, A. Lausch, and R. Seppelt. 2011. Analysis of historic changes in regional ecosystem service provisioning using land use data. Ecological Indicators, 11(2): 676-687.

Lazzarini, M., P. R. Marpu, and H. Ghedira. 2013. Temperature-land cover interactions: The inversion of urban heat island phenomenon in desert city areas. Remote Sensing of Environment, 130: 136-152.

Leh, M. D. K., M. D. Matlock, E. C. Cummings, and L. L. Nalley. 2013. Quantifying and mapping multiple ecosystem services change in West Africa. Agriculture, Ecosystems and Environment, 165: 6-18.

Liu, J., J. G. Wu, F. Q. Liu, and X. G. Han. 2012. Quantitative assessment of bioenergy from crop stalk resources in Inner Mongolia, China. Applied Energy, 93: 305-318.

Liu, J. Y., Y. Q. Qi, H. D. Shi, D. F. Zhuang, and Y. F. Hu. 2008. Estimation of wind erosion rates by using Cs-137 tracing technique: A case study in Tariat-Xilin Gol transect, Mongolian Plateau. Chinese Science Bulletin, 53(5): 751-758.

Martinez-Estevez, L., P. Balvanera, J. Pacheco, and G. Ceballos. 2013. Prairie dog decline reduces the supply of ecosystem services and leads to desertification of semiarid grasslands. PLoS ONE, 8(10): e75229.

MEA. 2005. Ecosystems and Human Well-being: Current State and Trends. Washington, DC: Island Press.

Nearing, M. A., G. R. Foster, L. J. Lane, and S. C. Finkner. 1989. A Process-based soil-erosion model for USDA-Water Erosion Prediction Project technology. Transactions of the Asae, 32: 1587-1593.

Nearing, M. A., V. Jetten, C. Baffaut, O. Cerdan, A. Couturier, M. Hernandez, Y. Le Bissonnais, M. H. Nichols, J. P. Nunes, C. S. Renschler, V. Souchere, and K. van Oost. 2005. Modeling response of soil erosion and runoff to changes in precipitation and cover. Catena, 61: 131-154.

Nearing, M. A., H. Wei, J. J. Stone, F. B. Pierson, K. E. Spaeth, M. A. Weltz, D. C. Flanagan, and M. Hernandez. 2011. A rangeland hydrology and erosion model. Transactions of the Asabe, 54: 901-908.

Nelson, E., G. Mendoza, J. Regetz, S. Polasky, H. Tallis, D. Cameron, K. M. A. Chan, G. C. Daily, J. Goldstein, P. M. Kareiva, E. Lonsdorf, R. Naidoo, T. H. Ricketts, and M. Shaw. 2009. Modeling multiple ecosystem services, biodiversity conservation, commodity production, and tradeoffs at landscape scales. Frontiers in Ecology and the Environment, 7(1): 4-11.

Ni, J. 2002. Carbon storage in grasslands of China. Journal of Arid Environments, 50(2): 205-218.

OECD, and FAO. 2011. OECD-FAO Agricultural Outlook 2011—2020. OECD Publishing and FAO.

Olson, J. S., J. A. Watts, and L. J. Allison. 1983. Carbon in Live Vegetation of Major World Ecosystems. Report ORNL-5862. Tennessee: Oak Ridge National Laboratory.

O'Mara, F. P. 2012. The role of grasslands in food security and climate change. Annals of Botany, 110(6): 1263-1270.

Pan, Y., J. X. Wu, and Z. R. Xu. 2014. Analysis of the tradeoffs between provisioning and regulating services from the perspective of varied share of net primary production in an alpine grassland ecosystem. Ecological Complexity, 17: 79-86.

Parton, W., J. Scurlock, D. Ojima, T. Gilmanov, R. Scholes, D. S. Schimel, T. Kirchner, J. C. Menaut, T. Seastedt, and E. Garcia Moya. 1993. Observations and modeling of biomass and soil organic matter dynamics for the grassland biome worldwide. Global Biogeochemical Cycles, 7(4): 785-809.

Parton, W., J. Scurlock, D. Ojima, D. Schimel, and D. Hall. 1995. Impact of climate change on grassland production and soil carbon worldwide. Global Change Biology, 1(1): 13-22.

Petz, K., J. Glenday, and R. Alkemade. 2014. Land management implications for ecosystem services in a South African rangeland. Ecological Indicators, 45: 692-703.

Piao, S. L., J. Y. Fang, L. M. Zhou, K. Tan, and S. Tao. 2007. Changes in biomass carbon stocks in China's grasslands between 1982 and 1999. Global Biogeochemical Cycles, 21, doi: 10.1029/2005GB002634.

Polyakov, V. O., and R. Lal. 2004. Soil erosion and carbon dynamics under simulated rainfall. Soil

Science, 169(8): 590–599.

Prochnow, A., M. Heiermann, M. Plochl, B. Linke, C. Idler, T. Amon, and P. J. Hobbs. 2009. Bioenergy from permanent grassland—A review: 1. Biogas. Bioresource Technology, 100(21): 4931–4944.

Raudsepp-Hearne, C., G. D. Peterson, and E. M. Bennett. 2010a. Ecosystem service bundles for analyzing tradeoffs in diverse landscapes. Proceedings of the National Academy of Sciences of the United States of America, 107: 5242–5247.

Raudsepp-Hearne, C., G. D. Peterson, M. Tengö, E. M. Bennett, T. Holland, K. Benessaiah, G. K. MacDonald, and L. Pfeifer. 2010b. Untangling the environmentalist's paradox: Why is human well-being increasing as ecosystem services degrade? BioScience, 60: 576–589.

Renard, K. G., and V. A. Ferreira. 1993. RUSLE model description and database sensitivity. Journal of Environmental Quality, 22: 458–466.

Renard, K. G., G. R. Foster, G. A. Weesies, and J. P. Porter. 1991. RUSLE—Revised universal soil loss equation. Journal of Soil and Water Conservation, 46: 30–33.

Renard, K. G., D. C. Yoder, D. T. Lightle, and S. M. Dabney. 2011. Universal soil loss equation and revised universal soil loss equation. In: Morgan, R. P. C., and M. A. Nearing (eds.). Handbook of Erosion Modelling. Oxford: Blackwell.

Rodriguez, J. P., T. D. Beard, E. M. Bennett, G. S. Cumming, S. J. Cork, J. Agard, A. P. Dobson, and G. D. Peterson. 2006. Trade-offs across space, time, and ecosystem services. Ecology and Society, 11(1): 28.

Saha, D., and S. S. Kukal. 2015. Soil structural stability and water retention characteristics under different land uses of degraded lower Himalayas of North-West India. Land Degradation and Development, 26(3): 263–271.

Sala, O. E., and J. M. Paruelo. 1997. Ecosystem services in grasslands. In: Daily, G. C. (ed.). Nature's Services: Societal Dependence on Natural Ecosystems. Washington, DC: Island Press.

Schaich, H., C. Bieling, and T. Plieninger. 2010. Linking ecosystem services with cultural landscape research. Gaia-Ecological Perspectives for Science and Society, 19(4): 269–277.

Schneider, A., K. E. Logan, and C. J. Kucharik. 2012. Impacts of urbanization on ecosystem goods and services in the U. S. Corn Belt. Ecosystems, 15(4): 519–541.

Shao, Y. P. 2008. Physics and Modelling of Wind Erosion. 2nd edition. Dordrecht: Springer-Verlag.

Sherrouse, B. C., and D. J. Semmens. 2015. Social Values for Ecosystem Services, version 3. 0 (SolVES 3. 0): Documentation and user manual. U. S. Geological Survey Open-File Report 2015–1008.

Silvertown, J. 2015. Have ecosystem services been oversold? Trends in Ecology and Evolution, 30: 641–648.

Skamarock, W., J. Klemp, J. Dudhia, D. Gill, and D. Barker. 2008. A description of the advanced research WRF Version 3. NCAR technical note, NCAR/TN-475+ STR.

Smit, H. J., M. J. Metzger, and F. Ewert. 2008. Spatial distribution of grassland productivity and land use in Europe. Agricultural Systems, 98(3): 208–219.

Su, C. H., and B. J. Fu. 2013. Evolution of ecosystem services in the Chinese Loess Plateau under climatic and land use changes. Global and Planetary Change, 101(0):119-128.

Sutton, P. C., and R. Costanza. 2002. Global estimates of market and non-market values derived from nighttime satellite imagery, land cover, and ecosystem service valuation. Ecological Economics, 41(3): 509-527.

Tallis, H., T. Ricketts, A. Guerry, S. Wood, R. Sharp, E. Nelson, D. Ennaanay, S. Wolny, N. Olwero, K. Vigerstol, D. Pennington, G. Mendoza, J. Aukema, J. Forster, J. Forrest, D. Cameron, K. Arkema, E. Lonsdorf, C. Kennedy, G. Verutes, C. Kim, G. Guannel, M. Papenfus, J. Toft, M. Marsik, J. Bernhardt, R. Griffin, K. Glowinski, N. Chaumont, A. Perelman, and M. Lacayo. 2013. InVEST 2. 5. 6 User's Guide. Stanford: The Natural Capital Project.

Tao, S. L., J. Y. Fang, X. Zhao, S. Q. Zhao, H. H. Shen, H. F. Hu, Z. Y. Tang, Z. H. Wang, and Q. H. Guo. 2015. Rapid loss of lakes on the Mongolian Plateau. Proceedings of the National Academy of Sciences of the United States of America, 112(7): 2281-2286.

Tao, Z. N., J. A. Santanello, M. Chin, S. Zhou, Q. Tan, E. M. Kemp, and C. D. Peters-Lidard. 2013. Effect of land cover on atmospheric processes and air quality over the continental United States—A NASA Unified WRF (NU-WRF) model study. Atmospheric Chemistry and Physics, 13(13): 6207-6226.

van Eekeren, N., H. de Boer, M. Hanegraaf, J. Bokhorst, D. Nierop, J. Bloem, T. Schouten, R. de Goede, and L. Brussaard. 2010. Ecosystem services in grassland associated with biotic and abiotic soil parameters. Soil Biology and Biochemistry, 42(9): 1491-1504.

van Pelt, R. S., and T. M. Zobeck. 2004. Validation of the Wind Erosion Equation (WEQ) for discrete periods. Environmental Modelling and Software, 19(2): 199-203.

Voogt, J. A., and T. R. Oke. 2003. Thermal remote sensing of urban climates. Remote Sensing of Environment, 86(3): 370-384.

Wang, Z. P., X. G. Han, and L. H. Li. 2008. Effects of grassland conversion to croplands on soil organic carbon in the temperate Inner Mongolia. Journal of Environmental Management, 86(3): 529-534.

Wang, Z. P., Y. Song, J. Gulledge, Q. Yu, H. S. Liu, and X. G. Han. 2009. China's grazed temperate grasslands are a net source of atmospheric methane. Atmospheric Environment, 43(13): 2148-2153.

Wasson, R., and P. Nanninga. 1986. Estimating wind transport of sand on vegetated surfaces. Earth Surface Processes and Landforms, 11(5): 505-514.

Wei, W., L. D. Chen, B. J. Fu, Z. L. Huang, D. P. Wu, and L. D. Gui. 2007. The effect of land uses and rainfall regimes on runoff and soil erosion in the semi-arid loess hilly area, China. Journal of Hydrology, 335(3/4): 247-258.

Wen, L., S. K. Dong, Y. Y. Li, X. Y. Li, J. J. Shi, Y. L. Wang, D. M. Liu, and Y. S. Ma. 2013. Effect of degradation intensity on grassland ecosystem services in the alpine region of Qinghai-Tibetan Plateau, China. PLoS ONE, 8(3): e58432.

Weng, Q. H., D. S. Lu, and J. Schubring. 2004. Estimation of land surface temperature-vegetation abundance relationship for urban heat island studies. Remote Sensing of Environment, 89(4): 467-483.

White, R., S. Murray, and M. Rohweder. 2000. Pilot Analysis of Global Ecosystems: Grassland Ecosystems. Washington, DC: World Resources Institute.

Whittaker, R., and G. Likens. 1975. The biosphere and man. In: Lieth H. , and R. Whittaker (eds.). Primary Productivity of the Biosphere, Ecological Studies No. 14. Berlin: Springer-Verlag.

Wolfe, S. A., and W. G. Nickling. 1993. The protective role of sparse vegetation in wind erosion. Progress in Physical Geography, 17: 50.

Wu, J. G. 2013. Landscape sustainability science: Ecosystem services and human well-being in changing landscapes. Landscape Ecology, 28(6): 999-1023.

Wu, J. G., S. Naeem, J. Elser, Y. F. Bai, J. H. Huang, L. Kang, Q. M. Pan, Q. B. Wang, S. G. Hao, and X. G. Han. 2015b. Testing biodiversity-ecosystem functioning relationship in the world's largest grassland: Overview of the IMGRE project. Landscape Ecology, 30(9): 1723-1736.

Wu, J. G., Q. Zhang, A. Li, and C. Z. Liang. 2015a. Historical landscape dynamics of Inner Mongolia: Patterns, drivers, and impacts. Landscape Ecology, 30(9): 1579-1598.

Xia, J. Z., S. G. Liu, S. L. Liang, Y. Chen, W. F. Xu, and W. P. Yuan. 2014. Spatio-temporal patterns and climate variables controlling of biomass carbon stock of global grassland ecosystems from 1982 to 2006. Remote Sensing, 6(3): 1783-1802.

Yahdjian, L., O. E. Sala, and K. M. Havstad. 2015. Rangeland ecosystem services: Shifting focus from supply to reconciling supply and demand. Frontiers in Ecology and the Environment, 13(1): 44-51.

Yan, Y. C., X. L. Xu, X. P. Xin, G. X. Yang, X. Wang, R. R. Yan, and B. R. Chen. 2011. Effect of vegetation coverage on aeolian dust accumulation in a semiarid steppe of Northern China. Catena, 87(3): 351-356.

Yuan, F., J. G. Wu, A. Li, H. Rowe, Y. F. Bai, J. H. Huang, and X. G. Han. 2015. Spatial patterns of soil nutrients, plant diversity, and aboveground biomass in the Inner Mongolia grassland: Before and after a biodiversity removal experiment. Landscape Ecology, 30(9): 1737-1750.

Zhai, J., R. G. Liu, J. Y. Liu, G. S. Zhao, and L. Huang. 2014. Radiative forcing over China due to albedo change caused by land cover change during 1990—2010. Journal of Geographical Sciences, 24(5): 789-801.

Zhang, C. L., X. Y. Zou, P. Yang, Y. X. Dong, S. Li, X. H. Wei, S. Yang, and X. H. Pan. 2007. Wind tunnel test and ^{137}Cs tracing study on wind erosion of several soils in Tibet. Soil and Tillage Research, 94(2): 269-282.

Zhang, L., W. R. Dawes, and G. R. Walker. 2001. Response of mean annual evapotranspiration to vegetation changes at catchment scale. Water Resources Research, 37(3): 701-708.

Zhang, M. A., E. Borjigin, and H. P. Zhang. 2007. Mongolian nomadic culture and ecological culture: On the ecological reconstruction in the agro-pastoral mosaic zone in Northern China. Ecological Economics, 62(1): 19-26.

Zobeck, T. M., G. Sterk, R. Funk, J. L. Rajot, J. E. Stout, and R. S. van Pelt. 2003. Measurement and data analysis methods for field-scale wind erosion studies and model validation. Earth

Surface Processes and Landforms, 28(11): 1163–1188.

Zobeck, T. M., N. C. Parker, S. Haskell, and K. Guoding. 2000. Scaling up from field to region for wind erosion prediction using a field-scale wind erosion model and GIS. Agriculture Ecosystems and Environment, 82(1/2/3): 247–259.

附表 9.1 世界草地的类型和面积(White et al., 2000)

草地类型	Whittaker 和 Likens (1975)①		Atjay 等 (1979)①		Olson 等 (1983)	
	面积/ 10^6 km²	比例②/%	面积/ 10^6 km²	比例②/%	面积/ 10^6 km²	比例②/%
稀树草原	15.0	11.6	12.0	9.3	×	×
热带丛林和稀树草原	×	×	×	×	7.3	5.6
干燥稀树草原和丛林	8.5③	6.6	3.5	2.7	13.2④	10.2
灌丛⑤	×	×	7.0	5.4	×	×
非木本草地和灌丛	×	×	×	×	21.4	16.5
温带草地	9.0	7.0	12.5	9.7	×	×
冻原	8.0	6.2	9.5	7.3	13.6	10.5
草地总面积	40.5	31.3	44.5	34.4	55.5	42.8

注:×表明数据无法获取或已经归并到其他类别中;① 荒漠和半荒漠灌丛不包括在内;② 全球土地总面积为 129 476 000 km²(不包括格陵兰岛和南极洲);③ 包括丛林和灌丛;④ 包括热带干燥型森林和丛林;⑤ 包括热带和温带到寒带的灌丛。

附表 9.2 生态系统面积和人口(White et al., 2000)

生态系统/国家	IGBP/ 10^3 km²	城市①/ 10^3 km²	农业镶嵌体②/ 10^3 km²	PAGE③/ 10^3 km²	人口④/ 10^3
草地	**53 544**	**1 010**	**7 172**	**52 544**	**792 711**
亚洲(不包括中东)	9 033	141	1 281	8 892	249 495
欧洲	7 072	116	189	6 956	20 491
中东和北非	3 031	161	159	2 871	111 882
撒哈拉以南非洲	14 546	83	3 531	14 464	312 935
北美洲	6 816	238	518	6 583	6 032
中美和加勒比海	1 130	82	24	1 048	30 533
南美洲	5 017	150	1 416	4 867	57 529
大洋洲	6 898	40	54	6 859	3 814

续表

生态系统/国家	IGBP/ 10^3 km^2	城市①/ 10^3 km^2	农业镶嵌体②/ 10^3 km^2	PAGE③/ 10^3 km^2	人口④/ 10^3
森林	**29 905**	**930**	**1 727**	**28 974**	**446 470**
亚洲（不包括中东）	3 812	91	192	3 721	231 782
欧洲	6 957	226	338	6 731	43 713
中东和北非	100	10	44	90	6 724
撒哈拉以南非洲	2 672	13	162	2 659	53 823
北美洲	7 564	449	965	7 115	30 764
中美和加勒比海	997	59	1	939	33 940
南美洲	6 928	67	26	6 861	39 860
大洋洲	874	17	0	857	5 864
农业用地	**27 890**	**2 407**	×	**36 234**	**2 790 582**
亚洲（不包括中东）	8 874	683	×	10 370	1 991 214
欧洲	6 840	763	×	7 448	311 923
中东和北非	1 025	136	×	1 230	99 662
撒哈拉以南非洲	2 141	38	×	5 837	204 901
北美洲	2 867	511	×	4 406	47 927
中美和加勒比海	517	48	×	611	26 973
南美洲	4 991	216	×	5 642	105 083
大洋洲	635	13	×	690	2 899
其他⑤	**18 136**	**395**	**180**	**22 343**	**1 812 688**
总计⑥	**129 476**	**4 745**	**9 079**	×	×

注：① 城市为 NOAA/NGDC（美国国家海洋暨大气总署/国家地球物理数据中心，National Oceanic and Atmospheric Administration/National Geophysical Data Center）数据集中的 IGBP（国际地圈-生物圈计划，International Geosphere-Biosphere Program）生态系统类型（如草地、森林等）。数据集包含稳定灯光的位置，用于表征居民点和基础设施的空间分布。

② 农业镶嵌体是指农田比例为 30%～40% 的 IGBP 生态系统（如草地、森林等）。

③ 每个 PAGE 生态系统的边界均通过农业用地和草地、森林生态系统的叠加而独立定义。草地和森林的面积中不包括城市。PAGE 中农业用地约为 IGBP 农业用地与草地、森林-农田镶嵌体面积之和，包括城市。

④ 人口数据来源于基于行政单元的人口调查数据库。这些数据被标准化到 1995 年以便和 PAGE 生态系统面积相匹配。

⑤ “其他”类型包括湿地、荒地和人类居民点。

⑥ 由于 PAGE 中农业生态系统与草地、森林生态系统有重合，因此全球总计不能通过直接相加获取。

附表 9.3 全球各个地区 PAGE 草地面积和人口(White et al., 2000)

区域	稀树草原		灌木林地		非木本草地		冻原		全球草地	
	面积/10^6 km^2	人口/10^3	面积/10^6 km^2	人口/10^3	面积/10^6 km^2	人口/10^3	面积/10^6 km^2	人口/10^3	面积/10^6 km^2	人口/10^3
亚洲(不包括中东)	0.90	79 993	3.76	112 482	4.03	53 064	0.21	4 231	8.89	249 771
欧洲	1.83	8 243	0.49	7 675	0.70	2 169	3.93	2 734	6.96	20 821
中东和北非	0.17	10 719	2.11	68 129	0.57	31 421	0.02	457	2.87	110 725
撒哈拉以南非洲	10.33	266 258	2.35	17 354	1.79	28 558	0.00	0	14.46	312 170
北美洲	0.32	1 725	2.02	1 766	1.22	2 530	3.02	104	6.58	6 125
中美及加勒比海	0.30	15 622	0.44	5 705	0.30	8 999	0.00	20	1.05	30 347
南美洲	1.57	18 051	1.40	17 997	1.63	17 128	0.26	3 098	4.87	56 273
大洋洲	2.45	2 546	3.91	333	0.50	882	0.00	0	6.86	3 761
全球	**17.87**	**412 767**	**16.48**	**239 044**	**10.74**	**149 232**	**7.44**	**11 550**	**52.53**	**789 992**

注:全球土地总面积为 129 476 000 km^2(不包括格陵兰岛和南极洲)。

附表 9.4 草地面积大于 50 万 km^2 的国家(White et al., 2000)

国家	区域	土地总面积/km^2	草地总面积/km^2
澳大利亚	大洋洲	7 704 716	6 576 417
俄罗斯	欧洲	16 851 600	6 256 518
中国	亚洲(不包括中东)	9 336 856	3 919 452
美国	北美洲	9 453 224	3 384 086
加拿大	北美洲	9 908 913	3 167 559
哈萨克斯坦	亚洲(不包括中东)	2 715 317	1 670 581
巴西	南美洲	8 506 268	1 528 305
阿根廷	南美洲	2 781 237	1 462 884
蒙古	亚洲(不包括中东)	1 558 853	1 307 746
苏丹	撒哈拉以南非洲	2 490 706	1 292 163
安哥拉	撒哈拉以南非洲	1 252 365	1 000 087
墨西哥	中美和加勒比海	1 962 065	944 751
南非	撒哈拉以南非洲	1 223 084	898 712
埃塞俄比亚	撒哈拉以南非洲	1 132 213	824 795
刚果民主共和国	撒哈拉以南非洲	2 336 888	807 310
伊朗	中东和北非	1 624 255	748 429
尼日利亚	撒哈拉以南非洲	912 351	700 158
纳米比亚	撒哈拉以南非洲	825 606	665 697

续表

国家	区域	土地总面积/km²	草地总面积/km²
坦桑尼亚	撒哈拉以南非洲	945 226	658 563
莫桑比克	撒哈拉以南非洲	788 938	643 632
乍得	撒哈拉以南非洲	1 167 685	632 071
马里	撒哈拉以南非洲	1 256 296	567 140
中非共和国	撒哈拉以南非洲	621 192	554 103
索马里	撒哈拉以南非洲	639 004	553 963
印度	亚洲（不包括中东）	3 090 846	535 441
赞比亚	撒哈拉以南非洲	754 676	526 843
博茨瓦纳	撒哈拉以南非洲	579 948	508 920
沙特阿拉伯	中东和北非	1 958 974	502 935

附表 9.5　干旱地的草地（White et al., 2000）

干旱地类型	干旱指数①	土地总面积所占比例②/%	各干旱地类型中 PAGE 草地面积的比例③/%
寒冷区		13.6	20
极端干旱区	<0.05	7.5	2
干旱区	0.05~0.20	12.1	19
半干旱区	0.20~0.5	17.7	28
干燥亚湿润区	0.5~0.65	9.9	8
湿润区	≥ 0.65	39.2	23

注：① 干旱指数指年均降水量与潜在蒸发量的比值；② 全球土地总面积为 129 476 000 km²（不包括格陵兰岛和南极洲）；③ 草地总面积为 52 554 000 km²。

附表 9.6　草地生态状况评价的理想指标（White et al., 2000）

草地组分	条件指标
面积和变化	当前草地面积 历史草地面积 结构和组成的变化
土壤	土壤肥力 土壤深度 土壤持水能力 土壤入渗 土壤碳 土壤流失 枯落物分布和混合

续表

草地组分	条件指标
植被	植被生产力 植被盖度 植物物种组成 根系分布
野生动植物	物种多度 繁殖成功率
家畜	动物健康状态 产仔率 死亡率 产奶量
管理系统	放牧格局 畜群大小和放牧区面积

附表 9.7 草地面积、产品和服务及其指标(White et al., 2000)

草地面积与产品和服务	理想指标	实用指标(或替代指标)
土地面积	面积和变化	当前草地的面积 干旱草地的面积 木本植被的面积 草地-农田镶嵌体的面积 历史草地的面积 草地面积近期的变化
食物、饲料和家畜	土壤 植被 野生动物 驯养家畜 管理系统	土壤退化 净初级生产力 降水利用效率 家畜密度
生物多样性	土壤 植被 野生动物 管理系统	植物多样性中心 特有鸟类分布区 全球 200 个生态区 生物独特性指数 草地保护区 鸟类种群 大型食草动物 受威胁鸟类关键分布区 破碎化和道路密度 非土著种
碳存储	土壤 植被 野生动物 管理系统	潜在存储能力 存储能力的趋势 存储能力的改变

续表

草地面积与产品和服务	理想指标	实用指标(或替代指标)
旅游和休憩	植被 野生动物	草原旅游 草地狩猎 野生动物过度利用指数

附表 9.8　生态系统服务分类(Hönigová et al., 2012)

供给服务
食物(如肉类、牛奶、蜂蜜)
水(如饮用水、灌溉用水、冷却用水)
原材料(如饲料、肥料、生物质能源)
基因资源(如基因库、医药用途)
药物资源(如生物化学产品、模式和试验生物)
观赏资源(如观赏植物)
调节服务
空气质量调节[如拦截(细粒)尘土、化学物质等]
气候调节(碳固存和碳存储、温室气体平衡)
减缓极端事件(如预防洪水)
水分调节(如自然排水、灌溉和干旱预防)
废物处理(尤其是水质净化、养分维持)
侵蚀调节(如避免土壤流失、植被缓冲带)
土壤肥力维持(包括土壤形成)
传粉(如野生传粉动物的多样性和有效性)
生物控制(如种子传播、害虫和疾病控制)
栖息地服务
移栖物种生命周期的维持(如生物廊道和踏脚石)
基因多样性维持(尤其是基因库的保护)
文化服务
美学信息(如和谐的农业景观)
休憩和旅游的机会(如农业旅游)
文化、艺术和设计的灵感
心灵体验
利于认知发展的信息

第10章

草地生态系统动态中气候与人为影响驱动力解析

李永宏[①]

摘　要

气候和土地利用变化互作影响生态系统的结构和功能。区分气候变化与人为活动对生态系统的作用，是认识生态系统动态机制、制定全球变化下生态系统适应性管理的基础。在简要介绍生态系统过程模型基本特征的基础上，我们以新西兰草地生态系统长期观测资料为依据，通过生态系统情景模拟，解析温带草地生态系统在干旱和灌溉条件下生产力趋势分异的驱动力，量化气候和人为管理因子对草地动态的作用。结果显示，干旱草地生产力的显著提升，较小部分可归因于气候(12%)和大气CO_2浓度(11%)的变化，其主因(77%)是长期持续放牧和施肥管理带来草地土壤有机质的改善。灌溉草地植物生产力没有显著提升，其原因一是土壤有机质增加和豆科牧草比例下降导致的土壤供氮能力变化相互抵消，二是大气CO_2浓度升高对草地生产力的促进(21%)和气候变化对生产力负效应(-15%)相互抵消。草地利用和管理带来的土壤有机质变化的作用远大于气候变化。长期观测数据和生态系统过程模型耦合对生态系统动态驱动力的解析，是认识生态系统动态机制的有效方法，其结果有助于生态系统适应性管理体系的设计。

① 内蒙古大学生命科学学院，呼和浩特，010021。

Disentangling the Interactions among Climate and Management Drivers in Grassland Ecosystem Changes

Yonghong Li①

Abstract

Disentangling the effects on ecosystems of interactive global change factors, especially those of climate change and human activities, are crucial for adaptive management. With a brief introduction to process-based ecosystem models, here we show how this type of model and long-term ecosystem observation can be used to attribute ecosystem changes to different environmental drivers. Managed temperate grassland in New Zealand was studied, which showed divergent trends in plant production under dry and irrigated conditions during a 43-year experimental period. The grassland dynamics was simulated against the observations using actual changing climate, atmospheric CO_2 concentration, plant species composition, soil properties and management, along with a set of simulation scenarios in which one or more of these environmental or management factors held constant. Comparison of simulated grassland dynamics under these scenarios identified the separate and interactive effects of different factors. The results showed that the observed increase of dry grassland productivity was majorly a consequence of cumulative changes in soil fertility (indicated by the increase in soil organic matter, SOM) under sustained management, and less importantly driven by climate and CO_2 changes. The irrigated grassland showed no significant trend in productivity, as an increase in soil N supply from SOM increase was offset by a decrease in legume content and associated N fixation, and the enhancement of rising CO_2 was offset by a negative effect of climate change during the observation period. Combination of long-term observation with process-based ecosystem model provides an effective approach to understand the mechanisms of ecosystem dynamics, and the results are helpful to the development of adaptive grassland management.

引言

气候与土地利用变化相互交织影响生态系统的结构功能。认识生态系统变

① School of Life Sciences, Inner Mongolia University, Hohhot, 010021.

化的驱动因子,尤其是区分气候变化与人为活动对生态系统变化的作用,是认识生态系统动态机制、制定适应全球变化的生态系统可持续管理的基础(Soussana et al., 2010; Brander et al., 2011; Ito, 2012)。在过去的30年来,一方面大量的研究通过实验控制和模拟气候与人为活动因子的变化,如气温、降水、大气 CO_2 浓度、养分添加和人为管理措施等,探讨生态系统变化的驱动机制;另一方面,在全球范围内展开的长期生态系统研究(LTER),为分析生态系统结构和生产力动态及其与气候、人为活动的关系积累了大量的资料。统计学模型在分析长期生态系统变化的气候或人为驱动因子方面被广泛地应用,然而由于各种环境因子变化的协同性和综合性,如过去几十年来气温升高、大气氮沉降增加、人类管理水平提高,这些因子交织在一起共同作用于生态系统。区分和量化不同因子对生态系统变化的影响,应用传统的统计学模型有很大的局限(Newton et al., 2015),生态系统过程模型成为实现这个目标的重要方法(Thornley and Cannell, 1997; Rotter et al., 2011; Medlyn et al., 2011)。应用生态系统过程模型,在模拟监测到的长期生态系统特征和过程变化的基础上,通过设计模拟试验、选择性地控制不同环境因子的变化,可解析不同因子变化及其相互作用对生态系统的影响(Piao et al., 2006; Gregory and Marshall, 2012; Newton et al., 2015)。本章首先简要介绍生态系统过程模型的基本特征,然后以温带草地生态系统为例,以长期生态系统观测资料为依据,应用生态系统过程模型与实验耦合方法,探讨生态系统变化的机制,量化气候和人为管理对草地生态系统动态的作用。温带草地生态系统占陆地面积的11%,支撑着35%的反刍动物(Radcliffe and Baars, 1987; Sala, 2001)。草地生态系统动态机制和驱动力分析,可为认识和预测气候变化和人为活动下生态系统的变化、制定生态系统适应性管理措施提供决策支持。

10.1 草地生态系统过程模型简述

10.1.1 模型构建

生态系统过程模型已被广泛地应用。模拟草地生态系统常用的模型有 Century/DayCent (Parton et al., 1988)、DNDC (Li et al., 2000)、EcoMod (Johnson et al., 2003)、GrassGro (Moore et al., 2007)、PaSim (Riedo et al., 1997, 2000; Calanca et al., 2007; Graux et al., 2011)、ProGrass (Lazzarotto et al., 2009)、APSIM (Holzworth et al., 2014) 和 DSSAT (Jones et al., 2003) 等。生态系统过程模型的构建以对生态系统功能过程的理解和机理为基础,直接模拟诸如植物光合、呼吸、蒸腾与养分吸收、动物采食、呼吸、生长与排泄物归还、地表和土壤有机质分解、土壤水分与养分运移等过程,因而可直接模拟生态系统各级生产力、水分平衡、养分循环和碳固存等动态特征及其对气候和人为管理的响应。在模型的具体构建中,连续的生态系统过程都拆分为一系列的状态,每个状态间的时间即为模拟步长(step)。气候是驱动生态系统动态最主要的因子,在陆地生态系统模拟中,最常用的模拟步长是‘日’,因而以日为单位的气象数据就成为模型最基本的输入参数,如日太阳辐射量、日最低/最高温度、日降水量、日均相对湿度和日均风速等;在长期生态系统动态模拟中大气 CO_2浓度也是基本参数。在每一个模拟步长中,生态系统各个组分由现有的状态更新到新的状态,如植物根据天气状况、土壤状态和管理措施而生长,土壤根据天气、植被状况和管理措施而发生转化,不同的管理措施通过改变土壤和植物的状态影响生态系统的运转和动态。以生态系统组分为基本模块的生态系统过程模型,每个模块都由表征其状态的变量和定义或量化这些变量变化的过程组成(图 10.1)。

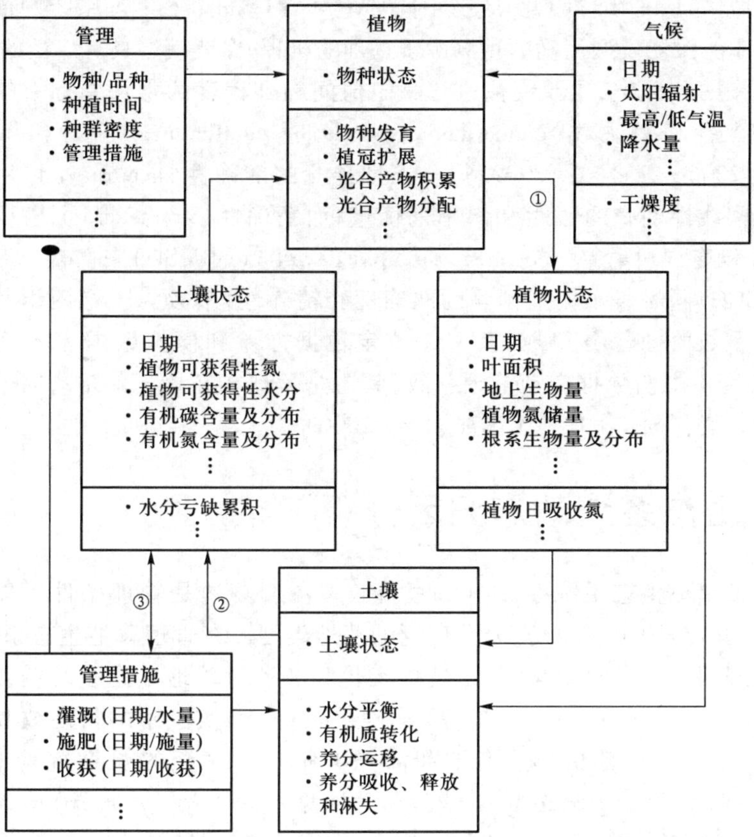

图 10.1　用统一模型语言(UML)简示的植物-土壤生态系统过程模型,包括植物、土壤、气候和管理四个模块。每个模块有模块名、状态变量和功能过程三个部分。植物模块描述植物状态(叶面积、根系深度、地上/地下生物量和植物氮储量等)和生长发育过程(如物候发育、植冠扩展、光合产物积累及其分配等);土壤模块描述土壤状态(植物可获得性水分和可吸收养分等)和过程(如水分平衡、有机质转化、植物氮吸收、释放和淋失等)。管理模块包括植物水肥管理。图中箭头显示一个模拟时间步长内,①植物根据天气和土壤状况以及管理措施由一个状态生长到下一个状态;②土壤根据天气和植被状况以及管理措施由一个状态转化到下一个状态;以及③管理措施通过改变土壤状态影响植物生长或土壤状态用来决定管理措施的实施(改自 Li et al., 2007)。

10.1.2 模型校正和验证

生态系统模型参数,尤其经验性参数,需要专门的实验确定或校正。校正后的模型需用独立于模型校正过程的数据集来验证。用于生态系统动态析因分析的模型必须保证模型机理的正确性,即必须经过广泛的验证,保证其正确的模型预测来自正确的生态系统机理。对于验证不充分的模型,常常难以避免"正确的预测(即与试验数据吻合的模型预测)来自错误的机理"。例如对特定生态系统中植物-土壤界面的水分和养分运移,模型中较低的植物水分吸收和蒸腾可由植物根系发展(根系长度、密度)不足所致,也可由土壤中植物可获得性水分不足所致。模型一方面的偏离(如根系长度、密度被高估)可以被另一方面的偏离(如可获得性水分被低估)所平衡。因此,应用不同环境和管理条件下生态系统观测数据来验证模型才能保证模型正确的预测源于正确的机理,保证模型具有广泛的适用性。

在模型的验证中,比较模拟值与测定值间吻合程度的常用指标有线性回归统计和一致性相关系数(concordance correlation coefficient, CCC)(Lin, 2000; Tedeschi, 2006; Li et al., 2009)等。模型预测的准确性(accuracy)可用模拟值和测定值间线性回归的截距和斜率来衡量,而精确性(precision)可由回归决定系统(R^2)和均方根离差(root mean squared deviation, RMSD)来衡量。一致性相关系数(CCC)同时表示模型预测的准确性和精确性,系数为 1 指两组数据完全吻合。该系数由两部分组成,其一是测定数据方差和模拟数据方差间的比率(V),比率为 1 说明数据变动范围一致;其二是偏离校正因子(Cb),因子为 1 说明两组数据变化与 1∶1 线无偏离(Lin, 2000)。

10.2 生态系统动态归因分析

在温带草地生态系统中,禾草-豆科牧草混合草地是管理条件下以动物生产为目标的草地中生产力高、分布广泛的草地类型。在管理草地生态系统时,因为人为管理因子也随时变化,分析气候变化和波动对草地生态系统的作用尤为复杂。新西兰坎特伯雷(Canterbury)地区 Winchmore 实验站的长期放牧草地试验旨在研究不同管理措施(施肥和灌溉)对草地生产的长期效应(Hewitt, 1998)。Newton 等(2015)分析了试验草地数据集中干旱(无灌溉)草地植物生产的变化,发现其春季牧草产量在试验的 44 年(1960—2004 年)中显著增加,同时显著增加的还有春季降水、大气 CO_2 浓度和土壤全氮。但由于降水、CO_2 浓度和土壤有机氮含量与春季草地产量增加的协同性,统计方法无法确定植物生产增加的主要驱动因子。生态系统过程模型情景模拟为解析生态系统动态驱动因子提供了有效方法。利用生态系统过程模型,Newton 等(2015)通过设计保持一个或多个变量初值不变的情景模拟来试验、比较不同模拟情景下草地生产的动态,认为大气 CO_2 浓度、土壤肥力及其互作是春季草地植物产量提升的主要原因。灌溉改变了草地的环境,通过比较灌溉和干旱条件下草地生产力的差异,可以认识或证实包括降水在内的气候波动和变化对草地生产力的作用。这里我们以 Winchmore 长期放牧试验草地在灌溉和干旱条件下植物生产力和土壤有机碳数据为依据,介绍应用生态系统过程模型进行生态系统动态变化检测和归因(detection and attribution)分析的方法。

10.2.1　试验草地管理和数据

新西兰坎特伯雷地区 Winchmore 实验站(43°48′S, 171°48′E, 海拔 160 m)的长期草地试验旨在研究不同人为管理因素(绵羊放牧、施肥和旱季灌溉)对草地生产力的长期影响。试验区年均降水量 717 mm,季节分配均匀,年均气温 11.0 ℃,土壤为透水性较好的壤土,草地主要植物为黑麦草(*Lolium perenne*)和白三叶草(*Trifolium repens*)。本研究使用 1960—2004 年的草地需水规律试验数据集,包括干旱草地和灌溉草地两个处理。灌溉草地的灌溉方式是:监测土壤含水量,每当下降到田间持水量的 20%时灌溉 100 mm 的水;实际灌溉时间和次数根据土壤湿度的监测确定(Rickard and McBride, 1986; Rickard and Moss, 2012),试验期间每年平均灌溉 7 次(变化范围 2~11 次)。试验草地小区面积为 0.9 hm^2,干旱草地 4 个重复,灌溉草地 5 个重复。草地全年绵羊轮牧,每次轮牧有 80%的牧草被采食。草地每年施用磷肥 250 $kg \cdot hm^{-2}$,但不施氮肥,植物氮素需求完全来自植物的共生固氮。

试验期间测定了草地植物的物种组成、生产力和土壤碳(C)、氮(N)动态。草地建植时混播 8 种牧草植物,主要为黑麦草和白三叶草,但混播有鸭茅(*Dactylis glomerota*)、剪股颖(*Agrostis capillaris*)、地三叶草(*Trifolium subterraneum*)和羽扇豆(*Lupinus polyphyllus*)等。用移动扣笼法测定草地净生产力,根据草地的生长状况,每年扣笼测定 6~9 次,获得年度累积牧草净生产力(net herbage accumulation, NHA)。1986 年前监测了草地的植物种组成,干旱草地的植物组成逐步演替为剪股颖和地三叶草为优势的草地,而灌溉草地一直以黑麦草和白三叶草为优势(Rickard and McBride, 1986);1986 年后的测定只分为禾草、豆科牧草和非豆科杂类草三类。在试验的 44 年间,测定了 26 次土壤样品。土壤用直径 25 mm 的土钻取样,深度 75 mm,每个草地小区取 15 钻,混合、风干、过 2 mm 筛、室温保存。用 LECO FP2000 分析仪测得土壤总碳和总氮含量(Schipper et al., 2012)。

10.2.2　草地生态系统过程模型

用 ASPIM 模型(v7.5)(Holzworth et al., 2014)模拟草地生态系统,模型主要由模拟植物生长和养分吸收的草地模块(AgPasture, Li et al., 2011)、模拟土壤养分和水分运移的土壤模块(Soil N 和 Soil Wat, Probert et al., 1998)和模拟植物凋落物以及动物排泄物归还的地表有机质模块(Surface OM)等构成。APSIM 模型模拟温带放牧草地生态系统的能力在澳大利亚和新西兰不同气候和土壤带得到验证。模型可以很好地预测草地植物生长、土壤水分和氮素动态、土壤有机

C 和 N 含量动态,及其对大气 CO_2浓度的响应(Li et al., 2011,2014; Cichota et al., 2013;Newton et al., 2015; O'Leary et al., 2015)。

在草地模块中,植物碳同化物依据动态的根茎比例分配到植物的地上和地下部分。植物组织周转分为新生、生长、成熟和枯萎四个阶段(Johnson et al., 2003)。大气 CO_2浓度是全球变化的关键因子,草地模块中植物对 CO_2浓度的响应是通过增加光合作用、减少生产单位干物质所需的氮素以及降低植物气孔导度来实现的(Leakey et al., 2009)。基于长期自由 CO_2富集(FACE)实验对放牧草地生态系统的影响数据(Newton et al., 2010),Li 等(2014)验证了草地模型能够模拟植物生产力对大气 CO_2浓度的响应、CO_2升高对促进植物生长的季节性和年际间的波动格局,以及 CO_2升高对草群中豆科植物的促进高于禾本科植物,而且温带草地的氮素动态是草地生产力对 CO_2浓度响应的年际变化的主要原因。

在土壤模块(Soil N)中,土壤有机质分解模拟主要以土壤有机碳为基准,根据有机质的 C∶N 值确定 N 的周转。土壤有机质分为微生物量(BIOM)和腐殖质(HUM)两个库(Probert et al., 1998);腐殖质又分为惰性有机质(相当于 Century 模型中的被动有机质,Parton et al., 1988)和慢性分解有机质。植物地上/地下凋落的新鲜有机质分别进入地表有机质库(surface OM)和土壤新鲜有机质库(fresh organic matter, FOM)。新鲜有机质分解释放 CO_2,转化 C 和 N 到土壤模块的微生物量库和腐殖质库,进入土壤有机质的转化和运移过程。有机质模型(surface OM 和 FOM)中,植物凋落物或动物粪便质量,即其碳水化合物类、纤维素类和木质素类物质的组成决定其最大分解速率,实际分解速率由最大分解速率和土壤温度、湿度和 C∶N 值等因子决定。土壤模块能较好地模拟草地和作物土壤中的有机碳的动态(Huth et al., 2010;Luo et al., 2011, 2013;O'Leary et al., 2015)。简单的"家畜"模块用来模拟动物的牧草采食,并根据采食牧草的消化率完成消化和吸收功能,即将采食牧草(C、N)转化为动物生长(产品)、呼吸消耗和排泄物归还。

10.2.3 模拟设计和模型参数设置

根据试验草地实际监测的气象、土壤和草地植物数据参数化模型。气象数据包括日降水量、最低和最高温度、相对湿度和风速,以及大气 CO_2浓度的变化(Tait et al., 2006)。试验期间春季降水和冬季日最高温度都有显著增加的趋势($P<0.05$)。土壤数据来自对试验草地土壤类型数据库(Lismore 黏壤土;Hewitt, 1998)和试验草地土壤的测定。根系主要分布在 60 cm 深土壤的植物可获得持水量为 62 mm,相当于田间持水量和萎蔫系数的土壤容积含水量(体积百分比)分别为 30%和 10%(McDowell and Condron, 2012)。试验草地每年施加充足的养分(PKS;N 除外),模拟中设定植物生长不受 N 以外其他养分不足的影响。

10.2.3.1 全情景模拟

首先调试和运行模型模拟草地生态系统的动态,模拟观测到的生产力(净牧草产量累积,NHA)和土壤有机碳、氮动态(表 10.1 情景⑧)。由于草地在试验开始时(1960 年)已经历了 22 年的干旱和灌溉处理,干旱和灌溉草地土壤表层 7.5 cm 的有机碳(SOC)含量已有差异,分别为 4.2%和 3.5%。根据土壤表层 SOC 含量测定值和 SOC 的剖面特征(Schipper et al., 2012),设定了土壤模型中各层 SOC 的含量初值。设置土壤模型参数时,使用了模型中默认的不同 SOC 库分解速率,但通过测定-误差-矫正(try-and-error)方法,调整了腐殖质碳库中惰性有机碳的比例,使模拟的 SOC 动态与观测到的 SOC 变化一致。

表 10.1　模拟情景设计

模拟情景①		环境因子对植物生产力/土壤有机质效应及其计算②
①	气候-CO_2-土壤-	基准情景模拟(baseline simulation, 环境条件不变)
②	气候+CO_2-土壤-	气候变化效应=②-①
③	气候-CO_2+土壤-	大气 CO_2浓度变化效应=③-①
④	气候-CO_2-土壤+	土壤累积变化效应=④-①
⑤	气候+CO_2+土壤-	气候×大气 CO_2浓度变化效应=⑤-①
⑥	气候+CO_2-土壤+	气候×土壤变化效应=⑥-①
⑦	气候-CO_2+土壤+	土壤×大气 CO_2浓度变化效应=⑦-①
⑧	气候+CO_2+土壤+	全情景模拟(full simulation, 实际环境条件)
		气候×大气 CO_2浓度×土壤变化效应=⑧-①
⑨	豆科植物+/-③	豆科牧草比例变化效应=⑧-⑨
⑩	单因子变化效应④	

注:① 模拟情景中环境因子后,"+"和"-"分别表示该环境因子是/否变化;② 某一环境因子变化对植物生产力/土壤有机质的效应即为该环境因子变化与"恒定"情景下植物生产力/土壤有机质效应间的差异。③ 上述所有模拟情景都设定豆科牧草比例为测定值(有下降的趋势),用除去变化趋势后的豆科牧草比例来运行另一全情景模拟,比较两组模拟结果可解析豆科牧草比例变化在草地生产力和土壤有机碳变化中的作用。④ 单一气候因子变化的效应可以通过设计仅由该因子变化的模拟情景来实现,如降水或气温变化的效应可通过"气候-CO_2-土壤-降水+"情景或"气候-CO_2-土壤-温度+"情景与基准情景间的差异来估测。

由于模型对模拟草地生态系统类型有较为广泛的校正和验证,全情景模拟准确地模拟出草地植物生产力的季节和年际动态;并且模拟出草地中豆科牧草比例的长期均值和大概的季节性变化格局,但在模拟豆科牧草比例的年季波动格局方面较差(Li et al., 2011)。为正确模拟生态系统氮循环速率,在模拟过程中我们输入各个阶段测定植物生产力时观测到的豆科牧草比例,以重现试验期间豆科牧草比例的动态。简言之,在模型计算植物潜在生长和水分胁迫效应之后,但在评价土壤养分可获得性和养分匮乏效应之前,我们在模型中增加一个过程评价植物日生长中豆科牧草和非豆科植物的比例,并且调节这个比例为该日所处阶段观测到的比例。由于这个调整过程在评价土壤养分可获得性和养分匮乏效应之前,所以即保证了模型能重现观测到的豆科牧草比例动态,又不改变豆科牧草比例与其生物固氮间的关系以及它们对土壤养分的响应(Li et al., 2014)。

10.2.3.2 部分环境因子变化的情景模拟

在全情景模拟的基础上,设计一系列部分环境因子变化的情景模拟,即在这些情景中保持一个或多个环境因子"恒定"于初始状态,以分别检测不同环境因子对草地生态系统动态的作用(表 10.1 情景①—⑦),其中保持所有环境因子"恒定"于初始状态的情景为"基准情景(baseline)"(表 10.1 情景①)。主要模拟的环境因子有气候(温度和降水)、大气 CO_2浓度、土壤 SOC 和有机氮(SON)、植物组成(豆科牧草比例)。草地生态系统的变化来自气候和管理外部因子的作用以及草地生态系统自身的演替(环境变化和生态系统互作后的累积效应)。比较多个模拟情景下草地生态系统生产力和 SOC、SON 的变化,可量化不同因子对草地生态系统动态的作用(表 10.1)。

在部分环境因子变化情景模拟中要保持一个或多个环境因子"恒定"于初始状态,如何设定一个环境因子的"恒定"状态是成功解析不同因子作用的关键。在模拟试验中各环境因子的"恒定"状态设定如下。

(1) 土壤(SOC 和 SON)不变情景(表 10.1 情景⑤):在每个模拟植物生长年开始时(南半球,7 月 1 日)把土壤剖面中 SOC 和 SON 自动恢复为 1960 年的初值。新西兰土壤的表层有机质在清除自然灌丛植被、建立草地后会逐步积累,积累速率会逐步减低趋向一个稳态,在这个过程中土壤有机质的 C∶N 值会逐步下降(Schipper and Sparling, 2011)。研究草地观测到的 SOC 和 SON 的积累,反映了草地生态系统的这种演替,尤其是持续施肥(PKS)和放牧利用下土壤的累积变化。在模拟中除去管理条件下土壤的变化,模拟出的草地变化则为气候和大气 CO_2变化的效应。

(2) 大气 CO_2浓度不变情景(表 10.1 情景⑥):草地试验期间的大气 CO_2浓度由初期的 318 ppm (1960 年)上升到 373 ppm(2004 年)。设定整个试验期间大气 CO_2浓度为 1960 年的浓度 318 ppm,模拟的草地变化为"气候变化×土壤变化"的效应。

(3) 气候不变情景(表 10.1 情景⑦):在整个试验期间(1960—2004 年),重复输入试验最初 10 年(1960—1969 年)实测的气象数据。对于灌溉草地,由于灌溉日期与气象条件匹配,1960—1969 年的灌溉日期(即日期的'月'和'日')也随气象数据一同重复;同理,由于牧草生产测定日期也由植物生长状况(取决于气象和灌溉状况)确定,1960—1969 年的牧草收获日期也与气象数据一同重复。在这种气候、灌溉和植物收获都重复试验初期实际情况的模拟情景下,植物生长在试验期间的变化趋势将会是大气 CO_2浓度和土壤累积变化的结果。

(4) 植物组成(豆科牧草比例)不变情景(表 10.1 情景⑨):在灌溉草地中,

试验初期豆科牧草的比例逐步下降。为分析豆科牧草比例变化对草地氮循环、草地植物生产力和SOC动态的影响，我们在模拟过程中消除豆科牧草比例下降的趋势，即按比例增加后期植物群落中观测到的豆科牧草比例，使其保持观测到的年际间波动格局，但均值增加，然后比较豆科牧草比例下降和不下降趋势下草地植物的生产力和N吸收等动态。

10.2.4　不同环境因子变化对草地生态系统变化的贡献

10.2.4.1　草地生产力的变化

试验期间测定的干旱草地生产力（NHA）逐年增加（P =0.05），而灌溉草地的生产力没有显著变化趋势（P>0.10）。模型准确地模拟出观测到的草地生产力在干旱和灌溉条件下的年际波动，模拟和测定的干旱草地生产力的年际变异系数（CoV）分别为26.8% 和26.9%，灌溉条件下的年际变异系数分别为10.2%和9.1%（图10.2）。模拟值和测定值之间高度相关（干旱草地 R^2 = 0.76，P<0.001；灌溉草地 R^2 =0.173，P<0.05）。模型也模拟出草地生产力在干旱条件下

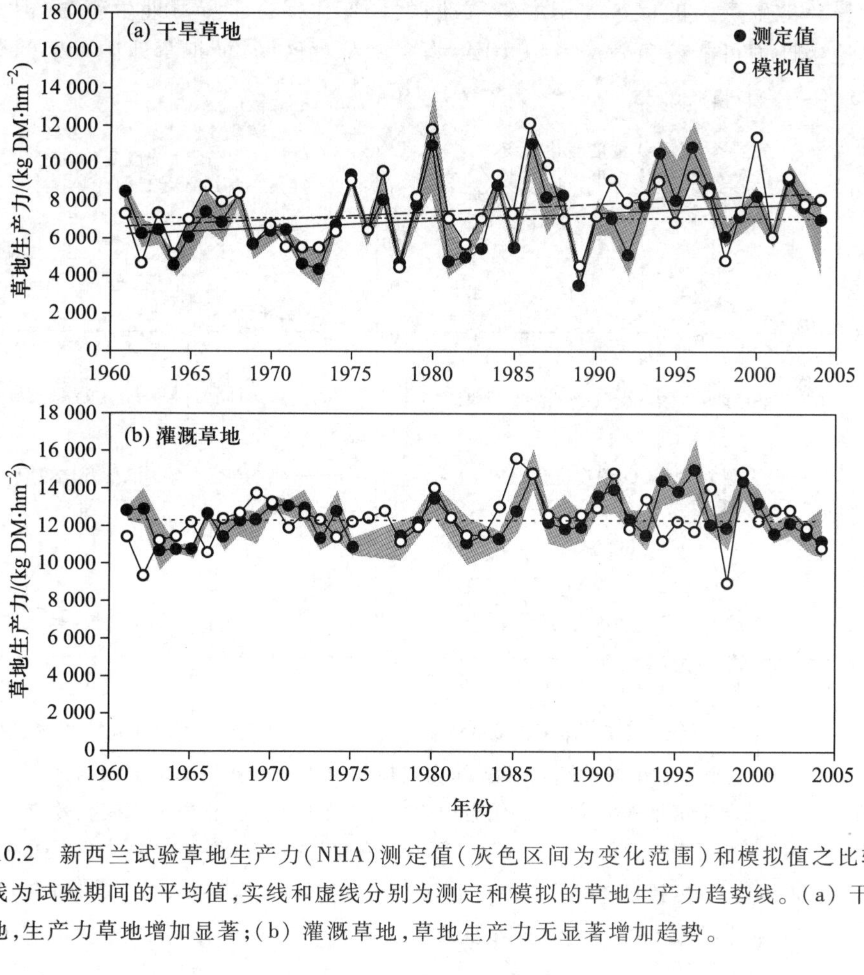

图10.2　新西兰试验草地生产力（NHA）测定值（灰色区间为变化范围）和模拟值之比较。点线为试验期间的平均值，实线和虚线分别为测定和模拟的草地生产力趋势线。(a) 干旱草地，生产力草地增加显著；(b) 灌溉草地，草地生产力无显著增加趋势。

显著增加($R^2=0.089$,$P=0.029$),在灌溉条件下不显著增加($P>0.10$)。

相对于假设气候、大气 CO_2浓度和土壤有机质在试验期间没有方向性变化的基准模拟,测定的草地生产力变化在干旱和灌溉条件下分别增加了 36.1% 和 17.2%,模拟的草地生产力在干旱和灌溉条件下分别增加了 43.0% 和 18.2%,即模拟值略高于测定值,但显示出相似的增加格局(图 10.3 a,b)。在干旱草地,土壤有机质的累积变化是生产力增加最主要的原因(33.6%);气候和大气 CO_2浓度变化也有显著的作用(10.6%)(图 10.3a),两者对生产力增加的作用类似,分别为 5.2%和 4.9%(图 10.3c)。灌溉草地生产力的增加也主要来自土壤有机质的累积变化(15.3%);"气候×大气 CO_2浓度"变化影响较小(2.8%)(图 10.3a,b),因为气候和大气 CO_2浓度的作用相反(气候:-2.7%;大气 CO_2浓度:3.9%),相互抵消(图 10.3 d)。在两种草地中,"气候×大气 CO_2浓度"变化对草地生产力的效应都略大于"气候变化"效应和"大气 CO_2浓度变化"效应的总和,说明气候和大气 CO_2浓度变化对草地生产力有正相互作用。总之,大气 CO_2浓度提升对干旱草地生产力的促进大于灌溉草地;气候变化促进干旱草地生产力,但对灌溉草地生产力可能有负效应。以 10 年为一个统计区间,模拟草地试验期间全球

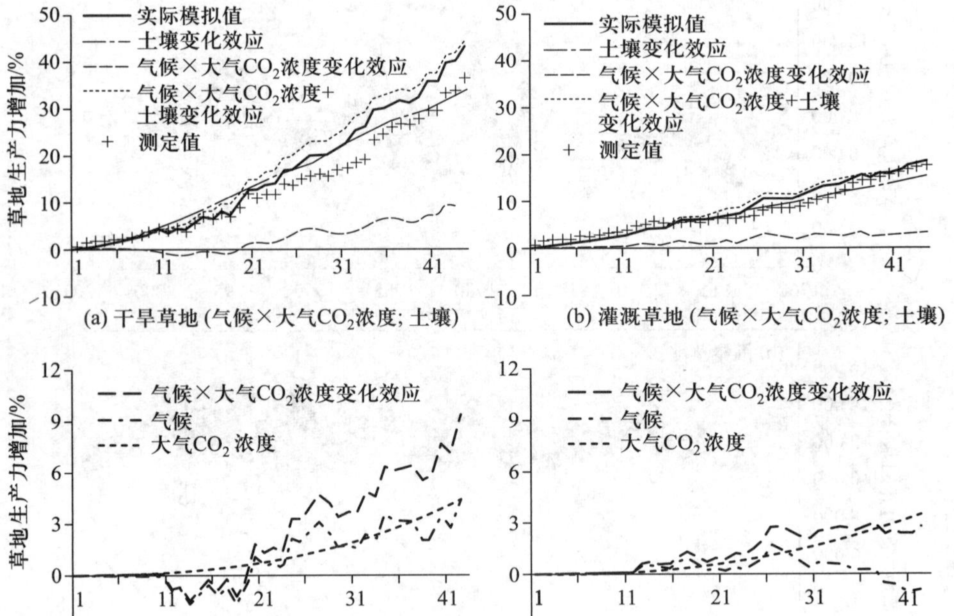

图 10.3 草地生产力的相对变化,包括实际测定值相对于试验初始测定值的增加、实际模拟值的相对增加(全情景模拟值-基准情景模拟值)以及生产力变化中土壤变化效应(土壤变化模拟值-基准情景模拟值)和"气候×大气 CO_2浓度"变化效应("气候×大气 CO_2浓度"变化情景模拟值-基准情景模拟值)。(a)和(b)中有"气候×大气 CO_2浓度"变化综合效应;(c)和(d)分别计算气候和大气 CO_2浓度变化的效应。

变化(气候和土地利用)导致的草地生产力增加在干旱和灌溉草地分别为27.9%和 9.7%,与测定值相似;其中“土壤累积变化”对草地的增产效应大于“气候×大气 CO_2 浓度”(表 10.2)。

表 10.2　试验草地最初 10 年(1960—1969 年)和最后 10 年(1995—2004 年)生产力的变化及土壤累积变化和“气候×大气 CO_2浓度变化”对生产力变化的贡献

草地类型	环境因子	模拟值/%	测定值/%
干旱草地	全球变化效应(情景⑧)	27.9	24.9
	土壤累积变化效应(情景④)	14.8	
	气候×大气 CO_2浓度变化效应(情景⑤)	10.4	
灌溉草地	全球变化效应(情景⑧)	9.7	6.2
	土壤累积变化效应(情景④)	5.7	
	气候×大气 CO_2浓度变化效应(情景⑤)	0.5	

试验期间春季降水和冬季日最高温度都有显著增加的趋势($P<0.05$)。设定除了“降水”或“最高和最低温度”以外所有因子都不变,分别模拟草地生态系统对实际“降水”或“最高和最低温度”变化的响应,结果表明降水变化几乎没有影响干旱草地的生产力(−0.1%),但对灌溉草地生产力有一定的负效应(−4.2%)。另外,试验期间的温度变化可能对干旱草地的生产力有正效应(+3.5%),但对灌溉草地的生产力有负效应(−3.0%)(具体数据未显示)。

10.2.4.2　土壤有机碳的变化

试验期间土壤表层 75 mm 层 SOC 在干旱和灌溉条件下都显著增加(干旱草地 $R^2=0.46$,$P<0.05$;灌溉草地 $R^2=0.49$,$P<0.05$)(图 10.4);测定的土壤有机质平均 C∶N 值为 11.6 (干旱草地)和 10.6(灌溉草地),没有趋势性变化(干旱草地最后两年 C∶N 值较低)。模型较好地模拟出 SOC 的变化趋势,在干旱和灌溉草地都有显著增加(图 10.4)。在干旱草地,SOC 的增加主要源于持续放牧和施肥管理下的土壤累积变化,而气候变化和大气 CO_2浓度变化对 SOC 的增加作用微小,只解释 SOC 变化的 19.5%(分别为 5.4%和 14.1%)。对于灌溉草地,SOC 的增加也主要源于持续放牧和施肥管理下的土壤累积变化,气候和大气 CO_2浓度变化可解释 SOC 变化的 12.9%和 15.4%(图 10.4)。即气候变化在灌溉草地对 SOC 增加的作用大于干旱草地,而大气 CO_2浓度变化在干旱和灌溉草地的作用类似。

气候单因子变化模拟显示,试验期间“降水”或“最高和最低温度”变化对干旱草地 SOC 增加的作用远大于气候整体的。这可能是由于降水与温度负相关($P<0.05$)所致。而在灌溉草地,降水变化对 SOC 无影响,但温度变化增加了 SOC,且增加作用大于干旱草地。

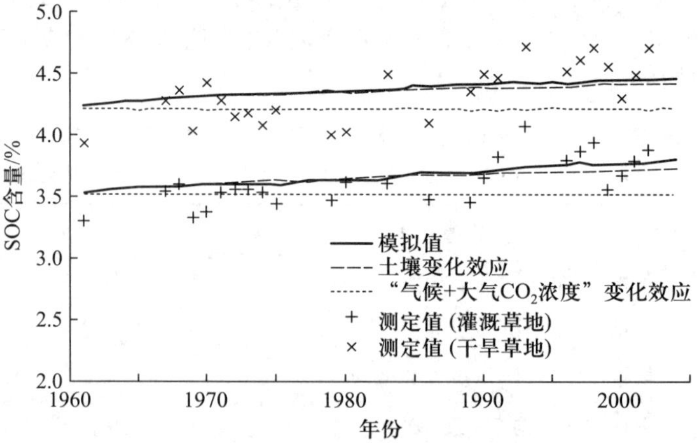

图 10.4 气候和土壤变化对草地 SOC 的影响。土壤变化是长期施肥(PKS)和放牧管理下的累积变化。干旱草地的 SOC 含量高于灌溉草地,增加趋势显著。实线、虚线和点线分别为模拟值、除去气候和大气 CO_2浓度变化的情景模拟值(土壤变化效应)、除去土壤变化的模拟值(气候和大气 CO_2浓度变化效应)。

10.2.4.3 豆科牧草的变化和作用

试验草地草群中豆科牧草比例在灌溉条件下下降,在试验最初 10 年豆科牧草的比例平均为 24%,最后 10 年平均为 8%。在全情景模拟中分别设定豆科牧草比例下降和不下降情景模拟的结果显示,豆科牧草比例的下降导致了草地固氮速率下降 14 kg N · hm^{-2} · a^{-1},植物从土壤吸收的 N 降低 43 kg N · hm^{-2} · a^{-1},即总体上植物氮吸收降低 57 kg N · hm^{-2} · a^{-1}。

10.2.4.4 草地生态系统变化驱动力分析

试验草地生态系统植物和土壤动态析因结果表明,气候和大气 CO_2浓度变化促进了草地生产力,但促进作用只能解释小部分草地生产力的变化。草地生产力变化的主因是长期持续放牧和施肥管理等带来的草地土壤肥力的改善,以土壤有机质的增加为标志;这个因素可分别解释干旱和灌溉草地生产力变化的 77%和 85%。在干旱草地气候变化和大气 CO_2浓度变化分别解释草地生产力增加的 12%和 11%;灌溉草地生产力没有显著变化,因为大气 CO_2浓度升高对草地生产力的变化有促进作用(解释生产力变化的 21%),但气候变化对生产力有负效应(−15%)。

试验期间干旱草地生产力增加显著,而灌溉草地生产力增加不显著。这种差异可由两方面来解释:① 气候变化。试验期间的春季降水增加,有利于干旱草地植物的生长,但对没有水分亏缺的灌溉草地植物并没有促进作用,相反由于降水与温度负相关,较低的温度对植物生长会带来负面影响。但气候变化对干旱和灌溉草地生产力的不同效应只解释其生产力变化差异的 30%(−15% ~

12%)。② 灌溉草地土壤 C：N 值增加和豆科牧草比例下降导致土壤供 N 能力变化相互抵消。干旱和灌溉草地的 SOC 和 SON 含量在试验期间都有显著增加，且增加的速率相似(图 10.4)，但相似的增加并没有带来相似的草地生产力提高。灌溉草地生产力增加不显著，可能与土壤养分供给能力不足有关。在每年施用的 PKS 养分充足的条件下，土壤氮素供给能力是关键。灌溉草地豆科牧草的比例在试验期间下降，带来了生物固氮速率和植物可吸收氮素的显著减少。这种由生物固氮率下降导致的植物可获得性氮的减少和土壤有机质周转增加带来的植物可获得性氮的增加相互抵消，是灌溉草地生产力没有显著增加的主要原因。③ 试验期间的大气 CO_2浓度升高了 55 ppm，其对干旱和灌溉草地植物生产的促进程度分别为 8.9% · (100 ppm CO_2)$^{-1}$和 7.1% · (100 ppm CO_2)$^{-1}$。大气 CO_2浓度提升对干旱草地生产的促进作用与类似气候条件下草地 FACE 试验结果[13.1% · (100 ppm CO_2)$^{-1}$]相近(Li et al., 2014)。

10.3　结语

本研究显示，长期生态系统观测数据和生态系统过程模型耦合可以很好地解析不同环境和管理因子变化对生态系统的作用。这种解析有助于认识生态系统动态的驱动因子及其互作，提出生态系统动态机制假说，并帮助设计试验，验证假说，发展理论；也有助于设计面向气候和环境变化的生态系统适应性管理措施，促进以生态系统过程模型为核心的管理决策支持系统的研发和应用。

致谢

感谢新西兰皇家农业研究院草地研究中心 Paul Newton 和 Mark Lieffering 博士在完成相关研究时与我们合作。本研究和学术交流受国家科技支撑计划(2015BAC02B04)和内蒙古自治区科学技术厅(201503001)资助。

参考文献

Brander, K., J. Bruno, A. Hobday, and D. Schoeman. 2011. The value of attribution. Nature Climate Change, 1: 70-71.

Calanca, P., N. Vuichard, C. Campbell, N. Viovy, A. Cozic, J. Fuhrer, and J. F. Soussana. 2007. Simulating the fluxes of CO_2 and N_2O in European grasslands with the Pasture Simulation Model (PaSim). Agriculture, Ecosystems and Environment, 121(1/2): 164-174.

Cichota, R., V. O. Snow, and I. Vogeler. 2013. Modelling nitrogen leaching from overlapping urine patches. Journal of Environmental Modelling and Software, 41: 15-26.

Graux, A. I., M. Gaurut, J. Agabriel, R. Baumont, R. Delagarde, G. Delaby, and J. F. Soussana. 2011. Development of the Pasture Simulation Model for assessing livestock production under climate change. Agriculture, Ecosystems and Environment, 144(1): 69-91.

Gregory, P. J., and B. Marshall. 2012. Attribution of climate change: A methodology to estimate the potential contribution to increases in potato yield in Scotland since 1960. Global Change Biology, 18(4): 1372-1388.

Hewitt, A. E. 1993. New Zealand Soil Classification. Landcare Research Science Series 1. Lincoln: Manaaki Whenua Press.

Holzworth, D. P., N. I. Huth, P. G. de Voil, E. J. Zurcher, N. I. Herrmann, G. McLean, K. Chenu, E. J. van Oosterom, V. Snow, C. Murphy, A. D. Moore, H. Brown, J. P. M. Whish, S. Verrall, J. Fainges, L. W. Bell, A. S. Peake, P. L. Poulton, Z. Hochman, P. L. Thorburn, D. S. Gaydon, N. P. Dalgliesh, D. Rodriguez, H. Cox, S. Chapman, A. Doherty, E. Teixeira, J. Sharp, R. Cichotal. Vogeler, F. Y. Li, E. Wang, G. L. Hammer, M. J. Robertson, J. P. Dimes, A. M. Whitbread, J. Hunt, H. van Rees, T. McClelland, P. S. Carberry, J. N. G. Hargreaves, N. MacLeod, C. McDonald, J. Harsdorf, S. Wedgwood, and B. A. Keating. 2014. APSIM—Evolution towards a new generation of agricultural systems simulation. Environmental Modelling and Software, 62: 327-350.

Huth, N. I., P. J. Thorburn, B. J. Radford, and C. M. Thornton. 2010. Impacts of fertilisers and legumes on N_2O and CO_2 emissions from soils in subtropical agricultural systems: A simulation study. Agriculture, Ecosystems and Environment, 136(3/4): 351-357.

Ito, A. 2012. Detection and attribution of global change and disturbance impacts on a tower-observed ecosystem carbon budget: A critical appraisal. Environmental Research Letters, 7(1): 014013.

Johnson, I. R., M. Lodge, and R. E. White. 2003. The sustainable grazing systems pasture model: Description, philosophy and adaptation to the SGS national experiment. Australian Journal of Experimental Agriculture, 43(8): 711-728.

Jones, J. W., G. Hoogenboom, C. H. Porter, K. J. Boote, W. D. Batchelor, L. A. Hunt, P. W. Wilkens, U. Singh, A. J. Gijsman, and J. T. Ritchie. 2003. The DSSAT cropping system model. European Journal of Agronomy, 18: 1-28.

Lazzarotto, P., P. Calanca, and J. Fuhrer. 2009. Dynamics of grass-clover mixtures. An analysis of the response to management with the productive grassland simulator (PROGRASS). Ecological Modelling, 220(5): 703-724.

Leakey, A. D. B., E. A. Ainsworth, C. J. Bernacchi, A. Rogers, S. P. Long, and D. R. Ort. 2009. Elevated CO_2 effects on plant carbon, nitrogen, and water relations: Six important lessons from FACE. Journal of Experimental Botany, 60(10): 2859-2876.

Li, C. S. 2000. Modeling trace gas emissions from agricultural ecosystems. Nutrient Cycling in Agroecosystems, 58(1): 259-276.

Li, F. Y., P. D. Jamieson, R. F. Zyskowski, H. E. Brown, and A. J. Pearson. 2007. The crop calculators—From simulation models to usable decision-support tools. In: Oxley, L., and D.

Kulasiri (eds.). Proceedings of MODSIM 2007 International Congress on Modelling and Simulation.

Li, F. Y., P. D. Jamieson, P. Johnstone, and A. J. Pearson. 2009. Mechanism of nitrogen limitation affecting maize growth: A comparison of different modelling hypotheses. Crop and Pasture Science, 60(8): 738-752.

Li, F. Y., P. C. D. Newton, and M. Lieffering. 2014. Testing simulations of intra- and inter-annual variation of the plant production response to elevated CO_2 from a 11-year FACE experiment on grazed pasture. Global Change Biology, 20(1): 228-239.

Li, F. Y., V. O. Snow, and D. Holzworth. 2011. Modelling the seasonal and geographical pattern of pasture production in New Zealand. New Zealand Journal of Agricultural Research, 54(4): 331-352.

Lieffering, M., P. C. D. Newton, R. Vibart, and F. Y. Li. 2016. Exploring climate change impacts and adaptations of extensive pastoral systems using biophysical simulation and farm models. Agricultural Systems, 144: 77-86.

Lin, L. I. 2000. A note on the concordance correlation coefficient. Biometrics, 56: 324-325.

Luo, Z. K., E. L. Wang, B. A. Bryan, D. King, G. Zhao, X. B. Pan, and U. Bende-Michl. 2013. Meta-modeling soil organic carbon sequestration potential and its application at regional scale. Ecological Applications, 23(2): 408-420.

Luo, Z. K., E. L. Wang, O. J. Sun, C. J. Smith, and M. E. Prober. 2011. Modeling long-term soil carbon dynamics and sequestration potential in semi-arid agro-ecosystems. Agricultural and Forest Meteorology, 151(12): 1529-1544.

McDowell, R. W., and L. M. Condron. 2012. Phosphorus and the Winchmore trials: Review and lessons learnt. New Zealand Journal of Agricultural Research, 55(2): 119-132.

Medlyn, B. E., R. A. Duursma, and M. J. B. Zeppel. 2011. Forest productivity under climate change: A checklist for evaluating model studies. WIREs Climate Change, 2(3): 332-355.

Moore, A. D., J. R. Donnelly, and M. Freer. 1997. GRAZPLAN: Decision support systems for Australian grazing enterprises. Ⅲ. Pasture growth and soil moisture submodels, and the GrassGro DSS. Agricultural Systems, 55(4): 535-582.

Newton, P. C. D., M. Lieffering, S. Bowatte, S. Brock, P. Theobald, and D. Ross. 2010. The rate of progression and stability of progressive nitrogen limitation at elevated atmospheric CO_2 in a grazed grassland over 11 years of Free Air CO_2 enrichment. Plant and Soil, 336(1): 433-441.

Newton, P. C. D., M. Lieffering, F. Y. Li, S. Ganesh, and M. Dodd. 2015. Detection of historical changes in pasture growth and attribution to climate change. Climate Research, 61:203-214.

O'Leary, G., D. L. Liu, Y. Ma, F. Y. Li, M. McCaskill, M. Conyers, R. Dalal, S. Reeves, K. Page, Y. Dang, and F. Robertson. 2015. Modelling soil organic carbon 1. Performance of APSIM crop and pasture modules against long-term experimental data. Geoderma, 264: 227-237.

Parton, W. J., J. W. B. Stewart, and C. V. Cole. 1988. Dynamics of C, N, P, and S in grassland soils: A model. Biogeochemistry: 5(1): 109-131.

Piao, S. L., P. Friedlingstein, P. Ciais, L. M. Zhou, and A. P. Chen. 2006. Effect of climate and

CO_2 changes on the greening of the Northern Hemisphere over the past two decades. Geophysical Research Letters, 33(23): no. L23402.

Probert, M. E., J. P. Dimes, B. A. Keating, R. C. Dalal, and W. M. Strong. 1998. APSIM's water and nitrogen modules and simulation of the dynamics of water and nitrogen in fallow systems. Agricultural Systems, 56(1): 1-28.

Radcliffe, J. E., and J. A. Baars. 1987. The productivity of temperate grasslands. In: Snaydon, R. W. (ed.). Ecosystems of the World 17B Managed Grasslands Analytical Studies. Amsterdam: Elsevier.

Rickard, D. S., and S. D. McBride. 1986. Irrigated and non-irrigated pasture production at Winchmore, 1960 to 1985. Technical Report No. 21. Canterbury, New Zealand: Winchmore Irrigation Research Station, Ministry of Agriculture and Fisheries.

Rickard, D. S., and R. A. Moss. 2012. Winchmore and the long-term trials: The early history. New Zealand Journal of Agricultural Research, 55(2): 93-103.

Riedo, M., D. Gyalistras, and J. Fuhrer. 1997. Modelling grassland response to climate change and elevated CO_2. Acta Oecologica, 18(3): 305-311.

Riedo, M., D. Gyalistras, and J. Fuhrer. 2000. Net primary production and carbon stocks in different managed grasslands: Simulation of site-specific sensitivity to an increase in atmospheric CO_2 and to climate change. Ecological Modelling, 134(2/3): 207-227.

Rotter, R. P., T. R. Carter, J. E. Olesen, and J. R. Porter. 2011. Crop-climate models need an overhaul. Nature Climate Change, 1: 175-177.

Sala, O. E. 2001. Temperate grasslands. In: Chapin Ⅲ, F. S., O. E. Sala, and E. Huber-Sannwald (eds.). Global Biodiversity in a Changing Encironment: Scenarios for the 21st Century (Ecological Sudies v. 152). New York: Springer-Verlag.

Schipper, L. A., M. B. Dodd, J. Pronger, M. Upsdell, P. Mudge, and R. A. Moss. 2012. Decadal changes in soil carbon and nitrogen under a range of irrigation and phosphorus fertiliser treatments. Soil Science Society of America Journal, 77(1): 246-256.

Schipper, L. A., and G. P. Sparling. 2011. Accumulation of soil organic C and change in C : N ratio after establishment of pastures on reverted scrubland in New Zealand. Biogeochemistry, 104(1): 49-58.

Soussana, J. F., A. I. Graus, and F. N. Tubiello. 2010. Improving the use of modelling for projections of climate change impacts on crops and pastures. Journal of Experimental Botany, 61(8): 2217-2228.

Tait, A., R. Henderson, R. Turner, and X. G. Zheng. 2006. Thin plate smoothing spline interpolation of daily rainfall for New Zealand using a climatological rainfall surface. International Journal of Climatology, 26(14): 2097-2115.

Tedeschi, L. O. 2006. Assessment of the adequacy of mathematical models. Agricultural Systems, 89(2/3): 225-247.

Thornley, J. H. M., and M. G. R. Cannell. 1997. Temperate grassland responses to climate change: An analysis using the Hurley pasture model. Annals of Botany, 80(2): 201-221.

大型食草动物对草地昆虫多样性的作用

第11章

王德利[①②]　朱慧[①]

摘　要

在放牧的草地生态系统中，昆虫和大型食草动物是重要的组成部分，且对草地生物多样性起着关键的驱动作用。当前，关于大型食草动物放牧对草地昆虫多样性影响研究较多，本章结合已有的相关研究，以及本研究组近些年的实验工作，获得草地昆虫多样性对大型食草动物放牧响应的重要认识：在草地生态系统中，大型食草动物放牧对昆虫多样性的作用效应不一致，或正向、或负向、或无影响，这可能是由于生境条件、放牧强度、放牧时间以及植被类型等因素导致的；同时，放牧可通过三条途径影响昆虫多样性，即① 大型食草动物采食、践踏和粪便对昆虫多样性的直接作用，② 放牧通过改变植物群落组成（物种多样性、功能类型和质量等）对昆虫多样性的间接作用，③ 放牧通过影响植被结构（高度、植被异质性等）间接改变昆虫多样性。无论任一途径，大型食草动物都是通过影响昆虫的生境、资源可利用性及其捕食者进而作用于昆虫多样性。今后这一研究方向的发展趋向是：大型食草动物放牧对昆虫多样性影响的各种因素的相对贡献率；大型食草动物对昆虫多样性影响的尺度及生态背景依赖性；以及在放牧条件下，整合食物网、生态系统营养级效应（上行效应或下行效应）对昆虫多样性的作用问题。

---

① 东北师范大学草地科学研究所，植被生态科学教育部重点实验室，长春，130024；

② 东北师范大学环境学院，长春，130117。

Effects of Large Herbivores on Insect Diversity in Grassland Ecosystems

Deli Wang①② Hui Zhu①

Abstract

Both insects and large herbivores are the two important components and drive biodiversity in grassland ecosystems. A growing number of studies have shown that large herbivores can strongly affect insect diversity, and results from previous our studies and other cases have concluded that large herbivores have different effects on insect diversity, either positive, negative, or neutral. These effects may be resulted from differences in habitat type, grazing intensity, grazing season, and vegetation type. To understand these effects, the mechanisms that large herbivores affect insect communities are further explored: (i) the direct effects of large herbivores by unintentional ingestion, trampling, and dung deposition; (ii) the indirect effects of grazing by mediating plant community composition (diversity, functional types, and nutrition); and (iii) the indirect effects of grazing by changing vegetation structure (height, and vegetational heterogeneity). Totally, large herbivore grazing affects insect diversity through mediating habitat, resource availability, and predation. Our summary has identified a number of issues that remain poorly understood and require further research: (i) relative contributions of factors affecting insect diversity in response to large herbivore grazing; (ii) the spatial and ecological context dependency of the effects of large herbivores on insect diversity; and (iii) integrated food-web analysis, demonstrating the importance of trophic cascading effects (*i. e.* bottom-up and top-down effects) in shaping insect diversity in grazed ecosystems.

引言

昆虫(insect)是陆地生态系统(terrestrial ecosystem)中最为繁盛的生物类群,是节肢动物门中最大的一纲,也是动物界中最大的一纲。当前,已命名的昆

① Institute of Grassland Science, Northeast Normal University, Key Laboratory of Vegetation Ecology, Minstriy of Eduction, Changchun, 130024, China;

② School of Environment, Northeast Normal University, Changchun, 130117, China.

虫种类占动物种类的 75%，占世界已知生物种类的 54%（沈佐锐，2009）。昆虫不但种类繁多，而且个体数量也十分惊人。例如，在热带雨林地区，一个蚁群可包含 50 多万只蚂蚁（Holldobler and Wilson, 1994）。作为种类多、数量大的昆虫类群，它们对生态系统有着十分重要的作用，其作用可以通过多种途径实现：通过降解植物叶片、分解尸体和粪便改变营养循环（Belovsky and Slade, 2000）；利用访花昆虫的传粉和传播种子等特性影响植物繁殖与农作物产量（Garibaldi et al., 2013）；通过为其他动物（如鸟类）提供食物从而维持动物群落结构（Dennis et al., 2008）。除此之外，昆虫也是科学研究的重要模式生物（如果蝇），有些还具有重要的经济价值（如家蚕和蜜蜂）。因此，昆虫对人类的生活生产至关重要。然而，目前在局域、区域甚至全球尺度上昆虫面临着严重的物种丧失（Collinge, 2000），其多样性下降速度远远高于植物（Thomas et al., 2004）。深入理解影响昆虫多样性及物种组成的重要因素是生态学家、昆虫学家以及保护生物学家面临的挑战，也是本领域研究者关注的前沿与热点科学问题之一。

在草地生态系统中，昆虫是重要的无脊椎动物的组成部分，也是食物链的关键环节，它们在维持草地生态系统功能与稳定性方面起着重要的作用。草地是陆地最大的被管理生态系统（managed ecosystem），大型食草动物（large herbivore）放牧是重要的管理方式之一。放牧对草地生态系统有着重要的调节作用，能够影响植物群落的多样性与群落组成（Bakker et al., 2006; Liu et al., 2015），进而对草地昆虫群落产生明显的作用效果（董玮等, 2013; van Klink et al., 2015）。已有研究表明，昆虫多样性对放牧的响应可能是正向、负向或者中性的。尽管对于放牧如何影响植物群落的一系列相关机制已有较深的认识，但对昆虫多样性如何响应放牧以及内在机制仍然缺乏深入理解。本章结合已有的相关研究，以及本实验室近些年的实验工作，对大型食草动物如何影响草地昆虫多样性及其机制进行综述。这对于理解放牧干扰下草地昆虫多样性的变化规律具有重要作用，同时为草地昆虫多样性的有效保护与生态系统科学管理提供理论基础。

11.1　草地昆虫多样性与数量对放牧的响应

大型食草动物对草地生态系统中昆虫多样性的影响已有较多的研究报道（康乐，1995；Cease et al., 2012），但其研究结论并不一致。一些研究工作表明，与无牧相比，在放牧样地昆虫物种丰富度和数量较小（Joern, 2005; O'Neill et al., 2010; Spalinger et al., 2012）。并且最新的实验证明，在放牧条件下昆虫多样性显著降低，并且随着放牧强度增加其多样性减少程度加大（Yadamsuren et al., 2015）。而另一些研究结果显示，放牧能够促进昆虫多样性和数量的增加

(Weiss et al., 2013; Zhong et al., 2014)。还有些研究结果表明,放牧对昆虫多样性和数量没有显著影响(Vogel et al., 2007)。研究者们已经逐渐意识到,这些研究结果之所以有明显差异,可能是受到放牧强度、放牧方式等因素的限制。多数研究显示,随着放牧强度的增加,昆虫多样性与数量逐渐增加(Jáuregui et al., 2008; Cease et al., 2012);还有研究显示,随着放牧强度的增加,昆虫多样性和数量逐渐减少(Littlewood, 2008),只有在适度放牧强度下才能维持较高的昆虫物种丰富度(Kruess and Tscharntke, 2002a)。此外,不同放牧方式对昆虫多样性的影响存在差异。在进行轮牧的放牧样地中,昆虫的物种丰富度最高,而在持续放牧的样地中最低(Branson and Sword, 2010)。放牧对昆虫多样性和数量的影响差异还依赖于研究的昆虫类群不同。例如在放牧样地,蝗虫(Hao et al., 2015)、蛾类(Littlewood, 2008)、蝴蝶(Vogel et al., 2007)的多样性和数量减少,而甲虫(Barragán et al., 2014)和蝇类(Yadamsuren et al., 2015)的多样性和数量增加。

尽管大量关于放牧干扰对昆虫多样性与数量影响的研究工作已积累了一定的结论和实验基础,但研究学者更多关注的是“大型食草动物的放牧是否对昆虫多样性和数量产生作用”问题,特别集中在放牧强度与放牧时间对昆虫多样性和数量的作用效应。然而,放牧方式的作用也是不可忽视的。在放牧的草地生态系统中,大型食草动物单一动物放牧和混合动物放牧是常见的放牧方式,而不同的放牧方式如何对昆虫多样性作用并不十分清楚。此外,以往的多数研究都是集中在不同昆虫类群,而总的昆虫多样性和数量变化则缺乏相应的实验性证据。因此,Zhu 等(2012)在草甸草原利用控制实验开展了不同放牧方式(牛、山羊、绵羊以及三者混牧)条件下昆虫多样性和数量的响应研究(图 11.1)。研究结果显示,大型食草动物放牧对昆虫多样性的影响依赖于植物多样性,即在低植物多样性条件下放牧对昆虫物种丰富度有正效应;而在高植物多样性水平下有负效应。同时,在无牧条件下,昆虫物种丰富度与植物物种丰富度呈正相关关系;但在放牧条件下,昆虫物种丰富度随着植物多样性降低。可见,大型食草动物放牧能通过调节植物结构异质性逆转植物多样性与昆虫多样性的正向关系。对于昆虫数量而言,总昆虫数量在任何放牧方式下都显著增加,且昆虫数量对放牧的响应依赖于不同类群,例如,直翅目、半翅目和鞘翅目昆虫在放牧条件下数量增加,而鳞翅目昆虫数量则减少(表 11.1)。进一步分析还显示,昆虫数量对放牧的响应不仅依赖于放牧方式,也依赖于放牧前的植物多样性水平(Zhu et al., 2015)。

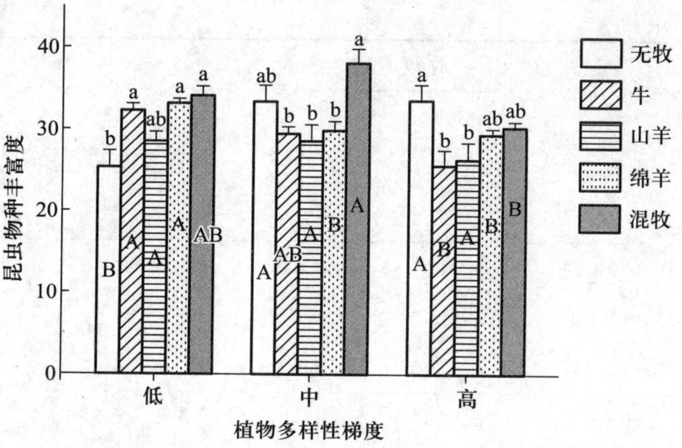

图 11.1 在不同植物多样性(低、中和高)背景下放牧对草地昆虫物种多样性的影响(Zhu et al., 2012)。数值为平准值±标准误。不同小写字母在每一个植物多样性梯度上不同放牧方式对昆虫物种多样性有显著影响(P<0.05);不同大写字母表示相同放牧方式条件下不同植物多样性对昆虫物种多样性有显著影响(P<0.05)。

表 11.1 不同植物多样性梯度背景下不同放牧方式对草地昆虫数量的影响(Zhu et al., 2015)

昆虫种类	植物多样性水平	放牧方式				影响			
		无牧	牛单牧	山羊单牧	绵羊单牧	区组	植物多样性(PD)	放牧处理(GB)	PD×GB
昆虫总体	低	354.7±12.8c	566.7±22.3b	477.3±23.8bc	722.3±44.2a				
	中	680±67.1b	679.3±31.4b	1093.3±42.7a	796±63.5b	NS	***	***	**
	高	739±53.8b	790.7±45.8b	1116±65.51a	1131±91.4a				
直翅目	低	211±7.8b	321.7±21.1a	218.7±18.3b	327±2.6a				
	中	538±68.9a	287.7±19.1b	339±20.6ab	401.3±51.8ab	NS	***	**	**
	高	623.7±49.4ab	516.7±48.3b	775±69.7ab	842±103.5a				
半翅目	低	21±7.9b	53.7±6.9a	39.7±6ab	28.7±2.9ab				
	中	15±2.7a	20±3.5a	23±3.6a	29±6.3a	NS	***	*	**
	高	16.7±3.3a	7.7±1.5a	15±2.1a	7.3±1.2a				
鞘翅目	低	35±4.6b	37.7±7.7b	71.7±8.4a	34.3±4.8b				
	中	45±6.7b	32.7±12.1b	55.3±12.4ab	95.7±12.3a	NS	***	**	**
	高	22±3.6a	21±4.4a	29.3±5.4a	24±0.6a				

续表

昆虫种类	植物多样性水平	放牧方式				影响			
		无牧	牛单牧	山羊单牧	绵羊单牧	区组	植物多样性(PD)	放牧处理(GB)	PD×GB
双翅目	低	40.7±5.2b	58±6.5ab	48±3.6ab	64±3.5a	NS	***	***	***
	中	21.3±1.5b	66±9.3a	25±8.7b	70.3±3.8a				
	高	29.3±3.7a	20.3±4.5a	29.7±6.3a	18.3±2.4a				
膜翅目	低	2±0.6a	3.7±0.3a	2.7±1.4a	4.3±0.9a	NS	NS	NS	NS
	中	5.7±1.8a	2.3±0.3a	4.3±0.7a	3±0a				
	高	5.7±1.2a	2.3±1.2a	5.7±0.3a	3±1.1a				
同翅目	低	35.3±0.3b	88.3±8.8b	91.7±20.8b	260±48.6a	NS	***	***	***
	中	34.3±11.9d	262.7±12.8b	642±11.9a	190±9.4c				
	高	17.7±4.7c	214.3±3.7b	252.3±2.7a	229±14.8ab				
鳞翅目	低	7.7±1.2a	2.3±1.3b	2.7±0.9ab	3±1.1ab	NS	**	**	NS
	中	5.7±1.7a	4.3±2.2a	4±3.1a	4±2.1a				
	高	22±6.1a	6.7±2.1b	6.7±1.4b	6±1.5b				
螳螂目	低	1±0.3a	0.7±0.3a	0.7±0.3a	1±0.3a	NS	NS	NS	NS
	中	1.3±0.9a	0a	0a	0a				
	高	0.3±0.1a	0a	0a	0.3±0.1a				
脉翅目	低	1±0.6a	0.7±0.3a	1.7±0.9a	0a	NS	NS	NS	NS
	中	13.7±7.8a	3.7±1.2a	0.7±0.3a	2.7±1.4a				
	高	1.7±0.9a	1.7±0.9a	2.3±1.4a	1±0.3a				

注:数值为平均值±标准误;不同小写字母代表放牧方式间存在显著性差异;显著性水平:* $P<0.05$,** $P<0.01$,*** $P<0.001$;NS:无显著性差异($P>0.05$)。

11.2 放牧对草地昆虫多样性的作用机制

已有较多研究都显示大型食草动物放牧对草地昆虫多样性有显著影响。为了深入理解这种作用,放牧对昆虫的作用机制已经成为本领域的另一重要研究方向。van Klink 等(2015)分析了大型食草动物可通过多种途径影响昆虫多样性,这既包括食草动物通过采食、践踏与粪便导致的直接作用,也有通过改变植物群落组成或植被结构产生的间接作用(图 11.2)。

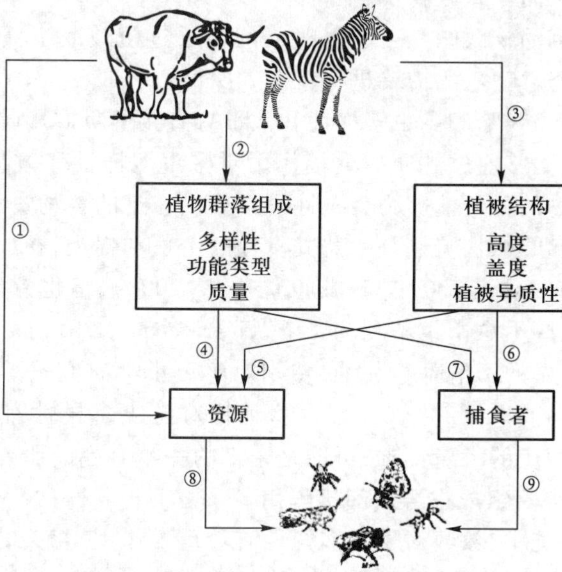

图 11.2　大型食草动物对昆虫多样性影响机制的概念框架图(van Klink et al., 2015)。其中:① 直接作用,包括采食、践踏、粪便等;② 植物群落组成调节的间接作用;③ 植被结构调节的间接作用;④、⑤ 植物群落组成变化对昆虫资源的影响;⑥、⑦ 植被结构变化对昆虫捕食者的影响;⑧ 变化的资源对昆虫多样性的作用;⑨ 变化的捕食者对昆虫多样性的作用。

11.2.1　直接作用

大型食草动物可以通过采食、践踏以及粪便等方式直接作用于昆虫多样性和数量(图 11.2①)。首先,有些昆虫生活在植物的组织中(叶片或茎干),大型食草动物对叶片或茎干的采食经常会无意识地减少这些昆虫的数量,特别是对潜叶昆虫的数量有着显著的负向作用(Bonal and Muñoz, 2007; van Noordwijk et al., 2012a)。同时,还有些昆虫的卵和幼虫都在植物叶片上,大型食草动物的采食也能直接降低其数量以及多样性(van Noordwijk et al., 2012b)。尽管大型食草动物通过采食直接作用于昆虫多样性的研究较少,但在草地生态系统中,大型食草动物采食对昆虫多样性与数量无意识的影响也不能忽视。

放牧可以影响昆虫的生境质量,进而作用于昆虫的多样性和数量。大型食草动物更多是通过践踏活体植被、土壤而影响昆虫群落(Hobbs, 2006)。迄今,已有较多的观察性和实验性证据表明,大型食草动物的践踏能够对昆虫多样性有负向作用(Bonte and Maes,2008;Woodcock and Pywell, 2009)。对于移动性较弱的昆虫或者一些地表甲虫来说,大型食草动物对其的践踏作用可能远远被低估(Negro et al., 2011)。还有研究结果分析了大型食草动物改变移动性较弱的昆虫的食物资源,从而导致较低的昆虫多样性(Kruess and Tscharntke, 2002b)。尽管如此,大型食草动物践踏是否能直接或间接通过植被或土壤等引起昆虫多样性的变化并不十分清楚,仍需要进一步深入探讨。

放牧通过采食和践踏对昆虫多样性和数量有直接的负向影响,与此相反,大型食草动物放牧却能够通过粪便的直接作用对昆虫多样性和数量有正向作用。例如,大型食草动物的粪便能够为粪食性昆虫提供充足的食物资源,从而增加粪食性昆虫的多样性和数量,特别是一些粪食性的甲虫和蝇类,在放牧条件下其数量明显增加(Verdú et al., 2007; Freymann et al., 2008),但也有研究结论显示,放牧通过粪便对某些甲虫产生不利的影响(Negro et al., 2011)。尽管直觉上放牧对这种腐生性昆虫的影响是显著的,特别对于甲虫类研究仍然缺乏实验性的证据(Barton, 2013)。总之,尽管大型食草动物对昆虫多样性有潜在的直接作用,但是仍然缺乏相应的大量证据,可能是未来的一个有趣的研究方向。

11.2.2 植物群落组成主导的间接作用

在草地生态系统中,放牧对植物多样性有着重要作用,相关的生态学研究都已表明,大型食草动物放牧既可能增加植物多样性,也可能减少植物多样性(Olff and Ritchie, 1998; Bakker et al., 2006; Lezama et al., 2014)。由于昆虫多样性与植物多样性密切相关,一些实验研究表明,随着植物多样性增加,昆虫多样性和数量以及功能群多样性也随之增大,并且增加昆虫之间关系的复杂性(Haddad et al., 2009; Scherber et al., 2010; Rzanny and Voigt, 2012)。可见,大型食草动物能够通过改变植物群落多样性和组成来影响昆虫多样性和数量(图11.2②)。Joern(2005)在高草草原(tallgrass prairie)的研究表明,放牧可以通过改变植物物种丰富度从而增加蝗虫的物种多样性和数量。但也有研究表明,即使在放牧条件下植物多样性增加,昆虫多样性则是降低的(Kruess and Tscharntke, 2002b),这可能是由于昆虫受到高营养级的影响更大些。Zhu等(2012)研究结果显示,大型食草动物对植物多样性无影响,但是昆虫多样性却发生较大变化。因此,植物多样性对放牧的响应似乎不能作为昆虫多样性对放牧响应的一个有效指示者(indicator)。大型食草动物对昆虫作用的另外一个途径是,通过改变植物群落组成而影响昆虫多样性和数量。例如,在湿润肥沃的草地生态系统中,放牧可以增加易采食和耐牧植物的盖度,使植物群落组成发生变化,从而有利于以这些植物为食物的昆虫数量增加(McNaughton, 1984)。对草地生态系统中访花昆虫的研究结果表明,放牧能够影响植物花的数量,改变开花植物组成,从而影响访花昆虫的访问频率(Tadey, 2015)。Cease等(2012)研究了不同放牧强度对蝗虫数量的影响,发现重度放牧强度下蝗虫数量显著增加,这是由于大型食草动物采食后蝗虫的食物(植物)营养含量降低,并且通过室内试验得出植物营养含量增加,蝗虫的生存率降低。因此,大型食草动物也能通过改变植物的特性(trait)——营养含量而影响昆虫的数量和多样性。

11.2.3　植被结构主导的间接作用

大型食草动物对植物有强烈的采食作用，由此影响植被高度和结构的复杂性（图 11.2③）。一方面，由于大型食草动物的食性选择，放牧能够引起植被高度发生变化。对于昆虫来说，高和矮的植物群落提供的生存环境存在显著差异，因此影响昆虫多样性和数量。例如，当大型食草动物采食后，植被变得较矮甚至暴露地表，这就使昆虫的微生境变暖，特别是有较高的土壤温度，有利于一些蝗虫和蝴蝶的幼虫发育（Bourn and Thomas，2002；Roy and Thomas，2003）。另一方面，高的和密度大的植被也可以在昆虫遇到低温时作为一个温度缓冲场所（Dennis et al.，1994），或者也能作为昆虫遇到极端环境（如干旱和洪水）的庇护所（Pétillon et al.，2008）。同时，较高的植被能够提供更多的食物资源以及较低的被捕获概率（Lawton，1983；Belovsky et al.，1990），因此，较高植被会比低矮植被容纳更多的昆虫。除了植物结构之外，事实上，植物生物量与昆虫多样性呈现的正相关关系已经被报道（Woodcock and Pywell，2009）。据此可见，一些大型食草动物由于能够减少植物生物量从而降低昆虫多样性（Pöyry et al.，2004）。

在草地生态系统中，植被常常是异质性分布的，植被异质性将影响昆虫多样性和数量。一方面，大型食草动物由于食性选择可以增加植被异质性（Zhu et al.，2012），同时也有相反的结论，即放牧也能使植被异质性降低（Adler et al.，2001），因此，放牧引起的植被结构异质性将强烈影响昆虫多样性，但是实验性证据较少。Joern（2005）研究表明草地蝗虫多样性与放牧导致的植被高度异质性变化呈现显著正相关关系，但也有研究并没有发现相似的规律（Dennis et al.，1998；van Klink et al.，2013）。最近在草甸草原的研究表明，大型食草动物放牧能够通过改变植物高度异质性进而调节昆虫多样性（Zhu et al.，2012）。关于昆虫多样性的驱动因素研究中，除了关注植物多样性与群落组成，应对植被异质性给予更多的认识。然而，放牧对植被异质性的作用是尺度依赖的（Adler et al.，2001）。例如，在小尺度范围下，放牧能够使植被同质性增强，而在大尺度范围，则异质性增强。因此，要加深在不同空间尺度上放牧对植被异质性的作用以及变化的异质性与昆虫多样性关系的研究，能够有助于理解大型食草动物对昆虫多样性的影响。

11.3　大型食草动物与昆虫之间的相互关系

在生态学研究中，物种之间的相互作用关系是一个重要的研究热点，但多数研究都集中在亲缘关系较近的物种之间，例如，植物与植物之间、昆虫与昆虫之间等（Ba et al.，2006；Behmer and Joern，2008）。在放牧的草地生态系统中，植物、昆虫与大型食草动物是重要的组成成分，植物与昆虫、植物与大型食草动物之间关系的研究相对较多，而对大型食草动物与昆虫之间的相互关系仍不清楚。

本研究组最新的研究表明,大型食草动物与草地蝗虫之间是正向的相互作用关系,即大型食草动物放牧有利于蝗虫数量增加,同时蝗虫的存在也有利于大型食草动物的采食。由图 11.3 可见,在绵羊放牧条件下,蝗虫的种群密度在 7 月下旬显著增加,一直持续到生长季末期;同时,在有蝗虫的处理中,绵羊的采食时间在 8 月显著提高,这说明蝗虫在种群高密度时间接地有利于绵羊采食。进一步分析表明,绵羊与蝗虫之间的正向关系是由于大型食草动物与蝗虫之间的采食行为差异导致的(Zhong et al., 2014)。绵羊喜欢采食草地群落中的杂类草,而蝗虫倾向于采食草地优势植物——羊草,这种采食的差异性导致各自喜欢采食食物(植物)的互利生长。

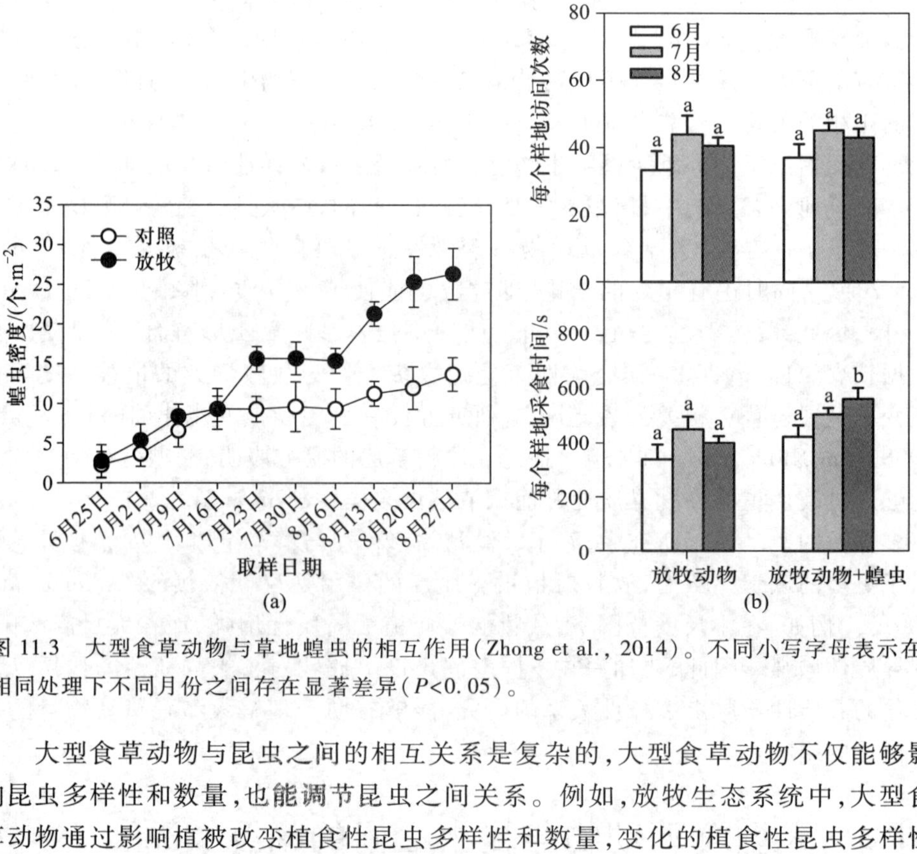

图 11.3 大型食草动物与草地蝗虫的相互作用(Zhong et al., 2014)。不同小写字母表示在相同处理下不同月份之间存在显著差异($P<0.05$)。

大型食草动物与昆虫之间的相互关系是复杂的,大型食草动物不仅能够影响昆虫多样性和数量,也能调节昆虫之间关系。例如,放牧生态系统中,大型食草动物通过影响植被改变植食性昆虫多样性和数量,变化的植食性昆虫多样性能够引起捕食性昆虫多样性相应的改变(Báldi et al., 2013)。还有研究表明,放牧可以引起植食性昆虫数量减少,从而影响植食性昆虫的寄生蜂昆虫多样性的变化(Anderson et al., 2011)。这些研究都表明,放牧对草地生态系统的上行控制效应有潜在的调节作用。除了上行控制效应,放牧也能够改变草地生态系统的下行控制效应。已有实验证据显示,大型食草动物能够增加捕食性昆虫数量,由于增大的捕食性昆虫数量对其猎物的控制,进而减少了下一营养级的多样性与数量(Sanders and Platner, 2007)。当前,有关放牧如何调节昆虫之间的相互关系的研究较为稀少,在放牧的草地生态系统中,上行效应和下行效应之间的权衡需要进一步深入研究。

11.4　本领域将来的研究方向

在草地生态系统中,大型食草动物放牧是重要的草地管理方式。那么,无论是在理论上,还是在实际草地管理中,探讨昆虫多样性和数量对放牧的响应模式及其机制十分有益。然而,大型食草动物对昆虫多样性的作用高度变异,仍然需要系统、深入的研究。首先,尽管多数研究表明,放牧能够影响草地昆虫多样性和数量,但相关的研究结论还存在不确定性,仍需要更多的实验性证据,特别是在某一特定的条件下(如放牧方式)昆虫多样性变化;第二,已有较多研究显示,大型食草动物放牧可通过多种因素影响草地昆虫多样性,但各个影响因素对昆虫多样性变化贡献率还不十分清楚,并且这种贡献率可能存在昆虫类群和放牧强度、方式等依赖性;第三,大型食草动物对草地生态系统中食物网影响的研究还处于起步阶段,是上行控制效应(bottom-up effect)还是下行控制效应(top-down effect)主导着草地食物网结构缺乏相应的实验性证据;最后,当前研究都是集中在一个局域尺度上对放牧影响草地昆虫多样性进行研究,但放牧对草地昆虫多样性影响可能是尺度依赖的,今后也应更多关注区域尺度、甚至全球尺度的大型食草动物对昆虫多样性的作用。

致谢

本研究获国家自然科学基金重点项目(31230012)和国家自然科学基金青年科学基金项目(31400345)、中国博士后科学基金资助项目(2015M571350)、中央高校基本科研业务费项目(植被生态科学教育部重点实验室项目,130026537)等资助。

参考文献

董玮,张璞进,常虹,晔薷罕,张晶晶. 2013. 不同放牧强度对荒漠草原蝗虫群落的影响. 环境昆虫学报, 35(5): 572-577.

康乐. 1995. 放牧干扰下的蝗虫-植物相互作用关系. 生态学报, 15(1): 1-11.

沈佐锐. 2009. 昆虫生态学及害虫防治的生态学原理. 北京: 中国农业大学出版社.

Adler, P. B., D. A. Raff, and W. K. Lauenroth. 2001. The effect of grazing on the spatial heterogeneity of vegetation. Oecologia, 128(4): 465-479.

Anderson, A., S. McCormack, A. Helden, H. Sheridan, A. Kinsella, and G. Purvis. 2011. The potential of parasitoid Hymenoptera as bioindicators of arthropod diversity in agricultural grasslands. Journal of Applied Ecology, 48(2): 382-390.

Ba, L., D. L. Wang, K. C. Hodgkinson, and N. Z. Xiao. 2006. Competitive relationships between two contrasting but coexisting grasses. Plant Ecology, 183(1): 19-26.

Bakker, E. S., M. E. Ritchie, H. Olff, D. G. Milchunas, and J. M. H. Knops. 2006. Herbivore impact on grassland plant diversity depends on habitat productivity and herbivore size. Ecology Letters, 9(7): 780-788.

Báldi, A., P. Batáry, and D. Kleijn. 2013. Effects of grazing and biogeographic regions on grassland biodiversity in Hungary-Analysing assemblages of 1200 species. Agriculture, Ecosystems and Environment, 166: 28-34.

Barragán, F., C. E. Moreno, F. Escobar, J. Bueno-Villegas, G. Harlffter, and M. McGeoch. 2014. The impact of grazing on dung beetle diversity depends on both biogeographical and ecological context. Journal of Biogeography, 41(10):1991-2002.

Barton, K. 2013. MuMIn: Multi-model inference. R package version 1.9.11. Available at http://cran. r-project.org/package=MuMIn.

Behmer, S. T., and A. Joern. 2008. Coexisting generalist herbivores occupy unique nutritional feeding niches. Proceedings of National Academy of Sciences, 105(6): 1977-1982.

Belovsky, G. E., and J. B. Slade. 2000. Insect herbivory accelerates nutrient cycling and increases plant production. Proceedings of National Academy Science, 97(26): 14412-14417.

Belovsky, G. E., J. B. Slade, and B. A. Stockhoff. 1990. Susceptibility to predation for different grasshoppers: An experimental study. Ecology, 71(2): 624-634.

Bonal, R., and A. Muñoz. 2007. Multi-trophic effects of ungulate intraguild predation on acorn weevils. Oecologia, 152(3): 533-540.

Bonte, D., and D. Maes. 2008. Trampling affects the distribution of specialised coastal dune arthropods. Basic and Applied Ecology, 9(6): 726-734.

Bourn, N. A., and J. Thomas. 2002. The challenge of conserving grassland insects at the margins of their range in Europe. Biological Conservation, 104(3): 285-292.

Branson, D. H., and G. A. Sword. 2010. An experimental analysis of grasshopper community responses to fire and livestock grazing in a Northern mixed-grass prairie. Environmental Entomology, 39(5): 1441-1446.

Cease, A. J., J. J. Elser, C. F. Ford, S. G. Hao, L. Kang, and J. F. Harrison. 2012. Heavy livestock grazing promotes locust outbreak by lowering plant nitrogen content. Science, 335(6067): 467-469.

Collinge, S. K. 2000. Effects of grassland fragmentation on insect species loss, colonization, and movement patterns. Ecology, 81(8): 2211-2226.

Dennis, P., J. Skartveit, D. I. McCracken, R. J. Pakeman, K. Beaton, A. Kunaver, and D. M. Evans. 2008. The effects of livestock grazing on foliar arthropods associated with bird diet in upland grasslands of Scotland. Journal of Applied Ecology, 45(1): 279-287.

Dennis, P., M. B. Thomas, and N. W. Sotherton. 1994. Structural features of field boundaries which influence the overwintering densities of beneficial arthropod predators. Journal of Applied Ecology, 31: 361-370.

Dennis, P., M. R. Young, and I. J. Gordon. 1998. Distribution and abundance of small insects and arachnids in relation to structural heterogeneity of grazed, indigenous grasslands. Ecological Entomology, 23(3): 253-264.

Freymann, B. P., R. Buitenwerf, O. Desouza, and H. Olff. 2008. The importance of termites (Isoptera) for the recycling of herbivore dung in tropical ecosystems: A review. European Journal of Entomology, 105(2): 165-173.

Garibaldi, L. A., I. Steffan-Dewenter, R. Winfree, M. A. Aizenet, R. Bommarco, S. A. Cunningham, C. Kremen, L. G. Carvalheiro, L. D. Harder, O. Afik, Bartomeus, F. Benjamin, V. Boreux, D. Cariveau, N. P. Chacoff, J. H. Dudenhöffer, B. M. Freitas, J. Ghazoul, S. Greenleaf, J. Hipólito, A. Holzschuh, B. Howlett, R. Isaacs, S. K. Javorek, C. M. Kennedy, K. M. Krewenka, S. Krishnan, Y. Mandelik, M. M. Mayfield, I. Motzke, T. Munyuli, B. A. Nault, M. Otieno, J. Petersen, G. Pisanty, S. G. Potts, R. Rader, T. H. Ricketts, M. Rundlöf, C. L. Seymour, C. Schüepp, H. Szentgyörgyi, H. Taki, T. Tscharntke, C. H. Vergara, B. F. Viana, T. Wanger, C. Westphal, N. Williams, and A. M. Klein. 2013. Wild pollinators enhance fruit set of crops regardless of honey bee abundance. Science, 339(6127): 1608-1611.

Haddad, N. M., G. M. Crutsinger, K. Gross, J. Haarstad, J. M. H. Knops, and D. Tilman. 2009. Plant species loss decreases arthropod diversity and shifts trophic structure. Ecology Letters, 12 (10): 1029-1039.

Hao, S. G., S. Wang, A. Cease, and L. Kang. 2015. Landscape level patterns of grasshopper communities in Inner Mongolia: Interactive effects of livestock grazing and aprecipitation gradient. Landscape Ecology, 30(9): 1657-1668.

Hobbs, N. T. 2006. Large herbivores as sources of disturbance in ecosystems. In: Danell, K., R. Bergstrom, P. Duncan, and J. Pastor (eds.). Large Herbivore Ecology, Ecosystem Dynamics and Conservation. Cambridge: Cambridge University Press.

Holldobler, B., and E. O. Wilson. 1994. Journey to the Ants. Cambridge: The Belknap Press of Harvard University Press.

Jáuregui, B. M., R. Rosa-García, U. Garcia, M. F. Wallisdevries, K. Osoro, R. Celaya, and R. Rosagarcia. 2008. Effects of stocking density and breed of goats on vegetation and grasshopper occurrence in heathlands. Agriculture, Ecosystems and Environment, 123(1/2/3): 219-224.

Joern, A. 2005. Disturbance by fire frequency and bison grazing modulate grasshopper assemblages in tallgrass prairie. Ecology, 86(4): 861-873.

Kruess, A., and T. Tscharntke. 2002a. Grazing intensity and the diversity of grasshoppers, butterflies, and trap-nesting bees and wasps. Conservation Biology, 16(6): 1570-1580.

Kruess, A., and T. Tscharntke. 2002b. Contrasting responses of plant and insect diversity to variation in grazing intensity. Biological Conservation, 106(3): 293-302.

Lawton, J. H. 1983. Plant architecture and the diversity of phytophagous insects. Annual Review of

Entomology, 28(1): 23-39.

Lezama, F., S. Baeza, A. Altesor, A. Cesa, E. J. Chaneton, and J. M. Paruelo. 2014. Variation of grazing-induced vegetation changes across a large-scale productivity gradient. Journal of Vegetation Science, 25(1): 8-21.

Littlewood, N. A. 2008. Grazing impacts on moth diversity and abundance on a Scottish upland estate. Insect Conservation and Diversity, 1(3): 151-160.

Liu, J., F. Chao, D. Wang, L. Wang, B. J. Wilsey, and Z. Zhong. 2015. Impacts of grazing by different large herbivores in grassland depend on plant species diversity. Journal of Applied Ecology, 52(4): 1053-1062.

McNaughton, S. J. 1984. Grazing lawns—Animals in herds, plant form, and coevolution. American Naturalist, 124(6): 863-886.

Negro, M., A. Rolando, and C. Palestrini. 2011. The impact of overgrazing on dung beetle diversity in the Italian Maritime Alps. Environmental Entomology, 40(5): 1081-1092.

O'Neill, K. M., B. E. Olson, R. Wallander, M. G. Rolston, and C. E. Seibert. 2010. Effects of livestock grazing on grasshopper abundance on a native rangeland in Montana. Environmental Entomology, 39(3): 775-786.

Olff, H., and M. E. Ritchie. 1998. Effects of herbivores on grassland plant diversity. Trends in Ecology and Evolution, 13(7): 261-265.

Pétillon, J., A. Georges, A. Canard, J. C. Lefeuvre, J. P. Bakker, and F. Ysnel. 2008. Influence of abiotic factors on spider and ground beetle communities in different salt-marsh systems. Basic and Applied Ecology, 9(6): 743-751.

Pöyry, J., S. Lindgren, J. Salminen, and M. Kuussaari. 2004. Restoration of butterfly and moth communities in semi-natural grasslands by cattle grazing. Ecological Applications, 14(6): 1656-1670.

Roy, D. B., and J. A. Thomas. 2003. Seasonal variation in the niche, habitat availability and population fluctuations of a bivoltine thermophilous insect near its range margin. Oecologia, 134(3): 439-444.

Rzanny, M., and W. Voigt. 2012. Complexity of multitrophic interactions in a grassland ecosystem depends on plant species diversity. Journal of Animal Ecology, 81(3): 614-627.

Sanders, D., and C. Platner. 2007. Intraguild interactions between spiders and ants and top-down control in a grassland food web. Oecologia, 150(4): 611-624.

Scherber, C., N. Eisenhauer, W. W. Weisser, B. Schmid, W. Voigt, M. Fischer, E. D. Schulze, C. Roscher, A. Weigelt, E. Alan, H. Beβler, M. Bonkowski, N. Buchmann, F. Buscot, L. W. Clement, A. Ebeling, C. Engels, S. Halle, I. Kertscher, Alexandra-Maria Klein, R. Koller, S. König, E. Kowalski, V. Kummer, A. Kuu, M. Lange, D. Lauterbach, C. Middelhoff, V. D. Migunova, A. Milcu, R. Müller, S. Partsch, J. S. Petermann, C. Renker, T. Rottstock, A. Sabais, S. Scheu, J. Schumacher, V. M. Temperton, and T. Tscharntke. 2010. Bottom-up effects of plant diversity on multitrophic interactions in a biodiversity experiment. Nature, 468(7323): 553-556.

Sjödin, N. E., J. Bengtsson, and B. Ekbom. 2008. The influences of grazing intensity and landscape composition on the diversity and abundance of flower-visiting insects. Journal of Applied Ecology, 45(3): 763-772.

Spalinger, L. C., A. G. Haynes, M. Schütz, and A. C. Risch. 2012. Impact of wild ungulate grazing on Orthoptera abundance and diversity in subalpine grasslands. Insect Conservation and Diversity, 5(6): 444-452.

Tadey, M. 2015. Indirect effects of grazing intensity on pollinators and floral visitation. Ecological Entomology, 40(4): 451-460.

Thomas, J. A., M. G. Telfer, D. B. Preston, J. J. Greenwood, J. Asher, R. Fox, R. T. Clarke, and J. H. Lawton. 2004. Comparative losses of British butterflies, birds, and plants and the global extinction crisis. Science, 303(5665): 1879-1881.

van Klink, R., C. Rickert, R. Vermeulen, O. Vorst, M. F. WallisDeVries, and J. P. Bakker. 2013. Grazed vegetation mosaics do not maximize arthropod diversity: Evidence from salt marshes. Biological Conservation, 164: 150-157.

van Klink, R., F. van der Plas, G. G. E. van Noordwijk, M. F. WallisDeVries, and H. Olff. 2015. Effects of large herbivores on grassland arthropod diversity. Biological Reviews, 90(2): 347-366.

van Noordwijk, C. G. E., P. Boer, A. A. Mabelis, W. C. E. P. Verberk, and H. Siepel. 2012a. Life-history strategies as a tool to identify conservation constraints: A case-study on ants in chalk grasslands. Ecological Indicators, 13(1): 303-313.

van Noordwijk, C. G. E., D. E. Flierman, E. Remke, M. F. WallisDeVries, and M. P. Berg. 2012b. Impact of grazing management on hibernating caterpillars of the butterfly *Melitaea cinxia* in calcareous grasslands. Journal of Insect Conservation, 16(6): 909-920.

Verdú, J. R., C. E. Moreno, G. Sánchez-Rojas, C. Numa, E. Galante, and G. Halffter. 2007. Grazing promotes dung beetle diversity in the xeric landscape of a Mexican Biosphere Reserve. Biological Conservation, 140(3/4): 308-317.

Vogel, J. A., D. M. Debinski, R. R. Koford, and J. R. Miller. 2007. Butterfly, responses to prairie restoration through fire and grazing. Biological Conservation, 140(3/4): 78-90.

Weiss, N., H. Zucchi, and A. Hochkirch. 2013. The effects of grassland management and aspect on Orthoptera diversity and abundance: Site conditions are as important as management. Biodiversity and Conservation, 22(10): 2167-2178.

Woodcock, B. A., and R. F. Pywell. 2009. Effects of vegetation structure and floristic diversity on detritivore, herbivore and predatory invertebrates within calcareous grasslands. Biodiversity and Conservation, 19(1): 81-95.

Yadamsuren, O., B. Hayford, J. Gelhaus, L. Ariuntsetseg, C. Goulden, S. Podenas, and V. Podeniene. 2015. Declines in diversity of crane flies (Diptera: Tipuloidea) indicate impact from grazing by livestock in the Hövsgöl region of Mongolia. Journal of Insect Conservation, 19(3): 465-477.

Zhong, Z. W., D. L. Wang, H. Zhu, L. Wang, C. Feng, and Z. N. Wang. 2014. Positive interactions between large herbivores and grasshoppers, and their consequences for grassland plant diversity. Ecology, 95(4): 1055-1064.

Zhu, H., D. L. Wang, Q. F. Guo, J. Liu, and L. Wang. 2015. Interactive effects of large herbivores and plant diversity on insect abundance in a meadow steppe in China. Agriculture, Ecosystems and Environment, 212: 245-252.

Zhu, H., D. L. Wang, L. Wang, Y. G. Bai, J. Fang, and J. Liu. 2012. The effects of large herbivore grazing on meadow steppe plant and insect diversity. Journal of Applied Ecology, 49(5): 1075-1083.

禾草内生真菌的分布、传播特性和多样性研究进展

第12章

任安芝[①] 高玉葆[①]

摘 要

内生真菌是指在其整个生活史或生活史的某一段时期生活在活的植物的地上部组织，而对宿主不引起明显病害症状的一类真菌。内生真菌对高羊茅和黑麦草等栽培禾草的有益作用已被大量的研究所证实，表现在内生真菌不仅可以促进宿主植物的生长，而且能够增强宿主植物对生物干扰和非生物胁迫的抗性。近年来的研究表明，内生真菌不仅存在于人工禾草中，在天然禾草中也有广泛分布，只是内生真菌对天然禾草的影响存在明显的不确定性，从互利共生、中性至寄生均有报道。本章结合已有的文献及本实验室的研究结果，从禾草内生真菌 *Epichloë* 属的分布、传播特性和多样性三个方面进行综述，以助于更好地理解和解释内生真菌对禾草宿主作用的复杂性。首先，内生真菌并不局限于宿主植物地上部分的组织内，有些种类能够在宿主的部分或全部生殖枝上产生一种致密的菌丝子实体结构，还有些种类可以在宿主表面形成菌丝网并形成繁殖结构；其次，内生真菌的传播方式不仅有依靠种子进行的垂直传播和借助有性子囊孢子进行的水平传播，而且无性的分生孢子也具有水平传播的潜力；再次，与人工禾草相比，天然禾草中的内生真菌具有较高的多样性，这种多样性不仅表现在物种水平上，而且表现在相同种类内生真菌的繁殖和传播方式也会因宿主植物种类、共生体生存环境等的不同而发生变化。未来对于共生体双方的遗传背景及其与环境相互作用的更深入研究将有助于对禾草内生真菌共生关系本质的理解与认识。

---

① 南开大学生命科学学院，天津，300071。

Distribution, Dissemination Modes and Diversity of *Epichloë* Endophytes Associated with Grasses

Anzhi Ren① Yubao Gao①

Abstract

It is known that endophyte infection can improve competitive ability of host grasses such as tall fescue and perennial ryegrass. Endophytic fungi are widely distributed in natural grasses. However, comparatively little research has been done on natural grasses and results range from mutualism to antagonism. The review addresses recent progress in research on distribution, dissemination modes and diversity of *Epichloë* endophytes in order to explore instable interaction between endophyte and natural grasses. First, growth of most *Epichloë* endophytes is usually not limited to internal tissues of the host plant. Some species can form a compact mycelial structure resulted from unrestricted hyphal growth within and outside the developing inflorescence. Some species are capable of growing superficially and producing epibiotic reproductive structures. Second, it was believed that endophytic life cycles involve vertical transmission through host seeds and horizontal transmission from one plant to other plants through ascospores. Recently, conidia have also been reported to be able to mediate horizontal transmission. Third, unlike most agronomic grasses that are infected by a single endophyte species, natural grasses usually harbor multiple endophyte species. In particular, the dissemination mode of the same species of endophyte is regulated by specific host genotype and environmental factors. Therefore, the use of controlled fungus-plant genotype combinations in different environments is essential in the future studies.

引言

在自然界中,根瘤菌与豆科植物(Doyle,1998;Dunn,2015)、菌根真菌与高等植物(Thorley et al., 2015; van der Heijden et al., 2015)形成的共生体是众所周知的。自20世纪80年代以来,内生真菌(endophyte; endophytic fungi; fungal endophyte)与高等植物特别是禾草的共生关系越来越多地受到研究者的关注。

① College of Life Sciences, Nankai University, Tianjin, 300071.

内生真菌是指在其整个生活史或生活史的某一段时期生活在活的植物的地上部组织，而对宿主不引起明显病害症状的一类真菌(Petrini, 1991)，截至目前至少已经在 80 个属的 290 种禾草中发现了与之共生的内生真菌，其中不乏一些有重要经济价值的农作物和牧草品种(Clay, 1989; White et al., 1993; Nan and Li, 2000; Wei et al., 2006)。目前已知的感染禾本科植物的内生真菌共有 7 个属，分别是 *Atkinsonella*、*Balansia*、*Balansiopsis*、*Echinodothis*、*Epichloë*、*Myriogenospora* 和 *Parepichloë*(White and Reddy, 1998)，其中研究较为深入的是与冷季型禾草共生的子囊菌纲(Ascomycetes)麦角菌科(Clavicipitaceae)的 *Epichloë* 属内生真菌(其无性型曾被命名为 *Neotyphodium* 属)。

以栽培禾草高羊茅(*Festuca arundinacea*)和黑麦草(*Lolium perenne*)为对象的大量研究表明，栽培禾草所感染的内生真菌种类单一，一种禾草中通常只感染一种共生的 *Epichloë* 内生真菌，内生真菌和禾草是互利共生的(Clay and Schardl, 2002)，一方面禾草宿主为内生真菌提供栖息场所和生长所需的养分，另一方面内生真菌能够促进宿主的生长(Clay, 1990; Vila-Aiub et al., 2005)、提高宿主对生物干扰(Clay and Holah, 1999; Fortier et al., 2000; Conover, 2003; Jia et al., 2013)和非生物胁迫(任安芝等, 2006, 2007; 李川等, 2010; 陈薇等, 2015; Ravel et al., 1997a; Newman et al., 2003; Ren et al., 2007, 2009)的抵抗能力。近年来的研究表明，内生真菌不仅存在于栽培禾草中，在天然禾草中也有广泛分布，并且具有丰富的内生真菌多样性(Cheplick and Faeth, 2009; Leuchtmann et al., 2014)，而且内生真菌对宿主植物的影响也更加复杂，从有利(韩荣等, 2011; 王欣禹等, 2014; 秦俊华等, 2015; Ren et al., 2014; Wu et al., 2016)、中性(Lopez et al., 1995; Tibbets and Faeth, 1999)到不利(Saikkonen et al., 1999; Faeth et al., 2004, 2010; Jani et al., 2010)均有报道。本章将结合已有的文献报道及本实验室的研究结果，从禾草内生真菌 *Epichloë* 属的分布、传播特性和多样性三个方面进行综述，一方面有助于更好地理解和解释内生真菌对禾草宿主作用的复杂性，另一方面也为有效地利用内生真菌这一特殊的生物资源提供科学依据。

12.1　内生真菌在禾草中的分布

禾草内生真菌存在于宿主地上部分的组织中(图 12.1)，包括叶鞘、叶片、花序和种子，而在根中罕见(Schardl, 2001)。在营养器官中，以茎基部分生组织中内生真菌的菌丝密度最高，其次为叶鞘，而在叶片中密度较低；在种子中，菌丝主要分布在糊粉层中，而在胚组织内很少分布(Clay, 1990)。菌丝的这种分布格局可能与植物体内的养分供应相关(Kuldau and Bacon, 2008)。

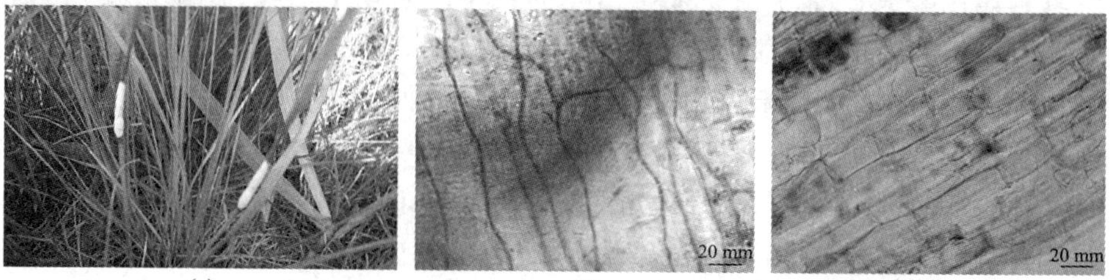

(a) (b) (c)

图 12.1 *Epichloë gansuensis* 在羽茅中的分布：
(a) 形成分生孢子座;(b) 种子糊粉层内的菌丝分布;(c) 叶鞘内的菌丝分布。

12.1.1 在宿主体内生长

内生真菌在植物体内的生长表现出如下特点:内生真菌无任何症状地感染由宿主种子萌发而形成的幼苗的茎尖(Clay, 1990; Christensen et al., 2002),在茎顶端分生组织中,菌丝生长表现为顶端生长,产生分支、形成致密的菌丝网;相比之下,存在于叶鞘和叶片中的内生真菌生长受到更多的限制,分布于质外体空间的菌丝沿平行于植物细胞长轴的方向生长,紧贴细胞壁,经常弯曲但少分支,随着禾草宿主的生长,叶鞘和叶片内的菌丝通过居间分裂和延伸而不是菌丝顶端延伸的方式生长(Christensen et al., 2000, 2008),以保证与宿主植物细胞扩展同步,当宿主开花、结实时,菌丝进入花序和种子中(Voisey, 2010; Tanaka et al., 2012)。当种子在合适的条件下萌发,内生真菌伴随着种子的萌发进入新形成的个体中,从而实现内生真菌在宿主母株和子代间的传播。

12.1.2 在宿主植物体表生长(epibiotic growth)

近年来的研究表明,*Epichloë* 属内生真菌的生长并不只是局限于宿主植物体内,一些内生真菌可以在宿主表面生长并且形成繁殖结构(如在叶片表面形成菌丝网,其中有产孢细胞和分生孢子),该现象已经在多种禾草包括剪股颖(*Agrostis hyemalis*)、雀麦(*Bromus auleticus* 和 *B.setifolius*)、鸭茅(*Dactylis glomerata*)、刺茅草(*Echinopogon ovatus*)、羊茅(*Festuca arvernensis*、*F. pratensis* 和 *F. rubra*)、三柄麦(*Hordelymus europaeus*)、野大麦(*Hordeum brevisubulatum*)、黑麦草(*L. perenne*)、早熟禾(*Poa rigidifolia*、*P. bonariensis* 和 *P. secunda*)中被报道(White et al., 1996; Moy et al., 2000; Dugan et al., 2002; Tadych et al., 2007; Oberhofer and Leuchtmann, 2012; Alderman, 2013)。表生菌丝常沿着表皮细胞壁纵向生长,很少分支,表生分生孢子透明、无隔、肾形至椭球形(Tadych et al., 2007, 2012, 2014)。

12.1.3 形成子座

一些内生真菌能够在宿主的部分或全部生殖枝上产生一种致密的菌丝子实体结构,被称为子座(stroma, White et al., 1991)。子座的产生通常是由菌丝在宿主生殖枝内外的无限生长造成的，子座通常包裹宿主生殖枝顶端的叶鞘及正在生长的花序，抑制所在生殖枝的开花和结实，导致宿主植物部分或全部生殖枝的不育（又称“香柱病”）（Schardl et al., 2004; Schardl, 2010; Christensen et al., 2012）。在子座形成过程中，首先形成无性子实体，也叫分生孢子座（conidial stroma），分生孢子座的颜色通常较浅，由一层致密的菌丝层组成，其表面密布分生孢子，*Epichloë* 属内生真菌是雌雄同体的（hermaphroditic）、异宗配合的（heterothallic）子囊菌（White, 1997），通过相同交配群（mating population）不同交配型的菌株杂交来完成其有性生殖。在有性生殖过程中，杂交子座上的菌丝层增厚，子囊壳内产生可育的子囊和子囊孢子，颜色也变为亮黄色或橘色（White and Bultman, 1987; Chung and Schardl, 1997）。

12.2 禾草内生真菌的繁殖和传播

内生真菌的繁殖方式主要有两种：无性繁殖和有性繁殖。传统的研究认为，内生真菌的无性繁殖，主要通过其在宿主间的垂直传播（vertical transmission）来实现，而内生真菌的有性繁殖，主要通过其在宿主间的水平传播（horizontal transmission）来实现。早在 1996 年，White 等曾提出一个假设，认为禾草宿主子座或叶面菌丝产生的无性分生孢子也可能营水平传播（White et al., 1996），但该传播方式的存在一直缺乏直接的实验证据（图 12.2）。

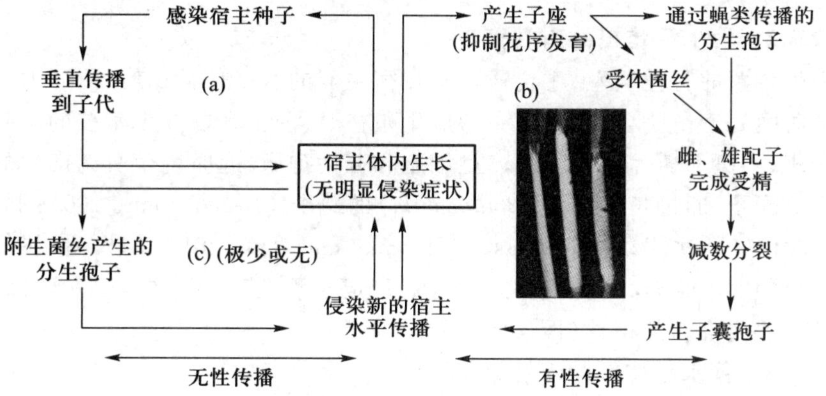

图 12.2 *Epichloë* 属内生真菌的传播方式：(a) 通过宿主种子的无性传播；(b) 通过子座上产生子囊孢子的有性传播；(c) 通过无性孢子的无性传播。其中(a)为垂直传播，而(b)、(c)为水平传播，但(c)尚未被证实（参考 Selosse and Schardl, 2007）。

12.2.1 营垂直传播的无性繁殖

内生真菌的无性繁殖，主要通过其在宿主间的垂直传播而实现。内生真菌大部分时间处于植物体内,在宿主开花、结实时,菌丝进入花序和种子中,当种子在合适的条件下萌发时,内生真菌伴随着种子的萌发进入新形成的个体中,从而实现内生真菌在宿主母株和子代间的传播,整个过程中宿主禾草未表现出任何侵染症状(图 12.3, Schardl, 2001)。

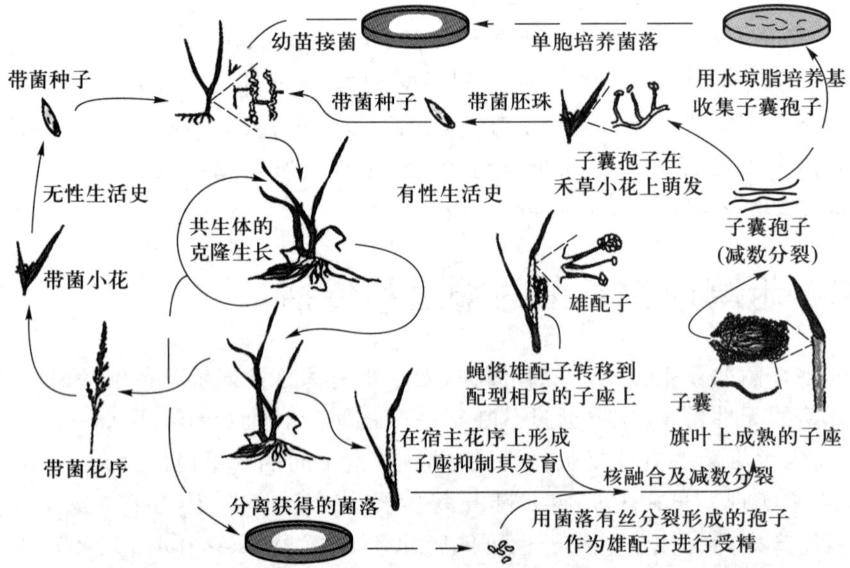

图 12.3 内生真菌的有性和无性生活史(参考 Schardl,2001)。

12.2.2 营水平传播的有性繁殖

内生真菌的有性繁殖,主要通过其在宿主间的水平传播而实现,即内生真菌大部分时间处于植物体内,当宿主形成生殖枝时,内生真菌在生殖枝的旗叶基部形成子座,子座上覆盖有大量的产孢细胞和分生孢子,此时内生真菌产生的孢子可作为雄配子,通过植种蝇属(*Botanophila*)的蝇子(Leuchtmann, 2007; Lembicz et al., 2013)或软体动物(mollusk)(Hoffman and Rao, 2014)的作用,与子座上配型相反的配子结合,待完成异宗配合后形成子囊,当子囊成熟后,弹射出的子囊孢子能够侵染新的植株(图 12.3)。

12.2.3 营水平传播的无性繁殖

一些 *Epichloë* 属内生真菌尽管在宿主植物的生殖枝上产生分生孢子座,但在子座整个生长期内都未发现有子囊壳或子囊孢子等结构产生,即不进行有性繁殖(Ji et al., 2009; Christensen et al., 2012; Oberhofer and Leuchtmann, 2012; Tadych et al., 2012)。我们在对我国内蒙古草原天然禾草羽茅(*Achnatherum sibiricum*)的研究中发现,羽茅在自然生境和实验栽培条件下都偶有分生孢子座产生,但是分生孢子座的颜色在其 40 天左右的生长期内始终为白色,对其解剖结构的观察发现,羽茅分生孢子座中并不产生子囊壳或子囊孢子等有性生殖结构，而是覆盖有一层较厚的产孢细胞和分生孢子（图 12.4）。那么，羽茅中的内生真菌是否有可能通过其分生孢子在宿主与其他植物之间完成一个无性的水平传播呢？本实验室在离体条件下模拟内生真菌的水平传播，结果表明，从羽茅分生孢子座上冲洗下来的分生孢子能够在体外培养条件下生长菌丝，并且感染新的不染菌羽茅幼苗，成功率高达 20%（Li et al., 2015）。本研究为 *Epichloë* 属内生真菌无性水平传播的存在提供了实验依据。

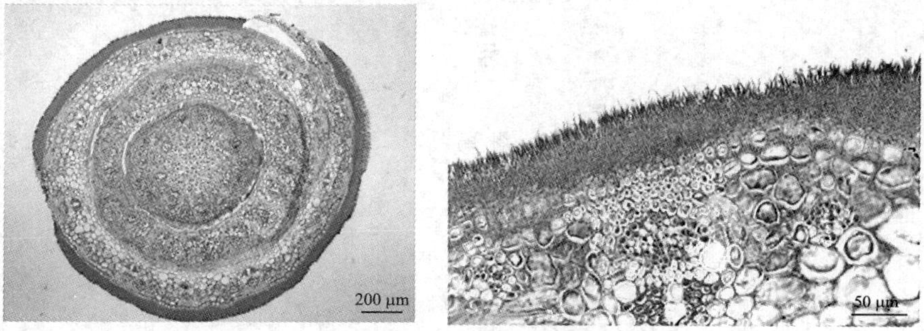

(a) (b)

图 12.4 羽茅分生孢子座的横切面结构。

12.3 禾草内生真菌的多样性

12.3.1 种类多样性

目前已命名的与禾草共生的 *Epichloë* 属内生真菌共有 35 种（包括 10 个有性型种和 25 个无性型种）、3 个亚种和 5 个变种（表 12.1）（Leuchtmann et al., 2014; Chen et al., 2015），其中北美 11 种、欧洲 14 种。在我国，兰州大学南志标教授和李春杰教授团队最早从甘肃醉马草中分离并命名了 *E. gansuensis*（Li et al., 2004），之后该课题组和 Moon 等（2007）将采自新疆地区醉马草中分离到的内生真菌鉴定为 *E. gansuensis* 的变种，即 *E. gansuensis* var. *inebrians*，但由于该变种与原种在形态、遗传、系统发育以及产生的生物碱等多方面的显著差异，最近将 *E. gansuensis* var. *inebrians* 重新命名为 *E. inebrians*（Chen et al., 2015），并将我国披碱草属（*Elymus*）和野大麦中的内生真菌鉴定为 *E. bromicola*（Song and Nan, 2015），将青藏高原紫花针茅（*Stipa purpurea*）内生真菌鉴定为 *E. chisosa* 和 *E. gansuensis*（鲍根生和李春杰，2016）；南京农业大学王志伟教授团队分别鉴定并命名了感染鹅观草的 *E. sinicum*（Kang et al., 2009）、感染拂子茅的 *E. stromatolongum*（Ji et al., 2009）、感染小颖羊茅的 *E. sinofestucae*（Chen et al., 2009）、感染早熟禾的 *E. liyangensis*（Kang et al., 2011）。本课题组从采自内蒙古草原的羽茅中分离并鉴定 2 种内生真菌，其中 1 种是新种，即 *E. sibirica*，另一

表 12.1 目前已命名的 *Epichloë* 属内生真菌（参考 Leuchtmann et al., 2014; Chen et al., 2015）

菌种	分布区	已知宿主	杂交状态	有性生殖	垂直传播
有性型菌株（teleomorph-typified species）					
Epichloë amarillans	北美	*Agrostis hyemalis*, *A. perennans*, *Calamagrostis canadensis*, *Elymus virginicus*, *Sphenopholis nitida*, *S. obtusata*, *Sphenopholis*×*pallens*	非杂交型	有报道	有
E. baconii	欧洲	*Agrostis capillaris*, *Agrostis stolonifera* *Calamagrostis villosa*, *C. varia*, *C.purpurea*	非杂交型	有报道	无
E. brachyelytri	北美	*Brachyelytrum erectum*	非杂交型	有报道	有
E. bromicola	欧洲	*Bromus benekenii*, *B. erectus*, *B. ramosus* *Elymus repens*, *Hordelymus europaeus*, *Hordeum brevisubulatum*	非杂交型	有报道	有（*B. benekenii*, *B. ramosus*, *H. europaeus*, *H. brevisubulata*, *L. chinensis* 和 *R. kamoji*）；无（*B. erectus* 和 *E. repens*）
	亚洲	*Leymus chinensis*, *Roegneria kamoji*			
E. elymi	北美	*Bromus kalmii*, *Elymus* spp.（包括 *Hystrix patula*）	非杂交型	有报道	有

续表

菌种	分布区	已知宿主	杂交状态	有性生殖	垂直传播
E. festucae	欧洲，亚洲，北美	*Festuca* spp.，*Koeleria* spp.，*Schedonorus* spp.	非杂交型	有报道	有
E. festucae var. *lolii*	欧洲，亚洲，北非，被引入其他地区	*Lolium perenne* subsp. *perenne*	非杂交型	无报道	有
E. glyceriae	北美	*Glyceria* spp.	非杂交型	有报道	无
E. liyangensis	亚洲	*Poa pratensis* subsp. *pratensis*	杂交型	有报道	有
E. sylvatica	欧洲，亚洲	*Brachypodium sylvaticum*，*Hordelymus europaeus*	非杂交型	有报道	有
E. sylvatica subsp. *pollinensis*	欧洲	*Hordelymus europaeus*	非杂交型	有报道	有
E. typhina	欧洲，被引入北美或其他地区	*Anthoxanthum odoratum*，*Brachypodium phoenicoides*，*B. pinnatum*，*Dactylis glomerata*，*Lolium perenne*，*Milium effusum*，*Phleum pratense*，*Poa trivialis*，*Poa silvicola*，*Puccinellia distans*	非杂交型	有报道	有（*P. distans*）；无（其他宿主）
E. typhina var. *ammophilae*	北美	*Ammophila breviligulata*	未知	无报道	无

续表

菌种	分布区	已知宿主	杂交状态	有性生殖	垂直传播
E. typhina subsp. *clarkii*	欧洲	*Holcus lanatus*	非杂交型	有报道	无
E. typhina subsp. *poae*	欧洲	*Poa nemoralis*, *P. pratensis*	非杂交型	有报道	有(*P. nemoralis*, *P. secunda* subsp. *juncifolia*, *P. sylvestris*);无(*P. pratensis*)
	北美	*Poa secunda* subsp. *juncifolia*, *P. sylvestris*			
E. typhina subsp. *poae* var. *aonikenkana*	阿根廷(圣克鲁斯)	*Bromus setifolius*	非杂交型	无报道	有
E. typhina subsp. *poae* var. *canariensis*	非洲(加那利群岛)	*Lolium edwardii* (即 *Lolium canariense*)	非杂交型	无报道	有
E. typhina subsp. *poae* var. *huerfana*	北美	*Festuca arizonica*	非杂交型	无报道	有
		无性型菌株(anamorph-typified species)			
E. aotearoae	新西兰,澳大利亚	*Echinopogon ovatus*	非杂交型	无报道	有
E. australiensis	澳大利亚	*Echinopogon ovatus*	杂交型	无报道	有
E. cabralii	阿根廷	*Phleum alpinum*	杂交型	无报道	有

续表

菌种	分布区	已知宿主	杂交状态	有性生殖	垂直传播
E. canadensis	北美	*Elymus canadensis*	杂交型	无报道	有
E. chisosa	北美	*Achnatherum eminens*	杂交型	无报道	有
E. coenophiala	欧洲，北非，被引入北美	*Schedonorus arundinaceus*（即 *Festuca arundinacea*, *Lolium arundinaceum*）	杂交型	无报道	有
E. danica	欧洲	*Hordelymus europaeus*	杂交型	无报道	有
E. disjuncta	欧洲	*Hordelymus europaeus*	杂交型	无报道	有
E. funkii	北美	*Achnatherum robustum*	杂交型	无报道	有
E. gansuensis	亚洲	*Achnatherum inebrians*, *A. sibiricum*, *A. pekinense*	非杂交型	无报道	有
E. inebrians	亚洲	*Achnatherum inebrians*	非杂交型	无报道	有
E. guerinii	欧洲	*Melica ciliata*, *M. transsilvanica*	杂交型	无报道	有
E. hordelymi	欧洲	*Hordelymus europaeus*	杂交型	无报道	有
E. melicicola	南非	*Melica racemosa*, *M. decumbens*	杂交型	无报道	有
E. mollis	欧洲	*Holcus mollis*	非杂交型	有报道	有
E. occultans	欧洲，北非	*Lolium* spp.	杂交型	无报道	有
E. pampeana	南美洲	*Bromus auleticus*	杂交型	无报道	有

续表

菌种	分布区	已知宿主	杂交状态	有性生殖	垂直传播
E. schardlii	北美	*Cinna arundinacea*	杂交型	无报道	有
E. sibirica	亚洲	*Achnatherum sibiricum*	非杂交型	无报道	有
E. siegelii	欧洲	*Schedonorus pratensis*	杂交型	无报道	有
E. sinica	亚洲	*Roegneria* spp.	杂交型	无报道	有
E. sinofestucae	亚洲	*Festuca parvigluma*	杂交型	无报道	有
E. stromatolonga	亚洲	*Calamagrostis epigeios*	非杂交型	无报道	有
E. tembladerae	北美	*Festuca arizonica*	杂交型	无报道	有
	南美洲	*Bromus auleticus*, *B. setifolius*, *Festuca argentina*, *F. hieronymi*, *F. magellanica*, *F. superba*, *Melica stuckertii*, *Phleum alpinum*, *Ph. commutatum*, *Poa huecu*, *Poa rigidifolia*			
E. uncinata	欧洲	*Schedonorus pratensis*	杂交型	无报道	有

种为 *E. gansuensis*(Zhang et al., 2009),从采自内蒙古草原的羊草中分离并鉴定1种内生真菌,即 *E. bromicola* (Zhu et al., 2013)。

12.3.2 同种内生真菌具有不同的形态型、亚种或变种

除了种类多样外,同种内生真菌又有不同的形态型、亚种或变种。Bony 等(2001)对欧洲的 83 个黑麦草种群进行了调查,结果发现分离得到的内生真菌 *E. lolii* 具有 6 种不同的形态型。Moon 等(2002)观察到,刺茅草所含内生真菌明显区分为两个形态型,Ⅰ型包括所有的新西兰种群和两个澳大利亚种群,特征是生长缓慢、高度卷绕、大多蜡质;Ⅱ型是来自澳大利亚的另外两个种群,菌落表面似毡状覆盖,生长速率快且产生一定数量的分生孢子。Kang 等(2011)从我国 9 个省份的鹅观草分离得到 *E. sinicum* 的多种不同形态型,不同形态型在形态和遗传特征方面具有较大差异。*E. yangzii* 是与鹅观草共生的内生真菌(Li et al., 2006),Lembicz 等(2010)发现 *E. yangzii* 与披碱草和几种雀麦中分离到的 *E. bromicola*形成一个共同交配种群,因此将 *E. yangzii* 重新定名为 *E. bromicola* (Leuchtmann et al., 2014),但是两者之间在遗传和传播等方面的不同依然值得注意。对于内生真菌 *E. typhina*,它能感染羊茅、黑麦草、雀麦、鸭茅、早熟禾、绒毛草(*Holcus lanatus*)、沙茅草(*Ammophila breviligulata*)等多种禾草(White et al., 1992; Moon et al., 2000),而且在不同宿主植物中差异较大,因此已将不同的形态型正式命名为 4 个变种和 2 个亚种(表 12.1)。此外,同种内生真菌的不同形态型在形成子座与否方面也具有不同表现,我们的研究发现,羽茅中分离的 *E. gansuensis*具有两种不同的形态型(表 12.2),这两种形态型除生长速率等形态特征不同外,在是否产生子座方面的表现也不相同,通过连续两年的观察发现,感染形态型Ⅰ的 48 株羽茅在整个生长期内均未产生分生孢子座,仅通过宿主植物的种子垂直传播到下一代;而感染形态型Ⅱ的 48 株羽茅中每年都有分生孢子座的形成,只是分生孢子座形成的比例在年际之间存在差异。

表 12.2 羽茅中 *E. gansuensis* 的生长特征

宿主	形态型	25 ℃下生长速率 /(mm · w^{-1})	孢子梗长度/μm	分生孢子大小/μm	产生子座
羽茅	Ⅰ	9.1	8.4~19.5×1.5~3.0	3.2~4.7×1.8~2.9	否
羽茅	Ⅱ	12	12.5~20.3×1.4~2.5	3.0~4.7×2.2~3.2	是

12.3.3 传播方式多样性

12.3.3.1 与内生真菌种类有关

早在 1988 年,White 提议将 *Epichloë* 属的所有内生真菌按照传播方式的不同划分为三个类型:类型Ⅰ绝大多数形成子座,抑制宿主的有性繁殖,引起宿主植物小花败育,内生真菌凭借有性生殖产生的子囊孢子侵染新的植株,营水平传

播方式；类型Ⅱ只在少数（1%～10%）带菌个体上产生子座，对宿主的影响小，内生真菌主要通过种子营垂直传播，也能通过子座营水平传播，属于混合传播类型；类型Ⅲ不产生子座，通过宿主植物的种子进行垂直传播，*Epichloë* 属中的无性型内生真菌属 *Neotyphodium* 即属于此类。近年来，研究者相继发现有些种类内生真菌也能在宿主植物体表生长并形成繁殖结构（Moon et al., 2002; Tadych et al., 2007; Oberhofer and Leuchtmann, 2012; Alderman, 2013）、有些内生真菌形成的子座只停留在分生孢子座阶段且不具有性繁殖能力（Ji et al., 2009; Christensen et al., 2012; Oberhofer and Leuchtmann, 2012; Tadych et al., 2012; Li et al., 2015）等现象，因此我们有理由推测不具有性生殖能力的内生真菌也可以通过叶面菌丝或分生孢子座产生的分生孢子完成无性水平传播（Tadych et al., 2007; Li et al., 2015）。

12.3.3.2 与宿主植物有关

相同种类的内生真菌在不同宿主植物中也表现出不同的传播方式。如 *E. bromicola* 在宿主植物直立雀麦（*Bromus erectus*）中产生子座且不通过宿主植物的种子传播，而在类雀麦（*B. ramosus*）和密丛雀麦（*B. benekeni*）中不产生子座，只通过宿主植物的种子传播，进一步的交互接种实验发现分离自类雀麦和密丛雀麦的无性菌株不能侵染直立雀麦，而来自直立雀麦的有性菌株能够侵染所试的三个宿主（Brem and Leuchtmann, 2003; Tadych et al., 2014）。*E. typhina* subsp. *poae* 在不同的宿主植株中表现出三种不同的传播方式，在林地早熟禾（*Poa nemoralis*）和第二早熟禾（*P. secunda* subsp. *juncifolia*）中既能产生感染内生真菌的种子，也能产生子座，表现为混合传播；在草地早熟禾（*P. pratensis*）中产生子座，但不产生感染内生真菌的种子；而在早熟禾 *P. sylvestris* 中只通过宿主种子进行垂直传播（Tadych et al., 2012）。

12.3.3.3 与共生体所处环境有关

Epichloë 属内生真菌能否产生子座，既与内生真菌基因型（遗传）有关（Meijer and Leuchtmann, 2001），也可能受到环境条件的影响（Meijer and Leuchtmann, 2000）。如感染 *E. typhina* 的小叶菊（*Calamagrostis purpurea*）只在养分条件好且相对更湿润的生境中产生子座（Wennström, 1996）；施肥和遮阴使得 *E. sylvatica* 在小颖短柄草（*Brachypodium sylvaticum*）上产生的子座更多（Meijer and Leuchtmann, 2000）；但 Sun 等（1990）却发现氮肥添加对感染紫羊茅的 *E. festucae* 子座形成有负效应。我们在对羊草的研究中发现（图 12.5），羊草在位于内蒙古阿巴嘎旗的自然生境中不产生子座，但在位于天津的人工样地中则能产生子座，进一步进行了控制水分和养分的盆栽实验，结果发现在低水低肥（W−N−）和低水高肥（W−N+）处理组，羊草内生真菌均倾向不进行有性繁殖；而高水高肥（W+N+）处理组内生真菌趋向产生子座。这意味着水分、养分等环境条件可以通过改变内生真菌产生子座的比例进一步影响内生真菌与宿主的共生关系。

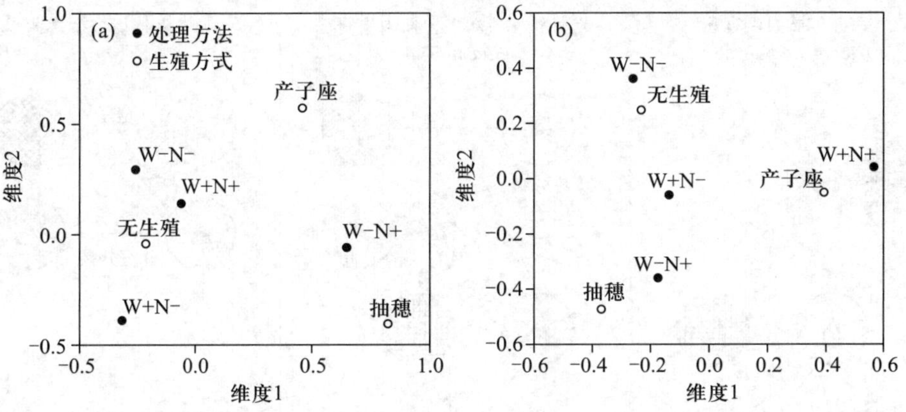

图12.5 不同水分和养分条件下内生真菌不感染(a)和感染(b)羊草的生殖倾向。W−N−表示自然降雨不施肥处理;W−N+表示自然降雨施有机肥处理;W+N−表示自然降雨+人工浇水不施肥处理;W+N+表示自然降雨+人工浇水施有机肥处理。

二氧化碳对子座形成也有影响,如Groppe等(1999)发现大气二氧化碳增加促进了感染*E. bromicola*的直立雀麦的子座形成,Lembicz等(2011)也认为高二氧化碳浓度可能是感染*E. typhina*的碱茅(*Puccinellia distans*)在人工环境下子座产生比例高的原因。此外,子座的产生还会受到宿主种群的生境片断化(Groppe et al., 2001)以及温度和光周期(Alderman,2013)等因素的影响。

12.3.4 内生真菌的遗传多样性

借助植物种子传播的内生真菌丧失了遗传重组的机会,仅有一种基因型传递到子代,而宿主植物通常是异型杂交的(图12.6)。从协同进化的角度看,处于不利地位的内生真菌的感染率会随时间的延长而降低(Ravel et al., 1997b),但这一现象在禾草中并没有观察到,事实上禾草*Epichloë*属内生真菌虽然种数不多,种群的遗传多样性却比较丰富。Groppe等(1995)利用微卫星标记检测了*E. typhina*种群的遗传多样性,在一个种群的一个微卫星位点检测到了5个不同的等位基因,首次证明了禾草内生真菌具有较高的遗传多样性。此后,Moon等(1999)通过建立内生真菌DNA文库,筛选得到11对可以有效地检测出*Epichloë*内生真菌种内和种间遗传多样性的微卫星引物。利用该引物我们对五个地理种群的羽茅和与其共生的两种优势内生真菌*E. sibirica*和*E. gansuensis*的遗传多样性进行了研究,数据显示(表12.3),羽茅中的两种内生真菌优势种表现出较高的遗传多样性,只是*E. gansuensis*的单倍型数、特有单倍型百分率和遗传多样性都要比*E. sibirica*高。

那么,营垂直传播的无性内生真菌为什么会具有较高的遗传多样性呢?系统发育分析结果显示,种间杂交是遗传多样性高的最主要因素(Tsai et al., 1994; Moon et al., 2002; Sullivan and Faeth, 2004)。关于内生真菌的杂交起源

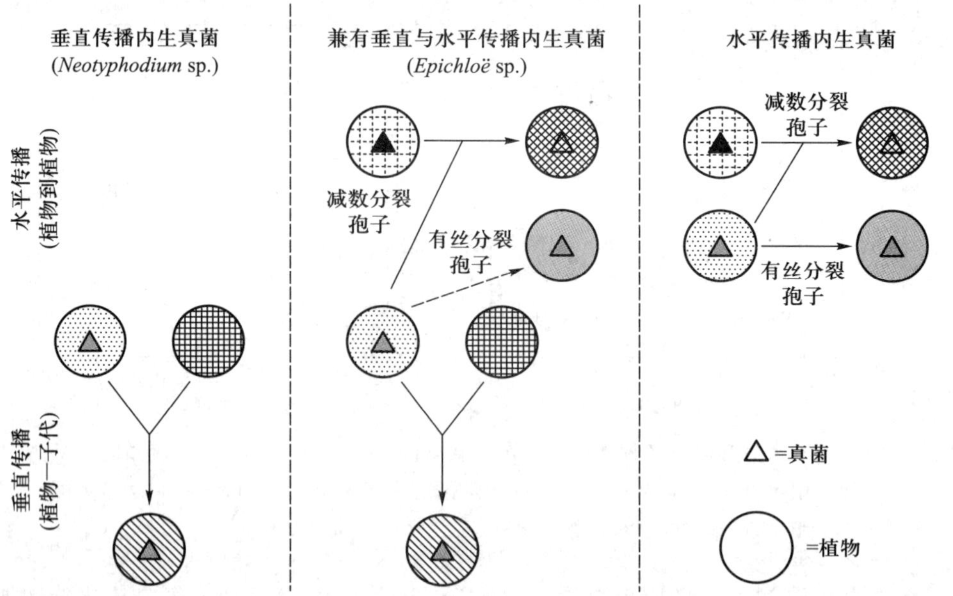

图 12.6 内生真菌传播方式与宿主植物遗传背景的相互作用(参考 Saikkonen et al., 2004)。三角形和圆形的不同颜色分别表示内生真菌和植物的不同遗传背景。垂直传播内生真菌仅有一种真菌基因型存在于共生体中而第 2 代宿主是母本的杂交谱系;水平传播内生真菌产生无性的有丝分裂孢子和有性的减数分裂孢子,感染具不同遗传背景的宿主植物。

表 12.3 羽茅中的两种优势内生真菌在五个地理种群中的 SSR 多态性和遗传多样性(Zhang et al., 2010)

内生真菌	地理种群	菌株数	单倍型数	特有单倍型数	特有单倍型百分率/%	遗传多样性
E. sibirica	IMGERS-CAS	15	1	0	0	0.0000
	Bayan UI	8	1	0	0	0.0000
	Huolingol	2	2	1	50	1.0000
	Arshan	3	2	0	0	0.6667
	Hailar	5	4	4	100	0.9000
	Total	**33**	**7**	**5**	**71.43**	**0.5133**
E. gansuensis	IMGERS-CAS	2	1	1	100	0.0000
	Bayan UI	11	6	3	25	0.8364
	Huolingol	18	5	3	83.33	0.7908
	Arshan	17	5	4	94.12	0.7500
	Hailar	13	13	10	76.92	1.0000
	Total	**61**	**25**	**21**	**84.00**	**0.6754**

有两个假说：其一是营养菌丝的融合以及随后发生的核融合；其二是由于两个 *Epichloë* 内生真菌交配时发生异常分离，例如染色体不分离。杂交起源的无性内生真菌广泛分布于多种宿主植物中（Moon et al.,2004; Leuchtmann and Oberhofer, 2013; Charlton et al., 2014; Leuchtmann et al., 2014; McCargo et al., 2014），目前报道的 25 种无性内生真菌中有 19 种具有杂交起源，而报道的 10 种有性内生真菌中仅有我国发现的 *E. liyangensis* 1 种具有杂交起源（Kang et al., 2011）（表 12.1），表明杂交可能扮演着与有性结合相同的角色，一方面增加了内生真菌的遗传变异性，另一方面也有利于掩盖一些有害突变的积累（Moon et al., 2004），从而增强了其在进化中的适应能力。

12.4　问题和展望

据估计，自然界 3 000 多种天然禾草中至少有 600～900 种（20%～30%）禾草感染有内生真菌（Leuchtmann, 1992）。而截至目前，已报道的感染内生真菌的禾草约有 290 种，因此，尚有大量的内生真菌有待发现和分离鉴定。就内生真菌的繁殖和传播而言，虽然已经知道无性的分生孢子和有性的子囊孢子均能够进行水平传播，但是两者是否具有相同或相似的传播媒介？在自然种群中它们各自的传播效率如何？在禾草-内生真菌共生体维持方面的贡献分别有多大？这一系列的问题都需要进一步的研究工作。

内生真菌与禾草共生关系的性质和方向除与共生体双方的种类有关外，也与双方的基因型以及共生体所生存的环境密切相关，进一步的研究需关注不同的真菌-植物基因型组合如何影响共生体的适合度，环境因子如何改变共生体双方作用的方向和程度，真菌和植物是作为整体还是个体对环境选择压力变化做出响应。

致谢

本章得到国家自然科学基金项目（31270463 和 31570433）和高等学科博士学科点专项科研基金项目（20130031110023）资助。

参 考 文 献

鲍根生，李春杰. 2016. 青藏高原高寒草地优势禾草——紫花针茅内生真菌分离和鉴定. 草业学报，25(3)：32-42.

陈薇，刘慧，姜楠，周勇，任安芝，高玉葆. 2015. 不同 CO_2浓度和氮素处理下内生真菌感染对高羊茅的生理生态影响. 南开大学学报：自然科学版，48(4)：43-52.

韩荣，李夏，任安芝，高玉葆. 2011. 干旱胁迫下内生真菌感染对羽茅的生理生态影响. 生态学报，31(8)：2115-2123.

李川，任安芝，高玉葆. 2010. 内生真菌感染对宿主植物高羊茅锌耐受性的影响. 生态学报，30(7)：1684-1690.

秦俊华，任安芝，高玉葆. 2015. 喷施茉莉酮酸甲酯及感染内生真菌对羽茅生长的影响. 应用生态学报，26(4)：1145-1152.

任安芝，高玉葆，章瑾，张晶. 2006. 内生真菌感染对黑麦草抗盐性的影响. 生态学报，26(6)：1514-1521.

任安芝，高玉葆，周芳，陈磊. 2007. 黑麦草-内生真菌共生体对磷缺乏的生理生态反应. 生态学报，27(12)：5433-5440.

王欣禹，周勇，任安芝，高玉葆. 2014. 内生真菌感染对宿主羊草抗病性的影响. 生态学报，34(23)：6789-6796.

Alderman, S. C. 2013. Survival, germination and growth of *Epichloë typhina* and significance of leaf wounds and insects in infection of orchardgrass. Plant Disease, 97(3): 323-328.

Bony, S., N. Pichon, C. Ravel, A. Durix, F. Balfourier, and J. J. Guillaumin. 2001. The relationship between mycotoxin synthesis and isolate morphology in fungal endophytes of *Lolium perenne*. New Phytologist, 152(1): 125-137.

Brem, D., and A. Leuchtmann. 2003. Molecular evidence for host-adapted races of the fungal endophyte *Epichloë bromicola* after presumed host shifts. Evolution, 57(1): 37-51.

Charlton, N. D., K. D. Craven, M. E. Afkhami, B. A. Hall, S. R. Ghimire, and C. A. Young. 2014. Interspecific hybridization and bioactive alkaloid variation increases diversity in endophytic *Epichloë* species of *Bromus laevipes*. FEMS Microbiology Ecology, 90(1): 276-289.

Chen, L., X. Z. Li, C. J. Li, G. A. Swoboda, C. A. Young, K. Sugawara, A. Leuchtmann, and C. L. Schardl. 2015. Two distinct *Epichloë* species symbiotic with *Achnatherum inebrians*, drunken horse grass. Mycologia, 107(4): 863-873.

Chen, Y. G., Y. L. Ji, H. S. Yu, and Z. W. Wang. 2009. A new *Neotyphodium* species from *Festuca parvigluma* Steud. grown in China. Mycologia, 105(5): 681-685.

Cheplick, G. P., and S. H. Faeth. 2009. Ecology and Evolution of the Grass-endophyte Symbiosis. Oxford: Oxford University Press.

Christensen, M. J., R. J. Bennett, H. A. Ansari, H. Koga, R. D. Johnson, G. T. Bryan, W. R. Simpson, J. P. Koolaard, E. M. Nickless, and C. R. Voisey. 2008. *Epichloë* endophytes grow by intercalary hyphal extension in elongating grass leaves. Fungal Genetics and Biology, 45(2): 84-93.

Christensen, M. J., R. J. Bennett, and J. Schmid. 2002. Growth of *Epichloë/Neotyphodium* and p-endophytes in leaves of *Lolium* and *Festuca* grasses. Mycological Research, 106(1): 93-106.

Christensen, M. J., K. Saulsbury, and W. R. Simpson. 2012. Conspicuous epiphytic growth of an interspecific hybrid *Neotyphodium* sp. endophyte on distorted host inflorescences. Fungal Biology, 116(1): 42-48.

Christensen, M. J., W. R. Simpson, and T. Alsamarri. 2000. Infection of tall fescue and perennial ryegrass plants by combinations of different *Neotyphodium* endophytes. Mycologia Research, 104 (8): 974-978.

Chung, K. R., and C. L. Schardl. 1997. Vegetative compatibility between and within *Epichloë* species. Mycologia, 89(4): 558-565.

Clay, K. 1989. Clavicipitaceous endophytes of grasses: Their potential as biocontrol agents. Mycological Research, 92(1): 1-12.

Clay, K. 1990. Fungal endophytes of grasses. Annual Review of Ecology and Systematics, 21(1): 275-297.

Clay, K., and J. Holah. 1999. Fungal endophyte symbiosis and plant diversity in successional fields.Science, 285(5434): 1742-1744.

Clay, K., and C. L. Schardl. 2002. Evolutionary origins and ecological consequences of endophyte symbiosis with grasses. American Naturalist, 160(s4): 99-127.

Conover, M. R. 2003. Impact of the consumption of endophyte-infected perennial ryegrass by meadow voles. Agriculture, Ecosystems and Environment, 97(1/2/3): 199-203.

Doyle, J. J. 1998. Phylogenetic perspectives on nodulation: Evolving views of plants and symbiotic bacteria. Trends in Plant Science, 3(12): 473-478.

Dugan, F. M., J. W. Sitton, R. F. Sullivan, and J. F. White Jr. 2002. The *Neotyphodium* endophyte of barley (*Hordeum brevisubulatum* subsp. *violaceum*) grows and sporulates on leaf surfaces of the host. Symbiosis, 32(2): 147-159.

Dunn, M. F. 2015. Key roles of microsymbiont amino acid metabolism in rhizobia-legume interactions. Critical Reviews in Microbiology, 41(4): 411-451.

Faeth, S. H., C. J. Hayes, and D. R. Gardner. 2010. Asexual endophytes in a native grass: Tradeoffs in mortality, growth, reproduction, and alkaloid production. Microbial Ecology, 60 (3): 496-504.

Fortier, G. M., N. Bard, M. Jansen, and K. Clay. 2000. Effects of tall fescue endophyte infection and population density on growth and reproduction in prairie voles. Journal of Wildlife Management, 64(1): 122-128.

Groppe, K., I. Sanders, A. Wiemken, and T. Boller. 1995. A microsatellite marker for studying the ecology and diversity of fungal endophytes (*Epichloë* spp.) in grasses. Applied and Environmental Microbiology, 61(11): 3943-3949.

Groppe, K., T. Steinger, I. Sanders, B. Schmid, A. Wiemken, and T. Boller. 1999. Interaction between the endophytic fungus *Epichloë bromicola* and the grass *Bromus erectus*: Effects of endophyte infection, fungal concentration and environment on grass growth and flowering. Molecular Ecology, 8(11): 1827-1835.

Groppe, K., T. Steinger, B. Schmid, B. Baur, and T. Boller. 2001. Effects of habitat fragmentation on choke disease (*Epichloë bromicola*) in the grass *Bromus erectus*. Journal of Ecology, 89(2): 247-255.

Hoffman, G. D., and S. Rao. 2014. Fertilization of *Epichloë typhina* stromata by mycophagous slugs. Mycologia, 106(1): 1-7.

Jani, A. J., S. H. Faeth, and D. Gardner. 2010. Asexual endophytes and associated alkaloids alter arthropod community structure and increase herbivore abundances on a native grass. Ecology Letters, 13(1): 106–117.

Ji, Y. L., L. H. Zhan, Y. Kang, X. H. Sun, H. S. Yu, and Z. W. Wang. 2009. A new stromata-producing *Neotyphodium* species symbiotic with clonal grass *Calamagrostis epigeios* (L.) Roth. grown in China. Mycologia, 101(2): 200–205.

Jia, C., W. B. Ruan, M. J. Zhu, A. Z. Ren, and Y. B. Gao. 2013. Potential antagnosim of cultivated and wild grass-endophyte associations towards *Meloidogyne incognita*. Biological Control, 64(3): 225–230.

Kang, Y., Y. L. Ji, X. H. Sun, L. H. Zhan, W. Li, H. S. Yu, and Z. W. Wang. 2009. Taxonomy of *Neotyphodium* endophytes of Chinese native *Roegneria* plants. Mycologia, 101(2): 211–219.

Kang, Y., Y. L. Ji, K. R. Zhu, H. Wang, H. M. Miao, and Z. W. Wang. 2011. A new *Epichloë* species with interspecific hybrid origins from *Poa pratensis* ssp. *pratensis* in Liyang, China. Mycologia, 103(6): 1341–1350.

Kuldau, G., and C. Bacon. 2008. Clavicipitaceous endophytes: Their ability to enhance resistance of grasses to multiple stresses. Biological Control, 46(1): 57–71.

Lembicz, M., K. Górzyńska, and A. Leuchtmann. 2010. Choke disease caused by *Epichloë bromicola* in the grass *Agropyron repens* in Poland. Plant Disease, 94(1): 1372.

Lembicz, M., K. Górzyńska, Z. Olszanowski, V. Michelsen, and A. Leuchtmann. 2013. The occurrence and preference of *Botanophila* flies (Diptera: Anthomyiidae) for particular species of *Epichloë* fungi infecting wild grasses. European Journal of Entomology, 110(1): 129–134.

Lembicz, M., K. Górzyńska, P. Olejniczak, and A. Leuchtmann. 2011. Geographical distribution and effects of choke disease caused by *Epichloë typhina* in populations of the grass *Puccinellia distans* in Poland. Sydowia, 63(1): 35–48.

Leuchtmann, A. 1992. Systematics, distribution, and host specificity of grass endophytes. Natural Toxins, 1(3): 150–162.

Leuchtmann, A. 2007. *Botanophila* flies on *Epichloë* host species in Europe and North America: No evidence for coevolution. Entomologia Experimentalis et Applicata, 123(1): 13–23.

Leuchtmann, A., C. W. Bacon, C. L. Schardl, J. F. White Jr, and M. Tadych. 2014. Nomenclatural realignment of *Neotyphodium* species with genus *Epichloë*. Mycologia, 106(2): 202–215.

Leuchtmann, A., and M. Oberhofer. 2013. The *Epichloë* endophytes associated with the woodland grass *Hordelymus europaeus* including four new taxa. Mycologia, 105(5): 1315–1324.

Li, C. J., Z. B. Nan, V. H. Paul, P. D. Dapprich, and Y. Liu. 2004. A new *Neotyphodium* species symbiotic with drunken horse grass (*Achnatherum inebrians*) in China. Mycotaxon, 90(1): 141–147.

Li, W., Y. L. Ji, H. S. Yu, and Z. W. Wang. 2006. A new species of *Epichloë* symbiotic with Chinese grasses. Mycologia, 98(4): 560–570.

Li, X., Y. Zhou, M. J. Zhu, J. H. Qin, A. Z. Ren, and Y. B. Gao. 2015. Stroma-bearing endophyte and its potential horizontal transmission ability in *Achnatherum sibiricum*. Mycologia, 107(1): 21–31.

Lopez, J. E., S. H. Faeth, and M. Miller. 1995. Effect of endophytic fungi on herbivory by redlegged grasshoppers (Orthoptera: Acrididae) on Arizona fescue. Environmental Entomology, 24(6): 1576-1580.

McCargo, P., L. J. Iannone, M. V. Vignale, C. L. Schardl, and M. S. Rossi. 2014. Species diversity of *Epichloë* symbiotic with two grasses from Southern Argentinean Patagonia. Mycologia, 106 (2): 339-352.

Meijer, G., and A. Leuchtmann. 2000. The effects of genetic and environmental factors on disease expression (stroma formation) and plant growth in *Brachypodium sylvaticum* infected by *Epichloë sylvatica*. Oikos, 91(3): 446-458.

Meijer, G., and A. Leuchtmann. 2001. Fungal genotype controls mutualism and sex in *Brachypodium sylvaticum* infected by *Epichloë sylvatica*. Acta Biologica Hungarica, 52(2/3): 249-263.

Moon, C. D., K. D. Craven, A. Leuchtmann, S. L. Clement, and C. L. Schardl. 2004. Prevalence of interspecific hybrids amongst asexual fungal endophytes of grasses. Molecular Ecology, 13(6): 1455-1467.

Moon, C. D., J. J. Guillaumin, C. Ravel, C. Li, K. D. Craven, and C. L. Schardl. 2007. New *Neotyphodium* endophyte species from the grass tribes Stipeae and Meliceae. Mycologia, 99 (6): 895-905.

Moon, C. D., C. O. Miles, U. Järlfors, and C. L. Schardl. 2002. The evolutionary origins of three new *Neotyphodium* endophyte species from grasses indigenous to the Southern Hemisphere. Mycologia, 94(4): 694-711.

Moon, C. D., B. Scott, C. L. Schardl, and M. J. Christensen. 2000. The evolutionary origins of *Epichloë* endophytes from annual ryegrasses. Mycologia, 92(1): 1103-1118.

Moon, C. D., B. A. Tapper, and B. Scott. 1999. Identification of *Epichloë* endophytes in planta by a microsatellite-based PCR fingerprinting assay with automated analysis. Applied and Environmental Microbiology, 65(3): 1268-1279.

Moy, M., F. Belanger, R. Duncan, A. Freehoff, C. Leary, W. R. Meyer, R. Sullivan, and J. F. White Jr. 2000. Identification of epiphyllous mycelial nets on leaves of grasses infected by clavicipitaceous endophytes. Symbiosis, 28(4): 291-302.

Nan, Z. B., and C. J. Li. 2000. *Neotyphodium* in native grasses in China and observations on endophyte/host interaction. Proceedings of the 4th International *Neotyphodium*/grass Interactions Symposium (Paul, V. H., and P. D. Dapprich, editors). Soest, Germany.

Newman, J. A., M. L. Abner, R. G. Dado, D. J. Gibson, A. Brookings, and A. J. Parsons. 2003. Effects of elevated CO_2, nitrogen and fungal endophyte-infection on tall fescue: Growth, photosynthesis, chemical composition and digestibility. Global Change Biology, 9(3): 425-437.

Oberhofer, M., and A. Leuchtmann. 2012. Genetic diversity in epichloid endophytes of *Hordelymus europaeus* suggests repeated host jumps and interspecific hybridizations. Molecular Ecology, 21 (11): 2713-2726.

Petrini, O. 1991. Fungal endophytes of tree leaves. In: Andrews, J. H., and S.S. Hirano (eds.). Microbial Ecology of Leaves. New York: Springer-Verlag.

Ravel, C., C. Courty, A. Coudret, and G. Charmet. 1997a. Beneficial effects of *Neotyphodium lolii* on the growth and the water status in perennial ryegrass cultivated under nitrogen deficiency or drought stress. Agronomie, 17(3): 173–181.

Ravel, C., Y. Michalakis, and G. Charmet. 1997b. The effect of imperfect transmission on the frequency of mutualistic seed-borne endophytes in natural populations of grasses. Oikos, 80(1): 18–24.

Ren, A. Z., Y. B. Gao, W. Wang, J. L. Wang, and N. X. Zhao. 2009. Influence of nitrogen fertilizer and endophyte infection on ecophysiological parameters and mineral element content of perennial ryegrass. Journal of Integrative Plant Biology, 51(1): 75–83.

Ren, A. Z., Y. B. Gao, and F. Zhou. 2007. Response of *Neotyphodium lolii*-infected perennial ryegrass to phosphorus deficiency. Plant, Soil and Environment, 53(3): 113–119.

Ren, A. Z., M. Y. Wei, L. J. Yin, L. J. Wu, Y. Zhou, X. Li, and Y. B. Gao. 2014. Benefits of a fungal endophyte in *Leymus chinensis* depend more on water than on nutrient availability. Environmental and Experimental Botany, 108(1): 71–78.

Saikkonen, K., M. Helander, S. H. Faeth, F. Schulthess, and D. Wilson. 1999. Endophyte-grass-herbivore interactions: The case of *Neotyphodium* endophytes in Arizona fescue populations. Oecologia, 121(3): 411–420.

Saikkonen, K., P. Wäli, M. Helander, and S. H. Faeth. 2004. Evolution of endophyte-plant symbioses. Trends in Plant Science, 9(6): 275–280.

Schardl, C. L. 2010. The *Epichloë*, symbionts of the grass subfamily Poöideae. Annals of the Missouri Botanical Garden, 97(4): 646–665.

Schardl, C. L. 2001. *Epichloë festucae* and related mutualistic symbionts of grasses. Fungal Genetics and Biology, 33(2): 69–82.

Schardl, C. L., A. Leuchtmann, and M. J. Spiering. 2004. Symbioses of grasses with seedborne fungal endophytes. Annual Review of Plant Biology, 55(1): 315–340.

Selosse, M. A., and C. L. Schardl. 2007. Fungal endophytes of grasses: Hybrids rescued by vertical transmission? An evolutionary perspective. New Phytologist, 173(3): 452–458.

Song, H., and Z. B. Nan. 2015. Origin, divergence, and phylogeny of asexual *Epichloë* endophyte in *Elymus* species from Western China. PloS ONE, 10(5): e0127096.

Sullivan, T. J., and S. H. Faeth. 2004. Gene flow in the endophyte *Neotyphodium* and implications for coevolution with *Festuca arizonica*. Molecular Ecology, 13(3): 649–656.

Sun, S., B. B. Clark, and C. R. Funk. 1990. Effect of fertilizer and fungicide applications on choke expression and endophyte transmission in chewings fescue. Proceedings of the International Symposium on *Acremonium*/Grass Interactions (Quisenberry, S. S., and R.E. Joost, editors). Baton Rouge: Louisiana Agricultural Experiment Station.

Tadych, M., K. V. Ambrose, M. S. Bergen, F. C. Belanger, and J. F. White Jr. 2012. Taxonomic placement of *Epichloë poae* sp. nov. and horizontal dissemination to seedlings via conidia. Fungal Diversity, 54(1): 117–131.

Tadych, M., M. S. Bergen, F. M. Dugan, and J. F. White Jr. 2007. Evaluation of the potential role of water in spread of conidia of the *Neotyphodium* endophyte of *Poa ampla*. Mycological

Research, 111(4): 466–472.

Tadych, M., M. S. Bergen, and J. F. White Jr. 2014. *Epichloë* spp. associated with grasses: New insights on life cycles, dissemination and evolution. Mycologia, 106(2): 181–201.

Tanaka, A., D. Takemoto, T. Chujo, and B. Scott. 2012. Fungal endophytes of grasses. Current Opinion in Plant Biology, 15(4): 462–468.

Thorley, R. M. S., L. L. Taylor, S. A. Banwart, J. R. Leake, and D. J. Beerling. 2015. The role of forest trees and their mycorrhizal fungi in carbonate rock weathering and its significance for global carbon cycling. Plant Cell and Environment, 38(9): 1947–1961.

Tibbets, T., and S. H. Faeth. 1999. *Neotyphodium* endophytes in grasses: Deterrents or promoters of herbivory by leaf-cutting ants? Oecologia, 118(3): 297–305.

Tsai, H. F., J. S. Liu, C. Staben, M. J. Christensen, G. C. M. Latch, M. R. Siegel, and C. L. Schardl. 1994. Evolutionary diversification of fungal endophytes of tall fescue grass by hybridization with *Epichloë* species. Proceedings of the National Academy of Sciences USA, 91(7): 2542–2546.

van der Heijden, M. G. A., F. M. Martin, M. A. Selosse, and I. R. Sanders. 2015. Mycorrhizal ecology and evolution: The past, the present, and the future. New Phytologist, 205(4): 1406–1423.

Vila-Aiub, M. M., P. E. Gundel, and C. M. Ghersa. 2005. Fungal endophyte infection changes growth attributes in *Lolium multiflorum* Lam. Austral Ecology, 30(1): 49–57.

Voisey, C. R. 2010. Intercalary growth in hyphae of filamentous fungi. Fungal Biology Reviews, 24(3/4): 123–131.

Wei, Y. K., Y. B. Gao, H. Xu, D. Su, X. Zhang, Y. H. Wang, L. Chen, L. Y. Nie, and A. Z. Ren. 2006. Occurrence of endophytes in grasses native to Northern China. Grass and Forage Science, 61(4): 422–429.

Wennström, A. 1996. The distribution of *Epichloë typhina* in natural plant populations of the host plant *Calamagrostis purpurea*. Ecography, 19(4): 377–381.

White, J. F. Jr. 1988. Endophyte-host associations in forage grasses. Ⅺ. A proposal concerning origin and evolution. Mycologia, 80(4): 442–446.

White, J. F. Jr. 1997. Perithecial ontogeny in the fungal genus *Epichloë*: An examination of the clavicipitalean centrum. American Journal of Botany, 84(2): 170–178.

White, J. F. Jr., and T. L. Bultman. 1987. Endophyte-host associations in forage grasses Ⅷ. Heterothallism in *Epichloë typhina*. American Journal of Botany, 74(11): 1716–1721.

White, J. F. Jr., T. I. Martin, and D. Cabral. 1996. Endophyte-host associations in grasses. XXⅡ. Conidia formation by *Acremonium* endophytes on the phylloplanes of *Agrostis hiemalis* and *Poa rigidifolia*. Mycologia, 88(2): 174–178.

White, J. F. Jr., G. Morgan-Jones, and A. C. Morrow. 1993. Taxonomy, life cycle, reproduction and detection of *Acremonium* endophytes. Agriculture, Ecosystems and Environment, 44(1/2/3/4): 13–37.

White, J. F. Jr., and P. V. Reddy. 1998. Examination of structure and molecular phylogenetic relationships of some graminicolous symbionts in genera *Epichloë* and *Parepichloë*. Mycologia, 90 (2): 226-234.

White, J. F. Jr., A. C. Morrow, G. Morgan-Jones, and D. A. Chambless. 1991. Endophyte-host associations in forage grasses XIV. Primary stromata formation and seed transmission in *Epichloë typhina*: Development and regulatory aspects. Mycologia, 83(1): 72-81.

White, J. F. Jr., P. M. Halisky, S. C. Sun, G. Morgan-Jones, and C. R. Funk. 1992. Endophyte-host associations in grasses XVI. Patterns of endophyte distribution in species of the tribe Agrostideae. American Journal of Botany, 79(4): 472-477.

Wu, L. J., A. Z. Ren, Y. H. Jing, Y. Zhou, X. Y. Wang, J. H. Qin, and Y. B. Gao. 2016. Endophytic benefit on competition of the host is neutralized by increasing ratios of infected plants. Acta Oecologica, 70: 112-120.

Zhang, X., A. Z. Ren, H. C. Ci, and Y. B. Gao. 2010. Genetic diversity and structure of Neotyphodium species and their host *Achnatherum sibiricum* in a natural grass-endophyte system. Microbial ecology, 59(4): 744-756.

Zhang, X., A. Z. Ren, Y. K. Wei, F. Lin, C. Li, Z. J. Liu, and Y. B. Gao. 2009. Taxonomy, diversity and origins of symbiotic endophytes of *Achnatherum sibiricum* in the Inner Mongolia Steppe of China. FEMS Microbiology Letters, 301(1): 12-20.

Zhu, M. J., A. Z. Ren, W. Wen, and Y. B. Gao. 2013. Diversity and taxonomy of endophytes from *Leymus chinensis* in the Inner Mongolia steppe of China. FEMS Microbiology Letters, 340(2): 135-145.

功能多样性与生态系统功能关系研究进展

第13章

张庆[①] 郇建国[②]

摘　要

生物多样性的改变必然会影响一系列的生态系统功能。面对生物多样性的空前丧失,评定生物多样性丧失的后果显得尤其紧迫,因此,生物多样性与生态系统功能关系成为生态学研究的热点问题之一,其中功能多样性与生态系统功能关系的研究成为近10年该领域研究的重点。本章在回顾了生物多样性与生态系统功能关系研究历史的基础上,重点阐述了功能多样性的定义,并突出介绍了功能多样性与生态系统功能关系研究中的五个重要论题,最后就未来需要进一步深入开展的研究进行了展望。

① 内蒙古大学生命科学学院生态学系,呼和浩特,010021;

② 美国亚利桑那州立大学生命科学学院和全球可持续性科学研究所,坦佩,85287。

Research Development of Relationship between Functional Diversity and Ecosystem Functions

Qing Zhang① Jianguo Wu②

Abstract

Changes in biodiversity will inevitably affect a variety of ecosystem functions. With the unprecedented loss of biodiversity, it is urgent to evaluate the consequences of biodiversity loss on ecosystem function. Thus, the relationship between biodiversity and ecosystem function has been one of the hot topic in ecology. And, research on the functional diversity has received great attention in the past 10 years. In this chapter, we firstly reviewed the research history of the relationship between biodiversity and ecosystem function, with an emphasis on the definition of functional diversity. Then, we highlighted five current key issues of the relationship between functional diversity and ecosystem function. Finally, we discussed four future directions in this topic.

引言

生态系统具有可为人类提供物质基础和生存环境等多种服务功能。除了提供食物、药品、建筑材料及遗传资源等产品外,更为重要的是能够调节气候、维持大气组成的稳定、实现物质循环等,这些作用构建了整个地球的生命支持系统,是人类赖以生存和发展的基本要素(Millennium Ecosystem Assessment, 2005; Wu, 2013)。

40多亿年的历史进化使得现代生物多样性达到一个非常高的程度。漫长的地质历史时期,曾发生过五次生物“集体灭绝”事件,但在过去100年间,生物灭绝速率是人类出现以前的100~1 000倍,被称为“第六次生物大灭绝”(Chapin Ⅲ et al., 2000)。生物多样性的丧失既有生物内在的因素,也有外部环境的原因,其根源在于人口的剧增。人类为了生存不断扩宽自身生态位,过度开发利用自然资源,造成了严重的环境污染,同时破坏了大量自然栖息地,导致了生境破

① School of Life Sciences, Inner Mongolia University, Hohhot, 010021, China;

② School of Life Sciences and Global Institute of Sustainability, Arizona State University, Tempe, AZ 85287, USA.

碎化,并引起外来物种的入侵,人类活动是造成现阶段生物多样性丧失的根本原因(Hooper et al., 2012; Wilson et al., 2016)。生态系统功能主要通过生物多样性来实现,生物多样性是控制生态系统稳定性、生产力、碳固存、养分循环等多个功能和过程的重要因素(Bai et al., 2004;袁飞等,2009;Finegan et al., 2015)。面对生物多样性的空前丧失,人们开始考虑生物多样性的丧失将会对生态系统功能造成怎样的影响,需要对此做出客观的评估和预测(Mlambo, 2014)。因此,生物多样性与生态系统功能关系这一问题引起了生态学界的广泛讨论,人们开展了大量研究工作来描述生物多样性与生态系统功能的关系,并试图解释这种关系的内在机制(Bai et al., 2004; Midgley, 2012; Cavanaugh et al., 2014),不仅在生态学研究中具有重大的理论价值,而且对于人类保护环境、维持生态系统过程的良性发展都有着决定性的指导意义。

13.1　生物多样性与生态系统功能关系研究历史

关于生物多样性与生态系统功能关系的研究最早可追溯到两个多世纪前,达尔文在《物种起源》一书中,就提到在两块相像的土地上种植物种数不同的牧草,物种数高的那块土地的产量更高,亦即有更高物种丰富度的群落会产生更高的群落初级生产力(Hector and Hooper, 2002);20 世纪 70 年代以前,生态学家一直认为更高的物种多样性和营养关系将会增加系统的稳定性(MacArthur, 1955);但这些早期观点受到 May(1972)的挑战,通过数学和统计学建立模型,May 认为简单生态系统比复杂生态系统可能更趋于稳定;此后一段时间,虽然关于生物多样性与生态系统功能关系研究的热度有所降低,但其理论研究和实践检验仍然不断有报道(Ehrlich and Mooney, 1983; Magurran, 1988);直到 Tilman 等人在 Cedar Creek 草原上开展了第一个野外控制实验来研究生物多样性与生态系统功能关系(Tilman et al., 1996),针对其实验设计及结果的解释,引发了生态学家之间一场空前的争论(Kaiser, 2000)。

生产力作为一个重要的生态系统功能特征,被广泛认为是代表生态系统功能的最综合的指标(Naeem, 2002; Bai et al., 2004),是目前大多数生态学家在探讨生物多样性与生态系统关系时使用的重要指标之一(Bai et al., 2007),研究生产力对生物多样性的响应是探讨生物多样性与生态系统功能关系的有效途径。自从 Fisher 等(1943)首先提出“物种丰富度”(species richness)一词以来,许多生态学家从经典的种群生物学理论及一些实验证据出发,认为物种多样性对生产力有着重要的作用,两者之间关系的研究也就成为生态学家们尝试阐明的一个重要的科学问题(Bai et al., 2007; Zhang et al., 2011; Fraser et al., 2015)。物种多样性与生产力间存在多种相互关系:不相关(Gough et al., 1994)、负相关(Guo and Berry, 1998; Schultz et al., 2011)、正相关(Bai et al.,

2007; Wang et al., 2011)及单峰曲线(Laughlin and Moore, 2009; Fraser et al., 2015),据 Waide 等(1999)对 200 多个研究结果的统计发现,30%呈单峰曲线,26%呈正线性关系,12%呈负线性关系,32%关系不显著。同时,还有一些研究跨越了不同营养级来探讨多样性与生产力的关系,发现植物多样性的丧失将会影响昆虫、微生物的多样性,并进而改变大型食草动物对食物和营养物质的摄入,从而对大型食草动物的生产力造成影响(Wang et al., 2010; Zhu et al., 2012)。对这一关系的解释主要有两种机制:其一是"生态位互补效应"(Tilman et al., 1997b),其二是"抽样效应"(Huston, 1997)。Pacala 和 Tilman (2002) 提出"抽样效应向生态位互补效应转型"的假说:群落建立初期,多样性作用机制主要是抽样效应,但是生态位互补的作用会随时间推移而加强。

由于组成群落的物种繁多,每种物种的作用和功能各不相同,因此有学者认为不可能也没有必要研究各个物种在生态系统中的功能作用,而功能群的研究可以大大简化研究的复杂性,具有更强的可操作性(Wilson, 1999; 白永飞等, 2001)。一些研究表明,功能群多样性对生态系统生产力有显著影响(Sternberg et al., 2000; Kong et al., 2011),甚至比物种多样性更能决定生态系统生产力(Tilman et al., 1997a; Lanta and Leps, 2006)。传统的功能群划分没有统一的标准,大都根据研究者目的进行划分,且主要强调了物种的形态而非功能属性(Sternberg et al., 2000; de Bello et al., 2006),因此,近 10 年来功能多样性的研究受到重视(Petchey and Gaston, 2006; Cadotte et al., 2011; Cavanaugh et al., 2014; Finegan et al., 2015)。

13.2 功能多样性定义

功能多样性因其在理解生物多样性与生态系统功能关系中的关键作用,而在生态学的研究中占有越来越重要的地位,但对于如何定义功能多样性,不同的人有不同的理解,功能多样性的概念仍然存在争论(Diaz and Cabido, 2001; Petchey and Gaston, 2006)。Tilman 定义功能多样性为"影响生态系统运行或发挥功能的生物多样性的组分"(Tilman et al., 1997a)。这一概念涉及生物多样性本身,以及生态系统结构和功能的各个方面,不仅包含生态系统内的所有物种及物种所拥有基因型和表型的不同,还包含全部物种在时间和空间上所表现出的差异性,因此可以认为,功能多样性高的系统将会表现出更高的生产力和生态系统稳定性(Roscher et al., 2012; Cavanaugh et al., 2014),但是这一概念较为复杂,很难依此概念对其进行定量化的描述(Petchey and Gaston, 2002);Tesfaye 等(2003)提出"群落中的功能多样化"这一简明、清楚的概念,但是并未给出详细的界定标准,因此也很难量化分析;而 Diaz 和 Cabido(2001a)将"生态系统内生物所具有功能的数量、类型及其分布"定义为功能多样性。目前被广泛接受的一个定义是:功能多样性是某一群落内物种间功能特征的变化范围或特定生态系统中所有物种功能特征的数值和范围(Diaz and Cabido, 2001)。应用这一概念对功能多样性进行定量化分析,即测定群落或生态系统中所有物种具有的功能性状的总体差异性和多样性(Petchey and Gaston, 2006)。功能性状是指可以影响生态系统功能及过程的生物学特征(Diaz and Cabido, 2001),依据其在生态系统中的功能和作用可以分为响应性状和影响性状(Lavorel and Garnier, 2002)。前者反映植物对环境因子(如资源有效性和干扰)的响应,后者决定植物对生态系统功能(如生物地球化学循环和干扰抵抗性)的影响,这两类性状在一定程度上相互重叠(Lavorel and Garnier, 2002)。群落中有机体的性状值、范围和相对多度以及"集群(assemblage)中性状的变异或散布",是在集群这一概念上提出的功能多样性定义(Diaz et al., 2006)。虽然,由于缺乏对功能多样性本质和测定方法的健全定义,我们对功能多样性认识仍显欠缺,但是从功能性状的角度出发,而不仅仅是将物种本身作为理解和探索生态学过程的基本点,将使得生态学对自然的预测更为准确(Diaz and Cabido, 2001; Petchey and Gaston, 2006)。

13.3 功能多样性与生态系统功能关系研究进展

随着功能多样性认识的深入及其在解释一系列生态学问题时所体现出来的优势,功能多样性与生态系统功能关系的研究呈现出蓬勃之势,尤其是一些综述性的研究对功能多样性与生态系统功能关系的认识起到了更为重要的推动作用(de Bello et al., 2010; Lavorel, 2013)。与此同时,尽管国内在功能多样性与生态系统功能关系研究中起步较晚,但是最近几年也取得了不菲的研究成果(Deng et al., 2008; 李晓刚等, 2011; Lan and Bai, 2012; Bu et al., 2014; Fu et al., 2014; 吕亭亭等, 2014)。关于功能多样性与生态系统功能关系的研究主要集中在如下五个方面。

13.3.1 功能多样性的计算

功能多样性定义、测定和评估的复杂性使得功能多样性的定量化研究变得十分困难。尽管如此,研究者们在功能多样性的计算上仍然做了大量的探索。最早关于功能多样性的计算方法是从计数群落或生态学系统中的功能群(functional group)数目开始的,功能群是指一个生态系统内一些具有相似特征或行为上表现出相似特征的物种的集合(Symstad, 2000; 白永飞等, 2001),很多研究使用功能群多样性阐述生物多样性—生态系统功能之间的关系(Symstad, 2000; 白永飞等, 2001; Liira et al., 2008)。这一方法比较适合宏观生态学的研究,因为功能群划分所需的物种信息在大尺度上也是较易获得的,并且这些研究所需的物种间对比信息的详细程度非常低(Schleuter et al., 2010)。但是,这一方法也存在很多问题,首先,生物体在形态和功能特征上的差异存在连续性,而在功能群的划分中,这些信息将部分丢失,造成多样性内容的缺失。其次,功能群的划分没有统一的标准,不同的研究者根据不同的研究目的进行功能群划分,使得研究结果不具有一致性和可比性。再次,功能群内物种组成的差异对功能多样性及生态系统功能有重要影响;当功能群中物种间存在的变异较小时,功能群丰富度会过高地估算功能冗余(Walker, 1999)。

功能多样性的计算不仅需要满足量化方法的可操作性,同时还需要使计算的结果能够反映和预测功能多样性的变化对群落和生态系统的影响(Suding et al., 2008)。1999 年,Walker 等(1999)尝试通过定义功能属性多样性(functional attribute diversity)计算功能多样性,多样性就是计算群落内所有两两物种间的距离之和。Schmera 等(2009)对这一方法进行了改进,弥补了这一指数会随物种数目增加而增大的缺陷。随着研究的深入和解决不同问题的需要,很多功能多样性指数被提出,有的是从新的角度提出了新的算法,有的是对原有指数存在的不足和缺点进行了弥补和改进。功能树状图(functional dendrogram)是根据系统发育多样性,获得物种性状值之间互补程度的树状图,计算树状图的总分支长度(Petchey and Gaston, 2007)。Mason 等(2003)提出了功能离散指数 (functional divergence index, FDvar),反映了从群落中随机抽取两个物种时,功能特征相同的概率。Rao 二次熵测量了种群内及种群间的多样性和差异性(Botta-Dukat, 2005)。Lěps 等(2006)考虑物种个体的性状变异,提出了功能变异指数(functional variance)。根据多维凸多边形体积计算是 Cornwell 提出的另一种新的算法(Cornwell et al., 2006)。Lavorel 等(2008)通过群落内植物功能性状加权平均数(community weighted mean, CWM)计算功能多样性指数。Ricotta 和 Moretti(2008)提出了最小生成树(minimum spanning tree)的功能多样性度量方法。除上述指数外,还出现了计算多个性状(Botta-Dukat, 2005)、考虑种内变异(Cianciaruso et al., 2009)和基于不同属性数据类型(定量的、半定量的和定性的)进行的功能多样性指数的计算方法(Laliberte and Legendre, 2010)。

Mason 等(2005)第一次提出了从不同的组成方面来理解功能多样性,包括功能丰富度(functional richness)、功能均匀度(functional evenness)和功能离散度(functional divergence),而不仅仅是通过一个指数来理解。Villéger 等(2008)利用多个性状属性定义的 FRic(功能丰富度)、FEve(功能均匀度)和 FDis(功能离散度)来更详细地描述功能多样性,认为不同的成分表达了功能多样性的不同方面,考虑多个方面有利于更好地理解、揭示功能多样性与生态系统功能之间的关系。Villéger 等(2010)又提出了量化物种相对于区域物种库重心距离的功能特化(functional specialization)指数来补充上述三个指数不能表达的信息。Schleuter 等(2010)认为,通过三个不同的角度描述功能多样性的不同方面,必须要保证这三个指数之间是没有重叠的,他们通过对不同的功能多样性指数进行比较和分析，阐明了不同功能多样性指数的特征、与其他指数的相关性及缺点（表 13.1）。

表 13.1　不同功能多样性指数的名称、公式、属性、缺点（Schleuter et al., 2010; 宋彦涛等, 2011）

类型	名称	公式	是否多维	含多度	与 SR 相关	缺点
功能丰富度	功能范围（functional range, FR_R）	$\frac{\max_{s\in Sc}(X_{ts})-\min_{s\in Sc}(X_{ts})}{\max_{s\in \cup Sc}(X_{ts})-\min_{s\in \cup Sc}(X_{ts})}$	否	否	是	没有考虑间隙，一维
	功能体积（functional volume, FR_V）	包含所有物种功能空间的最小凸包体的体积	是	否	是	没有考虑性状间隙，物种数超过性状数
	功能树状图（FR_D）	功能树状图分支长度总和	是	否	是	很难解释，计算时间长
	功能丰富度（FR_{Is}）	$\frac{\int \max_{s\in Sc}[1st(X)]\mathrm{d}x}{\int \max_{s\in \cup Sc}[1st(X)]\mathrm{d}x}$	否	否	是	一维，种内性状变异
	功能丰富度（FR_{Im}）	$\int \max_{s\in Sc}(fs(Z))\mathrm{d}Z$	是	否	是	计算时间长，需要考虑种内性状变异
功能均匀度	功能均匀度（FE_S）	$\sum_{s=1}^{\vert Sc\vert-1}\min\left[\frac{\vert X_{ts+1}-X_{ts}\vert/(A_{ts+1}+A_{ts})}{\sum_{s'=1}^{\vert Sc\vert-1}\vert X_{ts'+1}-X_{ts'}\vert/(A_{ts'+1}+A_{ts'})}, \frac{1}{\vert Sc\vert-1}\right]$	否	是	否	一维
	功能均匀度（FE_m）	$\frac{\sum_{e\in E}\min\left[\frac{\mathrm{dist}(e)/(A_e/A)}{\sum_{e'\in E}\mathrm{dist}(e')/(A_{e'}/A)}, \frac{1}{\vert Sc\vert-1}\right]-\frac{1}{\vert Sc\vert-1}}{1-\frac{1}{\vert Sc\vert-1}}$	是	是	否	—

续表

类型	名称	公式	是否多维	含多度	与SR相关	缺点
功能离散度	Rao 二次熵 (FD_Q)	$\sum_{s\in Sc}\sum_{s'\in Sc}\frac{A_sA_{s'}}{A^2}\text{dist}(s,s')$	是	是	否	—
	功能对数方 (functional logarithmic variance, FD_{var})	$\frac{2}{\pi}\arctan\left\{5\left[\frac{1}{T}\sum_{t=1}^{T}\sum_{s\in Sc}\frac{A_s}{A}(\ln X_{ts}-\overline{\ln X_{ts}})^2\right]\right\}$	是	是	否	不能有0值
	功能变异 ($FD_{o'}$) (FD_{var}改进)	$\sum_{s\in Sc}\frac{As}{A}(X_{ts}-\overline{X_{ts}})^2$	否	是	否	—
	功能离散度 (FD_m)	$\frac{\Delta d+\overline{dG}}{\Delta\lvert d\rvert+\overline{dG}}$ $\Delta d=\sum_{s\in Sc}\frac{A_s}{A}(dG_s-\overline{dG})$	是	是	—	计算时物种数需要超过性状数
	功能离散度 (FD_s)	$\frac{Q_1(Y_t)-Q_3(Y_t)}{\max_{s\in Sc}(X_{ts})-\min_{s\in Sc}(X_{ts})}$	否	是	否	—

注:SR,物种丰富度。

为了更好地应用功能多样性研究多样性与生态系统功能之间的关系,计算功能多样性指数的软件也不断出现,为研究提供了更多的方便(Webb et al., 2008; Laliberte and Legendre, 2010)。这些软件有:基于物种计算多样性的"EstimateS"(http://purl.oclc.org/estimates)和"EcoSim"(http://garyentsminger.com/ecosim/index.htm),基于系统发育计算多样性的 PHYLIP,PHYLOCOM,或计算特定功能多样性指数的 FD-R 语言程序。Casanoves 等(2011)编写的"FDiversity"软件因为存在友好的可视化界面、支持不同类型的数据格式并允许同时计算多个指数而受到欢迎。

13.3.2 植物功能性状与环境的关系

植物功能性状是指响应环境的变化而形成的内在生理和外在形态的属性,是植物在漫长的进化和发展过程中,与环境相互作用,逐渐形成的适应对策

(Diaz and Cabido, 2001)。植物功能性状的研究已经有相当长的历史了,最早的经典工作可追溯到 1934 年 Raunkiaer 的生活型分类系统(Fuller, 1935)。随着新的植物功能性状测度方法的不断涌现,Cornelissen 等(2003)编制了全球植物功能性状分类体系,并给出了每一个性状的详细测量方法。同时,根据其快速测量和定量描述的难易程度,Cornelissen 还将其划分为"软性状"(soft traits)和"硬性状"(hard traits)。前者指那些相对容易获得和量化的特性,如生长型、生活型等,后者指那些难以在许多地区和大量植物中定量的特性,如相对生长速率、光合能力等。软性状和硬性状又是相互联系的,而且这种联系在不同的环境条件下是一致的,因此可利用合适的软性状来代替硬性状,用于大尺度的研究中(Hodgson et al., 1999; Lavorel and Garnier, 2002)。McGill 等(2006)认为植物功能性状对生物体的行为表现影响很大,并提出了利用功能性状重建群落生态学研究的新思路,因此,植物功能性状的研究已经深入到生态学的许多领域,其中最为基础的就是探索植物功能性状和环境之间的关系。

在理论上,植物周围的任何环境因子都会影响其生长发育,依其重要性而被广泛探讨的是气候(温度、水、光照等)、土壤、地形地貌(海拔、坡度、坡向等)、干扰(火烧、放牧、土地利用)等因素。温度对植物功能性状的影响往往是多方面的,不仅可以影响植物的光合途径,进一步增加 C_4 植物在群落中的比例(Auerswald et al., 2012),而且还可以影响植物的比叶面积、气孔密度等微观性状(Fraser et al., 2009)。水作为植物生长所必需的,其对植物功能性状的影响则更为显著,植物的许多功能性状如叶片长度、宽度、植株高度等均会随着降水量的增加而增加(Onyango et al., 2001; Hakuba et al., 2012),但水对植物功能性状的影响往往存在明显的区域差异,不同生态区域的研究结果经常具有很大的异质性,甚至得到相反的结论(Warren et al., 2005)。由于光环境控制着叶片厚度,间接影响到比叶面积、比叶重及叶片密度,因此,光照对植物叶片功能性状的影响比较明显,叶片大小和比叶面积都随着光照的增加而减小,同时叶间距也在增大(Ackerly et al., 2002; Stark et al., 2015)。土壤养分状况与植物的功能性状具有极其密切的关系,有研究表明比叶面积、植物高度、叶片氮磷含量与土壤资源状况存在显著的相关性(Lilles et al., 2014; Tsunoda et al., 2014)。海拔、坡度、坡向等地理因素通过影响水、温度、土壤养分等资源的再分配,从而间接对植物功能性状造成影响,具有明显的尺度效应(Davidar et al., 2007; Duivenvoorden and Cuello A, 2012)。干扰是发生在一定地理位置上,对生态系统结构造成直接损伤的物理作用或事件(Pickett et al., 1999; Wu and Hobbs, 2002),干扰对植物功能性状的影响往往因干扰的强弱而呈现差异,如火烧及土地利用作为强烈的干扰,往往与植物的生活型或者繁殖方式有关(Verheyen et al., 2003; Batriu et al., 2015),而放牧作为一种比较柔和的干扰方式,则经常会影响植物的功能性状,如高度、叶面积、根系深度等(黄建辉等, 2012),但放牧在累积到一定程度后也会对植物的生活型和繁殖方式造成影响(Diaz et al., 2001; Garcia et al., 2014)。

除了植物功能性状与环境因子的关系外,植物不同功能性状间的相关关系也是现在研究的一个热点问题(Dubey et al., 2011; Ernst et al., 2012)。生长在特定环境中的植物生长发育既受到不同器官的调控,也受到同一器官内不同功能性状的调控。因此,植物功能性状不仅在同一器官内,而且在不同器官间均会存在相互关系。由于受到环境因素的作用,植物功能性状往往体现出趋同或者趋异的现象,因此,植物功能性状间往往体现出正相关、负相关、不相关三种主要关系(Roche et al., 2004; Wright et al., 2004; Dubey et al., 2011)。由于资源的有限性,植物体往往采用权衡模式这一生态学策略,因此,植物功能性状间更多体现出负相关。

13.3.3 物种多样性与功能多样性关系

群落中物种多样性与功能多样性关系的研究不仅是揭示群落中物种共存的关键机制,同时也是开展多样性与生态系统功能关系研究的基础。以往关于生物多样性与生态系统功能关系的研究,往往过分强调物种多样性,而忽略了功能多样性的作用,这实际上隐含着物种多样性等同于功能多样性的假定(Diaz and Cabido, 2001),但是物种多样性是否随着功能多样性共同变化呢?已有研究表明两者之间的关系有正相关(Petchey and Gaston, 2002)、负相关(de Bello et al., 2006)、S 形曲线(Sasaki et al., 2009)与不相关(Mayfield et al., 2005; 臧岳铭等, 2009)四种。生态位分化理论和极限相似原理预测物种多样性与功能多样性两者相吻合,即每个物种的功能特征具有唯一性,当物种多样性增加时,也就扩大了现有的功能特征额范围,因此,两者趋向于正相关(Diaz and Cabido, 2001; Sasaki et al., 2009)。当物种间功能性状有所重叠时,两者间的正相关性就逐步表现为减速递增,甚至出现饱和现象,即物种多样性的增加不会进一步引起功能多样性的增加(Bu et al., 2014)。

物种多样性与功能多样性的关系是比较复杂的,并不是固定不变的,两者间呈现何种关系与环境资源及外界干扰有关。Liu 等(2013)通过分析内蒙古三种草原类型(草甸草原、典型草原、荒漠草原)的物种多样性与功能多样性的关系,发现两者间整体呈现正相关性,且两者间相关性的强弱随着降水的减少而增强,呈现出由草甸草原—典型草原—荒漠草原逐渐增强的趋势。Bu 等(2014)研究了不同演替序列下物种多样性与功能多样性的关系,发现在整个演替序列物种多样性与功能多样性整体呈现 S 形曲线,在演替序列的早期和末期均存在一定的功能冗余。尤其是在遭受强烈扰动或严酷的环境选择作用下,植物功能属性会被限制在一个适应该条件的范围内,物种间的功能属性表现出一定的趋同性,呈现明显的性状聚集(Schellberg and Pontes, 2012),此时增加物种多样性尽管会导致生态位的进一步分化,但并不会引起功能性状的较大变化,功能多样性基本保持不变。

13.3.4　功能多样性与生态系统功能关系及维持机制

尽管许多研究都证实了多样性对生态系统的功能，尤其是生产力具有正效应（Lanta and Leps, 2006; Hooper et al., 2012; Cavanaugh et al., 2014），但是依然存在两个主要方面的争议。其一，物种多样性和功能多样性在生产力维持中的相对重要性存在争议。已经有足够多的研究显示了物种多样性对生产力的贡献（Tilman et al., 1996; Bai et al., 2004），最近很多研究表明功能多样性比物种多样性更能决定生产力（Cadotte et al., 2011; Roscher et al., 2012; Chanteloup and Bonis, 2013; Fu et al., 2014）。尽管如此，物种多样性与功能多样性如何影响生态系统功能也一直缺乏足够多的证据，一种观点认为两者对生态系统功能的影响是一致的（Sasaki et al., 2009; Cavanaugh et al., 2014），另一种观点则认为两者相对独立地影响生态系统功能（Mouillot et al., 2011; Fu et al., 2014）。其二，功能多样性与生产力关系的维持机制。功能多样性与生产力关系有两种主要维持机制：一种是选择效应，另一种是互补效应。前者认为多样性高的群落有更大可能包含高生产力的物种（优势种），优势种的功能性状主要决定了生态系统生产力（Grime, 1998; Roscher et al., 2012）；后者认为多样性高的群落具有更大的功能性状的差异，这些差异将会进一步增大对资源的优化利用，从而提高了生态系统生产力（Tilman, 1997; Cavanaugh et al., 2014）。

选择效应和互补效应在功能多样性对生产力维持中的作用可以通过两个不同的概念模型来评价。第一种方法是群落权重均值（community-weighted means, CWM），其定义为群落内植物特征的加权平均值，是以各物种的特征值及物种相对丰富度为基础进行计算的（Lavorel et al., 2008）。该计算方法主要体现了优势种的某些植物功能特征对生态系统功能的影响，因此，可以用于表征选择效应在功能多样性对生产力维持中的作用（Roscher et al., 2012; Fu et al., 2014）。另外一种方法是 Rao 二次熵（Rao's quadratic entropy, FD_Q）（Rao, 1982），通过对群落内物种间植物功能特征分布的差异程度来评估功能多样性（Mouchet et al., 2010），在计算时采用基于植物功能特征获得的物种距离矩阵与物种相对丰富度的乘积来表示（Botta-Dukat, 2005）。该方法在定义时基于如下假说：随着物种间功能性状差异的增大，物种对资源的利用策略方式将会增多，物种间资源生态位重叠将会减少（Tilman, 1997），因此，FD_Q与互补效应有着密切联系，可以用于表征互补效应在功能多样性对生产力维持中的作用（Mouchet et al., 2010; Chanteloup and Bonis, 2013）。关于 CWM 与 FD_Q在解释群落生产力变异，并进一步判定选择效应和互补效应的相对重要性时未得到一致的结论（Petchey and Gaston, 2006; Roscher et al., 2012; Cavanaugh et al., 2014; Fu et al., 2014）。Cardinale 等（2011）通过 meta-analysis 分析发现，平均来说选择效应和互补效应在功能多样性与生产力关系维持中的作用基本各占 50%，两者是不能随意分离的,而是联合作用的。因此,评定选择效应与互补效应在生态系统功能维持中的重要性的适用条件成为群落生态学家关注的重要问题之一(Cardinale et al., 2011; Chanteloup and Bonis, 2013)。

13.4 研究展望

尽管开展了一系列功能多样性与生态系统功能关系的研究,且取得了一定的研究成果,但依然需要在以下方面开展进一步的研究。

其一,关于物种多样性、功能多样性与生态系统功能关系的研究,主要集中于小尺度、匀质生境,忽略了尺度及环境异质性对多样性与生态系统功能关系的影响。而尺度和环境异质性被广泛认为是导致生态模型差异的一个主要原因(Wu and Loucks, 1995; Bai et al., 2007; Zhang et al., 2011)。因此,在多个尺度上及环境梯度,尤其是将小尺度控制实验与大尺度野外调查相结合的多尺度整合研究,对于揭示不同尺度多样性与生态系统功能关系及维持机制是非常必要的。

其二,迄今,关于多样性与生态系统功能关系的研究主要通过物种剔除或人工组建群落开展,而在复杂条件的自然群落中的研究相对较少(Hillebrand and Matthiessen, 2009; Cardinale et al., 2012)。自然群落中物种组成是在漫长的演化过程中,与环境间相互依赖、相互作用,从而适应了当地条件所形成的特定结构,是对环境响应的综合反映,由于群落密度、均匀度及土壤营养状况的差异,往往导致野外观测和受控实验结果不一致(贺金生等, 2003)。因此,自然群落中观测到的结果是否与受控实验一致需要进一步的验证。

其三,大部分功能多样性与生态系统功能关系的研究只考虑一个营养级水平,即植物多样性,且主要集中于植物地上部分,而忽略了植物地下部分和土壤微生物、食草动物等对生态系统过程的调控作用(Hillebrand and Matthiessen, 2009; Bardgett and van der Putten, 2014; Bauer et al., 2014)。内蒙古草原开展的剔除实验发现草蜢啃食会影响植物的生产力和基本化学计量特征,并进一步影响多样性与生产力的关系(Wu et al., 2015)。因此,基于物种响应性状和影响性状,通过探讨不同营养级水平(食草动物—植物—土壤微生物)间的相互作用方式及强度,有助于揭示全球变化及人类活动等关键因子驱动下的生态系统各组分间的调控与反馈机制(Lavorel et al., 2013; Bauer et al., 2014)。

其四,关于生物多样性与生态系统功能关系的研究,主要集中于功能多样性与单一生态系统功能关系的研究,仅有少数研究涉及功能多样性与生态系统多功能性关系的探讨(Mouillot et al., 2011; Perkins et al., 2015; 徐炜等, 2016a, 2016b)。大部分实验仅限于初级生产力、碳固存、凋落物分解等重要的单一生态系统功能,但实际上生态系统包含多种生态学过程和功能(称之为生态系统多功能性),而且每种生态系统功能不可能由单一的功能性状决定,而是应该由一系列功能性状共同影响(Hector and Bagchi, 2007),基于植物个体的功能性状和多个生态系统功能的测定和研究,有助于揭示功能多样性和生态系统多功能性之间的内在联系。

致谢

本章为过去部分工作的总结,感谢在这些工作中做出贡献的同事和研究生。此研究得到国家自然科学基金项目(31200414, 31560180)的资助。

参考文献

白永飞,李凌浩,黄建辉,陈佐忠. 2001. 内蒙古高原针茅草原植物多样性与植物功能群组成对群落初级生产力稳定性的影响(英文). 植物学报,43(3):280-287.

贺金生,方精云,马克平,黄建辉. 2003. 生物多样性与生态系统生产力:为什么野外观测和受控实验结果不一致? 植物生态学报,27(6):835-843.

黄建辉,潘庆民,白永飞,吕晓涛,邬建国,韩兴国. 2012. 生物多样性与生态系统功能. 见:韩兴国,李凌浩. 内蒙古草地生态系统维持机理. 北京:中国农业大学出版社.

李晓刚,朱志红,周晓松,袁芙蓉,樊瑞俭,许曼丽. 2011. 刈割、施肥和浇水对高寒草甸物种多样性、功能多样性与初级生产力关系的影响. 植物生态学报,35(11):1136-1147.

吕亭亭,王平,燕红,张稳,廖桂项,姜海波,邹畅林,盛连喜. 2014. 草甸和沼泽植物群落功能多样性与生产力的关系. 植物生态学报,38(5):405-416.

宋彦涛,王平,周道玮. 2011. 植物群落功能多样性计算方法. 生态学杂志,30(9):2053-2059.

徐炜,井新,马志远,贺金生. 2016a. 生态系统多功能性的测度方法. 生物多样性,24(1):72-84.

徐炜,马志远,井新,贺金生. 2016b. 生物多样性与生态系统多功能性:进展与展望. 生物多样性,24(1):55-71.

袁飞,邬建国,白永飞,韩兴国. 2009. 生物多样性与生态系统功能关系研究综述. 见:邬建国,杨劼. 现代生态学讲座(Ⅳ):理论与实践. 北京:高等教育出版社.

臧岳铭,朱志红,李英年,王文娟,席博. 2009. 高寒矮嵩草草甸物种多样性与功能多样性对初级生产力的影响. 生态学杂志,28(6):999-1005.

Ackerly, D. D., C. A. Knight, S. B. Weiss, K. Barton, and K. P. Starmer. 2002. Leaf size, specific leaf area and microhabitat distribution of chaparral woody plants: Contrasting patterns in species level and community level analyses. Oecologia, 130(3): 449-457.

Auerswald, K., M. H. O. M. Wittmer, Y. Bai, H. Yang, F. Taube, A. Susenbeth, and H. Schnyder. 2012. C_4 abundance in an Inner Mongolia grassland system is driven by temperature-moisture interaction, not grazing pressure. Basic and Applied Ecology, 13(1): 67-75.

Bai, Y. F., X. G. Han, J. G. Wu, Z. Z. Chen, and L. H. Li. 2004. Ecosystem stability and compensatory effects in the Inner Mongolia grassland. Nature, 431(7005): 181-184.

Bai, Y. F., J. G. Wu, Q. M. Pan, J. H. Huang, Q. B. Wang, F. S. Li, A. Buyantuyev, and X. G. Han. 2007. Positive linear relationship between productivity and diversity: Evidence from the Eurasian Steppe. Journal of Applied Ecology, 44(5): 1023-1034.

Bardgett, R. D., and W. H. van der Putten. 2014. Belowground biodiversity and ecosystem functioning. Nature, 515(7528): 505-511.

Batriu, E., J. Maria Ninot, and J. Pino. 2015. Filtering of plant functional traits is determined by environmental gradients and by past land use in a Mediterranean coastal marsh. Journal of Vegetation Science, 26: 492-500.

Bauer, B., M. Vos, T. Klauschies, and U. Gaedke. 2014. Diversity, functional similarity, and top-down control drive synchronization and the reliability of ecosystem function. American Naturalist, 183(3): 394-409.

Botta-Dukat, Z. 2005. Rao's quadratic entropy as a measure of functional diversity based on multiple traits. Journal of Vegetation Science, 16(5): 533-540.

Bu, W. S., R. G. Zang, and Y. Ding. 2014. Functional diversity increases with species diversity along successional gradient in a secondary tropical lowland rainforest. Tropical Ecology, 55(3): 393-401.

Cadotte, M. W., K. Carscadden, and N. Mirotchnick. 2011. Beyond species: Functional diversity and the maintenance of ecological processes and services. Journal of Applied Ecology, 48(5): 1079-1087.

Cardinale, B. J., J. E. Duffy, A. Gonzalez, D. U. Hooper, C. Perrings, P. Venail, A. Narwani, G. M. Mace, D. Tilman, D. A. Wardle, A. P. Kinzig, G. C. Daily, M. Loreau, J. B. Grace, A. Larigauderie, D. S. Srivastava, and S. Naeem. 2012. Biodiversity loss and its impact on humanity. Nature, 486(7401): 59-67.

Cardinale, B. J., K. L. Matulich, D. U. Hooper, J. E. Byrnes, E. Duffy, L. Gamfeldt, P. Balvanera, M. I. O'Connor, and A. Gonzalez. 2011. The functional role of producer diversity in ecosystems. American Journal of Botany, 98(3): 572-592.

Casanoves, F., L. Pla, J. A. Di Rienzo, and S. Diaz. 2011. FDiversity: A software package for the integrated analysis of functional diversity. Methods in Ecology and Evolution, 2(3): 233-237.

Cavanaugh, K. C., J. S. Gosnell, S. L. Davis, J. Ahumada, P. Boundja, D. B. Clark, B. Mugerwa, P. A. Jansen, T. G. O'Brien, F. Rovero, D. Sheil, R. Vasquez, and S. Andelman. 2014. Carbon storage in tropical forests correlates with taxonomic diversity and functional dominance on a global scale. Global Ecology and Biogeography, 23(5): 563-573.

Chanteloup, P., and A. Bonis. 2013. Functional diversity in root and above-ground traits in a fertile grassland shows a detrimental effect on productivity. Basic and Applied Ecology, 14(3): 208-216.

Chapin Ⅲ, F. S., E. S. Zavaleta, V. T. Eviner, R. L. Naylor, P. M. Vitousek, H. L. Reynolds, D. U. Hooper, S. Lavorel, O. E. Sala, and S. E. Hobbie. 2000. Consequences of changing biodiversity. Nature, 405(6783): 234-242.

Cianciaruso, M. V., M. A. Batalha, K. J. Gaston, and O. L. Petchey. 2009. Including intraspecific variability in functional diversity. Ecology, 90(1): 81-89.

Cornelissen, J., S. Lavorel, E. Garnier, S. Diaz, N. Buchmann, D. Gurvich, P. Reich, H. Ter Steege, H. Morgan, and M. van der Heijden. 2003. A handbook of protocols for standardised and easy measurement of plant functional traits worldwide. Australian Journal of Botany, 51(4): 335-380.

Cornwell, W. K., D. W. Schwilk, and D. D. Ackerly. 2006. A trait-based test for habitat filtering: Convex hull volume. Ecology, 87(6): 1465-1471.

Davidar, P., B. Rajagopal, D. Mohandass, J. P. Puyravaud, R. Condit, S. J. Wright, and E. G. Leigh Jr. 2007. The effect of climatic gradients, topographic variation and species traits on the beta diversity of rain forest trees. Global Ecology and Biogeography, 16(4): 510-518.

de Bello, F., S. Lavorel, S. Diaz, R. Harrington, J. H. C. Cornelissen, R. D. Bardgett, M. P. Berg, P. Cipriotti, C. K. Feld, D. Hering, P. M. Da Silva, S. G. Potts, L. Sandin, J. P. Sousa, J. Storkey, D. A. Wardle, and P. A. Harrison. 2010. Towards an assessment of multiple ecosystem processes and services via functional traits. Biodiversity and Conservation, 19(10): 2873-2893.

de Bello, F., J. Lepš, and M. T. Sebastià. 2006. Variations in species and functional plant diversity along climatic and grazing gradients. Ecography, 29(6): 801-810.

Deng, F., R. Zang, and B. Chen. 2008. Identification of functional groups in an old-growth tropical montane rain forest on Hainan Island, China. Forest Ecology and Management, 255(5/6): 1820-1830.

Diaz, S., and M. Cabido. 2001. Vive la difference: Plant functional diversity matters to ecosystem processes. Trends in Ecology and Evolution, 16(11): 646-655.

Diaz, S., J. Fargione, F. S. Chapin Ⅲ, and D. Tilman. 2006. Biodiversity loss threatens human well-being. Plos Biology, 4(8): e277.

Diaz, S., I. Noy-Meir, and M. Cabido. 2001. Can grazing response of herbaceous plants be predicted from simple vegetative traits? Journal of Applied Ecology, 38(3): 497-508.

Dubey, P., A. S. Raghubanshi, and J. S. Singh. 2011. Intra-seasonal variation and relationship among leaf traits of different forest herbs in a dry tropical environment. Current Science, 100(1): 69-76.

Duivenvoorden, J. F., and N. L. Cuello A. 2012. Functional trait state diversity of Andean forests in Venezuela changes with altitude. Journal of Vegetation Science, 23(6): 1105-1113.

Ehrlich, P. R., and H. A. Mooney. 1983. Extinction, substitution, and ecosystem services. BioScience, 33(4): 248-254.

Ernst, R., A. Keller, G. Landburg, T. U. Grafe, K. E. Linsenmair, M. O. Roedel, and F. Dziock. 2012. Common ancestry or environmental trait filters: Cross-continental comparisons of trait-habitat relationships in tropical anuran amphibian assemblages. Global Ecology and Biogeography, 21: 704-715.

Finegan, B., M. Pena-Claros, A. de Oliveira, N. Ascarrunz, M. S. Bret-Harte, G. Carreno-Rocabado, F. Casanoves, S. Diaz, P. E. Velepucha, F. Fernandez, J. C. Licona, L. Lorenzo, B. S. Negret, M. Vaz, and L. Poorter. 2015. Does functional trait diversity predict above-ground biomass and productivity of tropical forests? Testing three alternative hypotheses. Journal of Ecology, 103(1): 191–201.

Fisher, R. A., A. S. Corbet, and C. B. Williams. 1943. The relation between the number of species and the number of individuals in a random sample of an animal population. The Journal of Animal Ecology, 12(1): 42–58.

Fraser, L. H., A. Greenall, C. Carlyle, R. Turkington, and C. R. Friedman. 2009. Adaptive phenotypic plasticity of *Pseudoroegneria spicata*: Response of stomatal density, leaf area and biomass to changes in water supply and increased temperature. Annals of Botany, 103(5): 769–775.

Fraser, L. H., J. Pither, A. Jentsch, M. Sternberg, M. Zobel, D. Askarizadeh, S. Bartha, C. Beierkuhnlein, J. A. Bennett, A. Bittel, B. Boldgiv, I. I. Boldrini, E. Bork, L. Brown, M. Cabido, J. Cahill, C. N. Carlyle, G. Campetella, S. Chelli, O. Cohen, A.-M. Csergo, S. Diaz, L. Enrico, D. Ensing, A. Fidelis, J. D. Fridley, B. Foster, H. Garris, J. R. Goheen, H. A. L. Henry, M. Hohn, M. H. Jouri, J. Klironomos, K. Koorem, R. Lawrence-Lodge, R. Long, P. Manning, R. Mitchell, M. Moora, S. C. Mueller, C. Nabinger, K. Naseri, G. E. Overbeck, T. M. Palmer, S. Parsons, M. Pesek, V. D. Pillar, R. M. Pringle, K. Roccaforte, A. Schmidt, Z. Shang, R. Stahlmann, G. C. Stotz, S.-i. Sugiyama, S. Szentes, D. Thompson, R. Tungalag, S. Undrakhbold, M. van Rooyen, C. Wellstein, J. B. Wilson, and T. Zupo. 2015. Worldwide evidence of a unimodal relationship between productivity and plant species richness. Science, 349(6245): 302–305.

Fu, H., J. Y. Zhong, G. X. Yuan, L. Y. Ni, P. Xie, and T. Cao. 2014. Functional traits composition predict macrophytes community productivity along a water depth gradient in a freshwater lake. Ecology and Evolution, 4(9): 1516–1523.

Fuller, G. D. 1935. Raunkiaer's ecological papers. Ecology, 16(1): 111–113.

Garcia, C. A. M., J. Schellberg, F. Ewert, K. Brueser, P. Canales-Prati, A. Linstaedter, R. J. Oomen, J. C. Ruppert, and S. B. Perelman. 2014. Response of community-aggregated plant functional traits along grazing gradients: Insights from African semi-arid grasslands. Applied Vegetation Science, 17(3): 470–481.

Gough, L., J. B. Grace, and K. L. Taylor. 1994. The relationship between species richness and community biomass: The importance of environmental variables. Oikos, 70(2): 271–279.

Grime, J. P. 1998. Benefits of plant diversity to ecosystems: Immediate, filter and founder effects. Journal of Ecology, 86(6): 902–910.

Guo, Q. F., and W. L. Berry. 1998. Species richness and biomass: Dissection of the hump-shaped relationships. Ecology, 79(7): 2555–2559.

Hakuba, M. Z., D. Folini, M. Wild, and C. Schaer. 2012. Impact of Greenland's topographic height on precipitation and snow accumulation in idealized simulations. Journal of Geophysical Research-Atmospheres, 117(D9): 9107–9121.

Hector, A., and R. Bagchi. 2007. Biodiversity and ecosystem multifunctionality. Nature, 448(7150): 186-188.

Hector, A., and R. Hooper. 2002. Ecology—Darwin and the first ecological experiment. Science, 295(5555): 639-640.

Hillebrand, H., and B. Matthiessen. 2009. Biodiversity in a complex world: Consolidation and progress in functional biodiversity research. Ecology Letters, 12(12): 1405-1419.

Hodgson, J., P. Wilson, R. Hunt, J. Grime, and K. Thompson. 1999. Allocating CSR plant functional types: A soft approach to a hard problem. Oikos, 85(2): 282-294.

Hooper, D. U., E. C. Adair, B. J. Cardinale, J. E. K. Byrnes, B. A. Hungate, K. L. Matulich, A. Gonzalez, J. E. Duffy, L. Gamfeldt, and M. I. O' Connor. 2012. A global synthesis reveals biodiversity loss as a major driver of ecosystem change. Nature, 486(7401): 105-129.

Huston, M. A. 1997. Hidden treatments in ecological experiments: Re-evaluating the ecosystem function of biodiversity. Oecologia, 110(4): 449-460.

Kaiser, J. 2000. Rift over biodiversity divides ecologists. Science, 289(5483): 1282-1283.

Kong, D. L., H. F. Wu, H. Zeng, X. T. Lv, M. Simmons, M. Wang, X. F. Sun, and X. G. Han. 2011. Plant functional group removal alters root biomass and nutrient cycling in a typical steppe in Inner Mongolia, China. Plant and Soil, 346(3/4): 133-144.

Laliberte, E., and P. Legendre. 2010. A distance-based framework for measuring functional diversity from multiple traits. Ecology, 91(1): 299-305.

Lan, Z.C., and Y. F. Bai. 2012. Testing mechanisms of N-enrichment-induced species loss in a semiarid Inner Mongolia grassland: Critical thresholds and implications for long-term ecosystem responses. Philosophical Transactions of the Royal Society B—Biological Sciences, 367(1606): 3125-3134.

Lanta, V., and J. Leps. 2006. Effect of functional group richness and species richness in manipulated productivity-diversity studies: A glasshouse pot experiment. Oecologica, 29(1): 85-96.

Laughlin, D. C., and M. M. Moore. 2009. Climate-induced temporal variation in the productivity-diversity relationship. Oikos, 118(6): 897-902.

Lavorel, S. 2013. Plant functional effects on ecosystem services. Journal of Ecology, 101(1): 4-8.

Lavorel, S., and E. Garnier. 2002. Predicting changes in community composition and ecosystem functioning from plant traits: Revisiting the Holy Grail. Functional Ecology, 16(5): 545-556.

Lavorel, S., K. Grigulis, S. McIntyre, N. S. G. Williams, D. Garden, J. Dorrough, S. Berman, F. Quetier, A. Thebault, and A. Bonis. 2008. Assessing functional diversity in the field-methodology matters! Functional Ecology, 22(1): 134-147.

Lavorel, S., J. Storkey, R. D. Bardgett, F. de Bello, M. P. Berg, X. Le Roux, M. Moretti, C. Mulder, R. J. Pakeman, S. Diaz, and R. Harrington. 2013. A novel framework for linking functional diversity of plants with other trophic levels for the quantification of ecosystem services. Journal of Vegetation Science, 24(5): 942-948.

Leps, J., F. Bello, S. Lavorel, and S. Berman. 2006. Quantifying and interpreting functional diversity of natural communities: Practical considerations matter. Á Preslia, 78(4): 481-501.

Liira, J., T. Schmidt, T. Aavik, P. Arens, I. Augenstein, D. Bailey, R. Billeter, R. Bukacek, F. Burel, G. de Blust, R. de Cock, J. Dirksen, P. J. Edwards, R. Hamersky, F. Herzog, S. Klotz, I. Kuehn, D. Le Coeur, P. Miklova, M. Roubalova, O. Schweiger, M. J. M. Smulders, W. K. R. E. van Wingerden, R. Bugter, and M. Zobel. 2008. Plant functional group composition and large-scale species richness in European agricultural landscapes. Journal of Vegetation Science, 19(1): 3-14.

Lilles, E. B., R. Astrup, M.-L. Lefrancois, and K. D. Coates. 2014. Sapling leaf trait responses to light, tree height and soil nutrients for three conifer species of contrasting shade tolerance. Tree Physiology, 34(12): 1334-1347.

Liu, G. F., X. F. Xie, D. Ye, X. H. Ye, I. Tuvshintogtokh, B. Mandakh, Z. Y. Huang, and M. Dong. 2013. Plant functional diversity and species diversity in the Mongolian Steppe. PloS ONE, 8(10): e77565.

MacArthur, R. 1955. Fluctuations of animal populations and a measure of community stability. Ecology, 36(3): 533-536.

Magurran, A. E. 1988. Ecological Diversity and Its Measurement. New Jersey: Princeton University Press.

Mason, N. W. H., K. MacGillivray, J. B. Steel, and J. B. Wilson. 2003. An index of functional diversity. Journal of Vegetation Science, 14(4): 571-578.

Mason, N. W. H., D. Mouillot, W. G. Lee, and J. B. Wilson. 2005. Functional richness, functional evenness and functional divergence: The primary components of functional diversity. Oikos, 111(1): 112-118.

May, R. M. 1972. Will a large complex system be stable? Nature, 238(5364): 413-414.

Mayfield, M. M., M. F. Boni, G. C. Daily, and D. Ackerly. 2005. Species and functional diversity of native and human-dominated plant communities. Ecology, 86(9): 2365-2372.

McGill, B. J., B. J. Enquist, E. Weiher, and M. Westoby. 2006. Rebuilding community ecology from functional traits. Trends in Ecology and Evolution, 21(4): 178-185.

Midgley, G. F. 2012. Ecology. Biodiversity and ecosystem function. Science, 335(6065): 174-175.

Millennium Ecosystem Assessment. 2005. Ecosystems and Human Well-being. Washington, DC: Island Press.

Mlambo, M. C. 2014. Not all traits are "functional": Insights from taxonomy and biodiversity-ecosystem functioning research. Biodiversity and Conservation, 23(3): 781-790.

Mouchet, M. A., S. Villeger, N. W. H. Mason, and D. Mouillot. 2010. Functional diversity measures: An overview of their redundancy and their ability to discriminate community assembly rules. Functional Ecology, 24(4): 867-876.

Mouillot, D., S. Villeger, M. Scherer-Lorenzen, and N. W. H. Mason. 2011. Functional structure of biological communities predicts ecosystem multifunctionality. PloS ONE, 6(3): e17476.

Naeem, S. 2002. Ecosystem consequences of biodiversity loss: The evolution of a paradigm. Ecology, 83(6): 1537-1552.

Onyango, J. W., I. Wamari, and L. Gachimbi. 2001. Rainfall and temperature influence on *Zea mays* L. leaf expansion and seasonal grain yield differences in semi arid central Kenya. Discovery and Innovation, 13(3/4): 156-162.

Pacala, S., and D. Tilman. 2002. The transition from sampling to complementarity. In: Kinzig, A., S. Pacala, and D. Tilman (eds.). Functional Consequences of Biodiversity: Experimental Progress and Theoretical Extensions. New Jersey: Princeton University Press.

Perkins, D. M., R. A. Bailey, M. Dossena, L. Gamfeldt, J. Reiss, M. Trimmer, and G. Woodward. 2015. Higher biodiversity is required to sustain multiple ecosystem processes across temperature regimes. Global Change Biology, 21(1): 396-406.

Petchey, O. L., and K. J. Gaston. 2002. Functional diversity (FD), species richness and community composition. Ecology Letters, 5(3): 402-411.

Petchey, O. L., and K. J. Gaston. 2006. Functional diversity: Back to basics and looking forward. Ecology Letters, 9(6): 741-758.

Petchey, O. L., and K. J. Gaston. 2007. Dendrograms and measuring functional diversity. Oikos, 116(8): 1422-1426.

Pickett, S. T. A., J. G. Wu, and M. L. Cadenasso. 1999. Patch dynamics and the ecology of disturbed ground. In: Walker, L. (ed.) Ecosystems of Disturbed Ground. Ecosystems of the World 16. Amsterdam: Elsevier.

Rao, C. R. 1982. Diversity and dissimilarity coefficients a unified approach. Theoretical Population Biology, 21(1): 24-43.

Ricotta, C., and M. Moretti. 2008. Quantifying functional diversity with graph-theoretical measures: Advantages and pitfalls. Community Ecology, 9(1): 11-16.

Roche, P., N. Diaz-Burlinson, and S. Gachet. 2004. Congruency analysis of species ranking based on leaf traits: Which traits are the more reliable? Plant Ecology, 174(1): 37-48.

Roscher, C., J. Schumacher, M. Gubsch, A. Lipowsky, A. Weigelt, N. Buchmann, B. Schmid, and E. D. Schulze. 2012. Using plant functional traits to explain diversity-productivity relationships. PloS ONE, 7(5): e36760.

Sasaki, T., S. Okubo, T. Okayasu, U. Jamsran, T. Ohkuro, and K. Takeuchi. 2009. Two-phase functional redundancy in plant communities along a grazing gradient in Mongolian rangelands. Ecology, 90(9): 2598-2608.

Schellberg, J., and L. D. S. Pontes. 2012. Plant functional traits and nutrient gradients on grassland. Grass and Forage Science, 67(3): 305-319.

Schleuter, D., M. Daufresne, F. Massol, and C. Argillier. 2010. A user's guide to functional diversity indices. Ecological Monographs, 80(3): 469-484.

Schmera, D., T. Eros, and J. Podani. 2009. A measure for assessing functional diversity in ecological communities. Aquatic Ecology, 43(1): 157-167.

Schultz, N. L., J. W. Morgan, and I. D. Lunt. 2011. Effects of grazing exclusion on plant species richness and phytomass accumulation vary across a regional productivity gradient. Journal of Vegetation Science, 22(1): 130-142.

Stark, S. C., B. J. Enquist, S. R. Saleska, V. Leitold, J. Schietti, M. Longo, L. F. Alves, P. B.

Camargo, and R. C. Oliveira. 2015. Linking canopy leaf area and light environments with tree size distributions to explain Amazon forest demography. Ecology Letters, 18(7): 636–645.

Sternberg, M., M. Gutman, A. Perevolotsky, E. D. Ungar, and J. Kigel. 2000. Vegetation response to grazing management in a Mediterranean herbaceous community: A functional group approach. Journal of Applied Ecology, 37(2): 224–237.

Suding, K. N., S. Lavorel, F. S. Chapin Ⅲ, J. H. C. Cornelissen, S. Diaz, E. Garnier, D. Goldberg, D. U. Hooper, S. T. Jackson, and M. L. Navas. 2008. Scaling environmental change through the community-level: A trait-based response-and-effect framework for plants. Global Change Biology, 14(5): 1125–1140.

Symstad, A. J. 2000. A test of the effects of functional group richness and composition on grassland invasibility. Ecology, 81(1): 99–109.

Tesfaye, M., N. S. Dufault, M. R. Dornbusch, D. L. Allan, C. P. Vance, and D. A. Samac. 2003. Influence of enhanced malate dehydrogenase expression by alfalfa on diversity of rhizobacteria and soil nutrient availability. Soil Biology and Biochemistry, 35(8): 1103–1113.

Tilman, D. 1997. Distinguishing between the effects of species diversity and species composition. Oikos, 80(1): 185.

Tilman, D., J. Knops, D. Wedin, P. Reich, M. Ritchie, and E. Siemann. 1997a. The influence of functional diversity and composition on ecosystem processes. Science, 277(5330): 1300–1302.

Tilman, D., C. L. Lehman, and K. T. Thomson. 1997b. Plant diversity and ecosystem productivity: Theoretical considerations. Proceedings of the National Academy of Sciences, 94(5): 1857–1861.

Tilman, D., D. Wedin, and J. Knops. 1996. Productivity and sustainability influenced by biodiversity in grassland ecosystems. Nature, 379(6567): 718–720.

Tsunoda, T., N. Kachi, and J. I. Suzuki. 2014. Interactive effects of soil nutrient heterogeneity and belowground herbivory on the growth of plants with different root foraging traits. Plant and Soil, 384(1/2): 327–334.

Verheyen, K., O. Honnay, G. Motzkin, M. Hermy, and D. R. Foster. 2003. Response of forest plant species to land-use change: A life-history trait-based approach. Journal of Ecology, 91(4): 563–577.

Villéger, S., N. W. H. Mason, and D. Mouillot. 2008. New multidimensional functional diversity indices for a multifaceted framework in functional ecology. Ecology, 89(8): 2290–2301.

Villéger, S., J. R. Miranda, D. F. Hernandez, and D. Mouillot. 2010. Contrasting changes in taxonomic vs. functional diversity of tropical fish communities after habitat degradation. Ecological Applications, 20(6): 1512–1522.

Waide, R. B., M. R. Willig, C. F. Steiner, G. Mittelbach, L. Gough, S. I. Dodson, G. P. Juday, and R. Parmenter. 1999. The relationship between productivity and species richness. Annual Review of Ecology and Systematics, 30(1): 257–300.

Walker, B. 1999. Plant attribute diversity, resilience, and ecosystem function: The nature and significance of dominant and minor species. Ecosystems, 2(2): 95–113.

Wang, G. H., H. Li, M. An, J. Ni, S. J. Ji, and J. Wang. 2011. A regional-scale consideration of the effects of species richness on above-ground biomass in temperate natural grasslands of China. Journal of Vegetation Science, 22(3): 414-424.

Wang, L., D. L. Wang, Z. B. He, G. F. Liu, and K. C. Hodgkinson. 2010. Mechanisms linking plant species richness to foraging of a large herbivore. Journal of Applied Ecology, 47(4): 868-875.

Warren, C. R., M. Tausz, and M. A. Adams. 2005. Does rainfall explain variation in leaf morphology and physiology among populations of red ironbark (*Eucalyptus sideroxylon* subsp. *tricarpa*) grown in a common garden? Tree Physiology, 25(11): 1369-1378.

Webb, C. O., D. D. Ackerly, and S. W. Kembel. 2008. Phylocom: Software for the analysis of phylogenetic community structure and trait evolution. Bioinformatics, 24(18): 2098-2100.

Wilson, J. B. 1999. Guilds, functional types and ecological groups. Oikos, 9: 507-522.

Wilson, M. C., X. Y. Chen, R. T. Corlett, R. K. Didham, P. Ding, R. D. Holt, M. Holyoak, G. Hu, A. C. Hughes, L. Jiang, W. F. Laurance, J. Liu, S. L. Pimm, S. K. Robinson, S. E. Russo, X. Si, D. S. Wilcove, J. Wu, and M. Yu. 2016. Habitat fragmentation and biodiversity conservation: Key findings and future challenges. Landscape Ecology, 31(2): 219-227.

Wright, I. J., P. B. Reich, M. Westoby, D. D. Ackerly, Z. Baruch, F. Bongers, J. Cavender-Bares, T. Chapin, J. H. C. Cornelissen, M. Diemer, J. Flexas, E. Garnier, P. K. Groom, J. Gulias, K. Hikosaka, B. B. Lamont, T. Lee, W. Lee, C. Lusk, J. J. Midgley, M. L. Navas, U. Niinemets, J. Oleksyn, N. Osada, H. Poorter, P. Poot, L. Prior, V. I. Pyankov, C. Roumet, S. C. Thomas, M. G. Tjoelker, E. J. Veneklaas, and R. Villar. 2004. The worldwide leaf economics spectrum. Nature, 428(6985): 821-827.

Wu, J. G. 2013. Landscape sustainability science: Ecosystem services and human well-being in changing landscapes. Landscape Ecology, 28(6): 999-1023.

Wu, J. G., and R. Hobbs. 2002. Key issues and research priorities in landscape ecology: An idiosyncratic synthesis. Landscape Ecology, 17(4): 355-365.

Wu, J.G., and O. Loucks. 1995. From balance of nature to hierarchical patch dynamics: A paradigm shift in ecology. Quarterly Review Of Biology, 70(4): 439.

Wu, J. G., S. Naeem, J. Elser, Y. F. Bai, J. H. Huang, L. Kang, Q. M. Pan, Q. B. Wang, S. G. Hao, and X. G. Han. 2015. Testing biodiversity-ecosystem functioning relationship in the world's largest grassland: Overview of the IMGRE project. Landscape Ecology, 30(9): 1723-1736.

Zhang, Q., J. M. Niu, A. Buyantuyev, J. Zhang, Y. Ding, and J. J. Dong. 2011. Productivity-species richness relationship changes from unimodal to positive linear with increasing spatial scale in the Inner Mongolia steppe. Ecological Research, 26(3): 649-658.

Zhu, H., D. L. Wang, L. Wang, Y. G. Bai, J. Fang, and J. Liu. 2012. The effects of large herbivore grazing on meadow steppe plant and insect diversity. Journal of Applied Ecology, 49(5): 1075-1083.

第14章

BEF研究新的视角和观点：功能多样性与生态系统多功能性

李静鹏[1]　高玉葆[1]

摘　要

在全球变化的背景下，生物多样性急剧丧失，并严重影响到生态系统的各种功能。20多年来，对生物多样性与生态系统功能（biodiversity and ecosystem functioning, BEF）关系的研究大量开展，这些研究大多关注传统的物种多样性指标与一种或少数几种生态系统功能之间的关系；但随着研究的不断深入，人们发现新的多样性量化方法（功能多样性，functional diversity）和对多种生态系统功能的综合评价（多功能性，multifunctionality）对BEF的研究更为合适。功能多样性跨越物种的水平，强调物种间不同功能性状与生态系统功能的更直接与更密切的联系，功能性状的量化不仅能直观体现物种间资源利用策略的差异，有助于理解种间关系；也能通过性状在群落中的值和范围以及分布格局体现群落整体的性质和营养与演替状态。多功能性更强调生态系统功能的整体性，不能单独割裂出每一个生态系统功能与过程来评价生物多样性的作用效果，因为一个物种可能在一个生态系统功能中起作用，同时也在另一些生态系统功能中起作用，一个物种的这种"兼职"作用及多个物种"兼职"身份的耦合作用对生态系统功能的影响都是不容忽视的。功能多样性和多功能性的概念与研究方法让我们从新的视角和思路思考生物多样性与生态系统功能的关系，以整体的眼光看待生态系统各个功能，以更为具体的切入点来研究物种对生态系统功能的作用途径与机制，为退化生态系统的恢复重建、促使重建的生态系统保持结构和功能的完整与稳定提供科学参考。

---

① 南开大学生命科学学院，天津，300071。

The New Perspective and Viewpoint of BEF (Biodiversity and Ecosystem Functioning) Research: Functional Diversity and Ecosystem Multifunctionality

Jingpeng Li[①] Yubao Gao[①]

Abstract

Global change is altering biodiversity worldwide at an unprecedented rate, with important consequences for the functioning of natural ecosystems. During the last two decades, considerable research has been conducted to explain the relationships between biodiversity and ecosystem functioning (BEF), most which focused the relationships between classical biodiversity measurements (species richness or the diversity indices such as Shannon) and one or a few ecosystem functions, such as primary productivity or nitrogen accumulation. However, as the deepening of cognition, increasing ecologists found the new biodiversity measures (functional diversity, FD) and the overall evaluation for multiple ecosystem functions (multifunctionality, *i. e.* the provision of several ecosystem functions simultaneously) were more suitable in the research of BEF. FD measures, quantifying the distribution of traits in a community or the relative magnitude of species similarities and differences, hold that ecosystem function depends on the traits and niches flled by species, so it is helpful to reflect the differences of adaptive strategies among species, interspecific relationships and the properties of the whole community. Multifunctionality emphasizes the integrality of ecosystem functions, and single function is insufficient to evaluate the whole action effects of one species, because one species may play a role in one function and it can also play a role in other functions. The effect of "part-time job" of one species and the coupling effects of "part-time jobs" of many species for ecosystem functions should be reckoned with. The conception and research methods of FD and multifunctionality let us to consider the BEF relationships from a new perspective and work train, suggesting the researchers should treat multiple ecosystem functions in a view of integrality and more specific entry point (*i. e.* plant functional traits) should be used to explore the action pathway and mechanisms of species on ecosystem functions, which are meaningful for the restoration of degraded ecosystem and ensuring the integrity and stabilization of ecosystem structure and functions.

① College of Life Sciences, Nankai University, Tianjin, 300071.

引言

世界人口的激增,科学技术的巨大进步,经济全球化的快速发展以及工业化、城镇化的进程加剧,促使人类以前所未有的规模和速度改变着生存环境。在这一过程中,由于人类对自然资源的不合理开发和利用、人类活动范围与强度的不断增加(Hoffmann et al., 2010; 魏辅文等, 2014),环境污染、气候变化、过度利用、外来物种入侵、物种栖息地的丧失和生境破碎化等威胁到物种生存的生态问题不断凸显(Krauss et al., 2010; 魏辅文等, 2014),致使生物多样性不断丧失(马克平, 2011; 马建章等, 2012; Cardinale et al., 2012)。

生物多样性是人类生存和发展的基础,面对生物多样性急剧丧失的严峻局面,越来越多的国家、政府、组织和学者开始关注和重视生物多样性的研究和保护。例如《生物多样性公约》(Convention on Biological Diversity, CBD)是环境领域签约国最多的公约(马克平, 2014);三大学术顶级期刊 *Nature*、*Science* 和 *Proc eedings of National Academy of Sciences*(*PNAS*) *USA* 在 2003—2012 年刊登的有关生物多样性的文章共计 1 608 篇(*Nature* 391 篇、*Science* 525 篇、*PNAS* 692 篇)(魏辅文等, 2014)。这无一不表明生物多样性研究的重要性与迫切性。随着生物多样性研究的深入,人们开始关注生态系统中物种的减少会对生态系统产生怎样的负面影响,生物多样性丧失对生态系统的这种负面影响如何量化;尤其是在生态恢复的过程中,如何配置物种、配置哪些物种,从而使退化生境的恢复不仅局限于群落外貌,更能恢复其良好的生态系统功能(Bullock et al., 2011; Aerts and Honnay, 2011; 任海等, 2006);对这些问题的回答便涉及目前生态学领域的热点问题——生物多样性与生态系统功能(biodiversity and ecosystem functioning, BEF)的研究。

早在 20 世纪末,人们研究物种丧失速率时就发现,物种丧失可能影响生境的变化和生态系统生产力的改变(Aguiar et al., 1996; Macgillivray et al., 1995; Tilman et al., 1996),同时也影响到生态系统的物质循环和能量流动,最终导致生态系统结构和功能的改变(Aguiar et al., 1996; Macgillivray et al., 1995; Grime, 1997; Tilman et al., 1996; Tilman, 1999; Loreau, 1998)。最早关于生物多样性和生态系统功能的研究始于 20 世纪 90 年代初的英国生态箱实验(Naeem et al., 1994),之后美国和欧洲开展了一系列的草地生物多样性与生态系统功能的实验(Tilman et al., 1996; Johnson et al., 1996)。实验结果显示生物多样性与生态系统功能密切相关,但如何解释这些结果背后的机制却出现了许多不同的观点,这些观点的争鸣极大地促进了 BEF 研究的进步与发展。

在 21 世纪初,BEF 概念由黄建辉等(2001)、张全国和张大勇(2002)等引入中国后,在我国的研究同样取得了许多重要的成果。其中"中国亚热带森林生物多样性与生态系统功能实验研究”(Biodiversity-Ecosystem Functioning Experiment China, BEF-China)项目便是由中国国家自然科学基金委员会和德国科学基金会联合资助,于 2008—2010 年在江西新岗山镇建立。这个大型森林实验样地是全世界 12 个森林实验样地包含树种最多、涉及多样性水平最高的实验平台。基于“BEF-China”项目,研究人员在森林演替过程中物种丰富度变化、植物多样性与昆虫多样性的关系、植物功能性状与环境的关系以及邻体植物间的相互作用等方面都取得了重要的进展(马克平, 2013)。

生物多样性的丧失可能会带来怎样的潜在的生态后果? 生物多样性是如何影响生态系统功能的? 生态系统功能对生物多样性减少的响应又是什么样的? 对于这些问题的探讨和研究,不仅在生态学研究中具有重大的理论价值,而且对于保护人类生存环境、维持生态系统进程的正常运转都有着决定性的指导意义(李慧蓉, 2004)。在全球变化的背景下,未来社会的可持续发展也需要与生态系统服务与功能紧密联系,因此对 BEF 的研究也更加具有紧迫性和现实意义。本章拟综述 BEF 研究的发展历史,阐述经典的 BEF 研究内容和观点,介绍近年来 BEF 研究领域的新概念和方法:生态系统的多功能性(multifuctionality)和功能多样性(functional diversity)。

14.1　BEF 研究的发展历史

BEF 研究中的一些重要概念、关键问题、实验方法和研究结果在本系列丛书《现代生态学讲座(Ⅳ)》中由袁飞等(2009)和蒋林(2009)分别做了详细介绍,这里只做简单回顾。

14.1.1　初期的“抽样—互补”之争

生物多样性影响生态系统功能最早是 1859 年由达尔文在 *The Origin of Species* 一书中提出,他指出生态系统生产力依赖于生物多样性:“如果一块地上仅种一种草,另一块相似地况上种植明显不同属的多种草,那么后者会拥有更多植物种类和更多的干草”(Tilman et al., 1997a)。之后,1953 年 Odum、1955 年 MacArthur 和 1958 年 Elton 等学者陆续指出,一个生态系统中物种数目越多,那么它们之间相互作用的关系也越多,最终影响生态系统功能;因此假设物种丰富的生态系统对干扰有更强的抵抗力,因为它们包含更多的物质循环和营养流动的替换路径(alternative pathway)(Tilman et al.,1997a)。

在 20 世纪末和 21 世纪初大量的野外受控实验被诸多学者广泛开展,来进行生物多样性与生态系统功能关系的研究和论证(Grime, 1997; Naeem et al., 1994; Naeem, 1998; Tilman and Downing, 1994; Tilman et al., 1996; Johnson et al., 1996; Mccann, 2000; Loreau et al., 2001; Naeem, 2002; Dodson et al., 2000; Pollock et al., 1998),BEF 研究也正式成为现代生态学领域的重要研究方

向和热点。这一阶段初期主要是由两方学者就各自不同的实验结果而进行的一场 BEF 观点大争论,一方由 Naeem 为代表,他根据 Ecotron 生态箱的试验结果发现,生物多样性越高,生态系统功能表现越好,生物多样性的丢失会降低生态系统的表现(Naeem et al., 1994)。同年,Tilman 和 Downing(1994)也在 *Nature* 发表了文章,报道了他们在明尼苏达草原的研究结果,认为物种越多的生态系统对干扰有更高的抵抗力和稳定性。Hector 等(1999)8 年的欧洲草地实验(涉及 8 个欧洲国家)也表明物种多样性低的群落通常是低产的,生产力与物种多样性呈正相关。总之,这方学者试图通过实验证明生态系统功能确实会因为其内部物种多样性的降低而受到影响,更高的物种多样性有助于维持生态系统的稳定性和良好功能运作(Naeem et al., 1994; Tilman and Downing,1994; Naeem and Li, 1997; Tilman et al., 1997a; Hector et al., 1999)。而另一方学者则对前者所取得的结论提出了质疑,认为前者混淆了物种多样性的效应和伴随物种多样性共同变化的其他因素的效应,例如“抽样效应”和“功能替换”(functional substitution)(Grime, 1997; Huston, 1997; Hooper, 1998; Rapson et al., 1997; Hooper and Vitousek, 1997)。许多学者对这场争论简称为“抽样—互补”之争(详见 14.1.3 小节)。

14.1.2 BEF 领域一些关键理论和假说

两者之争越演越烈,但在这场激烈的生物多样性和生态系统功能学术之争中,许多假说和理论不断发展和完善,极大地推动了 BEF 领域研究工作的开展(张全国和张大勇, 2003, 2002; Mccann, 2000; Loreau et al., 2001),如多样性-稳定性假说(stable-diversity hypothesis)、铆钉假说(rivet hypothesis)、冗余种假说(species redundancy hypothesis)、特异性假说(idiosyncratic hypothesis)、零假说(null hypothesis)、多样性-可持续性假说(diversity-sustainability hypothesis)、保险假说(insurance hypothesis)、生态位互补假说(niche complementarity hypothesis)、抽样效应(sampling effect)、生产力-生物多样性理论(productivity-diversity theory)、生物多样性-生态系统功能理论(biodiversity-ecosystem function theory)、质量比假说(mass ratio hypothesis)、随机死亡假说(the random-loss hypothesis)、基于功能假说(functional-based hypothesis)。这些理论和假说从不同角度和机制阐述了物种在生态系统中的不同地位和生物多样性如何影响生态系统功能,国内外的一些学者也就以上假说和理论进行了详尽的描述和报道(Suding et al., 2005; Diaz et al., 2007; Baldwin et al., 2014; 张全国和张大勇, 2003; 岳静等, 2011; 江小雷等, 2010; 李禄军和曾德慧, 2008),并进行了系统化的总结(图 14.1),为 BEF 研究打下了坚实的基础。

2001 年 Loreau 等在 *Science* 上发表题为 *Biodiversity and Ecosystem Functioning: Current Knowledge and Future Challenges* 的文章,文中指出功能替换(一个性状的集合被另一个性状集合所代替)和物种丰富度在决定生态系统功能改变中的相对重要性虽然还有所争议,但是大量的实验却可以证实维持复杂的生态系统结构和

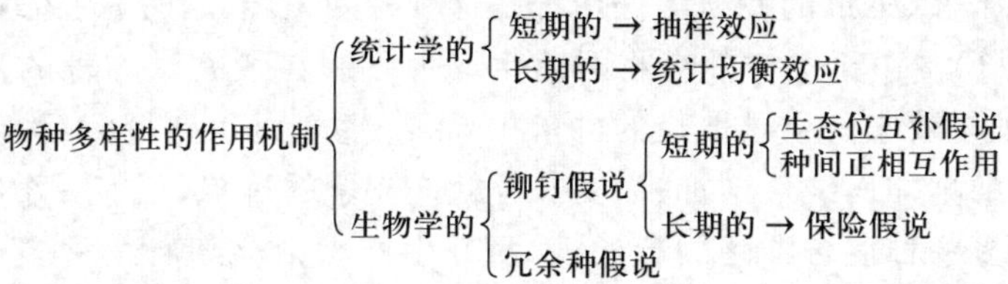

图 14.1 物种多样性作用机制的分类图(张全国和张大勇, 2002)。

功能必须要有一个大的物种库,高的生物多样性是必需的。2002 年以后,BEF 研究已经摆脱争议,进而以更广阔的视角广泛探讨物种组成与群落结构(Suter and Edwards, 2013; Yang et al., 2011; Eisenhauer et al., 2011; Jaillard et al., 2014)、不同水平的生物多样性(Valencia et al., 2015; Ebeling et al., 2014; Yang et al., 2014; Roscher et al., 2013)和时空尺度(Yang et al., 2014; Simova et al., 2013; Partel et al., 2007)等多重因素对生态系统功能的影响和改变。

14.1.3 物种多样性与生态系统生产力之间的关系

纵观 BEF 领域 20 多年来的研究,生态系统功能中被人们关注最多的是生态系统生产力。生产力作为生态系统功能的重要指示指标(Naeem, 2002),与人类生存与发展最为密切,因而在 BEF 的研究中占据着最为重要的位置(王国杰等, 2005; 王长庭等, 2004; Seidel et al., 2013; Isbell et al., 2009; Lopez Marsico and Altesor, 2011)。

大部分研究认为生物多样性与生产力呈现正相关,即生物多样性高的群落有更高的生产力。这方面的例证有很多,如 Tilman 等(1996) 分别将 1、2、4、6、8、12 和 24 个种的组合种植在 147 块草地上,结果表明生产力随多样性的增加而增高,多样性越高对氮的利用越完全。Bai 等(2007) 对内蒙古草原 854 个样地的研究发现,在局域、景观和地区尺度上生产力和生物多样性均呈线性正相关。对于物种多样性的增高会增加生产力的解释主要有"抽样效应"和"互补效应"。"抽样效应"认为在匀质性的生境中,物种竞争能力各不相同,竞争能力较强的物种可以更有效地利用资源,从而创造出更高的生产力,而这样的物种在多样性高的系统中出现的概率更大,往往成为生态系统功能的主要贡献者,因此随着物种多样性的上升,生产力逐渐上升并渐趋饱和(Tilman et al., 1997a)。"互补效应"是指由于每个物种的时空生态位不同,导致物种丰富的群落里,植物对资源的利用更为充分,总的资源获取量增加,使生态系统的净初级生产力增加,表现出所谓的"超产现象"(即混种系统的生产力高于其中任一物种的单产)(Aerts and Honnay, 2011; Hector et al., 2002)。除资源的互补性利用外,许多物种通过提供资源或改善恶劣的环境促进其他物种的生长,这种种间正相互作用也同样可使生态系统生产力随物种多样性的增加而增加(Isbell et al., 2009; Cardinale et al., 2007)。例如固氮植物为其他植物提供氮素、冠层植物改善林下小生境环境条件、昆虫的授粉等作用都是这种种间正相互作用的体现(Aerts and Honnay, 2011)。由于抽样效应将群落生产力限制在最高产物种的生产力水平内,因而在抽样效应占主导地位的群落中,系统生产力达到最大后,便不再随着物种多样性的增加而线性增加;而受互补效应支配的群落,任何一个物种的单产都不会超过多物种混合群落的产量,因而其生产力则会随着物种多样性增加而不断增加;故"超产"现象的有无通常被用来判断一个群落中是受"互补效应"支配还是受"抽样效应"支配(江小雷等, 2010)。"抽样—互补"之争也是 BEF 研究初期争议的主要问题,但随后的研究发现,在群落建成的初期,抽样效应是主要的作用机制,但随着时间的延长,混合群落发生超产的比例以及超产的强度不断增加,表明生态位互补的作用增强,即"抽样向互补转型"(Hector et al., 2002; Nijs and Roy, 2000; 江小雷等, 2010; 李禄军和曾德慧, 2008)。

"互补"和"抽样"的讨论还在继续,但更多的学者却提出了生物多样性和生产力之间关系的不同格局。例如 Waide (1999)对近 200 个实验结果进行统计,结果显示 30%呈单峰曲线,26%呈正线性关系,12%呈负线性关系,32%关系不明显(Waide et al., 1999)。Partel 等(2007)对全球 163 个研究案例进行研究也发现,生物多样性与生产力之间的关系随纬度而变化,正相关主要出现在热带生产力水平高的地区,而单峰模型主要出现在温带地区,并指出这可能是由不同研究区域内物种库的进化历史不同而造成。在目前的许多研究更倾向于认同物种多样性与生产力之间呈单峰模型,即生产力中等时物种的多样性最高(Kassen et al., 2000; Bai et al., 2007; Rapson et al., 1997),这一模型通常被人们用生产力-多样性理论(productivity-diversity theory)(Baldwin et al., 2014; Partel et al., 2007) 解释,即在较低的生产力水平下,生产力的增加意味着物种种群密度的增加和死亡速率的降低,使物种能够获取更多的资源,并对资源利用得更加充分,同时允许更多的物种存在(Bai et al., 2007);但随着群落生物量增加,限制性资源的空间异质性降低,各个物种的竞争强度增大,竞争中亚优势种的竞争性排除导致物种多样性的降低,尤其是植物由地下部对土壤资源的竞争转移到地上部对光的竞争,极大地增加了稀有种和个体较小物种的死亡率(Hautier et al., 2009; Clark and Tilman, 2008; Rajaniemi, 2002; Stevens and Carson, 1999)。

综合众多研究结果可以发现,生物多样性和生产力之间关系的格局是复杂的,并没有统一的结论和机制,但可以肯定的是群落结构(Jaillard et al., 2014)、物种组成(Eisenhauer et al., 2011; Tilman et al., 1997b)、地带性环境(Simova et al., 2013; Partel et al., 2007)、取样面积(Pastor et al., 1996)、时空尺度(Simova et al., 2013; Chase and Leibold, 2002)和物种库进化历史(Partel et al., 2007)等诸多原因都在不同程度上影响着研究结果。这个热点生态问题的学术争鸣让我们认识到物种丰富的生态系统对我们人类是多么珍贵和潜力巨大的宝库,生态系统过程和生物学机制的复杂性与难以预测性使我们很难在短时间内重建一个结构完整、功能完整、结构稳定与功能稳定的自然生态系统。因而,我们应该无比珍视现有的自然生态系统,不断深入研究生态系统的多种功能和价值(生态系统的多功能性)(Byrnes et al., 2014),探讨生物多样性背后更深层次的作用机制,如超越物种水平的功能多样性对生态系统功能的影响(Cadotte et al., 2011)。

14.2 生态系统的多功能性:以整体的眼光看待生态系统的多种功能和服务

14.2.1 为什么要进行生态系统多功能性的研究?

生态系统功能(ecosystem function)是生态系统作为一个开放系统,其内部及其与外部环境之间所发生的能量流动、物质循环和信息传递的总称(袁建立和王刚, 2003)。在宏观上,生态系统功能表现在对人类社会提供食物、纤维、药材和其他产品,并提供涵养水源、调节气候、抵抗病虫害和生物入侵等多种生态系统服务。但如上节所述,虽然 20 多年来许多研究工作都围绕 BEF 问题展开,但这些工作大多仅关注生物多样性与单一或少数生态系统功能之间的关系(Valencia et al., 2015; Byrnes et al., 2014),如物种多样性对生产力的影响(Waide et al., 1999; Hector et al., 1999; Simova et al., 2013; Seidel et al., 2013)、对凋落物分解速率的影响(Letts et al., 2015; Madritch and Cardinale, 2007)等,对生态系统多种功能同时评价和研究的工作还不多见,而生态系统最为重要的价值是同时提供多种功能和服务的能力(Hector and Bagchi, 2007; Sanderson et al., 2004; Wagg et al., 2014; Gamfeldt et al., 2008),因此物种多样性与生态系统多功能性(multifunctionality)之间关系的研究就变得十分重要。

早期 Naeem 等(1994)的生态箱实验也曾模拟自然生态系统中物种均匀丢失对五个生态系统功能[群落呼吸(community respiration)、分解(decomposition)、营养固存(nutrient retention)、植物生产力(plant productivity)和群落持水能力(water retention)]的影响。这是第一次在受控的条件下证实生物多样性的丢失同遗传资源、生产力、对干扰的缓冲能力及美学和商业价值的丢失一样,能够改变或损害生态系统的功能运作和其所提供的生态系统服务。这可能也是学者第一次同时探讨生物多样性对多个生态系统功能的研究,但未对多个生态系统功能给予统一的量化和评价,这之后也很少有学者开展生物多样性在多个生态系统功能中所起作用的研究。直到十年后,才有学者开始提及生态系统多功能性的概念,并陆续开展工作。

14.2.2 多功能性概念的提出与发展

"multifunctionality"一词首先由 Sanderson 等(2004)提出,认为经营者在管理牧场和草场生态系统时往往只关注初级生产力的提高(因为生产输出与经济效益直接相关),而忽略生态系统的其他价值(如环境和美学效益),文中提出从可持续发展的角度出发，生态系统同时执行多种功能的能力，即“multifunctionality”更应该被重视，并从环境效益和以人类为中心的经济效益两个角度出发在文中提供了体现 multifunctionality 的 15 个功能特征(表 14.1)。Hector 和 Bagchi

表 14.1 多功能性研究中的关键文献及其选用的量化指标

作者(年份)，期刊	研究对象	多功能性评价选用的功能指标
Sanderson 等(2004)，*Crop Science*	温带草场和牧场生态系统(安大略，加拿大)	1. 总产量；2. 产量的分布；3. 牧草质量；4. 土地的持久性；5. 对杂草入侵的抵抗性；6. 病虫害的抵抗力；7. 对干旱的抵抗力和恢复力；8. 耐寒性；9. 营养循环；10. 生物多样性；11. 社会价值(美学)；12. 蓄水能力；13. 所蓄水的质量；14. 承载野生动植物；15. 碳固存
Hector 和 Bagchi(2007)，*Nature*	BIODEPTH project(欧洲草地实验)	1. 地上生物量；2. 地下生物量；3. 地上植被的 TN；4. 土壤有效氮；5. 传递到群落底部的光合有效辐射率；6. 木质素的分解；7. 纤维素的分解
Zavaleta 等(2010)，*PNAS*	明尼苏达州 Cedar Creek 草地实验	1. 对入侵种的抵抗性；2. 地上净初级生产力；3. 地下生物量；4. 土壤氮利用；5. 昆虫的丰富度和多度；6. 土壤全碳(0~20 cm)；7. 植物 TN(%)
Maestre 等(2012b)，*Science*	全球干旱地区 224 个生态系统	1. 有机碳；2. 葡糖苷酶；3. 戊糖；4. 己糖；5. 芳香化合物；6. 酚类；7. TN；8. NO_3^--N；9. NH_4^+-N；10. 氨基酸；11. 蛋白质；12. 潜在的氮转换速率；13. 速效磷；14. 磷酸酶
Maestre 等(2012a)，*Journal of Ecology*	模式生物土壤结皮实验(地衣群落)	1. NO_3^--N；2. NH_4^+-N；3. 有机碳；4. TN；5. 固氮能力；6. 葡糖苷酶；7. 脲酶；8. 磷酸酶
Soliveres 等(2014)，*Global Ecology and Biogeography*	16 个国家的 224 个干旱地区样地	1. 有机碳；2. 葡糖苷酶；3. 戊糖；4. 己糖；5. 芳香化合物；6. 酚类；7. TN；8. NO_3^--N；9. NH_4^+-N；10. 氨基酸；11. 蛋白质；12. 潜在的氮转换速率；13. 速效磷；14. 磷酸酶
Byrnes 等(2014)，*Methods in Ecology and Evolution*	BIODEPTH project(欧洲草地实验)	1. 地上生物量；2. 地下生物量；3. 木质素分解；4. 纤维素分解；5. 透光率；6. 土壤氮；7. 植物氮
Valencia 等(2015)，*New Phytologist*	地中海地区的 45 个干旱样地	1. 有机碳；2. 戊糖；3. 己糖；4. TN；5. 速效氮；6. 氨基酸；7. 蛋白质；8. 净矿化速率；9. TP；10. 有效性无机磷；11. 速效磷；12. 磷酸酶；13. 葡糖苷酶

注：TN，总氮含量；TP，总磷含量。

(2007)引用这一概念在 *Nature* 上发表文章,认为生态系统的多种服务或过程就是生态系统多功能性,即"ecosystem ‘multifunctionality’",并第一次量化研究了物种多样性同时对 8 个联合的生态系统过程所起的作用,认为一个物种不仅在一个功能中起作用,在另一个功能中同样起作用,这些同时支持不同功能的物种重叠比例在 0.2~0.5。此后随着研究中涉及的生态系统功能数增多,物种丰富度与之呈正饱和关系(Hector and Bagchi, 2007; Gamfeldt et al., 2008)。Gamfeldt 等(2008)、Zavaleta 等(2010)又引用 Hector 和 Bagchi 的这篇文章分别在 *Ecology* 和 *PNAS* 上发文探讨和量化生物多样性对维持高水平"multifunctionality"的重要性,认为"multifunctionality"即为生态系统同时维持多个生态功能或服务的能力,高的生态系统功能的维持需要高水平的生物多样性。自此,随着引用的增多,"multifunctionality"一词开始被人们广泛认可并正式使用。尽管按照最初的概念,多功能性是指生态系统同时维持各种生态系统功能和服务的能力,其评价指标应涉及经济、环境、景观美学等各方面指标(Sanderson et al., 2004),但随着多功能性概念的发展,窄化和狭义的概念被人们提出,即同时维持多个生态功能或服务的能力即可称为"多功能性",这便导致不同的研究中各研究者选用的指标和数量并不相同,涉及的生态系统功能和数量也各不相同(表 14.1)(Hector and Bagchi, 2007; Wagg et al., 2014; Gamfeldt et al., 2008; Byrnes et al., 2014; Maestre et al., 2012a,2012b; Lefcheck et al., 2015; Valencia et al., 2015; Soliveres et al., 2014)。

2012 年,Maestre 等(2012b)在 *Science* 上发表文章,应用 14 个土壤变量(分别体现碳循环、氮循环和磷循环三个生态系统过程)来综合评价全球干旱地区的生态系统多功能性,结果表明生物多样性的保持可以有效地缓冲干旱地区气候变化和土地荒漠化对生态系统的负面影响;此文中所选用的指标以及评价方法几乎成为近年来生态系统多功能性研究的标准方法(Wagg et al., 2014; Byrnes et al., 2014; Maestre et al., 2012a; Valencia et al., 2015; Soliveres et al., 2014)。随后,Maestre 等(2012a)在 *Journal of Ecology*、Soliveres 等(2014)在 *Global Ecology and Biogeography*、Wagg 等(2014)在 *PNAS* 上发表的多功能性研究论文均采用了 Maestre 等人文章的土壤变量和评价方法,最新由 Valencia 等(2015)发表在 *New Phytologist* 上的文章同样引用了这些土壤变量和评价方法,这些关键文章的发表,标志着生态系统多功能性这一概念正在逐步完善,其评价方法也趋于统一(表 14.1)。近年来多功能性的研究中,评价指标的选取多参考 Maestre 等(2012a, 2012b)的研究,由于土壤-植被是相互依赖、互为反馈的复合体,并且土壤是生态系统的养分库和种子库,土壤指标很大程度上能反映生态系统的多个功能(如 C、N、P 的固存、水土保持、承载野生动植物等)(Sanderson et al., 2004; Valencia et al., 2015; Soliveres et al., 2014),因此用土壤变量进行生态系统多功能性的评价也被人们所接受。

生态系统多功能性概念的提出与发展让人们在关注生物多样性对单一生态系统功能所产生影响的同时,也开始从整体和全局的视野研究生态系统所提供的多种服务和价值,并探讨生物多样性在多个生态系统过程和功能中所起到的“兼职”作用。

14.3 功能多样性:量化物种间功能差异,以功能性状为桥梁连接物种与生态系统功能

生物多样性的定义是地球上各种水平的生命多样化,包括基因、表型、种群、群落和生态系统等,因而量化一个这么宽泛的概念是难以统一的(Mouchet et al., 2010)。一直以来,人们习惯于经典的生物多样性量化方法[如物种丰富度(species richness)和各种多样性指标,如香农指数和辛普森指数],但这些方法都基于三个主要假设:① 所有的物种都是等价的,② 所有个体都是等价的,③ 物种的多度都是用合适的方法、相似的单位进行估测的(Magurran, 2005)。但是,物种不仅提供人眼可视的不同生命形式,它们同时也通过生态系统功能提供各种产品和服务(Diaz et al., 2007),因此第一个假设是不成立的,因为各个物种有不同的功能性状,而功能性状与生态系统功能直接相关,因而各个物种对生态系统功能的影响效果并不相同(Mouchet et al., 2010)。

14.3.1 功能性状比物种丰富度与生态系统功能之间的联系更为密切

生物多样性通常被人们认为包含遗传多样性、物种多样性、生态系统多样性和景观多样性四个层次,在以往的 BEF 研究中,物种多样性是多样性研究关注最多的层次。一些生态学家也从经典的种群生物学理论及一些实验证据出发,认为物种多样性(多指物种丰富度)对生态系统功能有重要的决定作用(Naeem et al., 1994; Tilman et al., 1997b),许多研究也仅关注物种丰富度与生态系统功能之间的相互关系(Maestre et al., 2012a; Ruiz-Jaen and Potvin, 2011; Rapson et al., 1997; Simova et al., 2013; Mittelbach et al., 2001; Foster and Gross, 1998; Lopez Marsico and Altesor, 2011)。另一些研究者则发现自然群落的生态系统功能很大程度上是由数量最多、在优势等级中排序最高的优势种或亚优势种所决定(Yang et al., 2014; Hooper and Vitousek, 1997; Jaillard et al., 2014),而这些优势种的功能性状直接影响着生态系统功能,因此他们认为用功能多样性的方法来预测物种多样性与生态系统功能之间的关系是更为合适的(Aerts and Honnay, 2011; Cadotte et al., 2011; Mouillot et al., 2011; Bunker et al., 2005)。例如 Paquet 和 Messier(2010)通过研究发现,乔木树种间功能性状(与生物量生产相关的性状,如密度、高度和产量)的多样性指标比物种丰富度能更好地解释树木生产力的变化。也有一些研究认为物种组成对种群动态及生态系统功能有重要影响,因为各个物种性质各异,它们在个体大小、营养利用等方面的差异都会

影响生态系统功能(Tilman et al., 1997b; Hooper and Vitousek, 1997)。这一看法更深层次的理解与功能多样性的视角是一致的,因为物种的性质(如营养利用效率与策略)都是与植物的功能性状直接相关的,植物功能性状的差异才导致了各个物种各个个体的性质各异。Hooper 等(2005)就总结到,生物和非生物因子影响到物种多样性(物种丰富度、均匀度、物种组成和种间关系),但物种多样性的这些因素最终都是通过物种性状进而影响到生态系统的功能与服务,即生态系统的性质是由生态系统中现存有机体的功能性状以及这些性状在空间和时间上的多度与分布格局所决定的(Hooper et al., 2005)。因此可以说功能性状的多样性比物种丰富度等生物多样性指标与生态系统功能的联系更为密切,用其来研究生物多样性与生态系统功能之间的关系可能更为合适(图 14.2)。

14.3.2　功能多样性和功能组多样性

那么究竟什么是功能多样性呢？功能多样性又该怎么量化与评价？有学者认为功能多样性是物种多样性的一个延伸层次,也有学者认为功能多样性是一个完全不同于物种层次的生物多样性水平(Valencia et al., 2015; Roscher et al., 2013; Mouchet et al., 2010; Diaz et al., 2007)。2011 年 Cadotte 等发表综述文章 *Beyond Species: Functional Diversity and the Maintenance of Ecological Processes and Services* 称,传统的物种多样性测定方法仅包括物种丰富度和多度等简单信息,但物种多样性影响生态系统功能主要是靠物种的性状和对不同生态位的占据,生物多样性可以被量化为功能和表型的差异,而功能多样性便是用来量化群落性状的分布、物种相似或相异的相对大小的方法。不同的功能性状直接体现每个个体对环境梯度的响应,物种数量的极小变化都能在功能多样性指标中得到明显体现,因而功能多样性可以超越物种丰富度对生态系统功能变化有更强的解释和预测能力(Cadotte et al., 2011)。

BEF 领域的功能多样性最早由 Tilma 等(1997)在 *Science* 上的 *The Influence of Functional Diversity and Composition on Ecosystem Processes* 一文中提出,在此文中他把物种多样性定义为物种的数量(即物种丰富度),而把功能多样性定义为功能组的数量,研究结果显示群落生物量随物种多样性和功能多样性的增加均显著增加并渐趋饱和。虽然物种多样性和功能多样性各自本身对生态系统功能的作用都是显著的,但作者认为功能多样性比物种多样性对生态系统功能的影响更大,生态系统中有不同功能角色的物种数目比总物种数目对生态系统过程的决定作用更强。虽然这篇文章所定义的功能多样性不是性状间的差异,这里的功能多样性在以后更多被称为功能丰富度(即功能组的数量,functional richness),但它在文章的最后强调所有物种的地位不是等价的,拥有特定功能性状的物种(如文中提到的产量高的种)的减少或增加可能对某一生态系统过程有很大的影响,其余物种的影响作用则很小。这篇文章对功能多样性的研究有着

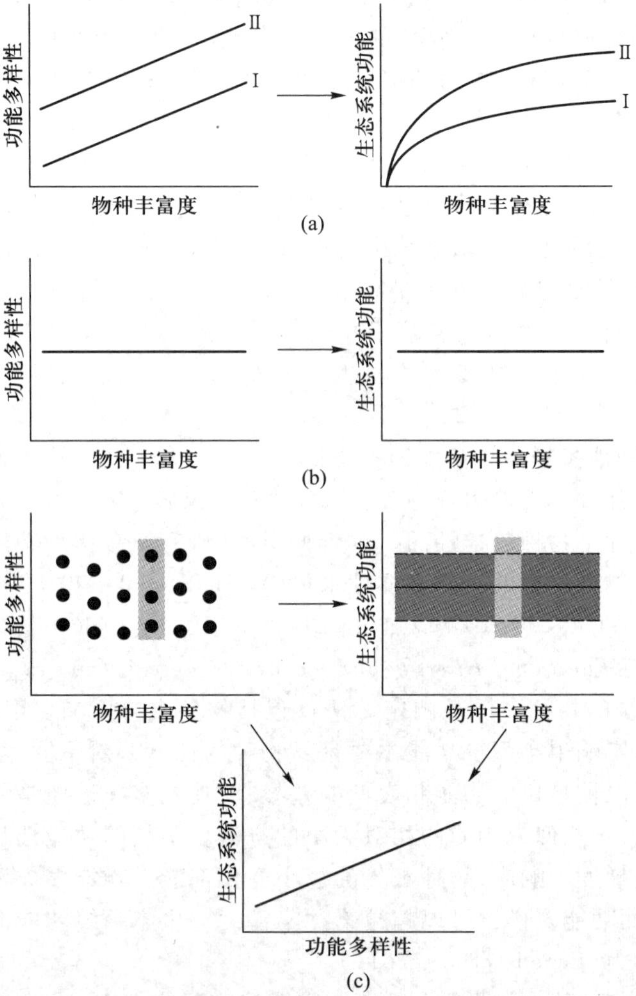

图 14.2 物种丰富度与功能多样性(FD)之间的关系对生物多样性与生态系统功能(BEF)之间关系和量级的影响。(a) 当物种丰富度与 FD 呈正相关关系时,BEF 的关系同样呈正相关,但量级依赖于 FD 的数量;(b) 当 FD 不随物种丰富度的增加而增加,即物种之间的功能性状完全一致、没有差异存在,此时生物多样性不影响生态系统功能;(c) 当 FD 与物种丰富度没有显著相关时,只要 FD 存在变化,生态系统功能也能够表现出不同的量级.即使物种丰富度与生态系统功能之间没有差异,FD 也能显著解释生态系统功能的变化。因此 FD 比物种丰富度对生态系统功能的解释和预测能力更为强大(Cadotte et al., 2011)。

重要的启示作用,是有关功能多样性问题迄今被引频次最高的文章(截至 2016 年 3 月被引 1350 次),其在文中选用的功能组方法在其后的一些研究中常常被沿用。例如 Hooper(1998)根据植物不同的生长型、表型及根的深度、凋落物等特征将草地植物分为四种功能型:早季的一年生杂草;晚季的一年生杂草;多年生丛生杂草;固氮植物。另外常见的功能组分类方法还有按生活型(沙琼等,2009;谭丽萍和周广胜,2013;马文静等,2013)划分的:小灌木、半灌木和小半灌木;多年生丛生禾草;多年生根茎禾草;多年生杂类草;一、二年生植物。按生态型(龙世友等,2013;高凯等,2013)划分则为:旱生植物;中旱生植物;旱中生植物;中生植物。按植物特殊属性(Tilman et al.,1997b)划分则为:C_3 植物;C_4 植物;木本植物;固氮植物;杂类草。也有按照植物能量属性(鲍雅静和李政海,2008)进行划分的功能组方法和通过典型对应分析(canonical correspondence analysis,CCA)与种间关联等群落分类和数量生态学方法(胡楠等,2008;邓福英和臧润国,2007;郭屹立等,2012)进行的功能组分类。

功能组一般被认为是与生态系统某种功能直接相关的物种群,功能组中的物种对生态系统的作用有很大的相似性,因而用功能群的多样性作为指标研究多样性与生态系统的功能是值得肯定的(袁建立和王刚,2003)。功能群数目的多少比物种数目的多少可能更能说明多样性对生态系统功能的影响,同时,功能群的组成(即哪种功能群进入生态系统)对生态系统的作用也是十分重要的(陶晶等,2011;臧润国和张志东,2010;孙国钧等,2003);但正如上文所述,功能群本身是个脆弱的实体(Pillar et al.,2013),功能群的定义和划分标准并不清晰和统一,其研究结果也千差万别,同类研究结果之间很难进行汇总和比较,有时还会出现截然相反的结果,不利于 BEF 研究的深入。

14.3.3 功能多样性的量化

尽管功能多样性一度被定义是功能群的多样性,但两者均体现了学者统一的视角和研究趋势,即简单的物种多样性指标难以真实地体现物种的特征对生态系统过程的重要作用,生态系统功能不仅依赖于物种的数目,更依赖于物种所具有的功能特征;植物功能性状在变化环境下的变化和响应范围,尤其群落中各功能性状的差异情况和分布格局是生态系统过程的强力驱动者(Suter and Edwards,2013;Diaz et al.,2007;Chaturvedi et al.,2011;Diaz and Cabido,2001;Petchey and Gaston,2006)。

时至今日,功能多样性的研究主要与物种的功能性状相联系,功能多样性被定义为一个群落中所有物种功能性状的值和范围,反映群落内物种间功能性状的差异(Carboni et al.,2013;Carmona et al.,2012;Laliberte and Legendre,2010)。由于功能多样性所关注的是与生态系统功能密切相关的物种功能性状,该指标能够更加明确地反映群落中物种间资源互补的程度(Thuiller et al.,2006;de Bello et al.,2013)。功能多样性较高的系统,由于其能够对有效资源实现互补性利用,因而可使系统更加有效地运行。

功能多样性作为一个新的研究热点,其概念尚在不断地完善和发展,因而量化的方法也有很多,许多文章都有详细介绍(Carboni et al.,2013;de Bello et al., 2013; Lavorel et al., 2013; de Bello et al., 2010; de Bello et al., 2009; Petchey and Gaston, 2006; Rosell et al., 2014)。此处我们仅介绍近年来使用最多的两种量化方法。

(1) Rao 二次熵值法

$$Q = \sum_{i=1}^{S} \sum_{j=1}^{S} d_{ij} p_i p_j \tag{14-1}$$

式中,Q 即为功能多样性(functional diversity, FD),由物种多度和物种性状的差异得出。这一方法常与功能冗余(functional redundance, FR)配合使用,其将基尼-辛普森多样性指数(D)分解为功能多样性和功能冗余(这一观念最早由 de Bello 等在 2007 年提出,并在 2009 年和 2010 年多次撰文发展),FR 被定义为功能多样性不能表达的物种多样性部分($FR=D-FD$)。其中 d_{ij}是物种 i 和物种 j 的功能性状的差异(常用欧氏距离表示),基于不同测量尺度(定类数据、二元定性数据、顺序数据、定距数据和定比数据)的功能性状数据算出;p_i是物种 i 的相对多度。按照这一定义,当群落中全部物种所有的功能性状完全不同时,没有功能冗余存在,$FR=0$,即每两个配对物种的所有性状完全不同,$d_{ij}=1$,此时功能多样性完全等于物种多样性(D),$FD=Q=D$;当所有物种的性状完全一致,即每两个配对物种的所有性状完全相同,没有功能多样性,此时功能冗余等于物种多样性,$FR=D$, $FD=Q=0$。这一计算功能多样性的方法比其他方法更为合理,在最新的研究中被广为引用(Pillar et al., 2013; de Bello et al., 2013; Petchey and Gaston, 2006)。

(2) 由群落功能结构的两个互补性指标组成:群落水平的性状加权平均值(community-weighted mean of traits, CWM)和功能多样性(FD)

$$CWM_j = \sum_{i}^{n} p_{ij} T_{ij} \tag{14-2}$$

$$FD_j = \sum_{i}^{n} p_{ij} \left(\frac{|T_{ij} - CWM_j|}{\sum_{i}^{n} |T_{ij} - CWM_j|} \right) \tag{14-3}$$

式中,p_{ij}是物种 i 在群落 j 中的相对多度,T_{ij}是物种 i 在群落 j 中的平均性状值。功能多样性被量化为性状在群落中的分散程度(Laliberté et al., 2010),类似于性状在群落分布中的差异性,每个性状被单独计算。高的 FD 意味着物种将有更高的资源互补性利用效率(Valencia et al., 2015)。

14.3.4 合适的性状集的选择

在功能性状的选择中,如何选择合适的性状集是功能多样性研究的基础和关键,在诸多的实验中,性状集因研究的内容和探讨的生态系统功能而异。功能多样性的思想是认为功能多样性与生态系统功能的关系比物种多样性更为密切

(Cadotte et al., 2011; Mouillot et al., 2011; Bunker et al., 2005),生态系统的功能很多时候是与有机体的功能性状以及这些性状在空间和时间上的多度与分布格局有关(Hooper et al., 2005),因此选择哪些功能指标更多的是考虑要研究哪些生态系统功能。如 Roscher 等(2013)在德国耶拿草原研究多样性与生产力的关系时,认为光和氮是温带草原限制生产力最关键的两种资源,因此选择与获取这两种资源有关的功能性状来进行功能多样性的量化。Suter 和 Edwards(2013)为研究沼泽草甸演替过程中群落性质发生的变化,选用了与物种的资源经济和生长策略密切相关的三个性状:叶片氮含量(leaf nitrogen content, *LNC*),光合作用中的蛋白质需要大量的氮资源;比叶面积(specific leaf area, *SLA*),影响着叶片的光获取和碳固定效率,低光的情况下,*SLA* 与相对生长速率(*RGR*)有关;叶干物质含量(leaf dry matter content,*LDMC*),反映植物在维持叶片结构和营养固存的投资。作者认为这少数几个性状描述了物种一系列生存策略的特点,从拥有高生物量周转和快速营养获取能力的快速生长物种到拥有稳定叶片结构和有效保存营养的生长缓慢物种;结果也表明经过 10 年的演替过程,群落中拥有养分储存能力的物种比高营养吸收和生物量周转的物种有更强的竞争优势,即群落更倾向于营养储存而非早期的快速生长和营养循环。Valencia 等(2015)研究地中海地区干旱和灌丛化对生态系统多功能性的影响时,也选择了对干旱响应较为明显的功能性状,如叶面积、叶长、叶宽、*SLA* 和 *LDMC*,作者认为干旱一般支持小的、耐胁迫和生长缓慢的物种,这些物种叶面积普遍较小,有较低的 *SLA* 和较高的叶片干物质含量。

综上所述,功能多样性作为全新的生物多样性指标,对群落中性状的值和范围以及分布格局进行量化,比传统的物种多样性指标和功能群多样性与生态系统功能的联系更为密切,对生态系统功能的差异也具有更强的解释和预测能力,从更为深入和具体的性状水平沟通物种和生态系统功能,有很强的研究价值,有助于更深层次地探讨生物多样性和生态系统功能之间的相互作用机制。

14.4　结语

功能多样性超越物种的水平强调物种间不同功能性状与生态系统功能的更直接与更密切的联系,功能性状的量化不仅能直观体现物种间资源利用策略的差异,有助于理解种间关系;也能通过性状在群落中的值和范围以及分布格局体现群落整体的性质和营养与演替状态。多功能性更强调生态系统功能的整体性,一个物种可能在一个生态系统功能中起作用,同时也在另一些生态系统功能中起作用,一个物种的这种“兼职”作用及多个物种“兼职”身份的耦合效果在生态系统功能中的作用都是不容忽视的。功能多样性和多功能性的概念与研究方法让我们从新的视角和思路思考生物多样性与生态系统功能的关系,以整体的眼光看待生态系统各个功能,以更为具体的切入点来研究物种对生态系统功能的作用途径与机制,可以为我国大面积退化生态系统的恢复重建、保证重建的生态系统结构和功能的完整与稳定提供十分积极有益的指导。

参考文献

鲍雅静, 李政海. 2008. 基于能量属性的植物功能群划分方法探索——以内蒙古锡林河流域草原植物群落为例. 生态学报, 28(9): 4540-4546.

邓福英, 臧润国. 2007. 海南岛热带山地雨林天然次生林的功能群划分. 生态学报, 27(8): 3240-3249.

高凯, 朱铁霞, 韩国栋. 2013. 围封年限对内蒙古羊草-针茅典型草原植物功能群及其多样性的影响. 草业学报, 22(6): 39-45.

郭屹立, 卢训令, 丁圣彦. 2012. 伊洛河河岸带生态系统草本植物功能群划分. 生态学报, 32(14): 4434-4442.

胡楠, 范玉龙, 丁圣彦, 卢训令. 2008. 伏牛山自然保护区森林生态系统乔木植物功能型分类. 植物生态学报, 32(5): 1104-1115.

蒋林. 2009. 生物多样性与生态系统功能:超越互补关系和选择效应. 见:邬建国,杨劼. 现代生态学讲座(Ⅳ):理论与实践. 北京:高等教育出版社.

江小雷, 岳静, 张卫国, 柳斌. 2010. 生物多样性,生态系统功能与时空尺度. 草业学报, 19(1): 219-225.

李慧蓉. 2004. 生物多样性和生态系统功能研究综述. 生态学杂志, 23(3): 109-114.

李禄军, 曾德慧. 2008. 物种多样性与生态系统功能的关系研究进展. 生态学杂志, 30(11): 2010-2017.

龙世友, 鲍雅静, 李政海, 高伟, 洪光宇, 黄硕, 邹德喜. 2013. 内蒙古草原67种植物碳含量分析及与热值的关系研究. 草业学报, 22(1): 112-119.

马建章, 戎可, 程鲲. 2012. 中国生物多样性就地保护的研究与实践. 生物多样性, 20(5): 551-558.

马克平. 2011. 未来十年的生物多样性保护目标. 生物多样性, 19(1): 1-2.

马克平. 2013. 生物多样性与生态系统功能的实验研究. 生物多样性, 21(3): 247-248.

马克平. 2014. 生物多样性科学研究进展. 科学通报, 59(6): 429.

马文静, 张庆, 牛建明, 康萨如拉, 刘朋涛, 何欣, 杨艳, 张艳楠, 邬建国. 2013. 物种多样性和功能群多样性与生态系统生产力的关系——以内蒙古短花针茅草原为例. 植物生态学报, 37(7): 620-630.

任海, 李志安, 申卫军, 余作岳, 彭少麟, 廖崇惠, 丁明懋, 邬建国. 2006. 中国南方热带森林恢复过程中生物多样性与生态系统功能的变化. 中国科学 C 辑:生命科学, 36(6): 563-569.

沙琼, 黄建辉, 白永飞, 韩兴国. 2009. 植物功能群去除对内蒙古典型草原羊草群落土壤碳、氮库的影响. 应用生态学报, 20(6): 1305-1309.

孙国钧, 张荣, 周立. 2003. 植物功能多样性与功能群研究进展. 生态学报, 23(7):

1430-1435.

谭丽萍，周广胜. 2013. 内蒙古羊草群落、功能群、物种变化及其与气候的关系. 生态学报，33(2)：650-658.

陶晶，臧润国，李意德，毛培利，林明献. 2011. 海南尖峰岭热带山地雨林生理生态功能群特征. 林业科学，47(8)：14-18.

王国杰，汪诗平，郝彦宾，蔡学彩. 2005. 水分梯度上放牧对内蒙古主要草原群落功能群多样性与生产力关系的影响. 生态学报，25(7)：1649-1656.

王忆慧，龚吉蕊，刘敏，黄永梅，晏欣，张梓瑜，徐沙，罗亲普. 2015. 草地利用方式对土壤呼吸和凋落物分解的影响. 植物生态学报，39(3)：239-248.

王长庭，龙瑞军，丁路明. 2004. 高寒草甸不同草地类型功能群多样性及组成对植物群落生产力的影响. 生物多样性，12(4)：403-409.

魏辅文，聂永刚，苗海霞，路浩，胡义波. 2014. 生物多样性丧失机制研究进展. 科学通报，59(6)：430-437.

袁飞，邬建国，白永飞，韩兴国. 2009. 生物多样性与生态系统功能关系研究综述. 见:邬建国，杨劼. 现代生态学讲座(Ⅳ):理论与实践. 北京:高等教育出版社.

袁建立，王刚. 2003. 生物多样性与生态系统功能：内涵与外延. 兰州大学学报，39(2)：85-89.

岳静，郝敏，张灵菲，江小雷. 2011. 物种多样性-生态系统功能关系的影响因素. 草业科学，28(4)：532-535.

臧润国，张志东. 2010. 热带森林植物功能群及其动态研究进展. 生态学报，30(12)：3289-3296.

张全国，张大勇. 2002. 生物多样性与生态系统功能：进展与争论. 生物多样性，11(1)：49-60.

张全国，张大勇. 2003. 生物多样性与生态系统功能：最新的进展与动向. 生物多样性，10(5)：351-363.

Aerts，R.，and O. Honnay. 2011. Forest restoration，biodiversity and ecosystem functioning. BMC Ecology，11(1)：29-38.

Aguiar，M. R.，J. E. M. Paruelo，O. E. Sala，and W. K. Lauenroth. 1996. Ecosystem responses to changes in plant functional type composition：An example from the Patagonian steppe. Journal of Vegetation Science，7(3)：381-390.

Bai，Y. F.，J. G. Wu，Q. M. Pan，J. H. Huang，Q. B. Wang，F. S. Li，A. Buyantuyev，and X. G. Han. 2007. Positive linear relationship between productivity and diversity：Evidence from the Eurasian Steppe. Journal of Applied Ecology，44(5)：1023-1034.

Baldwin，A. H.，K. Jensen，and M. Schönfeldt. 2014. Warming increases plant biomass and reduces diversity across continents，latitudes，and species migration scenarios in experimental wetland communities. Global Change Biology，20(3)：835-850.

Bertiller，M. B.，C. L. Sain，A. L. Carrera，and D. N. Vargas. 2005. Patterns of nitrogen and phosphorus conservation in dominant perennial grasses and shrubs across an aridity gradient in Patagonia，Argentina. Journal of Arid Environments，62(2)：209-223.

Bullock, J. M., J. Aronson, A. C. Newton, R. F. Pywell, and J. M. Rey-Benayas. 2011. Restoration of ecosystem services and biodiversity: Conflicts and opportunities. Trends in Ecology and Evolution, 26(10): 541-549.

Bunker, D. E., F. DeClerck, J. C. Bradford, R. K. Colwell, I. Perfecto, O. L. Phillips, M. Sankaran, and S. Naeem. 2005. Species loss and aboveground carbon storage in a tropical forest. Science, 310(5750): 1029-1031.

Byrnes, J. E. K., L. Gamfeldt, F. Isbell, J. S. Lefcheck, J. N. Griffin, A. Hector, B. J. Cardinale, D. U. Hooper, L. E. Dee, and J. Emmett Duffy. 2014. Investigating the relationship between biodiversity and ecosystem multifunctionality: Challenges and solutions. Methods in Ecology and Evolution, 5(2): 111-124.

Cadotte, M. W., K. Carscadden, and N. Mirotchnick. 2011. Beyond species: Functional diversity and the maintenance of ecological processes and services. Journal of Applied Ecology, 48(5): 1079-1087.

Carboni, M., A. T. R. Acosta, and C. Ricotta. 2013. Are differences in functional diversity among plant communities on Mediterranean coastal dunes driven by their phylogenetic history? Journal of Vegetation Science, 24(5): 932-941.

Cardinale, B. J., J. E. Duffy, A. Gonzalez, D. U. Hooper, C. Perrings, P. Venail, A. Narwani, G. M. Mace, D. Tilman, D. A. Wardle, A. P. Kinzig, G. C. Daily, M. Loreau, J. B. Grace, A. Larigauderie, D. S. Srivastava, and S. Naeem. 2012. Biodiversity loss and its impact on humanity. Nature, 486(7401): 59-67.

Cardinale, B. J., J. P. Wright, M. W. Cadotte, I. T. Carroll, A. Hector, D. S. Srivastava, M. Loreau, and J. J. Weis. 2007. Impacts of plant diversity on biomass production increase through time because of species complementarity. Proceedings of the National Academy of Sciences of the United States of America, 104(46): 18123-18128.

Carmona, C. P., F. M. Azcárate, F. de Bello, H. S. Ollero, J. Lepš, and B. Peco. 2012. Taxonomical and functional diversity turnover in Mediterranean grasslands: Interactions between grazing, habitat type and rainfall. Journal of Applied Ecology, 49(49): 1084-1093.

Chase, J. M., and M. A. Leibold. 2002. Spatial scale dictates the productivity-biodiversity relationship. Nature, 416(6879): 427-430.

Chaturvedi, R. K., A. S. Raghubanshi, and J. S. Singh. 2011. Plant functional traits with particular reference to tropical deciduous forests: A review. Journal of Biosciences, 36(5): 963-981.

Clark, C. M., and D. Tilman. 2008. Loss of plant species after chronic low-level nitrogen deposition to prairie grasslands. Nature, 451(7179): 712-715.

Diaz, S., and M. Cabido. 2001. Vive la difference: Plant functional diversity matters to ecosystem processes. Trends in Ecology and Evolution, 16(11): 646-655.

de Bello, F., C. P. Carmona, N. W. H. Mason, M. Sebastià, and J. Lepš. 2013. Which trait dissimilarity for functional diversity: Trait means or trait overlap? Journal of Vegetation Science, 24(5): 807-819.

de Bello, F., S. Lavergne, C. N. Meynard, J. Lepš, and W. Thuiller. 2010. The partitioning of diversity: Showing these us a way out of the labyrinth. Journal of Vegetation Science, 21(5): 992-1000.

de Bello, F., W. Thuiller, J. Lepš, P. Choler, J. Clément, P. Macek, M. Sebastià, and S. Lavorel. 2009. Partitioning of functional diversity reveals the scale and extent of trait convergence and divergence. Journal of Vegetation Science, 20(3): 475-486.

Del Arco, J. M., A. Escudero, and M. V. Garrido. 1991. Effects of site characteristics on nitrogen retranslocation from senescing leaves. Ecology, 72(2): 701-708.

Diaz, S., S. Lavorel, F. de Bello, F. Quétier, K. Grigulis, and T. M. Robson. 2007. Incorporating plant functional diversity effects in ecosystem service assessments. Proceedings of the National Academy of Sciences of the United States of America, 104(52): 20684-20689.

Dodson, S. I., S. E. Arnott, and K. L. Cottingham. 2000. The relationship in lake communities between primary productivity and species richness. Ecology, 81(10): 2662-2679.

Ebeling, A., S. Pompe, J. Baade, N. Eisenhauer, H. Hillebrand, R. Proulx, C. Roscher, B. Schmid, C. Wirth, and W. W. Weisser. 2014. A trait-based experimental approach to understand the mechanisms underlying biodiversity—ecosystem functioning relationships. Basic and Applied Ecology, 15(3): 229-240.

Eisenhauer, N., A. C. W. Sabais, and S. Scheu. 2011. Collembola species composition and diversity effects on ecosystem functioning vary with plant functional group identity. Soil Biology and Biochemistry, 43(3): 1697-1704.

Foster, B. L., and K. L. Gross. 1998. Species richness in a successional grassland: Effects of nitrogen enrichment and plant litter. Ecology, 79(8): 2593-2602.

Gamfeldt, L., H. Hillebrand, and P. R. Jonsson. 2008. Multiple functions increase the importance of biodiversity for overall ecosystem functioning. Ecology, 89(5): 1223-1231.

Grime, J. P. 1997. Biodiversity and ecosystem function: The debate deepens. Science, 277(5330): 1260-1261.

Hautier, Y., P. A. Niklaus, and A. Hector. 2009. Competition for light causes plant biodiversity loss after eutrophication. Science, 324(5927): 636-638.

Hector, A., and R. Bagchi. 2007. Biodiversity and ecosystem multifunctionality. Nature, 448(7150): 188-190.

Hector, A., E. Bazeley-White, M. Loreau, S. Otway, and B. Schmid. 2002. Overyielding in grassland communities: Testing the sampling effect hypothesis with replicated biodiversity experiments. Ecology Letters, 5(4): 502-511.

Hector, A., B. Schmid, C. Beierkuhnlein, M. C. Caldeira, M. Diemer, P. G. Dimitrakopoulos, J. A. Finn, H. Freitas, P. S. Giller, J. Good, R. Harris, P. Hogberg, K. Huss-Danell, J. Joshi, A. Jumpponen, C. Korner, P. W. Leadley, M. Loreau, A. Minns, C. Mulder, G. O'Donovan, S. J. Otway, J. S. Pereira, A. Prinz, D. J. Read, M. Scherer-Lorenzen, E. D. Schulze, A. Siamantziouras, E. M. Spehn, A. C. Terry, A. Y. Troumbis, F. I. Woodward, S. Yachi, and J. H. Lawton. 1999. Plant diversity and productivity experiments in European grasslands. Science, 286(5442): 1123-1127.

Hoffmann, M., C. Hilton-Taylor, A. Angulo, M. Boehm, T. M. Brooks, S. H. M. Butchart, K. E. Carpenter, J. Chanson, B. Collen, N. A. Cox, W. R. T. Darwall, N. K. Dulvy, L. R. Harrison, V. Katariya, C. M. Pollock, S. Quader, N. I. Richman, A. S. L. Rodrigues, M. F. Tognelli, J. Vie, J. M. Aguiar, D. J. Allen, G. R. Allen, G. Amori, N. B. Ananjeva, F. Andreone, P. Andrew, A. L. Aquino Ortiz, J. E. M. Baillie, R. Baldi, B. D. Bell, S. D. Biju, J. P. Bird, P. Black-Decima, J. J. Blanc, F. Bolanos, W. Bolivar-G, I. J. Burfield, J. A. Burton, D. R. Capper, F. Castro, G. Catullo, R. D. Cavanagh, A. Channing, N. L. Chao, A. M. Chenery, F. Chiozza, V. Clausnitzer, N. J. Collar, L. C. Collett, B. B. Collette, C. F. C. Fernandez, M. T. Craig, M. J. Crosby, N. Cumberlidge, A. Cuttelod, A. E. Derocher, A. C. Diesmos, J. S. Donaldson, J. W. Duckworth, G. Dutson, S. K. Dutta, R. H. Emslie, A. Farjon, S. Fowler, J. Freyhof, D. L. Garshelis, J. Gerlach, D. J. Gower, T. D. Grant, G. A. Hammerson, R. B. Harris, L. R. Heaney, S. B. Hedges, J. Hero, B. Hughes, S. A. Hussain, J. Icochea, M. R. F. Inger, N. Ishii, D. T. Iskandar, R. K. B. Jenkins, Y. Kaneko, M. Kottelat, K. M. Kovacs, S. L. Kuzmin, E. La Marca, J. F. Lamoreux, M. W. N. Lau, E. O. Lavilla, K. Leus, R. L. Lewison, G. Lichtenstein, S. R. Livingstone, V. Lukoschek, D. P. Mallon, P. J. K. McGowan, A. McIvor, P. D. Moehlman, and S. Molur, A. M. Alonso, J. A. Musick, K. Nowell, R. A. Nussbaum, W. Olech, N. L. Orlov, T. J. Papenfuss, G. Parra-Olea, W. F. Perrin, B. A. Polidoro, M. Pourkazemi, P. A. Racey, J. S. Ragle, M. Ram, G. Rathbun, R. P. Reynolds, A. G. J. Rhodin, S. J. Richards, L. O. Rodriguez, S. R. Ron, C. Rondinini, A. B Rylands, Y. S. De Mitcheson, J. C. Sanciangco, K. L. Sanders, G. Santos-Barrera, J. Schipper, C. Self-Sullivan, Y. C. Shi, A. Shoemaker, F. T. Short, C. Sillero-Zubiri, D. L. Silvano, K. G. Smith, A. T. Smith, J. Snoeks, A. J. Stattersfield, A. J. Symes, A. B. Taber, B. K. Talukdar, H. J. Temple, R. Timmins, J. A. Tobias, K. Tsytsulina, D. Tweddle, C. Ubeda, S. V. Valenti, P. P. Van Dijk, L. M. Veiga, A. Veloso, D. C. Wege, M. Wilkinson, E. A. Williamson, F. Xie, B. E. Young, H. R. Akçakaya, L. Bennun, T. M. Blackburn, L. Boitani, H. T. Dublin, G. A. B. Da Fonseca, C. Gascon, T. E. Lacher Jr., G. M. Mace, S. A. Mainka, J. A. McNeely, R. A. Mittermeier, G. McGregor Reid, J. P. Rodriguez, A. A. Rosenberg, M. J. Samways, J. Smart, B. A. Stein, and S. N. Stuart. 2010. The impact of conservation on the status of the world's vertebrates. Science, 330(6010): 1503-1509.

Hooper, D. U. 1998. The role of complementarity and competition in ecosystem responses to variation in plant diversity. Ecology, 79(79): 704-719.

Hooper, D. U., F. S. Chapin, J. J. Ewel, A. Hector, P. Inchausti, S. Lavorel, J. H. Lawton, D. M. Lodge, M. Loreau, S. Naeem, B. Schmid, H. Setala, A. J. Symstad, J. Vandermeer, and D. A. Wardle. 2005. Effects of biodiversity on ecosystem functioning: A consensus of current knowledge. Ecological Monographs, 75(1): 3-35.

Hooper, D. U., and P. M. Vitousek. 1997. The effects of plant composition and diversity on ecosystem processes. Science, 277(5330): 1302-1305.

Hossain, M. Z., and S. Sugiyama. 2008. Effects of chemical composition on the rate and temporal pattern of decomposition in grassland species leaf litter. Grassland Science, 54(1): 40-44.

Huston, M. A. 1997. Hidden treatments in ecological experiments: Re-evaluating the ecosystem function of biodiversity. Oecologia, 111(4): 449–460.

Isbell, F. I., H. W. Polley, and B. J. Wilsey. 2009a. Biodiversity, productivity and the temporal stability of productivity: Patterns and processes. Ecology Letters, 12(5): 443–451.

Isbell, F. I., H. W. Polley, and B. J. Wilsey. 2009b. Species interaction mechanisms maintain grassland plant species diversity. Ecology, 90(7): 1821–1830.

Jaillard, B., A. Rapaport, J. Harmand, A. Brauman, and N. Nunan. 2014. Community assembly effects shape the biodiversity-ecosystem functioning relationships. Functional Ecology, 28(6): 1523–1533.

Johnson, K. H., K. A. Vogt, H. J. Clark, O. J. Schmitz, and D. J. Vogt. 1996. Biodiversity and the productivity and stability of ecosystems. Trends in Ecology and Evolution, 11(9): 372–377.

Kassen, R., A. Buckling, G. Bell, and P. B. Rainey. 2000. Diversity peaks at intermediate productivity in a laboratory microcosm. Nature, 406(6795): 508–512.

Krauss, J., R. Bommarco, M. Guardiola, R. K. Heikkinen, A. Helm, M. Kuussaari, R. Lindborg, E. Öckinger, M. Pärtel, J. Pino, J. Pöyry, K. M. Raatikainen, A. Sang, C. Stefanescu, T. Teder, M. Zobel, and I. Steffan-Dewenter. 2010. Habitat fragmentation causes immediate and time-delayed biodiversity loss at different trophic levels. Ecology Letters, 13(5): 597–605.

Laliberté, E., and P. Legendre. 2010. A distance-based framework for measuring functional diversity from multiple traits. Ecology, 91(1): 299–305.

Laliberté, E., J. A. Wells, F. DeClerck, D. J. Metcalfe, C. P. Catterall, C. Queiroz, I. Aubin, S. P. Bonser, Y. Ding, J. M. Fraterrigo, S. McNamara, J. W. Morgan, D. S. Merlos, P. A. Vesk, and M. M. Mayfield. 2010. Land-use intensification reduces functional redundancy and response diversity in plant communities. Ecology Letters, 13(1): 76–86.

Lavorel, S., J. Storkey, R. D. Bardgett, F. de Bello, M. P. Berg, X. Le Roux, M. Moretti, C. Mulder, R. J. Pakeman, S. Díaz, and R. Harrington. 2013. A novel framework for linking functional diversity of plants with other trophic levels for the quantification of ecosystem services. Journal of Vegetation Science, 24(5): 942–948.

Lefcheck, J. S., J. E. K. Byrnes, F. Isbell, L. Gamfeldt, J. N. Griffin, N. Eisenhauer, M. J. S. Hensel, A. Hector, B. J. Cardinale, and J. E. Duffy. 2015. Biodiversity enhances ecosystem multifunctionality across trophic levels and habitats. Nature Communications, 6: 6936.

Letts, B., E. G. Lamb, J. M. Mischkolz, and J. T. Romo. 2015. Litter accumulation drives grassland plant community composition and functional diversity via leaf traits. Plant Ecology, 216(3): 357–370.

Lopez Marsico, L. L. F. E., and A. Altesor. 2011. Relationship between plant species richness and productivity in natural grasslands. Ecologia Austral, 21(1): 101–109.

Loreau, M. 1998. Biodiversity and ecosystem functioning: A mechanistic model. Proceedings of the National Academy of Sciences of the United States of America, 95(10): 5632–5636.

Loreau, M., S. Naeem, P. Inchausti, J. Bengtsson, J. P. Grime, A. Hector, D. U. Hooper, M. A. Huston, D. Raffaelli, B. Schmid, D. Tilman, and D. A. Wardle. 2001. Biodiversity and ecosystem functioning: Current knowledge and future challenges. Science, 294(5543): 804–808.

MacGillivray, C. W., J. P. Grime, and T. I. S. P. Team. 1995. Testing predictions of resistance and resilience of vegetation subjected to extreme events. Functional Ecology, 9(4): 640-649.

Madritch, M. D., and B. J. Cardinale. 2007. Impacts of tree species diversity on litter decomposition in northern temperate forests of Wisconsin, USA: A multi-site experiment along a latitudinal gradient. Plant and Soil, 292(1): 147-159.

Maestre, F. T., A. P. Castillo-Monroy, M. A. Bowker, and R. Ochoa-Hueso. 2012a. Species richness effects on ecosystem multifunctionality depend on evenness, composition and spatial pattern. Journal of Ecology, 100(2): 317-330.

Maestre, F. T., J. L. Quero, N. J. Gotelli, A. Escudero, V. Ochoa, M. Delgado-Baquerizo, M. Garcia-Gomez, M. A. Bowker, S. Soliveres, C. Escolar, P. Garcia-Palacios, M. Berdugo, E. Valencia, B. Gozalo, A. Gallardo, L. Aguilera, T. Arredondo, J. Blones, B. Boeken, D. Bran, A. A. Conceicao, O. Cabrera, M. Chaieb, M. Derak, D. J. Eldridge, C. I. Espinosa, A. Florentino, J. Gaitan, M. G. Gatica, W. Ghiloufi, S. Gomez-Gonzalez, J. R. Gutierrez, R. M. Hernandez, X. Huang, E. Huber-Sannwald, M. Jankju, M. Miriti, J. Monerris, R. L. Mau, E. Morici, K. Naseri, A. Ospina, V. Polo, A. Prina, E. Pucheta, D. A. Ramirez-Collantes, R. Romao, M. Tighe, C. Torres-Diaz, J. Val, J. P. Veiga, D. Wang, and E. Zaady. 2012b. Plant species richness and ecosystem multifunctionality in global drylands. Science, 335(6065): 214-218.

Magurran, A. 2005. Measuring Biological Diversity. Oxford: Blackwell Science.

McCann, K. S. 2000. The diversity-stability debate. Nature, 405(6783): 228-233.

Mittelbach, G. G., C. F. Steiner, S. M. Scheiner, K. L. Gross, H. L. Reynolds, R. B. Waide, M. R. Willig, S. I. Dodson, and L. Gough. 2001. What is the observed relationship between species richness and productivity? Ecology, 82(9): 2381-2396.

Mouchet, M. A., S. Villéger, N. W. H. Mason, and D. Mouillot. 2010. Functional diversity measures: An overview of their redundancy and their ability to discriminate community assembly rules. Functional Ecology, 24(4): 867-876.

Mouillot, D., S. Villeger, M. Scherer-Lorenzen, and N. Mason. 2011. Functional structure of biological communities predicts ecosystem multifunctionality. PLOS ONE, 6(3): e17476.

Naeem, S. 1998. Species redundancy and ecosystem reliability. Conservation Biology, 12(1): 39-45.

Naeem, S. 2002. Ecosystem consequences of biodiversity loss: The evolution of a paradigm. Ecology, 83(6): 1537-1552.

Naeem, S., and S. Li. 1997. Biodiversity enhances ecosystem reliability. Nature, 390(6659): 507-509.

Naeem, S., L. J. Thompson, S. P. Lawler, J. H. Lawton, and R. M. Woodfin. 1994. Declining biodiversity can alter the performance of ecosystems. Nature, 368(6473): 734-737.

Nijs, I., and J. Roy. 2000. How important are species richness, species evenness and interspecific differences to productivity? A mathematical model. Oikos, 88(1): 57-66.

Partel, M., L. Laanisto, and M. Zobel. 2007. Contrasting plant productivity-diversity relationships across latitude: The role of evolutionary history. Ecology, 88(1): 1091-1097.

Pastor, J., A. Downing, and H. E. Erickson. 1996. Species-area curves and diversity-productivity relationships in beaver meadows of Voyageurs National Park, Minnesota, USA. Oikos, 77(3): 399-406.

Petchey, O. L., and K. J. Gaston. 2006. Functional diversity: Back to basics and looking forward. Ecology Letters, 9(6): 741-58.

Pillar, V. D., C. C. Blanco, S. C. Müller, E. E. Sosinski, F. Joner, and L. D. S. Duarte. 2013. Functional redundancy and stability in plant communities. Journal of Vegetation Science, 24(5): 963-974.

Pollock, M. M., R. J. Naiman, and T. A. Hanley. 1998. Plant species richness in riparian wetlands—A test of biodiversity theory. Ecology, 79(1): 94-105.

Rajaniemi, T. K. 2002. Why does fertilization reduce plant species diversity? Testing three competition-based hypotheses. Journal of Ecology, 90(2): 316-324.

Rapson, G. L., K. Thompson, and J. G. Hodgson. 1997. The humped relationship between species richness and biomass. Testing its sensitivity to sample quadrat size. Journal of Ecology, 85(1): 99-100.

Roscher, C., J. Schumacher, A. Lipowsky, M. E. N. Gubsch, A. Weigelt, S. Pompe, O. Kolle, N. Buchmann, B. Schmid, and E. Schulze. 2013. A functional trait-based approach to understand community assembly and diversity—Productivity relationships over 7 years in experimental grasslands. Perspectives in Plant Ecology, Evolution and Systematics, 15(3): 139-149.

Rosell, J. A., S. Gleason, R. Mendez-Alonzo, Y. Chang, and M. Westoby. 2014. Bark functional ecology: Evidence for tradeoffs, functional coordination, and environment producing bark diversity. New Phytologist, 201(2): 486-497.

Ruiz-Jaen, M. C., and C. Potvin. 2011. Can we predict carbon stocks in tropical ecosystems from tree diversity? Comparing species and functional diversity in a plantation and a natural forest. New Phytologist, 189(4): 978-987.

Sanderson, M. A., R. H. Skinner, D. J. Barker, G. R. Edwards, B. F. Tracy, and D. A. Wedin. 2004. Plant species diversity and management of temperate forage and grazing land ecosystems. CROP Science, 44(4): 1132-1144.

Seidel, D., C. Leuschner, C. Scherber, F. Beyer, T. Wommelsdorf, M. J. Cashman, and L. Fehrmann. 2013. The relationship between tree species richness, canopy space exploration and productivity in a temperate broad-leaf mixed forest. Forest Ecology and Management, 310(1): 366-374.

Simova, I., Y. M. Li, and D. Storch. 2013. Relationship between species richness and productivity in plants: The role of sampling effect, heterogeneity and species pool. Journal of Ecology, 101(1): 161-170.

Soliveres, S., F. T. Maestre, D. J. Eldridge, M. Delgado-Baquerizo, J. L. Quero, M. A. Bowker, and A. Gallardo. 2014. Plant diversity and ecosystem multifunctionality peak at intermediate levels of woody cover in global drylands. Global Ecology and Biogeography, 23(12): 1408-1416.

Stevens, M., and W. P. Carson. 1999. Plant density determines species richness along an experimental fertility gradient. Ecology, 80(2): 455-465.

Suding, K. N., S. L. Collins, L. Gough, C. Clark, E. E. Cleland, K. L. Gross, D. G. Milchunas, and S. Pennings. 2005. Functional-and abundance-based mechanisms explain diversity loss due to N fertilization. Proceedings of the National Academy of Sciences of the United States of America, 102(12): 4387-4392.

Suter, M., and P. J. Edwards. 2013. Convergent succession of plant communities is linked to species' functional traits. Perspectives in Plant Ecology, Evolution and Systematics, 15(4): 217-225.

Thuiller, W., S. Lavorel, M. T. Sykes, and M. B. Araujo. 2006. Using niche-based modelling to assess the impact of climate change on tree functional diversity in Europe. Diversity and Distributions, 12(1): 49-60.

Tilman, D. 1999. The ecological consequences of changes in biodiversity: A search for general principles. Ecology, 80(5): 1455-1474.

Tilman, D., and J. A. Downing. 1994. Biodiversity and stability in grasslands. Nature, 367(6461): 363-365.

Tilman, D., J. Knops, D. Wedin, P. Reich, M. Ritchie, and E. Siemann. 1997b. The influence of functional diversity and composition on ecosystem processes. Science, 277(5330): 1300-1302.

Tilman, D., C. L. Lehman, and K. T. Thomson. 1997a. Plant diversity and ecosystem productivity: Theoretical considerations. Proceedings of the National Academy of Sciences of the United States of America, 94(5): 1857-1861.

Tilman, D., and D. C. Washington. 1997. Biodiversity and ecosystem functioning. In: Daily, G. C. (ed.). Nature's Services: Societal Dependence on Natural Ecosystems. Washington D C: Island Press.

Tilman, D., D. Wedin, and J. Knops. 1996. Productivity and sustainability influenced by biodiversity in grassland ecosystems. Nature, 379(6567): 718-720.

Valencia, E., F. T. Maestre, Y. Le Bagousse-Pinguet, J. L. Quero, R. Tamme, L. Borger, M. Garcia-Gomez, and N. Gross. 2015. Functional diversity enhances the resistance of ecosystem multifunctionality to aridity in Mediterranean drylands. New Phytologist, 206(2): 660-671.

Wagg, C., S. F. Bender, F. Widmer, and M. G. A. van der Heijden. 2014. Soil biodiversity and soil community composition determine ecosystem multifunctionality. Proceedings of the National Academy of Sciences of the United States of America, 111(14): 5266-5270.

Waide, R. B., M. R. Willig, C. F. Steiner, G. Mittelbach, L. Gough, S. I. Dodson, G. P. Juday, and R. Parmenter. 1999. The relationship between productivity and species richness. Annual Review of Ecology and Systematics, 30(1): 257-300.

Walter, J., R. Hein, C. Beierkuhnlein, V. Hammerl, A. Jentsch, M. Schädler, J. Schuerings, and J. Kreyling. 2013. Combined effects of multifactor climate change and land-use on decomposition in temperate grassland. Soil Biology and Biochemistry, 60(6): 10-18.

Yang, H. J., M. Y. Wu, W. X. Liu, Z. Zhang, N. L. Zhang, and S. Q. Wan. 2011. Community structure and composition in response to climate change in a temperate steppe. Global Change Biology, 17(1): 452-465.

Yang, J., G. C. Zhang, X. Q. Ci, N. G. Swenson, M. Cao, L. Sha, J. Q. Li, C. C. Baskin, J. W. F. Slik, and L. X. Lin. 2014. Functional and phylogenetic assembly in a Chinese tropical tree community across size classes, spatial scales and habitats. Functional Ecology, 28(2): 520-529.

Zavaleta, E. S., J. R. Pasari, K. B. Hulvey, and G. D. Tilman. 2010. Sustaining multiple ecosystem functions in grassland communities requires higher biodiversity. Proceedings of the National Academy of Sciences of the United States of America, 107(4): 1443-1446.

城市景观格局与动态：数据、方法和趋势

第15章

周伟奇[1][2]　虞文娟[1][2]　钱雨果[1]

摘　要

城市生态环境问题的产生，都直接或间接地与城市下垫面改变和景观格局演变密切相关。深入研究城市景观格局的特征和变化，是揭示景观格局与生态过程和功能相互作用的基础，也是深入了解、解决各类城市生态环境问题的前提和关键。本章回顾了城市景观格局与动态定量研究方面的相关研究，重点从城市扩张过程中城市景观格局特征与演变，和城市内部精细尺度上景观格局特征及动态变化两个方面，分析总结其研究内容、数据与方法等的国内外研究现状。进一步对城市景观格局与动态研究中存在的问题和挑战进行剖析，认为：① 现有的城市扩张研究侧重单个城市本身景观格局的变化，较少关注区域尺度城市与城市之间的相互关系；② 城市内部精细尺度上景观格局及动态的定量化研究较少；③ 城市地表物理特征定量描述较多，缺乏对城市这一社会-经济-自然复合生态系统景观镶嵌体的刻画。本章最后对今后的研究进行了展望，认为在未来的分析与研究中，需要综合多学科理论与方法，发展基于多尺度和多维度的定量方法，精确、客观、高效地表征城市生态系统景观格局与变化，为生态环境效应研究提供科学支撑。

① 中国科学院生态环境研究中心，城市与区域生态国家重点实验室，北京，100085；
② 中国科学院大学，北京，100049。

Quantifying Urban Landscape Patterns and Dynamics: Data and Methods

Weiqi Zhou[1][2] Wenjuan Yu[1][2] Yuguo Qian[1]

Abstract

Urban landscapes are strikingly heterogeneous and highly dynamic. Accurate description and quantification of this spatial heterogeneity and its change is crucial for developing an ecological understanding of urban landscapes. Here, we briefly review the studies on quantifying urban landscape pattern and change, with a focus on data and methods. We found quantitative analysis on urban landscape patterns can be loosely categorized into two types of focuses: a. urban expansion and associated landscape change; b. fine-scale spatial heterogeneity within urbanized areas. While there is an increasing interest in quantifying the fine-scale within-city spatial heterogeneity, most of the previous studies have been focusing on the former one, typically based on low-or medium-resolution imagery such as the Landsat data. This is because understanding the fine-scale spatial heterogeneity needs high spatial resolution image data, which are not always available, particularly for historical data. Understanding the fine-scale spatial heterogeneity also calls for new approaches to handle the high spatial resolution data, and to better depict the spatial heterogeneity under the socio-ecological system (SES) framework. Urban landscape is considered as a socio-ecological system. New approaches that quantify the spatial heterogeneity under the SES framework that capture the natural components, as well as the built and social dimensions, are highly desirable.

引言

城市化过程中，人口增长、经济高速发展和城市快速扩张带来了一系列城市生态环境问题，如城市热岛效应、城市内涝、水体和空气污染等（俞孔坚等，2010；Grimm et al., 2008b；Pickett et al., 2011；Zhou et al., 2011；Kong et al., 2012）。这些生态环境问题已经成为制约城市健康发展的重要因素，是实现城

① State Key Laboratory of Urban and Regional Ecology, Research Center for Eco-Environmental Sciences, Chinese Academy of Sciences, Beijing, 100085, China;

② University of Chinese Academy of Sciences, Beijing, 100049, China.

市和区域可持续发展所面临的重大挑战（Wu, 2010, 2013; Childers et al., 2014）。这些问题的产生，都直接或间接地与城市下垫面改变和景观格局演变密切相关（Grimm et al., 2000; Pickett et al., 2001; Wu, 2010; Pickett et al., 2011）。深入研究城市生态系统景观格局(以下简称城市景观格局)的特征和变化，是揭示景观格局与生态过程及功能的相互作用和机理，以及深入了解、解决各类城市生态环境问题的前提和关键（邬建国, 2007; Turner et al., 2001; Turner, 2005; Cadenasso et al., 2007）。因此，城市景观格局及其动态变化一直是城市生态和景观生态学研究的热点和核心内容之一（邬建国, 2007; Turner et al., 2001; Grimm et al., 2008a; Pickett et al., 2011; Seto et al., 2011）。本章在简要介绍城市景观格局基本特点的基础上，对国内外城市景观格局及其动态变化的相关研究进行了梳理，进一步讨论城市景观格局定量研究存在的不足和挑战，并对未来的发展趋势进行了展望。

15.1 城市景观格局的典型特征

城市是以人为主导的社会-经济-自然复合生态系统（马世骏和王如松, 1984）。不同于森林、草地等景观类型，城市景观具有两个典型的特征：高度的空间异质性和社会-经济-自然复合的特性（Grimm et al., 2000; Cadenasso et al., 2007; Zhou and Troy, 2008）。首先，城市的景观格局非常复杂，具有高度的空间异质性和破碎化特征（Grimm et al., 2000; Cadenasso et al., 2007）。城市中的各种景观要素，包括自然组成和配置非常多样，如不同的结构、排列和分布密度等，从而导致城市景观格局具有高度空间异质性（Cadenasso et al., 2007; Zhou et al., 2014）。例如，在城市中，不同类型的建筑物、植被、建筑物与植被的分布密度和空间格局，在很小的距离上就可能产生很大的变化（Zhou and Troy, 2008）。同时，由于强烈的人类活动干扰，相对自然生态系统而言，城市景观格局破碎化程度高(Zipperer et al., 2000; Qian et al., 2015a)。

城市景观格局的另一个典型特征是其社会-经济-自然复合特性。城市不仅包括生物和非生物的自然组分，还包括具有不同社会经济属性的人工构筑物，如各种类型的建筑物、道路、桥梁等。城市景观的形成受到自然因素、人类社会经济活动及其相互作用的影响（马世骏和王如松, 1984; Grimm et al., 2000; Pickett et al., 2001; Gaston, 2010; Pickett et al., 2011）。因此，城市是包含各种具有不同地表物理属性和社会经济属性的景观斑块镶嵌体。此外，城市中强烈的人类活动使城市的土地利用/土地覆盖变化较快，城市景观格局因而具有高度的动态性（Wu, 2008, 2014; Qian et al., 2015b）。

15.2　国内外研究现状与特点

城市景观格局及其动态变化一直是城市生态学和景观生态学的热点和前沿。众多学者从不同的学科角度,对城市景观格局的特征及其动态变化（Luck and Wu, 2002; Dietzel et al., 2005; Ellis et al., 2006; Zhou and Troy, 2008)、影响城市景观格局形成的因子和驱动机制（李伟峰等, 2005; Long et al., 2007; Reilly et al., 2009; Bai et al., 2012; Li et al., 2013b)以及城市景观格局演变的社会经济、生态环境影响等方面开展了大量的研究（李锋等, 2011; Velarde et al., 2007; Li et al., 2011; Troy et al., 2012)。本文重点关注如何定量地表征和刻画城市景观格局的特征及其动态变化。这类研究,概括起来,主要集中在以下两个方面:① 城市扩张过程中城市景观格局的特征与演变;② 城市内部精细尺度景观格局的特征和动态变化。

15.2.1　城市扩张过程中城市景观格局的特征与演变

城市扩张过程中,城市景观格局的时空特征研究主要包括两个方面。第一类研究重点关注城市在空间上的扩张及其模式,以及城市扩张引起的土地覆盖/土地利用的变化（李卫锋等, 2004; 夏兵等, 2008; 吴晓青等, 2009; Mundia and Aniya, 2005; Seto and Fragkias, 2005; Luo and Wei, 2009; Seto et al., 2011; Sun et al., 2013)。这类研究多以城市建成区或城市行政区域为分析单元,以土地覆盖/土地利用专题图为基础,结合景观格局指数定量地分析单个城市或者对比多个城市因城市化带来的土地覆盖/土地利用变化,以及城市扩张的空间形态和扩展模式。常见的城市扩张空间形态包括蔓延型(urban sprawl)、紧凑型(compact city)和介于两者之间的城市发展形态（Weng, 2007; Schneider and Woodcock, 2008; Haas and Ban, 2014),而扩展模式包括边缘型增长、内填式增长、蛙跳式增长和扩散-聚合螺旋式增长等（Dietzel et al., 2005; Xu et al., 2007; Li et al., 2013a)。在此基础上,研究城市扩张模式的优化,例如划定城市增长边界(urban growth boundary),提倡精明增长模式(smart growth)和合理土地利用区划(zoning)等（Hess and Sorensen, 2015),用以指导城市的建设发展。

第二类研究主要关注城市景观格局沿城市-乡村梯度的空间变异（俞龙生等, 2011; Luck and Wu, 2002; McDonnell and Hahs, 2008)。这类研究通常将城乡梯度法和景观指数法相结合,首先选择一个或者多个(不同方向)从城市中心延伸至周边乡村的条带,然后采用土地覆盖/土地利用专题图,计算常用的景观指数,并用以量化城市的景观格局（Luck and Wu, 2002)。也有一些研究利用硬化地表,即不透水地表来表征城市景观要素,通过提出城市地表硬化度的反演模型(肖荣波等, 2007; 李伟峰和王轶, 2010; Kuang et al., 2014),对典型城市和城市的典型区域开展研究,揭示城市景观格局特征和时空演变机制。

城市扩张过程中城市景观格局的特征与演变定量研究主要采用中低分辨率的遥感数据,如 30 m 空间分辨率的美国陆地卫星(Landsat MSS/TM/ETM+/OLI)数据,以及 1000 m 空间分辨率的 DMSP/OLS 夜间灯光指数数据(Masek et al., 2000; Liu et al., 2012; Zhao et al., 2015)。特别是美国陆地卫星观测系统,自 20 世纪 70 年代开始就已服务于地球表面特征观测。因此,中低分辨率的遥感数据具有观测时间长和数据积累多的优势,故而被广泛应用于定量刻画城市发展过程中城市扩张空间格局及动态变化。特别是 2008 年以后,随着 Landsat 卫星数据的免费开放使用,越来越多的研究开始利用高时间分辨率序列 Landsat 数据解析快速城市化地区城市扩张的动态变化 (Schneider, 2012; Wulder et al., 2012)。

15.2.2 城市内部精细尺度景观格局的特征与动态变化

采用中低分辨率遥感影像数据可以量化城市的空间扩张,以及较粗略尺度上城市的景观格局,尤其是沿城乡梯度的城市景观格局变异。但是,在量化城市景观格局时,定量精确地描述城市生态系统在精细尺度上的空间异质性和复杂性需要采用高空间分辨率的遥感影像,如米级和亚米级的 SPOT、IKONOS、QuickBird 和 GeoEye 等卫星或航空影像 (孙娟等, 2006; 仇江啸和王效科, 2010; 朱飞鸽等, 2011; Ellis et al., 2006; Cadenasso et al., 2007; Zhou et al., 2008)。因为中低分辨率数据,如 30 m 分辨率的 Landsat TM 卫星影像,无法捕捉到城市生态系统精细尺度上的空间异质特征 (Cadenasso et al., 2007; Zhou et al., 2008; Qian et al., 2015a)。

随着城市生态学和景观生态学研究的发展,精细尺度上城市景观格局及其动态变化定量研究的重要性日益凸显 (Grimm et al., 2000; Pickett et al., 2001; Cadenasso et al., 2007; Zhou et al., 2008; Pickett et al., 2011)。而高空间分辨率遥感数据的获取较过去变得容易,加上遥感影像处理和分析技术的发展,高分辨率遥感影像逐渐地被应用于城市内部精细景观格局与动态的分析 (Ellis et al., 2006; Zhou and Troy, 2008; Zhou et al., 2008; Pu et al., 2011)。

基于对象的图像分析(object-based image analysis)方法的发展,很大程度上推动了高分辨率遥感影像在城市景观格局定量化分析研究中的应用。不同于传统的基于像元(pixel-based)的图像分析技术对单个像元的分析,基于对象的方法首先对图像进行分割生成图像对象。以图像对象为分析单元,该方法在图像分类过程中不仅可以使用地物的光谱信息,同时可以利用不同地物的形状、大小、空间关系来帮助分类,从而可以很大程度上提高分类的精度和效率 (Blaschke and Strobl, 2001; Benz et al., 2004; Zhou et al., 2009a; Blaschke, 2010)。通过图像分割和专家知识分类系统的有机结合,基于对象的图像分析方法可以利用高分辨遥感影像生成精确的城市土地覆盖分类图,进而生成城市土地覆盖斑块的景观镶嵌体 (Zhou and Troy, 2008; Zhou et al., 2014)。这种土地覆盖斑块可以用来详细地分析城市中各种景观元素的分布及其空间格局,例如建筑物的密度、城市绿地的分布和密度等(Zhou and Troy, 2008);利用多个时间段的数据,也可以分析格局的变化特征和过程(Zhou et al., 2008)。

基于土地覆盖斑块,可以衍生出大量的属性,利用这些属性更加准确地提取城市景观要素,如不透水地表(Lu et al., 2011; Weng, 2012)、植被冠层(Moskal et al., 2011)、道路等(许高程等, 2012),并辅助提取具有一定社会经济属性的土地利用边界(Stow et al., 2010; Graesser et al., 2012; Zhou et al., 2014)。此外,以斑块对象作为分析单元,图像分析技术的处理效果可以变得更优。例如可以提高多期高分辨率影像解译时的分类精度(Zhou et al., 2008)、减少多期影像变化检测时产生的伪变化(McDermid et al., 2008)、提高机器学习监督分类的分类精度(Duro et al., 2012)等。而且,基于(斑块)对象的分析可以更好地与三维 LiDAR 点云数据结合,开展二维景观的分类制图(Zhou and Troy, 2008; Yu et al., 2009, MacFaden et al., 2012)。

目前对城市内部精细景观格局的研究,通常基于单个时相的高分影像,采用城乡梯度分析的方法,刻画城市中心至边缘的景观梯度变化(赵晓燕等, 2007; 周伟等, 2007; 朱明等, 2008)。而采用多个时相的高分辨率数据的动态变化研究相对较少(Kong and Nakagoshi, 2006; Zhou et al., 2011; Qian et al., 2015a)。精细景观格局的变化研究,一般采用土地覆盖转移矩阵来量化城市土地覆盖的转移特征(Deng et al., 2009),或者利用移动窗口或同心圆来分析城市梯度上景观格局指数的变化(Kong and Nakagosh, 2006; Sun et al., 2006; Qian et al., 2015b),并探讨城市内部景观变化产生的原因。

基于中等分辨率遥感数据的研究,一般认为,城市建成区内部景观格局的动态度较小,尤其是相比城市扩张的景观格局变化,几乎可以忽略(Zhou and Wang, 2011; Qian et al., 2015a)。然而,基于高分辨率影像数据的研究发现,城市内部的景观格局变化也很剧烈(Sun et al., 2006; Qian et al., 2015b)。即便是在北京东城区和西城区这样的老城区,从 2005 年到 2010 年,短短的 5 年时间内,也有大量的绿地消失,被不透水地表取代;与此同时,又新建了大面积的绿地(Qian et al., 2015b)。如前所述,城市内部精细景观格局动态变化的研究相对较少,城市内部的这种高度动态性是否在全球的城市普遍存在,尚需更多的实证研究来验证。

15.3 现有研究存在的问题与不足

综上所述,城市景观格局与动态的定量研究,在以下几个方面,存在挑战并尚需加强研究。

15.3.1 缺乏区域尺度上城市扩张的景观格局的特征与演变定量研究

城市扩张过程中城市景观格局的特征与演变已得到广泛关注,并开展了大量的工作。这些研究主要以城市建成区或城市行政区域为分析单元,研究城市扩张的空间格局演变及驱动因素或引起的生态环境问题。而随着人类交流活动的不断加强,城市与更远范围的城市区域得以联系,形成范围更广的城市有机集聚体——城市群。目前,以城市群为分析单元的研究主要从城市地理学角度定性地分析城市群空间结构,如单核心结构、多核心结构、带状结构等(宋吉涛等,2006;史雅娟等,2012),缺乏从城市生态学和景观生态学角度的定量分析。由于城市群是由不同规模大小和等级的城市组成的有机整体,而现有的仅针对单一城市景观格局及演变定量化分析方法将无法满足区域尺度上的研究,例如如何确定分析尺度、如何界定城市群内部城市的边界、如何选取适用的景观格局指数等。因此,区域尺度上定量研究城市景观格局的特征与演变方法需要进一步发展和探索。此外,已有研究发现生态环境问题不仅影响城市本身,还超出城市边界范围,影响城市周边,逐步演变为区域性的问题(Grimm et al., 2008b; Bai et al., 2014; Han et al., 2015)。这些变化是否与区域尺度城市景观格局的变化有关,也需要进一步探索和求证。

15.3.2 城市内部精细尺度上景观格局及动态的定量研究较为缺乏

城市内部精细景观格局的定量研究虽然有所发展,但是由于高分辨率遥感数据价格相对昂贵,影像处理技术较为复杂,相比大量的基于中低分辨率遥感数据的城市扩张的研究,精细景观格局的定量研究较少,而动态变化的研究更少。目前,虽然基于单个时相高分辨率遥感影像的城市景观要素识别能取得较高的精度(Zhou and Troy, 2008; Myint et al., 2011),但获取基于多时相高分辨率遥感影像的城市景观格局动态变化的研究则面临诸多挑战。首先,实际研究中往往难以获取由同一传感器采集的长时间序列影像数据,因此带来的影像差异和空间偏移,给直接的变化检测分析带来很大挑战(Chen et al., 2014)。其次,采用分类后的变化检测方法,即先分别对多期遥感影像进行分类,然后再做动态变化检测,容易导致其每一期制图错误在格局变化分析中累积,从而降低分析的准确性(Zhou et al., 2008)。

15.3.3 定量刻画和表征城市景观社会、经济和自然复合特征的技术方法研究的不足

城市是自然-社会-经济复合系统。目前,城市内部景观斑块定量化研究更多的是利用面向对象的图像分析方法,刻画具有物理属性的景观斑块。而在这一层次的景观斑块镶嵌体中,人工的斑块(如房屋)和自然的斑块(如树木和草地)是完全分开的,不具有综合性。而在城市生态学研究中,通常需要将人类活动和生态过程相结合,生成具有综合性的斑块,即斑块中同时包含人工和自然景观元素,以此表征城市景观格局的社会、经济和自然的特征(Cadenasso et al.,

2007; Zhou and Troy, 2008; Zhou et al., 2014)。这种综合性斑块的生成,通常需要基于城市生态学的专家知识,很难自动精确地对斑块进行分类(Zhou et al., 2010)。因此,如何精确表征和量化城市景观格局高度异质性和社会经济自然复合特性,是目前城市景观格局定量化方法研究急需回答的问题。

15.4 发展趋势

众多学者从不同的角度,对城市景观格局与动态开展了大量的研究。随着全球城市化的进一步发展,城市景观格局与动态的定量研究无疑仍将是城市生态学和景观生态学研究的热点和前沿,尤其是以下三个方面:① 综合多学科理论与方法,从多个尺度定量研究城市景观格局特征与演变;② 发展城市精细景观格局与动态定量研究的技术和方法;③ 定量刻画和表征城市景观社会-经济-自然耦合的特征。

15.4.1 综合多学科理论与方法,从多个尺度定量研究城市景观格局特征与演变

城市景观格局与动态定量化研究已不仅仅局限于城市本身,还扩展至更为广泛的城市群区域。而区域尺度上城市扩张的景观格局特征与演变的复杂性和等级性,为定量研究带来一定的难度。综合城市地理学、城市生态学和景观生态学等多学科的理论方法,如中心地理论、增长极理论、等级理论和景观格局分析等,从斑块、城市和区域等多个尺度发展现有定量方法,并用以表征城市扩张过程中景观格局的特征与演变,补充现有研究的不足,是未来研究的重要方向。在城市景观格局与动态变化定量研究基础上,利用"源-汇"等理论(陈利顶等,2003; 陈利顶等, 2006),定量表征城市景观格局与生态过程、功能之间的关联是景观格局研究延伸的重要部分。此外,城市景观格局对生态环境的影响,已从直接影响扩展至间接影响研究,但相关的定性和定量分析仍很匮乏。最近有学者提出城乡连续体(continuum of urbanity)(Boone et al., 2014; Pickett and Zhou, 2015)、遥相关(teleconnection)和远程耦合(telecoupling)等概念和研究框架来研究城市对其周边区域以及更大空间范围的影响(Seto et al., 2012; Liu et al., 2013; Liu et al., 2015)。这为城市景观格局与动态变化对生态环境的间接影响提供了新的研究思路。

15.4.2 发展城市精细尺度的景观格局量化方法,提高城市景观格局及动态定量化精度

发展准确、高效的量化城市内部精细景观格局及其动态的技术方法是未来研究的一个重要方向。将面向对象的图像分析方法与"斑块-廊道-基质"(邬建国, 2007; Forman, 1981)、"斑块镶嵌体"(邬建国, 2007; Forman, 1995)和

等级理论(Wu and Loucks, 1995)相结合,能够更好地根据城市基底、城市周边农田基底或者森林基底中景观要素的特征,精细并准确地刻画城市景观格局(钱雨果等, 2015)。此外,将回溯/更新的分类思想与面向对象的图像分析方法相结合,有望发展准确、高效的技术方法(Xian et al., 2009; Jin et al., 2013; Yu et al., 2016)。因为基于回溯/更新,可有效地减少采用分类后变化检测方法所带来的误差传递和累积,同时极大地提高分类的效率(Xian et al., 2009; Yu et al., 2016)。与面向对象的图像分析方法相结合,在有效解决高分辨率遥感影像空间不匹配的问题的同时(Zhou et al., 2008),能通过将已有分类结果和专家知识系统应用于后续分类,有望提高多期高分辨率遥感影像定量分析的效率和准确性。此外,随着三维技术的发展、数据的丰富,结合三维激光雷达扫描系统(LiDAR)的点云数据和二维高分辨率遥感数据来共同研究城市内部格局将是未来的主流方向。三维数据的融入不仅可以解决二维景观分类中的阴影问题和空间配准问题,更能展现城市中立体的景观,从二维的城市景观格局研究扩展到城市三维的研究,为城市景观格局-过程研究提供新的视角。

15.4.3 发展定量刻画和表征城市景观社会-经济-自然耦合特征的技术方法

近20年,城市生态学逐渐从早期的"城市中的生态学"(ecology in cities)发展到"城市的生态学"(ecology of cities)(Grimm et al., 2000; Pickett et al., 2001, 2011)。随着"城市的生态学"研究的发展,精细尺度上城市空间格局定量研究的重要性日益凸显,高分辨率遥感影像被更加普遍地应用于城市景观格局的研究。与此同时,针对高空间分辨率遥感数据,结合"城市的生态学"研究需要和特点的图像处理和分析方法(如基于对象的图像分析技术),以及新的土地分类系统和方法(如HERCULES;Cadenasso et al., 2007),也逐渐发展起来,并应用于城市生态系统的景观格局分析(Cadenasso et al., 2007; Zhou and Troy, 2008, 2009b; Zhou et al., 2010)。但是目前,如何精确、定量、高效地刻画和表征城市生态系统空间异质性和社会-经济-自然复合的特征,仍是城市景观格局定量化研究的一个难点和挑战。城市景观社会-经济-自然耦合的特征难以通过计算机自动识别,而目视解译的方法可以充分地利用生态学家的专家知识勾画综合人工和自然景观元素、具有综合性的斑块,但存在费时、主观判断的问题。发展自动模式识别的方法,或者是将目视解译与自动分类相结合(Zhou et al., 2014),有望发展出精确定量刻画和表征城市景观社会-经济-自然耦合特征的技术方法。此外,城市景观的规划和管理、建设与评价,都服务于人,以改善人居环境为终极目标。因而将城市尺度的研究转换到与人类活动特征密切结合的研究尺度是城市内部景观格局量化分析的一个方向。土地利用或城市功能区是城市的基本功能单元,既是具有特定人群组成和活动特征的社会、经济综合体,也是行政管理的基本空间单元。因此,针对不同土地利用或城市功能区开展景观格局与变化的分析可作为今后研究的一个方向。

综上，城市景观格局与动态的定量研究，无论是研究内容还是研究方法，尚存在诸多挑战。首先，城市是一个社会-经济-自然复合生态系统，城市景观与动态的刻画和定量表征，需要综合考虑景观的地表物理属性和社会经济属性，急需发展能够定量刻画和表征城市景观社会-经济-自然耦合特征的新的技术方法。其次，城市景观格局与动态定量化研究已不仅仅局限于城市本身，还需要考虑城市与城市之间的关系，需要扩展至更为广泛的城市群区域。因此，在未来的分析中，需要综合多学科理论与方法，发展基于多尺度和多维度的定量方法，从多个尺度定量研究城市景观格局特征与动态。最后，在不同的时空尺度，城市景观格局与动态特征不同，研究所关注的问题也不尽相同。因此，城市景观格局的定量研究，需要基于拟回答的科学问题，有针对性地选取合适的数据与方法。

致谢

本研究得到国家自然科学基金面上项目（41371197）和优秀青年科学基金项目（41422104）的支持。感谢两位评审专家的宝贵建议，使本章内容得以更加完善。

参 考 文 献

陈利顶，傅伯杰，徐建英，巩杰. 2003. 基于“源-汇”生态过程的景观格局识别方法——景观空间负荷对比指数. 生态学报，23(11)：2406-2413.

陈利顶，傅伯杰，赵文武. 2006. “源”“汇”景观理论及其生态学意义. 生态学报，26(5)：1444-1449.

李锋，叶亚平，宋博文，王如松. 2011. 城市生态用地的空间结构及其生态系统服务动态演变——以常州为例. 生态学报，31(19)：5623-5631.

李伟峰，欧阳志云，王如松，王效科. 2005. 城市生态系统景观格局特征及形成机制. 生态学杂志，24(4)：428-432.

李伟峰，王轶. 2010. 城市硬化地表格局特征及尺度效应遥感研究. 国土资源遥感，22(1)：69-72.

李卫锋，王仰麟，彭建，李贵才. 2004. 深圳市景观格局演变及其驱动因素分析. 应用生态学报，15(8)：1403-1410.

马世骏，王如松. 1984. 社会-经济-自然复合生态系统. 生态学报，4(1)：1-9.

钱雨果，周伟奇，李伟峰，韩立建. 2015. 基于类型和要素的城市多等级景观分类方法. 生态学报，35(15)：5207-5214.

仇江啸，王效科. 2010. 基于高分辨率遥感影像的面向对象城市土地覆被分类比较研究. 遥感技术与应用，25(5)：653-661.

史雅娟，朱永彬，冯德显，王发曾，熊文. 2012. 中原城市群多中心网络式空间发展模式研究. 地理科学，32(12)：1430-1439.

宋吉涛，方创琳，宋敦江. 2006. 中国城市群空间结构稳定性分析. 地理学报，61(12)：1311-1325.

孙娟，蓝崇钰，夏汉平，辛琨. 2006. 基于 QuickBird 卫星影像的贵港市城市景观格局分析. 生态学杂志，25(1)：20-54.

邬建国. 2007. 景观生态学——格局、过程、尺度与等级. 第二版. 北京：高等教育出版社.

吴晓青，胡远满，贺红士，布仁仓，郗凤明. 2009. 沈阳市城市扩展与土地利用变化多情景模拟. 地理研究，28(5)：1264-1275.

夏兵，余新晓，宁金魁，王小平，秦永胜，陈峻崎. 2008. 近 20 年北京地区景观格局演变研究. 北京林业大学学报，30(s2)：60-66.

肖荣波，欧阳志云，蔡云楠，李伟峰. 2007. 基于亚像元估测的城市硬化地表景观格局分析. 生态学报，27(8)：3189-3197.

许高程，毕建涛，王星星，屈鸿钧. 2012. 面向对象的高分辨率遥感影像道路自动提取实验. 遥感信息，2(2)：108-111.

俞孔坚，王思思，李迪华，乔青. 2010. 北京城市扩张的生态底线——基本生态系统服务及其安全格局. 城市规划，34(2)：19-24.

俞龙生，符以福，喻怀义，李志琴. 2011. 快速城市化地区景观格局梯度动态及其城乡融合区特征——以广州市番禺区为例. 应用生态学报，22(1)：171-180.

赵晓燕，刘康，秦耀民. 2007. 基于 GIS 的西安市城市景观格局. 生态学杂志，26(5)：706-711.

周伟，袁春，白中科，袁涛，钱铭杰. 2007. 基于 QuickBird 影像的郑州市城区景观格局评价. 生态学杂志，26(8)：1259-1264.

朱飞鸽，胡瀚文，沈兴华，李俊祥. 2011. 基于 SLEUTH 模型的上海城市增长预测. 生态学杂志，30(9)：2107-2114.

朱明，徐建刚，李建龙，徐胜，宋量刚. 2008. 上海市景观格局梯度分析的空间幅度效应. 生态学杂志，25(10)：1214-1217.

Bai, X. M., J. Chen, and P. J. Shi. 2012. Landscape urbanization and economic growth in China: Positive feedbacks and sustainability dilemmas. Environmental Science and Technology, 46(1): 132-139.

Bai, X. M., P. J. Shi, and Y. S. Liu. 2014. Realizing China's urban dream. Nature, 509: 158-160.

Benz, U. C., P. Hofmann, G. Willhauck, I. Lingenfelder, and M. Heynen. 2004. Multi-resolution, object-oriented fuzzy analysis of remote sensing data for GIS-ready information. ISPRS Journal of Photogrammetry and Remote Sensing, 58(3/4): 239-258.

Blaschke, T. 2010. Object based image analysis for remote sensing. ISPRS Journal of Photogrammetry and Remote Sensing, 65(1): 2-16.

Blaschke, T., and J. Strobl. 2001. What's wrong with pixels? Some recent development interfacing remote sensing and GIS. Interfacing Remote Sensing and GIS, 6: 5.

Boone, C. G., C. L. Redman, H. Blanco, D. Haase, J. Koch, S. Lwasa, H. Nagendra, S. Pauleit, S. T. A. Pickett, K. C. Seto, and M. Yokohari. 2014. Reconceptualizing land for sustainable urbanity. In: Seto, K. C, and A. Reenberg (eds.). Rethinking Urban Land Use in a Global Era.

Cambridge: MIT Press.

Cadenasso, M. L., S. T. A. Pickett, and K. Schwarz. 2007. Spatial heterogeneity in urban ecosystems: Reconceptualizing land cover and a framework for classification. Frontiers in Ecology and the Environment, 5(2): 80-88.

Chen, G., K. G. Zhao, and R. Powers. 2014. Assessment of the image misregistration effects on object-based change detection. ISPRS Journal of Photogrammetry and Remote Sensing, 87: 19-27.

Childers, D. L., S. T. A. Pickett, J. M. Grove, L. Ogden, and A. Whitmer. 2014. Advancing urban sustainability theory and action: Challenges and opportunities. Landscape and Urban Planning, 125: 320-328.

Deng, J. S., K. Wang, Y. Hong, and J. G. Qi. 2009. Spatio-temporal dynamics and evolution of land use change and landscape pattern in response to rapid urbanization. Landscape and Urban Planning, 92(3/4): 187-198.

Dietzel, C., M. Herold, J. J. Hemphill, and K. C. Clarke. 2005. Spatio-temporal dynamics in California's central valley: Empirical links to urban theory. International Journal of Geographical Information Science, 19(2): 175-195.

Duro, D. C., S. E. Franklin, and M. G. Dube. 2012. A comparison of pixel-based and object-based image analysis with selected machine learning algorithms for the classification of agricultural landscapes using SPOT-5 HRG imagery. Remote Sensing of Environment, 118: 259-272.

Ellis, E. C., H. Q. Wang, H. S. Xiao, K. Peng, X. P. Liu, S. C. Li, H. Ouyang, X. Cheng, and L. Z. Yang. 2006. Measuring long-term ecological changes in densely populated landscapes using current and historical high resolution imagery. Remote Sensing of Environment, 100(4): 457-473.

Forman, R. T. T. 1981. Patches and structural components for a landscape ecology. Biosciences, 31(10): 733-740.

Forman, R. T. T. 1995. Land mosaics: The ecology of landscape and region. Cambridge: Cambridge University Press.

Gaston, K. 2010. Urban Ecology. Cambridge: Cambridge University Press.

Graesser, J., A. Cheriyadat, R. R. Vatsavai, V. Chandola, J. Long, and E. Bright. 2012. Image based characterization of formal and informal neighborhoods in an urban landscape. Selected Topics in Applied Earth Observations and Remote Sensing, IEEE Journal of 2012, 5(4): 1164-1176.

Grimm, N. B., S. H. Faeth, N. E. Golubiewski, C. L. Redman, J. G. Wu, X. M. Bai, and J. M. Briggs. 2008a. Global change and the ecology of cities. Science, 319: 756-760.

Grimm, N. B., D. Foster, P. Groffman, J. M. Grove, C. S. Hopkinson, K. J. Nadelhoffer, D. E. Pataki, and D. P. C. Peters. 2008b. The changing landscape: Ecosystem responses to urbanization and pollution across climatic and societal gradients. Frontiers in Ecology and the Environment, 6(5): 264-272.

Grimm, N. B., J. M. Grove, S. T. A. Pickett, and C. L. Redman. 2000. Integrated approaches to long-term studies of urban ecological systems. Bioscience, 50(7): 571-584.

Haas, J., and Y. F. Ban. 2014. Urban growth and environmental impacts in Jing-Jin-Ji, the Yangtze, River Delta and the Pearl River Delta. International Journal of Applied Earth Observation and Geoinformation, 30: 42-55.

Han, L. J., W. Q. Zhou, and W. F. Li. 2015. Increasing impact of urban fine particles (PM2.5) on areas surrounding Chinese cities. Scientific Reports, 5: 12467

Hess, P. M., and A. Sorensen. 2015. Compact, concurrent, and contiguous: Smart growth and 50 years of residential planning in the Toronto region. Urban Geography, 36(1): 127-151.

Jin, S. M., L. M. Yang, P. Danielson, C. Homer, J. Fry, and G. Xian. 2013. A comprehensive change detection method for updating the National Land Cover Database to circa 2011. Remote Sensing of Environment, 132: 159-175.

Kong, F. H., and N. Nakagoshi. 2006. Spatial-temporal gradient analysis of urban green spaces in Jinan, China. Landscape and Urban Planning, 78(3): 147-164.

Kong, F. H., H. W. Yin, N. Nakagoshi, and P. James. 2012. Simulating urban growth processes incorporating a potential model with spatial metrics. Ecological Indicators, 20: 82-91.

Kuang, W. H., W. F. Chi, D. S. Lu, and Y. Y. Dou. 2014. A comparative analysis of megacity expansions in China and the U. S.: Patterns, rates and driving forces. Landscape and Urban Planning, 132: 121-135.

Li, J. X., C. Li, F. G. Zhu, C. H. Song, and J. G. Wu. 2013a. Spatiotemporal pattern of urbanization in Shanghai, China between 1989 and 2005. Landscape Ecology, 28(8): 1545-1565.

Li, J. X., C. H. Song, L. Cao, F. G. Zhu, X. L. Meng, and J. G. Wu. 2011. Impacts of landscape structure on surface urban heat islands: A case study of Shanghai, China. Remote Sensing of Environment, 115(12): 3249-3263.

Li, X. M., W. Q. Zhou, and Z. Y. Ouyang. 2013b. Forty years of urban expansion in Beijing: What is the relative importance of physical, socioeconomic, and neighborhood factors? Applied Geography, 38: 1-10.

Liu, J. G., V. Hull, M. Batistella, R. DeFries, T. Dietz, F. Fu, T. W. Hertel, R. C. Izaurralde, E. F. Lambin, S. X. Li, L. A. Martinelli, W. J. McConnell, E. F. Moran, R. Naylor, Z. Y. Ouyang, K. R. Polenske, A. Reenberg, G. de M. Rocha, C. S. Simmons, P. H. Verburg, P. M. Vitousek, F. S. Zhang, and C. Q. Zhu. 2013. Framing sustainability in a telecoupled world. Ecology and Society, 18(2): 26.

Liu, J. G., H. Mooney, V. Hull, S. J. Davis, J. Gaskell, T. Hertel, J. Lubchenco, K. C. Seto, P. Gleick, C. Kremen, and S. X. Li. 2015. Systems integration for global sustainability. Science, 347(6225): 1258832-1-1258832-9.

Liu, Z. F., C. Y. He, Q. F. Zhang, Q. X. Huang, and Y. Yang. 2012. Extracting the dynamics of urban expansion in China using DMSP-OLS nighttime light data from 1992 to 2008. Landscape and Urban Planning, 106(1): 62-72.

Long, H. L., G. P. Tang, X. B. Li, and G. K. Heilig. 2007. Socio-economic driving forces of land-use change in Kunshan, the Yangtze River Delta economic area of China. Journal of Environmental Management, 83(3): 351-364.

Lu, D. S., S. Hetrick, and E. Moran. 2011. Impervious surface mapping with QuickBird imagery.

International Journal of Remote Sensing, 32(9): 2519-2533.

Luck, M., and J. G. Wu. 2002. A gradient analysis of urban landscape pattern: A case study from the Phoenix metropolitan region, Arizona, USA. Landscape Ecology, 17(4): 327-339.

Luo, J., and Y. H. D. Wei. 2009. Modeling spatial variations of urban growth patterns in Chinese cities: The case of Nanjing. Landscape and Urban Planning, 91(2): 51-64.

MacFaden, S. W., J. P. M. O'Neil-Dunne, A. R. Royar, J. W. T. Lu, and A. G. Rundle. 2012. High-resolution tree canopy mapping for New York City using LiDAR and object-based image analysis. Journal of Applied Remote Sensing, 6(1): 063567.

Masek, J. G., F. E. Lindsay, and S. N. Goward. 2000. Dynamics of urban growth in the Washington DC metropolitan area, 1973—1996, from Landsat observations. International Journal of Remote Sensing, 21(18): 3473-3486.

McDermid, G. J., J. Linke, A. D. Pape, D. N. Laskin, A. J. McLane, and S. E. Franklin. 2008. Object-based approaches to change analysis and thematic map update: Challenges and limitations. Canadian Journal of Remote Sensing, 34(5): 462-466.

McDonnell, M. J., and A. K. Hahs. 2008. The use of gradient analysis studies in advancing our understanding of the ecology of urbanizing landscapes: Current status and future directions. Landscape Ecology, 23(10): 1143-1155.

Moskal, L. M., D. M. Styers, and M. Halabisky. 2011. Monitoring urban tree cover using object-based image analysis and public domain remotely sensed data. Remote Sensing, 3(10): 2243-2262.

Mundia, C. N., and M. Aniya. 2005. Analysis of land use/cover changes and urban expansion of Nairobi city using remote sensing and GIS. International Journal of Remote Sensing, 26(13): 2831-2849.

Myint, S. W., P. Gober, A. Brazel, S. Grossman-Clarke, and Q. H. Weng. 2011. Per-pixel vs. object-based classification of urban land cover extraction using high spatial resolution imagery. Remote Sensing of Environment, 115(5): 1145-1161.

Pickett, S. T. A., M. L. Cadenasso, J. M. Grove, C. H. Nilon, R. V. Pouyat, W. C. Zipperer, and R. Costanza. 2001. Urban ecological systems: Linking terrestrial ecological, physical, and socioeconomic components of metropolitan areas. Annual Review of Ecology and Systematics, 32: 127-157.

Pickett, S. T. A., M. L. Cadenasso, J. M. Grove, C. G. Boone, P. M. Groffman, E. Irwin, S. S. Kaushal, V. Marshall, B. P. McGrath, C. H. Nilon, R. V. Pouyat, K. Szlavecz, A. Troy, and P. Warren. 2011. Urban ecological systems: Scientific foundations and a decade of progress. Journal of Environmental Management, 92(3): 331-362.

Pickett, S. T. A., and W. Q. Zhou. 2015. Global urbanization as a shifting context for applying ecological science toward the sustainable city. Ecosystem Health and Sustainability, 1(1): 1-15.

Pu, R. L., S. Landry, and Q. Yu. 2011. Object-based urban detailed land cover classification with high spatial resolution IKONOS imagery. International Journal of Remote Sensing, 32(12): 3285-3308.

Qian, Y. G., W. Q. Zhou, W. J. Yu, and S. T. A. Pickett. 2015a. Quantifying spatiotemporal pattern of urban greenspace: New insights from high resolution data. Landscape Ecology, 30(7):

1165-1173.

Qian, Y. G., W. Q. Zhou, W. F. Li, and L. J. Han. 2015b. Understanding the dynamic of greenspace in the urbanized area of Beijing based on high resolution satellite images. Urban Forestry and Urban Greening, 14(1): 39-47.

Reilly, M. K., M. P. O'Mara, and K. C. Seto. 2009. From Bangalore to the Bay Area: Comparing transportation and activity accessibility as drivers of urban growth. Landscape and Urban Planning, 92(1): 24-33.

Schneider, A. 2012. Monitoring land cover change in urban and peri-urban areas using dense time stacks of Landsat satellite data and a data mining approach. Remote Sensing of Environment, 124: 689-704.

Schneider, A., and C. E. Woodcock. 2008. Compact, dispersed, fragmented, extensive? A comparison of urban growth in twenty-five global cities using remotely sensed data, pattern metrics and census information. Urban Studies, 45(3): 659-692.

Seto, K. C., and M. Fragkias. 2005. Quantifying spatiotemporal patterns of urban land-use change in four cities of China with time series landscape metrics. Landscape Ecology, 20(7): 871-888.

Seto, K. C., M. Fragkias, B. Guneralp, and M. K. Reilly. 2011. A meta-analysis of global urban land expansion. PloS ONE, 6: 1-9.

Seto, K. C., A. Reenberg, C. G. Boone, M. Fragkias, D. Haase, T. Langanke, P. Marcotullio, D. K. Munroe, B. Olah, and D. Simon. 2012. Urban land teleconnections and sustainability. Proceedings of the National Academy of Science of the United States of America, 109(20): 7687-7692.

Stow, D. A., C. D. Lippitt, and J. R. Weeks. 2010. Geographic object-based delineation of neighborhoods of Accra, Ghana using QuickBird satellite imagery. Photogrammetric Engineering and Remote Sensing, 76: 907.

Sun, C., Z. F. Wu, Z. Q. Lv, N. Yao, and J. B. Wei. 2013. Quantifying different types of urban growth and the change dynamic in Guangzhou using multi-temporal remote sensing data. International Journal of Applied Earth Observation and Geoinformation, 21:409-417.

Sun, J., H. P. Xia, C. Y. Lan, and K. Xin. 2006. A gradient analysis based on the buffer zones of urban landscape pattern of the constructed area in Guigang City, Guangxi, China. Acta Ecologica Sinica, 26(3): 655-662.

Troy, A., J. M. Grove, and J. O'Neil-Dunne. 2012. The relationship between tree canopy and crime rates across an urban-rural gradient in the greater Baltimore region. Landscape and Urban Planning, 106(3): 262-270.

Turner, M. G. 2005. Landscape ecology: What is the state of the science? Annual Review of Ecology, Evolution, and Systematics, 36: 319-344.

Turner, M. G., R. H. Gardner, and R. V. O'Neill. 2001. Landscape Ecology in Theory and Practice: Pattern and Process. New York: Springer-Verlag.

Velarde, M. D., G. Fry, and M. Tveit. 2007. Health effects of viewing landscape—Landscape types in environmental psychology. Urban Forestry and Urban Greening, 6(4): 199-212.

Weng, Y. C. 2007. Spatiotemporal changes of landscape pattern in response to urbanization. Landscape and Urban Planning, 81(4): 341-353.

Weng, Q. H. 2012. Remote sensing of impervious surfaces in the urban areas: Requirements, methods, and trends. Remote Sensing of Environment, 117: 34-49.

Wu, J. G. 2008. Toward a landscape ecology of cities: Beyond buildings, trees, and urban forests. In: Carreiro, M. M., Y. C. Song, and J. G. Wu (eds.). Ecology, Planning, and Management of Urban Forests. New York: Springer-Verlag.

Wu, J. G. 2010. Urban sustainability: An inevitable goal of landscape research. Landscape Ecology, 25(1): 1-4.

Wu, J. G. 2013. Landscape sustainability science: Ecosystem services and human well-being in changing landscapes. Landscape Ecology, 28(6): 999-1023.

Wu, J. G., and O. L. Loucks. 1995. From balance-of-nature to hierarchical patch dynamics: A paradigm shift in ecology. Quarter Review of Biology, 70(4): 439-466.

Wu, J. L. 2014. Urban ecology and sustainability: The state-of-the-science and future directions. Landscape and Urban Planning, 125: 209-221.

Wulder, M. A., J. G. Masek, W. B. Cohen, T. R. Loveland, and C. E. Woodcock. 2012. Opening the archive: How free data has enabled the science and monitoring promise of Landsat. Remote Sensing of Environment, 122: 2-10.

Xian, G., C. Homer, and J. Fry. 2009. Updating the 2001 National Land Cover Database land cover classification to 2006 by using Landsat imagery change detection methods. Remote Sensing of Environment, 113(6): 1133-1147.

Xu, C., M. S. Liu, C. Zhang, S. Q. An, W. Yu, and J. M. Chen. 2007. The spatiotemporal dynamics of rapid urban growth in the Nanjing metropolitan region of China. Landscape Ecology, 22(6): 925-937.

Yu, B. L., H. X. Liu, L. Zhang, and J. P. Wu. 2009. An object-based two-stage method for a detailed classification of urban landscape components by integrating airborne LiDAR and color infrared image data: A case study of downtown Houston. Urban Remote Sensing Event, 2009 Joint: DOI:10.1109/URS.2009.5137543.

Yu, W. J., W. Q. Zhou, Y. G. Qian, and J. L. Yan. 2016. A new approach for land cover classification and change analysis: Integrating backdating and an object-based method. Remote Sensing of Environment, 177: 37-47.

Zhao, S. Q., D. C. Zhou, C. Zhu, W. Y. Qu, J. J. Zhao, Y. Sun, D. Huang, W. J. Wu, and S. G. Liu. 2015. Rates and patterns of urban expansion in China's 32 major cities over the past three decades. Landscape Ecology, 30(8): 1541-1559.

Zhou, W. Q., M. L. Cadenasso, K. Schwarz, and S. T. A. Pickett. 2014. Quantifying spatial heterogeneity in urban landscapes: Integrating visual interpretation and object-based classification. Remote Sensing, 6(4): 3369-3386.

Zhou, W. Q., G. L. Huang, A. Troy, and M. Cadenasso. 2009a. Object-based land cover classification of shaded areas in high spatial resolution imagery of urban areas: A comparison study. Remote Sensing of Environment, 113(8): 1769-1777.

Zhou, W. Q., G. L. Huang, S. T. A. Pickett, and M. L. Cadenasso. 2011. 90 years of forest cover change in an urbanizing watershed: Spatial and temporal dynamics. Landscape Ecology, 26(5): 645-659.

Zhou, W. Q., G. L. Huang, and M. L. Cadenasso. 2011. Does spatial configuration matter? Understanding the effects of land cover pattern on land surface temperature in urban landscapes. Landscape and Urban Planning, 102(1): 54-63.

Zhou, W. Q., and A. Troy. 2008. An object-oriented approach for analysing and characterizing urban landscape at the parcel level. International Journal of Remote Sensing, 29(11): 3119-3135.

Zhou, W. Q., A. Troy, and M. Grove. 2008. Object-based land cover classification and change analysis in the Baltimore metropolitan area using multitemporal high resolution remote sensing data. Sensors, 8(3): 1613-1636.

Zhou, W. Q., and A. Troy. 2009b. Development of an object-based framework for classifying and inventorying human-dominated forest ecosystems. International Journal of Remote Sensing, 30(23): 6343-6360.

Zhou, W. Q., K. Schwarz, and M. L. Cadenasso. 2010. Mapping urban landscape heterogeneity: Agreement between visual interpretation and digital classification approaches. Landscape Ecology, 25(1): 53-67.

Zhou, X. L., and Y. C. Wang. 2011. Spatial-temporal dynamics of urban green space in response to rapid urbanization and greening policies. Landscape and Urban Planning, 100(3): 268-277.

Zipperer, W. C., J. G. Wu, R. V. Pouyat, and S. T. A. Pickett. 2000. The application of ecological principles to urban and urbanizing landscape. Ecological Applications, 10(3): 685-688.

城市化进程中栖息地丧失和破碎化程度之间的关系

第16章

刘志锋[①] 何春阳[①] 邬建国[①②]

摘 要

城市化同时导致栖息地的丧失和破碎化，从而影响生物多样性和生态系统过程。因此，理解城市化进程中栖息地丧失与破碎化之间的关系对于评价城市化的生态和环境影响至关重要。本章的研究目的是揭示城市化进程中栖息地丧失与破碎化的关系，并将其与森林砍伐过程中两者关系进行比较。基于1800—2000年全球16个城市的土地利用数据，采用景观指数量化栖息地的破碎化程度，利用回归分析量化了栖息地丧失和破碎化之间的关系。结果显示，在城市化进程中栖息地丧失与破碎化表现出多种关系：线型、指数型和对数型的单调关系，即随着栖息地减少，栖息地破碎化程度持续增加。与森林砍伐过程中所发现的20种关系进行对比，发现7种关系同时存在于城市化进程和森林砍伐过程中，13种关系仅存在于森林砍伐过程中，还有分别基于边缘密度和景观形状指数得到的2种新的关系仅存在于城市化进程中。此外，发现由于城市景观具有高度的异质性，时空替代方法在量化城市化进程中栖息地丧失与破碎化之间的关系时误差很大，容易导致错误结论。本研究有益于进一步深化城市景观生态学，并为评价城市化的生态效应提供新的科学依据。

---

① 北京师范大学地表过程与资源生态国家重点实验室，人与环境系统可持续研究中心，北京，100875；

② 美国亚利桑那州立大学生命科学学院和全球可持续性研究所，坦佩，85287。

The Relationship Between Habitat Loss and Fragmentation During Urbanization

Zhifeng Liu[①] Chunyang He[①] Jianguo Wu[①②]

Abstract

Understanding the relationships between habitat loss and habitat fragmentation (HLHF) during urbanization is crucial to assess their impacts on biodiversity and ecological processes. In this study, our objectives were to quantify the HLHF relationship during urbanization and compare it with the HLHF relationship during deforestation. Based on a long-term urbanization dataset of 16 cities around the world from 1800 to 2000, we used several landscape metrics to quantify the HLHF relationship. We found that the HLHF relationship during urbanization is monotonic in general. By comparing with the 20 HLHF relationships during deforestation in the existing literature, we found that seven of them were consistent with those during urbanization. In addition, two new HLHF relationships were identified during urbanization, when edge density and landscape shape index were used to measure fragmentation. Our results show generalities of the HLHF relationship during urbanization, providing new insights for assessing its ecological effects.

引言

栖息地丧失一般是指森林、草地、沙漠和湿地等自然栖息地空间范围的减少(Fahrig,1997;IUCN,2013)。栖息地破碎化是指栖息地在总面积不变的前提下,其在空间上的隔离(Fahrig,2003)。栖息地丧失和破碎化常常同时发生、相互联系,两者共同影响着生物多样性和生态系统过程(Fahrig, 1997, 2003;Laurance et al., 2011;Didham et al., 2012;Haddad et al., 2015)。量化栖息地丧失与破碎化,揭示栖息地丧失与破碎化之间的关系,进而评估栖息地丧失与破碎化对生物多样性的影响已经成为景观生态学和保护生物学中的重要研究内容(Wilson et al., 2016)。全球正在经历的快速城市化进程已经成为栖息地丧失和破碎化的主要驱动力(Andrén, 1994; Swenson and Franklin, 2000; Syphard et al., 2011;

① Center for Human-Environment System Sustainability (CHESS), State Key Laboratory of Earth Surface Processes and Resource Ecology(ESPRE), Beijing Normal University, Beijing, 100875, China;

② School of Life Sciences and Global Institute of Sustainability, Arizona State University, Tempe, AZ85287, USA.

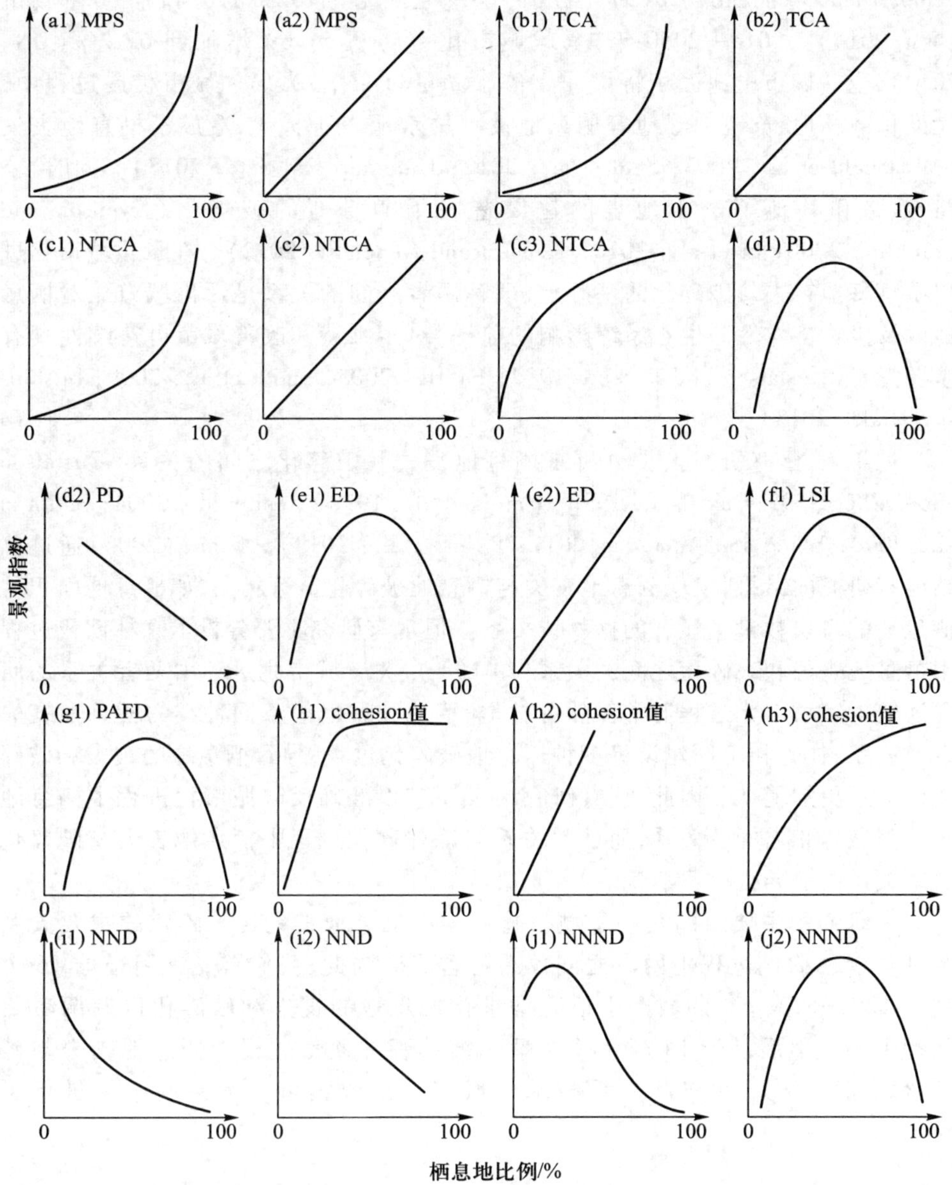

图 16.1　森林砍伐过程中栖息地丧失与破碎化之间的主要关系。景观指数包括四个类别，共 10 个指数。其中，面积指数包括平均斑块面积（mean patch size, MPS）、斑块核心面积（total core area, TCA）和归一化斑块核心面积（normalized TCA, NTCA）；密度指数包括斑块密度（patch density, PD）和边缘密度（edge density, ED）；形状指数包括景观形状指数（landscape shape index, LSI）和周长-面积分维度（perimeter-area fractal dimension, PAFD）；连通性指数包括平均最近邻距离（mean Euclidean nearest neighbor distance, NND）、归一化最近邻距离（normalized NND, NNND）和结合度指数（cohesion）。

Scolozzi and Geneletti, 2012)。目前,全球已有超过 52% 的人口居住在城市(Wu,2014)。2010—2050 年,全球城市化率将从 51.6% 增加到 67.2%(UN, 2012),全球城市土地面积将增加 3 倍(Angel et al., 2011)。城市扩展过程中,大面积的林地、草地和湿地等栖息地被不透水地表所替代,造成了栖息地丧失(McDonald et al., 2008; Seto et al., 2012; Güneralp and Seto, 2013)。同时,公路、铁路和其他不透水地表的建设造成了栖息地的破碎化(Swenson and Franklin, 2000; Li et al., 2010; Scolozzi and Geneletti, 2012)。在量化城市化进程中栖息地丧失与破碎化的基础上,理解两者之间的关系是评价城市化对栖息地以及生物多样性和生态系统影响的前提,对于维持和改善城市可持续性具有重要意义(Gustafson and Parker, 1992; Fahrig, 2003; Smith et al., 2009; Sushinsky et al., 2013)。

近年来,已有研究人员分析了栖息地丧失和破碎化之间的关系(Gustafson and Parker,1992;Gustafson, 1998; Hargis et al., 1998; Neel et al., 2004; Smith et al., 2009; Wang and Cumming,2011; Pe′er et al., 2013)。Fahrig(2003)通过总结已有研究的结果,发现栖息地丧失与栖息地破碎化显著相关,如栖息地面积与栖息地的斑块数量呈显著的抛物线关系。但现有研究主要分析了森林砍伐过程中栖息地丧失和破碎化之间的关系(图 16.1),关于城市化进程中两者关系的研究还较少。城市化进程通常伴随着林地、草地和湿地等不同种类的栖息地丧失以及公路、住宅和工厂建设等多种栖息地破碎化过程,导致栖息地的丧失和破碎化的关系更加复杂。因此,现有研究结果还难以准确反映城市化进程中栖息地丧失与破碎化之间的关系,而且此关系与森林砍伐过程中栖息地丧失与破碎化之间关系的差异也尚不清楚。

本研究的主要目的是揭示城市化进程中栖息地丧失与破碎化的主要关系及其与森林砍伐过程中两者之间关系的差异。为此,我们首先采用全球 16 个城市 1800—2000 年的城市土地数据量化栖息地的丧失和破碎化以及两者之间的关系。然后基于 14 篇相关文献总结了森林砍伐过程中栖息地丧失与破碎化之间的关系,并将此关系与基于城市土地数据量化得到的结果进行了对比。

16.1 数据与方法

16.1.1 数据来源和预处理

文中采用的数据均来源于林肯土地政策研究所发布的城市扩展地图集(下载地址:http://www.lincolninst.edu/subcenters/atlas-urban-expansion/)(Angel et al., 2010)。具体包括北京、上海、阿尔及尔、布宜诺斯艾利斯、开罗、危地马拉城、伊斯坦布尔、伦敦、马尼拉、墨西哥城、莫斯科、孟买、巴黎、圣地亚哥、悉尼和华沙 16 个城市 1800—2000 年建成区、行政区范围、城市中心位置和城市人口(表 16.1)。在获取数据之后,我们参考 Liu 等(2012)提出的方法对 1800—2000 年建成区数据进行了年际序列订正以提高数据的连续性和可比性,然后利用城市人口对订正后的数据进行了精度评价。结果表明,订正后的建成区数据与城市人口数据具有较高的一致性,能够可靠地反映区域城市扩展过程。详细的数据处理和精度评价过程请参见 Liu 等(2016)。

表 16.1　研究的全球 16 个城市

所在区域	所在国家	城市名	2000 年人口/百万	使用的建成区数据年份/年
亚洲	菲律宾	马尼拉	17.34	1802, 1831, 1842, 1884, 1898, 1918, 1945, 1971, 1993, 2002
	印度	孟买	16.16	1814, 1849, 1865, 1888, 1909, 1931, 1955, 1968, 1992, 2001
	中国	上海	14.13	1810, 1853, 1875, 1902, 1914, 1944, 1973, 1989, 2001
		北京	11.87	1800, 1875, 1900, 1929, 1959, 1978, 1988, 1999
	土耳其	伊斯坦布尔	8.83	1807, 1840, 1872, 1899, 1916, 1934, 1960, 1987, 2000
北美洲	墨西哥	墨西哥城	17.22	1807, 1830, 1861, 1886, 1910, 1929, 1950, 1970, 1989, 2000
	危地马拉	危地马拉城	1.77	1800, 1850, 1900, 1936, 1950, 1976, 1993, 2000
南美洲	阿根廷	布宜诺斯艾利斯	11.92	1809, 1836, 1867, 1887, 1918, 1943, 1964, 1987, 2000
	智利	圣地亚哥	5.34	1800, 1850, 1875, 1900, 1930, 1950, 1970, 1989, 2000
欧洲	英国	伦敦	10.03	1800, 1830, 1860, 1880, 1914, 1929, 1955, 1978, 1989, 2000
	法国	巴黎	9.52	1800, 1832, 1855, 1880, 1900, 1928, 1955, 1974, 1987, 2000
	俄罗斯	莫斯科	9.14	1808, 1836, 1893, 1914, 1939, 1957, 1978, 1991, 2002
欧洲	波兰	华沙	2.00	1794, 1831, 1867, 1888, 1915, 1936, 1958, 1979, 1992, 2002

续表

所在区域	所在国家	城市名	2000 年人口/百万	使用的建成区数据年份/年
非洲	埃及	开罗	13.08	1800, 1846, 1874, 1897, 1917, 1927, 1947, 1960, 1984, 2000
	阿尔及利亚	阿尔及尔	3.63	1800, 1828, 1858, 1888, 1903, 1929, 1955, 1972, 1987, 2000
大洋洲	澳大利亚	悉尼	4.23	1808, 1833, 1860, 1883, 1895, 1917, 1945, 1975, 1993, 2002

16.1.2 方法

分析城市化进程中栖息地丧失与破碎化关系的方法主要包括以下三个步骤:① 提取栖息地;② 量化栖息地破碎化程度;③ 分析栖息地丧失与破碎化之间的相关性。

首先,考虑到数据的可获取性,我们根据 IUCN (2013)提出的广义的栖息地定义,将森林、草地、湿地和农田等非建成区均作为栖息地。在此基础上,我们提取出了全球 16 个城市 1800—2000 年的栖息地范围(图 16.2)。

其次,为了便于对比,我们选用已有文献中常用的景观指数来量化栖息地破碎化程度(Gustafson and Parker, 1992; Gustafson, 1998; Hargis et al., 1998; Neel et al., 2004; Smith et al., 2009; Wang and Cumming, 2011)。具体包括 4 类,共 10 个指数(表 16.2):面积指数包括平均斑块面积(mean patch size,MPS)、

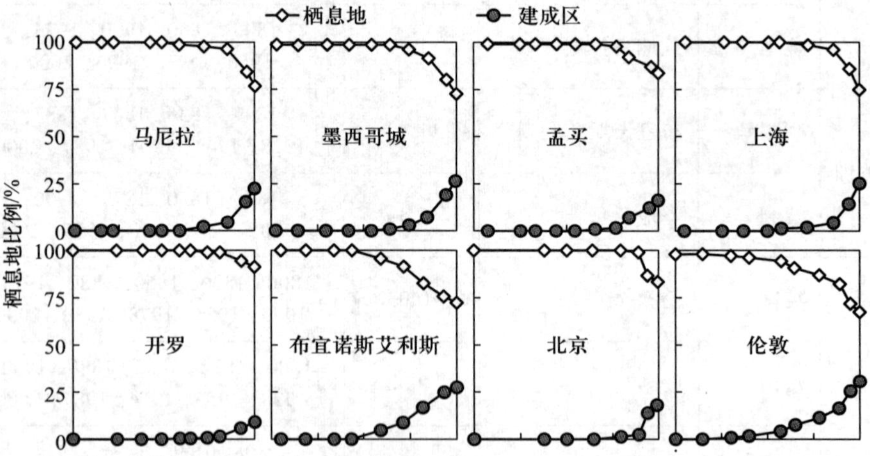

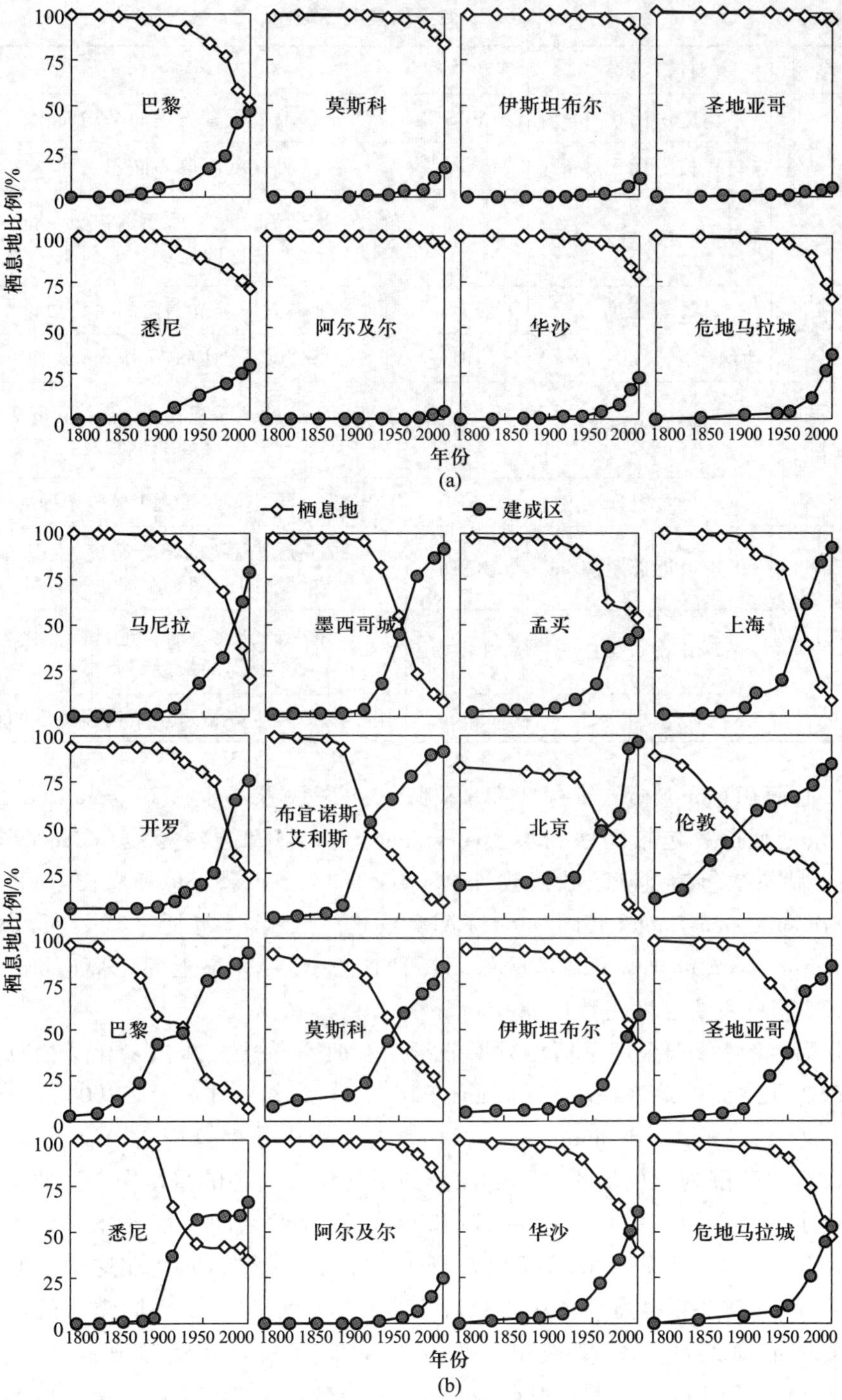

图 16.2　全球 16 个城市 1800—2000 年建成区和栖息地动态。(a) 城市地区内的变化过程;(b) 城市中心区内的变化过程。按 2000 年人口数量排序。

表 16.2 使用的景观指数

类型	景观指数	名称缩写	含义
面积指数	平均斑块面积/hm^2	MPS	景观中所有斑块的平均面积
	斑块核心面积/hm^2	TCA	所有斑块核心面积之和
	归一化斑块核心面积	NTCA	基于栖息地总面积进行归一化处理后的斑块核心面积
密度指数	斑块密度	PD	每平方千米范围内的斑块数量
	边缘密度/($m \cdot hm^{-2}$)	ED	每公顷范围内的斑块周长之和
形状指数	景观形状指数	LSI	修改后的周长-面积比,用于度量整个景观或某一斑块类型的形状复杂程度
	周长-面积分维度	PAFD	用于表征不同空间尺度上形状复杂程度的指数
连通性指数	平均最近邻距离/m	NND	与同一类型斑块的最近距离,根据斑块边缘之间的最短距离进行计算
	归一化最近邻距离	NNND	基于栖息地总面积进行归一化处理的最近邻距离
	结合度指数	cohesion	用于度量相应类型斑块结构连接度的指数

斑块核心面积(total core area,TCA)和归一化斑块核心面积(normalized TCA, NTCA);密度指数包括斑块密度(patch density,PD)和边缘密度(edge density, ED);形状指数包括景观形状指数(landscape shape index,LSI)和周长-面积分维度(perimeter-area fractal dimension,PAFD);连通性指数包括平均最近邻距离(mean Euclidean nearest neighbor distance,NND)、归一化最近邻距离(normalized NND,NNND)和结合度指数(cohesion)。

最后,我们分别采用了历史数据分析法和时空替代分析法量化了栖息地丧失与破碎化之间的关系(Gustafson and Parker, 1992; Neel et al., 2004; Wiegand et al., 2005; Wang and Cumming, 2011)。基于历史数据分析法,我们在较大的以城市行政范围划定的城市地区和较小的以建成区为主的城市中心区两个幅度上量化了两者之间的关系(Liu et al., 2014),以探索空间尺度变化对该关系的影响(Wu et al., 2002; Wu, 2004)。对于每个城市,我们分别在这两个幅度上基于1800—2000年栖息地比例与景观指数计算结果建立了不同类型的回归模型。R^2值最高的回归模型被用于表征栖息地总量和相应景观指数的关系(图 16.3)。基于时空替代的观点,我们分别构建了包括 64 像元×64 像元、128 像元×128 像元和 256 像元×256 像元在内的 3 种空间幅度的格网,以探索已有研究中发现的尺度效应(Hargis et al., 1998; Fortin et ai., 2003; Neel et al.,

2004)。基于这 3 个幅度,我们分别计算了各城市在每个网格内 2000 年的栖息地比例和景观指数,并利用所有网格的计算结果分析了栖息地比例与景观指数之间的关系(图 16.4)。

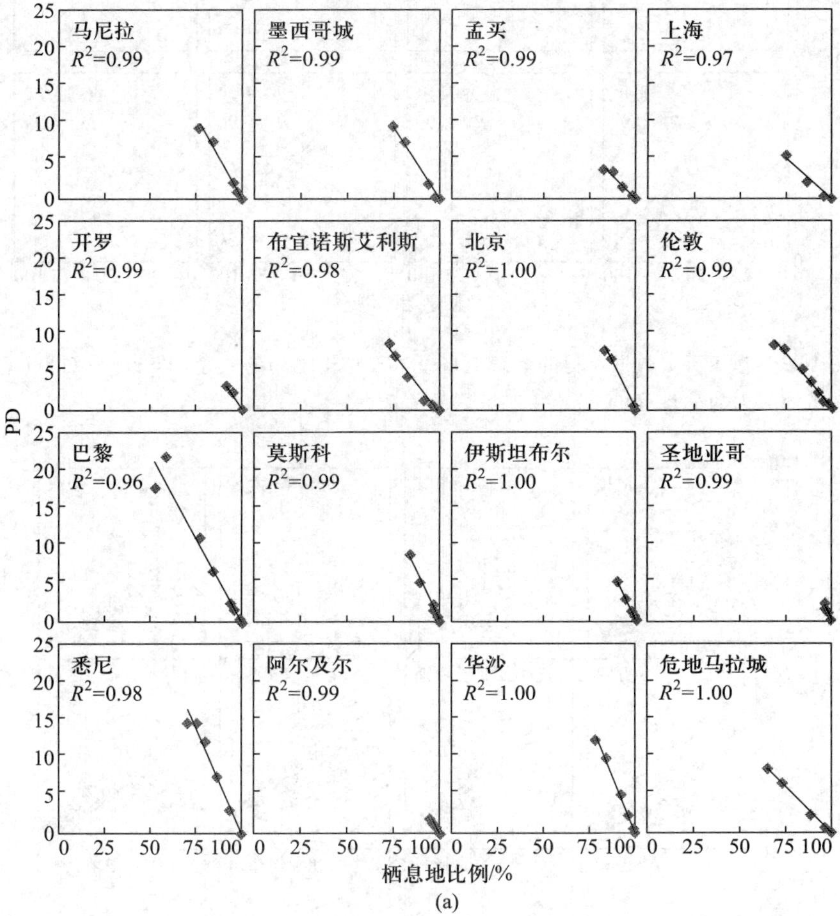

(a)

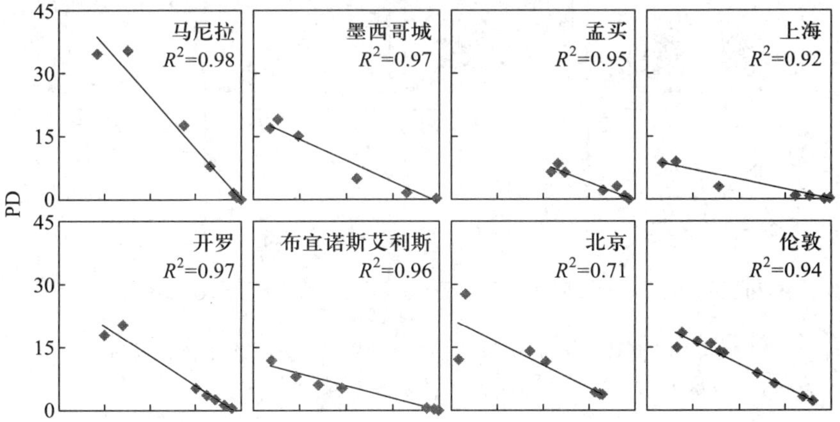

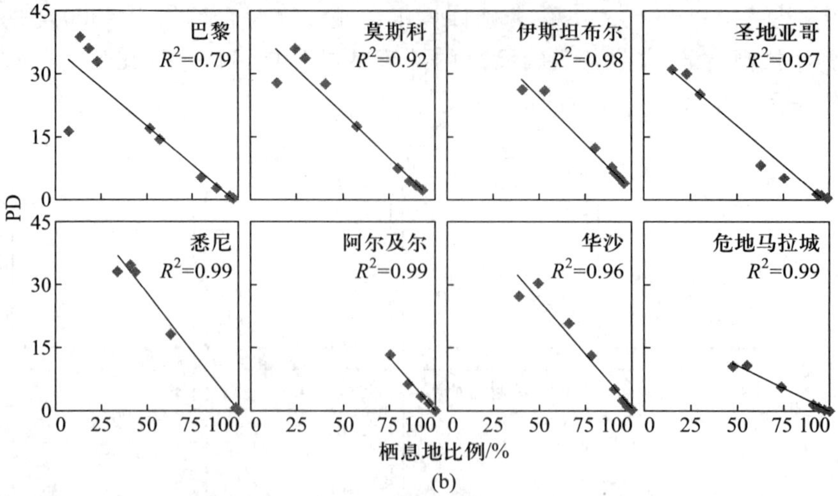

(b)

图 16.3 基于历史数据获得的栖息地丧失与破碎化之间的关系(以 PD 为例):(a)城市地区内的关系;(b) 城市中心区内的关系。

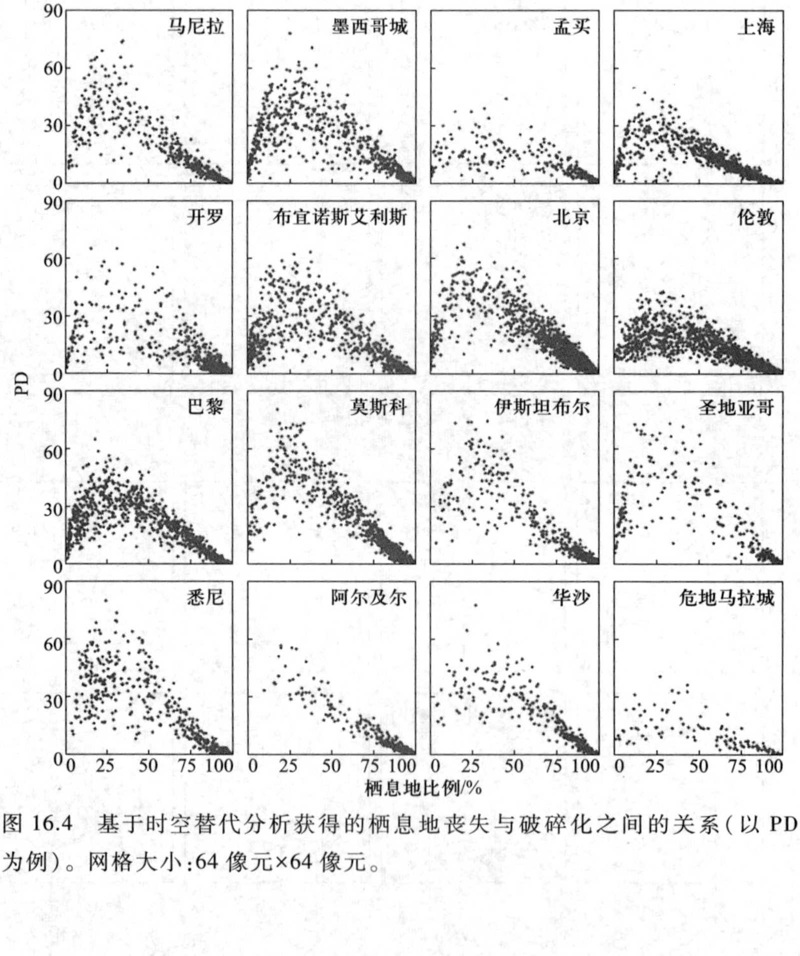

图 16.4 基于时空替代分析获得的栖息地丧失与破碎化之间的关系(以 PD 为例)。网格大小:64 像元×64 像元。

16.2　结果

16.2.1　城市化进程中的栖息地丧失

在全球 16 个城市的城市化进程中，1800—1900 年栖息地面积减少较慢，1900—2000 年栖息地面积快速下降(图 16.2)。城市地区和城市中心区的栖息地丧失趋势一致。1800—1900 年，栖息地丧失的总量均不足 5%。1900—2000 年，城市地区栖息地约丧失了 25%(图 16.2a)，城市中心区栖息地丧失了 75%以上(图 16.2b)。

16.2.2　基于历史数据的栖息地丧失与破碎化关系

1800—2000 年，全球 16 个城市栖息地比例与 9 个表征栖息地破碎化的景观指数显著相关，城市中心区和城市地区 R^2 均大于 0.6($P<0.01$)(图 16.3，图 16.5)。MPS、TCA 和 NTCA 3 个面积指数与栖息地比例呈单调型关系(图 16.5a～c)。随着栖息地的丧失，MPS 呈指数下降(图 16.5a)，TCA 呈线性下降(图 16.5b)，NTCA 表现为对数型下降(图 16.5c)。PD 和 ED 2 个密度指数与栖息地比例线性相关。随着栖息地面积减少，PD 和 ED 均呈线性增长趋势(图 16.5d，e)。在 2 种形状指

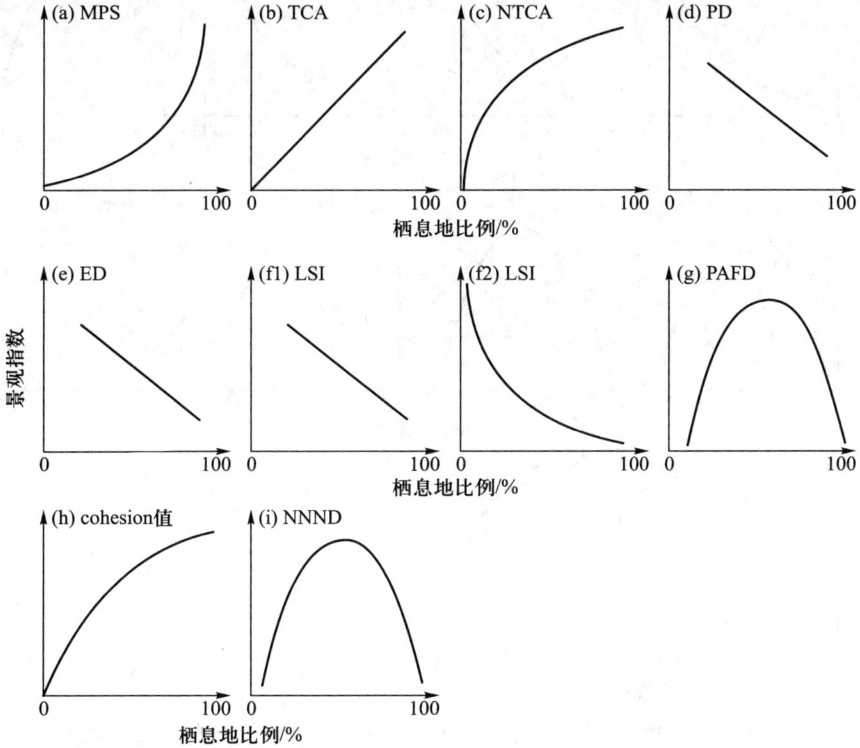

图 16.5　基于历史数据获得的栖息地丧失与破碎化之间的主要关系。

数中,LSI 随着栖息地丧失表现为线型和指数型上升(图 16.5 f1、f2);PAFD 与栖息地比例表现为抛物线型的关系,在栖息地丧失的初期上升,在中期达到最大值,然后随着栖息地的进一步减少而下降(图 16.5g)。随着栖息地面积减少,cohesion 值持续下降(图 16.5h),NNND 先上升后下降(图 16.5i),2 个连通性指数分别与栖息地比例表现为对数型关系和抛物线型关系。

16.2.3 基于时空替代分析的栖息地丧失与破碎化关系

基于 2000 年数据的时空替代分析结果表明,全球 16 个城市栖息地比例与表征栖息地破碎化的 10 个景观指数均显著相关,并且基于不同网格大小的分析结果基本一致(图 16.4,图 16.6)。MPS、TCA 和 NTCA 3 个面积指数随着栖息地面积减少均呈指数型下降(图 16.6a~c)。PD 和 ED 2 个密度指数以及 LSI 和 PAFD 2 个形状指数与栖息地比例均呈抛物线关系(图 16.6d~g)。在 3 个连通性指数中,cohesion 值和 NND 与栖息地比例分别呈正的对数型关系和负的幂函数型关系(图 16.6h,i),NNND 与栖息地比例表现为抛物线型关系(图 16.6j)。

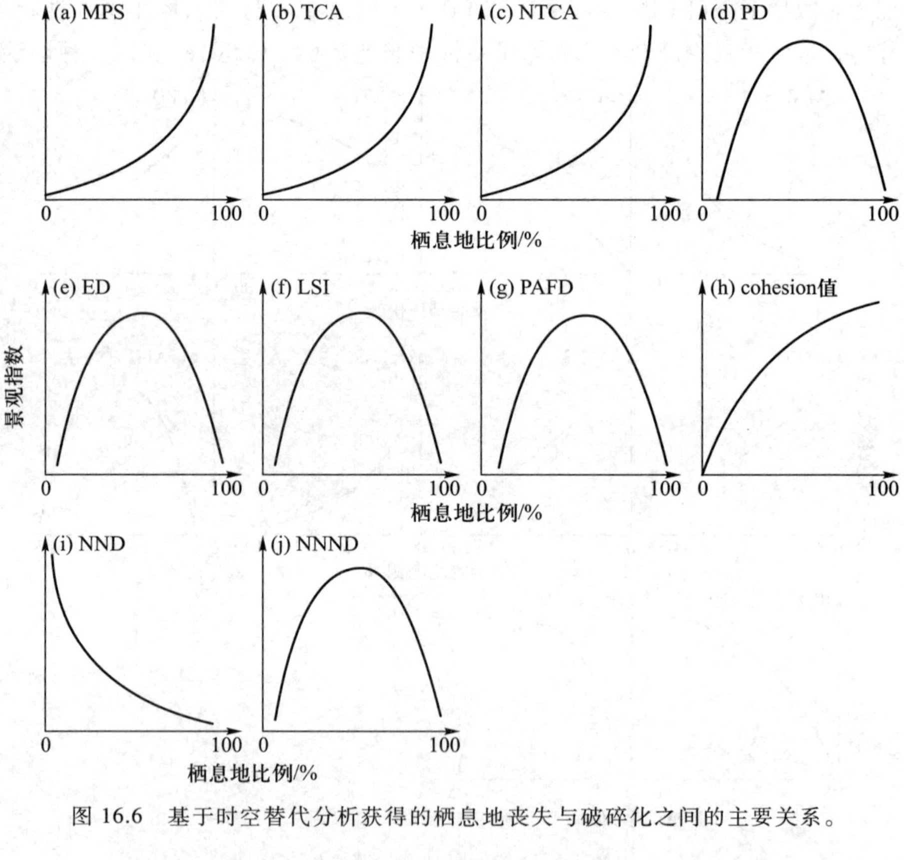

图 16.6 基于时空替代分析获得的栖息地丧失与破碎化之间的主要关系。

16.3 讨论

16.3.1 栖息地丧失与破碎化之间的主要关系

总体上，全球 16 个城市 1800—2000 年栖息地丧失导致了 MPS、TCA、NTCA 和 cohesion 值的减少以及 PD、ED 和 LSI 的增加，表明栖息地破碎化程度和形状复杂程度均呈增长趋势，栖息地连通性呈下降趋势（图 16.5）。此外，选取不同景观指数表征栖息地破碎化程度会对分析栖息地丧失与破碎化之间的关系产生影响。例如，TCA 和栖息地比例呈显著的线性相关（图 16.5b），而 NND 与栖息地比例的相关关系不显著。在基于栖息地面积对景观指数进行标准化之后（Wang and Cumming, 2011），NTCA 与栖息地比例呈对数型关系（图 16.5c），NNND 与栖息地比例呈抛物线型关系（图 16.5i）。而且 PAFD 和 NNND 等基于斑块层次计算的指数与 LSI 和 cohesion 值等基于类别层次计算的指数在量化栖息地丧失和破碎化之间的关系时也存在明显差异（图 16.5f ~ j）（McGarigal et al., 2002）。

16.3.2 基于历史数据验证已有假设

近 20 年，已有研究人员基于实测数据和模拟数据，利用景观指数量化了森林砍伐过程中栖息地丧失与破碎化之间的关系（Gustafson and Parker, 1992; Gustafson, 1998; Hargis et al., 1998; Neel et al., 2004; Smith et al.,2009; Wang and Cumming, 2011）。基于已有研究的结果，我们将森林砍伐过程中两者之间的关系归纳为 20 种形式（图 16.1）。

在城市化和森林砍伐过程中，栖息地丧失与破碎化之间的 7 种关系基本一致（图 16.1，图 16.5，表 16.3）。这些关系包括 MPS 与栖息地比例之间的指数关系（图 16.1a，图 16.5a）、TCA 和 PD 与栖息地比例之间的线性关系（图 16.1b2、d2，图 16.5b、d）、NTCA 和 cohesion 值与栖息地比例之间的对数关系（图 16.1c3、h3，图 16.5c、h）以及 PAFD 和 NNND 与栖息地比例之间的抛物线关系（图 16.1g1、j2，图 16.5g、i）。

其他 13 种关系仅存在于森林砍伐过程中（图 16.1，表 16.3）。例如，密度指数与栖息地比例之间的抛物线关系（图 16.1d1、e1）以及连通性指数 NND 与栖息地比例之间的显著关系（图 16.1i1、i2）。

另外，城市化进程中栖息地丧失与破碎化还表现出两种新的关系，即 ED 和 LSI 2 个景观指数与栖息地比例之间的单调负相关关系（图 16.5e ~ f2，表 16.3）。在森林砍伐过程中，ED 和栖息地比例之间表现为抛物线关系和线性正相关关系（Hargis et al., 1998; Smith et al., 2009）（图 16.1e1、e2），LSI 和栖息地比例之间仅呈抛物线关系（图 16.1f1），表明在栖息地丧失达到一定程度之后，栖息地的形状复杂程度将随着栖息地的继续减少而减少。在城市化进程中发现的新关系表明栖息地丧失会导致栖息地的形状复杂程度持续增加（图 16.5e ~ f2）。这有

表 16.3 栖息地面积与破碎化之间主要关系对比

景观指数类型	景观指数名称缩写	森林砍伐过程中的主要关系	城市化进程中的主要关系
面积指数	MPS	单调正相关(指数型、线性)	单调正相关(指数型)
	TCA	单调正相关(指数型、线性)	单调正相关(线性)
	NTCA	单调正相关(指数型、线性、对数型)	单调正相关(对数型)
密度指数	PD	非单调("∩"型)、单调负相关(线性)	单调负相关(线性)
	ED	非单调("∩"型)、单调正相关(线性)	单调负相关(线性)
形状指数	LSI	非单调("∩"型)	单调负相关(线性、指数型)
	PAFD	非单调("∩"型)	非单调("∩"型)
连通性指数	NND	单调负相关(指数型、线性)	关系不显著
	NNND	非单调("∩"型)	非单调("∩"型)
	cohesion 值	单调正相关(线性、对数型)	单调正相关(对数型)

可能是因为高度城市化景观中斑块形状复杂程度不断增加而导致的(Wu et al., 2011)。

16.3.3 基于时空替代分析验证已有假设

基于时空替代分析得到的栖息地丧失与破碎化之间的 10 种关系与森林砍伐过程中的发现基本一致(图 16.1,图 16.6)。具体包括栖息地比例与面积指数 MPS、TCA 和 NTCA 呈现的指数关系、栖息地比例与密度指数 PD 和 ED、形状指数 LSI 和 PAFD 以及连通性指数 NNND 之间的抛物线关系、栖息地比例与 cohesion 值之间的对数关系以及栖息地比例与 NND 之间的幂函数关系(图 16.1,图 16.6)。

利用时空替代分析法量化城市化进程中栖息地丧失与破碎化之间的关系仍存在明显缺陷。时空替代分析假设时间上的变化和空间上的变化是相同的,常被用于研究生态学中长时间尺度的现象(Pickett,1989),并且被广泛应用于分析森林砍伐过程中栖息地丧失与破碎化之间的关系(Hargis et al., 1998; Fortin et al., 2003; Neel et al., 2004)。然而,该方法在被用于分析环境差异明显的景观时存在明显不足(Pickett, 1989),特别是在用于分析组成和格局均呈高度异质性和快速动态变化的城市景观时,其缺陷尤为明显(Wu et al., 2011,2013)。本研究发现基于时空替代分析得到的结果与基于历史数据得到的结果明显不同(图 16.5,图 16.6)。例如,1800—2000 年栖息地丧失的过程中 PD 呈线性增长趋势(图 16.5d),但基于时空替代分析则表明栖息地比例与 PD 呈抛物线关系(图 16.6d)。TCA、NTCA、ED、LSI 和 NND 等指数均表现出不一致(图 16.5,图 16.6)。

16.4　结论

我们的研究表明，城市化同时导致栖息地总量的减少和栖息地破碎化程度的增加，而且两者之间显著相关。随着城市化进程中栖息地的持续减少，栖息地面积指数和连通性指数均呈下降趋势，密度指数以及形状指数均呈增长趋势。而且，城市化进程中栖息地丧失与破碎化之间的关系与森林砍伐过程中两者的关系既有相似之处，又有明显区别。在城市化进程中，应该优化城市景观中栖息地的密度和形状复杂程度，减缓栖息地的破碎化。此外，由于城市景观具有较高的异质性，时空替代分析法不适用于分析城市化进程中栖息地丧失与破碎化之间的关系。

致谢

本研究得到国家重点基础研究发展计划项目“全球变化与区域可持续发展耦合模型及调控对策”(2014CB954303、2014CB954302)资助。

参考文献

Andrén, H. 1994. Effects of habitat fragmentation on birds and mammals in landscapes with different proportions of suitable habitat: A review. Oikos, 71(3): 355-366.

Angel, S., J. Parent, D. L. Civco, and A. M. Blei. 2010. The Persistent Decline of Urban Densities: Global and Historical Evidence of Sprawl, Lincoln Institute Working Paper. Cambridge: Lincoln Institute of Land Policy.

Angel, S., J. Parent, D. L. Civco, A. M. Blei, and D. Potere. 2011. The dimensions of global urban expansion: Estimates and projections of all countries, 2000—2050. Progress in Planning, 75(2): 53-107.

Didham, R. K., V. Kapos, and R. M. Ewers. 2012. Rethinking the conceptual foundations of habitat fragmentation research. Oikos, 121(2): 161-170.

Fahrig, L. 1997. Relative effects of habitat loss and fragmentation on population extinction. Journal of Wildlife Management, 61(3): 603-610.

Fahrig, L. 2003. Effects of habitat fragmentation on biodiversity. Annual Review of Ecology, Evolution, and Systematics, 34(6): 487-515.

Fortin, M. J., B. Boots, F. Csillag, and T. K. Remmel. 2003. On the role of spatial stochastic models in understanding landscape indices in ecology. Oikos, 102(1): 203-212.

Güneralp, B., and K. Seto. 2013. Futures of global urban expansion: Uncertainties and implications for biodiversity conservation. Environmental Research Letters, 8(1): 014025.

Gustafson, E. J. 1998. Quantifying landscape spatial pattern: What is the state of the art? Ecosystems, 1(2): 143–156.

Gustafson, E. J., and G. R. Parker. 1992. Relationships between landcover proportion and indices of landscape spatial pattern. Landscape Ecology, 7(2): 101–110.

Haddad, N. M., L. A. Brudvig, J. Clobert, K. F. Davies, A. Gonzalez, R. D. Holt, T. E. Lovejoy, J. O. Sexton, M. P. Austin, and C. D. Collins. 2015. Habitat fragmentation and its lasting impact on Earth's ecosystems. Science Advances, 1(2): e1500052.

Hargis, C. D., J. A. Bissonette, and J. L. David. 1998. The behavior of landscape metrics commonly used in the study of habitat fragmentation. Landscape Ecology, 13(3): 167–186.

IUCN. 2013. Habitats Classification Scheme (Version 3. 1). The IUCN Red List of Threatened Species (Version 2013. 1). http://www. iucnredlist. org.

Laurance, W. F., J. L. C. Camargo, R. C. C. Luizão, S. G. Laurance, S. L. Pimm, E. M. Bruna, P. C. Stouffer, G. B. Williamson, J. Benítez-Malvido, and H. L. Vasconcelos. 2011. The fate of Amazonian forest fragments: A 32-year investigation. Biological Conservation, 144(1): 56–67.

Li, T. A., F. Shilling, J. Thorne, F. Li, H. Schott, R. Boynton, and A. M. Berry. 2010. Fragmentation of China's landscape by roads and urban areas. Landscape Ecology, 25(6): 839–853.

Liu, Z. F., C. Y. He, and J. G. Wu. 2016. General spatiotemporal patterns of urbanization: An examination of 16 world cities. Sustainability, 8(1): 41–55.

Liu, Z. F., C. Y. He, Y. Y. Zhou, and J. G. Wu. 2014. How much of the world's land has been urbanized, really? A hierarchical framework for evading confusion. Landscape Ecology, 29(5): 763–771.

McDonald, R. I., P. Kareiva, and R. T. T. Forman. 2008. The implications of current and future urbanization for global protected areas and biodiversity conservation. Biological Conservation, 141(6): 1695–1703.

McGarigal, K., S. A. Cushman, M. C. Neel, and E. Ene. 2002. FRAGSTATS: Spatial Pattern Analysis Program for Categorical Maps, 3. 1st edn. Amherst: University of Massachusetts.

Neel, M. C., K. McGarigal, and S. A. Cushman. 2004. Behavior of class-level landscape metrics across gradients of class aggregation and area. Landscape Ecology, 19(4): 435–455.

Pe'er, G., G. A. Zurita, L. Schober, M. I. Bellocq, M. Strer, M. Müller, and S. Pütz. 2013. Simple process-based simulators for generating spatial patterns of habitat loss and fragmentation: A review and introduction to the *G-RaFFe* model. PLoS ONE, 8(5): e64968.

Pickett, S. T. A. 1989. Space-for-Time Substitution as an Alternative to Long-Term Studies. In: Likens, G. E. (ed.). Long-Term Studies in Ecology: Approaches and Alternative. New York: Springer–Verlag.

Scolozzi, R., and D. Geneletti. 2012. A multi-scale qualitative approach to assess the impact of urbanization on natural habitats and their connectivity. Environmental Impact Assessment Review, 36(5): 9–22.

Seto, K. C., B. Guneralp, and L. R. Hutyra. 2012. Global forecasts of urban expansion to 2030 and direct impacts on biodiversity and carbon pools. Proceedings of the National Academy of Sciences of the United States of America, 109(40): 16083–16088.

Smith, A. C., N. Koper, C. M. Francis, and L. Fahrig. 2009. Confronting collinearity: Comparing methods for disentangling the effects of habitat loss and fragmentation. Landscape Ecology, 24 (10): 1271-1285.

Sushinsky, J. R., J. R. Rhodes, H. P. Possingham, T. K. Gill, and R. A. Fuller. 2013. How should we grow cities to minimize their biodiversity impacts? Global Change Biology, 19(2): 401-410.

Swenson, J. J., and J. Franklin. 2000. The effects of future urban development on habitat fragmentation in the Santa Monica Mountains. Landscape Ecology, 15(8): 713-730.

Syphard, A. D., K. C. Clarke, J. Franklin, H. M. Regan, and M. McGinnis. 2011. Forecasts of habitat loss and fragmentation due to urban growth are sensitive to source of input data. Journal of Environmental Management, 92(7): 1882-1893.

UN(United Nations). 2012. World Urbanization Prospects: The 2011 Revision. New York: United Nations, Department of Economic and Social Affairs, Population Division.

Wang, X. L., and S. G. Cumming. 2011. Measuring landscape configuration with normalized metrics. Landscape Ecology, 26(5): 723-736.

Wiegand, T., E. Revilla, and K. A. Moloney. 2005. Effects of habitat loss and fragmentation on population dynamics. Conservation Biology, 19(1): 108-121.

Wilson, M. C., X. Y. Chen, R. T. Corlett, R. K. Didham, P. Ding, R. D. Holt, M. Holyoak, G. Hu, A. C. Hughes, L. Jiang, W. F. Laurance, J. J. Liu, S. L. Pimm, S. K. Robinson, S. E. Russo, X. F. Si, D. S. Wilcove, J. G. Wu, and M. J. Yu. 2016. Habitat fragmentation and biodiversity conservation: Key findings and future challenges. Landscape Ecology, 31(2): 219-227.

Wu, J. G. 2004. Effects of changing scale on landscape pattern analysis: Scaling relations. Landscape Ecology, 19(2): 125-138.

Wu, J. G. 2014. Urban ecology and sustainability: The state-of-the-science and future directions. Landscape and Urban Planning, 125(2): 209-221.

Wu, J. G., C. Y. He, G. L. Huang, and D. Y. Yu. 2013. Urban landscape ecology: Past, present, and future. In: Fu, B. J., and K. B. Johns(eds.). Landscape Ecology for Sustainable Environment and Culture. Berlin: Springer-Verlag.

Wu, J. G., G. D. Jenerette, A. Buyantuyev, and C. L. Redman. 2011. Quantifying spatiotemporal patterns of urbanization: The case of the two fastest growing metropolitan regions in the United States. Ecological Complexity, 8(1): 1-8.

Wu J. G., W. J. Shen, W. Z. Sun, and P. T. Tueller. 2002. Empirical patterns of the effects of changing scale on landscape metrics. Landscape Ecology, 17(8): 761-782.

基于预景分析的上海城市发展可持续性评价

第17章

黄璐[①②]　邬建国[③④]　严力蛟[②]

摘　要

预景分析是研究城市动态和模拟城市未来的有效工具。将可持续性指标应用于预景分析，有助于分析城市可持续发展的难点，判断预景方案的可持续性，进而明确城市的发展方向。本研究选取国际上常用的可持续性指标（真实发展指标、生态足迹、环境绩效指数、城市发展指数、人类发展指数、基尼系数和城乡收入比）评价了自改革开放以来上海的城市发展状况。评价结果表明，环境污染、生态退化和社会欠公平是上海可持续发展中亟待解决的重要问题。在比较了"上海市城市总体规划（2016—2040）"的五个预景方案——市场驱动、政策改革、堡垒世界、多元平等和新的可持续性模式——及其特征后，通过上述可持续性指标对各个方案进行评价，结果显示第五个方案"新的可持续性模式"与可持续发展原理最为一致。对比该方案与2040年上海总体规划指导意见，建议上海在总体规划中重视土地循环利用、中下阶层市民的住房与生活质量。

① 杭州电子科技大学浙江省杭电智慧城市研究中心，杭州，310012；
② 浙江大学生态规划与景观设计研究所，杭州，310058；
③ 美国亚利桑那州立大学生命科学学院和全球可持续性研究所，坦佩，85287；
④ 北京师范大学地表过程与资源生态国家重点实验室，人与环境系统可持续研究中心，北京，100875。

Sustainability Assessment of Shanghai's Development Basing on Scenario Analysis

Lu Huang①② Jianguo Wu③④ Lijiao Yan②

Abstract

Scenario planning is a valuable approach in studying urban dynamics and modeling future cities. Applying sustainability indicators in scenario planning can help identify the obstacles to urban sustainable development, assess the sustainability of each scenario, and then clarify the direction of urban development. To cover the environmental, economic, and social dimensions of sustainability, we used several sustainability indicators together in our assessment, including genuine progress indicator, ecological footprint, biocapacity, environmental performance index, city development index, human development index, Gini index, and urban-rural income ratio. In general, environmental pollution, ecological degradation, and social inequity have been major hurdles for Shanghai to achieve sustainability. Shanghai is on its way to making the general plan in 2040 (*i. e.* Shanghai Master Plan 2016—2040 Project). Considering the status quo of Shanghai and the unique urban-rural dual land system of China, we proposed a scenario "multicultural equitable society" for Shanghai. The other four scenarios—"market forces, policy reform, fortress world, and new sustainability paradigm"—were adopted from the work of Global Scenario Group. Only the scenario of new sustainability paradigm seemed in accordance with the three-bottom-line principle of sustainable development, judging by the trend of indicators in scenarios. Comparing and contrasting the scenario of new sustainability paradigm and the guiding principle of general plan of Shanghai in 2040, we suggested that the general plan should pay more attention to land recycling, affordable housing, and living quality of middle and lower classes.

---

① Smart-City Research Center of Zhejiang Province, Hangzhou Dianzi University, Hangzhou, 310012, China;

② Institute of Ecological Planning and Landscape Design, Zhejiang University, Hangzhou 310058, China;

③ School of Life Sciences and Global Institute of Sustainability, Arizona State University, Tempe, AZ 85287, USA;

④ Center for Human-Environment System Sustainability (CHESS), State Key Laboratory of Earth Surface Processes and Resource Ecology (ESPRE), Beijing Normal University, Beijing, 100875, China.

引言

可持续发展已成为全球大多数国家对未来发展方向的共识(UN,2012),但未来充斥着不确定性,预景研究被认为是处理不确定性问题的有效工具(Özkaynak, 2008;王睿和周均清, 2007)。预景是通过一系列定性或定量的特征来描述未来的状态,以及由当前形式发展到未来状态的路径。预景研究并非回答"未来是怎样的",而是回答"未来有哪些可能",因此其目的并不是预测未来,而在于更好地理解不确定性,以求在不同的未来情景下做出有效决策(Boyko et al., 2012;Özkaynak, 2008;Rotmans et al., 2000)。从全球到城市,预景分析已在各个尺度的地区发展中得以应用(Baker et al., 2004;Boyko et al., 2012;DTI, 2002;Raskin et al., 2002;Ravetz,2000;Rotmans et al., 2000)。具有代表性的是全球情景模拟小组(Global Scenario Group),该组织提出了六套预景方案并用定量的方法将其用在全球和区域尺度的未来情景模拟(Raskin et al., 2002),其结果被政府间气候变化专门委员会、联合国环境规划署、经济合作与发展组织等采用。相比其他尺度,预景分析在城市尺度上应用较少(Barbanente et al., 2002;丁成日,2005),并且由于城市的差异性,方案间可比性较差。Boyko 等(2012)鉴于全球情景模拟小组研究结果在多个国际组织中的高认可度,随机选择其中四套方案、根据英国城市特点进行调整后用于英国"城市的未来"项目,使城市与全球或区域尺度的预景方案具有可比性。

在预景研究过程中,多数研究关注预景方案的构建过程(Baker et al., 2004;Boyko et al., 2012;DTI,2002;Raskin et al., 2002;Ravetz,2000;Rotmans et al., 2000),虽然可持续发展在其中起指导作用,但如何将可持续性科学应用到预景分析还远未清晰。可持续性指标是衡量可持续发展的有效工具,自 1992 年地球峰会后迅速发展(Huang et al., 2015;Wu,2014;邬建国等,2014)。在预景分析前,通过可持续性指标评价城市发展历程,有助于分析城市发展中的弱点和难点,其可作为设定预景方案的依据。在预景方案的评价过程中,利用可持续性指标分析每个预景方案是接近还是远离可持续发展,可以探讨各个方案的优缺点,为后续的规划方向提供依据。由于研究者的价值观、指标开发目的、对可持续性科学的理解不同,每个指标都有其特点,如对可持续发展三支柱(经济、社会、环境)的偏向性不同,因此,没有单一的指标能判断可持续性,只有多套指标同时评估才有可能得出正确的结论(Huang et al., 2015)。基于此观点,我们在之前的研究中选取真实发展指标(genuine progress indicator, GPI)、生态足迹(ecological footprint,EF)、环境绩效指数(environmental performance index,EPI)、城市发展指数(city development index,CDI)、人类发展指数(human development index,HDI)、基尼系数(Gini coefficient,Gini)和城乡收入比,评价了 1978—2012

年中国 10 个特大城市的可持续性,上海是其中之一(Huang et al., 2016)。上海目前正在进行新一轮城市总体规划“上海市城市总体规划(2016—2040)”。本研究对上海进行不确定性分析,形成数个预景方案,利用多套可持续性指标评价每个方案的可持续性。将此研究方法用于总规制定前的概念性规划或战略研究,可为确定上海的发展方向提供理论依据。

17.1 研究方法

17.1.1 对上海发展历程进行可持续性评价

根据“中国 10 个特大城市可持续性评估:改革开放后的 35 年”研究结果(Huang et al., 2016),选择可持续性指标 GPI、EF、EPI、CDI、HDI、Gini 和城乡收入比,总结上海自 1978 年以来的发展特征。这些指标涵盖可持续发展的三大支柱——经济、环境与社会,从不同角度表征可持续发展的特点(表 17.1)。数据主要来源于各类统计年鉴、学术论文等公开出版物。对于缺失值,本研究利用两端数据线性拟合内部的缺失数据。数据来源及处理详见 Huang 等(2016)。

17.1.2 确定预景分析方案

预景方案最好是多方利益相关者讨论后确定的方案,上海已经听取多方意见(市委市政府于 2013 年 5 月确定开门做规划,已召开多次由政府行政人员、专家学者和市民组成的讨论会),目前正在做 18 个专项规划(专项规划涵盖产业发展、生态环境、城市品质与文化内涵、综合交通体系、基础保障五个领域)及其战略研究报告。这些利益相关者所关注、讨论的关键性问题我们无法获得。因此我们只能从中国国情、上海历史发展状况以及 18 个专项规划的题目推断上海需要关注的关键性问题,并以解决该问题作为预景方案。由于中国城市化必须解决的难题是如何统筹城乡发展,而上海本身又是具有纽约“大熔炉”气质的大都市,因此我们根据城乡公平性和多元文化交流问题,提出一个预景方案——注重平等、具有多元文化的社会(简称多元平等,multicultural equitable society)。然后,参考文献(Boyko et al., 2012; Raskin et al., 2002; Electris et al., 2009),选取全球情景模拟小组提出的四个预景方案——市场驱动(market forces)、政策改革(policy reform)、堡垒世界(fortress world)和新的可持续性模式(new sustainability paradigm)。最终,我们确定了 2040 年上海城市发展的五个预景方案。

17.1.3 设置每个预景方案的特征

每个预景方案需要由若干特征进行描述,特征可以定性或定量,也可以假设。只要假设的特征与预景方案的整体方向一致,那么进行假设是可行的,因为这么做能够更完整地描述方案(Boyko et al., 2012)。需要注意的是假设只能依靠目前的知识水平做判断,例如城市形态,在市场驱动方案中城市扩张的可能性

表 17.1 可持续性指标特点、计算方法及调整

可持续性维度	指标	指标特点	计算方法	
			参考文献	基于文献,根据数据状况进行调整
经济可持续性	GPI	计算经济增长带来的福利中扣除生态退化、环境污染、社会不利因素,增加社会有利因素	Wen et al., 2008, 2007	① 我国城乡二元制导致统计年鉴的居民收入是按城镇与农村分开调查,因此"对分配不公的调整"中 Gini 只能按照城乡分开统计,所能反映的是城镇与乡村内部的收入不公平程度;② 由于自然修复和我国各类造林项目,森林蓄积量损失数据改为 0
环境可持续性	EF 和 BC	EF 主要从资源角度计算城市资源消费和废弃物排放对环境的压力(废弃物排放只计算 CO_2 排放);BC 计算城市本身的资源禀赋能承受多少生态环境压力	Borucke et al., 2013;WRI,2013;谢鸿宇等, 2008;杨志峰等,2004	参考环球足迹网络机构(Global Footprint Network)的计算框架。对结果有较大影响的 4 个参数,全球平均产量因子参照谢鸿宇等(2008)和杨志峰等(2004),碳排放因子参照 WRI(2013),均衡因子参照 Kitzes 等(2007),产量因子参照刘某承等(2010)
	EPI	从环境健康与生态系统活力角度衡量环境的整体表现	Emerson et al., 2012;Hsu et al., 2014	① 由于数据缺失,用 PM10 代替 PM2.5;② EPI 的计算关键在于"目标参数"与"最差表现参数"的设定。目标参数大多按照 EPI2012 或 2014 默认设定,其中 PM10 的目标参数(年平均浓度 $20\mu g \cdot m^{-3}$)按照世界卫生组织(WHO)设定,受保护区面积比例按照我国生态市 17% 的标准设定。最差表现参数中的"杀虫剂使用强度"、"PM10"按照上海 35 年中最差表现进行设定

续表

可持续性维度	指标	指标特点	计算方法	
			参考文献	基于文献，根据数据状况进行调整
社会可持续性	CDI 和 HDI	CDI 判断城市社会与经济的总体发展程度，与 HDI 相关性强，具体分析以 CDI 为主	UNDP，2009；UN-Habitat，2002	无
	Gini 和城乡收入比	衡量城市发展中的城乡不平衡性。由于 Gini 只能衡量城镇内部、农村内部的平衡性，因此用城乡收入比补充衡量城乡间的收入公平程度	Gini 指数的计算已包括在 GPI 中	无

最大,但在新的可持续性模式方案中城市的形态一定是紧凑型的吗(Milder, 2012; Williams, 2000)? 此判断也许会随着学科发展而有所不同。

17.1.4 预景方案的可持续性评估

根据每个方案的特征以及上海的发展历程,结合17.1.1小节中指标在世界若干城市的评价结果(Un-Habitat, 2002; UNDP, 2014; Emerson et al., 2012; http://www.footprintnetwork.org/en/index.php/GFN/page/footprint_data_and_results%5BEB/OL%5D),估测各可持续性指标的相对发展趋势,从而分析五个预景方案的可持续性。

17.2 结果与分析

17.2.1 上海可持续性评价结果

17.2.1.1 真实发展指标(GPI)

上海GPI与GDP的发展趋势截然不同。上海人均GDP经历了1978—1986年的下降及平稳,于1994年后迅速上升(图17.1),而人均GPI从1995—2005年一直处于平稳状态,直至2006年才开始上升。2005年后,部分年份人均GPI增长速度高于人均GDP。

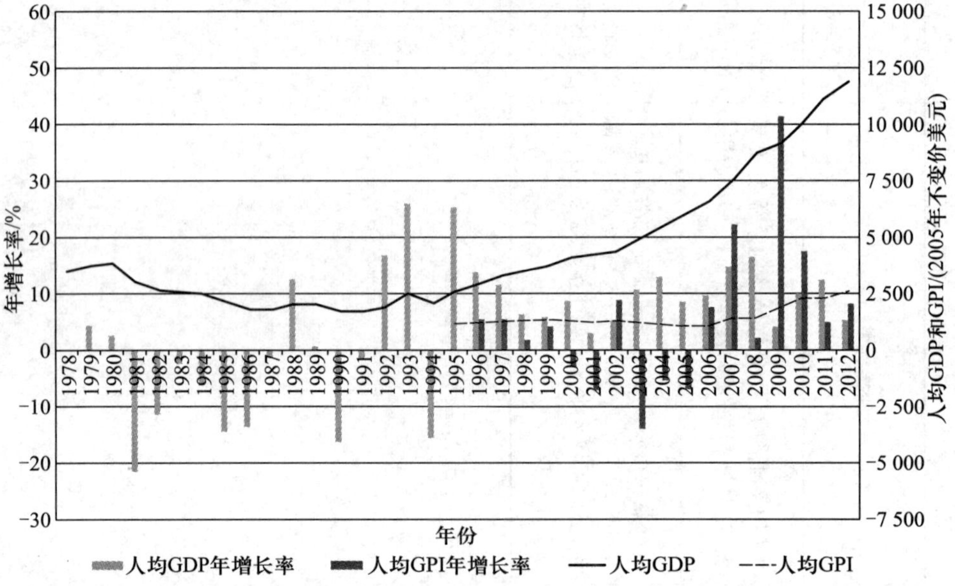

图17.1 上海1978—2012年人均GPI与人均GDP,以及两者的年增长率。1995年之前的人均GPI数据缺失(所有数据按2005年不变价美元核算)。

GPI中损耗最大的是经济与环境损耗(图17.2)。经济损耗方面,最突出的是居民收入分配欠公平受到的损失,农村与城镇居民的Gini近年都有所下降

(图 17.3),但这只是反映农村与城镇居民内部的收入分配不公情况,全市居民的收入公平情况由城乡收入比来反映,上海城乡收入比从 1983 年至 2001 年上升较快,2008 年后趋于平稳。环境损耗中,不可再生资源的损耗和环境污染损耗占主要部分。其中,上海市的污染治理成本自 1995 年后增长迅速,耕地损失量在 1993、2003、2006 年出现峰值。而社会损耗方面,交通堵塞成本和犯罪成本(主要是财政支出的公检法司支出)是最主要的损耗项目。

17.2.1.2　生态足迹(EF)

上海 35 年来人均 EF 呈增长态势,近 10 年稳定在 2.0~2.5 全球公顷(图 17.4a)。

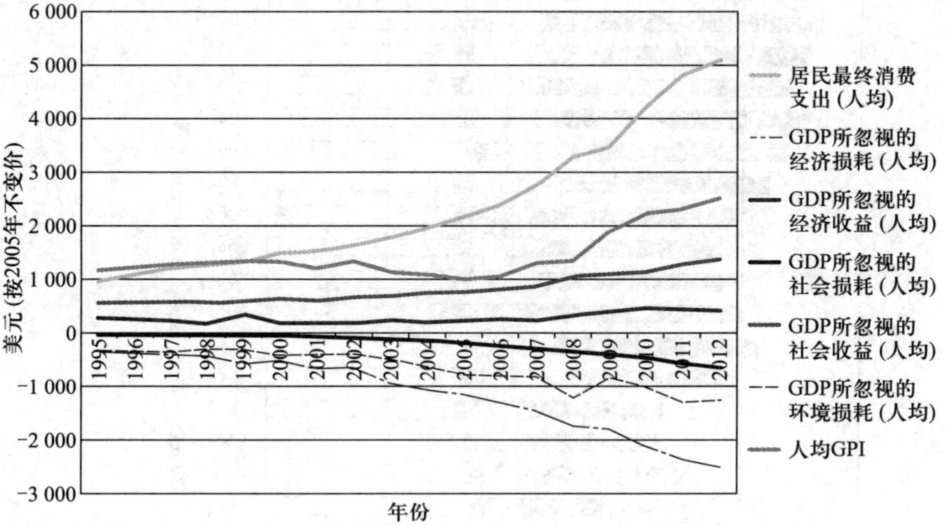

图 17.2　上海 1995—2012 年 GPI 中各个指标人均量变化(按 2005 年不变价美元)。

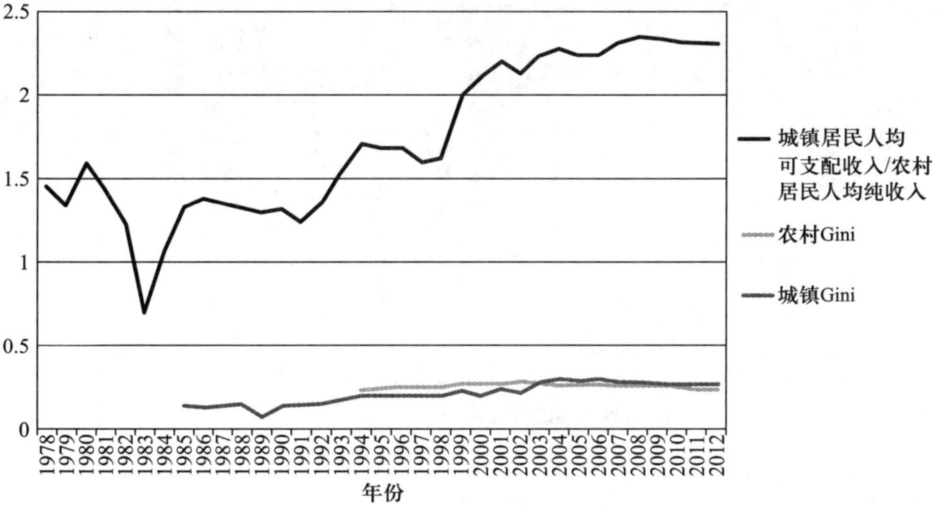

图 17.3　上海市城乡收入比以及城镇、农村居民 Gini。

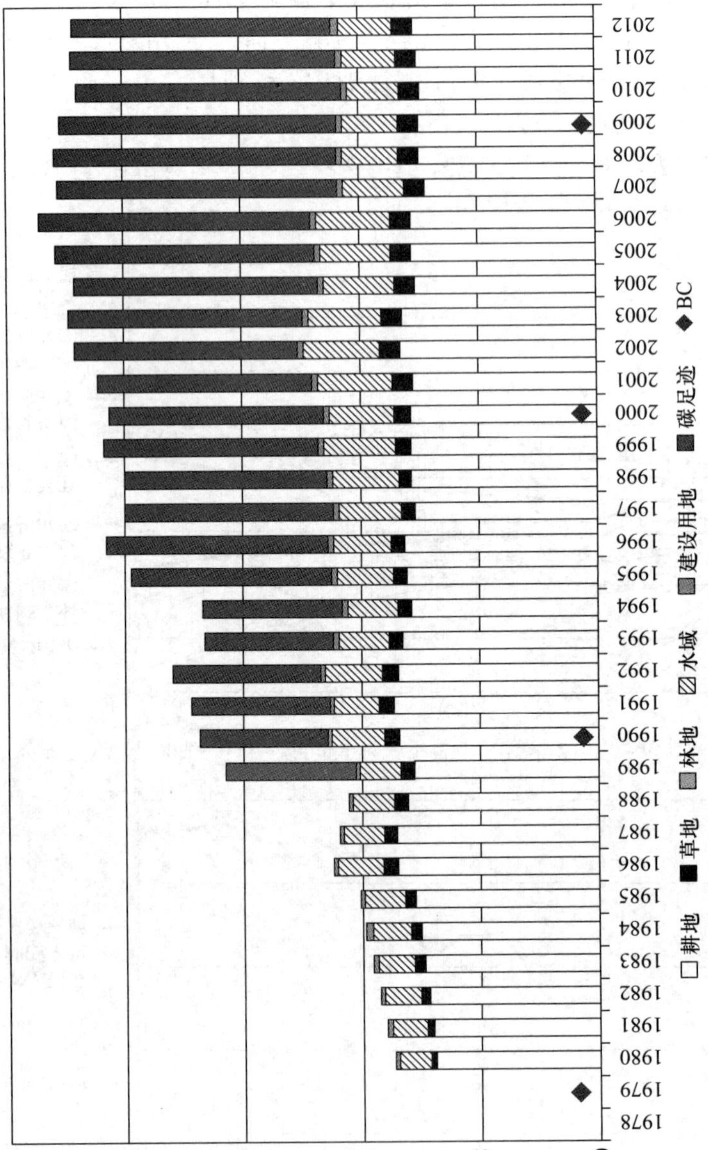
全球人均公顷数/hm²
0
0.5
1
1.5
2
2.5
1978
1979
1980
1981
1982
1983
1984
1985
1986
1987
1988
1989
1990
1991
1992
1993
1994
1995
1996
1997
1998
1999
2000
2001
2002
2003
2004
2005
2006
2007
2008
2009
2010
2011
2012
耕地
草地
林地
水域
建设用地
碳足迹
BC

(a)

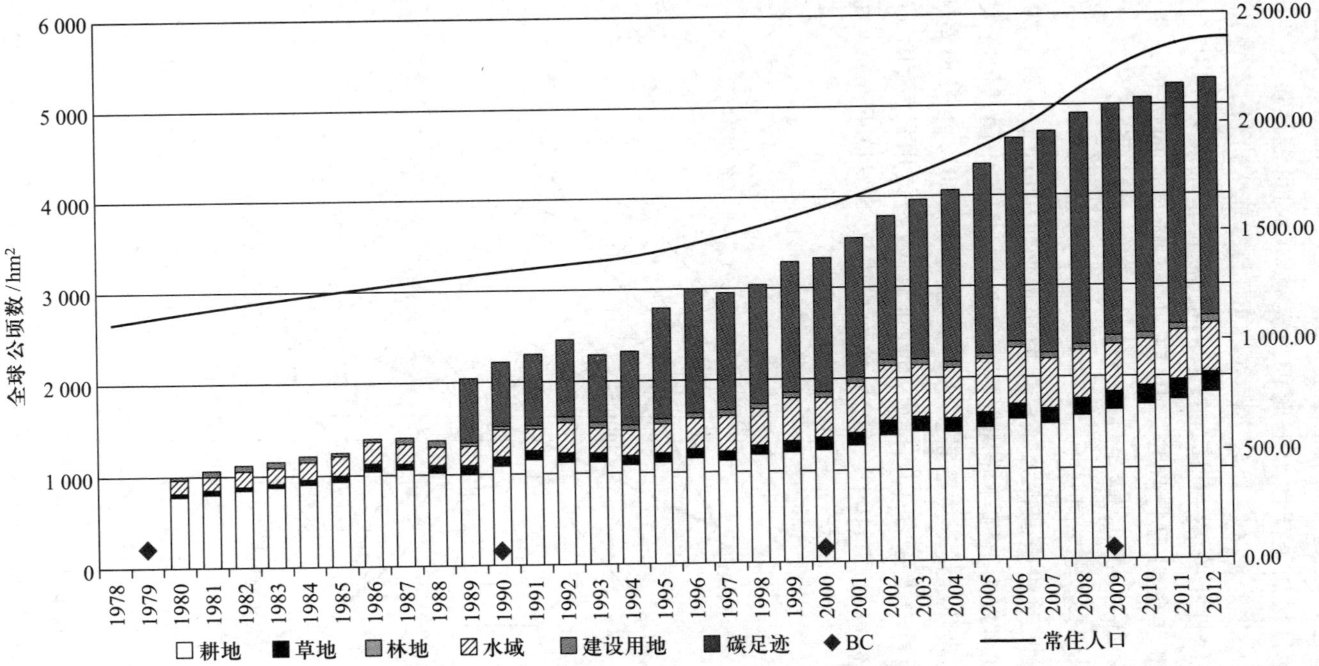

(b)

图 17.4 上海 1978—2012 年人均 EF(组成)及人均 BC(a)和 EF(组成)、人口及 BC(b)。1989 年之前的碳足迹数据缺失。由于林地面积过小,图中无法显示。

但由于人均生物承载力(biocapacity,BC)在10个特大城市中最低(2009年人均BC只有0.045全球公顷)(Huang et al., 2016),因此生态赤字较大。根据《关于编制上海新一轮城市总体规划的指导意见》和历年生产性土地面积变化,上海在今后发展中想要通过增加生产性土地面积来提高BC的可能性极小,所以只能通过降低EF来减小生态赤字。比较EF、人均EF与常住人口(图17.4),常住人口与EF呈极显著线性相关(R=0.975,按双侧检验,检验水准P=0.01),所以人均EF尤其在近10年能够保持稳定。从EF上看,碳足迹的增长非常迅速(图17.4b),因此在降低总EF上,碳足迹还有较大的下降空间。

17.2.1.3 环境绩效指数(EPI)

尽管EPI不适合现阶段中国特大城市环境质量评价(Huang et al., 2016),但上海在其中的表现可以为上海环境规划提供参考。上海与中国其他特大城市类似,35年中环境健康状况优于生态系统活力状况。其中2012年表现差(接近目标值的程度小于60)的指标为:CO_2排放、SO_2排放、农药使用强度(图17.5)。此外,有待提高的指标包括:PM10、受保护土地面积比例、5岁以下儿童死亡率、污水处理率 。

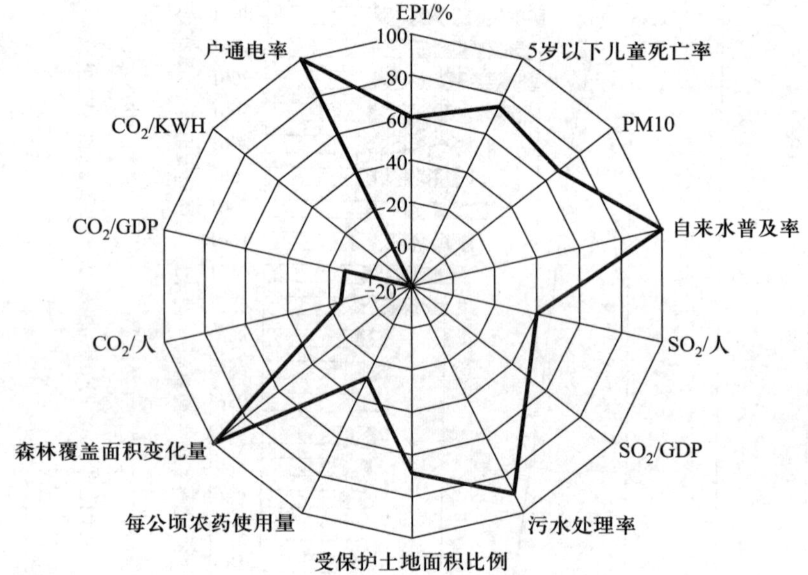

图17.5 2012年上海EPI指标雷达图。每生产单位电力所产生的CO_2排放量(CO_2/KWH)数值小于零则说明该指标数值比最差表现参数还小。

17.2.1.4 城市发展指数(CDI)和人类发展指数(HDI)

与全球城市指数数据库(版本2)1998年评价结果相比较,上海1998年CDI为68.7,处于全球城市排名的中游水平,2012年上升到83.4,达到了上游水平(图17.6)。上海除了废弃物处理,其他4项指标历年发展较为平稳,尤其是教育与健康在 1997 年就达到了较高的数值。而生活垃圾无害化处理率数值较低，经过 2000—2003 年的下滑，即使到了 2011 年该数值也只有 61%，低于 2011 年中国平均水平 79.8%（国家统计局和国家环境保护部，2012）。

从 1998 至 2012 年，上海 HDI 从 0.79（中等发展程度）上升到 0.91（极高发

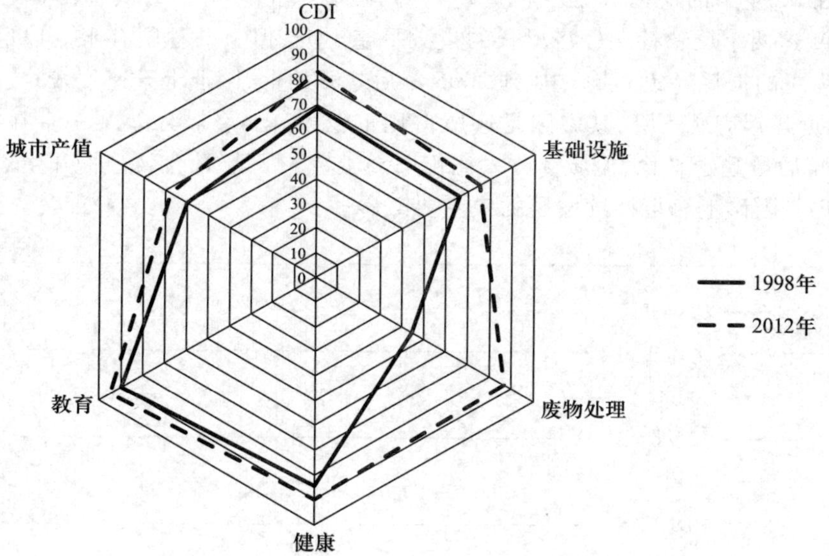

(a)

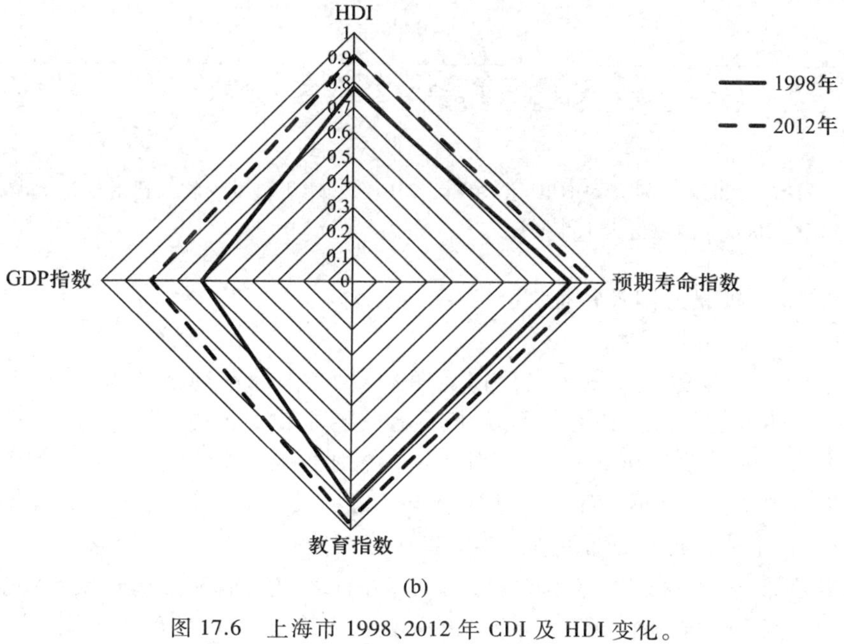

(b)

图 17.6　上海市 1998、2012 年 CDI 及 HDI 变化。

展程度)。HDI 与 CDI 由于指标设置重合度高,因此相关性强,两者都证明了上海在经济社会方面取得的进步。

17.2.1.5 总体评价

我们以 2006 年为基准(2006 的数值为 100)(Huang et al., 2016),比较多套指标在 35 年中的变化情况(图 17.7)。总体而言,上海由于物质基础优越,CDI 和 HDI 这两个反映社会经济增长的指数平稳上升,但上升程度有限。以经济和环境为主的损耗导致人均 GPI 到 2005 年后才开始上升、但上升速度较快。人均 EF 在近几年有所下降,其中碳足迹所占比重较大。城乡收入差距一直在扩大,2008 年后虽趋于平稳,但城乡收入比仍旧高于 2。因此,社会欠公平和生态环境问题仍是阻碍上海可持续发展的最主要障碍。

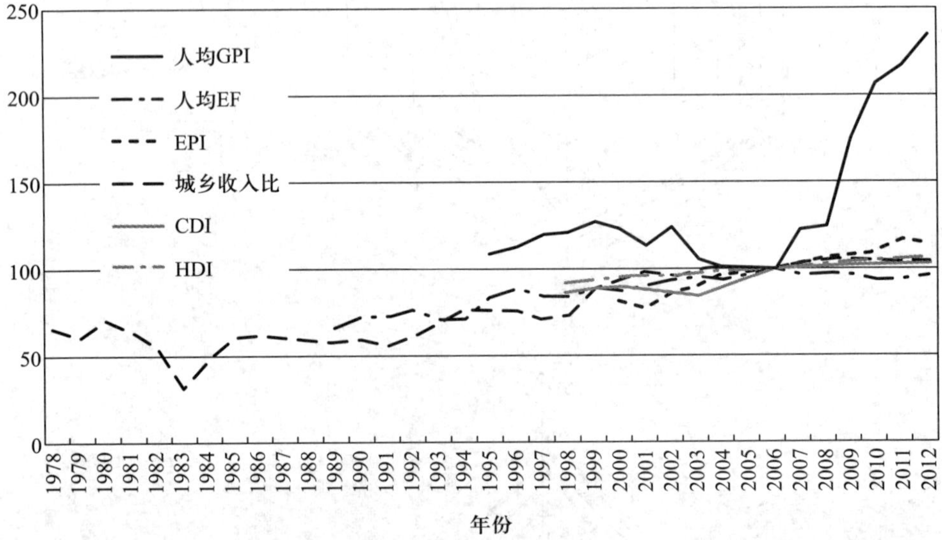

图 17.7 1978—2012 年间人均 GPI、人均 EF、EPI、CDI、HDI 和城乡收入比的发展趋势比较,所有指标按 2006 年的数值为 100 换算。

17.2.2 预景方案及特征

17.2.2.1 预景方案

方案 1(市场驱动):城市发展以竞争、开放和国际市场驱动为主,社会和环境处于次要考虑因素。该方案承认市场能引导城市发展,并通过市场解决城市发展中出现的问题。在此方案中,可持续发展还停留在口号上,物质化和个人主义在价值观中占了上风,而人们对社会与环境的关注处于次要地位。规划以市场为导向,土地选址与开发更加自由,建成区面积进一步扩大,同时由于绿地开发成本较低(低于褐地),绿地面积会减小,并且多数绿地变为私有或半私有(如高档住宅区内的绿地),无法让所有市民都享受到绿地的生态系统服务。由于开发商专注于开发商品房(尤其是高档住宅),经济适用房的需求增加。用水强度增加、节能技术只被少量使用。由于社会欠公平与个人主义,该方案可能会导致市民参与城市决策的机会较少。

方案2(政策改革):与方案1相对,通过政策调控使社会公平和环境保护取得实质性进展。该方案尽管仍承认市场带动经济的作用,但是通过环境和社会方面的政策来限制某些消费行为,因此这个方案虽然不能逆转、但能缓和社会不公和环境退化。在此方案中,传统观念和可持续发展观念并存、冲突着。该方案政策强度大,这意味着土地被循环利用(即对已开发土地重新进行开发),建成区面积稳定或有小幅上升,经济适用房的需求下降,市民享受绿地空间的机会增多,节能技术被推广使用,环境污染有所减缓,人口增长减缓,用水量减少。尽管如此,由于政策都由少数人“从上至下”制定,市民参与城市决策的机会依旧很少。

方案3(堡垒世界):将富人与贫民大众分开,富人生活在城市各方面条件都较好的区块,而贫民大众生活在这些区块外围。在此方案中政策倾向于保护富人拥有的资源和生活质量,将富人与穷人分隔开。建成区扩张中,富人占有低密度、单一用途的土地,而穷人只能用剩下的土地进行高密度、多用途的土地利用。穷人有很大的经济适用房需求而富人无此需求。穷人在空间和经济上都很难享受到绿地空间。环境污染(如空气污染)由于其扩散性,使得富人和穷人都遭受环境恶化带来的健康问题,邻避主义驱动富人区实行强制措施和新技术来维持相对稳定的环境质量,但是富人区外围的污染在继续恶化与扩散。值得一提的是,尽管人口增长,但由于富人能够使用节能技术,而穷人用水受限制,因此水资源使用总量下降。富人更加积极地参与决策,并且在大部分决策中将穷人的利益排除在外。

方案4(多元平等):与方案3相对,关注社会成员的平等,使多元文化得以共存。规划中构建民主、公正的决策机制,力图使社会各阶层的民意都得到公平对待。建成区面积上升,经济适用房、商品房根据实际需求进行开发,市民公平地享受绿地空间,也一同承担环境污染带来的损耗。由于政府引导,水资源使用量保持稳定或上升、节能与高新技术使用下降。由于市民参与程度高和邻避主义,使得与环境污染有关的开发项目很难进行,整个城市的政策落实也较慢。

方案5(新的可持续性模式):在该方案中,可持续发展的思想深入人心,环境保护成为基调,社会福利较高并且公平,市民对城市文化有强烈的认同感。规划中注重生态环境保护,以及城市与区域的关系。土地循环利用增加,建成区面积稳定或小幅度上升,由于社会公平、下层阶级消失,经济适用房的需求也接近零。绿地可达性较高。可再生能源和节能技术得以推广,水资源使用量下降,环境污染问题得以控制。市民参与得到实质性提升。

17.2.2.2　方案特征

根据五个方案的描述,判断与假设每个方案的特征(表17.2)。这个过程是对方案进行进一步细化的过程,同时也是一个增加方案可辩护性的过程。

表 17.2 上海市五个预景方案的特征

特征	方案 1（市场驱动）	方案 2（政策改革）	方案 3（堡垒世界）	方案 4（多元平等）	方案 5（新的可持续性模式）
人口增长率	下降	下降	上升	上升	下降
城市形态	分散	集聚	多中心	分散	集聚
建成区面积	上升	稳定或小幅度上升	上升	上升	稳定或小幅度上升
绿地空间比例	下降	上升	穷人区下降，富人区上升	上升	上升
土地循环利用(新开发土地中，基于已开发土地进行重新开发的比例)	下降	上升	穷人区上升，富人区不确定	下降	上升
经济适用房的需求	上升	下降	穷人区上升，富人区无需求	稳定或小幅度上升	下降
市民参与决策比例	可能下降	下降	穷人区下降，富人区上升	上升	上升
享受公共绿地的人口比例	下降	上升	下降	上升	上升
空气质量(PM,O_3,NO_2,SO_2的总体含量)	下降	上升	下降	上升	上升
人均耗水量	上升	下降	下降	上升	下降
人均 CO_2 排放量	上升	控制性上升	穷人区下降，富人区上升	下降	下降
能源效率(建筑存量中节能建筑所占的比例)	低	高	穷人区低，富人区高	低	高
公共交通使用率	低	高	穷人区低，富人区高	高	高

17.2.3 预景方案的可持续性评估

在预景方案的可持续性分析中，指向性强、描述单一特征的指标，其发展趋势容易估测，例如，代表收入公平程度的 Gini 和城乡收入比，在多元平等和新的可持续性模式两个方案中下降，而在其余三个方案中上升(图 17.8)。而如 GPI，由于其本身包含了经济、社会、环境因素，其发展趋势不容易估测。在市场驱动与政策改革方案中，假如经济效益远大于经济、环境和社会损耗，则 GPI 上升，反之下降。在这种不易判断的情况下则要结合上海本身特点，由于市场驱动与政策改革方案特点是延续已有的发展模式（Raskin et al.，2002），根据上海 1978—2012 年人均 GPI 的发展历程，到 2040 年人均 GPI 上升的可能性更大。

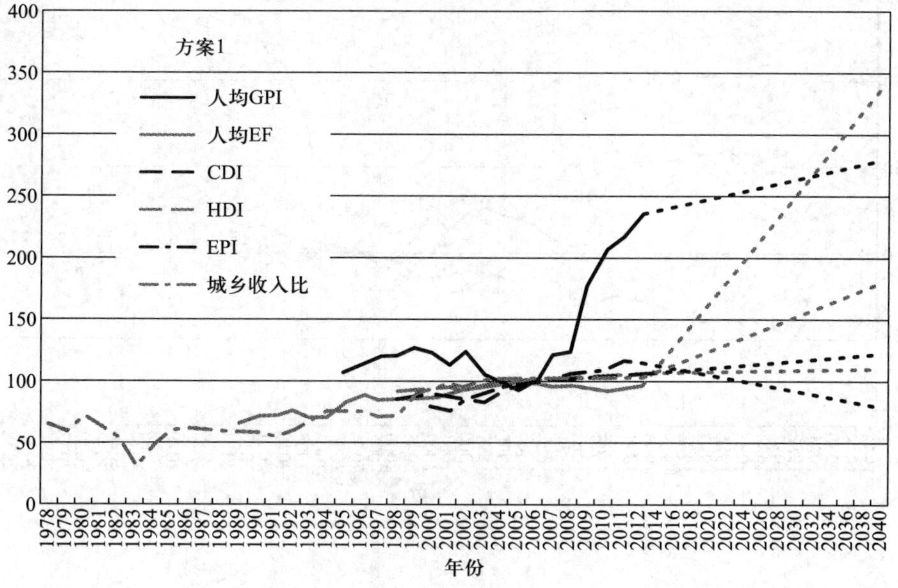

(a)

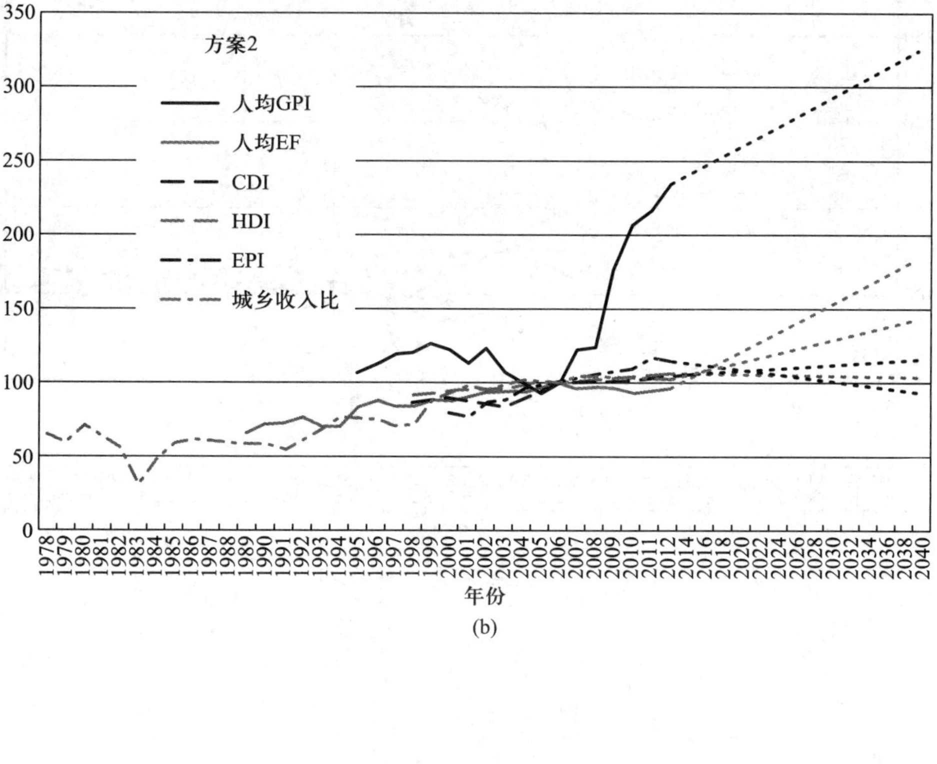

(b)

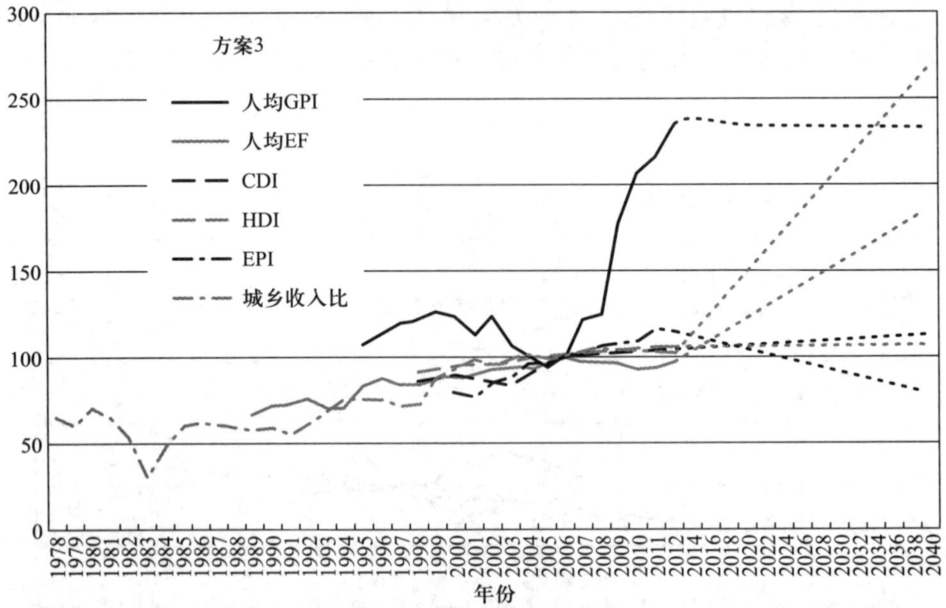
方案3
人均GPI
人均EF
CDI
HDI
EPI
城乡收入比
300
250
200
150
100
50
0
1978 1979 1980 1981 1982 1983 1984 1985 1986 1987 1988 1989 1990 1991 1992 1993 1994 1995 1996 1997 1998 1999 2000 2001 2002 2003 2004 2005 2006 2007 2008 2009 2010 2011 2012 2014 2016 2018 2020 2022 2024 2026 2028 2030 2032 2034 2036 2038 2040
年份

(c)

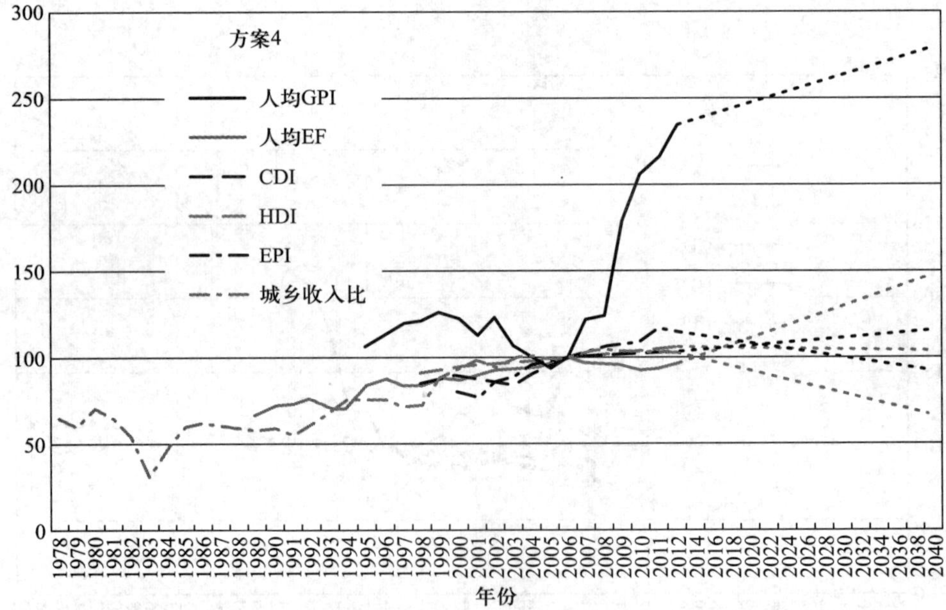
方案4
人均GPI
人均EF
CDI
HDI
EPI
城乡收入比
300
250
200
150
100
50
0
1978 1979 1980 1981 1982 1983 1984 1985 1986 1987 1988 1989 1990 1991 1992 1993 1994 1995 1996 1997 1998 1999 2000 2001 2002 2003 2004 2005 2006 2007 2008 2009 2010 2011 2012 2014 2016 2018 2020 2022 2024 2026 2028 2030 2032 2034 2036 2038 2040
年份

(d)

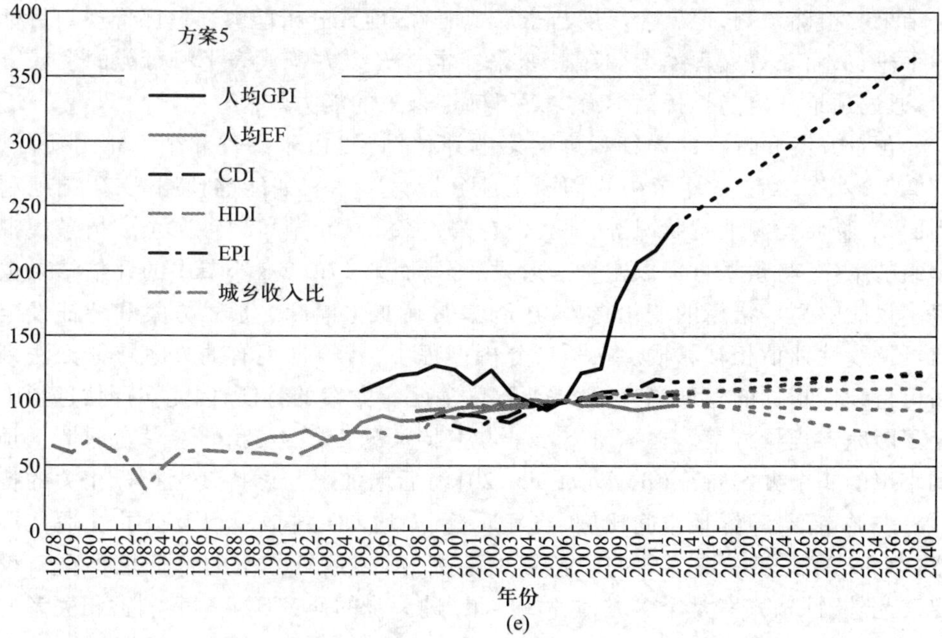

图 17.8　五个预景方案的可持续性评估。各指标在预景方案中 2012 年以后的上升或下降趋势用虚线表示，该虚线只代表发展趋势，并不代表具体数据。所有指标按 2006 年的数值为 100 换算。

五个方案代表了上海 2040 年的可能面貌，其中第五个方案“新的可持续性模式”中，代表环境可持续性的人均 EF 下降、EPI 上升，代表经济可持续性的 GPI 上升，代表社会可持续性的 CDI 与 HDI 上升而城乡收入比下降（图 17.8）。这与可持续性发展方向一致，是更应该推崇的规划方案。为了实现可持续发展，面对人口、经济、环境、公平、科技等挑战，在理念、行为和机制保障方面没有大的改变则难以实现。第五个方案可以作为上海 2040 年的发展目标，但发展有阶段性，其他方案能否作为上海的分期发展目标还需要进一步探讨。

17.3　讨论

17.3.1　预景分析与可持续性指标

预景分析虽然否定了基于历史经验的预测，但并没有否定历史。它认为知识、经验及以往的发展趋势都提供了预景的基础。本研究正是从上海发展轨迹出发，以可持续性指标作为历史与将来的连接载体，分析上海在 2040 年实现可持续发展的可能性。方案 5 代表可持续发展方向，是最希望、同时也是最难实现的预景方案。若按照历史经验常规发展（方案 1 和方案 2），方案 5 不可能实现。规划的好坏在于对未来的掌控程度（Wildavsky，1973），尽管预景分析不关注单一结果的精确预测,但就大尺度与全局观而言,预景分析能够通过评价规划目标的手段、从而在较大程度上"控制"未来。本文五个方案代表上海可能的发展方向,通过预景分析能够提高上海应对不确定未来的能力。

预景方案和特征的详细程度会影响评估结果,由于条件和个人精力所限,17.2.2.2 小节、17.2.3 小节中我们以定性分析为主。假如能够预测人口、土地利用面积、物质能源消费状况等,那我们在第 17.2.2.2 小节可以参照全球情景模拟小组的工作,将预景方案以定量的形式展示,而第 17.2.2.3 小节中的评估结果也就不仅能够显示指标的变化趋势,还能够明确变化幅度。预景方案和特征设定与可持续性评估相辅相成。在预景分析过程中,若根据现有的方案特征无法判断可持续性指标的发展趋势,则需要再增加已有方案的特征,因此在评估过程中会不断完善预景方案。在本研究预景方案特征的设定中,我们参考全球情景预测小组的 4 个方案特征(Boyko et al., 2012)后增加了与可持续性指标相关的特征——城市形态、绿地空间比例、空气质量、人均 CO_2 排放量以及公共交通使用率(表 17.2)。若采用不同的可持续性指标,那么预景方案的特征也将重新设定。此外,预景方案是个多方博弈的结果,进一步的研究应该融入利益相关者的意见,以利于提高规划方案的合理性和可辩护性。

17.3.2 上海发展建议

上海 2040 年总体规划的时代背景是中国仍处于城市化快速发展阶段,而中国城市化发展过程中面临的三个政策挑战是:土地、人口与环境(Bai et al., 2014)。上海五个预景方案中有多个与土地利用和空间格局相关的特征(表 17.2)。对于城市规划,空间布局由经济、社会与生态的过程和要求所决定,而空间格局的变化也会带来以上过程的改变。《关于编制上海新一轮城市总体规划的指导意见》表示"严格控制用地规模,实现全市规划建设用地总量'零增长',降低工业用地比重,提高公共绿地、公共服务设施用地和基础设施用地比重。"这与方案 2(政策改革)与方案 5(新的可持续性模式)中建成区面积、土地循环利用特征一致。在维持建设用地零增长和提高公共绿地等用地比重的要求中,工业用地的循环利用是必需的,同时土地循环利用与环境保护、社会公平密切相关,它应作为"上海市城市总体规划(2016—2040)"土地利用方面的重点。根据"城市中国研究计划"发布的中国《2013 城市可持续发展指数》(UCI, 2013),上海近年可持续发展状况呈现退步趋势,主要原因在于社会与环境可持续层面的评分降低,这与本研究对上海可持续发展难点的诊断一致。上海工业制造业发达,外来常住人口总量居全国城市之首,由此导致就业、教育、社会保障等压力增大以及人口增多导致的公共交通拥挤和生态环境破坏等问题。在《关于编制上海新一轮城市总体规划的指导意见》和 18 个专项规划中,上海已确定"突出生态优先的发展底线,维护良好生态环境",但并没有涉及农民工权益、住房政策和社会公平方面的内容。《国家新型城镇化规划(2014—2020 年)》强调以人为本,推进以人为核心的城镇化,上海正处于可持续发展模式转型的决策点(UCI,2013),需要探寻新的举措来解决人口、环境等问题,如上海为探索特大城市人口管理方法,已于 2013 年推出户籍“积分制”为外来常住人口提供透明、可预期的未来,稳定了上海农民工技术骨干留沪发展。建议“上海市城市总体规划(2016—2040)”能够继续关注上海中、下阶层的生活质量,否则由社会欠公平导致的损耗会使 GPI 增速减缓、甚至使上海趋向方案 3(堡垒世界)。

17.4 结论

本研究将预景分析与可持续性评价相联系,通过多套指标的可持续性评价得出上海在 1978—2012 年的发展过程中,环境污染、生态退化,以及社会欠公平阻碍了城市发展;同时,通过指标对预景方案的评价,认为 2040 年的五个预景方案中,新的可持续性模式代表了经济、社会、环境的共同可持续发展。对比新的可持续性模式与《关于编制上海新一轮城市总体规划的指导意见》和 18 个专项规划,建议上海在 2040 年的总体规划中重视土地循环利用、中、下阶层市民的住房与生活质量。本文的研究思路和分析结果可以用于总体规划前的概念性规划或战略研究,从可持续科学的角度为上海提供规划建议。

参 考 文 献

丁成日. 2005. 芝加哥大都市区规划:方案规划的成功案例. 国外城市规划, 20(4): 26-33.

国家统计局和国家环境保护部. 2012. 2012 中国环境统计年鉴. 北京:中国统计出版社.

刘某承, 李文华, 谢高地. 2010. 基于净初级生产力的中国生态足迹产量因子测算. 生态学杂志, 29(3): 592-597.

王睿, 周均清. 2007. 城市规划中的情景规划方法研究. 国际城市规划, 22(2): 89-92.

邬建国, 郭晓川, 杨劼, 钱贵霞, 牛建明, 梁存柱, 张庆, 李昂. 2014. 什么是可持续性科学. 应用生态学报, 25(1): 1-11.

谢鸿宇, 王羚郦, 陈贤生. 2008. 生态足迹评价模型的改进与应用. 北京: 化学工业出版社.

杨志峰, 何孟常, 毛显强, 鱼京善, 吴乾钊. 2004. 城市生态可持续发展规划. 北京: 科学出版社.

Baker, J. P., D. W. Hulse, S. V. Gregory, D. White, J. van Sickle, P. A. Berger, D. Dole, and N. H. Schumaker. 2004. Alternative futures for the Willamette River Basin, Oregon. Ecological Applications, 14(2): 313-324.

Bai, X. M., P. J. Shi, and Y. S. Liu. 2014. Realizing China's urban dream. Nature, 509(7499): 158-160.

Barbanente, A., A. Khakee, and M. Puglisi. 2002. Scenario building for Metropolitan Tunis. Futures, 34(7): 583-596.

Borucke, M., D. Moore, G. Cranston, K. Gracey, K. Iha, J. Larson, E. Lazarus, J. C. Morales, M. Wackernagel, and A. Galli. 2013. Accounting for demand and supply of the biosphere's regenerative capacity: The National Footprint Accounts' underlying methodology and framework. Ecological Indicators, 24: 518-533.

Boyko, C. T., M. R. Gaterell, A. R. G. Barber, J. Brown, J. R. Bryson, D. Butler, S. Caputo, M. Caserio, R. Coles, R. Cooper, G. Davies, R. Farmani, J. Hale, A. C. Hales, C. N. Hewitt, D. V. L. Hunt, L. Jankovic, I. Jefferson, J. M. Leach, D. R. Lombardi, A. R. MacKenzie, F. A. Memon, T. A. M. Pugh, J. P. Sadler, C. Weingaertner, J. D. Whyatt, and C. D. F. Rogers. 2012. Benchmarking sustainability in cities: The role of indicators and future scenarios. Global Environmental Change-Human and Policy Dimensions, 22(1): 245-254.

DTI(Department of Trade and Industry). 2002. Future Foresight 2020: Revised Scenarios and Guidance. London: Office and Science and Technology, DTI.

Electris, C., P. Raskin, R. Rosen, and J. Stutz. 2009. The Century Ahead: Four Global Scenarios. Technical Documentation. Boston: Tellus Institute.

Emerson, J., A. Hsu, M. A. Levy, A. de Sherbinin, V. Mara, D. C. Esty, and M. Jaiteh. 2012. 2012 Environmental Performance Index and Pilot Trend Environmental Performance Index. New Haven: Yale Center for Environmental Law and Policy.

Hsu, A., J. Emerson, M. Levy, A. de Sherbinin, L. Johnson, O. Malik, J. Schwartz, and M. Jaiteh. 2014. The 2014 Environmental Performance Index. New Haven: Yale Center for Environmental Law and Policy.

Huang, L., J. G. Wu, and L. J. Yan. 2015. Defining and measuring urban sustainability: A review of indicators. Landscape Ecology, 30(7): 1175-1193.

Huang, L., L. J. Yan, and J. G. Wu. 2016. Assessing the sustainability of Chinese megacities: 35 years after the economic reform and open-door policy. Landscape and Urban Planning, 145: 57-70.

Kitzes, J., A. Peller, S. Goldfinger, and M. Wackernagel. 2007. Current methods for calculating national ecological footprint accounts. Science for Environment and Sustainable Society, 4(1): 1-9.

Milder, J. 2012. Sustainable urban form. In: (Bueren, E. V., H. V. Bohemen, L. Itard, and H. Visscher (eds.). Sustainable Urban Environments: An Ecosystem Approach Dordrecht: Springer-Verlag.

Özkaynak, B. 2008. Globalisation and local resistance: Alternative city developmental scenarios on capital's global frontier—The case of Yalova, Turkey. Progress in Planning, 70(2): 45-97.

Raskin, P., T. Banuri, G. Gallopin, P. Gutman, A. Hammond, R. Kates, and R. Swart. 2002. Great Transition: The Promise and Lure of the Times ahead. Boston: Stockholm Environment Institute.

Ravetz, J. 2000. City Region 2020: Integrated Planning for a Sustainable Environment. London: Earthscan.

Rotmans, J., M. van Asselt, C. Anastasi, S. Greeuw, J. Mellors, S. Peters, D. Rothman, and N. Rijkens. 2000. Visions for a sustainable Europe. Futures, 32(9/10): 809-831.

UCI(Urban China Initiative). 2013. The China Urban Sustainability Index 2013. Columbia University, Tsinghua University, and McKinsey Company.

Un-Habitat(United Nations Human Settlements Programme). 2002. Global Urban Indicators Database Version 2. Nairobi: UN-HABITAT.

UNDP(United Nations Development Programme). 2014. Human Development Report 2014—Sustaining Human Progress: Reducing Vulnerabilities and Building Resilience. Human Development Report Oxford.

UN(United Nations). 2012. The future we want.

UNDP(United Nations Development Programme). 2009. Human Development Report 2009—Overcoming Barriers: Human Mobility and Development. Oxford:Oxford University Press.

Wildavsky, A. 1973. If planning is everything, maybe it's nothing. Policy Sciences, 4(2): 127-153.

Williams, K., E. Burton, and M. Jenks. 2000. Achieving Sustainable Urban Form. London: Tayler & Francis.

Wen, Z., Y. Yang, and P. A. Lawn. 2008. From GDP to GPI: Quantifying thirty-five years of development in China. In: Lawn, P. A., and M. Clarke (eds.). Sustainable Welfare in the Asia-Pacific: Studies Using the Genuine Progress Indicator. Cheltenham: Edward Elgar Publishing.

Wen, Z., K. Zhang, B. Du, Y. Li, and W. Li. 2007. Case study on the use of genuine progress indicator to measure urban economic welfare in China. Ecological Economics, 63: 463-475.

WRI(World Resources Institute). 2013. Greenhouse Gas Accounting Tool for Chinese Cities (Pilot Version 1. 0).

Wu, J. G. 2014. Urban ecology and sustainability: The state-of-the-science and future directions. Landscape and Urban Planning, 125: 209-221.

天津市水系和水资源的历史变迁概述

第18章

王中良[①]　李璐[①]

摘　要

天津地处渤海西岸，素有“九河下梢”之称。第四纪以来，天津地区大约经历了三次大的海进海退过程，造就了其地势低平和河道纵横、洼塘淀密布的水体系统。海退事件后，三次大的黄河北流是对天津水体系统改造最大的地理事件。元、明、清时代，天津河流漕运和港口海运十分发达，有“津沽泽国”、“水都风貌”之誉。20世纪初期，天津仍然保留了海退成陆之后的大部分沼泽洼淀，水面面积达5 000 km^2。新中国成立后，海河流域进行了大规模水利改造，加之20世纪60—70年代以后的气候变化影响，天津逐渐由水患之地演变成缺水之地，水环境与水生态发生巨大变化。未来，天津面临海水入侵、水生态退化、湿地萎缩、水环境污染和水资源短缺等众多问题，需要进行系统研究和科学规划保护。

① 天津师范大学天津市水资源与水环境重点实验室，天津，300387。

Historical Change of Water System and Water Resources in Tianjin

Zhongliang Wang① Lu Li①

Abstract

Tianjin is located at the west bank of the Bohai Sea and has a name of "Jiuhe tip". Since the Quaternary Period, Tianjin experienced about three times big transgression of sea, which had produced landscape densely covered by rivers, ponds and lakes. After transgression of sea, three times northward flow of the Yellow River in the history became the largest geographical event of Tianjin. River transportation and port shipping were very busy in the Yuan, Ming and Qing dynasties. At the beginning of the 20th century, Tianjin still retained the most of the swamp depression lake, and had the water area of 5 000 km^2. Since 1950, the Haihe river basin endured a large scale water conservancy reform, combined with the climate changes since the 60s and 70s of the 20th century. Tianjin gradually turned into a water shortage area. In the future, Tianjin will be faced with atrophy of seawater intrusion, wetland degradation, water environmental pollution and water resource shortage as well as many other problems. So the comprehensive research, scientific planning and protection should be conducted.

引言

天津地处渤海西岸，北、西、南分别有燕山、太行山和山东丘陵包围，在地貌上处于燕山山地向滨海平原的过渡地带。总地势自西北逐步向东南倾斜，由北部山地向东南部滨海平原逐级下降。根据地貌基本形态和成因类型，划分为山地丘陵、堆积平原、海岸潮间带三个大的形态类型区和八个次级形态类型。天津在我国构造体系中属于Ⅰ级构造单元华北准地台的北部，处于燕山纬向构造体系和新华夏构造体系的交接部位，纵跨两个Ⅱ级构造单元，即燕山台褶带和华北断坳区。其间以宁河—宝坻为界，宁河—宝坻断裂以北为基岩出露或浅埋区，属Ⅱ级构造单元燕山台褶带中段的次一级（Ⅲ级）构造单元蓟宝隆褶，断裂以近东西向为主导。宁河—宝坻断裂以南为平原区，属Ⅱ级构造单元华北断坳区的东

① Tianjin Key Laboratory of Water Resources and Environment, Tianjin Normal University, Tianjin, 300387, China.

北部。中新生界形成的断陷盆地分布于太行山隆起以东、燕山褶皱带以南,向东延伸于渤海。中生代晚期的"燕山运动"奠定了天津当今的构造地质基础,由于新生代以来断陷活动强烈,该地区沉积了巨厚的新生代地层,并在漫长的地质沉积作用下逐渐在天津平原形成了数千米厚的松散沉积物(仲小敏和李兆江,2011)。天津陆地的形成过程经历了海侵、海退作用和黄河泥沙的沉积作用。

天津属于典型的暖温带半湿润大陆性季风气候,近 30 年平均降水量在 380~650 mm,平均值是 550 mm 左右。区内河网密布、洼淀众多。主要河流有海河、北运河、潮白新河、北京排污河、永定新河、蓟运河、子牙新河、独流减河等九大水系,素有"九河下梢"之称。但进入 21 世纪,天津已不再是水资源丰富的城市,被列入中国北方缺水最典型的城市之一。天津淡水资源匮乏,人均约 400 m^3,仅为全国人均的 1/6,加之时空分布的不均,可利用量更少。引滦和引黄两大外调水工程是从一定程度缓解水资源短缺,但缺水问题依然存在。同时,由于海河流域水体污染比较严重,致使处于下游的天津水污染严重,加剧了用水矛盾。

本章将基于历史地理学和自然地理学的研究方法,结合历史文献和本课题组的最新研究成果(靳蕾,2012;刘高英,2013;付白云,2015;李璐,2016),综合分析天津地区水系及水资源变迁历史。

18.1 天津地区成陆过程

天津最古老陆地在蓟县东北角常州村一带,形成于距今 20 亿年前。距今约 8 亿年前的元古代末期,地壳运动使得天津地区隆起,海水退出。直到距今约 6 亿年前,整个天津地区都是陆地环境。距今约 6 亿年的早古生代寒武纪,天津市境除蓟县、宝坻西北部、武清东北部以外,其他地方又遭受海侵,变成浅海,直到距今 4.6 亿年的中奥陶世。中奥陶世以后,天津地区又大面积整体上升,海水撤出,直到新生代第四纪早期,天津地区都是陆地环境。

第四纪以来,伴随着全球气候的冷暖周期变化,天津地区大约经历了三次大的海进海退过程,分别是 10.8 万~5 万年前的沧州海侵、3.9 万~2.2 万年前的献县海侵和 1.2 万~0.5 万年前的黄骅海侵,最大海侵点分别约为 10.05 万年、2.5 万年和 0.6 万年。黄骅海侵之后,渤海又出现过数次小规模海侵和海退,例如,西汉末年局部海侵,海平面在天津附近上升了大约 1 m,滨海平原 4 m 等高线以下均被淹没,形成一片沼泽,天津平原上许多形成的村落就此消失。但后期小规模的海侵范围都没有超过黄骅海侵的范围,海岸线总体呈停歇式逐渐后退的趋势,天津地区现在的陆地地貌自此开始慢慢形成。此时,天津海岸线在今静海—西青—市区—北辰—宝坻—宁河北一线。最近的三次海进海退过程造就了天津大约 45 m 的沉积层和大的地理格局,也造就了天津低平的地势和河道纵横、水洼塘淀密布的水系特征。

18.2 黄河北流事件对天津地区水系和地貌的影响

最后的海退事件后,三次大的黄河北流事件是对天津水系及水体生态环境改造最大的地理事件。由于黄河中游穿过土质疏松的黄土高原,河水中夹带泥沙很多,公元前 4 世纪黄河下游因河水浑浊即有“浊河”之称。黄河多沙善淤,变迁无常,改道频繁。在近 3 000 年内决口 1 500 次,较大规模的改道 23 次,重大改道有 6 次左右。黄河故道分布,北支抵达太行山麓和燕山山脉及海河,南至河南山麓与淮河,中东部又有山东丘陵嵌入其中,形成一个近似扇形实则为双腿型的洪泛区,也被称为黄河“冲积扇”或“黄泛区”。洪水遍及范围北至海河,南达淮河,对中国黄淮海平原的地理环境影响巨大。

公元前 2000 年到公元前 450 年,此间在天津入海的黄河称为禹河,经今天津静海等地东流入海。下游河道在静海以东游荡多枝而成泽,入海口在海河以南至大港之间摆动(中国科学院海洋研究所海洋地质研究室,1985)。此时,天津海岸线在北大港—津南—东丽—潘庄—宁河县一带,当时七里海尚属紧邻海岸线的滨海环境到浅海环境,黄河泥沙入海后扇形扩散而至此。李璐和王中良(2015)通过对七里海沉积物地球化学分析研究显示,沉积物中发现了厚度约 60 cm具有黄河沉积物特征的黄褐色细沙。在这层黄褐色细沙沉积层中夹杂着蜗牛残体、植物碎片、黑色成碳物质、青灰色斑点和红褐色斑点,说明在禹河流经天津之前和之后,天津七里海地区地貌主要是受到渤海水影响,地表环境在海相、海陆过渡相及静水沉积之间交替变换。

公元前 750 年到公元 11 年,黄河在河南荥阳夺河而走。春秋时期黄河初徙,其北支在今大港区合漳河至章武(今大港区沙井子)入海,根据《汉书 · 地理志》记载被称为“汉志河”(中国科学院海洋研究所海洋地质研究室,1985)。其后 500 余年,黄河河道在天津南部至苏州北部来回摆动,天津海岸线停滞于巨葛庄、中塘所在的贝壳堤一带(庄振业等,1991)。公元前 200 年至公元 11 年的 200 多年间,黄河河道再次改道北流,复经章武(即沙井子),天津岸线再度淤积并显著东移(庄振业等,1991)。根据李璐和王中良(2015)对北大港沉积物的研究显示,汉志河在天津南部大港区留下了显著的黄河泥沙沉积物。而且在黄褐色细沙沉积物中出现了黑色成碳物质,显示黄河改道后,在地表沉积的含有营养物质的黄河泥沙上会有植物长出,之后河道再次迁回埋没了这些植物,在长时间的地下埋藏中随之碳化。因此在 34~40 cm、66~75 cm、80~90 cm 和 106~117 cm 北大港沉积层中出现了黑色成碳物质,这一沉积物的记录结果与文献记载的天津大港区河道摆动的特点相吻合。应该说,从距今 6 000 年前到距今 3 000 年前,天津海岸线东移速度是逐渐加大的。

公元 960 年到公元 1127 年北宋年间,是历史上黄河泛滥最为频繁的时期。

168年间,黄河泛滥年份就达67年之多,为有史以来的最高纪录(刘菊湘,1992)。北宋庆历八年(公元1048年),黄河在今河南濮阳东北决口,改道北流。至青县到天津市合御河(今南运河)后而侵入界河(今海河),在泥沽入海(贾艳杰,1995)。此次北流直到1128年改道离开天津,合计64年(邹逸麟,1980)。北宋黄河泥沙含量甚高,大量泥沙的沉积极大地改变了天津海岸线的位置,是七里海和北大港等滨海湿地合围成为湖泊、淀洼的最后完成者(田代沂等,1992;孙宗伯和李承元,2000;王宏等,2011;李璐和王中良,2015)。

北宋时期,宋与辽以今海河为界。北宋为抵制辽入侵,从北宋初年开始逐步人为地将海河以南众河流引入低洼地带,筑塘蓄水,形成一条西起保定、东到天津泥沽的450 km的淀泊带,称之为宋代"水长城"(何乃华和朱宣清,1994)。

18.3 七里海形成时间分析

西汉末年局部海侵,天津滨海平原4 m等高线以下均被淹没,形成一片沼泽。东汉时期开始海退,沼泽面积有所萎缩。但到北魏时,据《水经注·鲍邱水》记载:"自是水(即鲍邱水,今蓟运河)之南,南极滹沱,西至泉州、雍奴,东极于海,谓之雍奴薮。"当时包括天津市区、环城四区、宁河及静海两县全部、宝坻区大部及武清区东部在内的广大地区在当时仍为滨海沼泽环境。我们可以把此时作为七里海形成的初期阶段,此后七里海面积时有萎缩。至宋建炎二年(1128年)黄河改道南流离开天津,天津海岸线推至现海岸线附近,七里海基本被闭合,只有河道或水道与浅海相连,形成了滨海湿地环境,标志着现代七里海的最后基本定型。

18.4 北宋末期及元明清时代的天津水系概况

宋"水长城"一直存在到元、明年间。元、明、清代,天津都是因水而兴的水上城市,河流漕运和港口海运都十分发达,为华北之门户、北京之屏障。明朝永乐二年设"天津卫",现代天津建城即由此而来,距今已有600多年历史。其时,天津地区有"津沽泽国"、"水都风貌"之誉,有诗写道"七十二沽沽水阔,一般风味小江南"。这时的天津,河道纵横,大、中、小洼淀星罗棋布,湖中水草丛生,飞鸟成群,一片生机盎然。清史中有记录的天津以水称景多达17处,占全部景观的近二分之一。宝坻的"北潭印月"是湖泊、潮汐两合景观,武清的"潞水帆樯"是河道景观。静海为薮泽之地,河道枝蔓、洼淀成群、天水一色,有"东郊海曙"、"北津潮响"、"西淀荷花"、"风帆运舟"等淀洼景观代表。宁河具河、湖、海、沼之利,水景居津郊之冠,既有沼泽景观和泻湖景观,也有潮汐景观,著名的有"宁沽樵影"、"七里烟波"、"文阁回澜"、"江口渔歌"、"潮河银练"等景观。

一直到 20 世纪初期，天津仍然保留了海退成陆之后的大部分沼泽洼淀，全市水面面积约达 5 000 km^2以上，占现在天津市域总面积的一半以上。现今的南市、劝业场、王顶堤一带当时还是芦苇丛生、野鸟云集的沼泽洼淀。以北大港水面最大，它东连七里海，北有河道与青甸洼和太和洼相连，一片水乡泽国。那时以大清河道为轴线，还与东淀、文安洼、白洋淀的水域连成一片。那时的天津城市建成区面积仅 60 km^2，横河桥就有 72 座之多，成为河桥争辉的城市。建成区外围几乎都是湖沼坑塘，有名的八里台、尖山、小海淀、万兴庄一带都是低湿的坑塘沼泽区。

18.5 人类活动与气候变化对天津水系历史变迁的影响

低洼的环境，也使得天津特别是包括市区在内的东南部地区成为水患多发之地。更早历史上的水患且不说，仅在 20 世纪上半叶，就水患频发，最严重的 1917 年和 1939 年两次大水患，80%城市市区浸泡在水中达 3 月有余，今泰安道、和平路、海光寺、劝业场、小白楼、西开教堂等地水深达 2 m，出入须得行船。

为此，新中国成立后国家为治理海河水患，在海河流域进行了大规模水利改造。20 世纪 60—70 年代，在海河上游的山西、河北、北京等地，修建了 1 900 多座水库。使得海河上游入津水量锐减。据统计，20 世纪 50 年代经海河干流入海水量每年平均为 99.4 亿 m^3，加上潮白河、蓟运河等水系，入海水量可达 140 亿 m^3，水资源丰富。60 年代为 82 亿 m^3。而随着海河上游水利工程的兴起，来天津的水量骤减，70 年代仅 45 亿 m^3。到 20 世纪 90 年代末，天津入海流量已不足 10 亿m^3。直至目前，由于引水工程的实施而带来的水量补充，天津入海流量基本也都在 10 亿~14 亿 m^3(冯跃等，2010)。

20 世纪 60—70 年代以后的气候变化，主要体现在华北和东北地区降水的减少和温度变暖引起的蒸发作用增强，以及同时引起的农业活动的增强。水库建设和气候变化的双重作用使得海河径流减少了 60%。

20 世纪 90 年代以后，随着天津城市的快速发展，城市建设用地不断增多。新中国成立前天津城区面积仅有 60 km^2，到 20 世纪 80 年代末增加到大于 160 km^2。同时，人口数量也在急速增加，1953 年第 1 次人口普查时全市人口 462 万人，到 2010 年第 6 次人口普查时，全市人口已达到 1 294 万人。人口的迅速增加，既增加了城市建设用地，也加大了农业用地的需求，只能不断填淤土地，致使天津水域面积日见减少。

20 世纪 50 年代，天津尚有水面面积约 3 150 km^2，覆盖率 27%，有近 1/3 的水面调节着天津市的生态环境。60 年代以后，天津市水环境发生了急剧变化，据 1978 年航测图测算，天津仅有水面 994 km^2，覆盖率为 8.5%，到 80 年代水面又减至 876 km^2，覆盖率仅有 7.55%(图 18.1)。天津逐渐由水患、水多之地，演变成缺水之地，水环境与水生态面临万年不遇之大变化。不得不依靠从外地调水来解决缺水问题。进入21世纪后，天津市面临的水环境问题日益严峻，共7次引黄济津，其中2000—2004年连续4次引黄济津，水资源短缺已成为影响和制约天津市经济社会发展的主要因素之一。

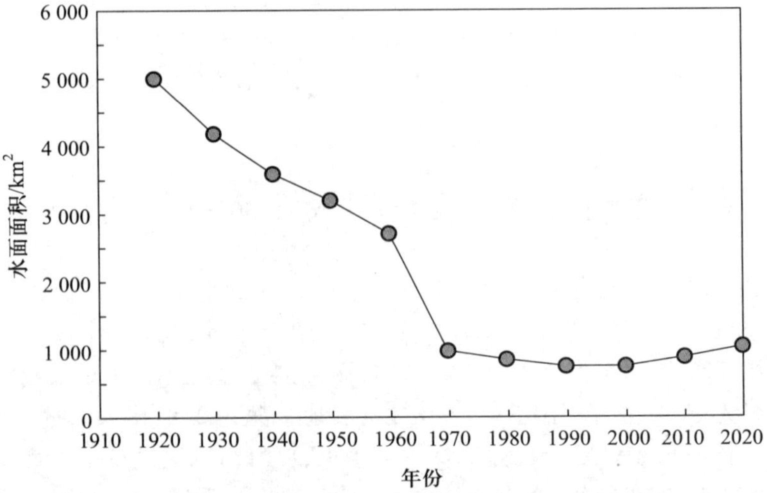

图 18.1 天津市域水面面积年际变化及未来趋势分析。

总结天津水系百年来发生的巨大变化，有以下几个明显的阶段和原因：20世纪30—40年代，永定河放淤；20世纪50—60年代开始，根治海河，上游筑坝来水剧减；20世纪70年代以后，上游来水继续减少，同时气候变暖引起的降水减少而蒸发增加，由此产生并伴随的是围水造田等农业活动的扩张；20世纪90年代以来，城市大规模扩张。

18.6 天津地区未来主要水问题

当前来看，天津滨海目前面临海水入侵、水生态退化、湿地萎缩、水环境污染和水资源严重短缺等众多涉水的现实问题。

首先是地面沉降和海水入侵。由于地区性缺水使得天津地下水超采严重，导致了地面沉降的发生，天津受海水入侵的形势也日益严峻。目前，天津汉沽、塘沽、中心市区、津南区和东丽区等，出现多个明显的地面沉降漏斗，而且沉降趋势依然不能根本遏制。根据杨曦和王中良(2014)估计显示，虽然相对海平面上升是一个缓慢、渐进的过程，但长期的积累效果也相当可观。基于验潮位监测和卫星观测结果推断，天津滨海地区地面沉降速率在未来50年至100年内可能会稳定在1.0~2.0 cm·a^{-1}范围，总的相对海平面上升速率处于1.3~2.3 cm·a^{-1}范围。到2050年，天津地区相对海平面将比2012年高出48.3~86.3 cm，而到2100

年,将比 2012 年高出 111.8~199.8 cm。

由于天津滨海平均海拔本就较低,大部分 2.5 m 以下。因此,有些地面沉降点已经低于了海平面。未建防潮闸之前,潮汐逆海河而上通常可达海河金刚桥到三岔口一带。春季枯水期如再加之大潮影响,有时可达杨柳青,甚至到更远的河北省霸州市胜芳镇。所以,20 世纪 50 年代的海河就有“逆河”之称。因此,海河除了修了多道拦海闸外,又新增了多处排水泵站用于人工排除海河水,以防止海水倒灌。

其次,天津市地处滨海平原,形成大面积的地下咸水,总面积 9 064.6 km^2,约占平原区的 85%,地下咸水具有埋藏浅、分布广、储存量大等特点,不利于开发利用,还占据了地下库容,影响地表水与降水的调蓄。同时,天津地表水也存在严重的咸化问题。根据李军等(2010)的研究,天津市地表水水体的咸化程度从山前平原—中部平原—滨海平原逐步增加,水质由淡水、微咸水和咸水向盐水和卤水变化,水化学类型也由 $HCO_3 \cdot SO_4$-$Ca \cdot Mg$ 或 $HCO_3 \cdot Cl$-$Na \cdot Ca$ 型水,演化为 $Cl \cdot HCO_3$-$Na \cdot Mg$ 或 $Cl \cdot SO_4$-$Na \cdot Mg$,直至最终演化为 Cl-Na 型水。

再次,水资源的迅速减少和人类活动的增加,也使得天津主要湿地面积发生锐减,湿地生态功能降低(表 18.1)。

表 18.1 天津地区 4 个主要湿地不同年代水面面积变化

单位:km^2

湿地名称	历史面积	水面面积						
		20 世纪 50 年代	20 世纪 60 年代	20 世纪 70 年代	20 世纪 80 年代	20 世纪 90 年代	2000 年	2005 年
七里海	215.0	138.0	78.0	54.0	54.0	56.8	56.8	79.1
大黄堡	277.0	277.0	277.0	200.0	97.0	43.0	43.0	67.3
团泊洼	755.0	660.0	660.0	50.8	50.8	50.8	50.8	75.0
北大港	1 114.0	360.0	360.0	182.0	182.0	182.0	173.0	210.5

最后,天津水污染也相当严重。天津市位于海河流域尾闾,因海河流域的污染而受到限制。根据 2013 年《中国环境状况公报——淡水环境》,海河流域水质在全国 7 大水系中受污染最为严重。在对全市河流水质的监测评价中,2013 年Ⅱ类水及Ⅲ类水仅占全部河长的 5.8%,而Ⅴ类水及劣Ⅴ类水则占 87.1%。同时,由于汛期时大量雨水、污水直接排放进河流,使得大量污染物进入河道,严重影响了河流的水质,因而汛期污染情况一般要比非汛期略严重。影响河流水质的主要污染物为高锰酸盐、氮、磷和氟化物等。

根据未来规划,天津将以现有的生态环境格局为基础,构建“一区二轴三带”城市规划格局,立足打造北方生态城。在此生态城市建设规划方案中,三带是重要支撑,即北部的“蓟县-于桥水库生态带”、中部的“大黄堡-七里海-宁河生态带”和南部的“团泊洼-北大港生态带”,这些生态环境格局的维持都离不开对水资源科学合理的规划利用。天津未来将在引滦入津和引黄入津的基础上,充分利用“南水北调”的水资源,补充完善天津的水资源利用格局。问题的核心是要及早形成生态公益用水的市场机制调控。天津未来的生态环境会向越来越好的方向适度发展,从而“中断”自 20 世纪 20 年代以来的整体减少趋势,出现基本平衡并适度增加的格局,而这个转折点在 2000 年左右就已开始。

18.7 结论

天津地处渤海西岸,北、西、南分别有燕山、太行山和山东丘陵包围,是历史上黄河、海河、永定河等入海之处,有“九河下梢”之称。第四纪以来,大约经历了三次大的海进海退事件,形成了大约 45 m 的沉积层,造就了低平的地势和河道纵横、水洼塘淀密布的水环境。海进海退事件结束后,海陆基本定型。其后,黄河冲积过程成为对天津水环境改造最大的地理事件,逐渐推动天津海岸线东移,形成了现今的天津海岸线和基本地理地貌。直至元、明、清代,天津河流漕运和港口海运都十分发达。直到 20 世纪初期,天津仍然保留了海退成陆之后的大部分沼泽洼淀,水域面积达市域总面积的一半以上。新中国成立后,为治理海河水患,海河流域进行了大规模水利改造。加之 20 世纪 60—70 年代以后的气候变化,海河径流减少了 60%。以及 20 世纪 90 年代以后的大规模城市建设填占,天津逐渐由水患、水多之地,演变成缺水之地,水环境与水生态面临万年不遇之大变化。现在以及未来几十年,天津面临海水入侵、水生态退化、湿地萎缩、水环境污染和水资源严重短缺等众多问题,需要我们加以系统研究和科学规划保护。

致谢

本项研究得到天津市高等学校“创新团队培养计划”(TD12-5037)的资助。

参 考 文 献

冯跃, 鲁春霞, 唐笑飞, 谢高地. 2010. 天津城市沿革中的供水格局演变分析. 地理学报, 65(7): 809-818.

付白云. 2015. 天津湿地沉积物无机碳同位素组成特征与环境意义研究. 天津: 天津师范大学硕士学位论文.

何乃华, 朱宣清. 1994. 白洋淀形成原因的探讨. 地理学与国土研究, 10(1): 50-54.

贾艳杰. 1995. 海平面变化-黄河改道与贝壳堤发育关系的探讨. 陕西师范大学学报: 自然科

学版，23：80–83.
靳蕾. 2012. 天津湿地沉积物有机碳氮及其同位素组成特征与环境意义研究. 天津：天津师范大学硕士学位论文.
李军，刘丛强，岳甫均，朱兆洲，张国平，项萌，李勇. 2010. 天津地区地表水咸化的水化学证据. 环境化学，29(2)：285–289.
李璐. 2016. 湿地沉积物记录的 5 000 年来天津滨海生态环境演变研究. 天津：天津师范大学硕士学位论文.
李璐，王中良. 2015. 湿地沉积物记录的黄河北流对天津地貌的影响. 天津师范大学学报：自然科学版，35(1)：43–53.
刘高英. 2013. 60 年代以来天津地区水环境变化及湿地演变研究. 天津：天津师范大学硕士学位论文.
刘菊湘. 1992. 北宋河患与治河. 宁夏社会科学，8：59–71.
孙宗伯，李承元. 2000. 大港区水利志. 天津：天津科学技术出版社.
田代沂，马振兴，贾艳杰. 1992. 海河口地区全新世海侵层的相变与海面波动的对应关系. 黄渤海海洋，10(4)：26–36.
王宏，王福，田立柱. 2011. 天津滨海新区中全新世以来地形地貌演化. 地质调查与研究，34(1)：53–62.
杨曦，王中良. 2014. 天津地区相对海平面变化最新进展及发展趋势分析. 地球与环境，42(2)：157–161.
中国科学院海洋研究所海洋地质研究室. 1985. 渤海地质. 北京：科学出版社.
仲小敏，李兆江. 2011. 天津地理. 北京：北京师范大学出版社.
庄振业，许卫东，李学论. 1991. 渤海南岸 6 000 年来的岸线演变. 青岛海洋大学学报，21(2)：99–109.
邹逸麟. 1980. 黄河下游河道变迁及其影响概述. 复旦学报：社会科学版，S1：12–23.

生态产业及其产业化的支撑技术

第19章

赵晖[1]　沈美亚[1]　张海飞[1]　安迪[1]　安树青[1,2]*

摘　　要

近年来，生态产业作为生态经济学研究的热点之一，从理论和实践上不断丰富和完善，为推动我国发展循环经济和节能减排、构建资源节约型和环境友好型社会发挥着越来越重要的作用，为了更好地促进生态产业理论和实践的发展，有必要对当前生态产业理论及实践研究进行回顾和总结。本章以生态产业及生态产业链为主线，探讨了生态产业的概念、分类、特征、发展历程，生态产业链类别、理论基础和生态产业化的技术支撑；最后以产业技术支撑为背景，阐述了未来我国生态产业的发展潜力，为促进我国生态产业发展奠定科学基础，旨在为我国生态产业的发展提供一定的指导作用。

① 南京大学常熟生态研究院，常熟，215500；

② 南京大学生命科学学院生态学系，南京，210046。

* 通讯作者，Email：anshq@ nju.edu.cn。

Ecological Industry and Its Supporting Technology

Hui Zhao① Meiya Shen① Haifei Zhang① Di An① Shuqing An①②*

Abstract

As a hot research topic in ecological economics, ecological industry is enriched and perfected continuously from theory to practice, which plays an increasingly important role in promoting circle economy, energy saving, emission reduction as well as building a resource-saving and environment-friendly society of China. In order to better develop ecological industry theory and practice, it is necessary to review and summarize the current researches on this topic. This chapter explores the concept, classification, features and development history of ecological industry, then discusses the main types of eco-industrial chain, the theoretical basis and the technical support, finally explains the development potential of ecological industry, aiming at laying a solid scientific foundation for the ecological industry of China. Now, ecological industry is seeking for a breakthrough point of society, technology, resources, and the environment. Ecological industry has become an indispensable part and one of the most potential growth point in the future economy in China.

引言

传统的经济发展模式是一种“粗放式”的发展模式。工业化以来,由于人类实行粗放的经济增长方式,环境污染和生态环境的破坏已对可持续发展构成了严重制约,例如我国仅工业污染在最高时期就占全国污染总量的70%,其中包括70%的有机水体污染、72%的二氧化硫排放、75%的烟尘(齐力和梅林海,2008)。要从根本上解决经济发展和环境破坏之间的矛盾问题,必须实施可持续发展的战略,转变传统经济发展模式和环境管理模式,保持环境容量的持续承载能力(潘胜和文宇,2008)。

发展生态产业,是我们应对经济社会发展所面临的资源约束趋紧和环境污染严重问题的重要举措,是建设生态文明的战略性途径,对拉动投资、促进绿色

① Nanjing University Ecology Research Institute of Changshu, Changshu, 215500,China;

② School of Life Sciences, Nanjing University, Nanjing, 210026,China.

* Corresponding author,Email:anshq@ nju.edu.cn.

消费、推动产业转型升级、实现经济可持续发展、建设美丽中国具有重要的意义(杨卫军,2013)。21世纪将是生态文明的世纪,绿色消费将成为人们消费的主流,生态产业在未来的数十年内将保持较高的增速(范海燕和张雅琴,2005)。

19.1 生态产业概念及特征

19.1.1 生态产业的概念

随着产业的不断发展,传统产业与自然环境的矛盾不断激化,生态产业(ecological industry)应运而生,是传统产业的继承和发展。生态产业是依据产业生态学原理、循环经济理论及五律协同原理组织起来的基于生态系统承载能力,并具有较高的自然、社会、经济、技术和环境等五律协同的产业(陈效兰,2008)。生态产业将多个生产体系或生产环境进行耦合,使资源多级利用,将对环境的影响降到最低。同时生态产业也是按生态经济原理和知识经济规律,以生态学理论为指导,基于生态系统承载能力,在社会生产活动中应用生态工程的方法,突出了整体预防、生态效率、环境战略、全生命周期等重要概念,模拟自然生态系统,建立的一种高效的产业体系(王如松,2003)。生态产业可维持经济、社会、资源和环境保护协调发展,在经济发展的同时,能够保护好人类赖以生存的自然资源(董岚和梁铁中,2008)。生态产业具体包括:在宏观层次上制定生态产业发展战略以及相应的法律、法规和政策,确立国家发展目标和企业行为规范;在中观层次上建设生态产业园区,打造企业或产业集群化、融合化和生态化的平台;在微观层次上开展生态技术创新和推广应用的管理,使每项任务都细化为具体的行动(李周,2009)。因此生态产业不仅包括市场结构、市场行为、市场绩效,也包括产业政策、产业安全等内容(图19.1)。

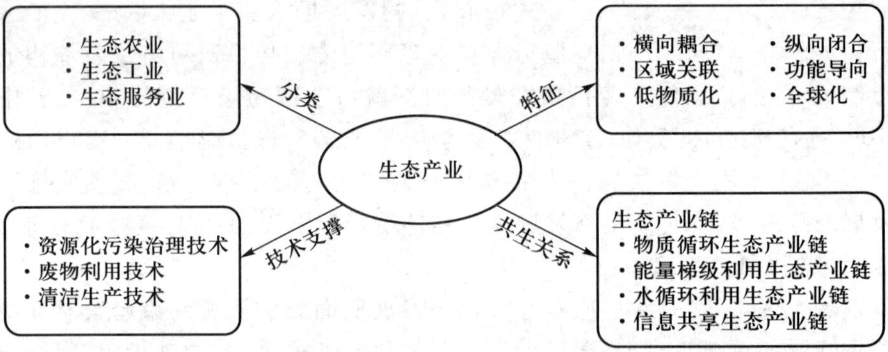

图19.1 生态产业概念图。

19.1.2 生态产业的分类

根据"产业发展层次顺序及其与自然界的关系不同"的标准,生态产业主要划分为生态农业、生态工业及生态服务业（鲁伟，2014）。

19.1.2.1　生态农业（ecological agriculture）

生态农业是以生态学理论为主导，运用系统工程方法，以合理利用农业自然资源和保护良好的生态环境为前提，因地制宜进行规划、组织农业生产的一种农业（傅晓华和赵运林，2008）。生态农业以保护和改善生态环境为目标，按照生态学及经济学原理，运用现代科技和工程管理，进行集约化的生产经营，具有持续性、集约化、高效化的特点（郭喜铭和邱长生，2014）。发展生态农业能够提高社会效益和生态效益，在保护生态环境的同时提高农业产值，使得农业可持续发展。

在国外，生态农业以完善的法律体系为基础，拥有强大的财政支持和科技支撑，并且配套了标准体系用于保证生态农产品的质量，通过健全的农业行会组织来互通情报、控制市场、引导生产和消费（王敦清，2011；陈霞等，2015）。国外生态农业迅速发展壮大，其中欧盟发展速度最快。例如，瑞典的生态农业处于世界领先地位，其使用天然肥料用于农田，并且采用 4 年轮作的种植方法，保持土壤肥力，瑞典政府大力支持生态农业的发展，规定国内 10%的耕地要转变为生态农业种植（任爱华，2005）。

我国农业面临着农民收入无法可持续性提高、农业科技水平不高、劳动力素质欠缺、农业产业结构较单一、农业资源贫乏、生态环境不断恶化等问题（李军，2006）。传统的农业只追求经济的增长，以牺牲生态环境作为农业发展的代价，无法满足社会主义新农村的需要。生态农业不仅像传统农业一样满足人们物质需要，还能够保护生态环境，通过土壤质量普查、生态风险评估、对种植业结构进行调整等方法来推进生态农业的发展（曹志平，2013），从而达到农业生产过程中经济与环境的共赢。稻鱼共生系统是典型的生态农业系统，于 2005 年被联合国粮食及农业组织（FAO）确定为首批全球重要农业文化遗产保护试点（闵庆文，2006），稻鱼共生在固碳释氧、病虫害防治乃至农业休闲旅游等方面有独特的优势（黄国勤等，2011）。研究表明，稻鱼共生不仅减少了甲烷的排放量（向平安等，2006），还降低了化肥（张丹等，2009）和农药（Berg，2001）的使用，在增加经济效益的同时，降低了环境污染。农业教育体验园是目前发展迅速的一种生态农业模式，集农业生产与农业观光、科普教育为一体，在国际上具有代表性的有法国的教育农场、日本的学童农园及台湾的自然生态教室，对促进生态农业的发展和推广有重要意义（郑林等，2001）。

19.1.2.2　生态工业（ecological industry）

生态工业是依据生态经济学原理，以节约资源、清洁生产和废弃物多层次循环利用等为特征，以现代科学技术为依托，运用生态规律、经济规律和系统工程的方法经营和管理的一种综合工业发展模式（严安，2009）。生态工业从整体出发，具有较好的资源效益、环境效益和经济效益，使用无废工艺、清洁生产、绿色化学、绿色制造、生态工程等技术,实现工业系统内物质循环,减少能源的消耗和废弃物的排放,从根本上解决了资源、能源和环境的可持续发展(刘志峰等,2002;段宁,2004;王静康和鲍颖,2007;苗泽华等,2010)。

生态工业的实践主要集中在生态工业园区(李棕和邓光亚,2010)。生态工业园区是依据循环经济理念和工业生态学原理而设计建立的一种包括自然、工业和社会的复合体(任海英和孙明,2008)。生态工业园区通过成员间的副产物和废物的交换、能量和废水的逐级利用以及基础设施与服务的共享来实现园区尺度上经济和环境的双赢(刘永新,2004)。在发达国家,生态工业园区发展迅猛(雷明和钟书华,2010)。美国是世界上第一个提出生态工业园区概念的国家,并且建立了生态工业园区特别工作组来推动国内生态工业园区的发展(郭建华等,2007)。与美国相比,欧盟的生态工业园区更为丰富灵活(张佳发和何晋勇,2011)。通过共生体系,自发形成的丹麦卡伦堡生态工业园区就是一个典型的例子,此园区是零排放型发展模式(孔慧芳,2013)。

生态工业园区的建设不但有利于发展园区内企业,也有利于在行业范围内甚至区域范围内高效、多级地利用自然资源,从而引导生态工业园区的可持续发展,推进生态产业在中国的发展(周戎,2010)。生态工业园区的建立可以增强政府和企业的创新意识,提升企业建设水平,促进资源利用一体化、多层次、循环发展(武春友等,2003;张治学,2005;李建杰,2012),带动区域经济持续发展以及实现新型工业化的模式(涂文明和蒋永穆,2009)。我国生态工业园区处在稳步发展的过程中,一些生态工业园区已经初见成效(李国成等,2009)。例如国家循环经济试点园区——天津子牙环保产业园,已形成废旧物拆解、加工、清洁生产的生产格局,通过全程监控严格控制园区污染物的排放量,并且能够为天津市150多家有色金属加工厂提供原材料,取得了很好的经济效益和环境效益(王爱兰,2010)。

19.1.2.3 生态服务业(eco-service industry)

生态服务业是生态循环经济的有机组成部分(刘明珍和郑志国,2005),是在充分合理开发、利用当地生态环境资源基础上发展的服务业(孟萌,2014),其发展在总体上有利于降低城市经济的资源和能源消耗强度,发展节约型社会,是整个循环经济正常运转的纽带和保障。生态服务业包括绿色商业服务业、生态旅游业、现代物流业、绿色公共管理服务等(孙婷,2007),如三峡库区生态服务业(图19.2)。生态服务业的发展能够降低城市经济发展所需的资源和能源消耗,发展节约循环经济,增强城市的经济实力;通过服务主体的生态化、服务途径的清洁化、消费模式的绿色化来降低环境污染,保护生态环境,推进可持续发展(徐竟成和范海青,2006)。

我国经济不断发展,给环境带来了巨大的压力,引起了中央的高度重视,由此循环经济应运而生。2008年8月29日,由中华人民共和国第十一届全国人

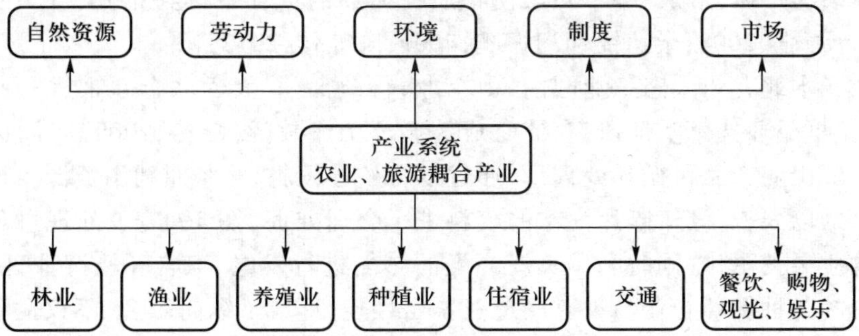

图 19.2　三峡库区生态农业与生态旅游业的发展(杨红,2009)。

民代表大会常务委员会第四次会议通过了《中华人民共和国循环经济促进法》,显示了推行循环经济的决心。生态服务业是循环经济的有机组成部分,生态服务业的发展能够在利用环境的同时对环境进行保护,有利于降低城市经济发展的资源消耗量(孟萌,2014)。生态服务业的目标与循环经济提高资源利用率、减少废弃物对环境的危害并实行可持续发展的目标相一致,是中国现代服务业发展的方向(张玉霞等,2006)。

19.1.3　生态产业的特征

生态产业具有横向耦合、纵向闭合、区域关联、功能导向、低物质化和全球化的关键特征(王如松,2001;彭宗波等,2005;陈效兰,2008)。

19.1.3.1　横向耦合(transverse coupling)

生态产业是反馈式流动的经济模式,其将资源共享,不同的工艺流程进行横向耦合,将上一级的废弃物作为下一级的原材料,形成生态产业食物链,从而达到变污染负效益为资源正效益的目的(Lowe,2001;张玉霞等,2006;王晓春,2007)。

玛雅农场是菲律宾生态农业中最具代表性的农场,是以农业为主题的生态产业园区的典型。农场将面粉厂、养畜场和鱼塘-肉食加工厂以及罐头制造厂形成了一个横向耦合的农业生态系统。通过多种经营和多级循环利用形成一个良性循环的生态产业食物链(图 19.3),从而获得较高的经济效益和生态效益(程序,1986)。

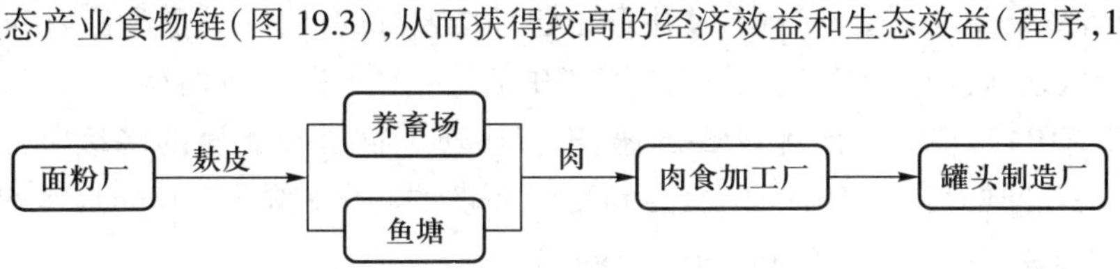

图 19.3　玛雅农场生态产业链。

19.1.3.2　纵向闭合(vertically close)

生态产业中不存在无用的废弃物,每种物质都有其潜在的利用价值,因此生态产业实施资源-产品-再生资源的模式,集生产、流通、消费、回收、环境保护及能力建设为一体,形成纵向闭合,使物质在循环的过程中得到充分、持久的利用(董岚和唐强,2008;余达锦和胡振鹏,2009;陈佳佳,2012)。

在日本北九州生态工业园内,由企业、行政部门、大学联合起来进行废物处理技术、再循环技术实证研究,使之成为循环工业园区(乌格,2009)。园区内汇集了废旧工业产品再循环处理厂,通过复合核心设施,对企业利用资源生产产品后排出的以残渣、汽车碎片为主的废料进行合理处理(图 19.4)。处理过程中将熔融物质再资源化,同时利用焚烧产生的热能进行发电,综合环境产业区,使得园区内的各种循环企业与现有制造业紧密相连,形成了纵向闭合,不仅避免了废弃物直接排放到自然环境中造成的危害,也使得物质和能量得到了充分利用(马开,2012)。

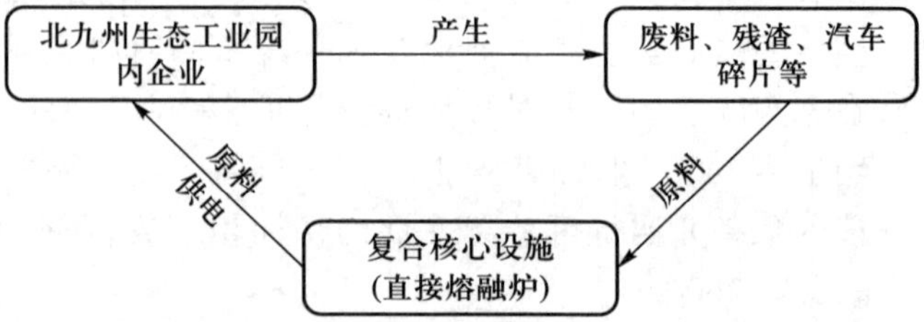

图 19.4 北九州生态工业园内废料循环处理流程图。

19.1.3.3 区域关联(area correlation)

生态产业是区域性的复合生态体,通过企业之间,以及企业、居民、自然生态系统之间的物质能量的输入与输出进行优化,从而在区域内对物质与能量进行综合平衡,形成内部资源、能源高效利用,外部废物最小化排放的可持续综合体,这就是生态产业园(李忠立,2007;刘忠远,2011)。

加拿大伯恩赛德生态工业园区于 1975 年建立,通过生态规划设计,将传统工业园区转变为生态工业园区。园区目前占地 1 200 hm^2,进驻了包括制造业、零售业、服务业在内的 1 200 多家企业,园区内人口达到 1.8 万人,是一个区域性的有机整体。园区鼓励进驻企业生产、使用和出售环境友好的产品,对企业管理者及生产者进行生态产业培训并建立了清洁生产中心,为企业提供清洁生产的技术支持(张西玲,2011)。目前,园区发展迅速,不仅实现了物质和能量的多级利用,而且促进了企业间的合作共生以及社会和自然环境的和谐发展(Noronha,1999)。

19.1.3.4 功能导向(function-oriented)

生态产业的发展是以功能为导向的发展模式,它不以扩大生产来盈利,而是以不断优化产品服务功能来盈利,生产的目的是更好地为人类提供服务,从而减少了自然资源的使用以及废弃物的产生(王如松,2006)。

传统的消费观念是不断购买新的产品来满足自身的需求,因此企业通过销售产品来达到获利的目的(牟俊山和刘敏,2004)。但是实际上并不是产品本身满足了人们的需要，而是产品产生的功能满足了人们的需要（郭方园，2013）。产业生态学鼓励消费者购买服务而不是购买产品本身，从而降低物质能量的消耗。例如欧美一些国家曾经做过小轿车共享实验，让消费者不再购买轿车，而是共同购买轿车的使用权，结果证明轿车的数量减少了50%，轿车里程也下降了37%，由此可见产业生态学倡导的“功能经济”还是有明显效果的（王如松和杨建新，2000）。2014年10月丰田汽车公司在法国格勒诺布尔市举行了超小型电动汽车共享实验，实验期为3年，旨在减少私家车购买的同时满足人们的出行需要。

19.1.3.5　低物质化（dematerialization）

低物质化是指降低工业生产过程中物料的消耗和能源的强度（郭方园，2013）。生态产业的发展模式能够使产品及物料再循环，能源得到多级利用，降低了生产使用过程中物料的使用和能源的消耗（张文龙和邓伟根，2010）。

国际上工业生态系统运行最典型的代表是丹麦卡伦堡生态工业园区，该园区具有明显的低物质化特征（蓝庆新，2010）。它采取面向共生企业的循环经济发展模式，以燃煤电厂、炼油厂、制药厂和石膏制板厂为核心，通过贸易的方式把其他企业的废弃物或副产品作为本企业的生产原料或是能源，提高了资源的利用率，降低了成本，将对环境的污染降到最低（Ehrenfeld，1997）。园区每年可节省4.5×10^4 t石油、1.5×10^4 t煤炭、60×10^4 m^3淡水；减排17.5×10^4 t二氧化碳和1.02×10^4 t二氧化硫，还使13×10^4 t炉灰、4 500 t硫、9×10^4 t石膏、1 440 t氮和600 t磷实现资源化重新利用（张西玲，2011）。

19.1.3.6　全球化（globalization）

生态产业不仅局限于产业间的协调发展及产业内资源的综合利用，更加关注区域的协调发展。为了充分利用有限的地球资源，为人类谋得更大的共同利益，随着生态产业的不断发展，区域范围会越来越大，最终打破国界和重重阻隔，形成具有完整功能和结构的全球化的生态产业系统（郭熙保等，2005）。

20世纪90年代，丹麦、美国、加拿大、德国、奥地利、瑞典、爱尔兰、荷兰、法国、英国、意大利、澳大利亚、日本等发达国家就开始规划建设生态产业园区；中国、泰国、印度尼西亚、菲律宾、印度、纳米比亚和南非等发展中国家也正在积极兴建生态工业园区（王瑞贤等，2003；Heeres et al.，2004；Park and Won，2007；Veiga and Magrini，2009）。随着生态产业园区的不断发展，生态产业必将打破国界，实现全球化的发展。

19.2　生态产业发展历程

19.2.1　生态产业在国外的发展

1969年，美国学者Ayres在研究物质材料流动时，第一次提出了“产业代谢”(industrial metabolism)的概念(Ayres and Kneese,1969),在此基础上,Ayres等学者提出了具有划时代意义的“产业生态学”(industrial ecology)概念,并且不断发展完善(Ayres et al., 2002)。1977年,在德国地球学年会上,美国化学家Preston Cloud在论文中首次使用了“产业生态学”一词(Cloud,1977)。1992年,美国国家科学院与贝尔实验室共同组织了全球首次“产业生态学论坛”,对产业生态学的概念、内容和方法及其应用前景进行了全面、系统的总结(Jelinski et al., 1992)。次年,Tibbs(1993)编写了《产业生态学:产业界的环境议程》,使产业生态学思想得以迅速传播。20世纪90年代以来,在可持续发展的大背景下,产业生态学发展非常迅速,被列为美国21世纪环境研究的优先学科,产业生态学是生态产业的基础。

1976年,欧洲共同体在巴黎举行的“无废工艺和无废生产国际研讨会”上,提出了“消除造成污染的根源”的思想。1979年,欧洲理事会宣布推行清洁生产政策,并且在1984—1987年欧共体环境事务委员会三次拨款支持建立清洁生产示范项目。清洁生产(cleaner production)是生态产业的初级阶段。1988年以来,产业转型研究组先后在东欧、南亚、东亚、东南亚、北美、西欧、拉丁美洲及非洲召开了8次有关产业转型的区域性会议,并于1999年2月在荷兰召开了扩大的科学会议,在8个区域会议的基础上制定了产业转型与人类影响的科学研究计划(Vellinga,1999)。该计划认为,为了满足世界人口的增长,探寻一条减少环境污染的发展途径是非常必要的。2002年,国际生态工业学会在荷兰正式成立,进一步促进了产业的生态化转型。2004年,Chiu和Geng采用优势、劣势、机遇、挑战分析方法(SWOT),并结合地方资源状况,研究了亚洲发展中国家的生态工业潜力,为这些国家发展生态工业园区提供策略与建议(Chiu and Geng, 2004)。近年来,有关生态产业的课程、研究文章和专著不断涌现,有关生态产业的网站也很多,生态产业处于迅速发展阶段。

19.2.2 生态产业在国内的发展

早在1979年,马世骏教授在中国环境科学学会成立大会上所做的“环境系统理论的发展和意义”的学术报告中,提出了“生态系统工程”(ecosystem engineering)(马世骏,1983),这是我国生态产业研究的先驱。中国生态产业真正的发展是从生态农业开始的。20世纪80年代,中国对生态农业的概念进行了探索。在1980年于银川召开的全国农业生态经济学学术研讨会上,第一次运用了“生态农业”的概念(农村生态环境编辑部, 1987)。20世纪90年代初产业生态学理论从西方引入我国,受到了我国学者的高度重视,这一时期我国加大了对生态农业的建设。1993年,中国在全国组织开展了51个生态农业试点县建设项目。1994年,中国引入了“工业生态学”的概念(周子平,1994),自此中国在生态产业发展的道路上跨出了一大步。1995年,国内开始出现生命周期评价等方面的论文(张彤等,1995)。在工业生态系统的综合评价、工业生态系统内部产业链、工业系统内物质循环和能量流动等方面，一些研究人员亦进行了初步研究并取得一定的成果（周哲等，2001；王兆华等，2003；吴伟等，2002）。进入21世纪以来，国内不仅在生态产业理论和实践上都获得了较大的发展，还不断地向国际前沿靠拢（余达锦和胡振鹏，2010；尹琦和肖正扬，2002；刘晶茹等，2014，2015）。

19.3　生态产业共生关系——生态产业链

生态产业在发展过程中，不同生态产业链之间形成一种共生关系（symbiosis），这种共生关系是对两种以上产业的链接所进行的设计或改造，并开创为一种新型的产业系统的系统创新活动（尹琦和肖正扬，2002），通过生态园区内不同企业之间相互利用副产品的合作，共同提高企业的生存及获利能力，达到节约资源和保护环境的产业关系（Chertow，2000），通过这种共生关系链接形成生态产业链。因此，把生态产业链定义为：在工业园区中，依据生态学原理，以恢复和扩大自然资源存量、提高资源基本生产率为宗旨（霍肯，2000），模仿自然生态系统中生产者、消费者和分解者的运作模式，各种在业务上具有关联的企业聚集在一起，以资源（原料、副产品、信息、资金、人才）为纽带形成的具有产业衔接关系的企业联盟，实现资源在区域范围内的循环流动（王兆华等，2003），形成一个互相依存、类似于自然生态食物链过程的“企业生态链网络”（吴志军，2010），即生态产业链（eco-industrial chain）。

19.3.1　生态产业链分类

生态产业链通过成员之间的副产物和废物的交换、能量和废水的梯级利用、基础设施的共享来实现产业链企业集群在经济效益和环境效益上的协调发展。生态产业链的主要类型有物质循环生态产业链、能量梯级利用生态产业链、水循环利用生态产业链、信息共享生态产业链和生态农业与农业生态旅游产业链五种（罗宏，2004）。

19.3.1.1　物质循环生态产业链

物质循环生态产业链指的是生态工业园区中各成员之间进行物质传递、供应、副产品交换的生态产业链。从生产到消费所产生的废弃物，一部分经过回收再利用变成了生产的原材料，不能再利用的废弃物以无害的方式排放到天然环境中（图19.5）。作为“工业食物”的剩余物质应满足以下基本条件：同一自然资源的物理变化；在使用上存在一定的先后顺序；能够多次利用；每次使用能够形成一个加工企业或加工链（徐大伟等，2005）。物质循环是生态工业园区的核心部分，所以分析物质循环对于统筹区域资源、发展生态工业园区以及繁荣区域经济都具有重要意义（胡山鹰等，2003）。

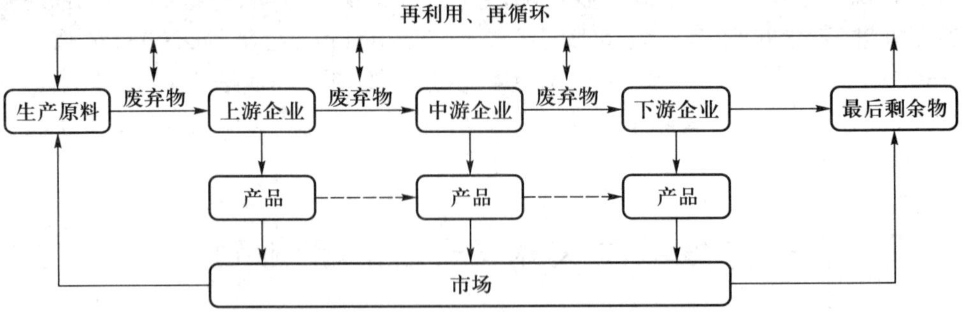

图 19.5　生态工业园区物质循环。

19.3.1.2　能量梯级利用生态产业链

能量梯级利用生态产业链是指在生态工业园区中,不仅单个公司寻求各自的电能、蒸汽或热水等使用的更大效率,而且在相互间实现所谓"能量层叠"梯级利用,如热电联产、冷电冷三联供等(林汝谋等,2010)。能量梯级利用的理论已日趋成熟,许多学者对生态工业园区能量的梯级利用进行了深入有效的研究,例如 Kocis 等(1988)在热交换网络优化等综合问题的求解中采用混合整数非线性规划(mixed integer nonlinear programming,MINLP)等数学规划方法。丹麦的卡伦堡工业共生体中(图 19.6),阿斯耐斯燃煤火电厂对蒸汽和热能进行了多级利用,分别向炼油厂和制药厂供应生产过程中的蒸汽,在整个工业生态群落中处于中心地位(Jacobsen,2006)。国内的龙盛科技工业园由于注重能量梯级利用,其生态效率和系统稳定性都相对较高(袁婕等,2008)。

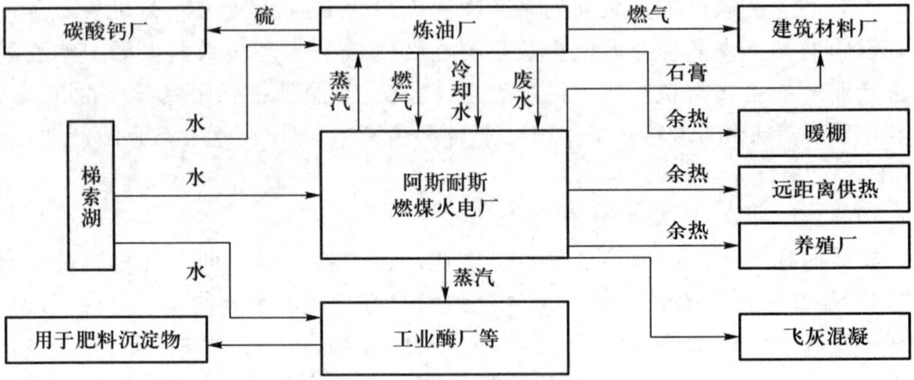

图 19.6　卡伦堡生态工业园区能量梯级利用(Jacobsen, 2006)。

19.3.1.3　水循环利用生态产业链

生态工业园区中,通过运用自然生态系统中水循环运动规律重构水经济系统,构筑水循环利用生态产业链,使水社会循环能和谐地纳入自然生态系统的水循环过程中,形成健康的社会水循环,既可以节约水资源,又可以提高水的利用率,建立一种新形态的水闭路循环流动型经济(门苗苗,2006)。如北京经济技术开发区的水循环生态产业链(姚爱华,2007)、四平市生态工业园区水循环生态产业链(田百平,2014)等。贺亮等(2009,2010)从工业用水现状和生态工业园区建设的角度出发,探讨生态工业园区水资源循环利用的理论和技术,通过社会区域、园区企业之间和企业内部三个层面构建水循环的区域载体,利用中水回用、水梯级利用和雨水资源化等技术实现水循环模式的构建。另外,有关烟台开发区工业园区水资源一体化的利用方法及内容(张凯,2004)、城市水循环产业链(图 19.7)等方面的研究(曹国圣,2009)为今后进行生态产业的水循环研究奠定了基础。

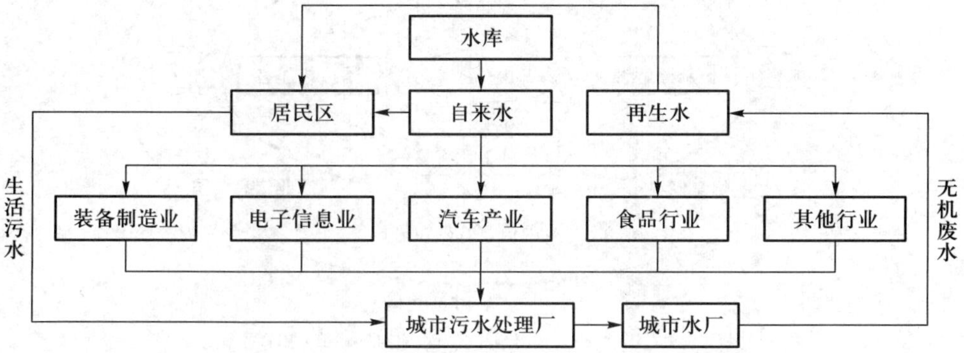

图 19.7　城市水循环生态产业链结构模式(改自曹国圣,2009)。

19.3.1.4　信息共享生态产业链

生态工业园区作为一个复杂的区域产业共同体,需要政府部门、园区管委会、园区现有企业、投资者、园区规划人员和园区居民等所有参与者的密切合作(胡山鹰等,2003)。信息在这些园区参与者之间充分的交流是生态工业园区良好运行的保证,如王晰巍等(2010)基于信息生态视角形成的产业链(图 19.8)。因此,开发服务于生态工业园区的管理信息系统,实现计算机化管理,是提高园区的信息管理水平的关键(王春能等,2006)。如贵州磷化工园区生态产业链中,园区管委会通过建立废弃物交换信息平台、清洁生产和废物集中处理机制,互相厘清产品间的共生耦合关系,从而提高对磷资源的有效利用和保护生态环境(袁开福,2011)。

19.3.1.5　生态农业与农业生态旅游产业链

生态农业与旅游业两大产业的融合是生态农业与农业生态旅游产业链的基本属性,它们在相互融合的过程中形成农业新产品、新业态以及新的农业增长方式(魏玲丽,2015)。以生态学和经济学原理为基础,应用农业科学技术和经济管理方法,实行集约化经营的农业发展方式(周集体等,2008),通过开发具有观光价值的生态农业资源,打造集农业资源、产品、文化、知识、劳动于一体的人与自然和谐的景观,把农业的生态性、观光娱乐性及教育性融为一体(郑林等,2001),如蚯蚓生态农业与旅游业的结合发展(图 19.9)。加强生态农业与农业生态旅游产业链建设,有利于调整我国农业生产结构,提高农业综合经济效益;有利于摒弃传统旅游业无序无节制地消耗旅游资源的现象,能在生态农业资源承载力的约束下进行可再生旅游资源的开发,提高农业资源的综合利用率。

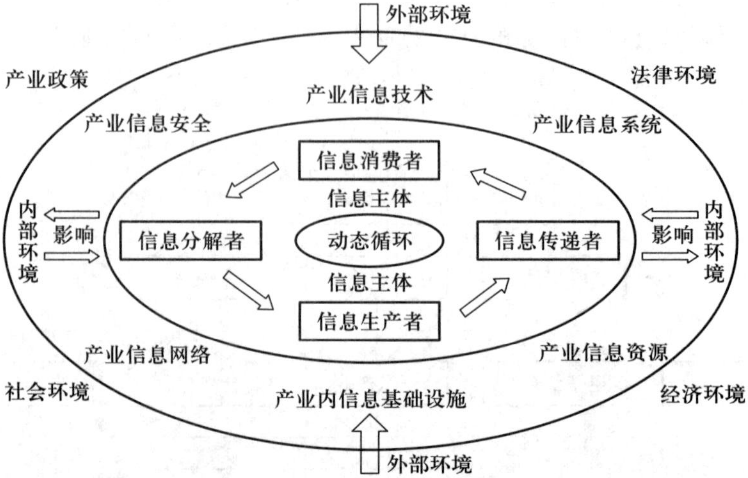

图 19.8 生态产业链信息模型(王晰巍等,2010)。

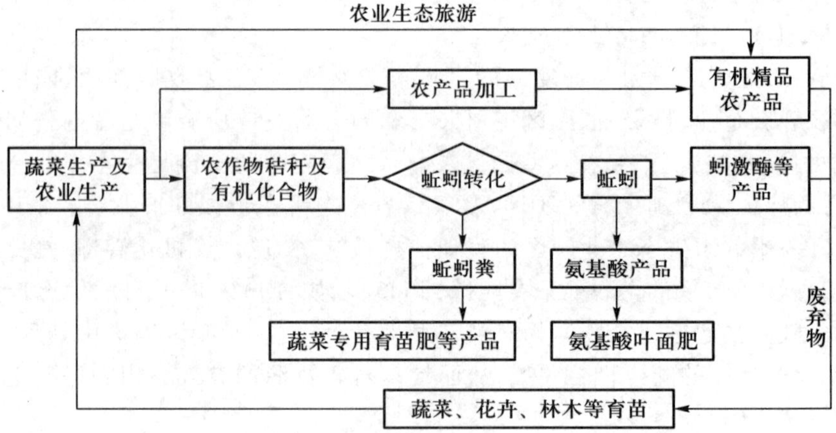

图 19.9 蚯蚓生态农业与旅游产业链。

19.3.2 生态产业链理论基础

19.3.2.1 食物链理论(food chain theory)

食物链(又称为"营养链")是生态系统的一个基本概念。它是指在生态系统中,生产者所固定的能量和物质,通过一系列的取食和被取食关系而在生态系统中传递，各种生物按其取食和被取食的关系排列的链状顺序（Elton，1927）。食物链是自然界中食物供求的关系链，是将物种联系起来的食物路径，是自然界生态平衡的重要纽带（Harrison，1979；Freedman and So，1985）。由于受能量传递效率的限制，食物链的长度不可能太长，一般食物链都是由 4～5 个环节构成的（Post et al.，2000；Post，2002；Takimoto and Post，2008）。生态产业链是模仿自然生态系统中食物链的物质循环方式来发展生态工业的一种模式（Hardy，2002；尹琦和肖正扬，2004），依据食物链（网）理论，通过对区域内现存企业的物质流、能量流、水流、废物流以及信息流进行重新集成，依据物质、能量、信息流动的规律和各成员之间在类别、规模、方位上是否相匹配，在各企业部门之间构筑生态产业链，横向进行产品供应和副产品交换，纵向连接第二、三产业，形成工业“食物网”，实现物质、能量和信息的交换，完善资源利用和物质循环，建立生态工业系统（许文来等，2007）。

19.3.2.2　循环经济理论（circular economy theory）

循环经济是对物质闭环流动型经济的简称，就是把清洁生产和废弃物的综合利用融为一体的新型经济活动（王顺克，2003），以资源的高效利用和循环利用为核心（马凯，2005），从以“减量化（reduce）、再使用（reuse）、再循环（recycle）”的 3 大原则发展到以“减量化（reduce）、再配置（relocate）、再循环（recycle）、无害化储藏（restore）、替代性（replace）”的 5R 原则（李兆前等，2008），均以低消耗、低排放、高效率为基本特征，符合可持续发展理念的经济增长模式（赵艳丽，2006），是对“大量生产、大量消费、大量废弃”的传统增长模式的根本变革（Geng and Doberstein，2008）。循环经济要求运用生态学的规律来指导人类的经济活动，按照自然生态系统物质循环和能量流动规律重构经济系统（孙顺强，2004），使得经济系统和谐地纳入到自然生态系统的物质循环过程中，建立起一种新形态的经济（Pnuma，1997）。循环经济把经济活动组织成为“自然资源-产品和用品-再生资源”的反馈式流程，所有的原料和能源都能在这个不断进行的经济循环中得到最合理的利用，从而使经济活动对自然环境的影响减到最小的程度（康冬梅，2011）。“自然资源-产品和用品-再生资源”的循环双向流动过程，构成了循环经济的模式（齐振宏，2003）。

19.3.2.3　工业生态学理论（industrial ecology theory）

工业生态学以工业发展政策、实践以及工业与自然系统之间的相互关系为研究对象。它强调物质循环以及生产者、消费者、分解者之间的网络，鼓励保护资源和预防废弃物产生；在商业上，工业生态学是以减少产品或服务的能量和原料投入为目标，从而使工业变得更有效率和更具有竞争性（Lowe，1997a；王小君，2009）。工业生态学可以在不同的空间和层次上展开研究，包括企业内、企业间、工业园、社区、地方、国内层次等（孙明，2008）。从生态学方法来观察工业活动，就是要对一家工厂与它消耗的原料的生产者、产品流通的销售网络及使用它产品的消费者们的关系进行研究(杜旻,2003)。同生物圈一样,工业体系也是一个漫长进化的结果。目前的工业体系是一些相互不发生关系的线形物质的叠加,其运行方式就是开采资源和抛弃废料,这是我们环境问题的根源(唐荣智和孙金梅,2005),这种运行方式被命名为一级生态系统(Jelinski et al., 1992)。自然生态系统中,不同生物群落总是依据一定特性形成紧密的关系,形成生态系统特有的功能和结构,将这一思想扩展到工业体系中寻求确定最优化的工业活动组合,实现物质和能源的最优化合理流动和利用(李强和王桂侠,2003),较为显著的示例有工业共生体系、工业生态园区以及工业优势群落生态联合体(Nemerow,1995)等。

19.3.2.4 生态工业园区理论(eco-industrial park theory)

生态工业园区是一个由制造业企业和服务业企业组成的群落,是依据循环经济理论和生态工业学原理设计而成的一种新型工业组织形态(Korhonen, 2001;王倩等,2001),它是生态工业的重要实践形式,同时也是工业园区的高级形式,通过实施清洁生产和成员之间的副产物与废物交换、能量和废水的逐级利用、基础设施的共享,来实现园区在经济效益、社会效益和环境的协调发展(李赶顺,2002),它通过在管理包括能源、水和材料这些基本要素在内的环境与资源方面的合作来实现生态环境与经济的双重优化和协调发展,最终使该企业群落寻求一种比个体效益的总和还要大得多的群体效益(杨培峰,2004)。简言之,生态工业园区的目标就是要改善参与企业的经济表现,同时最大限度地减少其环境影响(Lowe,1997b)。生态工业园区的"生态",已不是狭义的生物学概念,而是包含社会、经济、自然复合协调、持续发展的含义,是人与自然共生、共荣、共存的复合系统(Côté and Hall,1995;曹望等,2007)。

19.3.2.5 企业耦合理论(enterprise coupling theory)

关于生态系统的耦合理论,部分学者对其进行了详细描述。生态系统内部自由能的积累,使系统失去平衡并趋同于和其他生态系统结合,自由能驱使 2 个或 2 个以上的生态系统或亚生态系统,通过会聚、超循环和耦合而联合,从而形成具有特殊结构功能的更高一级的新系统,即耦合系统(任继周,1999)。不同生态系统的耦合,实际上是在原有系统之上,将构建其他低质系统的简化产物,不同水平地耦合,产生不同等级的耦合系统,即耦合系统具有等级性特点。李镇清和任继周(1995)于 1995 年通过能网自组织原理,探讨了草业生态耦合的条件和作用。左其亭和陈嘻(2001)对社会经济-生态环境耦合系统动力学模型进行了研究,苗泽华(2001)则提出并讨论了工业企业与区域的生态耦合机制及其途径,这些都为生态系统中耦合的研究做了较好的铺垫。

19.3.2.6 稳健性理论(robustness theory)

产业链的稳健性或弹性,是指在环境变化和有外界扰动的情况下,产业链能够在保持原有主要功能、特性和组织结构的基础上正常运转的能力,也就是在一定范围内的适应能力(Christopher and Peck,2004)。产业链的稳健性也体现了产业链对外界环境的不敏感性,即当外界环境发生变化时,能够保持特定功能的特性来对抗干扰,并且可以使系统更灵活地改变运作模式,允许在有干扰作用时系统结构和成分发生改变,产业链仍能够保持特定功能的稳定性和较好的运作(王小君,2009)。

19.3.2.7　交易成本理论(transaction cost theory)

交易成本涉及实际资源的消耗。严格地说,所有的社会交易(包括经济交易)都需要资源(Hennart,1987;Theory,2012)。因此,美国著名经济学家 Arrow Kenneth 把交易成本定义为"经济体系运行的成本"(Arrow et al., 1996)。虽然交易成本理论主要用于解决企业理论和组织行为理论,但该理论的相关概念和方法同样适用于分析生态工业园区中产业链的运作问题(Hennart,1987)。因为产业链运作的实质就是各链接企业之间的合作,而资产专用性、不确定性和交易频率是影响交易的主要因素(Shen,2013)。因此,从交易成本的角度来考量生态工业园区中的生态产业链系统构建是具有实际意义的。

19.3.2.8　生命周期分析理论(life cycle assessment theory)

生命周期评价(life cycle assessment)是对某种产品系统或行为相关的环境负荷进行量化评价的过程。它首先通过辨识和量化所使用的物质、能量和对环境的排放,然后评价这些使用和排放的影响。评价包括产品或行为的整个生命周期,即包括原材料的采集和加工、产品制造、产品营销、使用、维护、循环利用和最终处理,以及涉及的所有运输过程。它关注的环境影响包括生态系统健康、人类健康和能源消耗三个领域,不关注经济或社会效益(Vigon,1993)。到目前为止,生命周期评价已广泛应用于包装业、汽车制造业、化学工业、材料工业、农林业及环境治理工程等。

19.4　生态产业化的技术支撑

生态产业的发展离不开科学技术的支撑,否则产业生态化所追求的提高生态效率目标将难以从根本上实现。生态产业的技术载体是面向环境的技术,或称环境无害化技术和环境友好技术,涉及预防污染的少废或无废的工艺技术和产品技术。污染末端治理技术(黄敬华,2006)主要包括清洁生产技术、废物利用技术和资源化污染治理技术等几个方面。

19.4.1　清洁生产技术(clean production technique)

清洁生产技术是通过技术手段实现生产过程的少排放和制造产品的绿色化,它们在环境无害化技术体系中占据核心地位(尚华和王文军,2005)。清洁生产技术包括清洁的生产和清洁的产品两方面的内容(张丰,2004),不仅要实现生产过程的无污染或少污染(如用清洁能源替代化石能源),而且生产出来的产品在使用和最终报废处理过程中也不会对环境造成损害(如对损害臭氧层的氟利昂的替代)。清洁生产的理念,不但含有技术上的先进性,还包括经济上的可盈利性,它充分体现了产业生态化在环境与产业发展问题上的双重意义(李雷通和李海涛,2015)。针对清洁生产我国制定了《中华人民共和国清洁生产促进法》,鼓励开展有关清洁生产的科学研究、技术开发和国际合作,组织宣传、普及清洁生产知识,推广清洁生产技术,通过施行限期淘汰浪费资源和严重污染环境的落后生产技术、工艺、设备和产品的制度,优先采用资源利用率高以及污染物产生量少的清洁生产技术、工艺和设备等措施保障清洁生产顺利进行。

19.4.2 废物利用技术(recycling technique)

废弃物再利用技术是通过技术手段实现产业废弃物和生活废弃物的资源化处理(张颖和张小丹,1998;李鸿峰,2002)。目前,比较重要的废物利用技术有废纸加工再生技术(吴舒拉,2003)、废玻璃加工再生技术(才秀芹等,2010)、废塑料转化为汽油和柴油技术(赵志海,2004)、有机垃圾制成复合肥料技术(郑兆海,2008)、废电池等有害废物回收利用技术(郑和辉,2007)、尾矿再利用技术(徐春燕和蔡海辉,2013;龚豪等,2015)、农业废弃物利用技术(刘弘博等,2013)等。

19.4.3 绿色制造技术(green manufacturing technique)

产业生态化的主要任务是制造业的生态化(刘洋,2013)。现阶段我国制造业的生态化技术主要有:低物耗的绿色制造技术(游天嘉,2006)、少废弃物的绿色制造技术(蔡红专和蔺国民,2008)、少污染的绿色制造技术(王珺等,2003)、绿色化学技术(闵思泽,2001)。在《中国制造 2025》中指出,我国正在加快制造业绿色改造升级。未来将全面推进钢铁、化工、建材、轻工、印染等传统制造业绿色改造,大力研发推广余热余压回收、水循环利用、重金属污染减量化、有毒有害原料替代、废渣资源化、脱硫脱硝除尘等绿色工艺技术装备,加快应用清洁高效的铸造、锻压、焊接、表面处理、切削等加工工艺,实现绿色生产(白文亭,2015)。加强绿色产品研发应用,推广轻量化、低功耗、易回收等技术工艺,持续提升电机、锅炉、内燃机及电器等终端用能产品能效水平,加快淘汰落后机电产品和技术(郭朝先和王宏霞,2015)。

19.4.4 提高资源效率和综合利用技术(resources comprehensive utilization technique)

提高资源效率技术,就是用较少的物质和能源消耗来达到既定的生产目的,在源头节约资源和减少污染的技术(武春友和王晋良,2008)。资源综合利用技术包括再利用、再循环的技术,是将生产或消费过程产生的废弃物再次变成有用资源或产品的技术(沈留红等,2013)。这类技术主要有:废旧产品和废弃物资源化技术(Clark and Newell,1999;魏金秀等,2005)、废旧机电装备再制造技术

(徐滨士,2009)、电子垃圾资源化技术与设备(Lee et al., 2000)、生态包装技术(郭琼,2004)、垃圾发电供热技术(关春义和关莹,1999)、集约化养殖畜禽粪便的资源化利用技术(李瑜等,2009)等。

19.4.5 能源高效利用和节约技术(energy-saving technique)

能源高效利用和节约技术主要以能源节约管理咨询、能源效率提升、余热余压利用技术为核心,发展多产品、多终端的联产,提高能源生产的效率和效益,通过对生产过程中消耗的原材料和能源进行科学分配来生产不同产品,或者对资源进行深加工,对副产品进行充分的开发利用,都可实现这种联产(徐振刚,2002)。相关技术主要包括:开发煤化工产品多联产及高附加值利用技术(郭敏和毕继诚,2016)、发展洁净煤技术及其产业化(濮洪九,2002)、工业余热发电技术(李冰,2010)、工业低品位余热余汽制冷技术(刁小东,2011)、蒸汽回收及冷凝水回收技术(张守汉等,2007)和工业循环水系统能效优化管理技术(姚玉田等,2015)等。

19.4.6 可再生能源和新能源利用技术(renewable energy technique)

可再生能源是指风能、太阳能、水能、生物质能、地热能、海洋能等非化石能源(刘军伟等,2008)。我国已制定了《中华人民共和国可再生能源法》以促进新能源和可再生能源的利用,其中我国太阳能利用前景广阔,且有一定的技术基础(石定环,2006)。太阳能的开发利用技术主要有:利用半导体器件的光伏效应原理把太阳辐射能转换成电能的太阳能光伏技术(Kazmerski,2006),把太阳辐射能转换成热能的太阳能热利用技术(陈德明和徐刚,2007),以及利用太阳热能进行发电的太阳能热发电技术(宿建峰等,2009)。

19.4.7 资源化污染治理技术(pollution abatement technique)

资源化污染治理技术也就是传统意义上的环境工程技术,是用来消除污染物质的技术,通过建设废弃物净化装置来实现有毒有害废弃物的净化处理(Linke and Kokossis,2004),其特点是不改变生产系统或工艺程序,只是在生产过程的末端通过净化废弃物实现污染控制。目前,我国专业进行废弃物净化处置的环境产业正作为一个新兴的产业部门得以迅速发展。资源化污染治理技术主要用于工农业生产的种类控制和净化废弃物的装置和设备(Zhang, 2014),包括汽车尾气控制和烟气脱硫等大气污染防治技术(耿永生,2010;尚衍,2013)、水污染防治技术(丁睿,2011)、填埋和焚烧等固体废物处理技术(梅其岳等,2006)、噪声污染防治技术等(李侃,2011)。

19.4.8 生态农业技术(ecological agriculture technique)

生态农业是现代农业发展的必然趋势,它不同于传统农业,是一种新型可持续发展农业,人多地少的资源特点和农业经济发展水平决定了农业不能继续依靠高投入来增加产出的外延式发展模式,而要走一条内涵式高效利用资源的发展道路。目前,农业生态化发展的重点技术有:耕地保护和土壤改良技术

(吴凤华等,2005;Kim and Park,2013)、农业生物新品种的培育和推广应用技术(杜胜利和马德华,2002)、农业接口技术(张国强,2004)、庭院生态农业技术(彭方平等,2008)、高效立体种养技术(Kang and Xie,2005)、农业水肥资源综合利用技术(黄国勤等,2011)、农村能源综合开发技术(周芳芳,2012)、农产品质量安全生产技术(肖艳芬等,2005)、农业生态环境治理技术(时建伟等,2007)等。

19.4.9 信息资源共享技术(information-sharing technique)

随着大数据时代的来临,数据已成为一种新的经济资产,科研已进入了以数据为基础进行科学发现的第四范式(李广建和杨林,2012)。大数据给科学研究与实践带来了新的机遇和挑战。生态产业正在逐步转向现代生态产业、数字生态产业与信息生态产业。在长期的科学研究中,人们通过观察、试验和计算等多种方式积累了大量有科学价值和实用意义的农业信息资源。这些信息资源信息量大、学科专业广、综合性强,是生态产业科学研究的基础和必不可少的资源(王儒敬,2013),主要通过利用物联网、大数据等技术,开展废旧资源信息采集、数据分析、流向监测,强化废旧资源回收利用信息管理,构建网络化废旧资源回收利用体系,创新再生资源回收模式,建成城市废弃物回收平台(梁晓辉等,2010),推动现有再生资源交易市场向线上线下结合转型升级,推进行业性、区域性的产业废弃物和再生资源在线交易,增强主要再生资源品种的定价权,建立面向循环经济的绿色发展新模式,建成产业园区废弃物信息平台、废弃物和再生资源在线交易系统(晁罡等,2013;周承德,2015)。

19.5 我国生态产业发展潜力

我国经济迅速发展,经济增长速度令世界瞩目,但同时也面临着环境恶化与生态环境破坏的严峻挑战,经济增长和环境污染、资源破坏的矛盾日益突出,要从根本上解决此矛盾,需实施可持续发展的经济发展模式,改变经济发展模式,从以往的“黄色道路”和“黑色道路”转向可持续发展的“绿色道路”(李树,2001)。生态产业要求能源和原材料综合利用,物质闭路循环,倡导以服务功能为导向,以最小的环境代价换来最大的功能服务(彭宗波等,2005)。生态产业的发展不仅能够促进经济的发展,还能大大提高生态效益,使得综合效益进一步提高(孟溦蕾和朝克,2015)。以功能为导向的生态产业,不仅能够增加就业,而且还能够满足人们绿色消费的需要(王晓光,2006)。

大力发展生态产业是国民经济实现可持续发展的重要战略举措和必然选择(李树,2008;张文龙和邓伟根,2010),同时生态产业发展以循环经济为指导,是建设资源节约和环境友好型社会的重要内容(张天柱,2006;陈海嵩,2009),有利于坚持我国节约资源和保护环境的基本国策,加强生态文明制度建设(张文斌和颜毓洁,2013)。生态产业将作为生态文明建设的重要组成部分,在不久的将来会迎来一种全新的发展态势。

自 1992 年"联合国环境与发展大会"以来,我国工业化和城市化进程飞速发展(Pan,2012),我国的生态产业实践已经走过了几十年的历程,在快速发展的同时也面临诸多综合性问题。如农业领域中农产品质量安全隐患、农业污染与环境恶化、气象灾害等,工业化进程中环境污染严重,资源利用率低下(表 19.1),生态服务业发展缓慢等,这些问题都不是某一个领域的专家利用其本领域的"一技之长"就能够解决的(曹志平,2013)。

表 19.1 我国资源利用情况

能源综合利用率	每吨标准煤实现的 GDP	矿产资源回收率	单位产值能耗	机动车油耗	工业用水重复利用率
比发达国家低 10%	为世界平均水平的 30%	比国外先进水平低 20%	是世界平均水平的两倍	比国外高 20%~25%	比国外先进水平低 15%~25%

注:来自 http://www.docin.com/p-249987443.html,发展低碳经济追求低碳生活。

在这一系列问题的背景下,我国生态农业未来发展将逐渐趋向于生态型高技术农业、精准农业和信息农业等方面。在此背景下,代表农业新型生产方式的绿色循环经济、废物循环利用、低毒高效农化领域将获得政策着重鼓励。另一方面,在党的政策指导下,中国特色新型工业化道路是一条经济效益与生态效益、社会效益兼顾,企业具有广阔生存空间的工业化道路。随着生态产业研究的不断深入,在原有生态农业和生态工业研究的基础上,生态服务业在近年来受到越来越多的重视。同时,生态服务业在我国经济发展过程中正发挥着越来越重要的作用,因此,应当拓展服务业发展空间,加快传统服务业的改造、提升,有重点地推进生态服务业的发展(明庆忠等,2008)。

未来我国的生态产业将在维持生态资产正向积累的前提下为我国及其生命支持系统提供尽可能大的生态服务,包括高的生态效率、强的生态整合力、小的生态足迹、丰富的生态多样性和低的生态风险。在原来传统产业的基础上通过生产方式、生活模式和价值观念的改革去合理、系统、持续地开发、利用和保育我们宝贵的生态资产,为社会提供高效和谐的生态服务,建立一种整体、和谐、公平、持续的自然和人文生态秩序。

我国已经加快了从传统工业向生态文明发展的步伐,尽管未来将面对诸多困难,同时要求更多的国际合作,但不可否认生态产业的可持续发展不是简单的一种口号或前景,已经成为我国发展道路上的必不可少的一部分,具有很广的发展潜力。

参考文献

白文亭. 2015. 中国制造 2025. 电气时代, 6: 11.

才秀芹, 曾雄伟, 冯明良, 黄建斌, 苟金芳. 2010. 废玻璃的回收处理与利用. 玻璃, 2: 20-24.

蔡红专, 蔺国民. 2008. 绿色制造技术研究. 航空制造技术, 11: 64-67.

曹国圣. 2009. 城市水循环经济生态产业链的构建与运行. 水利经济, 27(1): 32-35.

曹望, 汪长江, 魏永涛. 2007. 关于发展循环经济下虚拟生态工业园的思考. 集团经济研究, 9: 85-86.

曹志平. 2013. 生态农业未来的发展方向. 中国生态农业学报, 1: 29-38.

晁罡, 陈丹, 张丹. 2013. 城市建筑废弃物信息平台建设状况调查及相关建议. 建筑经济, 1: 16-18.

陈德明, 徐刚. 2007. 太阳能热利用技术概况. 物理, 36(11): 840-847.

陈海嵩. 2009. 循环经济立法对"两型社会"建设的影响——以《循环经济促进法》为例. 武汉科技大学学报: 社会科学版, 11: 72-77.

陈佳佳. 2012. 唐山市生态产业建设与规划研究. 上海:上海师范大学硕士学位论文.

陈霞, 于丽卫, 康永兴, 陈伟忠. 2015. 国外发展生态农业的经验与启示. 天津农业科学, 4: 90-93.

陈效兰. 2008. 生态产业发展探析. 宏观经济管理, 6: 60-62.

程序. 1986. 菲律宾的生态农业. 世界农业, 9: 9.

丁睿. 2011. 水污染防治技术. 中国科技博览, 16: 5.

董岚, 梁铁中. 2008. 生态产业系统的支撑体系研究. 东南学术, 1: 127-132.

董岚, 唐强. 2008. 生态产业系统的要素及构成分析. 武汉冶金管理干部学院学报, 18(1): 13-15.

杜旻. 2003. 生态工业共生体稳定性研究. 哈尔滨:东北农业大学硕士学位论文.

杜胜利, 马德华. 2002. 生物技术与常规育种相结合培育优良蔬菜新品种. 农业与技术, 22(2): 58-62.

刁小东. 2011. 热风炉烟气低品位余热资源利用研究. 金属材料与冶金工程, 4: 31-34.

段宁. 2004. 从清洁生产、生态工业到循环经济. 宁波经济: 财经视点, 2: 29-31.

范海燕, 张雅琴. 2005. 黑龙江省发展生态产业的几点思考. 黑龙江社会科学, 2: 35-37.

傅晓华, 赵运林. 2008. 生态农业及其未来. 湖南城市学院学报, 4: 74-78.

耿永生. 2010. 汽车尾气污染及其控制技术. 环境科学导刊, 29(6): 62-69.

龚豪, 王涛, 姚佳, 史超亚. 2015. 某铁矿尾矿再选试验研究. 矿业研究与开发, 1: 47-50.

关春义, 关莹. 1999. 垃圾发电技术综述. 黑龙江电力, 6: 43-47.

郭朝先, 王宏霞. 2015. 中国制造业发展与"中国制造 2025"规划. 经济研究参考, 31: 3-13.

郭方园. 2013. 产品设计在语境中的功能求解. 大连: 大连工业大学硕士学位论文.

郭建华, 侯渡舟, 贾广征. 2007. 基于循环经济下的生态工业园模式. 现代企业教育, 2: 137-138.

郭敏，毕继诚. 2016. 固体热载体热解府谷烟煤的实验研究. 煤炭转化，(01)：26-30+61.
郭琼. 2004. 生态包装设计及技术研究. 包装工程，25(5)：59-62.
郭熙保，王贵明，欧江波. 2005. 经济全球化与产业生态经济发展. 当代经济研究，8：58-61.
郭喜铭，邱长生. 2014. 浅谈生态农业的可持续发展. 现代农业，11：72.
贺亮，王伯铎，马俊杰，邹宁. 2010. 生态工业园区水资源承载力与水循环系统构建. 地下水，2：88-90.
贺亮，王伯铎，邹宁. 2009. 生态工业园区水资源循环利用模式构建. 安徽农业科学，23：11092-11094.
胡山鹰，李有润，沈静珠. 2003. 生态工业系统集成方法及应用. 环境保护，1：16-19.
黄国勤，赵其国，龚绍林，石庆华. 2011. 高效生态农业概述. 农学学报，1(9)：23-33.
黄敬华. 2006. 我国循环经济发展模式研究. 长春：东北师范大学硕士学位论文.
霍肯. 2000. 自然资本论. 上海：科学普及出版社.
康冬梅. 2011. 循环经济在区域发展中的重要影响. 中国新技术新产品，3：322.
孔慧芳. 2013. 国外生态工业园区发展模式的经验与借鉴. 经济研究导刊，4：202-203.
蓝庆新. 2010. 卡伦堡工业园：循环经济“圣地”. 经贸实践，6：28-29.
雷明，钟书华. 2010. 国外生态工业园区评价研究述评. 科研管理，31(2)：178-184.
李冰. 2010. 余热发电技术应用及前景. 中国钢铁业，7：25-27.
李赶顺. 2002. 发展循环经济实现经济与环境的“双赢”. 河北大学学报：哲学社会科学版，27(3)：104-108.
李广建，杨林. 2012. 大数据视角下的情报研究与情报研究技术. 图书与情报，6：1-8.
李国成，周江梅，徐慎娴，刘荣章. 2009. 我国生态工业园的发展现状及对策. 台湾农业探索，3：23-26.
李鸿峰. 2002. 固体废弃物处理实现资源化. 再生资源研究，4：46.
李建杰. 2012. 贵州发展生态工业园区研究. 贵阳：贵州财经大学硕士学位论文.
李军. 2006. 农业可持续发展与生态产业的开发. 农业与技术，26(5)：6-9.
李侃. 2011. 浅谈交通噪音的污染防治技术. 大科技：科技天地，22：47.
李雷通，李海涛. 2015. 关于发展循环经济的思考. 河南农业，12：49-50.
李强，王桂侠. 2003. 工业生态园的启示——对我国工业园区构成的反思. 中国科技论坛，6：67-70.
李树. 2001. 论我国经济的绿色化发展. 求实，8：43-46.
李树. 2008. 我国生态产业的发展模式及政策支持. 经济问题，11：24-27.
李瑜，付海冬，姚慧敏. 2009. 集约化畜禽养殖场畜禽粪便资源化利用途径. 现代农业科技，5：241-242.
李兆前，齐建国，吴贵生. 2008. 从 3R 到 5R：现代循环经济基本原则的重构. 数量经济技术经济研究，25(1)：53-59.
李镇清，任继周. 1995. 能网自组织与生态系统耦合. 草业学报，2：6-10.
李忠立. 2007. 生态工业园建设与区域生态环境系统安全性问题研究. 天津：天津理工大学硕士学位论文.
李周. 2009. 生态产业发展的理论透视与鄱阳湖生态经济区建设的基本思路. 鄱阳湖学刊，1：

18-24.
李棕，邓光亚. 2010. 生态产业理论研究综述. 江西师范大学学报：哲学社会科学版，5：206-210.
梁晓辉，李光明，黄菊文，贺文智，丁婧. 2010. 上海市电子废弃物产生量预测与回收网络建立. 环境科学学报，30(5)：1115-1120.
林汝谋，郭栋，金红光，隋军. 2010. 分布式冷热电联产系统的能量梯级利用率新准则. 燃气轮机技术，23(1)：1-10.
刘弘博，彭义，杨玉鹏. 2013. 农业废弃物利用的关键技术分析. 农机化研究，3：224-226.
刘晶茹，吕彬，张娜，石垚. 2014. 生态产业园的复合生态效率及评价指标体系. 生态学报，34(1)：136-141.
刘晶茹，聂鑫蕊，周传斌，石垚，刘瑞权. 2015. 农工共生型生态产业园的构建——以郑州经开区为例. 生态学报，35(14)：4891-4896.
刘军伟，雷廷宙，韩刚，白炜. 2008. 中国生物质发电政策法规分析及发展策略探讨. 太阳能，11：8-10.
刘明珍，郑志国. 2005. 构建循环经济的产业体系. 学习论坛，21(5)：15-17.
刘洋. 2013. 制造业生态的完善决定国家(地区)的兴衰. 中国市场，16：57-58.
刘永新. 2004. 生态工业园区的发展及其动力机制研究. 兰州：兰州大学硕士学位论文.
刘志峰，林巨广，朱华炳，江吉彬，刘光复. 2002. 绿色制造的理论基础——工业生态方法研究. 中国机械工程，13(17)：42-45.
刘忠远. 2011. 基于要素整合的区域内产业协调发展研究——以黄河三角洲为例. 武汉：武汉理工大学博士学位论文.
鲁伟. 2014. 生态产业：理论、实践及展望. 经济问题，11：16-19.
罗宏. 2004. 生态工业园区. 北京：化学工业出版社.
马开. 2012. 走进日本北九州生态工业园. 中国科技投资，12：64-65.
马凯. 2005. 发展循环经济建设资源节约型和环境友好型社会. 求是，16：7-9.
马世骏. 1983. 生态工程——生态系统原理的应用. 生态学杂志，4：20-22.
梅其岳，刘汉龙，高玉峰. 2006. 城市固体废物处置技术研究. 南京理工大学学报:自然科学版，30(2)：248-252.
门苗苗. 2006. 大连市水生态价值评价及水循环经济应用研究. 大连:大连理工大学硕士学位论文.
孟微蕾，朝克. 2015. 发展生态产业促进经济发展方式转变. 学术探索，6：40-46.
孟萌. 2014. 生态服务业循环经济评价指标体系的构建. 现代经济信息，14：2-3.
苗泽华. 2001. 论工业企业与区域的生态耦合机制及其途径. 地质技术经济管理，4：1-4.
苗泽华，李红涛，胡斌，毕园. 2010. 论工业企业生态工程及其实施途径. 生态经济，3：110-113.
闵庆文. 2006. 全球重要农业文化遗产——一种新的世界遗产类型. 资源科学，28(4)：206-208.
闵思泽. 2001. 绿色化学技术. 江西：江西科学技术出版社.
明庆忠，李庆雷，陈英. 2008. 旅游产业生态学研究. 社会科学研究，6：123-128.

牟俊山，刘敏. 2004. 对传统消费观念的再认识. 煤炭经济研究，10：20-21.

农村生态环境编辑部. 1987. 全国生态农业学术讨论会纪实. 农村生态环境，3：63-64.

潘胜，文宇. 2008. 基于要素分析的生态产业发展与对策. 价值工程，2：21-23.

彭方平，文迎祥，李顺，宋彬云，汪美玲. 2008. 庭院“三位一体”高效生态农业模式及效益探讨. 农业环境与发展，25(5)：64-66.

濮洪九. 2002. 洁净煤技术产业化与我国能源结构优化. 煤炭学报，27(1)：1-5.

齐力，梅林海. 2008. 工业经济增长与环境污染的关系研究. 生态经济，8：149-153.

齐振宏. 2003. 循环经济与生态园区建设. 中国人口资源与环境，13(5)：111-114.

任爱华. 2005. 国外生态农业发展的比较借鉴. 农村·农业·农民，12：26-27.

任海英，孙明. 2008. 生态工业园中企业间合作的博弈分析. 经济论坛，1：60-62.

任继周. 1999. 系统耦合在大农业中的战略意义. 科学，6：12-14.

尚华，王文军. 2005. 清洁生产对实现可持续发展问题的研究. 渭南师范学院学报，20(4)：31-33.

尚衍. 2013. 浅谈烟气脱硫技术的方法研究. 中国高新技术企业，4：93-95.

沈留红，宗小兰，刑大伟，邓俊良，何健康，左之才，曹随忠，余树民，彭广能. 2013. 一种循环型现代高效农业的生产方法. 专利：A01G1.

石定环. 2006. 实施《可再生能源法》加快发展我国可再生能源产业. 中国科技产业，2：6-7.

时建伟，谢刚，赵营，王彦怀，孔庆祥. 2007. 生态村建设中生活污水生态治理技术探讨. 农业环境与发展，24(5)：45-48.

孙明. 2008. 生态工业园中企业间合作研究. 北京：北京工业大学硕士学位论文.

孙顺强. 2004. 我国循环经济发展的思路和对策探究. 生态经济，11：56-59.

孙婷. 2007. 关于发展贵阳市南明区生态服务业的几点思路. 特区经济，5：202-204.

唐荣智，孙金梅. 2005. 论循环经济立法的生态科学依据——兼评《循环经济导论》的生态系统观. 北京政法职业学院学报，2：16-20.

田百平. 2014. 基于水循环的生态工业园区产业链构建研究——以四平市为例. 长春：吉林大学硕士学位论文.

涂文明，蒋永穆. 2009. 中国特色新型工业化道路区域实现指标与模式设计. 经济管理，5：23-28.

王爱兰. 2010. 天津子牙环保产业园发展状况调查与对策思考. 天津经济，2：28-31.

王春能，张宏华，黄海凤，鲍健强. 2006. 工业园区生态化建设的模式构想. 浙江工业大学学报，34(2)：145-147.

王敦清. 2011. 国外生态农业发展的经验及启示. 江西师范大学学报：哲学社会科学版，44(1)：68-73.

王静康，鲍颖. 2007. 绿色化学科学与工程及生态工业园区建设进展. 现代化工，1：2-6.

王珺，王国荣，刘清友. 2003. 绿色制造工艺技术应用研究. 机械，30：1-2.

王倩，邹欣庆，葛晨东，李海宁. 2001. 生态示范区内生态工业建设模式探讨. 长江流域资源与环境，10(6)：517-522.

王如松. 2001. 产业生态学与生态产业研究进展. 城市环境与城市生态，6：63.

王如松. 2003. 循环经济建设的产业生态学方法. 产业与环境(中文版)，S1：48-52.

王如松. 2006. 区域可持续发展的三角构架——生态安全、循环经济与和谐社会. 见:中国可持续发展研究会2006学术年会可持续发展的机制创新与政策导向专辑:7.
王如松, 杨建新. 2000. 产业生态学和生态产业转型. 世界科技研究与发展, 22(5): 24-32.
王儒敬. 2013. 我国农业信息化发展的瓶颈与应对策略思考. 中国科学院院刊, 3: 337-343.
王瑞贤, 罗宏, 彭应登. 2003. 国家生态工业示范园区建设的新进展. 环境保护, 3: 35-37.
王顺克. 2003. 建立循环经济体系,实现可持续发展. 经济师, 9: 44-45.
王晰巍, 靖继鹏, 李思永. 2010. 基于信息生态视角的产业链形成及传导机理研究. 情报理论与实践, 33(4): 18-20.
王小君. 2009. 生态产业链的构建与稳定性研究. 天津:天津理工大学硕士学位论文.
王晓春. 2007. 基于产业生态视角的集群模式研究. 广州:暨南大学硕士学位论文.
王晓光. 2006. 基于循环经济导向的生态工业系统实现路径选择. 生产力研究, 5: 167-168.
王兆华, 尹建华, 武春友. 2003. 生态工业园中的生态产业链结构模型研究. 中国软科学, 10: 149-152.
魏金秀, 汪永辉, 李登新. 2005. 国内外电子废弃物现状及其资源化技术. 东华大学学报:自然科学版, 31(3): 133-138.
魏玲丽. 2015. 生态农业与农业生态旅游产业链建设研究. 农村经济, 10: 84-88.
乌格. 2009. 日本有个生态城. 中国减灾, 8: 38.
吴风华, 杨久东, 李小光, 孔改红. 2005. 3S技术在耕地保护中的应用研究. 国土资源情报, 2: 47-50.
吴舒拉. 2003. 废纸再生新技术. 乡镇企业, 2: 46.
吴伟, 陈功玉, 陈明义, 肖辉. 2002. 生态工业系统的综合评价. 科学学与科学技术管理, 23(1): 72-74.
吴志军. 2010. 生态工业园区产业共生关系分析——以南昌高新技术产业开发区为例. 经济地理, 30(7): 1148-1153.
武春友, 王晋良. 2008. 采用循环经济和技术经济提高资源利用效率. 技术经济, 27(6): 46-49.
武春友, 张承兵, 耿勇. 2003. 生态工业园的一体化水资源网络模型研究. 中国环境管理, 22: 7-9.
向平安, 黄璜, 黄梅, 甘德欣, 周燕, 付志强. 2006. 稻-鸭生态种养技术减排甲烷的研究及经济评价. 中国农业科学, 39(5): 968-975.
肖艳芬, 颜景辰, 罗小锋. 2005. 国外农产品安全生产的技术支撑及启示. 世界农业, 8: 8-11.
宿建峰, 李和平, 贠小银, 赵芫桦. 2009. 太阳能热发电技术的发展现状及主要问题. 华电技术, 31(4): 78-82.
徐滨士. 2009. 绿色再制造工程及其关键技术. 再生资源与循环经济, 11: 5-8.
徐春燕, 蔡海辉. 2013. 尾矿再选回收机转数试验研究. 2013年第四届中国矿业科技大会: 3.
徐大伟, 王子彦, 李亚伟. 2005. 基于工业代谢的工业生态链梯级循环物质流研究. 环境科学与技术, 28(2): 43-44.
徐竟成, 范海青. 2006. 论传统服务业的生态化建设. 四川环境, 25(2): 75-77.

徐振刚. 2002. 多联产是煤化工的发展方向. 洁净煤技术，2：5-7.

许文来，张建强，赵玉强，戴本林. 2007. 生态系统原理在产业循环经济中的应用. 世界科技研究与发展，29(1)：71-75.

严安. 2009. 生态工业是中国特色新型工业化的必由之路. 桂海论丛，25(1)：67-70.

杨红. 2009. 生态农业与生态旅游业耦合机制研究——以三峡库区为例. 重庆：重庆大学博士学位论文.

杨培峰. 2004. 工业区生态规划浅析. 工业建筑，34(8)：1-3.

杨卫军. 2013. 从可持续发展到建设美丽中国：党的生态文明建设思想的演进与实现路径. 探索，4：4-8.

姚爱华. 2007. 基于循环经济的生态工业园区水循环产业链研究. 北京：北京工业大学博士学位论文.

姚玉田，俞泽科，林高灿. 2015. 浅谈工业冷却循环水系统节能优化技术及应用. 科技与创新，17：156.

尹琦，肖正扬. 2002. 生态产业链的概念与应用. 环境科学，6：114-118.

游天嘉. 2006. 采用绿色制造技术降低资源消耗. 宁德师范学院学报：哲学社会科学版，1：18-21.

余达锦，胡振鹏. 2009. 基于生态文明的现代生态工业园区建设研究. 求实，6：49-52.

余达锦，胡振鹏. 2010. 鄱阳湖生态经济区生态产业发展研究. 长江流域资源与环境，19：231-236.

袁婕，樊鸿涛，张炳，毕军，王仕，袁增伟. 2008. 基于能值理论的工业生态系统分析——以龙盛科技工业园为例. 环境保护科学，34(2)：74-77.

袁开福. 2011. 磷化工园区生态产业链的培育及发展研究——以贵州省为例. 技术经济与管理研究，3：111-114.

张丹，闵庆文，成升魁，刘某承，肖玉，张彪，孙业红，朱芳. 2009. 传统农业地区生态系统服务功能价值评估——以贵州省从江县为例. 资源科学，31(1)：31-37.

张丰. 2004. 清洁生产与可持续发展. 武汉理工大学学报：信息与管理工程版，21(4)：76-79.

张国强. 2004. 中国十大生态农业模式和技术. 农家参谋，8：37.

张佳发，何晋勇. 2011. 国外生态工业园区投融资及运营管理特点分析. 环境科学与管理，36(7)：186-188.

张凯. 2004. 循环经济理论研究与实践. 北京：中国环境科学出版社.

张守汉，谭芙蓉，肖晔，王立东，周健. 2007. 闭式回收技术在蒸汽冷凝水回收利用中的应用. 节能，26(1)：34-36.

张天柱. 2006. 从清洁生产到循环经济. 中国人口·资源与环境，6：169-174.

张彤，赵庆祥，林哲. 1995. 生命周期评价与清洁生产. 城市环境与城市生态，4：32-37.

张文斌，颜毓洁. 2013. 从“美丽中国”的视角论生态文明建设的意义与策略——从党的十八大报告谈起. 生态经济，4：184-188.

张文龙，邓伟根. 2010. 产业生态化：经济发展模式转型的必然选择. 社会科学家，7：44-48.

张西玲. 2011. 国内外生态产业园区建设典型案例研究. 科技创新与生产力，3：54-58.

张颖，张小丹. 1998. 固体废物的资源化和综合利用技术. 环境科学研究，3：49-51.

张玉霞，鲍金伶，刘博明，王慧，刘坚. 2006. 循环经济的法理分析. 河北科技师范学院学报：社会科学版，4：76-79.

张治学. 2005. 循环经济与生态工业园区建设. 中国科技论坛，5：21-25.

赵艳丽. 2006. 循环经济是最好的选择——对徐州经济发展的思考. 环境经济，Z1：78-79.

赵志海. 2004. 废塑料生产汽柴油技术分析与应用中的误区. 化工环保，22(5)：268-270.

郑和辉. 2007. 废电池的环境危害及其回收利用. 见：2007 上海公共卫生国际研讨会论文集：3.

郑林，陈龙祥，罗先诚. 2001. 发展观光农业开发旅游资源. 江西农业经济，6：47-48.

郑兆海. 2008. 一种利用生活垃圾制造有机复合肥系统. 专利：CN2006 2008 6096. 9.

周承德. 2015. 危险废物安全处置信息平台数据库设计与实现. 昆明：云南大学硕士学位论文.

周芳芳. 2012. 农村清洁能源的区域综合利用评价及优化研究. 郑州：郑州大学硕士学位论文.

周集体，项学敏，康晓林. 2008. 生态农业理论及其发展初探. 环境保护与循环经济，28：13-14.

周戎. 2010. 循环经济视角下县域生态工业园规划与设计研究——以湖南省宁乡经济技术开发区为例. 武汉：湖北工业大学硕士学位论文.

周哲，李有润，沈静珠，胡山鹰. 2001. 煤工业的代谢分析及其生态优化. 计算机与应用化学，18(3)：193-198.

周子平. 1994. 工业生态学. 国外科技动态，3：28-34.

左其亭，陈嘻. 2001. 社会经济-生态环境耦合系统动力学模型. 上海环境科学，20(12)：592-594.

Arrow, K., B. Bolin, R. Costanza, P. Dasgupta, C. Folke, C. S. Holling, B. O. Jansson, S. Levin, K. G. Maler, C. Perrings, and D. Pimentel. 1996. Economic growth, carrying capacity, and the environment. Environment and Development Economics, 6(1): 104-110.

Ayres, R. U., and L. W. Ayres. 2002. A Handbook of Industrial Ecology. Cheltenham: Edward Elgar Publishing Ltd.

Ayres, R. U., and A. V. Kneese. 1969. Production, consumption, and externalities. The American Economic Review, 59(3): 282-297.

Berg, H. 2001. Pesticide use in rice and rice-fish farms in the Mekong Delta, Vietnam. Crop Protection, 20(10): 897-905.

Bi, J. C., and J. L. Li. 2011. Method for composite utilizing coal and system thereof. WIPO Patent Application WO029283.

Côté, R., and J. Hall. 1995. Industrial parks as ecosystems. Journal of Cleaner Production, 3(2): 41-46.

Hardy C., and T. E. Graedel. 2002. Industrial ecosystems as food webs. Journal of Industrial Ecology, 6(6): 29-38.

Chertow, M. R. 2000. Industrial symbiosis: Literature and taxonomy. Annual Review of Energy and the Environment, 25(1): 313-337.

Chiu, A. S. F., and Y. Geng. 2004. On the industrial ecology potential in Asian developing countries. Journal of Cleaner Production, 12(10): 1037-1045.

Christopher, M., and H. Peck. 2004. Building the resilient supply chain. International Journal of Logistics Management, 15(2): 1-13.

Clark, D. W., and A. Newell. 1999. Precious metals recovery from ores(P). US Patent 5992640.

Cloud, P. 1977. Entropy, materials, and posterity. Geologische Rundschau, 66(1): 678-696.

Ehrenfeld, J., and N. Gertler. 1997. Industrial ecology in practice: The evolution of interdependence at Kalundborg. Journal of Industrial Ecology, 1(1): 67-79.

Elton, C. 1927. Animal Ecology. London: Sidgwick and Jackson.

Freedman, H. I., and W. H. So. 1985. Global stability and persistence of simple food chains. Mathematical Biosciences, 76(1): 69-86.

Geng, Y., and B. Doberstein. 2008. Developing the circular economy in China: Challenges and opportunities for achieving leapfrog development. International Journal of Sustainable Development and Planning, 15(3): 231-239.

Harrison, G. W. 1979. Global stability of food chains. American Naturalist, 114(3): 455-457.

Heeres, R. R., W. J. V. Vermeulen, and F. B. D. Walle. 2004. Eco-industrial park initiatives in the USA and the Netherlands: First lessons. Journal of Cleaner Production, 12(8-10): 985-995.

Hennart, J. F. 1987. Transaction costs and the multinational enterprise: The case of Tin. Business and Economic History, 2(16): 147-159.

Jacobsen, N. B. 2006. Industrial symbiosis in Kalundborg, Denmark: A quantitative assessment of economic and environmental aspects. Journal of Industrial Ecology, 10(1/2): 239-255.

Jelinski, L. W., T. E. Graedel, R. A. Laudise, D. W. McCall, and C. K. Pate. 1992. Industrial ecology: Concepts and approaches. Proceedings of the National Academy of Sciences of the United States of America, 89(3): 793-797.

Kang, X. H., Y. B. Xie, and D. A. Kniss. 2005. Adipose tissue model using three-dimensional cultivation of preadipocytes seeded onto fibrous polymer scaffolds. Tissue Engineering, 11(11): 458-468.

Kazmerski, L. L. 2006. Solar photovoltaics R&D at the tipping point: A 2005 technology overview. Journal of Electron Spectroscopy and Related Phenomena, 150(2/3): 105-135.

Kim, D., and K. Park. 2013. An environmentally friendly soil improvement technology with microorganism. International Journal of Railway, 6(3): 90-94.

Kocis, G. R., and I. E. Grossmann. 1988. Global optimization of nonconvex mixed-integer nonlinear programming (MINLP) problems in process synthesis. Industrial and Engineering Chemistry Research, 27(8): 1407-1421.

Korhonen, J. 2001. Four ecosystem principles for an industrial ecosystem. Journal of Cleaner Production, 9: 253-259.

Lee, C. H., S. L. Chang, K. M. Wang, and L. C. Wen. 2000. Management of scrap computer recycling in Taiwan. Journal of Hazardous Materials, 73(3): 209-220.

Linke, P., and A. Kokossis. 2004. Advanced process systems design technology for pollution prevention and waste treatment. Advances in Environmental Research, 8(2): 229-245.

Lowe, E. A. 1997a. Creating by-product resource exchanges: Strategies for eco-industrial parks. Journal of Cleaner Production, 5(97): 57-65.

Lowe, E. A. 1997b. Discovering industrial ecology: An executive briefing and sourcebook. Journal of Cleaner Production, 8(2000): 89-91.

Lowe, E. A. 2001. Eco-industrial park handbook for Asian developing countries. In: Report to Asian Development Bank, Environment Department, Emeryville: RPP International.

Nemerow, N. L. 1995. Zero Pollution for Industry: Waste Minimization through Industrial Complexes. New York: Wiley-Interscience.

Noronha, J. 1999. Scavengers and decomposers in an industrial park system: A case study of Burnside industrial park. Nova Scotia: Dalhousie University.

Pan, J. 2012. From industrial toward ecological in China. Science, 336(6087): 902-904.

Park, H. S., and J. Y. Won. 2007. Ulsan eco-industrial park: Challenges and opportunities. Journal of Industrial Ecology, 11(3): 11-13.

UNEP. 1997. The environmental management of industrial estates. Tokyo: United Nations University.

Post, D. M. 2002. The long and short of food-chain length. Trends in Ecology and Evolution, 17(6): 269-277.

Post, D. M., M. L. Pace, and N. G. Haisrton. 2000. Ecosystem size determines food-chain length in lakes. Nature, 405(6790): 1047-1049.

Shen, M. 2013. A review of the transaction cost theory. Journal of Zhejiang University, 43(2): 44-58.

Takimoto, G., and D. M. Post. 2008. Ecosystem size, but not disturbance, determines food-chain length on islands of the Bahamas. Ecology, 89(11): 3001-3007.

Theory, T. C. 2012. Transaction cost theory. Journal for Economic Forecasting, 15(4): 68-82.

Tibbs, H. 1993. Industrial ecology: An environmental agenda for industry. Whole Earth Review, 10: 77.

Veiga, L. B. E., and A. Magrini. 2009. Eco-industrial park development in Rio de Janeiro, Brazil: A tool for sustainable development. Journal of Cleaner Production, 17(7): 653-661.

Vigon, B. 1993. Guidelines for life-cycle assessment: A code of practice. Society of Environmental Toxicology and Chemistry Workshop Report.

Zhang, F. L. 2014. Research on rural pollution treatment technology. Advanced Materials Research, 971/972/973: 2127-2130.

反盗版举报电话　(010)58581999　58582371　58582488

反盗版举报传真　(010)82086060

反盗版举报邮箱　dd@hep.com.cn

通信地址　北京市西城区德外大街4号

　　　　　高等教育出版社法律事务与版权管理部

邮政编码　100120